Friedrich W. Küster, Alfred Thiel
Analytik
De Gruyter Studium

Weitere empfehlenswerte Titel

Trennungsmethoden der Analytischen Chemie
Bock, Nießner, 2014
ISBN 978-3-11-026544-6, e-ISBN 978-3-11-026637-5

Allgemeine und Anorganische Chemie, 11. Auflage
Riedel, Meyer, 2011
ISBN 978-3-11-026919-2, e-ISBN 978-3-11-027013-6

Physikalische Chemie: Für die Bachelorprüfung
Motschmann, Hofmann, 2011
ISBN 978-3-11-034877-4, e-ISBN 978-3-11-034878-1

Molekülsymmetrie und Spektrometrie
Lorenz, Kuhn, Berger, Christen, 2015
ISBN 978-3-11-036492-7, e-ISBN 978-3-11-036493-4

Grundlagen der Organischen Chemie, 5. Auflage
Buddrus, Schmidt, 2014
ISBN 978-3-11-030559-3, e-ISBN 978-3-11-033105-9

Friedrich W. Küster, Alfred Thiel

Analytik

Daten, Formeln, Übungsaufgaben

108. Auflage

Bearbeitet von
Alfred Ruland und Ursula Ruland

DE GRUYTER

Bearbeiter
Dr. Alfred Ruland

Dr. Ursula Ruland
Am Weisenacker 3
69198 Schriesheim

Logarithmische Rechentafeln für Chemiker
1894, erstmals erschienen, begründet von Prof. Dr. F. W. Küster
1917, 19. Auflage, fortgeführt von Prof. Dr. A. Thiel
1943, 56. Auflage, fortgeführt von Prof. Dr. Kurt Fischbeck

Rechentafeln für die chemische Analyse
1982, 102. Auflage, neu bearbeitet von Dr. Alfred Ruland
1985, 103. Auflage
1993, 104. Auflage
2002, 105. Auflage
2008, 106. Auflage
2011, 107. Auflage

ISBN 978-3-11-041495-0
e-ISBN (PDF) 978-3-11-041496-7
e-ISBN (EPUB) 978-3-11-042358-7

Library of Congress Cataloging-in-Publication Data
A CIP catalog record for this book has been applied for at the Library of Congress.

Bibliografische Information der Deutsche Nationalbibliothek
Die Deutsche Nationalbibliothek verzeichnet diese Publikation in der Deutschen Nationalbibliografie; detaillierte bibliografische Daten sind im Internet über http://dnb.dnb.de abrufbar.

Einbandabbildung: TEK / Science Photo Library /Agentur Focus
Datenkonvertierung/Satz: Meta Systems Publishing & Printservices GmbH, Wustermark
Druck und Bindung: Hubert & Co. GmbH & Co. KG, Göttingen
♾ Gedruckt auf säurefreiem Papier
Printed in Germany

www.degruyter.com

„Der Mangel an mathematischer Bildung gibt
sich durch nichts so auffallend zu erkennen,
wie durch maßlose Schärfe im Zahlenrechnen."
C. F. Gauss

Vorwort zur 108. Auflage

Die chemische Analytik ist nicht nur ein wichtiges Teilgebiet in vielen naturwissenschaftlichen Studiengängen, sie spielt auch eine permanent wichtige Rolle in den Medien, wenn es z. B. um die Bewertung von Fragen der Toxikologie, der Lebensmittelsicherheit, des Umweltschutzes oder der Klimaveränderungen geht.

Den Studenten aller naturwissenschaftlichen Fachrichtungen stehen dazu heute per Mausklick eine Vielzahl von Informationen zur Verfügung, die früher mühsam zusammengesucht werden mussten. Zur kritischen Bewertung und sinnvollen Verarbeitung dieser Informationen ist aber ein grundlegendes Verständnis der fundamentalen Zusammenhänge erforderlich. Dieses Rüstzeug in Form von Daten, Formeln, Beispielen und Erklärungen stellt der „Küster-Thiel“ in aktualisierter und optimierter Form zur Verfügung.

So wurden in der vorliegenden Auflage die Zahlentabellen zugunsten zusätzlicher Übungsbeispiele im Bereich physikalisch-chemischer Berechnungen wie Elektrodenpotenziale, pH-Werte usw. auf das Notwendigste reduziert. Desweiteren wurden in einem neuen Kapitel quantitative chromatographische Methoden wie z. B. High Performance Liquid Chromatography (HPLC) aufgenommen. Dazu notwendige Kalibrierverfahren, Optimierung der Trennleistung sowie Beurteilung und Auswertung von Peakflächen wurden ergänzt und mit Beispielen hinterlegt.

Für vielfältige Anregungen bedanken wir uns sehr herzlich bei unseren Nutzern. Unser besonderer Dank gilt Herrn Dr. Eduard Sorkau, Martin-Luther-Universität Halle-Wittenberg für seine konstruktiven Beiträge und dem Verlag de Gruyter für die konstruktive Zusammenarbeit.

Altenbach im Juli 2016

Ursula Ruland
Alfred Ruland

Vorwort zur 107. Auflage

Der „Küster-Thiel" bleibt auch im Zeitalter von Laptop, Google, Excel-Charts und sonstigen elektronischen Hilfen und Auswertverfahren ein unentbehrlicher Helfer in vielen Berufszweigen. In der vorliegenden Auflage wurden neben allgemeinen Korrekturen insbesondere die Atommassen der Elemente den aktuellen IUPAC-Daten angeglichen. Das Kapitel „Arbeitssicherheit" wurde grundlegend überarbeitet, insbesondere wurde hier auf die neuen Systeme GHS/CLP zur Einstufung und Kennzeichnung von Chemikalien hingewiesen. Die sehr positive Resonanz auf Rechenbeispiele wurde zum Anlass genommen, weitere Beispielrechnungen hinzuzufügen.

Für die zahlreichen Anregungen und Hinweise möchten wir uns an dieser Stelle ganz herzlich bedanken.

Altenbach, April 2011

Alfred Ruland
Ursula Ruland

Vorwort zur 104. Auflage

1894 erschienen erstmals die „Logarithmischen Rechentafeln für Chemiker“. Damit kann der *Küster/Thiel* mit der vorliegenden Neuauflage auf eine fast 100jährige Tradition zurückblicken. Die wachsenden Anforderungen an die chemische und physikalisch-chemische Analytik – besonders die Entwicklungen im Umweltschutz, der Arbeitssicherheit, der Qualitätskontrolle und Prozeßsicherung – sind und bleiben eine ständige Herausforderung an Verlag und Autor, den *Küster/Thiel* aktuell zu halten, damit dem Benutzer auch in der Zukunft das passende Rüstzeug zur Auswertung und kritischen Beurteilung seiner Analysenergebnisse zur Verfügung steht.

Ein wichtiger Trend ist die immer schnellere, umfassendere und präziser werdende Erstellung von Analysendaten. Die moderne Mikroelektronik hat diesen Trend durch die enorme Vereinfachung von Auswertevorgängen drastisch beschleunigt. Die Gefahr, daß die mathematischen Zusammenhänge dabei verlorengehen und Ergebnisse unkritisch interpretiert und verarbeitet werden, ist groß. Diesem Sachverhalt wurde durch die Aufnahme des Kapitels 6 *Statistische Auswertung von Versuchs- und Analysendaten* Rechnung getragen. Die wichtigen Auswerte- und Kalibrierverfahren werden nebst statistischen Prüfverfahren anhand von Beispielen erläutert und sollen den Benutzer in die Lage versetzen, seine analytischen Arbeitsvorgänge kritisch zu bewerten.

Neu aufgenommen wurde das Kapitel 3 *Spektroskopische Methoden zur Strukturaufklärung chemischer Verbindungen.* Die Vereinfachung der Gerätetechnologie und des „Handlings“ haben dazu geführt, daß eine Reihe spektroskopischer Methoden vielfältigen Eingang in Synthese-, Betriebs- und Kontrollabors gefunden haben. Dem Studenten oder dem interessierten Praktiker sollen die vorliegenden Tabellen die Möglichkeit geben, Interpretationen von Spektren nachzuvollziehen bzw. eigene Ideen zur Produktidentifikation und Strukturaufklärung zu entwickeln. Die vielfältig vorhandene Spezialliteratur in Form von Spektrensammlungen soll damit nicht ersetzt werden.

Mein Dank gilt wiederum allen kritischen und aufmerksamen Lesern, die zur Gestaltung dieser Auflage beigetragen haben. Besonders hervorgehoben sei Herr Professor Dr. Gerhard Schulze (Technische Universität Berlin) für die wissenschaftliche Redaktion und für seine Beiträge, insbesondere zu Kapitel 6, sowie Herr Dr. Siegfried Noack (Bundesanstalt für Materialforschung und -prüfung, Berlin) ebenfalls für seine Anregungen und für seinen Beitrag zu Kapitel 6. Danken möchte ich auch Herrn Dipl.-Ing. D. Erxleben (Deutsches Institut für Normung e. V.) für seine Hinweise zur Manuskriptgestaltung. Mein Dank gilt ferner meiner Frau Dr. Ursula Ruland für die intensive Unterstützung bei der Manuskripterstellung sowie dem Verlag Walter de Gruyter für die konstruktive Zusammenarbeit.

Altenbach, März 1993 *Alfred Ruland*

Inhalt

Vorbemerkungen

Wichtige Größenzeichen[a]

c(X)	Stoffmengenkonzentration des Stoffes X in mol/l
m	Masse in g
M(X)	molare Masse des Stoffes X in g/mol
n(X)	Stoffmenge des Stoffes X in mol
p	Druck in bar, mbar
p_n	Normdruck (1013,25 mbar)
t	Temperatur in °C
T	Temperatur in K
T_n	Normtemperatur (273,15 K)
V	Volumen in l, ml
V_n	Normvolumen (V bei 1013,25 mbar und 0 °C) in l (bzw. dm^3) oder ml
V_m(X)	molares Volumen des Stoffes X in l/mol
V_{mn}(X)	molares Normvolumen des Stoffes X in l/mol
w(X)	Massenanteil des Stoffes X in %
β(X)	Massenkonzentration des Stoffes X in g/l
ρ	Dichte in g/ml

a Weitere Abkürzungen, Zeichen und Symbole finden sich in den Kapiteln 5 und 7.

1 Periodensystem der Elemente, Charakterisierung von Elementen, Verbindungen und Atomgruppen

1.1 Periodensystem der Elemente

Ordnungszahl → 16
Elementsymbol → **S** 2,6 ← Elektronegativität (Pauling)
Elementname → Schwefel
relative Atommasse → 32,065

Periode	Hauptgruppen		Nebengruppen						
	1 I A	2 IIA	3 III B		4 IV B	5 V B	6 VI B	7 VII B	8
1	1 **H** 2,2 Wasserstoff 1,00794								
2	3 **Li** 1,0 Lithium 6,94[a]	4 **Be** 1,6 Beryllium 9,012182							
3	11 **Na** 0,9 Natrium 22,98976928	12 **Mg** 1,3 Magnesium 24,3050							
4	19 **K** 0,8 Kalium 39,0983	20 **Ca** 1,0 Calcium 40,078	21 **Sc** 1,4 Scandium 44,955912		22 **Ti** 1,5 Titan 47,867	23 **V** 1,6 Vanadium 50,9415	24 **Cr** 1,7 Chrom 51,9961	25 **Mn** 1,6 Mangan 54,938045	26 **Fe** 1,8 Eisen 55,845
5	37 **Rb** 0,8 Rubidium 85,4678	38 **Sr** 0,9 Strontium 87,62	39 **Y** 1,2 Yttrium 88,90585		40 **Zr** 1,3 Zirconium 91,224	41 **Nb** 1,6 Niobium 92,90638	42 **Mo** 2,2 Molybdän 95,94	43 ☢ **Tc** 1,9 Technetium 97,90722	44 **Ru** 2,2 Ruthenium 101,07
6	55 **Cs** 0,8 Cäsium 132,9054519	56 **Ba** 0,9 Barium 137,327	57 **La** 1,1 Lanthan 138,90547	58–71 Lantha- noide	72 **Hf** 1,3 Hafnium 178,49	73 **Ta** 1,5 Tantal 180,94788	74 **W** 2,4 Wolfram 183,84	75 **Re** 1,9 Rhenium 186,207	76 **Os** 2,2 Osmium 190,23
7	87 ☢ **Fr** 0,7 Francium 223,0197	88 ☢ **Ra** 0,9 Radium 226,0254	89 ☢ **Ac** 1,1 Actinium 227,0277	90–103 Actino- ide	104 ☢ **Rf** Rutherfordium 261	105 ☢ **Db** Dubnium 262	106 ☢ **Sg** Seaborgium 266	107 ☢ **Bh** Bohrium 264	108 ☢ **Hs** Hassium 277

Lanthanoide	58 **Ce** 1,1 Cer 140,116	59 **Pr** 1,1 Praseodym 140,90765	60 **Nd** 1,1 Neodym 144,242	61 ☢ **Pm** Promethium 146,9151	62 **Sm** 1,2 Samarium 150,36
Actinoide	90 ☢ **Th** 1,3 Thorium 232,03806	91 ☢ **Pa** 1,5 Protactinium 231,03588	92 ☢ **U** 1,7 Uran 238,02891	93 ☢ **Np** 1,3 Neptunium 237,0482	94 ☢ **Pu** 1,3 Plutonium 244,0642

[a] Für handelsübliches Lithium schwankt die relative Atommasse zwischen 6,939 und 6,996

☢ Kein stabiles Isotop bekannt. Atommassen für die natürlich vorkommenden Isotopenzusammensetzungen nur bei Thorium, Protactinium und Uran, sonst Atommassen der längstlebigen bekannten Isotope

				Hauptgruppen					Edelgase
									18 0
				13 III A	14 IV A	15 V A	16 VI A	17 VII A	2 **He** Helium 4,002602
				5 **B** 2,0 Bor 10,811	6 **C** 2,6 Kohlenstoff 12,0107	7 **N** 3,0 Stickstoff 14,0067	8 **O** 3,4 Sauerstoff 15,9994	9 **F** 4,0 Fluor 18,9984032	10 **Ne** Neon 20,1797
9 VIII B	10	11 I B	12 II B	13 **Al** 1,6 Aluminium 26,9815386	14 **Si** 1,9 Silicium 28,0855	15 **P** 2,2 Phosphor 30,973762	16 **S** 2,6 Schwefel 32,065	17 **Cl** 3,2 Chlor 35,453	18 **Ar** Argon 39,948
27 **Co** 1,9 Cobalt 58,933195	28 **Ni** 1,9 Nickel 58,6934	29 **Cu** 2,0 Kupfer 63,546	30 **Zn** 1,7 Zink 65,409	31 **Ga** 1,8 Gallium 69,723	32 **Ge** 2,0 Germanium 72,64	33 **As** 2,2 Arsen 74,92160	34 **Se** 2,6 Selen 78,96	35 **Br** 3,0 Brom 79,904	36 **Kr** Krypton 83,798
45 **Rh** 2,3 Rhodium 102,90550	46 **Pd** 2,2 Palladium 106,42	47 **Ag** 1,9 Silber 107,8682	48 **Cd** 1,7 Cadmium 112,411	49 **In** 1,8 Indium 114,818	50 **Sn** 2,0 Zinn 118,710	51 **Sb** 2,1 Antimon 121,760	52 **Te** 2,1 Tellur 127,60	53 **I** 2,7 Iod 126,90447	54 **Xe** 2,6 Xenon 131,293
77 **Ir** 2,2 Iridium 192,217	78 **Pt** 2,3 Platin 195,084	79 **Au** 2,5 Gold 196,966569	80 **Hg** 2,0 Quecksilber 200,59	81 **Tl** 2,0 Thallium 204,3833	82 **Pb** 2,3 Blei 207,2	83 **Bi** 2,0 Bismut 208,98040	84 **Po** 2,0 Polonium 209,9828	85 **At** 2,2 Astat 209,9871	86 **Rn** Radon 222,0176
109 **Mt** Meitnerium 268	110 **Ds** Darmstadtium 271	111 **Rg** Röntgenium 272	112 **Cn** Copernicium 285	113 284	114 289	115 288	116		118

Metalle ← → Nichtmetalle

63 **Eu** 1,2 Europium 151,964	64 **Gd** 1,2 Gadolinium 157,25	65 **Tb** 1,2 Terbium 158,92535	66 **Dy** 1,2 Dysprosium 162,500	67 **Ho** 1,2 Holmium 164,93032	68 **Er** 1,2 Erbium 167,259	69 **Tm** 1,3 Thulium 168,93421	70 **Yb** 1,3 Ytterbium 173,04	71 **Lu** 1,3 Lutetium 174,967
95 **Am** 1,3 Americium 243,0614	96 **Cm** 1,3 Curium 247,0703	97 **Bk** 1,3 Berkelium 247,0703	98 **Cf** 1,3 Californium 251,0796	99 **Es** 1,3 Einsteinium 252,0830	100 **Fm** 1,3 Fermium 257,0951	101 **Md** 1,3 Mendelevium 258,0984	102 **No** 1,3 Nobelium 259,1011	103 **Lr** Lawrencium 262,110

1.2 Elektronenkonfiguration der Elemente

Schale	**K**	**L**		**M**			**N**				**O**				**P**			**Q**
Quanten- *n*	**1**	**2**		**3**			**4**				**5**				**6**			**7**
zahlen *l*	**0**	**0**	**1**	**0**	**1**	**2**	**0**	**1**	**2**	**3**	**0**	**1**	**2**	**3**	**0**	**1**	**2**	**0**
Elektronensymbol	**1s**	**2s**	**2p**	**3s**	**3p**	**3d**	**4s**	**4p**	**4d**	**4f**	**5s**	**5p**	**5d**	**5f**	**6s**	**6p**	**6d**	**7s**
1 H	1																	
2 He	2																	
3 Li	2	1																
4 Be	2	2																
5 B	2	2	1															
6…9 C…F	2	2	2…5															
10 Ne	2	2	6															
11 Na	2	2	6	1														
12 Mg	2	2	6	2														
13 Al	2	2	6	2	1													
14…17 Si…Cl	2	2	6	2	2…5													
18 Ar	2	2	6	2	6													
19 K	2	2	6	2	6		1											
20 Ca	2	2	6	2	6		2											
21 Sc	2	2	6	2	6	1	2											
22, 23 Ti…V	2	2	6	2	6	2…3	2											
24 Cr	2	2	6	2	6	5	1	5										
25…28 Mn…Ni	2	2	6	2	6	5…8	2											
29 Cu	2	2	6	2	6	10	1											
30 Zn	2	2	6	2	6	10	2											
31…36 Ga…Kr	2	2	6	2	6	10	2	1…6										
37…38 Rb…Sr	2	2	6	2	6	10	2	6			1…2							
39…40 Y…Zr	2	2	6	2	6	10	2	6	1…2		2							
41…42 Nb…Mo	2	2	6	2	6	10	2	6	4…5		1							
43 Tc	2	2	6	2	6	10	2	6	5		2							
44…45 Ru…Rh	2	2	6	2	6	10	2	6	7…8		1							
46 Pd	2	2	6	2	6	10	2	6	10									
47…48 Ag…Cd	2	2	6	2	6	10	2	6	10		1…2							
49…54 In…Xe	2	2	6	2	6	10	2	6	10		2	1…6						
55…56 Cs…Ba	2	2	6	2	6	10	2	6	10		2	6			1…2			
57 La	2	2	6	2	6	10	2	6	10		2	6	1		2			
58…71 Ce…Lu	2	2	6	2	6	10	2	6	10	1…14	2	6	1		2			
72…77 Hf…Ir	2	2	6	2	6	10	2	6	10	14	2	6	2…7		2			
78 Pt	2	2	6	2	6	10	2	6	10	14	2	6	9		1			
79…80 Au…Hg	2	2	6	2	6	10	2	6	10	14	2	6	10		1…2			
81…86 Tl…Rn	2	2	6	2	6	10	2	6	10	14	2	6	10		2	1…6		
87…88 Fr…Ra	2	2	6	2	6	10	2	6	10	14	2	6	10		2	6		1…2
89 Ac	2	2	6	2	6	10	2	6	10	14	2	6	10		2	6	1	2
90…103 Th…Lr	2	2	6	2	6	10	2	6	10	14	2	6	10	1…14	2	6	1	2
	2	8			18				32		Elektronenzahlen der voll besetzten Schalen							

1.3 Protonenzahl und relative Atommassen der Elemente

In der nachfolgenden Tabelle sind die relativen Atommassen[a] der Elemente, wie sie von der Internationalen Union für Reine und Angewandte Chemie (IUPAC) nach dem Stand von 2013 veröffentlicht wurden [1]. Sie beziehen sich auf die Masse eines Atoms des Kohlenstoffnuklides ^{12}C in seinem nuklearen und elektronischen Grundzustand. Ein Stern (*) kennzeichnet Elemente von denen keine stabilen Nuklide existieren.

Die relativen Atommassen vieler Elemente variieren, da in natürlichen Vorkommen oft unterschiedliche Isotopenzusammensetzungen vorliegen. Für eine Reihe von Elementen sind daher in eckigen Klammern die Bereiche der Variation angegeben. Wenn präzisere Daten benötigt werden, sollten sie im Einzelfall bestimmt werden. Für die allermeisten Anwendungen in Synthese und Analytik genügen jedoch die in Tabelle 1.5 aufgeführten Mittelwerte.

Name	Symbol	Protonenzahl	relative Atommasse A_r
Actinium*	Ac	89	
Aluminium	Al	13	26,9815385 ± 7
Americium*	Am	95	
Antimon	Sb	51	121,760 ± 1^{g}
Argon	Ar	18	39,948 ± 1^{g,r}
Arsen	As	33	74,921595 ± 6
Astat*	At	85	
Barium	Ba	56	137,327 ± 7
Berkelium*	Bk	97	
Beryllium	Be	4	9,0121831 ± 5
Bismut	Bi	83	208,98040 ± 1
Blei	Pb	82	207,2 ± 1^{g,r}
Bor	B	5	[10,806; 10,821]^{m}
Bohrium*	Bh	107	
Brom	Br	35	[79,901; 79,707]
Cadmium	Cd	48	112,411 ± 8^{g}
Caesium	Cs	55	132,90545196 ± 6
Calcium	Ca	20	40,078 ± 4^{g}
Californium*	Cf	98	
Cer	Ce	58	140,116 ± 1^{g}
Chlor	Cl	17	[35,446; 35457]^{m}
Chrom	Cr	24	51,9961 ± 6
Cobalt	Co	27	58,933194 ± 4
Curium*	Cm	96	
Darmstadtium*	Ds	110	
Dubnium*	Db	105	
Dysprosium	Dy	66	162,500 ± 1^{g}

a In der englischsprachigen Literatur wird auch weiterhin der Begriff „Atomgewichte“ (atomic weight) verwendet, da er historisch fest verankert ist. Beide Begriffe (relativ atomic mass und atomic weight) werden von der IUPAC toleriert, auch wenn „Gewicht“ physikalisch wenig Sinn macht.

Name	Symbol	Protonenzahl	relative Atommasse A_r
Einsteinium*	Es	99	
Eisen	Fe	26	55,845 ± 2
Erbium	Er	68	167,259 ± 3^{g}
Europium	Eu	63	151,964 ± 1^{g}
Fermium*	Fm	100	
Fluor	F	9	18,998403163 ± 6
Francium*	Fr	87	
Gadolinium	Gd	64	157,25 ± 3^{g}
Gallium	Ga	31	69,723 ± 1
Germanium	Ge	32	72,630 ± 8
Gold	Au	79	196,966569 ± 5
Hafnium	Hf	72	178,49 ± 2
Hassium*	Hs	108	
Helium	He	2	4,002602 ± 2^{g,r}
Holmium	Ho	67	164,93033 ± 2
Indium	In	49	114,818 ± 1
Iod	I	53	126,90447 ± 3
Iridium	Ir	77	192,217 ± 3
Kalium	K	19	39,0983 ± 1
Kohlenstoff	C	6	[12,0096; 12,0116]
Krypton	Kr	36	83,798 ± 2^{g,m}
Kupfer	Cu	29	63,546 ± 3^{r}
Lanthan	La	57	138,90547 ± 7^{g}
Lawrencium*	Lr	103	
Lithium	Li	3	[6,938; 6,977]^{m}
Lutetium	Lu	71	174,9668 ± 1^{g}
Magnesium	Mg	12	[24,304; 24,307]
Mangan	Mn	25	54,9380444 ± 3
Meitnerium*	Mt	109	
Mendelevium*	Md	101	
Molybdän	Mo	42	95,91 ± 2^{g}
Natrium	Na	11	22,98976928 ± 2
Neodym	Nd	60	144,242 ± 3^{g}
Neon	Ne	10	20,1797 ± 6^{g,m}
Neptunium*	Np	93	
Nickel	Ni	28	58,6934 ± 4^{r}
Niob	Nb	41	92,90637 ± 2
Nobelium*	No	102	
Osmium	Os	76	190,23 ± 3^{g}
Palladium	Pd	46	106,42 ± 1^{g}
Phosphor	P	15	30,973761998 ± 5
Platin	Pt	78	195,084 ± 9
Plutonium*	Pu	94	
Polonium*	Po	84	
Praseodym	Pr	59	140,90766 ± 2
Promethium	Pm	61	
Protactinium*	Pa	91	231,03588 ± 2^{Z}
Quecksilber	Hg	80	200,592 ± 3
Radium*	Ra	88	
Radon*	Rn	86	

Name	Symbol	Protonenzahl	relative Atommasse A_r
Rhenium	Re	75	186,207 ± 1
Rhodium	Rh	45	102,90550 ± 2
Roentgenium*	Rg	111	
Rubidium	Rb	37	85,4678 ± 3^{g}
Ruthenium	Ru	44	101,07 ± 2^{g}
Rutherfordium*	Rf	104	
Samarium	Sm	62	150,36 ± 2^{g}
Sauerstoff	O	8	[15,99903; 15,99977]
Scandium	Sc	21	44,955908 ± 5
Seaborgium*	Sg	106	
Schwefel	S	16	[32,059; 32,076]
Selen	Se	34	78,971 ± 8^{r}
Silber	Ag	47	107,8682 ± 2^{g}
Silicium	Si	14	[28,084; 28,086]
Stickstoff	N	7	[14,00643; 14,00728]
Strontium	Sr	38	87,62 ± $1^{g,r}$
Tantal	Ta	73	180,94788 ± 2
Technetium*	Tc	43	
Tellur	Te	52	127,60 ± 3^{g}
Terbium	Tb	65	158,92535 ± 2
Thallium	Tl	81	[204,382; 204,385]
Thorium*	Th	90	232,0377 ± $4^{g,Z}$
Thulium	Tm	69	168,93422 ± 2
Titan	Ti	22	47,867 ± 1
Uran*	U	92	238,02891 ± $3^{g,m,Z}$
Vanadium	V	23	50,9415 ± 1
Wasserstoff	H	1	$[1,00784; 1,00811]^{m}$
Wolfram	W	74	183,84 ± 1
Xenon	Xe	54	131,293 ± $6^{g,m}$
Ytterbium	Yb	70	173,054 ± 5^{g}
Yttrium	Y	39	88,90584 ± 2
Zink	Zn	30	65,38 ± 2
Zinn	Sn	50	118,710 ± 7^{g}
Zirconium	Zr	40	91,224 ± 2^{g}

g Geologisch außergewöhnliche Proben sind bekannt, in denen das Element eine Isotopen-Zusammensetzung außerhalb der Grenzen für normales Material hat. Der Unterschied der Atommasse des Elements in solchen Proben und dem in der Tabelle ausgewiesenen kann die angegebene Unsicherheit beträchtlich überschreiten.
m Modifizierte (veränderte) Isotopen-Zusammensetzungen können in käuflich erwerblichem Material gefunden werden, weil es einer nicht genannten oder nicht bekannten Isotopentrennung unterworfen wurde.
r Schwankungen der Isotopen-Zusammensetzung in normalem irdischen Material verhindern genauere Werte als die angegebenen. Die Tabellenwerte sollen für alle normalen Materialien anwendbar sein.
Z Elemente ohne stabile Nuklide. Langlebige Nuklide dieser Elemente kommen jedoch in charakteristischer Zusammensetzung vor, daher kann durchaus eine relative Atommasse angegeben werden.

1.4 Eigenschaften ausgewählter Nuklide

Inaktive Nuklide.

Symbol	Nuklid	relative Atommasse	natürlicher Massenanteil in %	Spin
^{1}H	Wasserstoff	1,007825	99,985	½
^{2}H	Deuterium	2,0140	0,015	1
^{7}Li	Lithium	7,01600	92,58	3/2
^{11}B	Bor	11,00931	80,3	3/2
^{12}C	Kohlenstoff	12,0000	98,89	0
^{13}C	Kohlenstoff	13,00335	1,108	½
^{14}N	Stickstoff	14,003074	99,635	1
^{15}N	Stickstoff	15,00011	0,365	½
^{16}O	Sauerstoff	15,99491	99,759	0
^{17}O	Sauerstoff	16,99913	0,037	5/2
^{18}O	Sauerstoff	17,99916	0,204	0
^{19}F	Fluor	18,9984	100	½
^{23}Na	Natrium	22,9898	100	3/2
^{28}Si	Silicium	27,97693	92,21	0
^{29}Si	Silicium	28,97649	4,70	½
^{31}P	Phosphor	30,97376	100	½
^{32}S	Schwefel	31,97207	95,0	0
^{33}S	Schwefel	32,97146	0,76	3/2
^{34}S	Schwefel	33,96786	4,22	0
^{35}Cl	Chlor	34,96885	75,53	3/2
^{37}Cl	Chlor	36,96590	24,47	3/2
^{79}Br	Brom	78,9183	50,54	3/2
^{81}Br	Brom	80,9163	49,46	3/2

Radionuklide, Halbwertszeiten, Umwandlungsarten.

Symbole

Halbwertszeit		Umwandlungsart	
a:	Jahre	α:	Emissionen von α-Teilchen
d:	Tage	β^-:	Emissionen von β^--Teilchen
h:	Stunden	β^+:	Emissionen von Positronen
min:	Minuten	γ:	Emissionen von γ-Strahlung
s:	Sekunden	EC:	Elektroneneinfang
		SF:	spontane Kernspaltung
		IT:	isomerer Übergang

Nuklid	Halbwertszeit	Umwandlungsart	Nuklid	Halbwertszeit	Umwandlungsart
Actinium-227	21,77 a	β^-, α, γ	Cobalt-60	5,27 a	β^-, γ
Aluminium-26	$7{,}16 \cdot 10^5$ a	β^+, EC, γ	Curium-243	28,5 a	α, EC, γ
Americium-241	432,6 a	α, SF, γ	Curium-245	$8{,}5 \cdot 10^3$ a	α, γ
Americium-243	$7{,}37 \cdot 10^3$ a	α, SF, γ	Curium-247	$1{,}56 \cdot 10^7$ a	α, γ
Antimon-122	2,7 d	β^-, β^+, EC, γ	Dysprosium-159	144,4 d	EC, γ
Antimon-124	60,3 d	β^-, γ	Einsteinium-253	20,4 d	α, SF, γ
Arsen-76	26,4 h	β^-, γ	Einsteinium-254	275,7 d	α, γ
Arsen-77	38,8 h	β^-, γ	Eisen-55	2,7 a	EC
Astat-210	8,3 h	α, EC, γ	Eisen-59	45,1 d	β^-, γ
Barium-131	11,5 d	β^+, EC, γ	Erbium-169	9,4 d	β^-, γ
Barium-133	10,5a	EC, γ	Europium-154	8,8 a	β^-, EC, γ
Berkelium-247	$1{,}38 \cdot 10^3$ a	α, γ	Europium-155	4,96 a	β^-, γ
Berkelium-249	320 d	β^-, α, SF, γ	Fermium-257	100,5 d	α, SF, γ
Beryllium-7	53,29 d	EC, γ	Fluor-18	109,7 m	β^+, EC
Bismut-210	5,01 d	β^-, α, γ	Francium-223	21,8 m	β^-, α, γ
Blei-202	$3{,}0 \cdot 10^5$ a	EC	Gadolinium-153	241,6 d	EC, γ
Blei-210	22,3 a	β^-, α, γ	Gallium-67	78,3 h	EC, γ
Brom-82	35,34 h	β^-, γ	Gallium-68	68,3 m	β^+, EC, γ
Cadmium-109	453d	EC	Germanium-71	11,2 d	EC
Cadmium-115m	44,8d	β^-, γ	Gold-195	183 d	EC, γ
Caesium-134	2,06 a	β^-, β^+, γ	Gold-198	2,69 d	β^-, γ
Caesium-137	30,17 a	β^-	Gold-199	3,14 d	β^-, γ
Calcium-41	$1{,}03 \cdot 10^5$ a	EC	Hafnium-175	70 d	EC, γ
Calcium-45	163 d	β^-, γ	Hafnium-181	42,4 d	β^-, γ
Calcium-47	4,54 d	β^-, γ	Holmium-166	26,8 h	β^-, γ
Californium-251	898 a	α, γ	Indium-114m	49,5 d	EC, IT, γ
Californium-252	2,64 a	α, SF, γ	Iod-125	60,14 d	EC, γ
Californium-254	60,5 d	α, SF	Iod-131	8,02 d	β^-, γ
Cerium-139	137,6 d	EC, γ	Iod-132	2,3 h	β^-, γ
Cerium-141	32,5 d	β^-, γ	Iridium-192	74 d	β^-, EC, γ
Cerium-144	284,8 d	β^-, γ	Kalium-40	$1{,}28 \cdot 10^9$ a	β^-, β^+, EC, γ
Chlor-36	$3{,}0 \cdot 10^5$ a	β^-, β^+, EC	Kalium-42	12,36 h	β^-, γ
Chrom-51	27,7 d	EC, γ	Kohlenstoff-14	$5{,}73 \cdot 10^3$ a	β^-
Cobalt-58	70,78 d	β^+, EC, γ	Krypton-85	10,76 a	β^-, γ

Nuklid	Halbwerts-zeit	Umwand-lungsart	Nuklid	Halbwerts-zeit	Umwand-lungsart
Kupfer-64	12,7 h	β^-, β^+, EC, γ	Samarium-153	46,75 h	β^-, γ
Lanthan-140	40,27 h	β^-, γ	Scandium-46	83,82 d	β^-, γ
Lawrencium-256	25,9 s	α	Schwefel-35	87,5 d	β^-
Lutetium-177	6,71 d	β^-, γ	Selenium-75	120 d	EC, γ
Mangan-52	5,6 d	β^+, EC, γ	Silber-110m	249,9 d	β^-, IT, γ
Mangan-54	312,2 d	EC, γ	Silber-111	7,45 d	β^-, γ
Mendelevium-256	1,3 h	α, EC, γ	Silicium-31	2,62 h	β^-, γ
Molybdän-99	66 h	β^-, γ	Stickstoff-13	9,96 m	β^+
Natrium-22	2,6 a	β^+, EC, γ	Strontium-85	64,9 d	EC, γ
Natrium-24	15,0 h	β^-, γ	Strontium-89	50,5 d	β^-, γ
Neodymium-147	10,98 d	β^-, γ	Strontium-90	28,5 a	β^-
Neptunium-237	$2{,}14 \cdot 10^6$ a	α, γ	Tantal-182	114,43 d	β^-, γ
Nickel-59	$7{,}5 \cdot 10^4$ a	β^+, EC	Technetium-97	$2{,}6 \cdot 10^6$ a	EC
Nickel-63	100 a	β^-	Technetium-99	$2{,}1 \cdot 10^5$ a	β^-, γ
Niobium-94	$2{,}0 \cdot 10^4$ a	β^-, γ	Tellurium-127	9,35 h	β^-, γ
Niobium-95	34,97 d	β^-, γ	Terbium-160	72,1 d	β^-, γ
Nobelium-255	3,1 m	α, EC	Thallium-201	73,1 h	EC, γ
Osmium-191	15,4 d	β^-	Thallium-204	3,78 a	β^-, EC
Palladium-103	16,96 d	EC, γ	Thorium-228	1,91 a	α, γ
Phosphor-32	14,3 d	β^-	Thorium-232	$1{,}4 \cdot 10^{10}$ a	α, SF, γ
Phosphor-33	25,3 d	β^-	Thulium-170	128,6 d	β^-, EC, γ
Platin-193	50 a	EC	Titanium-44	47,3 a	EC, γ
Plutonium-239	$2{,}41 \cdot 10^4$a	α, SF, γ	Tritium *siehe* Wasserstoff-3		
Plutonium-241	14,4 a	β^-, α, γ	Uranium-233	$1{,}59 \cdot 10^5$ a	α, γ
Plutonium-242	$3{,}76 \cdot 10^5$ a	α, SF, γ	Uranium-234	$2{,}45 \cdot 10^5$ a	α, SF, γ
Polonium-209	102 a	α, EC, γ	Uranium-235	$7{,}04 \cdot 10^8$ a	α, SF, γ
Polonium-210	138,38 d	α, γ	Uranium-238	$4{,}47 \cdot 10^9$ a	α, SF, γ
Praseodymium-143	13,57 d	β^-, γ	Vanadium-48	15,97 d	β^+, EC, γ
Prometium-147	2,62 a	β^-, γ	Wasserstoff-3	12,32 a	β^-
Protactinium-233	27 d	β^-, γ	Wolfram-185	75,1 d	β^-, γ
Quecksilber-197	64,1 h	EC, γ	Xenon-133	5,25 d	β^-, γ
Quecksilber-203	46,59 d	β^-, γ	Ytterbium-169	32 d	EC, γ
Radium-226	$1{,}6 \cdot 10^3$ a	α, γ	Yttrium-88	106,6 d	β^+, EC, γ
Radon-222	3,83 d	α, γ	Yttrium-90	64,1 h	β^-, γ
Rhenium-186	90,64 h	β^-, EC, γ	Zink-65	244 d	EC, γ, β^+
Rubidium-84	32,8 d	β^-, β^+, EC, γ	Zinn-113	115,1 d	EC, γ
Rubidium-86	18,7 d	β^-, EC, γ	Zirkonium-95	64 d	β^-, γ
Ruthenium-103	39,35 d	β^-, γ			

Reichweite verschiedener Strahlenarten in Wasser oder organischem Gewebe.

Strahlenart	Energie	Reichweite
α-Strahlen	5 MeV	40 µm
β-Strahlen	0,02 MeV	10 µm
	1 MeV	7 mm
γ-Strahlen	0,02 MeV	6,4 cm
	1 MeV	65 cm
schwere Rückstoßkerne	50 MeV	1 µm
Neutronenstrahlen	1 MeV	20 cm

1.5 Formeln und molare Massen wichtiger Verbindungen und Atomgruppen

Die molare Masse *M* und die Stoffmenge *n* sind die fundamentalen Größen bei stöchiometrischen und analytischen Rechnungen. Für die Stoffmenge *n* wurde als SI-Basiseinheit das Mol (Einheitenzeichen mol) festgelegt [2, 3]. Damit ergeben sich für die molare Masse und die volumenbezogene Größe Stoffmengenkonzentration *c* folgende Zusammenhänge[a]:

Stoffmenge	$n(X)$	Einheitenname: Mol z. B. $n(NaCl)$ = 0,2 mol
Molare Masse	$M(X) = \frac{m}{n(X)}$	übliche Einheit: g/mol z. B. $M(NH_3)$ = 17.03 g/mol
Stoffmengenkonzentration	$c(X) = \frac{n(X)}{V_L}$	übliche Einheit: mol/l z. B. $c(HCl)$ = 0,1 mol/l V_L: Volumen der Lösung

Weiterhin gilt, dass ein Mol eines beliebigen Elementes, Moleküls etc, genauso viele Einzelteilchen enthält wie in 12 g (12,00000...) des Kohlenstoffnuklides ^{12}C vorhanden sind (vergl. Tab. 1.3). Diese Zahl nennt man die Avogadrokonstante N_A. Ihr derzeit genauster Wert beträgt[b]:

Avogadrokonstante	$N_A = 6{,}02214129 \pm 0{,}000\,000\,54 \cdot 10^{23}\ \text{mol}^{-1}$ $N_A = \frac{M(X)}{m_A(X)}$	$m_A(X)$: Masse eines einzelnen Atoms, Moleküls

Beispiel 1

Berechne die molaren Massen von:

Calziumphosphat	$Ca_3(PO_4)_2$
Antimontrichlorid	$SbCl_3$
Quecksilber(II)nitrat	$Hg(NO_3)_2 \cdot H_2O$

a In Klammern hinter den Einheitenzeichen (*n*, *M*, *c*) sind immer die Symbole/Formelzeichen der entsprechenden Atome, Moleküle, Atomgruppen, Ionen oder Äquivalente etc. anzugeben

b http://www.ptb.de/cms/forschung-entwicklung/forschung-zum-neuen-si/kilogramm-und-mol-atome-zaehlen.html.

$Ca_3(PO_4)_2$	$M(Ca_3(PO_4)_2) = n \cdot M(Ca) + n \cdot M(P) + n \cdot M(O)$ $M(Ca_3(PO_4)_2) = 3 \cdot M(Ca) + 2 \cdot M(P) + 8 \cdot M(O)$ $M(Ca_3(PO_4)_2) = 3 \cdot 40{,}08\ g/mol + 2 \cdot 30{,}9\ g/mol + 8 \cdot 15{,}99\ g/mol$ $\mathbf{M(Ca_3(PO_4)_2) = 310{,}10\ g/mol}$	*M*: molare Masse des Einzelelementes in g/mol siehe Werte Tab. 1.5 *n*: Anzahl Mole
$SbCl_3$	$M(SbCl_3) = n \cdot M(Sb) + n \cdot M(Cl)$ $M(SbCl_3) = 1 \cdot 121{,}76\ g/mol + 3 \cdot 35{,}45\ g/mol$ $\mathbf{M(SbCl_3) = 228{,}11\ g/mol}$	
$Hg(NO_3)_2$	$M(Hg_3(NO_3)_2) \cdot H_2O = n \cdot M(Hg) + n \cdot M(N) + n \cdot M(O) + n \cdot M(H)$ $M(Hg_3(NO_3)_2) \cdot H_2O = 1 \cdot 200{,}59\ g/mol + 2 \cdot 14{,}01\ g/mol + 7 \cdot 15{,}99\ g/mol + 2 \cdot 1{,}00\ g/mol$ $\mathbf{M(Hg(NO_3)_2) \cdot H_2O = 342{,}54\ g/mol}$	

Beispiel 2

Wieviel Mol Eisen (Fe) und Sauerstoff (O) sind in 0,480 kg Eisenoxid (Fe_3O_4) enthalten? Wie hoch ist der Eisengehalt (Massenanteil *w* in %)?

Stoffmenge *n*	$n(X) = \frac{m}{M(X)}$	*M*(Fe) = 55,85 g/mol *M*(O) = 15,99 g/mol siehe Tab. 1.5
Stoffmenge Fe	$n(Fe) = \frac{480\ g}{55{,}85\ g/mol} = \mathbf{8{,}6\ mol}$	
Stoffmenge O_2	$n(O) = \frac{480\ g}{15{,}99\ g/mol} = \mathbf{30\ mol}$ bzw. $\mathbf{15\ mol\ O_2}$	

Massenanteil Fe	$w(Fe) = \frac{n \cdot M(Fe)\ g/mol}{M(Fe_3O_4)\ g/mol} \cdot 100\,\%$ $w(Fe) = \frac{3 \cdot 55{,}85\ g/mol}{231{,}53\ g/mol} \cdot 100\,\% = \mathbf{72{,}37\,\%}$
Massenanteil O_2	$w(O) = \frac{4 \cdot 15{,}99\ g/mol}{231{,}53\ g/mol} \cdot 100\,\% = \mathbf{27{,}6\,\%}$

Beispiel 3

Wieviel Gramm Schwefel bzw. Schwefeldioxid sind in 2,5 kg Schwefelsäure (H_2SO_4) enthalten, wobei die Schwefelsäure einen Massenanteil von 65 % hat?

Masse H_2SO_4 berechnet 100 %	$m(H_2SO_4) = \frac{2{,}5\ \text{kg} \cdot 65\,\%}{100\,\%} = 1625\ \text{g}$
Stoffmenge H_2SO_4	$n(H_2SO_4) = \frac{m(H_2SO_4)}{M(H_2SO_4)} = \frac{1625\ \text{g}}{98{,}08\ \text{g/mol}} = \mathbf{16{,}57\ mol}$
Stöchiometrie	1 Mol Schwefelsäure enthält 1 Mol Schwefel 16,57 Mol Schwefelsäure entsprechen 16,57 Mol Schwefel
Massen S und SO_2	$m(S) = n(S) \cdot M(S)$ $m(S) = 16{,}57\ \text{mol} \cdot 32{,}06\ \text{g/mol} = \mathbf{531{,}23\ g}$ $m(SO_2) = 16{,}57\ \text{mol} \cdot 64{,}06\ \text{g/mol} = \mathbf{1061{,}47\ g}$

Beispiel 4

Bei der Auflösung von Kalk ($CaCO_3$) mit Salzsäure entsteht nach der Umsatzgleichung $CaCO_3 + 2\,HCl \longrightarrow CaCl_2 + CO_2 + H_2O$. Wie viel g Kalk muss man umsetzen, um 1 kg Kohlendioxid freizusetzen? Wie viel Liter entspricht 1 kg Kohlendioxid?

Zunächst berechnet man, wie viel Mol CO_2 1000 g CO_2 entsprechen:

Stoffmenge CO_2	$n(CO_2) = \frac{m(CO_2)}{M(CO_2)} = \frac{1000\ \text{g}}{44{,}01\ \text{g/mol}} = 22{,}72\ \text{mol}$ Es müssen also 22,72 mol Kalk umgesetzt werden.
Masse an Kalk	$m(CaCO_3) = n \cdot M = 22{,}72\ \text{mol} \cdot M(CaCO_3)$ $m(CaCO_3) = 22{,}72\ \text{mol} \cdot 100{,}09\ \text{g/mol} = \mathbf{2274{,}04\ g = 2{,}27\ kg}$
unter Standardbedingungen gilt für das molare Volumen[a]	$V_m(X) = 22{,}71\ \text{l/mol}$ (vergl. S. 365)
Kohlendioxidvolumen bezogen auf 1 kg	$V(CO_2) = V_m(CO_2) \cdot n(CO_2)$ $V(CO_2) = 22{,}71\ \text{l/mol} \cdot 22{,}72\ \text{mol} = \mathbf{515{,}97\ l}$

a Chemische Standardbedingungen nach IUPAC 1982.

Beispiel 5

Eine Silberkette wiegt 20 g (Silbergehalt 925 ≙ 92,5 % w/w). Sie wird in Salpetersäure 40 % w/w aufgelöst, wobei eine Teil der Salpetersäure in Silbernitrat übergeht.

Wie hoch ist die Stoffmengenkonzentration an Silbernitrat ($AgNO_3$), wenn man nach der Auflösung auf insgesamt 0,5 l auffüllt?

Wie viel Gramm Silberchlorid würde man theoretisch nach Ausfällung mit Natriumchlorid erwarten.

20 g Silber 925 entsprechen	$20\ \text{g} \cdot \frac{92{,}5\,\%}{100\,\%} = 18{,}5\ \text{g Silber}$
Stoffmenge Ag	$n(\text{Ag}) = \frac{m(\text{Ag})}{M(\text{Ag})} = \frac{18{,}5\ \text{g}}{107{,}87\ \text{g/mol}} = 0{,}172\ \text{mol}$
Stoffmengenkonzentration Ag	$c(\text{Ag}) = 0{,}172\ \text{mol} / 0{,}5\ \text{l} = 0{,}344\ \text{mol/l}$
Silbernitrat setzt sich quantitativ zu Silberchlorid um	$n(\text{AgNO}_3) = n(\text{AgCl})$ $m(\text{AgCl}) = n(\text{AgCl}) \cdot M(\text{AgCl}) = 0{,}172\ \text{g} \cdot 143{,}32\ \text{g/mol} = \mathbf{24{,}65\ g}$

Beispiel 6

Die Isotopenverteilung von natürlich vorkommendem Silizium beträgt 92,2 % ^{28}Si, 4,7 % ^{29}Si und 3,1 % ^{30}Si und die genauen relativen Massen betragen 27,977; 28,976 und 29,974.

Welchen Wert hat die relative mittlere Masse *M* von Silizium?

Mittlere molare Masse Si
$M(\text{Si}) = \frac{(92{,}2\,\% \cdot 27{,}977\ \text{g/mol}) + (4{,}7\,\% \cdot 28{,}976\ \text{g/mol}) + (3{,}1\,\% \cdot 29{,}974\ \text{g/mol})}{100} = \mathbf{28{,}086\ g/mol}$

Beispiel 7

Welchen Wert hat die mittlere Masse eines einzelnen Eisenatoms?

mittlere Masse eines Eisenatoms	$m_A(\text{Fe}) = \frac{M(\text{Fe})}{N_A} = \frac{55{,}85\ \text{g/mol}}{6{,}022 \cdot 10^{23}\ \text{mol}^{-1}} = \mathbf{9{,}274 \cdot 10^{-23}\ g}$

In der nachfolgenden Tabelle sind schwerpunktmäßig anorganische Verbindungen und Atomgruppen zusammengestellt. Sie gibt einen schnellen und praktischen Überblick über die wichtigsten Elemente, deren Verbindungen und ihrer molaren Massen, wie sie für die qualitative und quantitative Analyse und deren Auswertungen von Relevanz sind. Für vergleichende Untersuchungen und der Auswahl von Standards sind auch die Massenanteile des jeweiligen Hauptelements (im Druck blau hervorgehoben) mit angegeben. Für Übungsrechnungen liefert die Tabelle sehr gute Kontrollwerte.

Alle in nachfolgender Tabelle enthaltenen molaren Massen *M*(X) in g/mol sind mit den in Kapitel 1.3 angegebenen relativen Atommassen berechnet und in der Regel auf maximal drei Stellen nach dem Komma beschränkt worden.

Die angegebenen Massenanteile *w* beziehen sich immer auf dasjenige im Druck hervorgehobene Element, mit dem ein neuer Formelabschnitt beginnt.

In Klammern unter oder neben den Summenformeln stehende Namen bezeichnen Fällungsreagenzien oder organische Anionen.

Symbol, Formel, X	*M*(X) in g/mol	*w* in %	Symbol, Formel, X	*M*(X) in g/mol	*w* in %
Ag	107,868	100	Ag_2Te	343,34	62,84
Ag_3AsO_3	446,524	72,472	Ag_2TlAsO_4	559,039	38,591
Ag_3AsO_4	462,523	69,965	$AgVO_3$	206,808	52,159
AgBr	187,772	57,446	Ag_3VO_4	438,543	73,791
$AgBrO_3$	235,770	45,751			
$Ag(C_2H_3O_2)$	166,912	64,626	Al	26,9815	100
$Ag(C_7H_4NS_2)$	274,11	39,35	$AlBr_3$	266,694	10,117
Ag_2C_2	239,758	89,891	Al_4C_3	143,958	74,970
AgCN	133,886	80,567	$Al(C_2H_3O_2)_3$	204,114	13,219
AgCNO	149,885	71,967	$Al(C_9H_6ON)_3$	459,432	5,873
$K[Ag(CN)_2]$	199,002	54,905	$AlCl_3$	133,341	20,235
Ag_2CO_3	275,746	78,237	$AlCl_3 \cdot 6\,H_2O$	241,432	11,176
AgCl	143,321	75,263	AlF_3	83,977	32,130
$AgClO_4$	207,319	52,030	$AlF_3 \cdot H_2O$	101,992	26,455
Ag_2CrO_4	331,730	65,034	AlF_6^{3-}	140,972	19,140
$Ag_2Cr_2O_7$	431,724	49,971	$K_3[AlF_6]$	258,267	10,447
AgF	126,867	85,025	AlI_3	407,695	6,618
AgI	234,773	45,946	AlN	40,988	65,828
$AgIO_3$	282,771	38,147	$Al(NO_3)_3$	212,996	12,668
$AgMnO_4$	226,804	47,560	$Al(NO_3)_3 \cdot 9\,H_2O$	375,133	7,193
AgN_3	149,888	71,966	Al_2O_3	101,961	52,925
$AgNO_2$	153,874	70,102	$\frac{1}{6}\,Al_2O_3$	16,994	52,925
$AgNO_3$	169,873	63,429	$\frac{1}{2}\,Al_2O_3$	50,981	52,925
Ag_2O	231,736	93,096	$2\,Al_2O_3$	203,923	5 2,925
Ag_2O_2	247,735	87,083	$3\,Al_2O_3$	305,884	52,925
$AgPO_2$	170,841	63,140	$Al_2O_3 \cdot 3\,H_2O$	156,007	34,591
Ag_3PO_4	418,576	77,311	$Al(OH)_3$	78,003	34,590
$Ag_4P_2O_7$	605,416	71,269	$AlPO_4$	121,953	22,13
Ag_2S	247,80	87,060	Al_2S_3	150,16	35,94
AgSCN	165,95	65,00	$Al_2(SO_4)_3$	342,15	15,77
Ag_2SO_3	295,80	72,93	$Al_2(SO_4)_3 \cdot 18\,H_2O$	666,426	8,097
Ag_2SO_4	311,80	69,19	$Al_2O_3 \cdot 2\,SiO_2 \cdot 2\,H_2O$	258,160	20,903
Ag_2Se	294,70	73,21			

Symbol, Formel, X	*M*(X) in g/mol	*w* in %	Symbol, Formel, X	*M*(X) in g/mol	*w* in %
As	74,9216	100	AuI	323,871	60,816
⅓ As	24,9738	100	Au_2O	409,932	96,097
⅕ As	14,9843	100	AuOH	213,974	92,052
2 As	149,8432	100	$HAuO_2$	229,973	85,647
3 As	224,7648	100	$KAuO_2 \cdot 3\,H_2O$	322,109	61,149
$AsBr_3$	314,634	23,812	Au_2O_3	441,931	89,139
$AsCl_3$	181,281	41,329	Au_2S	425,99	92,47
AsF_3	131,917	56,795			
AsF_5	169,914	44,094	**B**	10,81	100
AsH_3	77,945	96,121	⅓ B	3,60	100
H_3AsO_3	125,944	59,488	2 B	21,62	100
H_3AsO_4	141,943	52,789	3 B	32,43	100
$H_3AsO_4 \cdot \frac{1}{2}\,H_2O$	150,951	49,633	4 B	43,24	100
$H_4As_2O_7$	265,871	56,359	BBr_3	250,52	4,32
AsI_3	455,635	16,443	BC	22,82	47,37
AsO_3	122,920	60,952	BCl_3	117,17	9,23
AsO_4	138,919	53,932	BF_3	67,81	15,94
As_2O_3	197,841	75,739	$H[BF_4]$	87,81	12,31
¼ As_2O_3	49,460	75,739	$K[BF_4]$	125,90	8,59
As_2O_5	229,840	65,195	$NH_4[BF_4]$	104,84	10,31
As_2O_7	261,839	57,227	B_2H_6	27,67	78,14
As_2S_2	213,97	70,03	B_4H_{10}	53,32	81,10
As_2S_3	246,04	60,90	BI_3	391,52	2,76
As_2S_4	278,10	53,88	BN	24,82	43,56
As_2S_5	310,17	48,31	BP	41,78	25,87
			BO_2	42,81	25,25
Au	196,9665	100	HBO_2	43,82	24,67
⅓ Au	65,6555	100	BO_3	58,81	18,38
2 Au	393,9330	100	H_3BO_3	61,83	17,48
3 Au	590,8997	100	B_2O_3	69,62	31,06
AuBr	276,871	71,140	B_4O_7	155,24	27,86
$AuBr_3$	436,679	45,106	B_2S_3	117,82	18,35
AuCN	222,984	88,332			
$Au(CN)_3$	275,020	71,619	**Ba**	137,327	100
$Au(CN)_3 \cdot 6\,H_2O$	383,111	51,412	½ Ba	68,664	100
$K[Au(CN)_2]$	288,100	68,367	2 Ba	274,654	100
$K[Au(CN)_2] \cdot 3\,H_2O$	342,145	57,568	$BaBr_2$	297,135	46,217
$K[Au(CN)_4] \cdot 1{,}5\,H_2O$	367,158	53,646	$BaBr_2 \cdot 2\,H_2O$	333,166	41,219
AuCl	232,420	84,746	$Ba(BrO_3)_2 \cdot H_2O$	411,147	33,401
$AuCl_3$	303,326	64,936	BaC_2	161,348	85,112
$H[AuCl_4]$	339,786	57,968	$BaCO_3$	197,336	69,590
$H[AuCl_4] \cdot 4\,H_2O$	411,847	47,825	BaC_2O_4	225,347	60,940
$K[AuCl_4] \cdot 2\,H_2O$	413,907	47,587	$Ba(CN)_2 \cdot 2\,H_2O$	225,393	60,928
$Na[AuCl_4] \cdot 2\,H_2O$	397,799	49,514	$BaCl_2$	208,233	65,949

Symbol, Formel, X	*M*(X) in g/mol	*w* in %	Symbol, Formel, X	*M*(X) in g/mol	*w* in %
$BaCl_2 \cdot 2\,H_2O$	244,263	56,221	BeO	25,011	36,032
$Ba(ClO_3)_2 \cdot H_2O$	322,244	42,616	$Be(OH)_2$	43,027	20,946
$Ba(ClO_4)_2 \cdot 3\,H_2O$	390,273	35,187	$Be_3(PO_4)_2 \cdot 3\,H_2O$	271,025	9,975
$BaCrO_4$	253,321	54,211	$Be_2P_2O_7$	191,968	9,389
BaF_2	175,324	78,328	$BeSO_4$	105,07	8,58
BaI_2	391,136	35,110	$BeSO_4 \cdot 4\,H_2O$	177,13	5,09
$BaI_2 \cdot 2\,H_2O$	427,167	32,148			
$Ba(IO_3)_2 \cdot H_2O$	505,148	27,186	Bi	208,98040	100
$Ba(MnO_4)_2$	375,198	36,601	⅓ Bi	69,660	100
$Ba(NO_2)_2 \cdot H_2O$	247,353	55,519	⅕ Bi	41,796	100
$Ba(NO_3)_2$	261,337	52,548	2 Bi	417,961	100
BaO	153,326	89,565	$BiC_6H_3O_3$ (Pyrogallol)	332,067	62,933
½ BaO	76,663	89,565	$BiC_6H_5O_7$	398,080	52,497
BaO_2	169,326	81,102	$Bi(C_9H_6NO)_3$	641,431	32,580
$BaO_2 \cdot 8\,H_2O$	313,448	43,812	$Bi(C_9H_6NO)_3 \cdot H_2O$	659,446	31,690
$Ba(OH)_2$	171,342	80,148	$Bi(C_{12}H_{10}ONS)_3 \cdot H_2O$ (Thionalid)	875,83	23,86
$Ba(OH)_2 \cdot 8\,H_2O$	315,464	43,532			
½ $Ba(OH)_2 \cdot 8\,H_2O$	157,732	43,532	$Bi[Cr(SCN)_6]$	609,44	34,29
$Ba(HPO_4)_2$	392,286	41,705	$BiCl_2$	279,886	74,667
$Ba_3(PO_4)_2$	601,924	68,444	$BiCl_3$	315,339	66,272
BaS	169,392	81,071	$BiOCl$	260,432	80,244
$Ba(SCN)_2 \cdot 2\,H_2O$	289,522	47,432	$(BiO)_2Cr_2O_7$	665,946	62,762
$BaSO_3$	217,390	63,170	BiF_3	265,977	78,571
$Ba(HSO_3)_2$	299,469	45,857	BiH_3	212,004	98,574
$BaSO_4$	233,390	58,840	BiI_3	589,694	35,439
BaS_2O_3	249,455	55,050	$K[BiI_4]$	755,697	27,654
$BaS_2O_8 \cdot 4\,H_2O$	401,513	34,202	$BiOI$	351,884	59,389
$Ba[SiF_6]$	279,403	49,150	$Bi(OH)_3$	261,013	80,065
$BaSiO_3 \cdot 6\,H_2O$	321,502	42,714	Bi_2O_3	465,959	89,699
$BaTiO_3$	233,2	58,89	Bi_2O_5	497,958	83,935
			$BiONO_3 \cdot H_2O$	305,000	68,518
Be	9,01218	100	$Bi(NO_3)_3$	394,995	52,907
½ Be	4,50609	100	$Bi(NO_3)_3 \cdot 5\,H_2O$	485,071	43,082
2 Be	18,02436	100	$BiPO_4$	303,952	68,754
$BeBr_2$	168,820	5,338	BiS	241,04	86,70
Be_2C	30,035	60,010	Bi_2S_3	514,16	81,29
$BeCO_3 \cdot 4\,H_2O$	141,082	6,388	$Bi_2(SO_4)_3$	706,15	59,19
$BeCl_2$	79,918	11,277	Bi_2Se_3	654,84	65,83
$BeCl_2 \cdot 4\,H_2O$	151,979	5,929	$Bi_2(SeO_3)_3$	798,84	52,32
BeF_2	47,009	19,171			
$K_2[BeF_4]$	163,202	5,522	Br	79,904	100
$(NH_4)_2[BeF_4]$	121,082	7,443	2 Br	159,808	100
BeI_2	262,821	3,429	3 Br	239,712	100
$Be(NO_3)_2 \cdot 3\,H_2O$	187,068	4,817	4 Br	319,616	100

Symbol, Formel, X	*M*(X) in g/mol	*w* in %	Symbol, Formel, X	*M*(X) in g/mol	*w* in %
5 Br	399,520	100	5 CH_3	75,173	79,884
6 Br	479,424	100	CH_3Br	94,938	12,651
HBr	80,912	98,754	CH_3Cl	50,488	23,790
HBrO	96,911	82,451	CH_3F	34,033	35,292
$HBrO_3$	128,910	61,984	CH_3I	141,939	8,462
BrF_3	136,899	58,367	CH_3O	31,034	38,703
BrF_5	174,896	45,687	2 CH_3O	62,068	38,703
BrO_3	127,902	62,473	3 CH_3O	93,102	38,703
⅙ BrO_3	21,317	62,473	4 CH_3O	124,136	38,703
BrO_4	143,902	55,527	CH_4	16,043	74,869
			CH_4N_2O	60,055	20,000
C	12,011	100	CH_4O	32,042	37,485
2 C	24,021	100	CCl_2O	98,916	12,143
3 C	36,032	100	CCl_4	153,823	7,808
4 C	48,043	100	CN	26,018	46,165
5 C	60,054	100	2 CN	52,035	46,165
6 C	72,064	100	3 CN	78,052	46,165
7 C	84,075	100	4 CN	104,070	46,165
CH	13,019	92,258	5 CN	130,087	46,165
2 CH	26,037	92,258	CNO	42,017	28,586
3 CH	39,056	92,258	CNS	58,082	20,679
4 CH	52,075	92,258	CO	28,010	42,881
5 CH	65,093	92,258	CO_2	44,010	27,292
CHN	27,026	44,442	½ CO_2	22,005	27,292
CHNO	43,025	27,916	$2CO_2$	88,020	27,292
CHNS	59,09	20,33	CO_3	60,009	20,015
CHO	29,018	41,391	2 CO_3	120,018	20,015
CHO_2	45,017	26,681	CS_2	76,141	15,777
CHO_3	61,017	19,685	C_2H_2	26,037	92,258
CH_2	14,027	85,629	$C_2H_2O_4$	90,035	26,681
2 CH_2	28,054	85,629	$C_2H_2O_4 \cdot 2\,H_2O$	126,066	19,055
3 CH_2	42,080	85,629	C_2H_3	27,045	88,820
4 CH_2	56,107	85,629	C_2H_3O	43,045	55,807
5 CH_2	70,133	85,629	2 C_2H_3O	86,089	55,807
6 CH_2	84,160	85,629	$C_2H_3O_2$	59,044	40,685
7 CH_2	98,186	85,629	2 $C_2H_3O_2$	118,088	40,685
CH_2N_2	42,039	28,571	C_2H_4	28,053	85,629
2 CH_2N_2	84,078	28,571	$C_2H_4O_2$	60,052	40,002
CH_2O_2	46,026	26,096	C_2H_5	29,062	82,658
CH_2O_3	62,025	19,365	2 C_2H_5	58,122	82,658
CH_3	15,035	79,884	3 C_2H_5	87,183	82,658
2 CH_3	30,069	79,884	4 C_2H_5	116,244	82,658
3 CH_3	45,104	79,884	C_2H_5Br	108,966	22,045
4 CH_3	60,139	79,884	C_2H_5Cl	64,514	37,235

Symbol, Formel, X	*M*(X) in g/mol	*w* in %
C_2H_5F	48,060	49,983
C_2H_5I	155,966	15,402
C_2H_5O	45,061	53,310
$2\ C_2H_5O$	90,122	53,310
C_2H_6	30,069	79,887
C_2H_6O	46,068	52,143
$C_2H_6O_2$	62,068	38,703
C_3H_6O	58,079	62,040
$C_3H_6O_3$	90,078	40,001
$C_4H_4O_6$	148,071	32,446
$C_4H_5O_6$	149,079	32,227
$C_4H_6O_4$	118,088	40,685
$C_4H_6O_5$	134,081	35,830
$C_4H_6O_6$	150,087	32,011
C_5H_5N	79,100	75,921
$2\ C_5H_5N$	158,200	75,921
$3\ C_5H_5N$	237,300	75,921
$C_6H_4O_2$	108,095	66,668
C_6H_5	77,104	93,464
$2\ C_6H_5$	154,208	93,464
$3\ C_6H_5$	231,312	93,464
C_6H_6	78,112	92,258
C_6H_6O	94,111	76,574
$C_6H_6O_2$	110,111	65,448
$C_6H_8O_7$	192,124	37,510
$C_6H_{12}O_6$	180,156	40,002
C_7H_5O	105,114	79,984
$2\ C_7H_5O$	210,228	79,984
$3\ C_7H_5O$	315,328	79,984
$C_7H_6O_2$	122,121	68,846
$C_7H_6O_3$	138,121	60,871
C_7H_8	92,138	91,249
$C_{10}H_4$	124,139	96,752
$C_{10}H_5$	125,147	95,973
$C_{10}H_6$	126,155	95,207
$C_{10}H_7$	127,163	94,452
$C_{10}H_8$	128,171	93,709
$C_{13}H_{13}N_3$	211,262	73,907
$C_{14}H_4O_2$	204,180	82,354
$C_{14}H_5O_2$	205,188	81,949
$C_{14}H_6O_2$	206,296	81,549
$C_{14}H_7O_2$	207,204	81,152
$C_{14}H_8O_2$	208,212	80,759

Symbol, Formel, X	*M*(X) in g/mol	*w* in %
$C_{20}H_{16}N_4$ (Nitron)	312,368	76,902
$C_{20}H_{16}N_4 \cdot HNO_3$	375,381	63,993
Ca	40,08	100
½ Ca	20,04	100
2 Ca	80,16	100
3 Ca	120,24	100
4 Ca	160,32	100
$Ca(As_2O_4)_2 \cdot 3\ H_2O$	521,81	7,68
$Ca(BO_2)_2$	125,70	31,87
$Ca(BO_2)_2 \cdot 6\ H_2O$	233,79	17,14
$CaBr_2$	199,89	20,05
CaC_2	64,10	62,53
$CaCN_2$	80,10	50,04
$Ca(CN)_2$	92,12	43,51
$Ca(CHO_2)_2$ (Formiat)	130,12	30,80
$Ca(C_2H_3O_2)_2$ (Acetat)	158,17	25,34
$Ca(C_2O_4)$ (Oxalat)	128,10	31,29
$Ca(C_2O_4) \cdot H_2O$	146,12	27,43
$Ca(C_3H_5O_3)_2$ (Lactat)	218,22	18,37
$Ca(C_3H_5O_3)_2 \cdot 5\ H_2O$	308,30	13,00
$Ca(C_4H_4O_6)$ (Tartrat)	188,15	21,30
$Ca(C_4H_4O_6) \cdot 2\ H_2O$	224,18	17,88
$Ca_3(C_6H_5O_7)_2$ (Citrat)	498,43	24,12
$Ca_3(C_6H_5O_7)_2 \cdot 4\ H_2O$	570,50	21,08
$Ca(C_{10}H_7N_4O_5)_2 \cdot 8\ H_2O$ (Pikrolonsäure)	710,58	5,64
$CaCO_3$	100,09	40,04
½ $CaCO_3$	50,05	40,04
$Ca(HCO_3)_2$	162,11	24,72
$CaCl_2$	110,98	36,11
$CaCl_2 \cdot 6\ H_2O$	219,08	18,29
$CaOCl_2$	126,98	31,56
½ $CaOCl_2$	63,49	31,56
$CaOCl_2 \cdot CaO \cdot 2\ H_2O$	219,09	36,59
$3\ (CaOCl_2) \cdot CaO \cdot 4\ H_2O$	509,09	31,49
$Ca(OCl)_2 \cdot 4\ H_2O$	215,04	18,64
$CaCrO_4$	156,07	25,68
$CaCrO_4 \cdot 2\ H_2O$	192,10	20,86
CaF_2	78,08	51,33
CaH_2	42,10	95,21
CaI_2	293,89	13,64
$Ca(MnO_4)_2 \cdot 5\ H_2O$	368,03	10,89
$CaMoO_4$	200,02	20,04

Symbol, Formel, X	M(X) in g/mol	w in %
$Ca)NO_3)_2$	164,09	24,43
$Ca(NO_3)_2 \cdot 4\ H_2O$	236,16	16,97
CaO	56,08	71,47
½ CaO	28,04	71,47
$Ca(OH)_2$	74,10	54,09
½ $Ca(OH)_2$	37,05	54,09
Ca_3P_2	182,19	66,00
$Ca(H_2PO_2)_2$	170,06	23,57
$Ca(PO_3)_2$	198,02	20,24
$Ca_3(PO_4)_2$	310,18	38,76
$CaHPO_4$	136,06	21,46
$CaHPO_4 \cdot 2\ H_2O$	172,09	23,29
$Ca(H_2PO_4)_2 \cdot H_2O$	252,07	15,90
$3\ Ca_3(PO_4)_2 \cdot Ca(OH)_2$	1004,64	39,90
CaS	72,14	55,56
$Ca(HS)_2 \cdot 6\ H_2O$	214,31	18,70
$Ca(SCN)_2$	156,24	25,65
$Ca(SCN)_2 \cdot 2\ H_2O$	192,27	20,85
$Ca(SCN)_2 \cdot 3\ H_2O$	210,28	19,06
$CaSO_3$	120,14	33,36
$CaSO_3 \cdot 2\ H_2O$	156,17	25,67
$Ca(HSO_3)_2$	202,21	19,82
$CaSO_4$	136,14	29,44
$CaSO_4 \cdot ½\ H_2O$	145,15	27,61
$CaSO_4 \cdot 2\ H_2O$	172,17	23,28
CaS_2O_3	152,20	26,33
$CaS_2O_3 \cdot 6\ H_2O$	260,29	15,40
$CaSi_2$	96,25	41,64
$Ca[SiF_6]$	182,16	22,00
$CaSiO_3$	116,16	34,50
$CaWO_4$	287,93	13,92
Cd	112,41	100
½ Cd	56,20	100
2 Cd	224,82	100
$CdBr_2$	272,22	41,30
$CdBr_2 \cdot 4\ H_2O$	344,28	32,65
$Cd(C_2H_3O_2)_2 \cdot 2\ H_2O$ (Acetat)	266,53	42,18
$Cd(C_5H_5N)_2 \cdot (SCN)_2$ (Pyridin + Thiocyanat)	386,78	29,07
$Cd(C_5H_5N)_4 \cdot (SCN)_2$	544,97	20,63
$Cd(C_7H_4NS_2)_2$ (Mercaptobenzothiazol)	444,88	25,27
$Cd(C_7H_6NO_2)_2$ (Anthranilsäure)	384,67	29,22
$Cd(C_9H_6NO)_2$ (Oxin)	400,71	28,05
$Cd(C_9H_6NO)_2 \cdot 1{,}5\ H_2O$	427,73	26,28
$Cd(C_9H_6NO)_2 \cdot 2\ H_2O$	436,73	25,74
$Cd(C_{10}H_6NO_2)_2$ (Chinaldinsäure)	456,73	24,61
$CdCO_3$	172,42	65,20
$CdCl_2$	183,32	61,32
$CdCl_2 \cdot H_2O$	201,33	55,83
CdI_2	366,22	30,70
$Cd(NO_3)_2$	236,42	47,55
$Cd(NO_3)_2 \cdot 2\ H_2O$	272,45	41,26
$Cd(NO_3)_2 \cdot 4\ H_2O$	308,48	36,44
CdO	128,41	87,54
$Cd(OH)_2$	146,43	76,77
$Cd(NH_4)PO_4 \cdot H_2O$	243,44	46,18
$Cd_2P_2O_7$	398,76	56,39
CdS	144,47	77,81
$CdSO_4$	208,47	53,92
$3\ CdSO_4 \cdot 8\ H_2O$	256,51	43,82
Ce	140,116	100
½ Ce	70,058	100
⅓ Ce	46,700	100
2 Ce	280,232	100
3 Ce	420,348	100
CeC_2	164,137	85,365
$Ce(C_9H_6NO)_3$ (Oxin)	572,566	24,471
$Ce_2(CO_3)_3 \cdot 5\ H_2O$	550,335	50,92
$Ce_2(C_2O_4)_3$ (Oxalat)	544,289	51,486
$Ce_2(C_2O_4)_3 \cdot 9\ H_2O$	706,426	39,669
$Ce_2(C_2O_4)_3 \cdot 10\ H_2O$	724,442	38,682
$CeCl_3$	246,475	56,848
$CeCl_3 \cdot 7\ H_2O$	372,582	37,607
CeF_3	197,111	71,085
$Ce(NO_3)_3$	326,131	42,963
$Ce(NO_3)_3 \cdot 6\ H_2O$	434,22	32,268
$[Ce(NO_3)_6] \cdot (NH_4)_2 \cdot 2\ H_2O$	584,253	23,982
CeO_2	172,115	81,408
Ce_2O_3	328,230	85,377
Ce_3O_4	484,346	86,787
$CePO_4$	235,087	59,602

Symbol, Formel, X	*M*(X) in g/mol	*w* in %	Symbol, Formel, X	*M*(X) in g/mol	*w* in %
$Ce(SO_4)_2$	332,241	42,173	$Co(C_2H_3O_2)_2 \cdot 4\,H_2O$ (Acetat)	249,082	23,660
$Ce(SO_4)_2 \cdot 4\,H_2O$	404,302	34,656	$Co(C_2O_4) \cdot 2\,H_2O$ (Oxalat)	182,983	32,207
$Ce_2(SO_4)_3$	568,420	49,30	$Co(C_5H_5N)_4 \cdot (SCN)_2$ (Pyridin + Thiocyanat)	491,50	11,99
$Ce_2(SO_4)_3 \cdot 8\,H_2O$	712,542	39,238	$Co_3(C_6H_5O_7)_2 \cdot 4\,H_2O$ (Citrat)	627,060	28,195
$(NH_4)_4[Ce(SO_4)_4] \cdot 2\,H_2O$	632,553	22,151	$Co(C_7H_6NO_2)_2$ (Anthranilsäure)	331,189	17,794
			$Co(C_9H_6NO)_2 \cdot 2\,H_2O$ (Oxin)	383,264	15,376
Cl	35,453	100	$Co(C_{10}H_6NO_2)_3 \cdot 2\,H_2O$ (α-Nitroso-β-naphthol)	611,444	9,638
2 Cl	70,906	100	$Co(C_{10}H_6NO_3)_3$ (1-Nitro-2-naphthol)	623,412	9,453
3 Cl	106,359	100	$CoCl_2$	129,839	45,389
4 Cl	141,812	100	$CoCl_2 \cdot 6\,H_2O$	237,931	24,769
5 Cl	177,265	100	$CoCrO_4$	174,927	33,690
6 Cl	212,718	100	$Co(NO_3)_2$	182,943	32,214
Cl_2O	86,905	81,590	$Co(NO_3)_2 \cdot 6\,H_2O$	291,034	20,250
ClO	51,452	68,904	$Na_3[Co(NO_2)_6]$	403,936	14,590
ClO_2	67,452	52,560	CoO	74,933	78,648
ClO_3	83,451	42,483	Co_2O_3	165,865	71,062
ClO_4	99,451	35,649	Co_3O_4	240,797	73,423
Cl_2O_5	150,903	46,988	$Co(NH_4) \cdot (PO_4) \cdot H_2O$	189,958	31,024
Cl_2O_7	182,902	38,767	$Co_2P_2O_7$	291,810	40,392
HCl	36,461	97,236	CoS	90,99	64,77
HClO	52,460	67,580	$CoSO_4$	154,99	38,02
$HClO_3$	84,459	41,976	$CoSO_4 \cdot 7\,H_2O$	281,10	20,97
$HClO_4$	100,459	35,291	$Co_2(SO_4)_3$	406,05	29,03
$HClO_3 \cdot (C_{20}H_{16}N_4)$ (Nitron)	396,827	8,934	$Co_2(SO_4)_3 \cdot 18\,H_2O$	730,33	16,14
$HClO_3 \cdot (C_{22}H_{19}N)$ (1-Dinaphtho-dimethylamin)	381,852	9,284	$K_2Co(SO_4)_2 \cdot 6\,H_2O$	437,34	13,48
$HClO_4 \cdot (C_{20}H_{16}N_4)$	412,826	8,588			
$HClO_4 \cdot (C_{22}H_{19}N)$	397,852	8,911	Cr	51,996	100
			⅓ Cr	17,332	100
Co	58,9332	100	½ Cr	25,998	100
½ Co	29,4666	100	2 Cr	103,992	100
⅓ Co	19,6444	100	3 Cr	155,988	100
2 Co	117,8664	100	$K_3[Cr(CN)_6]$	325,397	15,979
3 Co	176,7996	100	$Cr(CO)_6$	220,058	23,628
$Co(AlO_2)_2$	176,894	33,316	$CrCl_2$	122,902	42,307
$CoAs_2$	208,776	28,228	$CrCl_3$	158,355	32,835
CoAsS	165,92	35,52	$CrCl_3 \cdot 6\,H_2O$	266,447	19,515
CoB	69,743	84,500			
$CoBr_2$	218,741	26,942			
$CoBr_2 \cdot 6\,H_2O$	326,832	18,032			
$CoCO_3$	118,942	49,548			
$K_3[Co(CN)_6]$	332,333	17,733			

Symbol, Formel, X	*M*(X) in g/mol	*w* in %
$CrCl_2O_2$	154,901	33,567
CrF_3	108,991	47,707
CrN	66,003	78,779
$Cr(NO_3)_3$	238,011	21,846
$Cr(NO_3)_3 \cdot 9\,H_2O$	400,148	12,994
CrO	67,995	76,470
CrO_2	83,995	61,904
CrO_3	99,994	51,999
CrO_4	115,994	44,827
Cr_2O_3	151,990	68,420
Cr_2O_7	215,988	48,147
Cr_3O_4	219,986	70,908
$Cr(OH)_2$	86,011	60,453
$Cr(OH)_3$	103,018	50,473
$Cr(OH)_3 \cdot 2\,H_2O$	139,046	37,394
$CrPO_4$	146,967	35,379
$CrPO_4 \cdot 6\,H_2O$	255,059	20,386
$Cr_2(SO_4)_3$	392,18	26,52
$Cr_2(SO_4)_3 \cdot 18\,H_2O$	716,46	14,52
$CrK(SO_4)_2 \cdot 12\,H_2O$	499,40	10,41
$CrNH_4(SO_4)_2 \cdot 12\,H_2O$	478,34	10,87
Cs	132,9054	100
2 Cs	265,8108	100
Cs_2CO_3	325,820	81,582
CsCl	168,358	78,942
$CsClO_4$	232,356	57,199
Cs_2CrO_4	381,804	69,620
$Cs_2Cr_2O_7$	481,799	55,171
CsI	259,810	51,155
$CsNO_3$	194,910	68,188
CsO_2	164,904	80,596
Cs_2O	281,810	94,323
CsOH	149,913	88,655
$Cs_2[PtCl_6]$	673,62	39,46
Cs_2SO_4	361,87	73,46
Cu	63,546	100
½ Cu	31,773	100
2 Cu	127,092	100
CuBr	143,450	44,298
$CuBr_2$	223,354	28,451
Cu_2C_2	151,114	84,103
$CuCO_3 \cdot Cu(OH)_2$	221,116	57,478
$2\,CuCO_3 \cdot Cu(OH)_2$	344,671	55,310
$Cu(C_2H_3O_2)_2 \cdot H_2O$ (Acetat)	199,650	31,828
$Cu(C_5H_5N)_2 \cdot (SCN)_2$ (Pyridin + Thiocyanat)	337,91	18,83
$Cu(C_7H_6NO_2)_2$ (Salicylaldoxim)	335,802	18,923
$Cu(C_9H_6NO)_2$ (Oxin)	351,846	18,061
$Cu(C_{10}H_6NO_2)_2 \cdot H_2O$ (Chinaldinsäure)	425,882	14,921
$Cu(C_{12}H_{10}NOS)_2 \cdot H_2O$ (Thionalid)	514,12	12,36
$Cu(C_{14}H_{11}NO_2)$ (Cupron)	288,789	22,004
CuCN	89,564	70,951
$Cu(CN)_2$	115,581	54,979
$K_3[Cu(CN)_4]$	284,911	22,304
CuCl	98,999	64,188
$CuCl_2$	134,452	47,263
$CuCl_2 \cdot 2\,H_2O$	170,483	37,274
CuI	190,451	33,366
$Cu_2[HgI_4]$	835,30	15,22
$Cu(NO_3)_2$	187,556	33,881
$Cu(NO_3)_2 \cdot 3\,H_2O$	241,601	26,302
$Cu(NO_3)_2 \cdot 6\,H_2O$	295,647	21,494
Cu_3N	204,645	93,156
CuO	79,544	79,886
Cu_2O	143,091	88,819
CuOH	80,553	78,887
$Cu(OH)_2$	97,561	65,135
Cu_3P	221,612	86,023
Cu_3P_2	252,586	75,479
CuS	95,61	66,46
Cu_2S	159,16	79,85
CuSCN	121,63	52,25
$Cu(SCN)_2$	179,71	35,36
$CuSO_4$	159,61	39,82
$CuSO_4 \cdot 5\,H_2O$	249,68	25,45
$[Cu(NH_3)_4]SO_4 \cdot H_2O$	245,74	25,86
Dy	162,50	100
$DyBr_3$	402,21	40,40
$DyCl_3$	268,86	60,44
$Dy(NO_3)_3 \cdot 5\,H_2O$	438,59	37,05
Dy_2O_3	373,00	87,13

Symbol, Formel, X	*M*(X) in g/mol	*w* in %
$Dy(PO_4)\cdot 5\,H_2O$	347,55	46,76
$Dy_2(SO_4)_3\cdot 8\,H_2O$	757,29	42,92
Er	167,259	100
$ErCl_3\cdot 6\,H_2O$	381,71	43,82
$Er(NO_3)_3\cdot 5\,H_2O$	443,35	37,73
Er_2O_3	382,52	87,45
$Er_2(SO_4)_3\cdot 8\,H_2O$	766,81	43,63
Eu	151,96	100
$EuCl_3$	258,32	58,83
$Eu_2(SO_4)_3\cdot 8\,H_2O$	736,21	41,28
Eu_2O_3	351,92	86,36
F	18,9984	100
2 F	37,9968	100
3 F	56,9952	100
4 F	75,9936	100
5 F	94,9920	100
6 F	113,990	100
HF	20,006	94,962
NF_3	71,002	80,273
F_2O	53,996	70,369
F_2O_2	69,996	54,285
SF_6	146,050	78,049
Fe	55,845	100
⅓ Fe	18,616	100
½ Fe	27,923	100
$FeAs_2$	205,688	27,151
FeAsS	162,83	34,30
$Fe(AsO_4)\cdot H_2O$	212,779	26,246
$Fe(AsO_4)\cdot 2\,H_2O$	230,795	24,197
$Fe_3(AsO_4)_2\cdot 6\,H_2O$	553,465	30,271
FeB	66,66	83,79
$FeBr_2$	215,653	25,896
$FeBr_3$	295,557	18,895
Fe_3C	179,546	93,311
$Fe(C_9H_6NO)_3$ (Oxin)	488,295	11,437
$Fe(CO)_5$	195,896	28,508
$FeCO_3$	115,854	48,204
$Fe(HCO_3)_2$	177,879	31,396
$K_3[Fe(CN)_6]$	329,244	16,962
$K_4[Fe(CN)_6]\cdot 3\,H_2O$	422,388	13,222
$FeCl_2$	126,751	44,060
$FeCl_2\cdot 4\,H_2O$	198,814	28,090
$FeCl_3$	162,204	34,430
$FeCl_3\cdot 6\,H_2O$	270,296	20,661
$Fe(CrO_2)_2$	223,835	24,950
FeF_3	112,840	49,491
FeI_2	309,654	18,035
Fe_2N	125,697	88,857
$Fe(NO_3)_2$	179,855	31,051
$Fe(NO_3)_2\cdot 6\,H_2O$	287,946	19,395
$Fe(NO_3)_3$	241,860	23,090
$Fe(NO_3)_3\cdot 6\,H_2O$	349,951	15,958
FeO	71,844	77,731
Fe_2O_3	159,688	69,943
Fe_3O_4	231,533	72,360
$Fe(OH)_2$	89,866	62,148
$Fe(OH)_3$	106,867	52,257
Fe_2P	142,664	78,290
Fe_3P	198,509	84,397
$Fe_3(PO_4)_2\cdot 8\,H_2O$	501,600	33,401
$Fe(PO_4)\cdot 2\,H_2O$	186,847	29,889
FeS	87,91	63,53
FeS_2	119,97	46,55
Fe_2S_3	207,89	53,73
$Fe(SCN)_3\cdot 1{,}5\,H_2O$	257,12	21,72
$FeSO_4$	151,88	36,77
$FeSO_4\cdot 7\,H_2O$	278,01	20,09
$Fe_2(SO_4)_3$	399,87	27,93
$Fe_2(SO_4)_3\cdot 9\,H_2O$	562,01	19,87
$Fe(NH_4)_2\cdot(SO_4)_2\cdot 6\,H_2O$	392,14	14,24
$Fe(NH_4)(SO_4)_2\cdot 12\,H_2O$	482,19	11,58
Ga	69,723	100
$Ga(C_9H_6NO)_3$ (Oxin)	502,173	13,88
$Ga(C_9H_4Br_2NO)_3$ (Dibromoxin)	975,549	7,146
$GaCl_2$	140,629	49,58
$GaCl_3$	176,082	39,60
GaN	83,730	83,27
$Ga(NO_3)_3\cdot 8\,H_2O$	399,860	17,44
Ga_2O	155,445	89,71
Ga_2O_3	187,445	74,39
GaS	101,788	68,50
$Ga_2(SO_4)_3\cdot 18\,H_2O$	751,909	18,55

Symbol, Formel, X	*M*(X) in g/mol	*w* in %
$Ga_2(NH_4)_2 \cdot (SO_4)_4 \cdot 24\ H_2O$	992,140	14,06
Gd	157,25	100
$Gd(BrO_3)_3$	540,96	29,07
$Gd(BrO_3)_3 \cdot 9\ H_2O$	703,09	22,37
GdF_3	214,25	73,40
$Gd(NO_3)_3 \cdot 6\ H_2O$	451,36	34,84
Gd_2O_3	362,50	86,76
$Gd_2(SO_4)_3$	602,69	52,18
Ge	72,64	100
$GeBr_4$	392,27	18,51
$GeCl_2$	143,55	50,59
$GeCl_4$	214,45	33,86
GeH_4	76,67	94,74
$GeHCl_3$	180,01	40,34
GeF_4	148,63	48,86
Ge_3N_2	245,93	88,61
Ge_3N_4	273,95	79,54
GeO	88,64	81,94
GeO_2	104,64	69,41
GeS_2	136,77	53,10
H[a]	1,0079	100
2 H	2,0158	100
3 H	3,0237	100
4 H	4,0316	100
5 H	5,0395	100
6 H	6,0474	100
7 H	7,0553	100
H_2O	18,0152	11,189
½ H_2O	9,0076	11,189
2 H_2O	36,0304	11,189
3 H_2O	54,0456	11,189
4 H_2O	72,0608	11,189
5 H_2O	90,0760	11,189
6 H_2O	108,0912	11,189
7 H_2O	126,1064	11,189
8 H_2O	144,1216	11,189
9 H_2O	162,1368	11,189
12 H_2O	216,1824	11,189
18 H_2O	324,2736	11,189
24 H_2O	432,3648	11,189
H_2O_2	34,0146	5,9263
½ H_2O_2	17,0073	5,9263
2 H_2O_2	68,0292	5,9263
Hf	178,49	100
HfC	190,50	93,70
$HfCl_4$	320,30	55,73
HfF_6	292,48	61,03
$Hf(NO_3)_4$	426,51	41,85
HfO_2	210,49	84,80
HfP_2O_7	352,43	50,65
HfS_2	242,62	73,57
$HfSO_4$	274,55	65,01
$(NH_4)_2[HfF_6]$	328,56	54,33
Hg	200,59	100
½ Hg	100,295	100
$HgBr_2$	360,40	55,66
Hg_2Br_2	560,99	71,51
$Hg(C_2H_3O_2)_2$ (Acetat)	318,68	62,94
$HgCr_2O_7 \cdot (C_5H_5N)_2$ (Chromat + Pyridin)	574,78	34,90
$Hg(C_7H_6NO_2)_2$ (Anthranilsäure)	472,85	42,42
$Hg(C_{12}H_{10}NOS)_2$ (Thionalid)	633,15	31,68
$Hg(C_2O_4)$ (Oxalat)	288,61	69,50
$Hg(CN)_2$	252,63	79,40
$Hg(CN)_2 \cdot HgO$	469,22	85,50
$Hg(CNO)_2 \cdot ½\ H_2O$ (Fulminat)	293,63	68,31
$HgCl_2$	271,50	73,88
$HgCl_2 \cdot 2\ NH_3$	305,56	65,65
Hg_2Cl_2	472,09	84,98
$HgCrO_4$	316,58	63,36
HgI_2	454,40	44,14
HgN_3	242,61	82,68
$HgNH_2Cl$	252,07	79,58
$Hg(NO_3)_2$	324,60	61,80
$Hg(NO_3)_2 \cdot H_2O$	342,62	58,55
$Hg_2(NO_3)_2$	525,19	76,39
$Hg_2(NO_3)_2 \cdot 2\ H_2O$	561,22	71,48

a Säuren sind bei den entsprechenden Elementen zu finden.

Symbol, Formel, X	*M*(X) in g/mol	*w* in %
HgO	216,59	92,61
Hg_2O	417,18	96,17
HgS	232,65	86,22
Hg_2S	433,24	92,60
$Hg(SCN)_2$	316,75	63,33
$Hg_2(SCN)_2$	517,34	77,55
$HgSO_4$	296,65	67,62
Hg_2SO_4	497,24	80,68
Ho	164,9303	100
$HoCl_3$	271,288	60,795
Ho_2O_3	377,859	87,297
I	126,9045	100
2 I	253,8090	100
3 I	380,7135	100
4 I	507,6180	100
5 I	634,5225	100
IBr	206,809	61,363
ICl	162,357	78,164
ICl_3	236,263	54,404
IF_5	221,897	57,191
IF_7	259,893	48,829
HI	127,912	99,212
HIO_3	175,911	72,141
HIO_4	191,910	66,127
H_5IO_6	227,940	55,674
IO_3	174,903	72,557
IO_4	190,902	66,476
I_2O_5	333,806	76,035
I_2O_7	365,805	69,384
In	114,818	100
$In(C_9H_6NO)_3$ (Oxin)	547,268	20,98
$InCl_3$	221,177	51,92
InO	130,817	87,78
In_2O_3	277,634	82,71
$In(OH)_3$	165,858	69,24
$InPO_4$	209,789	54,73
In_2S_3	325,831	70,48
$In_2(SO_4)_3$	517,824	44,35
$In_2(SO_4)_3 \cdot 9\ H_2O$	679,961	33,77
Ir	192,217	100
$IrCl_3$	298,576	64,38
$IrCl_4$	334,029	57,55

Symbol, Formel, X	*M*(X) in g/mol	*w* in %
IrO_2	224,216	85,73
$Ir(OH)_4$	260,246	73,86
K	39,0983	100
2 K	78,1966	100
3 K	117,2949	100
4 K	156,3932	100
KH_2AsO_4	180,033	21,717
K_2HAsO_4	218,124	35,850
$KAl(SO_4)_2 \cdot 12\ H_2O$	474,39	8,24
$KAlSi_3O_8$	278,332	14,047
$K[BF_4]$	125,88	31,06
KBO_2	81,91	47,80
$K_2B_4O_7 \cdot 5\ H_2O$	323,51	24,17
KBr	119,002	32,855
$KBrO_3$	167,001	23,412
$\frac{1}{6}\ KBrO_3$	27,833	23,412
$K(C_2H_3O_2)$ (Acetat)	98,142	39,838
$K_2(C_4H_4O_6) \cdot 0{,}5\ H_2O$ (Tartrat)	235,275	33,231
$KH(C_4H_4O_6)$	188,177	20,777
$K_3(C_6H_5O_7) \cdot H_2O$ (Citrat)	324,410	36,156
$KH(C_8H_4O_4)$ (Phthalat)	204,222	19,145
$KH(C_2O_4) \cdot H_2O$ (Oxalat)	146,141	26,754
$KH_3(C_2O_4)_2 \cdot 2\ H_2O$	254,191	15,381
$K_2(C_2O_4) \cdot H_2O$	184,230	42,445
KCN	65,116	60,044
KCNO	81,115	48,201
KCNS	97,18	40,24
K_2CS_3	186,40	35,75
$KHCO_3$	100,115	39,035
K_2CO_3	138,206	56,580
$\frac{1}{2}\ K_2CO_3$	69,103	56,580
$K_2CO_3 \cdot \frac{1}{2}\ H_2O$	165,229	47,326
$K_2CO_3 \cdot 2\ H_2O$	174,236	44,880
KCl	74,551	52,445
$KClO_3$	122,549	31,904
$KClO_4$	138,549	28,220
$K_3[Co(NO_2)_6]$	452,261	25,935
$K_2Co(SO_4)_2 \cdot 6\ H_2O$	437,34	17,88
K_2CrO_4	194,190	40,269
$K_2Cr_2O_7$	294,185	26,581
$\frac{1}{6}\ K_2Cr_2O_7$	49,031	26,581
$KCr(SO_4)_2 \cdot 12\ H_2O$	499,40	7,83
KF	58,097	67,299

Symbol, Formel, X	M(X) in g/mol	w in %
KHF_2	78,103	50,060
$K_3[Fe(CN)_6]$	329,248	35,625
$K_4[Fe(CN)_6]$	368,346	42,458
$K_4[Fe(CN)_6] \cdot 3\,H_2O$	422,392	37,026
KI	166,003	23,553
KIO_3	214,001	18,270
$\frac{1}{6}\,KIO_3$	35,667	18,270
KIO_4	230,000	16,999
$KMnO_4$	158,034	24,740
$\frac{1}{5}\,KMnO_4$	31,607	24,740
K_2MoO_4	238,13	32,84
KN_3	81,118	48,199
KNO_2	85,104	45,942
KNO_3	101,103	38,672
K_2O	94,196	83,015
KOH	56,105	69,687
KH_2PO_2	104,087	37,563
KH_2PO_4	136,085	28,731
K_2HPO_4	174,176	44,895
K_3PO_4	212,266	55,258
$K_3PO_4 \cdot 3\,H_2O$	266,312	44,044
$K_4P_2O_7$	330,337	47,344
$K_2[PdCl_4]$	326,43	23,96
$K_2[PdCl_6]$	397,33	19,68
$K_2[PtCl_6]$	485,99	16,09
KHS	72,17	54,18
K_2S	110,26	70,92
$K_2S \cdot 5\,H_2O$	200,33	39,03
KSCN	97,18	40,24
$KHSO_3$	120,16	32,54
K_2SO_3	158,26	49,41
$K_2SO_3 \cdot 2\,H_2O$	194,29	40,25
$KH(SO_4)_2 \cdot 12\,H_2O$	448,40	8,72
$KHSO_4$	136,17	28,71
K_2SO_4	174,26	44,88
$K_2S_2O_3$	190,32	41,09
$K_2S_2O_5$	222,32	35,17
$K_2S_2O_7$	254,32	30,75
$K_2S_2O_8$	270,32	28,93
$3\,(K_2S_2O_3) \cdot 5\,H_2O$	661,03	35,45
$K[Sb(OH)_6]$	262,89	14,87
$K_2[SiF_6]$	220,273	35,500
KVO_3	138,038	28,324
K_2WO_4	326,04	23,98
$K_2[ZrF_6]$	283,41	27,59

Symbol, Formel, X	M(X) in g/mol	w in %
La	138,90547	100
$La(BrO_3)_3$	522,612	26,579
LaC_2	162,927	85,256
$La_2(CO_3)_3 \cdot 3\,H_2O$	511,884	54,272
$La(C_2H_3O_2)_3 \cdot 1{,}5\,H_2O$ (Acetat)	343,060	40,490
$LaCl_3$	245,265	56,635
$LaCl_3 \cdot 7\,H_2O$	371,371	37,403
$La(NO_3)_3 \cdot 6\,H_2O$	433,011	32,079
La_2O_3	325,809	85,268
$La(OH)_3$	189,927	73,136
$La_2(SO_4)_3$	565,99	49,09
$La_2(SO_4)_3 \cdot 9\,H_2O$	728,14	38,16
Li	6,941	100
$LiAlH_4$	37,954	18,288
LiBr	86,845	7,992
$LiBr \cdot H_2O$	104,860	6,619
Li_2C_2	37,903	36,624
Li_2CO_3	73,891	18,787
$Li_3(C_6H_5O_7) \cdot 4\,H_2O$ (Citrat)	281,984	7,384
LiCl	42,394	16,373
$LiClO_3 \cdot \frac{1}{2}\,H_2O$	99,400	6,983
$LiClO_4 \cdot 3\,H_2O$	160,437	4,326
LiF	25,939	26,759
LiI	133,846	5,186
$LiI \cdot 3\,H_2O$	187,891	3,694
$LiNO_2 \cdot H_2O$	70,962	9,781
$LiNO_3$	68,946	10,067
$LiNO_3 \cdot 3\,H_2O$	122,992	5,644
Li_2O	29,881	46,457
LiOH	23,948	28,983
Li_3PO_4	115,794	17,983
Li_2SO_4	109,95	12,63
$Li_2SO_4 \cdot H_2O$	127,96	10,85
Mg	24,305	100
$\frac{1}{2}\,Mg$	12,153	100
$MgAl_2O_4$	142,266	17,084
$MgNH_4AsO_4 \cdot 6\,H_2O$	289,353	8,400
$Mg_2As_2O_7$	310,449	15,658
$MgBr_2$	184,113	13,201
$Mg(BrO_3)_2 \cdot 6\,H_2O$	388,201	6,261
$MgCO_3$	84,314	28,827

Symbol, Formel, X	*M*(X) in g/mol	*w* in %
$\frac{1}{2}\ MgCO_3$	42,157	28,827
$Mg(HCO_3)_2$	146,339	16,609
$MgCa(CO_3)_2$ (Dolomit)	184,403	13,180
$MgKH(CO_3)_2 \cdot 4\ H_2O$	256,490	9,476
$4\ MgCO_3 \cdot Mg(OH)_2 \cdot 4\ H_2O$	467,637	25,987
$Mg(NH_4)_2 \cdot (CO_3)_2 \cdot 4\ H_2O$	252,461	9,627
$Mg(C_9H_6NO)_2$ (Oxin)	312,605	7,775
$Mg(C_9H_6NO)_2 \cdot 2\ H_2O$	348,636	7,012
$MgCl_2$	95,211	25,528
$MgCl_2 \cdot 6\ H_2O$	203,303	11,955
$MgKCl_3 \cdot 6\ H_2O$	277,854	8,747
MgI_2	278,114	8,739
$Mg(IO_3)_2 \cdot 4\ H_2O$	446,172	5,447
MgF_2	62,302	39,012
Mg_3N_2	100,928	72,244
$Mg(NO_2)_2$	116,316	20,896
$Mg(NO_3)_2$	148,315	16,384
$Mg(NO_3)_2 \cdot 6\ H_2O$	256,406	9,479
MgO	40,304	60,304
$\frac{1}{2}\ MgO$	20,152	60,304
$Mg(OH)_2$	58,320	41,676
$MgHPO_4 \cdot 3\ H_2O$	174,330	13,942
$Mg(NH_4)PO_4 \cdot 6\ H_2O$	245,406	9,904
$Mg_2P_2O_7$	222,553	21,850
$MgSO_4$	120,37	20,19
$MgSO_4 \cdot H_2O$	138,38	17,56
$MgSO_4 \cdot 7\ H_2O$	246,47	9,86
$MgK_2(SO_4)_2 \cdot 6\ H_2O$	402,72	6,04
$MgNa_2(SO_4)_2 \cdot 4\ H_2O$	334,47	7,27
$Mg(NH_4)_2(SO_4)_2 \cdot 6\ H_2O$	360,60	6,74
$MgKSO_4Cl \cdot 3\ H_2O$	248,96	9,76
Mg_2Si	76,696	63,381
$MgSiO_3$	100,389	24,211
Mg_2SiO_4	140,693	34,550
Mn	54,938	100
$MnAs$	129,860	42,306
Mn_2As	184,798	59,457
$Mn(C_2H_3O_2)_2 \cdot 4\ H_2O$ (Acetat)	245,087	22,416
$Mn(C_5H_5N)_4 \cdot (SCN)_2$ (Pyridin + Thiocyanat)	487,50	11,26
$MnCO_3$	114,947	47,794
$MnCl_2$	125,844	43,656
$MnCl_2 \cdot 4\ H_2O$	197,905	27,760
$Mn(NO_3)_2 \cdot 4\ H_2O$	251,009	21,887
$Mn(NO_3)_2 \cdot 6\ H_2O$	287,039	19,140
MnO	70,937	77,446
MnO_2	86,937	63,193
Mn_2O_3	157,874	69,597
Mn_2O_7	221,872	49,522
Mn_3O_4	228,812	72,030
$Mn(OH)_2$	88,953	61,761
$MnO(OH)$	87,945	62,469
$MnO(OH)_2$	104,952	52,346
$Mn_2P_2O_7$	283,819	38,714
$Mn(NH_4)PO_4 \cdot H_2O$	185,962	29,543
$MnHPO_4 \cdot 3\ H_2O$	204,962	26,804
MnP	85,911	63,948
Mn_3P_2	226,760	72,682
MnS	87,00	63,15
$MnSO_4$	151,00	36,39
$MnSO_4 \cdot 4\ H_2O$	223,06	24,63
$MnSi$	83,024	66,172
$MnSi_2$	111,109	49,445
Mn_2Si	137,962	79,643
Mo	95,94	100
$\frac{1}{2}\ Mo$	47,97	100
$\frac{1}{3}\ Mo$	31,98	100
$\frac{1}{4}\ Mo$	23,99	100
$\frac{1}{6}\ Mo$	15,99	100
$2\ Mo$	191,88	100
$3\ Mo$	287,82	100
MoC	107,95	88,87
MoC_2	119,96	79,98
$MoCl_3$	202,30	47,43
$MoCl_4$	237,75	40,35
$MoCl_5$	273,20	35,12
MoF_5	190,93	50,25
$MoO_2(C_9H_6NO)_2$ (Oxin)	416,24	23,05
MoO_2	127,94	74,99
MoO_3	143,94	66,65
MoO_4	159,94	59,99
$(NH_4)_3\ [P(Mo_{12}O_{40})]$ (Ammonium-12-molybdato-phosphat)	1876,34	61,36
$(NH_4)_3 \cdot [PMo_{12}O_{40}] \cdot 6\ H_2O$	1984,44	58,02
$(NH_4)_6Mo_7O_{24} \cdot 4\ H_2O$	1235,86	54,34

Symbol, Formel, X	*M*(X) in g/mol	*w* in %	Symbol, Formel, X	*M*(X) in g/mol	*w* in %
MoS_2	160,07	59,94	NH_4F	37,037	37,818
MoS_3	192,14	49,94	$NH_4F \cdot HF$	57,043	24,555
			NH_4I	144,943	9,664
N	14,0067	100	NH_4IO_3	192,941	7,260
2 N	28,0134	100	$(NH_4)_2MoO_4$	196,01	14,29
3 N	42,0201	100	$(NH_4)_6Mo_7O_{24} \cdot 4\ H_2O$	1235,86	6,80
4 N	56,0268	100	NH_4NO_2	64,044	43,740
5 N	70,0335	100	NH_4NO_3	80,043	34,998
6 N	84,0402	100	$2\ NH_4NO_3 + (NH_4)_2SO_4$	292,22	28,76
5,55 N (Gelatine)	77,7372	100	NH_4OH	35,046	39,967
6,25 N (Eiweiß)	87,5419	100	$NH_4H_2PO_3$	99,026	14,144
6,37 N (Casein)	89,2227	100	$NH_4H_2PO_4$	115,025	12,177
NCl_3	120,366	11,637	$(NH_4)_2HPO_4$	132,056	21,213
NF_3	71,002	19,727	$(NH_4)_3PO_4$	149,086	28,185
NH	15,015	93,287	$(NH_4)_3PO_4 \cdot 3\ H_2O$	203,132	20,686
NH_2	16,023	87,419	$NH_4MgPO_4 \cdot 6H_2O$	245,406	5,708
2 NH_2	32,045	87,419	$NH_4NaHPO_4 \cdot 4\ H_2O$	209,068	6,700
3 NH_2	48,068	87,419	$(NH_4)_3 \cdot [P(Mo_{12}O_{40})]$	1876,34	2,24
NH_3	17,030	82,245	$(NH_4)_3 \cdot [P(Mo_{12}O_{40})] \cdot 6\ H_2O$	1984,44	2,12
2 NH_3	34,061	82,245			
3 NH_3	51,091	82,245	NH_4ZnPO_4	178,40	7,85
4 NH_3	68,122	82,245	$(NH_4)_2[PtCl_6]$	443,89	6,31
5 NH_3	85,152	82,245	NH_4HS	51,11	27,41
6 NH_3	102,182	82,245	$(NH_4)_2S$	68,14	41,11
NH_4	18,038	77,651	NH_4SCN	76,12	36,80
2 NH_4	36,077	77,651	$(NH_4)_2S_2O_3$	148,20	18,90
3 NH_4	54,115	77,651	$(NH_4)_2S_2O_8$	228,19	12,28
4 NH_4	72,153	77,651	$(NH_4)_2SO_3 \cdot H_2O$	134,15	20,88
5 NH_4	90,192	77,651	NH_4HSO_4	115,16	12,16
6 NH_4	108,230	77,651	$(NH_4)_2SO_4$	132,13	21,20
NH_4Br	97,943	14,301	$NH_4Fe(SO_4)_2 \cdot 12\ H_2O$	482,18	2,91
NH_4CN	44,056	63,586	$(NH_4)_2Fe(SO_4)_2 \cdot 6\ H_2O$	392,13	7,144
NH_4CNO	60,056	46,646	$(NH_4)_2Ni(SO_4)_2 \cdot 6\ H_2O$	394,98	7,09
NH_4CNS	76,12	36,80	$(NH_4)_2Zn(SO_4)_2 \cdot 6\ H_2O$	401,56	6,97
$NH_4(CHO_2)$ (Formiat)	63,056	22,213	$(NH_4)_2[SiF_6]$	178,153	15,724
$NH_4(C_2H_3O_2)$ (Acetat)	77,082	18,171	$(NH_4)_2[SnCl_6]$	367,50	7,62
$(NH_4)_2(C_2O_4) \cdot H_2O$	142,111	19,712	NH_4VO_3	116,978	11,974
$(NH_4)_2CO_3$	96,086	29,154	N_2H_4	32,045	87,419
$(NH_4)_2CO_3 \cdot H_2O$	114,101	24,551	$N_2H_4 \cdot HCl$	68,506	40,892
NH_4HCO_3	79,055	17,718	$N_2H_4 \cdot 2\ HCl$	104,967	26,879
NH_4Cl	53,491	26,185	$N_2H_4 \cdot HNO_3$	95,058	44,205
NH_4ClO_3	101,489	13,801	$N_2H_4 \cdot 2\ HNO_3$	158,071	35,444
NH_4ClO_4	117,489	11,922	$2\ N_2H_4 \cdot H_2SO_4$	162,16	34,55
$(NH_4)_2CrO_4$	152,070	18,421	$N_2H_4 \cdot H_2SO_4$	130,12	21,53
$(NH_4)_2Cr_2O_7$	252,064	11,113	NH_2OH	33,030	42,406

Symbol, Formel, X	*M*(X) in g/mol	*w* in %	Symbol, Formel, X	*M*(X) in g/mol	*w* in %
$NH_2OH \cdot HCl$	69,491	20,156	$NaHCO_3$	84,007	27,967
$2\ NH_2OH \cdot H_2SO_4$	164,13	17,07	Na_2CO_3	105,989	43,382
NH_2SO_3H	97,09	14,43	$Na_2CO_3 \cdot H_2O$	124,004	37,079
NO	30,006	46,680	$Na_2CO_3 \cdot 10\ H_2O$	286,141	16,069
NOBr	109,910	12,744	$Na_3H(CO_3)_2 \cdot 2\ H_2O$	226,026	30,514
NOCl	65,459	21,398	$NaCHO_2$ (Formiat)	68,007	33,805
NOF	49,004	28,583	$NaC_2H_3O_2$ (Acetat)	82,034	28,026
NO_2	46,006	30,446	$NaC_2H_3O_2 \cdot 3\ H_2O$	136,080	16,894
NO_2Cl	81,458	17,195	$Na_2(C_4H_4O_6) \cdot 2\ H_2O$	230,081	19,984
NO_3	62,005	22,589	$NaH(C_4H_4O_6)$	172,070	13,361
N_2O	44,013	64,648	$NaK(C_4H_4O_6) \cdot 4\ H_2O$ (Tartrat)	282,221	8,146
N_2O_3	76,012	36,854			
N_2O_4	92,011	30,446	NaC_6H_5O (Phenolat)	116,093	19,803
N_2O_5	108,010	25,936	$Na_3(C_6H_5O_7) \cdot 5\frac{1}{2}\ H_2O$ (Citrat)	357,153	19,311
$\frac{1}{2}\ N_2O_5$	54,005	25,936			
HNO_2	47,013	29,793	$Na_2(C_8H_4O_4)$ (Phthalat)	210,097	21,885
HNO_3	63,013	22,228	$NaH(C_8H_4O_4)$	188,113	12,221
$HNO_3 \cdot (C_{20}H_{16}N_4)$ (Nitron)	375,381	14,925	$Na_2(C_2O_4)$ (Oxalat)	133,999	34,313
$HNO_3 \cdot (C_{22}H_{19}N)$ (1-Dinaphthodimethylanilin)	360,406	7,773	$NaH(C_2O_4) \cdot H_2O$	130,032	17,680
			$NaH(C_2O_4)$	112,017	20,523
			$Na_2H_2 \cdot (C_{10}H_{12}N_2O_8)$ (Komplexon III)	336,206	13,676
Na	22,9898	100	$Na_2H_2 \cdot (C_{10}H_{12}N_2O_8) \cdot 2\ H_2O$	372,239	12,352
2 Na	45,9794	100			
3 Na	68,9690	100	NaCl	58,442	39,337
$Na_3[AlF_6]$	209,941	32,852	NaOCl	74,442	30,883
$NaAlSi_3O_8$	262,223	8,767	$NaClO_3$	106,441	21,599
$NaAsO_2$	129,910	17,697	$NaClO_4$	122,440	18,776
Na_2HAsO_3	169,907	27,062	$NaClO_4 \cdot H_2O$	140,455	16,368
Na_2HAsO_4	185,907	24,733	$Na_3[Co(NO_2)_6]$	403,936	17,074
$NaBH_4$	37,83	60,77	$Na_3[Co(NO_2)_6] \cdot \frac{1}{2}\ H_2O$	412,943	16,702
$Na[B(C_6H_5)]_4$ (Kalignost)	342,22	6,72	Na_2CrO_4	161,973	28,387
$NaBO_2 \cdot 4\ H_2O$	137,86	16,68	$Na_2Cr_2O_7$	261,967	17,552
$NaBO_3 \cdot 4\ H_2O$	153,86	14,94	$Na_2Cr_2O_7 \cdot 2\ H_2O$	297,998	15,429
$Na_2B_4O_7$	201,22	22,85	$\frac{1}{6}\ Na_2Cr_2O_7 \cdot 2\ H_2O$	49,666	15,429
$\frac{1}{2}\ Na_2B_4O_7$	100,61	22,85	NaF	41,988	54,753
$Na_2B_4O_7 \cdot 10\ H_2O$	381,37	12,06	$Na_4[Fe(CN)_6] \cdot 10\ H_2O$	484,065	18,997
$\frac{1}{2}\ Na_2B_4O_7 \cdot 10\ H_2O$	190,69	12,06	$Na_2[Fe(CN)_5NO] \cdot 2\ H_2O$	297,952	15,432
NaBr	102,894	22,343	NaI	149,894	15,337
$NaBr \cdot 2\ H_2O$	138,924	16,548	$NaI \cdot 2\ H_2O$	185,925	12,365
$NaBrO_3$	150,892	15,236	$NaIO_3$	197,892	11,617
Na_2C_2	70,001	65,684	$NaIO_3 \cdot 5\ H_2O$	287,968	7,983
NaCN	49,007	46,911	$NaIO_4$	213,892	10,748
NaCNO	65,007	35,365	$NaIO_4 \cdot 3\ H_2O$	267,937	8,580
NaCNS	81,07	28,36	Na_2MoO_4	205,92	22,33

Symbol, Formel, X	M(X) in g/mol	w in %
$Na_2MoO_4 \cdot 2\,H_2O$	241,95	19,00
Na_3N	82,976	83,119
NaN_3	65,010	35,363
$NaNH_2$	39,012	58,929
$NaNO_2$	68,995	33,321
$NaNO_3$	84,995	27,048
Na_2O	61,979	74,186
½ Na_2O	30,989	74,186
Na_2O_2	77,978	58,964
$NaOH$	39,997	57,479
Na_3P	99,943	69,009
$NaH_2PO_2 \cdot H_2O$	105,993	21,690
$NaPO_3$	101,692	22,547
NaH_2PO_4	119,977	19,162
$NaH_2PO_4 \cdot H_2O$	137,992	16,660
$NaH_2PO_4 \cdot 2\,H_2O$	156,007	14,736
Na_2HPO_4	141,959	32,389
$Na_2HPO_4 \cdot 2\,H_2O$	177,989	25,833
$Na_2HPO_4 \cdot 12\,H_2O$	358,141	12,838
Na_3PO_4	163,940	42,070
$Na_3PO_4 \cdot 12\,H_2O$	380,124	18,144
$Na_4P_2O_7$	265,902	34,584
$Na_4P_2O_7 \cdot 10\,H_2O$	446,054	20,616
Na_2S	78,04	58,91
$Na_2S \cdot 9\,H_2O$	240,18	19,14
$NaHS$	56,06	41,01
$NaHSO_3$	104,06	22,09
Na_2SO_3	126,04	36,48
$Na_2SO_3 \cdot 7\,H_2O$	252,14	18,24
$Na_2S_2O_3$	158,11	29,08
½ $Na_2S_2O_3$	79,06	29,08
$Na_2S_2O_3 \cdot 5\,H_2O$	248,19	18,53
½ $Na_2S_2O_3 \cdot 5\,H_2O$	124,09	18,53
$NaHSO_4$	120,06	19,15
$NaHSO_4 \cdot H_2O$	138,07	16,65
Na_2SO_4	142,04	32,37
$Na_2SO_4 \cdot 10\,H_2O$	322,19	14,27
$Na_2S_2O_4$	174,11	26,41
$Na_2S_2O_5$	190,11	24,19
$Na_2S_2O_6 \cdot 2\,H_2O$	242,14	18,99
$Na_2S_2O_8$	238,11	19,31
$Na[Sb(OH)_6]$	246,79	9,32
Na_2SeO_3	172,94	26,59
Na_2SiO_3	122,063	37,669
$Na_2SiO_3 \cdot 9\,H_2O$	284,200	16,179
$Na_2[SiF_6]$	188,055	24,450
$Na_2[Sn(OH)_6]$	266,71	17,24
$Na_2U_2O_7 \cdot 6\,H_2O$	742,125	6,196
$NaMg(UO_2)_3 \cdot (C_2H_3O_2)_9 \cdot 6\,H_2O$ (Uranylacetat)	1496,866	1,536
$NaMg(UO_2)_3 \cdot (C_2H_3O_2)_9 \cdot 8\,H_2O$	1532,896	1,4998
$NaZn(UO_2)_3 \cdot (C_2H_3O_2)_9 \cdot 6\,H_2O$	1537,95	1,50
$NaVO_3 \cdot 4\,H_2O$	193,990	11,851
Na_2WO_4	293,83	15,70
Nb	92,9064	100
$NbCl_5$	270,170	34,388
NbF_5	187,898	49,445
$K_2NbOF_5 \cdot H_2O$	300,110	30,957
$Nb(OH)_5$	177,943	52,211
Nb_2O_5	265,810	69,904
Nd	144,24	100
$Nd(BrO_3)_3$	527,95	27,92
NdC_2	168,26	85,72
$NdCl_3$	250,60	57,56
$NdCl_3 \cdot 6\,H_2O$	358,69	40,21
NdN	158,25	91,15
$Nd(NO_3)_3 \cdot 6\,H_2O$	438,35	32,90
Nd_2O_3	336,48	85,74
$Nd_2(SO_4)_3 \cdot 8\,H_2O$	720,77	40,02
Ni	58,693	100
½ Ni	29,347	100
2 Ni	117,37	100
$NiAs$	133,65	43,93
NiB	69,504	84,45
$NiBr_2$	218,501	26,86
$Ni(CO)_4$	170,734	34,38
$NiCO_3$	118,702	49,44
$Ni(C_2H_3O_2)_2 \cdot 4\,H_2O$ (Acetat)	248,843	23,59
$Ni(C_2H_5N_4O)_2$ (Dicyandiamidin)	260,868	22,50
$NiC_4H_{10}O_4N_8$ (Oxalendiuramid-dioxim)	292,867	20,04

Symbol, Formel, X	*M*(X) in g/mol	*w* in %	Symbol, Formel, X	*M*(X) in g/mol	*w* in %
$Ni(C_7H_6O_2N)_2$ (Anthranilsäure)	330,949	17,73	2 P	61,9476	100
$NiC_8H_{14}N_4O_4$ (Diacetyldioxim)	288,915	20,31	PBr_3	270,686	11,442
$Ni(C_9H_6NO)_2$ (Oxin)	346,993	16,91	PBr_5	430,494	7,195
$Ni(C_9H_6NO)_2 \cdot 2\,H_2O$	383,024	15,32	$POBr_3$	286,685	10,804
$NiCl_2$	129,60	45,29	PCl_3	137,332	22,554
$NiCl_2 \cdot 6\,H_2O$	237,69	24,69	PCl_5	208,237	14,874
NiF_2	96,71	60,70	$POCl_3$	153,331	20,201
NiI_2	312,52	18,78	PF_3	87,969	35,210
$Ni(NO_3)_2$	182,70	32,12	PF_5	125,966	24,589
$Ni(NO_3)_2 \cdot 6\,H_2O$	290,79	20,18	PH_3	33,997	91,106
NiO	74,69	78,58	PH_4I	161,910	19,130
NiO_2	90,69	64,72	PI_3	411,687	7,524
Ni_2O_3	165,38	70,98	P_2I_4	569,566	10,876
Ni_2P	143,35	79,12	P_3N_5	162,955	57,023
Ni_3P_2	238,02	73,97	PO_2	62,973	49,186
NiS	90,75	64,67	H_3PO_2	65,996	46,933
$NiSO_4$	154,75	37,93	PO_3	78,972	39,221
$NiSO_4 \cdot 7\,H_2O$	280,85	20,90	$(HPO_3)_n$	$n \times 79{,}980$	38,727
			H_3PO_3	81,996	37,775
O	15,9994	100	$H_3PO_3 \cdot H_2O$	100,011	30,970
2 O	31,9988	100	P_2O_3	109,946	56,344
3 O	47,9982	100	½ P_2O_3	54,973	56,344
4 O	63,9976	100	P_2O_5	141,945	43,642
5 O	79,9970	100	½ P_2O_5	70,972	43,642
6 O	95,9964	100	PO_4	94,971	32,614
OCH_3	31,034	51,554	½ PO_4	47,486	32,614
OC_2H_5	45,061	35,506	2 PO_4	189,943	32,614
OH	17,007	94,075	3 PO_4	284,914	32,614
2 OH	34,015	94,075	HPO_4	95,979	32,271
3 OH	51,022	94,075	H_2PO_4	96,987	31,936
4 OH	68,029	94,075	H_3PO_4	97,995	31,607
5 OH	85,037	94,075	$P_2O_5 \cdot 24\,MoO_3$	3596,46	1,72
6 OH	102,04	94,075	P_2O_7	173,943	35,614
			$H_4P_2O_7$	177,975	34,807
Os	190,23	100	P_2S_5	222,27	27,87
$OsCl_4$	332,04	57,3	P_4S_3	220,09	56,30
OsF_8	342,22	55,6	P_4S_7	348,35	35,57
OsO_2	222,23	85,6			
OsO_4	254,23	74,8	Pb	207,2	100
			½ Pb	103,6	100
P	30,9738	100	¼ Pb	51,8	100
⅓ P	10,3246	100	2 Pb	414,4	100
⅕ P	6,1948	100	$PbBr_2$	367,0	57,0
			$Pb(CN)_2$	259,2	79,9

Symbol, Formel, X	*M*(X) in g/mol	*w* in %
$Pb(C_2H_3O_2)_2$ (Acetat)	325,3	63,7
$Pb(C_2H_3O_2)_2 \cdot 3\,H_2O$	379,3	54,6
$Pb(C_2H_5)_4$ (Tetraethyl)	323,5	64,1
$Pb(C_7H_4NS_2)(OH)$ (Mercaptobenzothiazol)	390,4	53,1
$Pb(C_7H_6NO_2)_2$ (Salicylaldoxim)	479,5	43,2
$Pb(C_{10}H_7N_4O_5)_2 \cdot 1{,}5\,H_2O$ (Pikrolonsäure)	760,6	27,2
$Pb(C_{12}H_{10}NOS)_2$ (Thionalid)	639,8	32,4
$PbCO_3$	267,2	77,5
$2\,PbCO_3 \cdot Pb(OH)_2$	775,6	80,1
$PbCl_2$	278,1	74,5
$PbClF$	261,7	79,2
$PbCl_2 \cdot PbO$	501,3	82,7
$PbCl_4$	349,0	59,4
$Pb(ClO_3)_2$	374,1	55,4
$PbCrO_4$	323,2	64,1
$PbCrO_4 \cdot PbO$	546,4	75,8
PbF_2	245,2	84,5
PbI_2	461,0	44,9
$PbMoO_4$	367,1	56,4
$Pb(N_3)_2$	291,2	71,1
$Pb(NO_3)_2$	331,2	62,6
PbO	223,2	92,8
$3\,PbO \cdot H_2O$	687,6	90,4
PbO_2	239,2	86,6
Pb_3O_4	685,6	90,7
$Pb(OH)_2$	241,2	85,9
$Pb_3(PO_4)_2$	811,5	76,6
PbS	239,3	86,6
$3\,PbS \cdot PbCl_2$	995,9	83,2
$Pb(SCN)_2$	323,4	64,1
PbS_2O_3	319,3	64,9
$PbSO_4$	303,3	68,3
$Pb(SO_4)_2$	399,3	51,9
$PbSO_4 \cdot PbO$	526,5	78,7
$Pb(VO_3)_2$	405,1	51,2
$Pb_2V_2O_7$	628,3	66,0
$PbWO_4$	455,0	45,5
Pd	106,42	100
½ Pd	53,21	100
¼ Pd	26,60	100

Symbol, Formel, X	*M*(X) in g/mol	*w* in %
$Pd(C_5H_5NO_2)_2Cl_2$ (Furfuraldoxim)	399,52	26,64
$Pd(C_7H_6NO_2)_2$ (Salicylaldoxim)	378,67	28,10
$Pd(C_9H_6NO)_2$ (Oxin)	394,72	26,96
$Pd[C_{10}H_6O(NO)]_2$ (1-Nitroso-2-naphthol)	450,74	23,61
$Pd[C_{10}H_6O(NO)_2]_2$ (1-Nitro-2-naphthol)	482,74	22,04
$Pd(CN)_2$	158,46	67,16
$PdCl_2$	177,33	60,01
$PdCl_2 \cdot 2\,H_2O$	213,36	49,88
$PdCl_4$	248,23	42,87
$PdCl_6$	319,14	33,35
$K_2[PdCl_4]$	326,43	32,60
$K_2[PdCl_6]$	397,33	26,78
$(NH_4)_2[PdCl_6]$	355,21	29,96
PdI_2	360,23	29,54
$Pd(NO_3)_2$	230,43	46,18
PdO	122,42	86,93
PdS	138,48	76,85
PdS_2	170,54	62,40
$PdSO_4$	202,48	52,56
$PdSO_4 \cdot 2\,H_2O$	238,51	44,62
Pr	140,9077	100
⅓ Pr	46,9692	100
2 Pr	281,8154	100
$Pr(BrO_3)_3$	524,614	26,859
PrC_2	164,930	85,435
$PrCl_3$	247,266	56,986
$PrCl_3 \cdot 7\,H_2O$	373,373	37,739
$Pr(NO_3)_3$	326,922	43,101
$Pr(NO_3)_3 \cdot 6\,H_2O$	435,014	32,392
PrO_2	172,907	81,494
Pr_2O_3	329,814	85,447
$PrPO_4$	235,879	59,737
$Pr_2(SO_4)_3$	570,00	49,44
$Pr_2(SO_4)_3 \cdot 5\,H_2O$	660,08	42,70
$Pr_2(SO_4)_3 \cdot 8\,H_2O$	714,12	39,46
$Pr_2(NH_4)_2 \cdot (SO_4)_4 \cdot 8\,H_2O$	846,25	33,30
Pt	195,084	100
¼ Pt	48,771	100
½ Pt	97,542	100
2 Pt	390,168	100

Symbol, Formel, X	*M*(X) in g/mol	*w* in %
$PtAs_2$	344,923	56,56
$PtBr_2$	354,892	54,97
$PtBr_4$	514,700	37,90
$(NH_4)_2[PtBr_6]$	710,585	27,45
$Pt(CN)_2$	247,119	78,94
$K_2[Pt(CN)_4] \cdot 3\ H_2O$	431,396	45,22
$PtCl_2$	265,990	73,33
$PtCl_4$	336,896	57,91
$K_2[PtCl_4]$	415,093	47,00
$H_2[PtCl_6]$	409,819	47,60
$H_2[PtCl_6] \cdot 6\ H_2O$	517,909	37,67
$K_2[PtCl_6]$	485,998	40,14
$Na_2[PtCl_6] \cdot 6\ H_2O$	561,887	34,72
$(NH_4)_2[PtCl_6]$	443,877	43,95
PtI_2	448,893	43,46
PtO	211,083	92,42
PtO_2	227,083	85,91
$Pt(OH)_2$	229,099	85,15
$Pt(OH)_4$	263,113	74,15
PtS	227,15	85,88
PtS_2	259,21	75,26
Ra	226,0254	100
$RaBr_2$	385,833	58,581
$RaCl_2$	296,931	76,120
$Ra(NO_3)_2$	350,035	64,572
Rb	85,4678	100
2 Rb	170,9356	100
$RbBr$	165,372	51,682
Rb_2CO_3	230,945	74,016
$RbCl$	120,921	70,681
$Rb_2[PtCl_6]$	578,732	29,54
$RbClO_3$	168,919	50,597
$RbClO_4$	184,918	46,219
RbI	212,372	40,244
$RbNO_3$	147,473	57,955
Rb_2O	186,935	91,441
Rb_2O_2	202,934	84,232
Rb_2O_3	218,934	78,076
Rb_2O_4	234,933	72,759
$RbOH$	102,475	83,403
Rb_2SO_4	266,998	64,022
$RbAl(SO_4)_2 \cdot 12\ H_2O$	520,758	16,413

Symbol, Formel, X	*M*(X) in g/mol	*w* in %
Re	186,207	100
2 Re	372,414	100
$ReCl_3$	292,565	63,646
$ReCl_4$	328,018	56,767
$ReCl_6$	398,923	46,677
$H_2[ReCl_6]$	400,939	46,443
ReF_6	300,197	62,028
ReO_2	218,206	85,335
ReO_3	234,205	79,506
ReO_4	250,205	74,422
Re_2O_3	420,412	88,583
Re_2O_7	484,410	76,880
$HReO_4$	251,213	74,123
ReS_2	250,34	74,39
Re_2S_7	596,87	62,40
Rh	102,9055	100
2 Rh	205,811	100
$RhCl_3$	209,264	49,175
$RhCl_3 \cdot 4\ H_2O$	281,325	36,579
$[RhCl_6]Na_3 \cdot 12\ H_2O$	600,774	17,129
$[Rh(NH_3)_5Cl]Cl_2$	294,416	34,952
RhO	118,905	86,544
RhO_2	134,904	76,280
Rh_2O_3	253,809	81,089
$Rh(OH)_2$	136,920	75,157
$Rh_2(SO_4)_3 \cdot 12\ H_2O$	710,18	28,99
$RhK(SO_4)_2 \cdot 12\ H_2O$	550,31	18,70
Ru	101,07	100
2 Ru	202,14	100
$RuCl_3$	207,43	48,73
$RuCl_4$	242,88	41,61
RuO_4	165,07	61,23
$Ru(OH)_3$	152,09	66,45
S	32,065	100
S_2Br_2	223,938	28,63
SCN	58,082	55,20
SCl_2	102,971	31,14
S_2Cl_2	135,036	47,49
SCl_4	173,877	18,44
SF_4	108,059	29,67
SF_6	146,055	21,95
H_2S	34,081	94,08
S_4N_4	184,287	69,60

Symbol, Formel, X	*M*(X) in g/mol	*w* in %
SO	48,064	66,71
SO_2	64,064	50,05
SO_3	80,063	40,05
SO_4	96,063	33,38
S_2O_3	112,128	57,19
S_2O_7	176,126	36,41
$SOBr_2$	207,872	15,42
$SOCl_2$	118,970	26,95
SO_2Br_2	223,872	14,32
SO_2Cl_2	134,970	23,75
$SO_2(NH_2)_2$	96,109	33,36
$S_2O_5Cl_2$	215,033	29,82
HSO_3	81,071	39,55
HSO_4	97,071	33,03
H_2SO_3	82,079	39,06
H_2SO_4	98,078	32,69
H_2SO_5	114,078	28,16
$H_2S_2O_3$	114,144	56,18
$H_2S_2O_7$	178,142	36,00
$H_2S_2O_8$	194,141	33,03
HSO_3Cl	116,532	27,52
HSO_3NH_2	97,094	33,02
HSO_3ONO	127,077	25,23
Sb	121,760	100
⅕ Sb	24,352	100
⅓ Sb	40,587	100
2 Sb	243,520	100
$SbBr_3$	361,472	33,69
$Sb(C_6H_5O_4)$ (Pyrogallol)	262,862	46,32
$Sb(C_9H_6NO)_3$ (Oxin)	554,210	21,97
$SbO(C_9H_6NO)\cdot(C_9H_7NO)_2$ (Oxin)	570,210	21,28
$Sb(C_{12}H_{10}ONS)_3$ (Thionalid)	1058,897	15,78
$SbO\cdot K(C_4H_4O_6)\cdot ½\ H_2O$ (Brechweinstein)	333,916	36,46
$SbCl_3$	228,119	53,37
$SbCl_5$	299,025	40,72
$SbOCl$	173,212	70,30
SbF_3	178,755	68,11
SbF_5	216,752	56,17
$Na_3[SbF_6]$	304,720	39,96
$(NH_4)_2[SbF_5]$	252,829	48,16
SbH_3	124,784	97,58
H_3SbO_3	172,782	70,47
SbI_3	502,473	24,23
Sb_2O_3	291,518	83,53
Sb_2O_4	307,518	79,19
Sb_2O_5	323,517	75,27
Sb_2S_3	339,715	71,69
Sb_2S_5	403,845	60,30
SbS_3	217,955	55,87
SbS_4	250,020	48,70
Sc	44,9559	100
$ScCl_3\cdot 6\ H_2O$	259,406	17,330
$Sc(NO_3)_3$	230,971	19,464
Sc_2O_3	137,910	65,196
$Sc_2(SO_4)_3$	378,100	23,781
$Sc_2(SO_4)_3\cdot 6\ H_2O$	486,191	18,494
Se	78,96	100
Se_2Cl_2	228,83	69,01
$SeCl_4$	220,77	35,77
SeF_4	154,95	50,96
SeF_6	192,95	40,92
SeO_2	110,96	71,16
SeO_3	126,96	62,19
SeO_4	142,96	55,23
H_2SeO_3	128,97	61,22
H_2SeO_4	144,97	54,47
$H_2SeO_4\cdot H_2O$	162,99	48,45
SeS	111,03	71,12
SeS_2	143,09	55,19
Si	28,0855	100
¼ Si	7,0214	100
2 Si	56,1710	100
3 Si	84,2565	100
SiB_3	60,516	46,410
SiB_6	92,946	30,217
SiC	40,097	70,045
$SiCl_4$	169,898	16,531
Si_2Cl_6	268,889	20,890
SiF_4	104,079	26,985
SiF_6	142,076	19,768
$H_2[SiF_6]$	144,092	19,491
SiH_4	32,117	87,447

Symbol, Formel, X	M(X) in g/mol	w in %	Symbol, Formel, X	M(X) in g/mol	w in %
Si_2H_6	62,218	90,280	$SnCl_4$	260,52	45,57
Si_3H_8	92,320	91,266	$SnCl_4 \cdot 5\ H_2O$	350,60	33,86
Si_4H_{10}	122,421	91,767	$SnOCl_2$	205,62	57,73
SiO	44,085	63,708	$Sn_2OCl_2 \cdot 4\ H_2O$	396,37	59,89
SiO_2	60,084	46,743	$Sn(CrO_4)_2$	350,70	33,85
$2\ SiO_2$	120,169	46,743	SnF_2	156,71	75,75
$3\ SiO_2$	180,253	46,743	SnF_4	194,70	60,97
$4\ SiO_2$	240,337	46,743	SnH_4	122,74	96,71
$5\ SiO_2$	300,422	46,743	SnI_2	372,52	31,87
$6\ SiO_2$	360,506	46,743	SnI_4	626,33	18,95
SiO_3	76,084	36,914	$Sn_2O(NO_3)_2$	377,43	62,90
$2\ SiO_3$	152,168	36,914	SnO	134,71	88,12
$3\ SiO_3$	228,251	36,914	SnO_2	150,71	78,77
$4\ SiO_3$	304,335	36,914	$Sn(OH)_2$	152,73	77,73
$5\ SiO_3$	380,419	36,914	$Sn(OH)_4$	186,74	63,57
$6\ SiO_3$	456,504	36,914	SnS_2	182,83	64,93
H_2SiO_3	78,100	35,961	$SnSO_4$	214,77	55,27
SiO_4	92,083	30,500			
$2\ SiO_4$	184,166	30,500	**Sr**	87,62	100
$3\ SiO_4$	276,249	30,500	½ Sr	43,81	100
$4\ SiO_4$	368,332	30,500	2 Sr	175,24	100
$5\ SiO_4$	460,416	30,500	3 Sr	262,86	100
$6\ SiO_4$	552,498	30,500	$SrBr_2$	247,43	35,41
H_2SiO_4	94,099	29,847	$SrBr_2 \cdot 6\ H_2O$	355,52	24,65
Si_2O_7	168,167	33,402	$Sr(BrO_3)_2 \cdot H_2O$	361,46	24,24
Si_3O_8	212,252	39,697	SrC_2	111,64	78,48
			$Sr(C_2H_3O_2)_2 \cdot ½\ H_2O$ (Acetat)	214,72	40,81
Sm	150,36	100			
$Sm(BrO_3)_3 \cdot 9\ H_2O$	696,20	21,60	SrC_2O_4 (Oxalat)	175,64	49,89
$SmCl_2$	221,27	67,95	$SrC_2O_4 \cdot H_2O$	193,66	45,25
$SmCl_3$	256,72	58,57	$SrCO_3$	147,63	59,35
$SmCl_3 \cdot H_2O$	274,73	54,73	$SrCl_2$	158,53	55,27
$Sm(NO_3)_3 \cdot 6H_2O$	444,47	33,83	$SrCl_2 \cdot 6\ H_2O$	266,62	32,86
$Sm_2(SO_4)_3 \cdot 8\ H_2O$	733,03	41,03	$SrCrO_4$	203,61	43,03
			SrF_2	125,62	69,75
Sn	118,71	100	$SrI_2 \cdot 6\ H_2O$	449,52	19,49
¼ Sn	29,678	100	$Sr(NO_3)_2$	211,63	41,40
½ Sn	59,355	100	$Sr(NO_3)_2 \cdot 4\ H_2O$	283,69	30,89
2 Sn	237,42	100	SrO	103,62	84,56
$SnBr_2$	278,52	42,62	$Sr(OH)_2$	121,64	72,04
$SnBr_4$	438,33	27,08	$Sr(OH)_2 \cdot 8\ H_2O$	265,76	32,97
SnC_2O_4 (Oxalat)	206,73	57,42	SrS	119,68	73,21
$SnCl_2$	189,62	62,60	$Sr(HS)_2$	153,77	56,99
$SnCl_2 \cdot 2\ H_2O$	225,65	52,61	$SrSO_3$	167,68	52,26

Symbol, Formel, X	M(X) in g/mol	w in %
$SrSO_4$	183,68	47,70
SrS_2O_3	199,75	43,87
$SrSiO_3$	163,70	53,52
$SrTiO_3$	183,52	47,75
Ta	180,9488	100
⅕ Ta	36,1897	100
$TaBr_5$	580,468	31,173
TaC	192,959	93,775
$TaCl_2$	251,854	71,847
$TaCl_5$	358,213	50,514
TaF_5	275,940	65,575
$K_2[TaF_7]$	392,133	46,144
Ta_3N_5	612,877	88,573
Ta_2O_5	441,893	81,897
$Ta(OH)_5$	265,984	68,030
Ta_2S_4	490,156	73,84
Tb	158,92534	100
⅓ Tb	52,9751	100
$TbCl_3$	265,284	59,908
$TbCl_3 \cdot 6\,H_2O$	373,376	42,565
$Tb(NO_3)_3 \cdot 6\,H_2O$	453,031	35,080
Tb_2O_3	365,849	86,880
Tb_4O_7	747,697	85,021
$Tb_2(SO_4)_3 \cdot 8\,H_2O$	750,161	42,37
Te	127,60	100
½ Te	63,80	100
2 Te	255,20	100
$TeBr_2$	287,41	44,40
$TeBr_4$	447,22	28,53
$TeCl_2$	198,51	64,29
$TeCl_4$	269,41	47,36
TeF_4	203,59	62,67
TeH_2	129,62	98,45
TeI_2	381,41	33,46
TeO_2	159,60	79,95
TeO_3	175,60	72,67
H_2TeO_4	193,61	65,91
$H_2TeO_4 \cdot 2\,H_2O$	229,64	55,56
Th	232,03806	100
¼ Th	58,0095	100
$Th(C_2O_4)_2 \cdot 6\,H_2O$ (Oxalat)	516,169	44,954

Symbol, Formel, X	M(X) in g/mol	w in %
$ThCl_4$	373,850	62,067
$ThF_4 \cdot 4\,H_2O$	380,093	61,048
$Th(NO_3)_4 \cdot 6\,H_2O$	588,148	39,452
ThO_2	264,037	87,881
$Th(OH)_4$	300,067	77,328
$Th_3(PO_4)_4 \cdot 4\,H_2O$	1148,061	60,634
$Th(PO_3)_2 \cdot 11\,H_2O$	588,149	39,452
$Th(SO_4)_2$	424,163	54,71
$Th(SO_4)_2 \cdot 9\,H_2O$	586,301	39,55
Ti	47,867	100
¼ Ti	11,967	100
⅓ Ti	15,956	100
½ Ti	23,934	100
2 Ti	95,734	100
3 Ti	143,601	100
TiC	59,878	79,95
$TiCl_3$	154,226	31,04
$TiCl_3 \cdot 6\,H_2O$	262,318	18,25
$TiCl_4$	189,679	25,24
TiF_3	104,862	45,65
TiF_4	123,861	38,65
TiF_6	161,857	29,58
TiI_4	555,485	8,62
$TiK(C_2O_4)_3 \cdot 2\,H_2O$ (Oxalat)	387,053	12,37
TiN	61,874	77,37
TiO	63,866	74,95
TiO_2	79,866	59,94
TiO_3	95,865	49,94
Ti_2O_3	143,732	66,61
$TiO(C_9H_6NO)_2$ (Oxin)	352,166	13,60
$Ti_3(PO_4)_4$	523,486	27,44
TiS_2	111,997	42,75
$TiO(SO_4)$	159,929	29,94
$TiO_2(SO_4)$	175,928	27,21
Tl	204,3833	100
TlBr	284,287	71,89
$TlBr_3 \cdot 4\,H_2O$	516,156	39,60
Tl_2CO_3	468,776	87,20
TlCNS	262,467	77,87
$Tl(C_7H_4NS_2)$ (Mercaptobenzothiazol)	370,627	55,14
$Tl(C_{12}H_{10}NOS)$ (Thionalid)	420,662	48,59

Symbol, Formel, X	*M*(X) in g/mol	*w* in %
TlCl	239,836	85,22
$TlCl_3$	310,742	65,77
$TlCl_3 \cdot H_2O$	328,758	62,17
$TlCl_3 \cdot 4\,H_2O$	382,803	53,391
TlF	223,381	91,495
TlF_3	261,378	78,194
TlI	331,287	61,694
$TlNO_3$	266,387	76,724
$Tl(NO_3)_3 \cdot 3\,H_2O$	444,443	45,986
Tl_2O	424,765	96,233
Tl_2O_3	456,764	89,492
TlOH	221,390	92,318
$TlOH \cdot H_2O$	239,405	85,371
TlO(OH)	237,389	86,096
Tl_2S	440,832	92,73
Tl_2S_3	504,962	80,95
Tl_2SO_4	504,829	80,97
$Tl_2(SO_4)_3 \cdot 7\,H_2O$	823,061	49,67
Tm	168,9342	100
⅓ Tm	56,3114	100
$TmCl_3 \cdot 7\,H_2O$	401,400	42,086
Tm_2O_3	385,867	87,561
U	238,0289	100
⅙ U	39,670	100
¼ U	59,507	100
2 U	476,058	100
3 U	714,087	100
UCl_4	379,841	62,666
UF_4	314,023	75,800
UF_6	352,019	?67,618
UO_2	270,028	88,150
$2\,UO_2$	540,055	88,150
UO_3	286,027	83,219
UO_4	302,027	78,811
U_2O_7	588,054	80,955
U_3O_8	842,082	84,800
$UO_2(C_2H_3O_2)_2$ (Acetat)	388,116	61,329
$UO_2(C_2H_3O_2)_2 \cdot 2\,H_2O$	424,146	56,119
$UO_2(C_9H_6NO)_2 \cdot (C_9H_7NO)$ (Oxin)	702,478	33,835
$UO_2(NO_3)_2$	394,038	60,408
$UO_2(NO_3)_2 \cdot 6\,H_2O$	502,129	47,404
$UO_2(NO_3)_2 \cdot 12\,H_2O$	610,221	39,007

Symbol, Formel, X	*M*(X) in g/mol	*w* in %
$UO_2(HPO_4) \cdot 4\,H_2O$	438,068	54,336
$(UO_2)_2P_2O_7$	713,999	66,675
$UO_2(SO_4)$	366,090	65,019
$UO_2(SO_4) \cdot 3\,H_2O$	420,136	56,655
V	50,9415	100
⅕ V	10,1883	100
⅓ V	16,9847	100
2 V	101,8828	100
VC	62,952	80,921
VCl_2	121,848	41,808
VCl_3	157,301	32,385
VCl_4	192,754	26,428
VOCl	102,394	49,751
$VOCl_2$	137,847	36,955
$VOCl_3$	173,300	29,395
V_2O_2Cl	169,335	60,167
VF_3	107,937	47,196
VF_4	126,935	40,132
VF_5	145,933	34,907
VN	64,948	78,434
VO_2	82,940	61,419
VO_3	98,940	51,487
VO_4	114,939	44,320
V_2O_3	149,881	67,976
$V_2O_3 \cdot (C_9H_6NO)_4$ (Oxin)	726,481	14,024
V_2O_5	181,880	56,016
V_2O_7	213,879	47,636
$V(OH)_5$	135,978	37,463
V_2S_2	166,013	61,37
V_2S_3	198,078	51,44
V_2S_5	262,208	38,86
$VSO_4 \cdot 7\,H_2O$	273,111	18,65
$VO(SO_4)$	163,004	31,25
$(VO)_2(SO_4)_3$	422,070	24,14
W	183,84	100
WBr_5	583,36	31,52
WBr_6	663,26	27,72
W_2C	379,69	96,84
W_3C_2	575,54	95,83
WC	195,85	93,87
WCl_2	254,75	72,17
WCl_4	325,65	56,45
WCl_5	361,11	50,91

Symbol, Formel, X	M(X) in g/mol	w in %	Symbol, Formel, X	M(X) in g/mol	w in %
WCl_6	396,56	46,36	$ZnCO_3$	125,418	52,15
WO_2Cl_2	286,75	64,11	$ZnCl_2$	136,315	47,98
WF_4	259,83	70,75	$ZnCl_2 \cdot 1{,}5\ H_2O$	163,337	40,04
WF_6	297,83	61,73	$ZnCr_2O_7 \cdot 3\ H_2O$	335,42	19,49
WOF_4	275,83	66,65	ZnF_2	103,406	63,25
WI_2	437,65	42,01	$ZnF_2 \cdot 4\ H_2O$	175,467	37,27
WI_4	691,46	26,59	$Zn[Hg(SCN)_4]$	498,329	13,12
WO_3	231,84	79,30	ZnI_2	319,218	20,49
WO_4	247,84	74,18	Zn_3N_2	224,240	87,50
WP	214,81	85,58	$Zn(NO_3)_2$	189,419	34,52
WP_2	245,79	74,80	$Zn(NO_3)_2 \cdot 6\ H_2O$	297,510	21,98
W_4P_2	797,31	92,23	ZnO	81,408	80,34
WS_2	247,97	74,14	$Zn(OH)_2$	99,424	65,78
WS_3	280,04	65,65	Zn_3P_2	258,175	76,00
			$Zn_3(PO_4)_2 \cdot 4\ H_2O$	458,231	42,82
Y	88,9059	100	$Zn_2P_2O_7$	304,761	42,92
YBr_3	328,618	27,054	ZnS	97,474	67,10
YC_2	112,927	78,728	$ZnSO_4$	161,472	40,50
YCl_3	195,265	45,531	$ZnSO_4 \cdot 7\ H_2O$	287,578	22,74
$Y(NO_3)_3 \cdot 6\ H_2O$	383,012	23,212	$ZnSO_4 \cdot (NH_4)_2SO_4 \cdot 6\ H_2O$	401,703	16,28
$Y_2(SO_4)_3$	466,000	38,16			
$Y_2(SO_4)_3 \cdot 8\ H_2O$	610,122	29,14			
			Zr	91,224	100
Yb	173,04	100	2 Zr	182,448	100
⅓ Yb	57,68	100	ZrC	103,235	88,37
2 Yb	346,08	100	$Zr(C_8H_6O_3Br)_4$ (Brommandelsäure)	1011,366	9,02
$YbCl_3 \cdot 6\ H_2O$	387,49	44,66	$Zr(C_9H_6NO)_4$ (Oxin)	667,824	13,66
$Yb_2(SO_4)_3$	634,27	54,57	$ZrCl_4$	233,036	39,15
$Yb_2(SO_4)_3 \cdot 8\ H_2O$	778,39	44,46	$ZrOCl_2 \cdot 8\ H_2O$	322,252	28,31
$Yb_2(SeO_4)_3 \cdot 8\ H_2O$	919,07	37,66	ZrF_4	167,218	54,55
			$K_2[ZrF_6]$	283,411	32,19
Zn	65,409	100	$(NH_4)_2[ZrF_6]$	241,291	37,81
$Zn_3(AsO_4)_2 \cdot 8\ H_2O$	618,187	31,74	$Zr(NO_3)_4$	339,244	26,89
$ZnBr_2$	225,217	29,04	$Zr(NO_3)_4 \cdot 5\ H_2O$	429,320	21,25
$Zn(C_2H_3O_2)_2$ (Acetat)	183,497	35,64	ZrO_2	123,223	74,03
$Zn(C_2H_3O_2)_2 \cdot 2\ H_2O$	219,528	29,79	$Zr(OH)_4$	159,253	57,28
$Zn(C_5H_5N)_2 \cdot (SCN)_2$ (Pyridin + Thiocyanat)	339,774	19,25	ZrP_2	153,172	59,56
$Zn(C_7H_6NO_2)_2$ (Anthranilsäure)	337,665	19,37	ZrP_2O_7	265,167	34,40
$Zn(C_9H_6NO)_2$ (Oxin)	353,709	18,49	ZrS_2	155,354	58,72
$Zn(C_{10}H_6NO_2)_2 \cdot H_2O$ (Chinaldinsäure)	427,745	15,29	$Zr(SO_4)_2$	283,349	32,20
			$Zr(SO_4)_2 \cdot 4\ H_2O$	355,410	25,67
$Zn(CN)_2$	117,444	55,69	$ZrSiO_4$	183,307	49,77

2 Nomenklatur [4]

2.1 Namen anorganischer Säuren und ihrer Salze

Säuren der Halogene und deren Salze.
M: einwertiges Metall

Säuren		Salze	
Formel	**Name**	**Formel**	**Name**
$HClO$	Hypochlorige Säure	$MClO$	Hypochlorite
$HClO_2$	Chlorige Säure	$MClO_2$	Chlorite
$HClO_3$	Chlorsäure	$MClO_3$	Chlorate
$HClO_4$	Perchlorsäure	$MClO_4$	Perchlorate
HCl	Hydrogenchlorid (Chlorwasserstoffsäure, Salzsäure)	MCl	Chloride
$HBrO$	Hypobromige Säure	$MBrO$	Hypobromite
$HBrO_2$	Bromige Säure	$MBrO_2$	Bromite
$HBrO_3$	Bromsäure	$MBrO_3$	Bromate
$HBrO_4$	Perbromsäure	$MBrO_4$	Perbromate
HBr	Hydrogenbromid (Bromwasserstoffsäure)	MBr	Bromide
HIO	Hypoiodige Säure	MIO	Hypoiodite
		MIO_2	Iodite
HIO_3	Iodsäure	MIO_3	Iodate
H_5IO_6	Orthoperiodsäure	M_5IO_6	Orthoperiodate
HI	Hydrogeniodid (Iodwasserstoffsäure)	MI	Iodide
HF	Hydrogenfluorid (Fluorwasserstoffsäure, Flusssäure)	MF	Fluoride

Säuren des Schwefels und deren Salze.

Säuren		Salze	
Formel	**Name**	**Formel**	**Name**
H_2SO_2	Sulfoxylsäure	M_2SO_2	Sulfoxylate
$H_2S_2O_3$	Thioschwefelsäure	$M_2S_2O_3$	Thiosulfate
$H_2S_2O_4$	Dithionige Säure	$M_2S_2O_4$	Dithionite
H_2SO_3	Schweflige Säure	M_2SO_3	Sulfite
$H_2S_2O_5$	Dischweflige Säure	$M_2S_2O_5$	Disulfite
$H_2S_2O_6$	Dithionsäure	$M_2S_2O_6$	Dithionate
H_2SO_4	Schwefelsäure	M_2SO_4	Sulfate
$H_2S_2O_7$	Dischwefelsäure	$M_2S_2O_7$	Disulfate
$H_2S_2O_8$	Peroxodischwefel(VI)-säure	$M_2S_2O_8$	Peroxodisulfate(VI)
H_2SO_5	Peroxoschwefel(VI)-säure	M_2SO_5	Peroxosulfate(VI)
H_2S	Hydrogensulfid (Schwefelwasserstoff)	M_2S	Sulfide

Säuren des Stickstoffs und deren Salze.

Säuren		**Salze**	
Formel	**Name**	**Formel**	**Name**
HNO	Hyposalpetrige Säure		
$(HNO)_2$	Hypodisalpetrige Säure	MHN_2O_2	saure Hypodinitrite
		$M_2N_2O_2$	neutrale Hypodinitrite
HNO_2	Salpetrige Säure	MNO_2	Nitrite
HNO_3	Salpetersäure	MNO_3	Nitrate
HNO_4	Peroxosalpetersäure		
HN_3	Stickstoffwasserstoffsäure	MN_3	Azide

Säuren des Phosphors und deren Salze.

Säuren		**Salze**	
Formel	**Name**	**Formel**	**Name**
H_3PO_2	Phosphinsäure	MH_2PO_2	Phosphinate
$H_4P_2O_4$	Hypodiphosphonsäure	$M_2H_2P_2O_4$	Hypodiphosphonate
H_3PO_3	Phosphonsäure	$MH[HPO_3]$	prim. Phosphonate
		$M_2[HPO_3]$	sek. Phosphonate
$H_4P_2O_5$	Diphosphonsäure	$M_2H_2P_2O_5$	Diphosphonate
$H_4P_2O_6$	Hypodiphosphorsäure	$M_4P_2O_6$	Hypodiphosphate
H_3PO_4	Phosphorsäure	MH_2PO_4	Dihydrogenphosphate
		M_2HPO_4	Hydrogenphosphate
		M_3PO_4	Phosphate
$H_4P_2O_7$	Diphosphorsäure	$M_4P_2O_7$	Diphosphate
$H_4P_2O_8$	Peroxodiphosphorsäure	$M_4P_2O_8$	Peroxodiphosphate
H_3PO_5	Peroxophosphorsäure	M_3PO_5	Peroxophosphate
$H_{n+2}P_nO_{3n+1}$	Polyphosphorsäure		
$H_3PO_{4-n}S_n$	Thiophosphorsäuren		

Säuren des Siliciums und deren Salze.

Säuren		**Salze**	
Formel	**Name**	**Formel**	**Name**
$H_2[SiF_6]$	Hexafluorokieselsäure	$M_2[SiF_6]$	Fluorosilicate
H_4SiO_4	Orthokieselsäure	M_4SiO_4	Silicate
$H_6Si_2O_7$	Orthodikieselsäure	$M_6Si_2O_7$	Silicate
H_2SiO_{3n}	Metakieselsäuren (n = 3, 4, 6)	M_2SiO_3	Silicate
$H_{2n+2}Si_nO_{3n+1}$	Polykieselsäuren		

2.2 Namen von Ionen und Radikalen

Atom oder Gruppe	ungeladen als Atom, Molekül oder Radikal	als Kation oder kationisches Radikal	als Anion	als Ligand	als Substituent in einer organischen Verbindung
H	(Mono)Wasserstoff	Hydrogen	Hydrid	Hydrido	
F	(Mono)Fluor	Fluor	Fluorid	Fluoro	Fluor
OF	Sauerstoff-(mono)fluorid				Fluoroxy
Cl	(Mono)Chlor	Chlor	Chlorid	Chloro	Chlor
ClO		Chlorosyl	Hypochlorit	Hypochlorito	Chlorosyl OCl—
ClO_2	Chlordioxid	Chloryl	Chlorit	Chlorito	Chloryl
ClO_3		Perchloryl	Chlorat	Chlorato	Perchloryl
ClO_4			Perchlorat	Perchlorato	
Br	(Mono)Brom	Brom	Bromid	Bromo	Brom
I	(Mono)Iod	Iod	Iodid	Iodo	Iod
IO		Iodosyl	Hypoiodit		Iodoso
IO_2		Iodyl			Iodyl
ICl_2			Dichloro-iodat(I)		Dichloriod
O	(Mono)Sauerstoff		Oxid	Oxo	Oxo Oxy, oxido
O_2	Disauerstoff	Disauer-stoff(1+) O_2^+	Peroxid O_2^{2-} Hyperoxid O_2^-	Peroxo Disauerstoff	Dioxy
O_3	Trisauerstoff-(Ozon)		Ozonid		Trioxy
H_2O	Wasser			Aqua	Oxonio H_2O^+
H_3O		Oxonium			
OH	Hydroxyl		Hydroxid	Hydroxo	Hydroxy
HO_2	Perhydroxyl		Hydrogen-peroxid	Hydrogen-peroxo	Hydroperoxy
S	(Mono)Schwefel		Sulfid	Thio, Sulfido	Thio —S— Sulfido —S^- Thioxo S=
HS	Sulfhydryl		Hydrogen-sulfid	Mercapto	Mercapto, Thiol
S_2	Dischwefel	Dischwefel(1+)	Disulfid	Disulfido	Dithio —S—S—
SO	Schwefelmonoxid	Sulfinyl(Thionyl)			Sulfinyl

Atom oder Gruppe	ungeladen als Atom, Molekül oder Radikal	als Kation oder kationisches Radikal	als Anion	als Ligand	als Substituent in einer organischen Verbindung
SO_2	Schwefeldioxid	Sulfonyl (Sulfuryl)	Sulfoxylat	Schwefeldioxid	Sulfonyl
SO_3	Schwefeltrioxid		Sulfit	Sulfito	Sulfonato $—SO_3^-$
HSO_3			Hydrogensulfit	Hydrogensulfito	Sulfo $(HO)O_2S—$
H_2S	Dihydrogensulfid, Schwefelwasserstoff				Sulfonio $H_2S^+—$
S_2O_3			Thiosulfat	Thiosulfato	
SO_4			Sulfat	Sulfato	Sulfonyldioxy $—O—SO_2—O—$
Se	(Mono)Selen		Selenid	Seleno	Seleno —Se— Selenoxo Se=
SeO		Seleninyl	Selenoxid		Seleninyl
SeO_2	Selendioxid	Selenonyl			Selenonyl
SeO_3	Selentrioxid		Selenit	Selenito	
SeO_4			Selenat	Selenato	
Te	(Mono)Tellur		Tellurid	Telluro	Telluro
CrO_2	Chromdioxid	Chromyl			
UO_2	Urandioxid	Uranyl			
N	(Mono)Stickstoff		Nitrid	Nitrido	Nitrilo N≡
N_2	Distickstoff	Distickstoff(1+) N_2^+		Distickstoff	Azo —N=N— Azino =N—N= Diazo $=N_2$ Diazonio $—N_2^+$
N_3			Azid	Azido	Azido
NH	Aminylen	Aminylen	Imid	Imido	Imino
NH_2	Aminyl	Aminyl	Amid	Amido	Amino
NH_3	Ammoniak			Ammin	Ammonio $H_3H^+—$
NH_4		Ammonium			
NHOH			Hydroxylamid	Hydroxylamido-*O* Hydroxylamido-*N*	Aminooxy $H_2NO—$ Hydroxyamino HONH
N_2H_3	Hydrazyl	Hydrazyl	Hydrazid	Hydrazido	Hydrazino
N_2H_4	Hydrazin			Hydrazin	

Atom oder Gruppe	**ungeladen als Atom, Molekül oder Radikal**	**als Kation oder kationisches Radikal**	**als Anion**	**als Ligand**	**als Substituent in einer organischen Verbindung**
N_2H_5		Hydrazinium(1+)		Hydrazinium(1+)	
N_2H_6		Hydrazinium(2+)			
NO	Stickstoffoxid	Nitrosyl		Nitrosyl	Nitroso
NO_2	Stickstoffdioxid	Nitryl	Nitrit	Nitro (Nitrito-*N*) Nitrito-*O*	Nitro $—NO_2$ Nitrosooxy $—O—N{=}O$
NO_3			Nitrat	Nitrato	
N_2O_2			Hyponitrit	Hyponitrito	
P	(Mono)Phosphor		Phosphid	Phosphido	Phosphintriyl
H_2P			Dihydrogen-phosphid	Dihydrogen-phosphido	Phosphino
PH_3	Phosphin			Phosphin	Phosphonio $H_3P^+—$
PH_4		Phosphonium			
PO		Phosphoryl			Phosphoroso OP— Phosphoryl $OP{\equiv}$
PS		Thiophosphoryl			Thiophosphoryl
PH_2O_2			Phosphinat	Phosphinato	
PHO_3			Phosphonat	Phosphonato	
PO_4			Phosphat	Phosphato	
$P_2H_2O_5$			Diphosphonat	Diphospho-nato	
P_2O_7			Diphosphat	Diphosphato	
AsO_4			Arsenat	Arsenato	
CO	Kohlenstoff-monoxid	Carbonyl		Carbonyl	Carbonyl
CS		Thiocarbonyl		Thiocarbonyl	Thiocarbonyl
COOH	Carboxyl			Carboxyl	Carboxy
CO_2	Kohlenstoffdioxid			Kohlenstoff-dioxid	Carboxylato
CS_2	Kohlenstoffdisulfid			Kohlenstoff-disulfid	Dithiocarboxylato
H_2NCO	Carbamoyl			Carbamoyl	Carbamoyl
H_2NCO_2			Carbamat	Carbamato	Carbamolyloxy
CH_3O	Methoxyl		Methoxid oder Methanolat	Methoxo oder Methanolato	Methoxy

Atom oder Gruppe	ungeladen als Atom, Molekül oder Radikal	als Kation oder kationisches Radikal	als Anion	als Ligand	als Substituent in einer organischen Verbindung
C_2H_5O	Ethoxyl		Ethoxid oder Ethanolat	Ethoxo oder Ethanolato	Ethoxy
CH_3S	Methylsulfonyl		Methanthiolat	Methylthio oder Methan-thiolato	Methylthio
C_2H_5S	Ethylsulfonyl		Ethanthiolat	Ethylthio oder Ethanthiolato	Ethylthio
CN		Cyan	Cyanid	Cyano	Cyan —OCN, Isocyan —ONC
OCN			Cyanat	Cyanato Isocyanato	Cyanato —CN Isocyanato —NC
ONC			Fulminat	Fulminato	
SCN		Thiocyan	Thiocyanat	Thiocyanato Isothiocyanato	Thiocyanato —SCN Isothiocyanato —NCS
SeCN			Selenocyanat	Selenocyanato Isoseleno-cyanato	Selenocyanato —SeCN Isoselenocyanto —NCSe
CO_3			Carbonat	Carbonato	Carbonyldioxy —O—CO—O—
HCO_3			Hydrogen-carbonat	Hydrogen-carbonato	
CH_3CO_2		Acetoxyl	Acetat	Acetato	Acetoxy
CH_3CO	Acetyl	Acetyl		Acetyl	Acetyl
C_2O_4			Oxalat	Oxalato	

2.3 Nomenklatur organischer Verbindungen – Präfixe und Suffixe für ausgewählte Stoffklassen

Eine detaillierte Beschreibung der organischen Nomenklatur würde an dieser Stelle zu weit führen. Hierzu gibt es genügend Spezialliteratur u. a. von der IUPAC, die die systematische Namensableitung beschreiben. Die nachfolgenden Tabellen sollen bei gegebenen Namen deren Verständnis erleichtern und gegebenenfalls Variationen ermöglichen.

Es muss darauf hingewiesen werden, dass gerade in der organischen Chemie noch sehr viele Trivialnamen (z. B. Essigsäure, Butyraldehyd, Phenol, Anilin usw.) existieren und verwendet werden u. a. auch in diesem Buch.

Funktionelle Klasse		Formel (charakteristische Gruppe)	Präfix	Suffix	Beispiel (Verwendung als Suffix)
Alkohole und Derivate					
	Alkohole	—OH	Hydroxy-	-ol	Ethanol, Octanol
	Alkoholate	$—O^-$	Oxido-	-olat	K-tert.-Butanolat
	Phenol	—OH	Hydroxy-	-ol	4-tert.-Butylphenol
	Phenolate	$—O^-$	Oxido-	-olat	
Carbonsäuren und Derivate					
	Carbonsäuren	—COOH —(C)OOH	Carboxy-	-carbonsäure -säure	2-Ethylhexansäure
	Carbonsäure-salze	$—COO^-M^+$ $—(C)OO^-M^+$	Name für Metallion u. Carboxylato	-carboxylat -oat	Na-Hexanoat
	Carbonsäure-ester	R′COOR R′(C)OOR	Restname für R u. -oxycarbonyl	Restname für R u. -carboxylat Stammname für R′ + carbon-säure + Rest-name für R + Ester	Iso-Propylacetat Ethyl-valerian-säureester
	Carbonsäure-halogenide	—COHal (Hal: F, Cl, Br, I) —(C)OHal	Halogen-carbonyl-	-carbonyl-halogenid -oylhalogenid	Butansäurechlorid Propanoylbromid
	Carbonsäure-amide	$—CO–NH_2$ $—(C)O–NH_2$	Carbamoyl-	-carboxamid (engl.) -amid	 Hexansäure-methylamid
	Carbonsäure-hydrazide	$—CONH—NH_2$	Hydrazino-carbonyl-	-carbohydrazid -ohydrazid	
	Peroxycarbon-säuren	—CO—OOH	Hydroperoxy-carbonyl-	-peroxy-carbonsäure	Peroxinonansäure
	Thiocarbonsäuren	—COSH —CSOH —CSSH	Thiocarboxy- Dithiocarboxy-	-thio-*O*-säure -thio-*S*-säure -dithiocarbon-säure	Thiopropionsäure Dithiocyclohexan-carbonsäure
Aldehyde		—CHO —(C)HO	Formyl- Oxo-	-carbaldehyd -al	Propionaldehyd 2-Methylpentanal
Amine		$—NH_2$	Amino-	-amin	Nonylamin, Diethylamin
Hydroperoxide		—OOH	Hydroperoxy-		Cyclohexyl-hydroperoxid

Funktionelle Klasse	Formel (charakteristische Gruppe)	Präfix	Suffix	Beispiel (Verwendung als Suffix)
Imine	$=NH$ $=NR$	Imino- R-imino	-imin	Cycloheptylimin
Ketone	$>(C)=O$	=Oxo-	-on	4-Methylhexan-2-on
Nitrile	$-CN$	Cyan-	-carbonitril	Pentylnitril
Phosphonsäuren	$-PO(-OH)_2$	Phosphono-	-phosphon-säure	Butan-1-phosphonsäure
Sulfide (Thioether)	$-SR$	Restname für R + thio-		
Sulfinsäuren	$-SO_2H$	Sulfino-	-sulfinsäure	
Sulfonsäuren **Sulfonate** **Sulfonsäureamide**	$-SO_3$ $-SO_3M$ $-SO_2NH_2$	Sulfo- Sulfonato- Sulfamoyl-	-sulfonsäure -sulfonat -sulfonamid	Methansulfonsäure Kaliummethan-sulfonat Cyclopentan-sulfonamid
Thiole **Thiolate**	$-SH$ $-SM$	Mercapto- sulfido-	-thiol -thiolat	Ethanthiol Kaliumpropanthiolat

2.4 Formeln organischer Ringsysteme

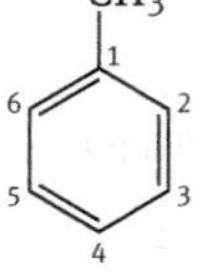
Toluol

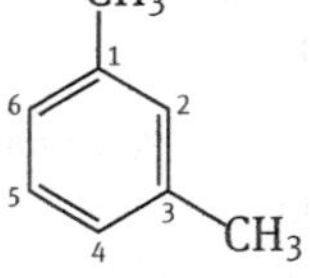
o, **m**, p-Xylol

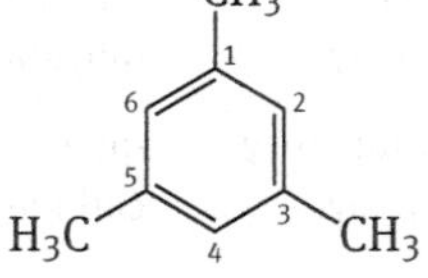
Mesitylen

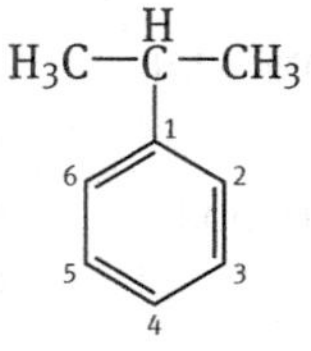
Cumol

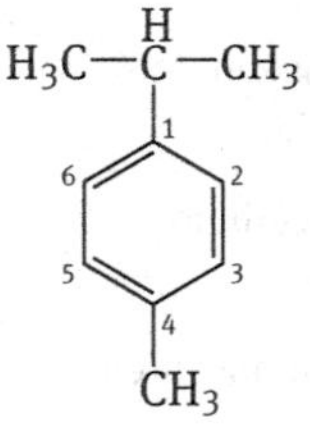
o, m, **p**-Cymol

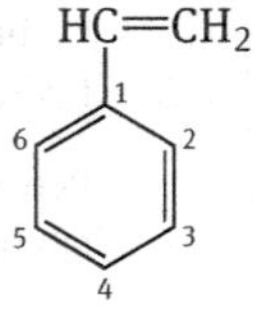
Styrol

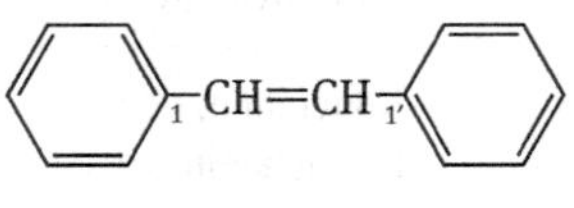
Stilben

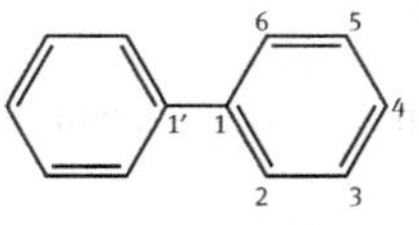
Biphenyl

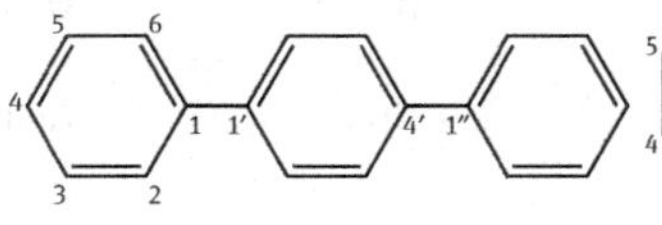
p-Terphenyl
(1,1′:4′,1″-Terphenyl)

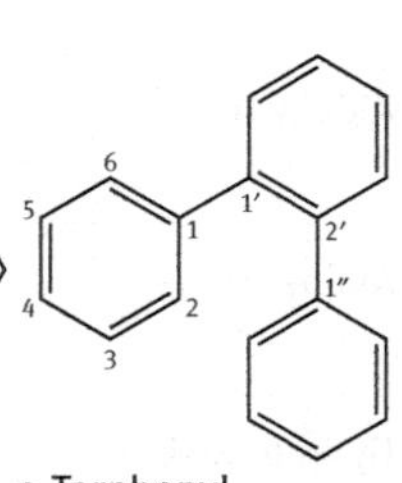
o-Terphenyl
(1,1′:2′,1″-Terphenyl)

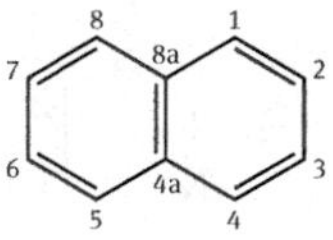
Naphthalin

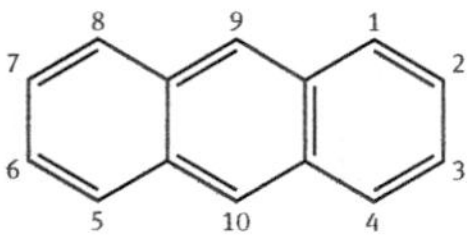
Anthracen

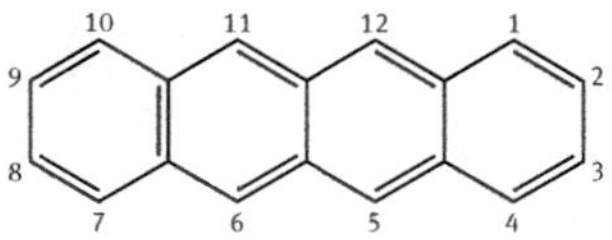
Naphthacen

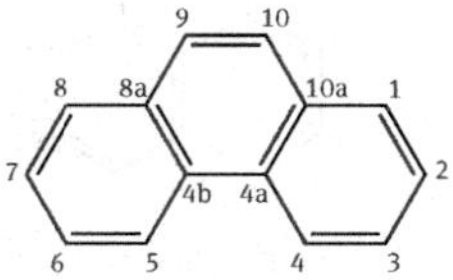
Phenanthren

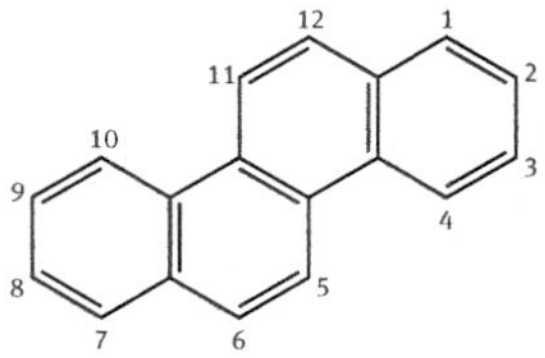
Chrysen

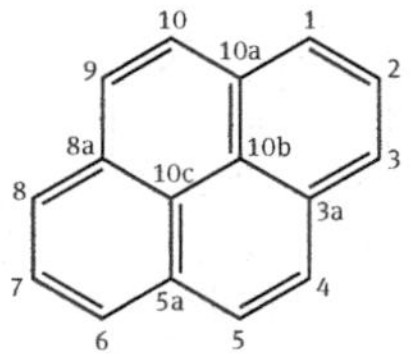
Pyren

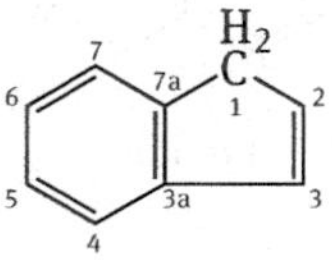
Inden

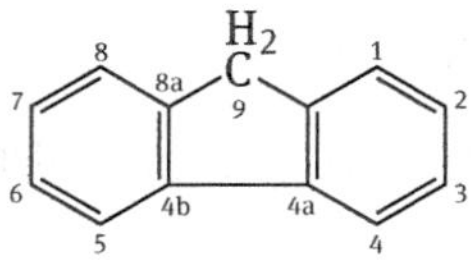
Fluoren

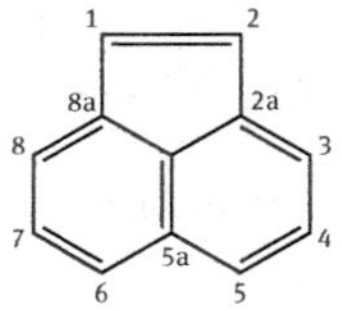
Acenaphthylen

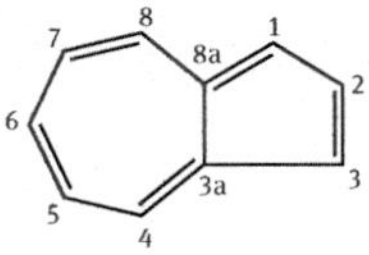
Azulen

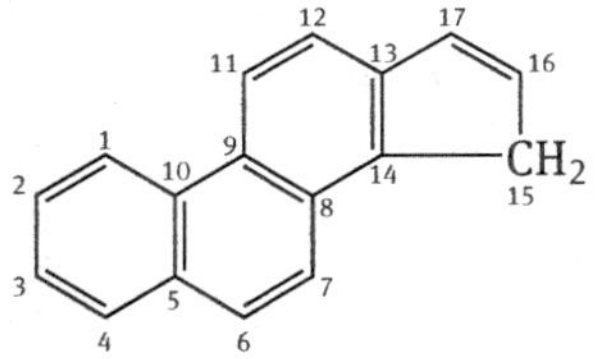
15 *H*-Cyclopenta[a]phenanthren

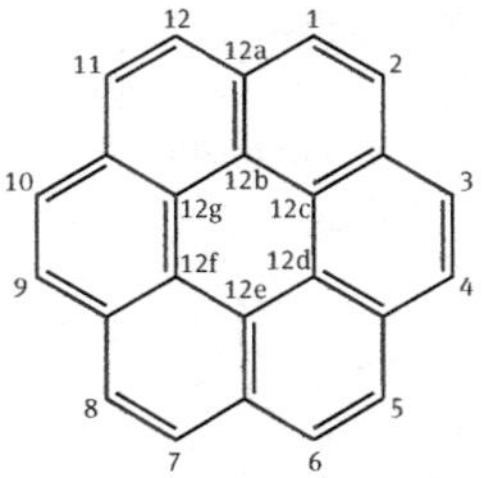
Coronen

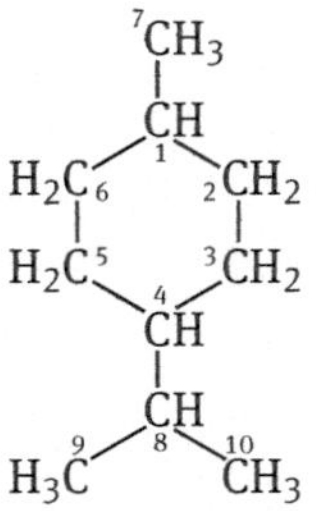
o, m, p-Menthan

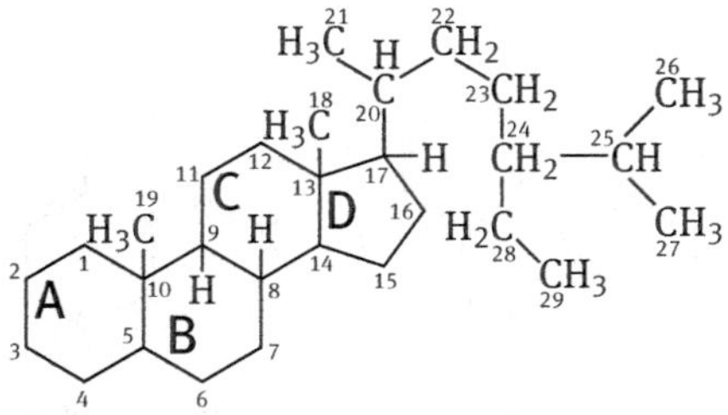
Steroid-Grundgerüst

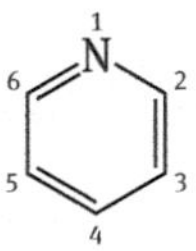
Pyridin

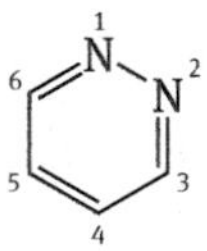
Pyridazin

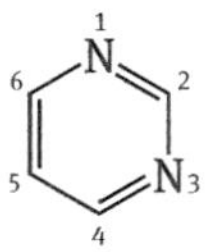
Pyrimidin

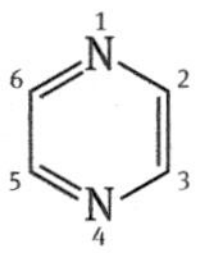
Pyrazin

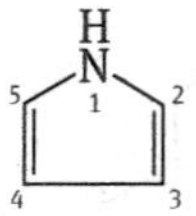
Pyrrol

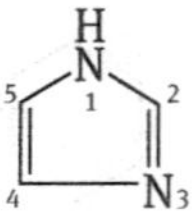
Imidazol

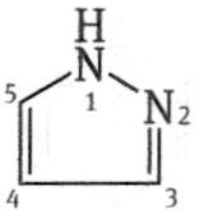
Pyrazol

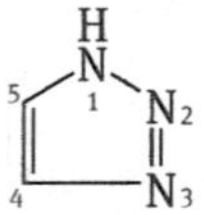
1,2,3-Triazol

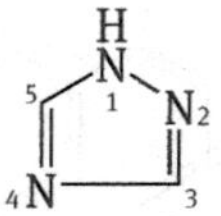
1,2,4-Triazol

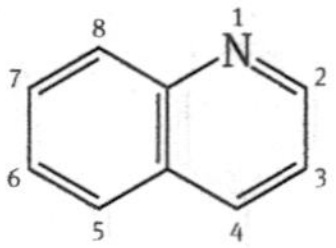
Chinolin

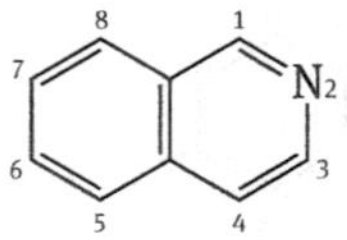
Isochinolin

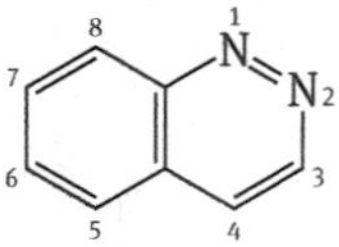
Cinnolin

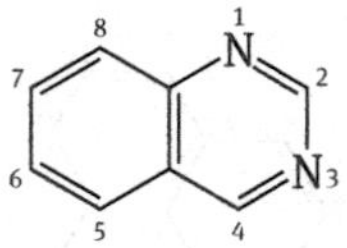
Chinazolin

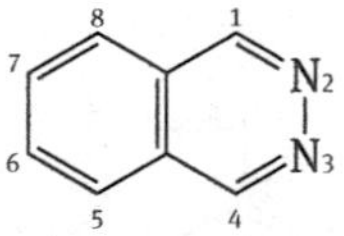
Phthalazin

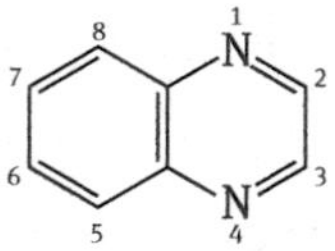
Chinoxalin

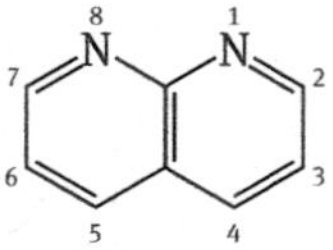
1,8-Naphthyridin

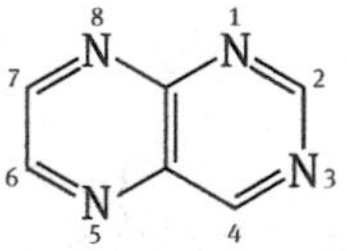
Pteridin

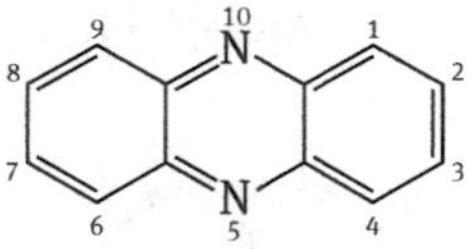
Phenazin

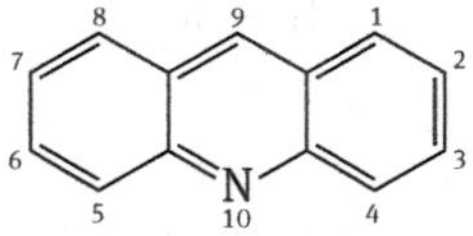
Acridin

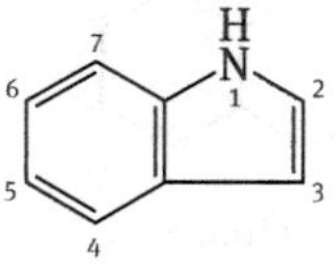
Indol

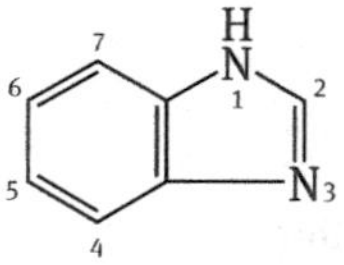
Benzimidazol

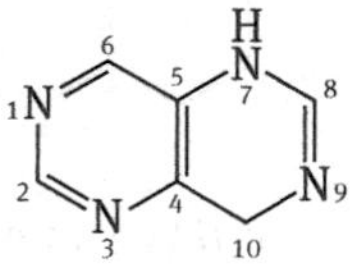
Purin

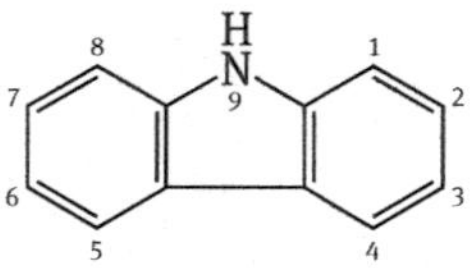
Carbazol

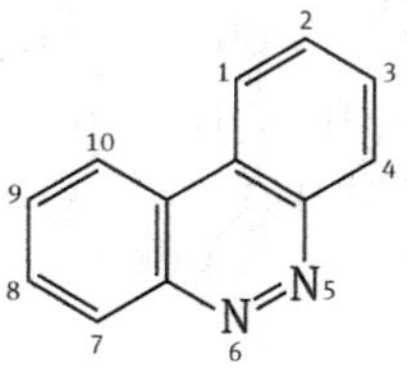
Benzo[c]cinnolin
(Phenazon)

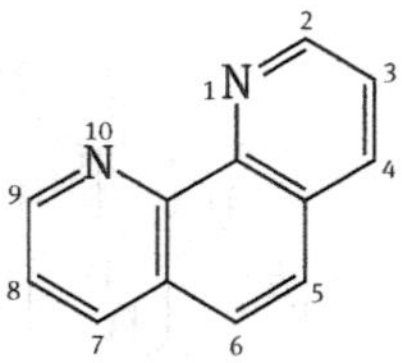
1,10-Phenanthrolin
(o-Phenanthrolin)

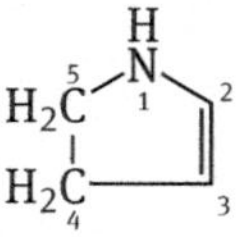
2-Pyrrolin

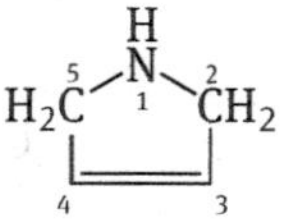
3-Pyrrolin

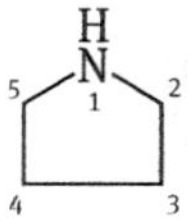
Pyrrolidin

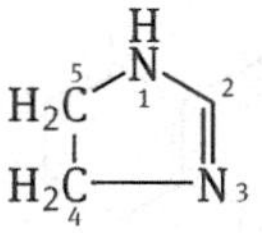
2-Imidazolin

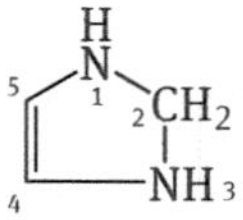
4-Imidazolin

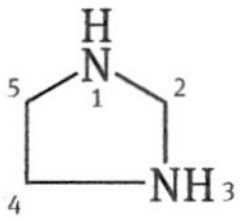
Imidazolidin

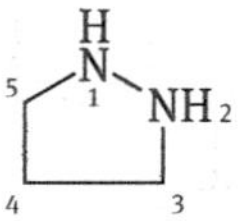
Pyrazolidin

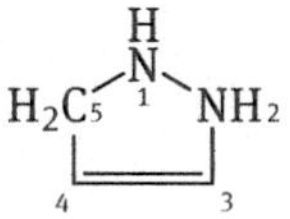
3-Pyrazolin

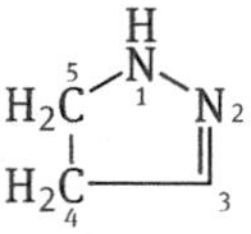
2-Pyrazolin

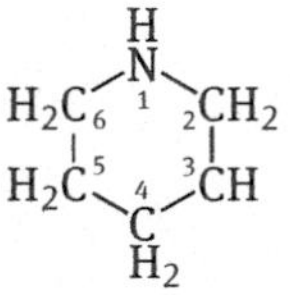
Piperidin

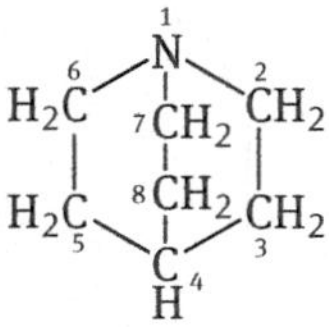
Chinuclidin

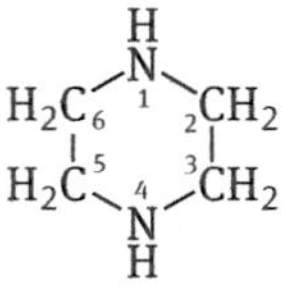
Piperazin

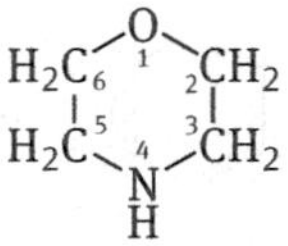
Morpholin

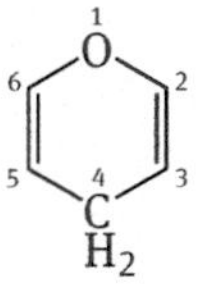
4H-Pyran

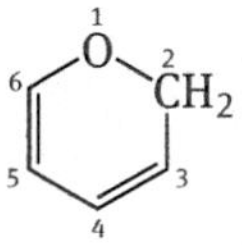
2H-Pyran

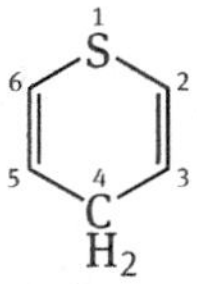
4H-Thiopyran

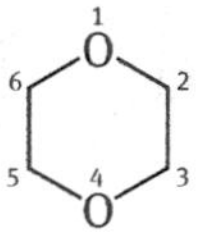
Dioxan

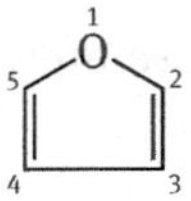
Furan

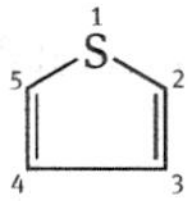
Thiophen

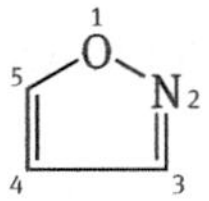
Oxazol

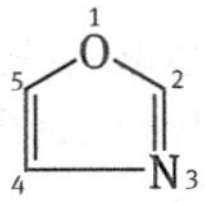
Isoxazol

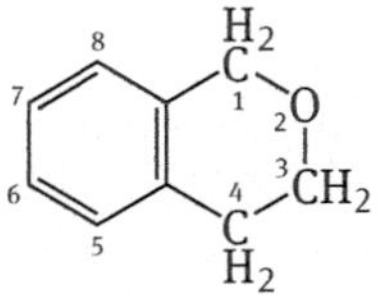
Isochroman

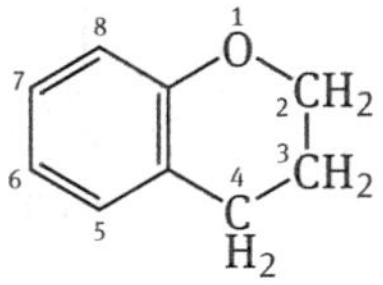
Chroman

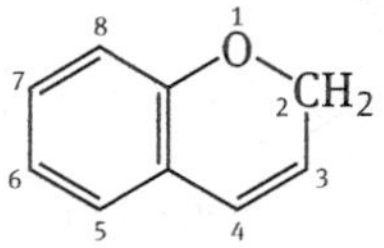
2H-Chromen

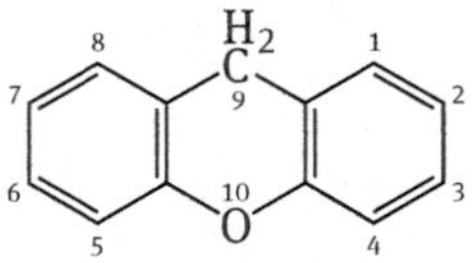
Xanthen

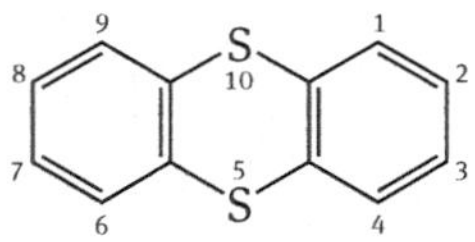
Thianthren

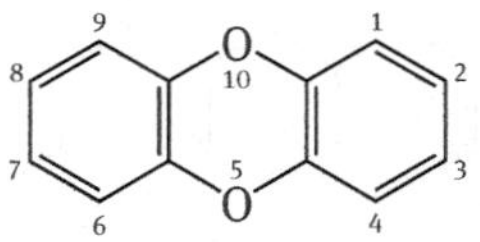
Dibenzodioxin

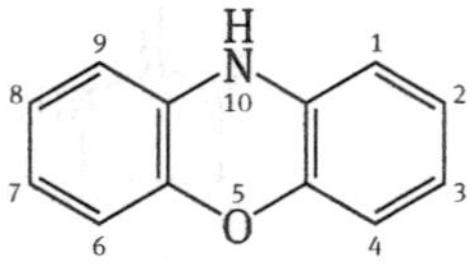

Phenoxazin

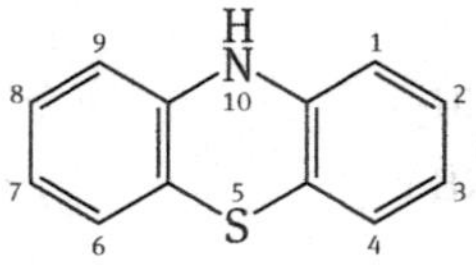

Phenothiazin

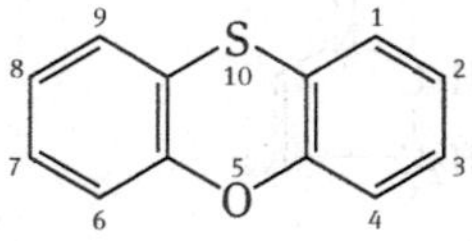

Phenoxathiin

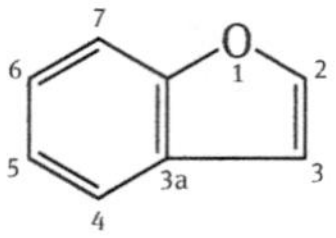

Benzofuran

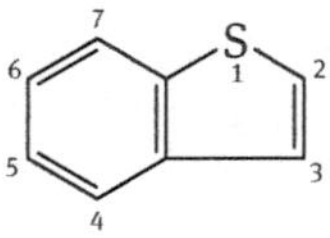

Benzo[b]thiophen

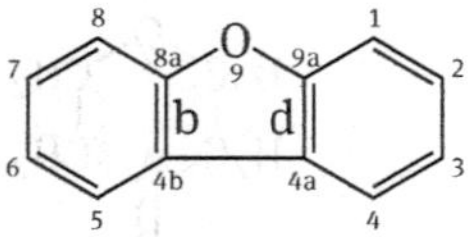

Dibenzo[b,d]-furan

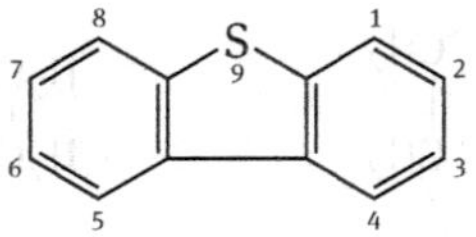

Dibenzo[b,d]thiophen

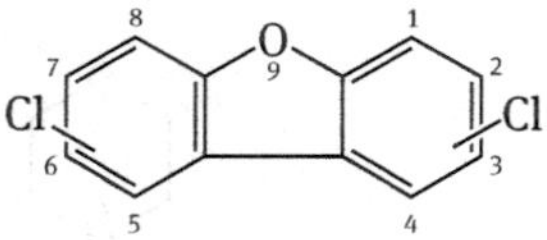

Chlorierte
Dibenzofurane

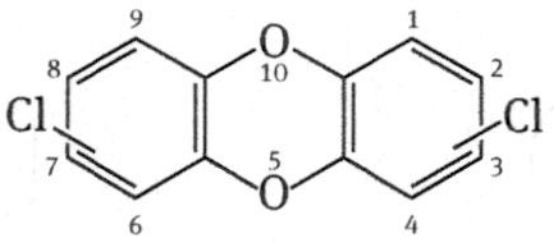

Chlorierte Dibenzodioxine
(2,3,7,8-Tetrachlordibenzodioxin)

Polycyclische aromatische Kohlenwasserstoffe (PAK), die im Rahmen der Trinkwasseranalyse bestimmt werden [5]

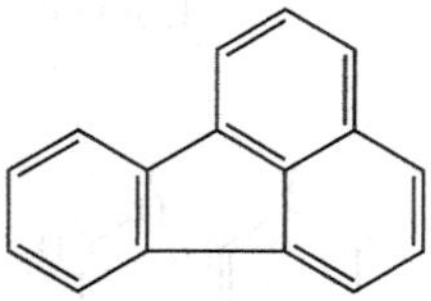

Fluoranthen

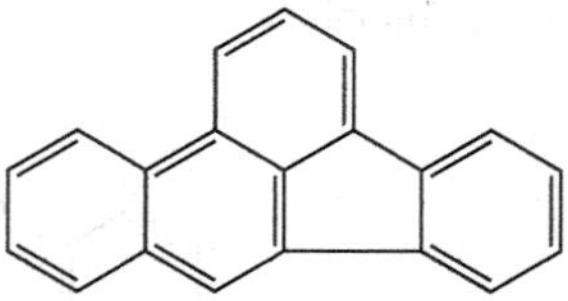

Benzo[b]fluoranthen
(3,4-Benzofluoranthen)

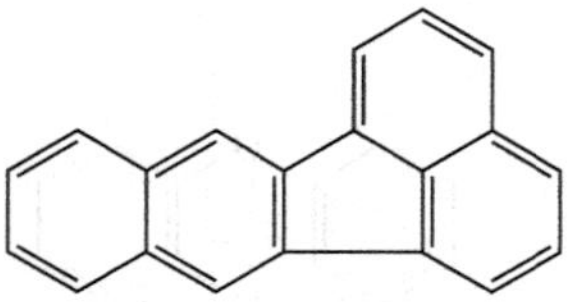

Benzo[k]fluoranthen
(11,12-Benzofluoranthen)

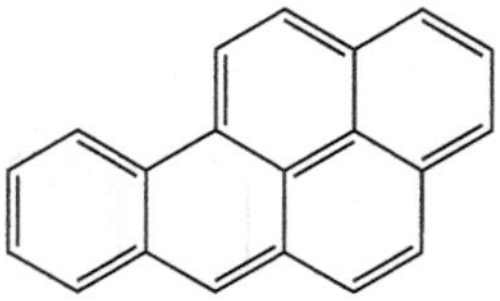

Benzo[a]pyren
(3,4-Benzpyren)

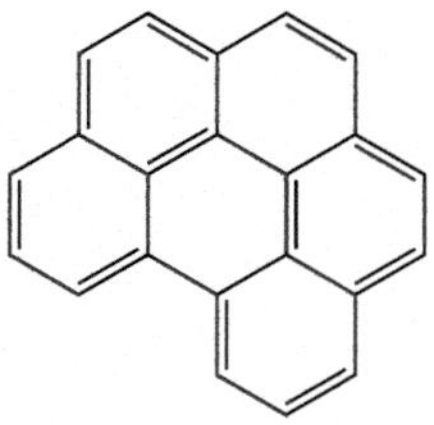

Benzo[ghi]perylen
(1,12-Benzperylen)

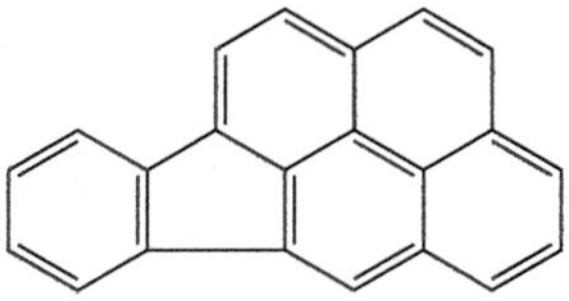

Indeno[1,2,3.cd]pyren
(2,3-o-Phenylenpyren)

2.5 Formeln von Komplexbildnern und Liganden

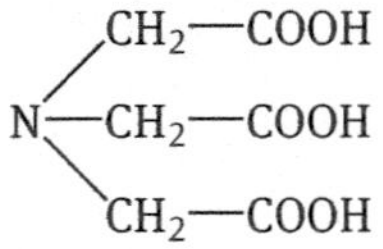

Nitrilotriessigsäure
(NTA, NTE)

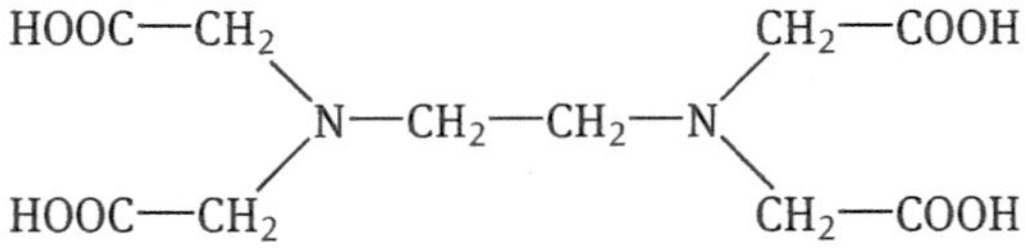

Ethylendiamintetraessigsäure
(EDTA, EDTE)

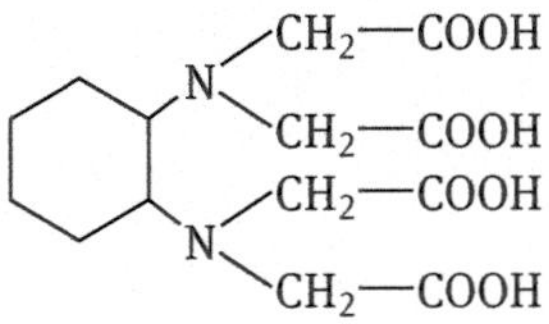

1,2-Diaminocyclohexantetraessigsäure
(DCTA, DCTE)

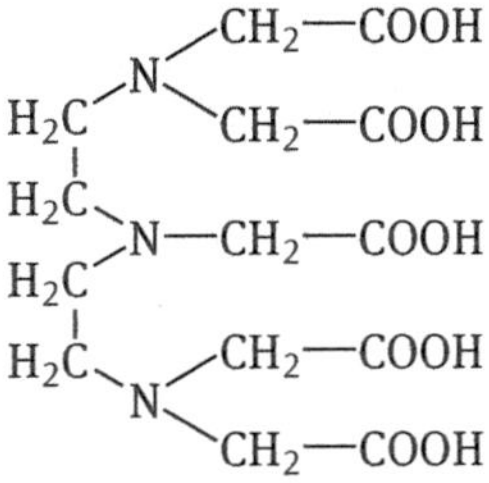

Diethylentriaminpentaessigsäure
(DTPA, DTPE)

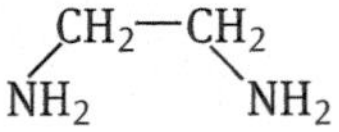

Ethylendiamin

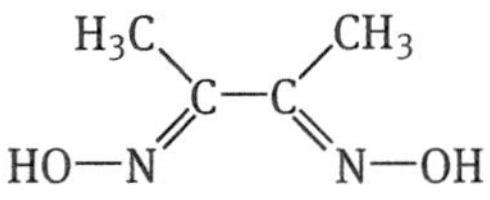

Diacetyldioxim

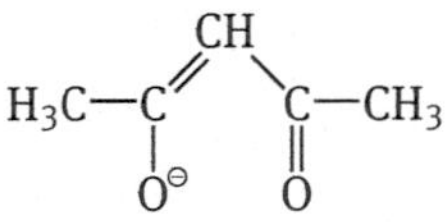

Acetylacetonat

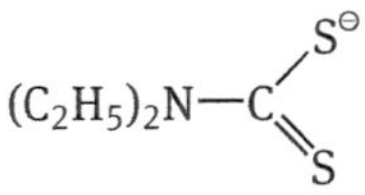

N,N-Diethyldithiocarbamat

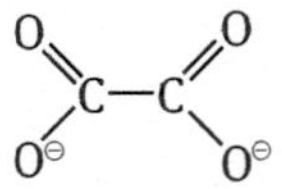

Oxalat

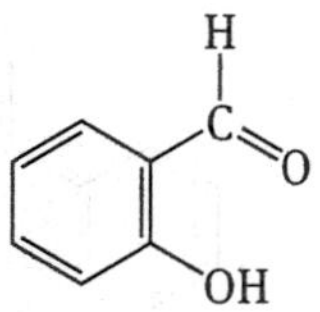

Salicylaldehyd

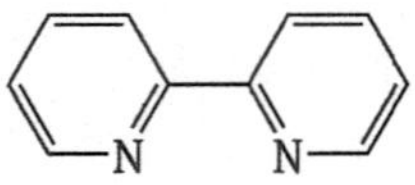

Dipyridyl

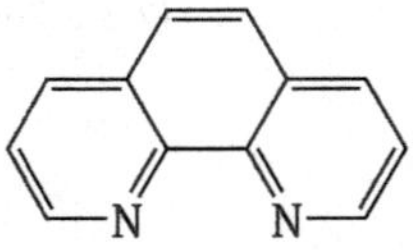

1,10-Phenanthrolin

3 Quantitative chemische Analyse

3.1 Maßanalyse (Titrimetrie)

3.1.1 Grundlagen, Größen und Beziehungen

Bei der Maßanalyse wird eine unbekannte Stoffmenge, Stoffmengenkonzentration, Masse oder Massenkonzentration durch Umsetzung mit einem Reagenz (Maßlösung) bekannter Stoffmengenkonzentration ermittelt. Das verbrauchte Volumen an Maßlösung und deren exakte Stoffmengenkonzentration muss ermittelt werden. Ebenfalls bekannt sein muss die genaue Stöchiometrie der Umsetzung (Reaktionsgleichung).

Nachfolgend sind die wichtigsten in der Maßanalyse verwendeten Begriffe, Größen und Beziehungen aufgelistet:

Stoffmenge, Stoffmengenkonzentration und Masse wurden bereits unter Kapitel 1.5 erläutert.

Äquivalent	Das Äquivalent ist definiert als Bruchteil eines Teilchens $1/z \cdot (X)$ z. B. X = H_2SO_4, HCl, Na_2CO_3.
Neutralisationsäquivalent	Das Neutralisationsäquivalent liefert bei Neutralisationsreaktionen ein H^+ oder OH^-, z. B. 1/2 H_2SO_4, 1/3 H_3PO_4, 1/2 $Ca(OH)_2$.
Redoxäquivalent	Das Redoxäquivalent nimmt bei Redoxreaktionen ein Elektron auf oder gibt eines ab, z. B. 1/6 $K_2Cr_2O_7$, 1/5 $KMnO_4$.
Ionenäquivalent	Das Ionenäquivalent trägt bei elektrolytischen Vorgängen und Ionenaustauschern eine Ladung, z. B. 1/3 Fe^{3+}, 1/2 Mg^{2+}.
Äquivalentzahl *z*	Die Anzahl der Äquivalente eines Teilchens wird Äquivalentzahl *z* genannt.

Für die Auswertung von Maßanalysen sind folgende Beziehungen von Bedeutung:

Stoffmenge *n* von Äquivalenten	$n(1/z\,X) = \frac{m}{M(1/z\,X)}$	Einheit: mol M: Molare Masse in g/mol m: Masse in g $n(1/z\,X) = z \cdot n(X)$
Stoffmengenkonzentration *c* von Äquivalenten, Äquivalentkonzentration (früher Normalität)	$c1/z\,X = \frac{n1/z\,X}{V_l}$	Einheit: mol/l V_l: Volumen in l
Molare Masse von Äquivalenten	$M(1/z\,X) = \frac{m}{n(1/z\,X)}$	Einheit: g/mol
Massenanteil *w*	$w = \frac{m}{m_E} \cdot 100\,\%$	Angabe in % m: gefundene Masse in g m_E: Einwaage in g

Massenkonzentration β	$\beta = \frac{m}{V_l}$	Einheiten: kg/l; g/l; mg/ml m: gefundene Masse in g V_l: Gesamtvolumen
Volumenkonzentration σ	$\sigma = \frac{V}{V_l}$	Einheiten: l/l, ml/l, ml/ml V: bestimmtes Volumen V_l: Gesamtvolumen

3.1.2 Bestimmung des Endpunktes bei Titrationen

Den Endpunkt der stöchiometrischen Umsetzung von Maßlösung und Probe kann man auf verschiedene Art und Weise auffinden.

- Mit Hilfe von Indikatoren (siehe Seite 75 ff.), die auf pH-Änderungen, Potentialänderungen (Redoxindikatoren) etc. mit einem Farbwechsel reagieren, sobald die Systembedingungen sich sprunghaft ändern. Bei manchen Reagenzien kann man die Eigenfärbung (z. B. $KMnO_4$) als Indikator nutzen.
- Potentiometrische- oder Leitfähigkeits-Messungen
- Fotoeletrische Methoden z. B. Messung von Farbintensität oder Trübung mit einer Fotozelle

3.1.3 Herstellung von Maßlösungen und Bestimmung der exakten Konzentration (Sollkonzentration, Titer)

Die Konzentration an wirksamem Reagenz in der Maßlösung sollte so exakt wie möglich bekannt sein. Nur dann lässt sich entsprechend der Stöchiometrie der Gehalt des gewünschten Stoffes präzise ermitteln und berechnen.

Maßlösungen kann man mit geeigneten, analysenreinen Substanzen durch Einwiegen selbst herstellen. Daten dazu sind in der Tabelle 3.1.17 auf Seite 72 zusammengestellt. Heute werden aber meistens vorkonfektionierte Maßlösungen, die nur noch verdünnt werden müssen, eingesetzt. Sowohl bei den selbst hergestellten, wie auch bei den fertig konfektionierten Maßlösungen empfiehlt sich immer eine Kontrolle der Stoffmengenkonzentration mit einer geeigneten Urtitersubstanz (stabil, Zusammensetzung sehr genau bekannt, problemlos zu wiegen, wie z. B. Silbernitrat, Natriumcarbonat, Natriumchlorid). Den hierbei ermittelten Korrekturfaktor nennt man Titer.

Der Titer (früher auch Normalfaktor genannt) einer Maßlösung bestimmter Stoffmengenkonzentration ist der Quotient aus dem Ist- und dem Sollwert der Konzentration.

$t = \frac{c(X)_{ist}}{c(X)_{soll}}$	t: Titer c(X): Stoffmengenkonzentration von X
Beispiel: $c(H_2SO_4)_{ist} = 0{,}1027$ mol/l $c(H_2SO_4)_{soll} = 0{,}1000$ mol/l	$t = \frac{0{,}1027 \text{ mol/l}}{0{,}1000 \text{ mol/l}} = 1{,}027$

Da die Stoffmengenkonzentration der H_2SO_4-Lösung größer als der Sollwert von 0,1000 mol/l ist, muss das Volumen an verbrauchter Maßlösung mit dem Titer 1,027 multipliziert werden. Damit erhält man den Verbrauch für eine Maßlösung, deren Konzentration $c(H_2SO_4)$ = 0,1000 mol/l betragen würde.

Beispiel:

Eine NaOH-Maßlösung $c(\text{NaOH}) = 0{,}2$ mol/l soll mit Oxalsäure als Urtitersubstanz eingestellt, d. h. der Titer ermittelt werden.

Reaktionsgleichung:

$$2\ \text{NaOH} + 1\ C_2H_2O_4\ (\text{Oxalsäure}) \longrightarrow 2\ H_2O + 1\ Na_2C_2O_4$$

dazu werden 451,2 mg Oxalsäure abgewogen, in dest. Wasser gelöst und mit der NaOH-Maßlösung (Phenolphthalein als Indikator) bis zum Farbumschlag titriert. Der Verbrauch beträgt 49,9 ml.

Stoffmenge n der eingewogenen Oxalsäure	$n(C_2H_2O_4) = \dfrac{0{,}4512\ \text{g}}{90{,}035\ \text{g/mol}} = 0{,}005011\ \text{mol}$
Nach der Stöchiometrie entsprechen 0,01002 mol ½ $C_2H_2O_4$ genau 0,01002 mol NaOH	$n(\tfrac{1}{2}\ C_2H_2O_4) = \dfrac{0{,}4512\ \text{g}}{45{,}017\ \text{g/mol}} = 0{,}01002\ \text{mol}$
Damit berechnet sich der theoretische Verbrauch V_{soll} und der Titer t der einzustellenden Maßlösung	$V_{soll} = \dfrac{n(\text{NaOH})}{c(\text{NaOH})} = \dfrac{0{,}01002\ \text{mol}}{0{,}2\ \text{mol/l}} = 0{,}0501\ \text{l} = 50{,}1\ \text{ml}$ $t = \dfrac{c(\text{NaOH})_{ist}}{c(\text{NaOH})_{soll}} = \dfrac{V_{ist}}{V_{soll}} = \dfrac{49{,}9\ \text{ml}}{50{,}1\ \text{ml}} = \mathbf{0{,}996}$

Da der Titer kleiner 1 ist, ist die tatsächliche Sollkonzentration größer als 0,2 mol/l. Alle verbrauchten Volumina sind daher mit 0,996 zu multiplizieren.

Bequemer lässt sich der Titer berechnen, wenn man nachfolgende Formel verwendet und den benötigten Faktor F aus einer der nachfolgenden Tabellen entnimmt. Man wählt die entsprechende Maßlösung aus, und entnimmt für die eingesetzte Urtitersubstanz sowie der verwendeten Konzentration der Maßlösung den angegebenen Faktor.

Titer t	$t = \dfrac{m}{F \cdot V}$	t: gesuchter Titer m: Einwaage an Urtitersubstanz in mg V: Volumen der einzustellenden Maßlösung in ml F: volumetrischer Faktor, berechnet für die gewünschte Sollkonzentration in mg/ml siehe S. 58 ff.

Beispiel:

Der Titer einer Salpetersäurelösung mit $c(HNO_3)_{soll}$ = 0,1 mol/l ist durch Titration von wasserfreiem Natriumcarbonat zu bestimmen.

Masse der Einwaage an Natriumcarbonat	$m(Na_2CO_3) = 200{,}3$ mg
Volumen verbrauchter Maßlösung	$V(HNO_3) = 36{,}48$ ml
Faktor (Tab. 3.1.5, S. 59)	$F = 5{,}2994$ mg/ml
Titer der Salpetersäure	$t = \frac{200{,}3 \text{ mg}}{5{,}2994 \text{ mg/ml} \cdot 36{,}48 \text{ ml}} = \mathbf{1{,}036}$

3.1.4 Aufgaben zur Auswertung von Maßanalysen

Beispiel 1

Säure-Base-Titration

In einer Gesteinsprobe soll der Kalkgehalt ($CaCO_3$) durch Auflösen einer Probe in Salzsäure bekannten Volumens und bekannter Stoffmengenkonzentration durch „Rücktitration" bestimmt werden.

Reaktionsgleichung:

$$1\,CaCO_3 + 2\,HCl \longrightarrow 1\,CaCl_2 + 2\,H_2O + CO_2$$

Einwaage Gesteinsprobe:	$m_E = 560$ mg
Vorlage HCl	$V(HCl) = 50$ ml $c(HCl) = 0{,}1$ mol/l
Verbauch NaOH bei Rücktitration	$V(NaOH) = 34{,}2$ ml $c(NaOH) = 0{,}1$ mol/l
Stoffmenge HCl	$n(HCl) = c(HCl) \cdot V(HCl) = 0{,}1 \text{ mol/l} \cdot 0{,}05 \text{ l} = 0{,}005 \text{ mol}$
Stoffmenge NaOH	$n(NaOH) = c(NaOH) \cdot V(NaOH) = 0{,}0342 \text{ l} \cdot 0{,}1 \text{ mol/l} = 0{,}00342 \text{ mol}$
Durch Auflösen der Probe wurden	0,005 mol – 0,00342 mol = 0,00158 mol HCl verbraucht
Unter Berücksichtigung der Stöchiometrie entsprechen	0,00158 mol HCl $\longrightarrow$ 0,00079 mol $CaCO_3$ $\triangleq$ $0{,}79 \cdot 10^{-3}$ mol $CaCO_3$
560 mg Probe enthalten $0{,}79 \cdot 10^{-3}$ mol $CaCO_3$, daraus ergibt sich mit $M(CaCO_3) = 100{,}09$ g/mol	$m(CaCO_3) = n(CaCO_3) \cdot M(CaCO_3)$ $= 0{,}79 \cdot 10^{-3} \text{ mol} \cdot 100{,}09 \text{ g/mol} = 0{,}079 \text{ g}$ Die Probe enthält 79 mg $CaCO_3$.
Massenanteil *w* an $CaCO_3$	$w(CaCO_3) = \frac{m(CaCO_3)}{m_E} \cdot 100\,\% = \frac{79 \text{ mg}}{560 \text{ mg}} \cdot 100\,\% = \mathbf{14{,}1\,\%}$

Beispiel 2

Die Massenkonzentration β einer wässrigen Phosphorsäure-Lösung soll mit einer NaOH-Maßlösung durch Titration bestimmt werden.

Reaktionsgleichungungen:

$$H_3PO_4 + NaOH \longrightarrow NaH_2PO_4 + H_2O$$
$$NaH_2PO_4 + NaOH \longrightarrow Na_2HPO_4 + H_2O$$
$$Na_2HPO_4 + NaOH \longrightarrow Na_3PO_4 + H_2O$$

Titriert man bis zur Stufe des Dinatriumhydrogenphosphats (Na_2HPO_4), so liegt der Äquivalenzpunkt bei pH ≈ 10 und pro Mol H_3PO_4 werden 2 Mol NaOH verbraucht.

Vorlage Phosphorsäurelösung	$V(H_3PO_{4\,Lsg}) = 50\ ml = 0{,}05\ l$
Volumen verbrauchter Natronlauge	$V(NaOH) = 10{,}7\ ml = 0{,}0107\ l$ $c(NaOH) = 0{,}01\ mol/l$
Gehalt an Phosphorsäure, Stoffmengenkonzentration	$w(1/2\ H_3PO_4) = \frac{V(NaOH) \cdot c(NaOH)}{V(H_3PO_{4\,Lsg.})} = \frac{0{,}0107\ l \cdot 0{,}1\ mol/l}{0{,}05\ l}$ $c(1/2\ H_3PO_4) = 0{,}0214\ mol/l = 21{,}4 \cdot 10^{-3} mol/l$ $c(H_3PO_4) = 1/2 \cdot 0{,}0214\ mol/l = \mathbf{0{,}0107\ mol/l = 10{,}7 \cdot 10^{-3}\ mol/l}$
Massenkonzentration	$\beta = c(H_3PO_4) \cdot M(H_3PO_4) = 0{,}0107\ mol/l \cdot 97{,}995\ g/mol$ $\boldsymbol{\beta} = \mathbf{1{,}049\ g/l}$

Beispiel 3

Redoxtitration

Es soll der Gehalt (Massenanteil in %) an Eisen(II)sulfat in einer Probe durch Titration mit Kaliumpermanganat bestimmt werden. Dazu werden 4,234 mg der Probe in Wasser gelöst, angesäuert und auf 250 ml mit dest. Wasser aufgefüllt. Davon werden 50 ml entnommen und mit der Kaliumpermanganat-Maßlösung titriert bis keine Entfärbung mehr eintritt.

Reaktionsgleichung:

$$5\ Fe^{2+} + 1\,MnO_4^- + 8\ H_3O^+ \longrightarrow 5\ Fe^{3+} + 1\,Mn^{2+} + 12\ H_2O$$

d. h. bei der Oxidation von Fe^{2+} zu Fe^{3+} wird 1/5 MnO_4^- verbraucht!

Probeneinwaage m_E an Eisen(II)sulfat	$m_E = 4{,}234\ g$
Volumen der angesetzten Lösung	$V(Probe) = 250\ ml$
aliquotes Volumen zur Titration	$V(aliquoter\ Teil) = 50\ ml$

Volumen verbrauchter Maßlösung	$V(KMnO_4) = 27{,}6\ ml = 0{,}0276\ l$ $c(KMnO_4) = 0{,}02\ mol/l$
Stoffmenge an Eisen(II)sulfat im aliquoten Teil und	$n(FeSO_4) = 5 \cdot V(KMnO_4) \cdot c(KMnO_4) = 2{,}76 \cdot 10^{-3}\ mol$
in 250 ml	$n(FeSO_4) = \frac{250\ ml}{50\ ml} \cdot 2{,}76 \cdot 10^{-3}\ mol = 13{,}8 \cdot 10^{-3}\ mol$
Massenanteil w bezogen auf die Einwaage	$w(FeSO_4) = \frac{n(FeSO_4) \cdot M(FeSO_4)}{m_E}$ $w(FeSO_4) = \frac{13{,}8 \cdot 10^{-3} \cdot 151{,}88\ g/mol}{4{,}234\ g} \cdot 100\,\% = \mathbf{49{,}5\,\%}$

Bequemer und einfacher lassen sich häufig die Ergebnisse mit den folgenden Formeln und den Faktoren aus den Tabellen berechnen. In den Faktoren ist die Stöchiometrie der Umsetzung bereits berücksichtigt, so dass man sich nur noch an der Konzentration der Maßlösung orientieren muss.

3.1.5 Acidimetrie

Maßlösung:	Salzsäure, Salpetersäure, Schwefelsäure (Oxalsäure nur in Gegenwart von Ca-Salzen und mit Methylorange als Indikator)		
Konzentration:			
HCl, HNO_3	0,10 mol/l	0,2 mol/l	0,50 mol/l
H_2SO_4, $C_2H_2O_4$	0,05 mol/l	0,1 mol/l	0,25 mol/l
gesuchter Stoff	***F***	***F***	***F***
$BaCO_3$	9,8670	19,734	49,335
$Ba(OH)_2$	8,5672	17,134	42,836
CO_2	2,2005	4,4010	11,002
CO_3	3,0005	6,0010	15,0025
$CaCO_3$	5,0045	10,009	25,022
CaO	2,8040	5,6079	14,020
$Ca(OH)_2$	3,7047	7,4095	18,524
K_2CO_3 (Methylorange)	6,9103	13,821	34,552
$KHCO_3$	10,012	20,023	50,058
KOH	5,6106	11,221	28,053
Li_2CO_3 (Methylorange)	3,6946	7,3891	18,473
Li_2O	1,4941	2,9881	7,4704
$MgCO_3$	4,2157	8,4314	21,079
MgO	2,0152	4,0304	10,076
N	1,4007	2,8013	7,0034
5,55 N („Gelatine“)	7,773	15,546	38,866
6,25 N („Eiweiß“)	8,754	17,510	43,771
6,37 N („Casein“)	8,922	17,845	44,611

gesuchter Stoff	F	F	F
NH_3	1,7031	3,4061	8,5153
NH_4	1,8039	3,6077	9,0193
NH_4Cl	5,3491	10,698	26,746
NH_4NO_3	8,0044	16,009	40,022
NH_4OH	3,5046	7,0092	17,523
$(NH_4)_2SO_4$	6,6068	13,214	33,034
$Na_2B_4O_7 \cdot 10\ H_2O$	19,069	38,137	95,343
Na_2CO_3 (Methylorange)	5,2994	10,599	26,497
$Na_2CO_3 \cdot 2\ H_2O$ (Methylorange)	7,1010	14,202	35,505
$Na_2CO_3 \cdot 10\ H_2O$ (Methylorange)	14,307	28,614	71,536
$NaHCO_3$	8,4007	16,801	42,004
Na_2O	3,0990	6,198	15,495
NaOH	3,9997	7,9994	19,999

3.1.6 Alkalimetrie

Maßlösung:	Kalilauge, Natronlauge (Ammoniak-Lösungen mit Methylorange als Indikator)		
Konzentration: NaOH, KOH, NH_3	0,1 mol/l	0,2 mol/l	0,5 mol/l

gesuchter Stoff	F	F	F
Al	0,89938	1,7988	4,4969
Al_2O_3	1,6994	3,3987	8,4968
B	1,081	2,162	5,405
B_2O_3	3,4809	6,9618	17,405
H_3BO_3	6,1832	12,366	30,916
HBr	8,0912	16,182	40,456
HCOOH	4,6025	9,2051	23,013
CH_3COOH	6,0052	12,010	30,026
CH_3COO	5,9044	11,808	29,522
$(COOH)_2$ (Oxalsäure)	4,5017	9,0035	22,509
$(COOH)_2 \cdot 2\ H_2O$	6,3033	12,607	31,517
KHC_2O_4 (Oxalat, mit Phenolphthalein)	12,813	25,625	64,063
$C_4H_6O_6$ (Weinsäure)	7,5043	15,009	37,522
$KHC_4H_4O_6$ (Tartrat)	18,818	37,635	94,089
C_6H_5COOH	12,212	24,424	61,061
$KHC_8H_4O_4$ (Phthalat, mit Phenolphthalein)	20,422	40,844	102,111
$Ca(NO_3)_2$ (nach Arnd)	8,2045	16,409	41,023
Cl	3,5453	7,0906	17,7265
HCl	3,6461	7,2922	18,231
HF	2,0006	4,0013	10,003
HI	12,791	25,583	63,956
HIO_3	17,591	35,182	87,955

gesuchter Stoff	*F*	*F*	*F*
HIO_4	19,191	38,382	95,955
HNO_3	6,3013	12,603	31,506
$NH_2OH \cdot HCl$	6,9491	13,898	34,746
$NaNO_3$ (nach Arnd)	8,4995	16,999	42,497
$NaHSO_4$	12,006	24,030	60,012
P (mit Phenolphthalein über Ammoniummolybdatophosphat)	0,1347	0,2693	0,6734
H_3PO_4 (mit Methylorange	9,7995	19,599	48,998
PO_4 oder Methylorange	9,4971	18,994	47,486
P_2O_5 bis Phenolphthalein)	7,0972	14,195	35,486
H_3PO_4 (mit	4,8998	9,7995	24,499
PO_4 Phenolphthalein)	4,7486	9,4971	23,743
P_2O_5	3,5486	7,0972	17,743
SO_3	4,003	8,006	20,016
SO_4	4,803	9,606	24,016
S_2O_8	9,606	19,212	48,031
H_2SO_3 (Methylorange)	8,208	16,416	41,040
H_2SO_4	4,904	9,8078	24,520
$H_2[SiF_6]$ (nach Sahlbom und Hinrichsen)	2,4015	4,8031	12,008
$H_2[SiF_6]$ (nach Treadwell)	7,2046	14,409	36,023
$SnCl_4$ (Methylorange)	6,5131	13,026	32,565

3.1.7 Bromatometrie

Maßlösung: Kaliumbromat, 0,0166 mol/l

gesuchter Stoff	*F*	gesuchter Stoff	*F*
As	3,7461	Sb	6,0888
AsO_3	6,1460	Sn	5,9345
As_2O_3	4,9460	Tl	10,219
S	0,40081	C_9H_7ON (Oxin)	3,6290
H_2S	0,4260	C_9H_6ON (Oxinat)	3,6038

Bromatometrische Bestimmung der folgenden Elemente als Oxin-Verbindungen			
Al	0,22485	Mn	0,68673
Bi	1,7415	Ni	0,733
Cd	1,4050	Pb	2,590
Ce	1,1677	Sb	1,0146
Co	0,73667	Th	1,4502
Cu	0,7943	Ti	0,59875
Fe	0,46539	U	1,9836
Ga	0,581	V	0,63677
In	0,9568	Zn	0,81713
Mg	0,30381	Zr	0,5701

3.1.8 Cerimetrie

Maßlösung: Cer(IV)-sulfat, 0,1 mol/l

gesuchter Stoff	*F*	gesuchter Stoff	*F*
As (als As_2O_3)	3,7461	$FeSO_4 \cdot 7\ H_2O$	27,80
AsO_3	6,1460	$(NH_4)_2Fe(SO_4)_2 \cdot 6\ H_2O$	39,21
As_2O_3	4,9460	Hg	20,059
Ba (als Oxalat)	6,8665	HgO	21,660
BaO (als Oxalat)	7,6664	$K_2C_2O_4$	8,3108
$Ba(OH)_2$ (als Oxalat)	8,5672	$K_2C_2O_4 \cdot H_2O$	9,2116
$(COOH)_2$ (Oxalsäure)	4,5018	KHC_2O_4	6,4063
$(COOH)_2 \cdot 2\ H_2O$	6,3033	$KHC_2O_4 \cdot H_2O$	7,3071
$C_4H_6O_6$ (Weinsäure)	1,5009	$KHC_2O_4 \cdot H_2C_2O_4 \cdot 2\ H_2O$	6,3548
$C_6H_{12}O_6$ (Glucose)	0,75066	$K_4[Fe(CN)_6$	36,834
Ca (als Oxalat)	2,0040	$K_4[Fe(CN)_6] \cdot 3\ H_2O$	42,239
$CaCO_3$ (als Oxalat)	5,0045	NO_2	2,3003
CaO (als Oxalat)	2,8040	$Na_2C_2O_4$	6,7000
$Ce(NO_3)_4 \cdot 2\ NH_4NO_3$	54,823	Sb	6,0888
$Ce(SO_4)_2$	33,22	Sb_2O_3	7,2890
$Ce(HSO_4)_4$	52,84	Sn	5,9345
$Ce(SO_4)_2 \cdot 2\ (NH_4)_2SO_4 \cdot 2\ H_2O$	63,26	Sr (als Oxalat)	4,381
Fe	5,5845	$SrCO_3$ (als Oxalat)	7,3815
$Fe(CN)_6$	21,195	Tl	10,219
FeO	7,1844	U	11,901
Fe_2O_3	7,9844	V	5,0941
$FeSO_4$	15,190		

3.1.9 Chromatometrie

Maßlösung: Kaliumdichromat, 0,0166 mol/l

gesuchter Stoff	*F*
Fe	5,5845
FeO	7,1844
Pb	20,72

3.1.10 Permanganometrie

Maßlösung: Kaliumpermanganat, 0,02 mol/l

gesuchter Stoff	*F*	gesuchter Stoff	*F*
$(COOH)_2$	4,5018	MnO_2 (Braunstein mit Oxalsäure oder Eisen(II)-sulfat)	4,3468
$(COOH)_2 \cdot 2\,H_2O$	6,3033	Mo (nach Auchy empirisch)	3,3882
$(COO)_2$	4,4010	MoO_3 (nach Auchy empirisch)	5,0824
$Na_2C_2O_4$	6,7000	Mo (nach Kassler empirisch)	3,200
HCOOH (alkalisch nach Jones)	2,3013	MoO_3 (nach Kassler empirisch)	4,800
HCOOH (alkalisch nach Lieben)	1,3808	NH_2OH (nach Raschig)	1,6515
Ca	2,004	N_2O_3	1,9003
$CaCO_3$	5,0045	N_2O_4	4,6006
CaO	2,8040	HNO_2	2,3507
$Ca(OH)_2$	3,7045	NH_4NO_2	3,2022
Cr	1,7332	$NaClO_3$	1,7740
Cr_2O_3	2,5332	$NaNO_2$	3,4498
CrO_4	3,8665	$NaNO_3$	2,8332
Cu (Zuckerreduktion)	6,3546	O	0,79997
Fe	5,5845	P als $(NH_4)_3PO_4 \cdot 12\,MoO_3$	0,086056
FeO	7,1844	PbO_2	11,960
Fe_2O_3	7,9846	Pb_3O_4	34,280
$FeSO_4 \cdot 7\,H_2O$	27,80	S (nach Pinsl)	0,4101
$Fe_2(SO_4)_3 \cdot 9\,H_2O$	28,10	S_2O_8	9,606
$(NH_4)_2Fe(SO_4)_2 \cdot 6\,H_2O$	39,21	Sb	6,0888
H_2O_2	1,7007	Sb_2O_3	7,2890
$KMnO_4$	3,1607	Ti	4,79
Mn (nach Volhard-Wolff)	1,6481	U	11,901
MnO (nach Volhard-Wolff)	2,1281	U_3O_8	14,035
MnO_2 (nach Volhard-Wolff)	2,6081	V (reduziert mit SO_2)	5,0941
Mn (nach Hampe)	2,7470	V (reduziert mit ZnHg)	1,6980
		V_2O_5	9,0940

3.1.11 Chromometrie

Maßlösung: Chrom(II)-sulfat, 0,1 mol/l

gesuchter Stoff	*F*	gesuchter Stoff	*F*
Ag (in H_2SO_4 oder HCl + NH_4Cl)	10,787	Cu (in HCl)	6,3546
Bi (in H_2SO_4 + KCl)	6,9660	Cu (in H_2SO_4)	3,1773
Cr_2O_7 (in H_2SO_4)	3,5998	Hg (in H_2SO_4 oder HCl)	10,030

3.1.12 Iodometrie

Maßlösung:	Kaliumtriiodid bzw. Natriumthiosulfat
Konzentration:	$c(I_2)$ = 0,05 mol/l $c(Na_2S_2O_3)$ = 0,1 mol/l

gesuchter Stoff	*F*	gesuchter Stoff	*F*
As	3,7461	$FeSO_4 \cdot 7\,H_2O$	27,80
AsO_3	6,1460	H_2O_2	1,7007
As_2O_3	4,9460	Hg	10,030
AsO_4	6,9460	$HgCl_2$	13,575
As_2O_5	5,7460	$HgClNH_2$	12,604
Br	7,9904	HgO	10,830
BrO_3	2,1317	I	12,690
CO	7,0026	HI	12,791
C_2H_6O	0,9680	IO_3	2,9150
C_6H_5OH	1,5686	HIO_3	2,9318
Cl	3,5453	IO_4	2,3863
HClO	2,6230	HIO_4	2,3989
$HClO_3$	1,4077	$KBrO_3$	2,7834
Cr	1,7332	$KClO_3$	2,0425
Cr_2O_3	2,5332	KIO_3	3,5666
Cr_2O_7	3,5998	K_2CrO_4	6,4730
Cu	6,3546	$K_2Cr_2O_7$	4,9031
$CuSO_4$	15,96	$KHSO_3$	6,008
$CuSO_4 \cdot 5\,H_2O$	24,97	MnO_2	4,3468
Fe	5,5845	N_2H_4	0,8011
$Fe(CN)_6$	21,195	$N_2H_4 \cdot H_2SO_4$	3,253
$FeCl_3$	16,221	NaClO	3,7221
Fe_2O_3	7,9844	$NaClO_3$	1,7740
$FeSO_4$	15,190	$Na_2Cr_2O_7$	4,3661
NaHS	2,803	Na_2HAsO_3	8,4954
Na_2S	3,902	SO_2	3,203
$NaHSO_3$	5,203	SO_3	4,003
Na_2SO_3	6,302	H_2SO_3	4,104
$Na_2S_2O_3$	15,81	S_2O_8	9,606
$Na_2S_2O_3 \cdot 5\,H_2O$	24,82	Sb	6,0888
O_3	2,3999	Sb_2O_3	7,2890
PbO_2	11,960	$SbOKC_4H_4O_6 \cdot \frac{1}{2}\,H_2O$	16,697
S	1,603	Sn	5,9345
H_2S	1,704	SnO	6,7345

3.1.13 Titanometrie

Maßlösung: Titan(III)-chlorid, 0,1 mol/l

gesuchter Stoff	*F*	gesuchter Stoff	*F*
Au	6,5656	$K_3[Fe(CN)_6]$	32,93
$AuCl_3$	10,111	$NH_4Fe(SO_4)_2 \cdot 12\ H_2O$	48,22
Cu	6,3546	Hg	10,030
CuO	7,9545	$HgCl_2$	13,575
$CuSO_4$	15,96	HgO	10,830
$CuSO_4 \cdot 5\ H_2O$	24,97	$HgSO_4$	14,83
Fe	5,5846	Sb	6,0888
$FeCl_3$	16,220	$SbCl_5$	14,951
$FeCl_3 \cdot 6\ H_2O$	27,030	Sb_2O_5	8,0890
Fe_2O_3	7,9844	U	11,901
$Fe_2(SO_4)_3$	19,994	$UO_2(CH_3COO)_2 \cdot 2\ H_2O$	21,207

3.1.14 Argentometrie

Maßlösung: Silbernitrat, 0,1 mol/l

gesuchter Stoff	*F*	gesuchter Stoff	*F*
$BaCl_2$	10,412	KCN (nach Liebig)	13,024
$BaCl_2 \cdot 2\ H_2O$	12,214	KCl	7,4555
Br	7,9904	KI	16,601
BrO_3	12,790	KSCN	9,7180
HBr	8,09	LiCl	4,2394
$CaCl_2$	5,5493	$MgCl_2$	4,7606
$CaCl_2 \cdot 6\ H_2O$	10,954	NH_4Br	9,7947
CN (nach Mohr)	2,6018	NH_4Cl	5,3492
CN (nach Liebig)	5,2036	NH_4I	14,494
HCN (nach Mohr)	2,7026	NH_4SCN	7,612
HCN (nach Liebig)	5,4052	NaBr	10,289
Cl	3,5453	NaCN (nach Mohr)	4,9008
HCl	3,6461	NaCN (nach Liebig)	9,8015
I	12,690	NaCl	5,8443
HI	12,791	NaI	14,989
KBr	11,900	NaSCN	8,107
KCN (nach Mohr)	6,5116	SCN	5,808

Maßlösung: Natriumchlorid, 0,1 mol/l

Ag	10,787	$AgNO_3$	16,987

Maßlösung: Ammoniumthiocyanat, 0,1 mol/l

Ag	10,787	Hg	10,030
$AgNO_3$	16,987	HgO	10,829
Cu	6,3546		

3.1.15 Komplexometrie

Maßlösung: Ethylendiamintetraessigsäure-Dinatriumsalz (z. B. Titriplex®, Idranal®), 0,1 mol/l
Indikator: Eriochromschwarz T

gesuchter Stoff	*F*	gesuchter Stoff	*F*
Al	2,6982	P	3,0974
Ca	4,008	PO_4	9,4971
Cd	11,241	P_2O_5	7,0972
Hg(II)	20,059	Pb	20,72
Mg	2,4305	Tl	20,438
Mn	5,4938	Zn	6,538
Na	2,2990		
Indikator: Murexid			
Ag	21,574	Co	5,8933
Br	15,981	Cu	6,3546
CN	10,407	I	25,381
Cl	7,0906	Ni	5,871
Ca	4,008		
Indikator: Phthaleinpurpur			
Ba	13,733	SO_3	8,006
Ca	4,008	SO_4	9,606
S	3,206	Sr	8,762
Indikator: PAN (Pyridyl-β-azonaphthol)			
Bi	20,898	Tl	20,438
Cd	11,241	Zn	6,538
Cu	6,3546		
Indikator: Sulfosalicylsäure, Tiron, Variaminblau B			
Fe(III)	5,5845		
Indikator: Xylenolorange			
Al	2,698	La	13,891
Bi	20,898	Pb	20,719
Cd	11,241	Sn	11,869
Fe(III)	5,585	Th	23,204
Ga	6,972	Tl	20,438
Hg	20,059	Zr	9,122

3.1.16 Maßanalysen in nicht-wässrigen Lösemitteln [6]

Acidimetrische Titrationen.

Maßlösung:		Perchlorsäure		
Konzentration:		0,05 mol/l	0,1 mol/l	0,2 mol/l
gesuchter Stoff	**Formel**	F [a]	F [a]	F [a]
Adrenalin	$C_9H_{13}NO_3$	9,1605	18,321	36,642
Adrenalinhydrogentartrat	$C_9H_{13}NO_3 \cdot C_4H_6O_6$	16,665	33,330	66,660
ε-Aminocapronsäure	$C_6H_{13}NO_2$	6,5590	13,118	26,236
Aminophenazon	$C_{13}H_{17}N_3O$	11,565	23,130	46,260
Aneurinchloridhydrochlorid	$C_{12}H_{17}ClN_4OS \cdot HCl$	8,4317	16,864	33,727
Aneurinnitrat	$C_{12}H_{17}N_5O_4S$	8,1841	16,368	32,736
Apomorphinhydrochlorid	$C_{17}H_{17}NO_2 \cdot HCl$	15,189	30,379	60,758
Atropin	$C_{17}H_{23}NO_3$	14,468	28,937	57,874
Atropinsulfat	$(C_{17}H_{23}NO_3)_2 \cdot H_2SO_4$	33,841	67,682	135,364
Chinidin	$C_{20}H_{24}N_2O_2$	8,1100	16,220	32,440
Chinidinsulfat	$(C_{20}H_{24}N_2O_2)_2 \cdot H_2SO_4$	12,448	24,897	49,794
Chininhydrochlorid	$C_{20}H_{24}N_2O_2 \cdot HCl$	9,0220	18,044	36,088
Chininsulfat	$(C_{20}H_{24}N_2O_2)_2 \cdot H_2SO_4$	12,448	24,897	49,794
Chloramphenicol	$C_{11}H_{12}Cl_2N_2O_5$	16,156	32,313	64,626
Chlordiazepoxid	$C_{16}H_{14}ClN_3O$	14,988	29,976	59,952
Chlordiazepoxidhydrochlorid	$C_{16}H_{14}ClN_3O \cdot HCl$	16,811	33,622	67,244
Chlorpromazinhydrochlorid	$C_{17}H_{19}ClN_2S \cdot HCl$	17,766	35,532	71,064
Chlorprothixenhydrochlorid	$C_{18}H_{18}ClNS \cdot HCl$	17,616	35,232	70,464
Cholinchlorid	$C_5H_{13}NO \cdot HCl$	6,9815	13,963	27,926
Cholindihydrogencitrat	$C_5H_{13}NO \cdot C_6H_8O_7$	14,764	29,529	59,058
Cholinhydrogentartrat	$C_5H_{13}NO \cdot C_4H_6O_6$	12,662	25,325	50,650
Cocain	$C_{17}H_{21}NO_4$	15,168	30,336	60,672
Cocainhydrochlorid	$C_{17}H_{21}NO_4 \cdot HCl$	16,991	33,982	67,964
Codein	$C_{18}H_{21}NO_3$	14,967	29,935	59,870
Codeinhydrochlorid	$C_{18}H_{21}NO_3 \cdot HCl$	16,792	33,584	67,168
Codeinphosphat	$C_{18}H_{21}NO_3 \cdot H_3PO_4$	19,868	39,737	79,474
Coffein	$C_8H_{10}N_4O_2$	9,7095	19,419	38,838
Colchicin	$C_{22}H_{25}NO_6$	19,972	39,944	79,888
Corbadrinhydrochlorid	$C_9H_{13}NO_3 \cdot HCl$	10,983	21,967	43,934
Cyclizinhydrochlorid	$C_{18}H_{22}N_2 \cdot HCl$	7,5710	15,142	30,284
Decamethoniumbromid	$C_{16}H_{38}Br_2N_2$	10,457	20,915	41,830
Decamethoniumiodid	$C_{16}H_{38}I_2N_2$	12,807	25,615	51,230
Diazepan	$C_{16}H_{13}ClN_2O$	14,237	28,474	56,948
Diethazinhydrochlorid	$C_{18}H_{22}N_2S \cdot HCl$	16,745	33,491	66,982
Diethylcarbamazincitrat	$C_{10}H_{21}N_3O \cdot C_6H_8O_7$	19,571	39,142	78,284
Dihydrocodeinhydrogentartrat	$C_{18}H_{23}NO_3 \cdot C_4H_6O_6$	22,574	45,148	90,296
Dihydrocodeinphosphat	$C_{18}H_{23}NO_3 \cdot H_3PO_4$	19,969	39,938	79,876
Dihydrocodeinonhydrogentartrat	$C_{18}H_{21}NO_3 \cdot C_4H_6O_6$	22,473	44,947	89,894
Dihydrohydroxycodeinon-hydrochlorid	$C_{18}H_{21}NO_4 \cdot HCl$	17,591	35,183	70,366
Dihydromorphinon	$C_{17}H_{19}NO_3$	14,267	28,534	57,068
Dihydromorphinonhydrochlorid	$C_{17}H_{19}NO_3 \cdot HCl$	16,090	32,181	64,362

a Alle Äquivalente sind auf die wasserfreie Substanz berechnet.

Maßlösung:		Perchlorsäure		
Konzentration:		0,05 mol/l	0,1 mol/l	0,2 mol/l
gesuchter Stoff	**Formel**	***F*** [a]	***F*** [a]	***F*** [a]
Dihydroergotamintartrat	$(C_{33}H_{37}N_5O_5)_2 \cdot C_4H_6O_6$	32,925	65,850	131,700
Dioxopromethazinhydrochlorid	$C_{17}H_{20}N_2O_2S \cdot HCl$	17,645	35,290	70,580
Diphenhydramin	$C_{17}H_{21}NO$	12,768	25,536	51,072
Diphenhydraminhydrochlorid	$C_{17}H_{21}NO \cdot HCl$	14,591	29,182	58,364
Diphenylpyralinhydrochlorid	$C_{19}H_{23}NO \cdot HCl$	15,893	31,786	63,572
Emetindihydrochlorid	$C_{29}H_{40}N_2O_4 \cdot 2\ HCl$	13,839	27,678	55,356
Ephedrin	$C_{10}H_{15}NO$	8,2620	16,524	33,048
Ephedrinhydrochlorid	$C_{10}H_{15}NO \cdot HCl$	10,085	20,170	40,340
Ephedrinsulfat	$(C_{10}H_{15}NO)_2 \cdot H_2SO_4$	10,713	21,427	42,854
Ephedrinthiocyanat	$C_{10}H_{15}NO \cdot HSCN$	11,215	22,430	44,860
Ergometrinhydrogenmaleat	$C_{19}H_{23}N_3O_2 \cdot C_4H_4O_4$	22,074	44,148	88,296
Ergotamintartrat	$(C_{33}H_{35}N_5O_5)_2 \cdot C_4H_6O_6$	32,835	65,671	131,342
Ethacridinlactat	$C_{15}H_{15}N_3O \cdot C_3H_6O_3$	17,169	34,338	68,676
Ethylmorphinhydrochlorid	$C_{19}H_{23}NO_3 \cdot HCl$	17,493	34,986	69,972
Etophyllin	$C_9H_{12}N_4O_3$	11,211	22,422	44,844
Fluphenazindecanoat	$C_{32}H_{44}F_3N_3O_2S$	14,794	29,588	59,176
Fluphenazindihydrochlorid	$C_{22}H_{26}F_3N_3OS \cdot 2\ HCl$	12,761	25,522	51,044
Fluphenazinenanthat	$C_{29}H_{38}F_3N_3O_2S$	13,742	27,485	54,970
Gallamintriethiodid	$C_{30}H_{60}I_3N_3O_3$	14,859	29,718	59,436
Glycin	$C_2H_5NO_2$	3,7535	7,5070	15,014
Haloperidol	$C_{21}H_{23}ClFNO_2$	18,793	37,587	75,174
Histamindihydrochlorid	$C_5H_9N_3 \cdot 2\ HCl$	4,6017	9,2035	18,407
Histidin	$C_6H_9N_3O_2$	7,7580	15,516	31,032
Homatropinhydrobromid	$C_{16}H_{21}NO_3 \cdot HBr$	17,813	35,627	71,254
Imipraminhydrochlorid	$C_{19}H_{24}N_2 \cdot HCl$	15,843	31,687	63,374
Isonicotinsäurehydrazid	$C_6H_7N_3O$	6,8570	13,714	27,428
Isoprenalinhydrochlorid	$C_{11}H_{17}NO_3 \cdot HCl$	12,385	24,772	49,544
Isoprenalinsulfat	$(C_{11}H_{17}NO_3)_2 \cdot H_2SO_4$	26,029	52,059	104,118
Kaliumacetat	$C_2H_3KO_2$	4,9075	9,8150	19,630
Kaliumadipat	$C_6H_8K_2O_4$	5,5575	11,115	22,230
Kaliumcitrat	$C_6H_5K_3O_7$	5,1070	10,214	20,428
Kaliumnatriumtartrat	$C_4H_4KNaO_6$	5,2540	10,508	21,016
Kaliumnitrat	KNO_3	5,0550	10,110	20,220
Kaliumsorbat	$C_6H_7KO_2$	7,5110	15,022	30,044
Ketaminhydrochlorid	$C_{13}H_{16}ClNO \cdot HCl$	13,709	27,419	54,838
Leucin	$C_6H_{13}NO_2$	6,5585	13,117	26,234
Levamisolhydrochlorid	$C_{11}H_{12}N_2S \cdot HCl$	12,037	24,075	48,150
Levodopa	$C_9H_{11}NO_4$	9,8595	19,719	39,438
Levomepromazinhydrogenmaleat	$C_{19}H_{24}N_2OS \cdot C_4H_4O_4$	22,227	44,454	88,908
Lidocain	$C_{14}H_{22}N_2O$	11,717	23,434	46,868
Lidocainhydrochlorid	$C_{14}H_{22}N_2O \cdot HCl$	13,540	27,081	54,162
Lithiumcitrat	$C_6H_5Li_3O_7$	3,4987	6,9975	13,995
Lobelinhydrochlorid	$C_{22}H_{27}NO_2 \cdot HCl$	18,696	37,393	74,786
Lysinhydrochlorid	$C_6H_{14}N_2O_2 \cdot HCl$	4,5662	9,1325	18,265
Mebendazol	$C_{16}H_{13}N_3O_3$	14,765	29,530	59,060
Meclizindihydrochlorid	$C_{25}H_{27}ClN_2 \cdot 2\ HCl$	11,597	23,194	46,388

a Alle Äquivalente sind auf die wasserfreie Substanz berechnet.

Maßlösung:		Perchlorsäure		
Konzentration:		0,05 mol/l	0,1 mol/l	0,2 mol/l
gesuchter Stoff	**Formel**	*F* [a]	*F* [a]	*F* [a]
Meclofenoxathydrochlorid	$C_{12}H_{16}ClNO_3 \cdot HCl$	14,709	29,418	58,836
Mepacrindihydrochlorid	$C_{23}H_{30}ClN_3O \cdot 2\,HCl$	11,822	23,644	47,288
Meprobamat	$C_9H_{18}N_2O_4$	5,4562	10,912	21,825
Methadonhydrochlorid	$C_{21}H_{27}NO \cdot HCl$	17,295	34,591	69,182
Methamphetaminhydrochlorid	$C_{10}H_{15}N \cdot HCl$	9,2850	18,570	37,140
Methaqualon	$C_{16}H_{14}N_2O$	12,515	25,030	50,060
Methaqualonhydrochlorid	$C_{16}H_{14}N_2O \cdot HCl$	14,338	28,676	57,352
Methylatropiniumbromid	$C_{18}H_{26}BrNO_3$	19,215	38,430	76,860
Methylatropiniumnitrat	$C_{18}H_{26}N_2O_6$	18,320	36,640	73,280
Methyldopa	$C_{10}H_{13}NO_4$	10,561	21,122	42,244
Methylephedrinhydrochlorid	$C_{11}H_{17}NO \cdot HCl$	10,786	21,572	43,144
Methylphenidathydrochlorid	$C_{14}H_{19}NO_2$	13,488	26,977	53,954
Methylrosanilinhydrochlorid (= Gentianaviolett)	$C_{25}H_{30}ClN_3$	20,399	40,799	81,598
Methylscopolaminiumbromid	$C_{18}H_{24}BrNO_4$	19,915	39,831	79,662
Methylscopolaminiumnitrat	$C_{18}H_{24}N_2O_7$	19,020	38,040	76,080
Metoclopramidhydrochlorid	$C_{14}H_{22}ClN_3O_2 \cdot HCl$	16,813	33,626	67,252
Metronidazol	$C_6H_9N_3O_3$	8,5580	17,116	34,232
Morphinhydrochlorid	$C_{17}H_{19}NO_3 \cdot HCl$	16,090	32,180	64,360
Naphazolinhydrochlorid	$C_{14}H_{14}N_2 \cdot HCl$	12,337	24,674	49,348
Naphazolinnitrat	$C_{14}H_{14}N_2 \cdot HNO_3$	13,664	27,329	54,658
Natriumacetat	$C_2H_3NaO_2$	4,1017	8,2034	16,407
Natriumbenzoat	$C_7H_5NaO_2$	7,2050	14,410	28,820
Natriumcitrat	$C_6H_5Na_3O_7$	4,3012	8,6023	17,204
Natriumcyclamat	$C_6H_{12}NNaO_3S$	10,061	20,122	40,244
Natriumdehydrocholat	$C_{24}H_{33}NaO_5$	21,226	42,452	84,904
Natriumfluorid	NaF	2,0994	4,1988	8,3976
Natriumgentisat	$C_7H_5NaO_4$	8,8050	17,610	35,220
Natriumlactat	$C_3H_5NaO_3$	5,6030	11,206	22,412
Natriumnicotinat	$C_6H_4NNaO_2$	3,6275	7,2550	14,510
Natriumpropionat	$C_3H_5NaO_2$	4,8030	9,6060	18,212
Natriumsalicylat	$C_7H_5NaO_3$	8,0050	16,010	32,020
Natriumvalproat	$C_8H_{15}NaO_2$	8,3095	16,619	33,238
Neostigminbromid	$C_{12}H_{19}BrN_2O_2$	15,160	30,320	60,640
Nicethamid	$C_{10}H_{14}N_2O$	8,9120	17,824	35,648
Nicotinsäureamid	$C_6H_6N_2O$	6,1065	12,213	24,426
Nitrazepam	$C_{15}H_{11}N_3O_3$	14,063	28,127	56,254
Noradrenalin	$C_8H_{11}NO_3$	8,4590	16,918	33,836
Noradrenalinhydrochlorid	$C_8H_{11}NO_3 \cdot HCl$	10,280	20,560	41,120
Noradrenalinhydrogentartrat	$C_8H_{11}NO_3 \cdot C_4H_6O_6$	15,963	31,926	63,852
Normethadonhydrochlorid	$C_{20}H_{25}NO \cdot HCl$	16,596	33,192	66,384
Norpseudoephedrinhydrochlorid	$C_9H_{13}NO \cdot HCl$	9,3855	18,771	37,542
Nortriptylinhydrochlorid	$C_{19}H_{21}N \cdot HCl$	14,992	29,984	59,968
Noscapin	$C_{22}H_{23}NO_7$	20,671	41,343	82,686
Noscapinhydrochlorid	$C_{22}H_{23}NO_7 \cdot HCl$	22,494	44,989	89,978
Orciprenalinsulfat	$(C_{11}H_{17}NO_3)_2 \cdot H_2SO_4$	26,029	52,059	104,118

a Alle Äquivalente sind auf die wasserfreie Substanz berechnet.

Maßlösung:		Perchlorsäure		
Konzentration:		0,05 mol/l	0,1 mol/l	0,2 mol/l
gesuchter Stoff	**Formel**	*F* [a]	*F* [a]	*F* [a]
Oxazepam	$C_{15}H_{11}ClN_2O_2$	14,336	28,672	57,344
Oxedrintartrat	$(C_9H_{13}NO_2)_2 \cdot C_4H_6O_6$	12,113	24,226	48,451
Oxycodonhydrochlorid	$C_{18}H_{21}NO_4 \cdot HCl$	17,591	35,183	70,366
Papaverin	$C_{20}H_{21}NO_4$	16,969	33,939	67,878
Papaverinhydrochlorid	$C_{20}H_{21}NO_4 \cdot HCl$	18,792	37,585	75,170
Pargylinhydrochlorid	$C_{11}H_{13}N \cdot HCl$	9,7845	19,569	39,138
Pentazocin	$C_{19}H_{27}NO$	14,271	28,543	57,086
Pentazocinhydrochlorid	$C_{19}H_{27}NO \cdot HCl$	16,094	32,189	64,378
Penfluridol	$C_{28}H_{27}ClF_5NO$	26,198	52,397	104,794
Pentoliniumtartrat	$C_{23}H_{42}N_2O_{12}$	13,464	26,929	53,858
Perphenazin	$C_{21}H_{26}ClN_3OS$	10,099	20,198	40,397
Pethidinhydrochlorid	$C_{15}H_{21}NO_2 \cdot HCl$	14,190	28,380	56,760
Phenazon	$C_{11}H_{12}N_2O$	9,4115	18,823	37,646
Phenindaminhydrogentartrat	$C_{19}H_{19}N \cdot C_4H_6O_6$	20,573	41,146	82,292
Phenmetrazinhydrochlorid	$C_{11}H_{15}NO \cdot HCl$	10,685	21,371	42,742
Physostigminsalicylat	$C_{15}H_{21}N_3O_2 \cdot C_7H_6O_3$	20,673	41,347	82,694
Pilocarpin	$C_{11}H_{16}N_2O_2$	10,413	20,826	41,652
Pilocarpinhydrochlorid	$C_{11}H_{16}N_2O_2 \cdot HCl$	12,236	24,472	48,944
Pilocarpinnitrat	$C_{11}H_{16}N_2O_2 \cdot HNO_3$	13,564	27,128	54,256
Piperazin	$C_4H_{10}N_2$	2,1534	4,3069	8,6138
Piperazinadipat	$C_4H_{10}N_2 \cdot C_6H_{10}O_4$	5,8070	11,614	23,228
Piperazincitrat	$(C_4H_{10}N_2)_3 \cdot 2\ C_6H_8O_7$	5,3555	10,711	21,422
Piperazinphosphat	$C_4H_{10}N_2 \cdot H_3PO_4$	4,6033	9,2066	18,413
Prenylaminlactat	$C_{24}H_{27}N \cdot C_3H_6O_3$	20,978	41,956	83,912
Procainamidhydrochlorid	$C_{13}H_{21}N_3O \cdot HCl$	13,589	27,179	54,358
Procain	$C_{13}H_{20}N_2O_2$	11,815	23,631	47,262
Procainhydrochlorid	$C_{13}H_{20}N_2O_2 \cdot HCl$	13,638	27,277	54,554
Prochlorperazin	$C_{20}H_{24}ClN_3S$	9,3485	18,697	37,394
Prochlorperazinethandisulfonat	$C_{20}H_{24}ClN_3S \cdot C_2H_6O_6S_2$	14,104	28,208	56,416
Promethazinhydrochlorid	$C_{17}H_{20}N_2S \cdot HCl$	16,044	32,088	64,176
Propanthelinbromid	$C_{23}H_{30}BrNO_3$	22,420	44,840	89,680
Propipocain	$C_{17}H_{25}NO_2$	13,771	27,542	55,084
Propipocainhydrochlorid	$C_{17}H_{25}NO_2 \cdot HCl$	15,594	31,188	62,376
Propranololhydrochlorid	$C_{16}H_{21}NO_2 \cdot HCl$	14,790	29,581	59,162
Propyphenazon	$C_{14}H_{18}N_2O$	11,515	23,031	46,062
Pseudoephedrinhydrochlorid	$C_{10}H_{15}NO \cdot HCl$	10,085	20,170	40,340
Pyridostigminbromid	$C_9H_{13}BrN_2O_2$	13,056	26,112	52,224
Pyridoxinhydrochlorid	$C_8H_{11}NO_3 \cdot HCl$	10,282	20,564	41,128
Pyrimethamin	$C_{12}H_{13}ClN_4$	12,436	24,872	49,744
Reserpin	$C_{33}H_{40}N_2O_9$	30,434	60,869	121,738
Saccharin-Natrium	$C_7H_4NNaO_3S$	10,258	20,517	41,034
Scopolamin	$C_{17}H_{21}NO_4$	15,158	30,336	60,672
Scopolaminbutylbromid	$C_{21}H_{30}BrNO_4$	22,019	44,038	88,076
Scopolaminhydrobromid	$C_{17}H_{21}NO_4 \cdot HBr$	19,213	38,427	76,854
Sparteinsulfat	$C_{15}H_{26}N_2 \cdot H_2 \cdot H_2SO_4$	21,127	42,254	84,508
Strychninnitrat	$C_{21}H_{22}N_2O_2 \cdot HNO_3$	19,871	39,743	79,486

a Alle Äquivalente sind auf die wasserfreie Substanz berechnet.

Maßlösung:		Perchlorsäure		
Konzentration:		0,05 mol/l	0,1 mol/l	0,2 mol/l
gesuchter Stoff	**Formel**	*F* [a]	*F* [a]	*F* [a]
Strychninsulfat	$(C_{21}H_{22}N_2O_2)_2 \cdot H_2SO_4$	38,346	76,692	153,384
Suxamethoniumbromid	$C_{14}H_{30}Br_2N_2O_4$	11,256	22,513	45,026
Suxamethoniumchlorid	$C_{14}H_{30}Cl_2N_2O_4$	9,0325	18,065	36,130
Suxamethoniumiodid	$C_{14}H_{30}I_2N_2O_4$	13,605	27,211	54,422
Tetracainhydrochlorid	$C_{15}H_{24}N_2O_2 \cdot HCl$	15,041	30,083	60,166
Thioridazinhydrochlorid	$C_{21}H_{26}N_2S_2 \cdot HCl$	20,351	40,703	81,406
Tolazolinhydrochlorid	$C_{10}H_{12}N_2 \cdot HCl$	9,8340	19,668	39,336
Trapidil	$C_{10}H_{15}N_5$	10,263	20,526	41,052
Triamteren	$C_{12}H_{11}N_7$	12,663	25,327	50,654
Trihexyphenidylhydrochlorid	$C_{20}H_{31}NO \cdot HCl$	16,896	33,793	67,586
Trimethoprim	$C_{14}H_{18}N_4O_3$	14,516	29,032	58,064
Trimipraminmaleat	$C_{20}H_{26}N_2 \cdot C_4H_4O_4$	20,525	41,051	82,102
Tripelenamincitrat	$C_{16}H_{21}N_3 \cdot C_6H_8O_7$	11,187	22,374	44,749
Tripelenaminhydrochlorid	$C_{16}H_{21}N_3 \cdot HCl$	7,2957	14,591	29,183
Tropicamid	$C_{17}H_{20}N_2O_2$	14,218	28,436	56,872
Tryptophan	$C_{11}H_{12}N_2O_2$	10,211	20,423	40,846
Valin	$C_5H_{11}NO_2$	5,8575	11,715	23,430

a Alle Äquivalente sind auf die wasserfreie Substanz berechnet.

Alkalimetrische Titrationen.

Maßlösung:		$LiOCH_3$	$NaOCH_3$	$KOCH_3$	TBA—OH [a]
Konzentration:		0,1 mol/l	0,1 mol/l	0,1 mol/l	0,1 mol/l
gesuchter Stoff	**Formel**	*F* [b]	*F* [b]	*F* [b]	*F* [b]
Acetazolamid	$C_4H_6N_4O_3S_2$	11,112	11,112	11,112	11,112
Ameisensäure	CH_2O_2		4,6026		
Amobarbital	$C_{11}H_{18}N_2O_3$	22,628	22,628	22,628	
Benzoesäure	$C_7H_6O_2$	12,212	12,212	12,212	
Barbital	$C_8H_{12}N_2O_3$	18,420	18,420		
Chlorothiazid	$C_7H_6ClN_3O_4S_2$	29,574	29,574		
Cyclobarbital	$C_{12}H_{16}N_2O_3$		23,627		
Dicumarol	$C_{19}H_{12}O_6$	16,815	16,815		
Diphenylhydantoin	$C_{15}H_{12}N_2O_2$	25,227	25,227		
Essigsäure	$C_2H_4O_2$	6,0052	6,0052	6,0052	6,0052
Ethosuximid	$C_7H_{11}NO_2$		14,117		14,117
Ethylvanilin	$C_9H_{10}O_3$		16,618		
Fluorouracil	$C_4H_3FN_2O_2$		13,008		13,008
Furosemid	$C_{12}H_{11}ClN_2O_5S$		33,080		
Heptobarbital	$C_{11}H_{10}N_2O_3$			21,821	
Hexobarbital	$C_{12}H_{16}N_2O_3$	23,627	23,627	23,627	
Hydrochlorothiazid	$C_7H_8ClN_3O_4S_2$		14,886	14,886	14,886
Mercaptopurin	$C_5H_4N_4S$	15,217	15,217		15,217

a Tetrabutylammoniumhydroxid.

b Alle Äquivalente sind auf die wasserfreie Substanz berechnet.

Maßlösung:		$LiOCH_3$	$NaOCH_3$	$KOCH_3$	TBA—OH [a]
Konzentration:		0,1 mol/l	0,1 mol/l	0,1 mol/l	0,1 mol/l
gesuchter Stoff	**Formel**	F [b]	F [b]	F [b]	F [b]
Methylphenobarbital	$C_{13}H_{14}N_2O_3$	24,627	24,627		
Methylthiouracil	$C_5H_6N_2OS$	14,218	14,218		
Natrium-p-aminosalicylat	$C_7H_6NNaO_3$		17,512		
Niclosamid	$C_{13}H_8Cl_2N_2O_4$			32,712	
Nitrofurantoin	$C_8H_6N_4O_5$	23,816	23,816		
Oxyclozanid	$C_{13}H_6Cl_5NO_3$			20,073	
Pentobarbital	$C_{11}H_{18}N_2O_3$	22,627	22,627		22,627
Phenobarbital	$C_{12}H_{12}N_2O_3$	23,224	23,224	23,224	
Phenylbutazon	$C_{19}H_{20}N_2O_2$		30,838	30,838	30,838
Phenytoin	$C_{15}H_{12}N_2O_2$	25,227	25,227		
Phthalylsulfathiazol	$C_{17}H_{13}N_3O_5S_2$	20,171	20,171		
Propylthiouracil	$C_7H_{10}N_2OS$	17,023	17,023		
Quinethazon	$C_{10}H_{12}ClN_3O_3S$				28,974
Salicylamid	$C_7H_7NO_2$		13,714	13,714	
Secobarbital	$C_{12}H_{18}N_2O_3$		23,829		
Sulfadiazin	$C_{10}H_{10}N_4O_2S$	25,028	25,028		
Sulfadimethoxin	$C_{12}H_{14}N_4O_4S$		31,034		
Sulfadimidin	$C_{12}H_{14}N_4O_2S$		27,833		
Sulfafurazol	$C_{11}H_{13}N_3O_3S$	26,731	26,731	26,731	26,731
Sulfafurazoldiethanolamin	$C_{11}H_{13}N_3O_3S \cdot C_4H_{11}NO_2$	37,244	37,244		
Sulfamerazin	$C_{11}H_{12}N_4O_2S$	26,431	26,431		
Sulfamethoxazol	$C_{10}H_{11}N_3O_3S$				25,332
Sulfamethoxypyridazin	$C_{11}H_{12}N_4O_3S$		28,031		
Sulfaphenazol	$C_{15}H_{14}N_4O_2S$		31,438		
Theophyllin	$C_7H_8N_4O_2$		18,017		

a Tetrabutylammoniumhydroxid.
b Alle Äquivalente sind auf die wasserfreie Substanz berechnet.

Organische Lösemittel für nicht-wässrige Titrationen.

Lösemittel	**Formel**	**Dielektrizitätskonstante** ε	**(t in °C)**	**Autoprotolysekonstante** pK_{SH}	**Siedepunkt in °C**
Hexan	C_6H_{14}	1,88	(25)	–	68,7
Cyclohexan	C_6H_{12}	2,02	(20)	–	80,7
Dioxan	$C_4H_8O_2$	2,21	(25)	21,4	101,3
Kohlenstofftetrachlorid	CCl_4	2,24	(20)	–	76,7
Benzol	C_6H_6	2,27	(25)	–	80,1
Toluol	C_7H_8	2,38	(25)	–	110,6
Propionsäure	$C_3H_6O_2$	3,44	(40)	–	140,8
Trichlormethan	$CHCl_3$	4,81	(20)	–	61,2
Butylamin	$C_4H_{11}N$	4,88	(20)	–	77,4
Chlorbenzol	C_6H_5Cl	5,62	(25)	–	131,7
Essigsäure	$C_2H_4O_2$	6,15	(20)	14,45	117,9

Lösemittel	Formel	Dielektrizitätskonstante ε	(t in °C)	Autoprotolysekonstante pK_{SH}	Siedepunkt in °C
Tetrahydrofuran	C_4H_8O	7,58	(25)	–	66
Dichlormethan	CH_2Cl_2	8,93	(25)	–	39,7
m-Kresol	C_7H_8O	11,8	(25)	18,7	202,2
Pyridin	C_5H_5N	12,4	(21)	–	115,3
tert.-Butanol	$C_4H_{10}O$	12,47	(25)	22,2	82,4
Ethylendiamin	$C_2H_8N_2$	12,9	(25)	15,3	117,3
Methylethylketon	C_4H_8O	18,51	(20)	25,7	79,6
Isopropanol	C_3H_8O	19,92	(25)	20,8	82,3
Essigsäureanhydrid	$C_4H_6O_3$	20,7	(19)	14,5	140,0
Aceton	C_3H_6O	20,7	(25)	21,1	56,3
Tetramethylharnstoff	$C_5H_{12}N_2O$	23,06		–	175,2
Ethanol	C_2H_6O	24,55	(25)	19,1	78,3
Hexamethylphosphorsäuretriamid	$C_6H_{18}N_3OP$	29,6	(20)	–	233
Methanol	CH_4O	32,7	(25)	16,9	64,7
Nitromethan	CH_3NO_2	35,87	(30)	–	101,2
N,N-Dimethylformamid	$C_3H_7NO_2$	36,71	(25)	21	153,0
Acetonitril	C_2H_3N	37,5	(20)	32,2	81,6
Ethylenglykol	$C_2H_6O_2$	37,7	(25)	–	197,3
Ethanolamin	C_2H_7NO	37,72	(25)	5,7	170,9
Sulfolan	$C_4H_8O_2S$	43,3	(30)	35	287,3
Dimethylsulfoxid	C_2H_6OS	46,68	(25)	33,3	189,0
Ameisensäure	CH_2O_2	58,5	(16)	6,2	100,6
Ethylencarbonat	$C_3H_4O_3$	89,6	(40)	–	238
Formamid	CH_3NO	111,0	(20)	16,8	210,5
N-Methylformamid	C_2H_5NO	182,4	(25)	–	185

3.1.17 Herstellung von Maßlösungen[a]

Maßlösungen für Redoxreaktionen[b].

Reagenz	Formel (Teilchen X)	Äquivalente $1/z^*X$ z^*: Äquivalentzahl	Stoffmengenkonzentration $c(X)$ in mol/l	$c(1/z^*X)$ in mol/l	Einwaage für 1 l Lösung in g
Arsen(III)-oxid	As_2O_3	¼ As_2O_3	0,025	0,1	4,9460
Bariumperoxid	BaO_2	½ BaO_2	0,05	0,1	8,466
Bariumperoxid-8-Wasser	$BaO_2 \cdot 8\,H_2O$	½ $BaO_2 \cdot 8\,H_2O$	0,05	0,1	15,674
Blei(IV)-oxid	PbO_2	½ PbO_2	0,05	0,1	11,96
Calciumhypochlorit	$Ca(OCl)_2$	¼ $Ca(OCl)_2$	0,025	0,1	3,575
Chrom(VI)-oxid	CrO_3	⅓ CrO_3	$0{,}0\overline{3}$	0,1	3,3331

a In der Praxis werden heute für die häufigsten Anwendungen vorgefertigte Konzentrate eingesetzt, die im Handel erhältlich sind und vor Gebrauch nur noch verdünnt werden müssen.

b Vergleiche dazu die Erläuterungen auf Seite 53.

Reagenz	Formel (Teilchen X)	Äquivalente $1/z^*X$ z^*: Äquivalentzahl	Stoffmengen-konzentration $c(X)$ in mol/l	$c(1/z^*X)$ in mol/l	Einwaage für 1 l Lösung in g
Ammonium-eisen(II)-sulfat-6-Wasser	$(NH_4)_2Fe(SO_4)_2 \cdot 6\,H_2O$	$1\,(NH_4)_2Fe(SO_4)_2 \cdot 6\,H_2O$	0,1	0,1	39,213
Hydrazinsulfat	$N_2H_4 \cdot H_2SO_4$	$\frac{1}{2}\,N_2H_4 \cdot H_2SO_4$	0,05	0,1	6,506
Iod	I_2	$\frac{1}{2}\,I_2$	0,05	0,1	12,6904
Kaliumbromat	$KBrO_3$	$\frac{1}{6}\,KBrO_3$	$0{,}01\overline{6}$	0,1	2,7833
Kaliumbromid	KBr	$1\,KBr$	0,1	0,1	11,9002
Kaliumchlorat	$KClO_3$	$\frac{1}{6}\,KClO_3$	$0{,}01\overline{6}$	0,1	2,0425
Kaliumchromat	K_2CrO_4	$\frac{1}{3}\,K_2CrO_4$	$0{,}0\overline{3}$	0,1	6,4730
Kaliumdichromat	$K_2Cr_2O_7$	$\frac{1}{6}\,K_2Cr_2O_7$	$0{,}01\overline{6}$	0,1	4,9031
Kalium-hexacyano-ferrat(II)	$K_4[Fe(CN)_6]$	$1\,K_4[Fe(CN)_6]$	0,1	0,1	36,8343
Kalium-hexacyano-ferrat(II)-3-Wasser	$K_4[Fe(CN)_6] \cdot 3\,H_2O$	$1\,K_4[Fe(CN)_6] \cdot 3\,H_2O$	0,1	0,1	42,2388
Kalium-hexacyano-ferrat(III)	$K_3[Fe(CN)_6]$	$1\,K_3[Fe(CN)_6]$	0,1	0,1	32,9244
Kaliumiodat	KIO_3	$\frac{1}{6}\,KIO_3$	$0{,}01\overline{6}$	0,1	3,5667
Kaliumiodid	KI	$1\,KI$	0,1	0,1	16,6003
Kaliumnitrat	KNO_3	$\frac{1}{3}\,KNO_3$	$0{,}0\overline{3}$	0,1	3,3701
Kaliumperchlorat	$KClO_4$	$\frac{1}{8}\,KClO_4$	0,0125	0,1	1,7319
Kaliumpermanganat	$KMnO_4$	$\frac{1}{5}\,KMnO_4$	0,02	0,1	3,1607
Kaliumpermanganat	$KMnO_4$	$\frac{1}{6}\,KMnO_4$	$0{,}01\overline{6}$	0,1	2,6339
Kaliumpermanganat	$KMnO_4$	$\frac{1}{3}\,KMnO_4$	$0{,}0\overline{6}$	0,1	5,2678
Mangan(IV)-oxid	MnO_2	$\frac{1}{2}\,MnO_2$	0,05	0,1	4,3469
Natriumchlorat	$NaClO_3$	$\frac{1}{6}\,NaClO_3$	$0{,}01\overline{6}$	0,1	1,7740
Natriumnitrat	$NaNO_3$	$\frac{1}{3}\,NaNO_3$	$0{,}0\overline{3}$	0,1	2,8332
Natriumoxalat	$Na_2C_2O_4$	$\frac{1}{2}\,Na_2C_2O_4$	0,05	0,1	6,6999
Natriumthiosulfat-5-Wasser	$Na_2S_2O_3 \cdot 5\,H_2O$	$1\,Na_2S_2O_3 \cdot 5\,H_2O$	0,1	0,1	24,819
Oxalsäure	$C_2H_2O_4$	$\frac{1}{2}\,C_2H_2O_4$	0,05	0,1	4,5018
Oxalsäure-2-Wasser	$C_2H_2O_4 \cdot 2\,H_2O$	$\frac{1}{2}\,C_2H_2O_4 \cdot 2\,H_2O$	0,05	0,1	6,3033
Quecksilber	Hg	$\frac{1}{2}\,Hg$	0,05	0,1	10,03
Quecksilber(II)-oxid	HgO	$\frac{1}{2}\,HgO$	0,05	0,1	10,83
Salpetersäure	HNO_3	$\frac{1}{3}\,HNO_3$	$0{,}0\overline{3}$	0,1	2,1004
Sauerstoff	O_2	$\frac{1}{4}\,O_2$	–	–	0,7999
Schwefelwasserstoff	H_2S	$\frac{1}{2}\,H_2S$	–	–	1,704
Silber	Ag	$1\,Ag$	0,1	0,1	10,7868
Wasserstoffperoxid	H_2O_2	$\frac{1}{2}\,H_2O_2$	0,05	0,1	1,7007
Zinn	Sn	$\frac{1}{2}\,Sn$	0,05	0,1	5,935

Maßlösungen für Säure-Base- und sonstige Reaktionen[a]

Reagenz	Formel (Teilchen X)	Äquivalente $1/z^*X$ z^*: Äquivalentzahl	Stoffmengen-konzentration $c(X)$ in mol/l	$c(1/z^*X)$ in mol/l	Einwaage für 1 l Lösung in g
Ammoniak	NH_3	1 NH_3	0,1	0,1	1,7031
Ammoniumchlorid	NH_4Cl	1 NH_4Cl	0,1	0,1	5,3491
Ammoniumsulfat	$(NH_4)_2SO_4$	½ $(NH_4)_2SO_4$	0,05	0,1	6,607
Ammoniumthiocyanat	NH_4CNS	1 NH_4CNS	0,1	0,1	7,612
Bariumcarbonat	$BaCO_3$	½ $BaCO_3$	0,05	0,1	9,867
Bariumchlorid-2-Wasser	$BaCl_2 \cdot 2\,H_2O$	½ $BaCl_2 \cdot 2\,H_2O$	0,05	0,1	12,213
Bariumhydroxid	$Ba(OH)_2$	½ $Ba(OH)_2$	0,05	0,1	8,567
Calciumcarbonat	$CaCO_3$	½ $CaCO_3$	0,05	0,1	5,004
Calciumchlorid-6-Wasser	$CaCl_2 \cdot 6\,H_2O$	½ $CaCl_2 \cdot 6\,H_2O$	0,05	0,1	10,954
Calciumhydroxid	$Ca(OH)_2$	½ $Ca(OH)_2$	0,05	0,1	3,705
Citronensäure-1-Wasser	$C_6H_8O_7 \cdot H_2O$	⅓ $C_6H_8O_7 \cdot H_2O$	$0,0\overline{3}$	0,1	7,0046
Essigsäure	$C_2H_4O_2$	1 $C_2H_4O_2$	0,1	0,1	6,0052
Kaliumcarbonat	K_2CO_3	½ K_2CO_3	0,05	0,1	6,9103
Kaliumchlorid	KCl	1 KCl	0,1	0,1	7,4551
Kaliumhydrogencarbonat	$KHCO_3$	1 $KHCO_3$	0,1	0,1	10,0115
Kaliumhydroxid	KOH	1 KOH	0,1	0,1	5,6105
Kaliumtartrat	$K_2C_4H_4O_6$	½ $K_2C_4H_4O_6$	0,05	0,1	11,3134
Kupfersulfat-5-Wasser	$CuSO_4 \cdot 5\,H_2O$	½ $CuSO_4 \cdot 5\,H_2O$	0,05	0,1	12,484
Magnesiumcarbonat	$MgCO_3$	½ $MgCO_3$	0,05	0,1	4,2157
Magnesiumchlorid	$MgCl_2$	½ $MgCl_2$	0,05	0,1	4,7605
Magnesiumchlorid-6-Wasser	$MgCl_2 \cdot 6\,H_2O$	½ $MgCl_2 \cdot 6\,H_2O$	0,05	0,1	10,1651
Mangansulfat	$MnSO_4$	½ $MnSO_4$	0,05	0,1	7,550
Natriumcarbonat	Na_2CO_3	½ Na_2CO_3	0,05	0,1	5,2994
Natriumchlorid	$NaCl$	1 $NaCl$	0,1	0,1	5,8442
Natriumhydrogencarbonat	$NaHCO_3$	1 $NaHCO_3$	0,1	0,1	8,4007
Natriumhydroxid	$NaOH$	1 $NaOH$	0,1	0,1	3,9997
Oxalsäure	$C_2H_2O_4$	½ $C_2H_2O_4$	0,05	0,1	4,5018
Oxalsäure-2-Wasser	$C_2H_2O_4 \cdot 2\,H_2O$	½ $C_2H_2O_4$	0,05	0,1	6,3033
Phosphorsäure	H_3PO_4	⅓ H_3PO_4	$0,0\overline{3}$	0,1	3,2665
Quecksilberchlorid	$HgCl_2$	½ $HgCl_2$	0,05	0,1	13,575
Salpetersäure	HNO_3	1 HNO_3	0,1	0,1	6,3013
Salzsäure	HCl	1 HCl	0,1	0,1	3,6461
Schwefelsäure	H_2SO_4	½ H_2SO_4	0,05	0,1	4,904
Silbernitrat	$AgNO_3$	1 $AgNO_3$	0,1	0,1	16,9873
Weinsäure	$C_4H_6O_6$	½ $C_4H_6O_6$	0,05	0,1	7,5044
Zinksulfat-7-Wasser	$ZnSO_4 \cdot 7\,H_2O$	½ $ZnSO_4 \cdot 7\,H_2O$	0,05	0,1	14,377

a Vergleiche dazu die Erläuterungen auf Seite 53.

3.1.18 Indikation von Titrationen mit Indikatoren [7]

Säure-Base-Indikatoren

Bei der Auswahl geeigneter Farbindikatoren für die Säure-Base-Titration sollte man sich nach folgenden Regeln richten:

1. Starke Säuren und starke Basen können miteinander unter Verwendung aller Indikatoren titriert werden, deren Farbumschlag zwischen pH = 3 und pH = 11 erfolgt.
2. Schwache Säuren lassen sich mit starken Basen am besten titrieren, wenn der Umschlagspunkt des Indikators im schwach alkalischen Bereich liegt.
3. Schwache Basen sollten mit starken Säuren nur in Gegenwart solcher Indikatoren titriert werden, die im schwach sauren Bereich ihre Farbe ändern.
4. Titrationen schwacher Basen mit schwachen Säuren sollten möglichst vermieden werden, da die erhaltenen Resultate mit größeren Fehlern behaftet sind.

Indikator	Umschlags-bereich (pH)	Farbänderung	Anwendungsform[a]
Kresolrot (1. Umschlag)	0,2– 1,8	rot – gelb	0,1 g, Ethanol (20 %)
Tropäolin 00	1,0– 2,8	rot – gelb	0,04 g, Ethanol (50 %)
Metanilgelb	1,2– 2,3	violettrot – gelb	0,1 g, Wasser
Thymolblau (1. Umschlag)	1,2– 2,8	rot – gelb	0,04 g Na-Salz, Wasser
m-Kresolpurpur (1. Umschlag)	1,2– 2,8	rot – gelb	0,04 g Na-Salz, Wasser
2,6-Dinitrophenol	1,7– 4,4	farblos – gelb	0,05–0,1 g, Ethanol (70 %)
2,4-Dinitrophenol	2,0– 4,7	farblos – gelb	0,05–0,1 g, Ethanol (70 %)
4-Dimethylaminoazobenzol	2,9– 4,0	rot – gelb	0,04–0,1 g, Ethanol
Bromphenolblau	3,0– 4,6	gelb – violett	0,1 g, Ethanol (20 %)
Kongorot	3,0– 5,2	blau – rot	0,1 g, Wasser
Methylorange	3,1– 4,4	rot – gelborange	0,04 g, Wasser
Bromkresolgrün	3,8– 5,4	gelb – blau	0,1 g, Ethanol (20 %)
2,5-Dinitrophenol	4,0– 5,8	farblos – gelb	0,05–0,1 g, Ethanol (70 %)
Alizarin S	4,3– 6,3	gelb – violett	0,1 g, Wasser
Methylrot	4,4– 6,2	rot – gelb	0,1 g, Ethanol
Lackmus	5,0– 8,0	rot – blau	0,2 g, Ethanol
Bromkresolpurpur	5,2– 6,8	gelb – purpur	0,1 g, Ethanol (20 %)
Bromphenolrot	5,2– 6,8	gelb – purpur	0,1 g, Ethanol (20 %)
Bromthymolblau	6,0– 7,6	gelb – blau	0,1 g, Ethanol (20 %)
Phenolrot	6,4– 8,2	gelb – rot	0,1 g, Ethanol (20 %)
Neutralrot	6,8– 8,0	rot – gelb	0,1 g, Ethanol (70 %)
Kresolrot (2. Umschlag)	7,0– 8,8	gelb – rot	0,1 g, Ethanol (20 %)
m-Kresolpurpur (2. Umschlag)	7,4– 9,0	gelb – purpur	0,04 g Na-Salz, Wasser
Thymolblau (2. Umschlag)	8,0– 9,6	gelb – blau	0,04 g Na-Salz, Wasser
Phenolphthalein	8,2– 9,8	farblos – rot	0,1 g, Ethanol
Thymolphthalein	9,3–10,5	farblos – blau	0,04–0,1 g, Ethanol (50 %)
Alizaringelb GG	10,0–12,1	hellgelb – bräunlichgelb	0,1 g, Wasser
Alizaringelb R	10,0–12,1	hellgelb – rotbraun	0,1 g, Wasser
Tropäolin 0	11,1–12,7	gelb – orangebraun	0,1 g, Wasser
Epsilonblau	12,0–13,0	orange – violett	0,1 g, Wasser

a Die Massenangabe bezieht sich auf die Indikatorportion in 100 ml Lösemittel. Die Prozentangabe für das Lösemittel ist der Volumenanteil φ (Ethanol) im Ethanol-Wasser-Gemisch.

Säure-Base-Indikatoren; Indikatorgemische[a]

Zusammensetzung der Indikatorlösung[b] Teil ≙ Volumenteil	pT[c]	Farbumschlag	Bemerkung
1 Teil Dimethylgelb, 0,1 g, Ethanol 1 Teil Methylenblau, 0,1 g, Ethanol (in dunkler Flasche aufbewahren)	3,25	blauviolett – grün	bei pH = 3,4 noch grün, bei pH = 3,2 blauviolett; ausgezeichneter Indikator
1 Teil Methylorange, 0,1 g, Wasser 1 Teil Indigocarmin, 0,25 g, Wasser (in dunkler Flasche aufbewahren)	4,1	violett – grün	guter Indikator, besonders bei künstlicher Beleuchtung
1 Teil Hexamethoxytriphenylcarbinol, 0,1 g, Ethanol 1 Teil Methylgrün, 0,1 g, Ethanol	4,0	violett – grün	bei pH = 4,0 ist die Farbe blauviolett
1 Teil Methylorange, 0,1 g, Wasser 1 Teil Anilinblau, 0,1 g, Wasser	4,3	violett – grün	
3 Teile Bromkresolblau, 0,1 g, Ethanol 1 Teil Methylrot, 0,2 g, Ethanol	5,1	weinrot – grün	scharfe Farbänderung; ausgezeichneter Indikator
1 Teil Methylrot, 0,2 g, Ethanol 1 Teil Methylenblau, 0,1 g, Ethanol (in dunkler Flasche aufbewahren)	5,4	rotviolett – grün	bei pH = 5,4 ist die Farbe schmutzig blau, bei pH = 5,6 schmutzig grün, bei pH = 5,2 rotviolett
1 Teil Bromkresolgrün-Na, 0,1 g, Wasser 1 Teil Alizarinsulfosaures-Na, 0,1 g, Wasser	5,6	violett – gelbgrün	bei pH = 5,6 rotbraun; sehr guter Indikator
1 Teil Chlorphenolrot-Na, 0,1 g, Wasser 1 Teil Anilinblau, 0,1 g, Wasser	5,8	grün – violett	bei pH = 5,8 schwach violett
1 Teil Bromkresolgrün-Na, 0,1 g, Wasser 1 Teil Chlorphenolrot-Na, 0,1 g, Wasser	6,1	gelbgrün – blauviolett	bei pH = 5,4 blaugrün, bei pH = 5,8 blau, bei pH = 6,0 blau
1 Teil Bromkresolpurpur-Na, 0,1 g, Wasser 1 Teil Bromthymolblau-Na, 0,1 g, Wasser	6,7	gelb – violettblau	bei pH = 6,2 gelbviolett, bei pH = 6,6 violett, bei pH = 6,8 blauviolett
2 Teile Bromthymolblau-Na, 0,1 g, Wasser 1 Teil Azolithmin, 0,1 g, Wasser	6,9	violett – blau	
1 Teil Neutralrot, 0,1 g, Ethanol 1 Teil Methylenblau, 0,1 g, Ethanol (in dunkler Flasche aufbewahren)	7,0	violettblau – grün	bei pH = 7,0 violettblau; ausgezeichneter Indikator

b Die Massenangabe bezieht sich auf die Indikatorportion in 100 ml Lösemittel. Die Prozentangabe für das Lösemittel ist der Volumenanteil φ (Ethanol) im Ethanol-Wasser-Gemisch.
c Titrationsexponent; entspricht dem pH-Wert, bei welchem die stöchiometrische Äquivalenz zwischen Säure und Base erreicht ist.

a Die Indikator- bzw. die Farbstoffkonzentration verschiedener Chargen des gleichen Präparates schwanken unter Umständen nicht unwesentlich, so dass optimale Zusammensetzungen, die man am besten durch Probieren ermittelt, von obigen Angaben abweichen können.

Zusammensetzung der Indikatorlösung[b] Teil ≙ Volumenteil	pT[c]	Farbumschlag	Bemerkung
1 Teil Neutralrot, 0,1 g, Ethanol 1 Teil Bromthymolblau, 0,1 g, Ethanol	7,2	rosa – grün	bei pH = 7,4 schmutzig grün; bei pH = 7,2 schwach rosa; bei pH = 7,0 deutlich rosa
2 Teile Cyanin, 0,1 g, Ethanol (50 %) 1 Teil Phenolrot, 0,1 g, Ethanol (50 %)	7,3	gelb – violett	bei pH = 7,2 orange, bei pH = 7,4 schön violett; Farbe schwächt beim Stehen ab
1 Teil Bromthymolblau-Na, 0,1 g, Wasser 1 Teil Phenolrot-Na, 0,1 g, Wasser	7,5	gelb – violett	bei pH = schmutzig grün, bei pH = 7,4 schwach violett, bei pH = 7,6 stark violett; ausgezeichneter Indikator
1 Teil Kresolrot-Na, 0,1 g, Wasser 3 Teile Thymolblau-Na, 0,1 g, Wasser	8,3	gelb – violett	bei pH = 8,2 rosa, bei pH = 8,4 deutlich violett; ausgezeichneter Indikator
2 Teile α-Naphtholphthalein, 0,1 g, Ethanol 1 Teil Kresolrot, 0,1 g, Ethanol	8,3	schwachrosa – violett	bei pH = 8,2 schwach violett, bei pH = 8,4 stark violett
1 Teil α-Naphtholphthalein, 0,1 g, Ethanol 3 Teile Phenolphthalein, 0,1 g, Ethanol	8,9	schwachrosa – violett	bei pH = 8,6 schwach grün, bei pH = 9,0 deutlich violett
1 Teil Phenolphthalein, 0,1 g, Ethanol 2 Teile Methylgrün, 0,1 g, Ethanol	8,9	grün – violett	bei pH = 8,8 fahlblau, bei pH = 9,0 violett
1 Teil Thymolblau, 0,1 g, Ethanol (50 %) 3 Teile Phenolphthalein, 0,1 g, Ethanol (50 %)	9,0	gelb – violett	Farbe von Gelb über Grün nach Violett; ausgezeichneter Indikator
2 Teile Phenolphthalein, 0,1 g, Ethanol (50 %) 1 Teil α-Naphtholphthalein, 0,1 g, Ethanol (50 %)	9,6	schwachrosa – violett	Farbe über Grün nach Violett; ausgezeichneter Indikator
1 Teil Phenolphthalein, 0,1 g, Ethanol 1 Teil Thymolphthalein, 0,1 g, Ethanol	9,9	farblos – violett	bei pH = 9,6 rosa, bei pH = 10,0 violett; scharf zu sehen
1 Teil Phenolphthalein, 0,1 g, Ethanol 2 Teile Nilblau, 0,2 g, Ethanol	10,0	blau – rot	bei pH = 10,0 violett; ausgezeichneter Indikator
2 Teile Thymolphthalein, 0,1 g, Ethanol 1 Teil Alizaringelb, 0,1 g, Ethanol	10,2	gelb – violett	scharf zu sehen
2 Teile Nilblau, 0,2 g, Wasser 1 Teil Alizaringelb, 0,1 g, Ethanol	10,8	grün – rotbraun	

b Die Massenangabe bezieht sich auf die Indikatorportion in 100 ml Lösemittel. Die Prozentangabe für das Lösemittel ist der Volumenanteil φ (Ethanol) im Ethanol-Wasser-Gemisch.

c Titrationsexponent; entspricht dem pH-Wert, bei welchem die stöchiometrische Äquivalenz zwischen Säure und Base erreicht ist.

Fluoreszenzindikatoren

Indikator	Umschlagsbereich (pH)	Farbänderung fl.: fluoreszierend	Anwendungsform[a]
Eosin gelblich	0 – 3,0	gelb – grün fl.	1,0 g Na-Salz, Wasser
Fluorescein	4 – 4,5	farblos – grün fl.	1,0 g Na-Salz, Wasser
Phloxin	3,4– 5,0	farblos – hellgelb fl.	0,1 g, Ethanol (96 %)
Acridin	4,9– 5,1	grün fl. – violett	0,1 g, Ethanol (96 %)
Chinin (1. Umschlag)	5,0– 6,1	blau fl. – violett fl.	0,1 g, Ethanol (96 %)
1-Naphthol-5-sulfonsäure	6,5– 7,5	farblos – grün fl.	0,1 g Na-Salz, Wasser
Cumarinsäure	7,2– 9,0	farblos – grün fl.	1,0 g, Ethanol (96 %)
Acridinorange	8,4–10,4	orange – grün fl.	1,0 g, Ethanol (96 %)
Chinin (2. Umschlag)	9,5–10,0	violett fl. – farblos	0,1 g, Ethanol (96 %)
1-Naphthylamin-4-sulfonsäure	10,0–12,0	blau fl. – gelbgrün fl.	0,5 g Na-Salz, Wasser
Anthranilsäure	12,5–14,0	blau fl. – farblos	0,1 g, Ethanol (96 %)

a Die Massenangabe bezieht sich auf die Indikatorportion in 100 ml Lösemittel. Die Prozentangabe für das Lösemittel ist der Volumenanteil φ (Ethanol) im Ethanol-Wasser-Gemisch.

Adsorptionsindikatoren

Beim Gebrauch von Adsorptionsindikatoren sollte beachtet werden, dass ihre Verwendung stark vom pH-Wert der zu untersuchenden Lösung abhängt (z. B. Eosin ist nur in essigsaurer Lösung zu verwenden, Fluorescein in neutraler Lösung). Außerdem kann die Gegenwart größerer Elektrolytmengen durch Ausflockung eines Silberhalogenidsols stören. In solchen Fällen ist die Verwendung eines Schutzkolloids (z. B. Dextrin) sinnvoll.

Indikator	Bestimmung von	Farbe bei Halogenid-Überschuss	Farbe bei Silberionen-Überschuss	Anwendungsform[a]
Bromphenolblau	Cl, Br, SCN, I, Tl, Ag	farblos	blau	0,1 g Na-Salz, Wasser
Diphenylcarbazon	CN	rot	blauviolett	0,1 g, Ethanol (96 %)
Eosin	Br, I	rosa	dunkelrosa	0,5 g Na-Salz, Wasser
Fluorescein	Cl, Br, I	grün, fl.	rosa	0,2 g Di-Na-Salz, Wasser
Phenosafranin	Cl, Br	rot	blau	0,2 g, Wasser
Rose bengal	I	dunkelrosa	blaurosa	0,1 g Di-Na-Salz, Wasser
Rhodamin 6 G	Ag (mit KBr)	rotviolett	orange	0,5 g, Wasser

a Die Massenangabe bezieht sich auf die Indikatorportion in 100 ml Lösemittel. Die Prozentangabe für das Lösemittel ist der Volumenanteil φ (Ethanol) im Ethanol-Wasser-Gemisch.

Ausgewählte Indikatoren und Indikatorgemische für Titrationen in nicht-wässrigen Lösemitteln

Der Farbumschlag bei Titrationen in nicht-wässrigen Lösemitteln hängt neben dem Lösemittel von verschiedenen anderen Faktoren ab, z. B. auch von der zu titrierenden Substanz. Es empfiehlt sich daher, bei gleichzeitiger potentiometrischer Kontrolle für jedes System, zunächst einmal den Umschlagspunkt zu überprüfen.

Indikatoren für acidimetrische Titrationen.

Indikator	Farbumschlag	Anwendungsform[a]
Chinaldinrot	rot – farblos	0,02 g, Essigsäure
Dibenzalaceton	farblos – gelb	0,1 g, Essigsäure
Dimethylgelb	gelb – violett	0,1 g, Chloroform
Eosin	rosa – gelblich – farblos	gesättigt, Acetonitril
Kongorot	rot – blau	0,1 g, Methanol
Kresolrot	gelb – rot	0,5 g, Essigsäure – Chlorbenzol (1 : 1)
Kristallviolett	violett – blau – grün – gelb	0,2–0,5 g, Essigsäure; gesättigt, Chlorbenzol
Malachitgrün	grün – gelb	0,1 g, Essigsäure
Methanilgelb	gelb – purpur	1,0 g, Methanol
Methylrot	gelb – violettrot	0,05 g, Ethanol
Methylviolett	violett – blau – grün – gelb	0,1 g, Essigsäure bzw. Chlorbenzol
α-Naphtholbenzein	gelb – grün	0,1 g, Essigsäure bzw. Isopropanol
Neutralrot	rosa – blau	0,1 g, Essigsäure
Thymolblau	gelb – rot	0,3 g, Methanol
Triphenylcarbinol	farblos – gelb	0,1 g, Essigsäure

a Die Massenangabe bezieht sich auf die Indikatorportion in 100 ml Lösemittel.

Indikatoren für alkalimetrische Titrationen.

Indikator	Farbumschlag	Anwendungsform[a]
Azoviolett	rot – blau	gesättigt, Benzol
p-Hydroxyazobenzol	orange – gelb	0,2 g, Benzol
Neutralrot	rot – gelb	1,0 g, Methanol
p-Nitro-p-aminoazobenzol	rot – farblos	0,05 g, Benzol
o-Nitranilin	gelb – orange	0,15 g, Benzol
Phenolphthalein	farblos – rot	0,1 g, Isopropanol
Thymolblau	gelb – blau	0,3 g, Methanol
		0,2 g, Dioxan
		0,1 g, Isopropanol
Thymolphthalein	farblos – blau	0,2 g, Methanol

a Die Massenangabe bezieht sich auf die Indikatorportion in 100 ml Lösemittel.

Indikatorgemische für die Titrationen organischer Basen in wasserfreier Essigsäure mit Perchlorsäurelösung in Essigsäure.

Zusammensetzung der Indikatorlösung[a] Teil ≙ Volumenteil	Farbumschlag
1 Teil Bromthymolblau, 0,1 g, Essigsäure 1 Teil Bromkresolrot, 0,1 g, Essigsäure	gelb – violett
1 Teil Thymolblau, 0,02 g, Essigsäure 2 Teile Bromthymolblau, 0,1 g, Essigsäure	gelb – violett
1 Teil Thymolblau, 0,02 g, Essigsäure 3 Teile Bromphenolblau, 0,04 g, Essigsäure	gelb – violett
1 Teil Thymolblau, 0,02 g, Essigsäure 2 Teile Bromkresolgrün, 0,05 g, Essigsäure	gelb – violett
1 Teil Kresolrot, 0,1 g, Essigsäure 3 Teile Bromkresolgrün, 0,05 g, Essigsäure	gelb – violett
6 Teile Bromchlorphenolblau, 0,02 g, Essigsäure 1 Teil Bromkresolrot, 0,1 g, Essigsäure	gelb – violett
2 Teile Bromchlorphenolblau, 0,02 g, Essigsäure 1 Teil Phenolrot, 0,05 g, Essigsäure	gelb – violett
2 Teile Bromkresolgrün, 0,05 g, Essigsäure 1 Teil Phenolrot, 0,05 g, Essigsäure	gelb – violett
2 Teile Bromphenolblau, 0,04 g, Essigsäure 1 Teil Phenolrot, 0,05 g, Essigsäure	gelb – violett

a Die Massenangabe bezieht sich auf die Indikatorportion in 100 ml Lösemittel.

Indikatoren zur Metalltitration

Indikator	mögliche Bestimmung von	Anwendungsform[a]
Alizarinsulfonsäure Natriumsalz	Al, B, Ce, Cr, Hf, La, Mo, Zr, Seltenerdmetalle, Sc, Th, Y	0,05–0,2 g, Wasser
Aurintricarbonsäure Triammoniumsalz	Al, Ca, Fe(III), Mg	0,2 g, Wasser
Branzcatechinviolett	Cd, Co, Cu, Fe(II), Ga, In, Mg, Mn, Ni, Pb, Th, Zn	0,1 g, Wasser
Brompyrogallolrot	Bi, Cd, Mg, Mn, Ni, Pb, Seltenerdmetalle	0,5 g, Ethanol (50 %)
Calcein	Mg, Ba, Ca, Cr, Sr, SO_4^{2-}	Verreibung mit KNO_3 (1 : 99)
Calconcarbonsäure	Ca	Verreibung mit Na_2SO_4 (1 : 99)
Chromazurol S	Al, Ca, Fe(III), Mg, Ni, Th, V(IV)	0,1–0,4 g, Wasser

a Die Massenangabe bezieht sich auf die Indikatorportion in 100 ml Lösemittel. Die Prozentangabe für das Lösemittel ist der Volumenanteil φ (Ethanol im Ethanol-Wasser-Gemisch. Das Verhältnis bei der Verreibung ist das Massenverhältnis.

Indikator	mögliche Bestimmung von	Anwendungsform[a]
3,3′-Dimethylnaphthidin	Cd, Zn	1 g, Eisessig
sym-Diphenylcarbazon	Cd, Hg, In, Mn, Ni, Pb, V	0,2 g, Ethanol (96 %)
Dithizon	Ag, Au, Bi, Cd, Co, Cu, Fe, Hg, In, Mn, Ni, Pb, Sn, Tl, Zn	0,025–0,05 g, Methanol
Eriochromblauschwarz B	Ca, Cd, Mg, U(IV), Zn, Zr	0,2–0,4 g, Methanol
Eriochromcyanin	Al, Ca, Cu, Fe(III), Mg, Th, Zr	0,1–0,4 g, Wasser
Eriochromschwarz T	Ba, Cd, In, Mg, Mn, Pb, Sc, Sr, Zn, Zr, Seltenerdmetalle	Verreibung mit NaCl (1 : 99)
Karminsäure	B, Cu, Mo, Pb, Sc, Tl, Zr, W, Seltenerdmetalle	0,3 g, Wasser
Methylthymolblau	Ba, Bi, Ca, Cd, Cu, Fe(II), Hg, In, Mg, Mn, Pb, Seltenerdmetalle Se, Sn(II), Th, Tl(II), Zn, Zr	Verreibung mit KNO_3 (1 : 99)
Morin	Al, Be, B, Ga, In, Mo, Nb, Sc, Ta, Th, Ti, W, Sn, Zr	
Murexid	Ag, Ca, Co, Cu, Mn, Ni, Sc, Th, Zn	frisch bereitete, gesättigte Lösung, Wasser
Natriumrhodizonat	Ba, Sr, SO_4^{2-}, Pb	1,0 g, Wasser
PAN (1-(2-Pyridyl-azo)-2-naphthol)	Al, Ba, Bi, Ca, Cd, Co, Cu, Fe, Ga, Hg, In, Mg, Mn, Ni, Pb, Sc, Th, Tl, V, Zn	0,01–0,1 g, Ethanol (96 %)
PAR (4-(2-Pyridyl-azo)-resorcin)	Al, Ba, Bi, Cd, Cu, Fe, Hg, In, Mn, Ni, Pb, Sr, Th, Tl(III), Zn, Seltenerdmetalle	0,1 g, Wasser
Pyrogallolrot	Bi, Co, Ni, Pb	0,05 g, Ethanol (96 %)
5-Sulfosalicylsäure	Fe(III)	1,0–5,0 g, Wasser
Thorin	Bi, Th, U(IV), Sc, Y(III)	0,5 g, Wasser
Tiron	Fe(III)	2 g, Wasser
Variaminblau®	Cd, Cu, Fe(III), Pb, Zn, V(V)	0,2 g, Wasser
Xylenolorange	Bi, Cd, Co, Cu, Fe, Hg, In, Pb, Sc, Th, Tl(III), V(V), Zn, Zr, Seltenerdmetalle	0,5 g, Wasser
Zincon	Cu, Zn	0,1 g, Ethanol (96 %)

a Die Massenangabe bezieht sich auf die Indikatorportion in 100 ml Lösemittel. Die Prozentangabe für das Lösemittel ist der Volumenanteil φ (Ethanol) im Ethanol-Wasser-Gemisch. Das Verhältnis bei der Verreibung ist das Massenverhältnis.

Redox-Indikatoren

Redox-Indikatoren finden Verwendung bei der Endpunktbestimmung von Redox-Titrationen und zur Bestimmung von Redoxpotenzialen. Es sind Verbindungssysteme, in denen sich reduzierte und oxidierte Formen in ihrer Farbe unterscheiden. Der Anteil an reduzierter oder oxidierter Form hängt vom herrschenden Redoxpotenzial in der Lösung ab.

Als Standardpotenzial eines Redox-Indikators wird der Potenzialwert bezeichnet, den eine unangreifbare Elektrode bei 50 %igem Umschlag des Indikators in einer Lösung von pH = 7 bei 20 °C gegen die Standardwasserstoffelektrode gemessen annimmt.

Für die Auswahl des Redox-Indikators ist zu beachten, dass sein Redox-Potenzial bei einer oxidierend wirkenden Maßlösung höher, bei einer reduzierend wirkenden Maßlösung niedriger liegt, als das der vorgelegten Probe. Der Anwendungsbereich eines Indikators lässt sich dadurch erweitern, dass das Redoxpotenzial des Titrationssystems selbst durch Komplexierung vermindert wird.

Das Reduktionsvermögen von jeder im Gleichgewicht befindlichen Mischung an oxidierter und reduzierter Form einer Verbindung ist rechnerisch einem gewissen Wasserstoffpartialdruck äquivalent. Der negative dekadische Logarithmus dieses Druckes (rH-Wert) wird zur Kennzeichnung des Zustandes verwendet, in welchem sich ein Redox-System befindet. Steigende rH-Werte bedeuten zunehmende Oxidationswirkung.

Indikator	**Potenzial *U* in V (50 % reduziert) pH = 7, *t* = 20 °C**	**rH (etwa)**	**Farbe oxidiert – reduziert**
Neutralrot	−0,32	2 – 4,5	rot – farblos
Safranin T	−0,29	4 – 7,5	rot – farblos
Indigodisulfonat K-Salz	−0,11	8,5–10,5	blau – gelblich
Indigotrisulfonat K-Salz	−0,07	9,5–12	blau – gelblich
Indigotetrasulfonat K-Salz	−0,03	11,5–13,5	blau – gelblich
Methylenblau	+0,01	13,5–15,5	blau – farblos
Thionin	+0,06	15 –17	violett – farblos
Toluylenblau	+0,11	16 –18	blau-violett – farblos
Thymolindophenol	+0,18	17,5–20	blau – farblos bei pH < 9 rötlich
m-Kresolindophenol	+0,21	19 –21,5	blau – farblos bei pH < 8,5 rötlich
2,6-Dichlorindophenol	+0,23	20 –22,5	blau – farblos

Indikator	Potenzial U in V bei pH = 0	Farbe oxidiert – reduziert
Gallocyanin	+0,02	violett-blau – farblos
Safranin O	+0,24	blau-violett – farblos
5,5'-Indigodisulfonsäure Dinatriumsalz	+0,29	blau – farblos
Methylenblau	+0,53	blau – farblos
Thionin	+0,56	violett – farblos
2,6-Dichlorindophenol Na-Derivat	+0,67	rot – farblos
Variamin®-Blau B Hydrochlorid	+0,71	blau – farblos
Diphenylamin	+0,76	violett – farblos
3,3'-Dimethoxybenzidindihydrochlorid	+0,76	rot – farblos
Diphenylbenzidin	+0,76 in H_2SO_4, 1 mol/l	violett –farblos
Diphenylamin-4-sulfonsäure	+0,85 in H_2SO_4, 1 mol/l	rot-violett – farblos
Diphenylbenzidindisulfonsäure	+0,91 in H_2SO_4, 0,5 mol/l	violett –farblos
2,2-Bipyridin (Tris-(2,2'-dipyridyl)-Fe(II)-sulfat)	+1,02 in H_2SO_4, 0,5 mol/l	blau – rot
N-Phenylanthranilsäure	+1,08	violett-rot – farblos
Ferroin (Tris-(1,10-phenanthrolin)-Fe(II)-Salz)	+1,14 in H_2SO_4, 0,5 mol/l	bläulich – orangerot
Nitro-ferroin (Tris-(5-nitro-1,10-phenanthrolin)-Fe(II)-sulfat)	+1,26 in H_2SO_4, 0,5 mol/l	farblos –rosa

3.1.19 Temperaturkorrektionen für Maßlösungen

Bei genauen maßanalytischen Arbeiten ist es notwendig, das bei einer beliebigen Temperatur gemessene Volumen einer Maßlösung auf Justiertemperatur von 20 °C zu korrigieren. Die Korrektionen berücksichtigen die Ausdehnungskoeffizienten der benutzten Flüssigkeiten und des üblichen Geräteglases.

Beispiel:

Welches Volumen nehmen 30,20 ml einer Schwefelsäure, $c(H_2SO_4)$ = 0,5 mol/l, gemessen bei 26 °C bei 20 °C ein?

Volumen bei 26 °C:	V_{26} = 30,20 ml
Korrekturfaktor für H_2SO_4:	F = – 1,78 ml
Volumen bei 20 °C:	V_{20} = 30,20 ml – 0,05 ml = **30,15 ml**

Temperatur in °C	Korrekturfaktoren *F* in ml bezogen auf 1000 ml						
	Wasser und verdünnte Lösungen (max. 0,1 mol/l)	HCl 1 mol/l	Oxalsäure 0,5 mol/l	H_2SO_4 0,5 mol/l	HNO_3 1 mol/l	Na_2CO_3 0,5 mol/l	NaOH 1 mol/l
5	+1,36	+2,23	+2,38	+3,24	+3,30	+3,32	+3,51
6	1,36	2,15	2,30	3,09	3,14	3,16	3,32
7	1,35	2,07	2,21	2,93	2,98	2,98	3,13
8	1,32	1,97	2,10	2,76	2,80	2,79	2,93
9	1,28	1,85	1,99	2,58	2,61	2,60	2,72
10	1,22	1,73	1,86	2,39	2,41	2,40	2,51
11	1,16	1,60	1,72	2,19	2,21	2,19	2,29
12	1,09	1,45	1,57	1,98	1,99	1,98	2,06
13	0,98	1,30	1,40	1,76	1,76	1,76	1,83
14	0,88	1,14	1,23	1,53	1,53	1,53	1,58
15	0,76	0,97	1,05	1,30	1,30	1,29	1,33
16	0,63	0,79	0,85	1,06	1,05	1,05	1,08
17	0,49	0,61	0,65	0,81	0,80	0,80	0,82
18	0,34	0,41	0,44	0,55	0,54	0,56	0,55
19	0,17	0,21	0,23	0,28	0,27	0,27	0,28
20	0	0	0	0	0	0	0
21	−0,19	−0,22	−0,24	−0,28	−0,28	−0,28	−0,29
22	0,38	0,44	0,49	0,56	0,57	0,56	0,59
23	0,59	0,67	0,75	0,85	0,87	0,85	0,90
24	0,80	0,91	1,02	1,15	1,17	1,15	1,21
25	1,03	1,17	1,29	1,46	1,48	1,46	1,52
26	1,26	1,43	1,57	1,78	1,80	1,77	1,84
27	1,51	1,70	1,85	2,11	2,13	2,09	2,17
28	1,76	1,92	2,14	2,45	2,46	2,41	2,50
29	1,99	2,26	2,44	2,79	2,80	2,75	2,87
30	2,30	2,55	2,77	3,13	3,14	3,09	3,19

3.2 Gravimetrie

3.2.1 Grundlagen und Beispiele zur Auswertung

Die Gravimetrie ist ein absolutes Analysenverfahren, das in der Regel keiner Kalibrierung bedarf und mit der Waage als sehr präzisem Messinstrument auskommt. Sie spielt auch heute, trotz modernster instrumenteller Analytik in vielen Industriezweigen, insbesondere bei der Bestimmung von Gehaltswerten im hohen Prozentbereich, eine wichtige Rolle.

Die Berechnung von Analysenwerten erfolgt unter Benutzung der klassischen Beziehungen von Stoffmenge, molarer Masse, Masse etc. (siehe Beispiele) bzw. zur Vereinfachung unter Benutzung der stöchiometrischen Faktoren aus nachfolgender Tabelle. Eine Vielzahl der dort aufgeführten Faktoren berücksichtigt die gängigen Analysenverfahren in der Gravimetrie.

Einfache Berechnungen unter Verwendung folgender Formeln:

Berechnung der Masse eines zu bestimmenden Stoffes X	$m(X) = F \cdot m_A$	F: Stöchiometrischer Faktor zur Umrechnung von $m_{gegeben} \longrightarrow m_{gesucht}$ m_A: Masse der Auswaage in g oder mg $m(X)$: Masse der zu bestimmenden Substanz in g oder mg
Massenanteil des zu bestimmenden Stoffes X in %	$w(X) = \frac{F \cdot m_A \cdot 100\,\%}{m_E}$	$w(X)$: Massenanteil des zu bestimmenden Stoffes in % m_E: Masse der Einwaage in g oder mg

Beispiel 1

Aus 20 ml eines Schwefelsäure-Salpetersäuregemisches wurde die Schwefelsäure mit Bariumchlorid als $BaSO_4$ gefällt. Die Auswaage betrug 2,076 g. Wie viel Gramm H_2SO_4 sind in einem Liter des Gemisches enthalten?

Stöchiometrischer Faktor: Umrechnung $BaSO_4 \longrightarrow H_2SO_4$	$F = 0{,}4202$	aus Tabelle 3.2.2
Masse an H_2SO_4 in 20 ml	$m(H_2SO_4) = 2{,}076\text{ g} \cdot 0{,}4202 = 0{,}8723\text{ g}$	
Masse an H_2SO_4 in 1 Liter	$m(H_2SO_4) = \frac{1000\text{ ml}}{20\text{ ml}} \cdot 0{,}8723\text{ g} = \mathbf{43{,}62\text{ g}}$	

Beispiel 2

Aus einer Analysenprobe wurde das Zink als Zinksulfid gefällt. Welchen Massenanteil an Zink hat die Probe?

Stöchiometrischer Faktor: Umrechnung $ZnS \longrightarrow Zn$	$F = 0{,}6710$	aus Tabelle 3.2.2
Masse der Einwaage Masse der Auswaage	$m_E = 1{,}0234\text{ g}$ $m(ZnS) = 0{,}3210\text{ g}$	
Massenanteil an Zink in der Probe	$w(Zn) = \frac{0{,}3210\text{ g} \cdot 0{,}6710 \cdot 100\,\%}{1{,}0234\text{ g}} = \mathbf{21{,}05\,\%}$	

Beispiel 3

Eine Gesteinsprobe, die aus Calcium- und Magnesiumcarbonat besteht (1 : 1), soll getrocknet und anschließend geglüht werden. Berechne den Trockenverlust und den zu erwartenden Glühverlust.

Reaktionsgleichung:

$$CaCO_3 \longrightarrow CaO + CO_2 \quad \text{und} \quad MgCO_3 \longrightarrow MgO + CO_2$$

Einwaage feuchte Probe m_1	$m_1(CaCO_3/MgCO_3)^a = 5{,}234$ g
Masse nach Trocknung m_2	$m_2(CaCO_3/MgCO_3) = 4{,}988$ g
Trocknungsverlust w	$w(H_2O) = \frac{m_1 - m_2}{m_1} \cdot 100\,\% = 4{,}7\,\%$
Einwaage trockene Probe m_E	$m_E(CaCO_3/MgCO_3) = 0{,}783$ g
Stoffmenge $n(CaCO_3/MgCO_3)$	$n(CaCO_3/MgCO_3) = \frac{0{,}783\text{ g}}{184{,}403\text{ g/mol}} = 0{,}00425$ mol $n(CaCO_3/MgCO_3) \triangleq n(CaCO/MgCO)$
Masse $m(CaO)$ und $m(MgO)$ nach dem Glühen	$m(CaO) = n(CaO) \cdot M(CaO) = 0{,}00425\text{ mol} \cdot 56{,}008\text{ g/mol} = 0{,}238$ g $m(MgO) = n(MgO) \cdot M(MgO) = 0{,}00425\text{ mol} \cdot 40{,}304\text{ g/mol} = 0{,}171$ g
theoretischer Glühverlust als Massenanteil $w_{glü}$ in %	$w_{glü} = \frac{m(CaO) + m(MgO) \cdot 100\,\%}{m_E} = \frac{0{,}409 \cdot 100\,\%}{0{,}783} = \mathbf{52{,}23\,\%}$

Beispiel 4

Eine Zinn-Blei-Legierung soll auf ihren Zinn und Bleigehalt untersucht werden. Nach der Auflösung einer Probe in Salpetersäure und Auffüllen auf 250 ml wird ein aliquoter Teil von 50 ml entnommen. Darin wird das Blei in Sulfat durch Zugabe von Schwefelsäure und das Zinn nach der Neutralisation, Filtration und Glühen des Zinnhydroxides in Zinn(IV)oxid überführt. Wie hoch sind die jeweiligen Massenanteile in der Legierung? Berechne die stöchiometrischen Faktoren $F(SnO_2 \longrightarrow Sn)$ und $F(PbSO_4 \longrightarrow Pb)$.

Einwaage Legierung	$m_E = 5{,}203$ g
Volumen V_1 der Salpetersäurelösung; aliquoter Teil V_2	$V_1 = 250$ ml $V_2 = 50$ ml Faktor $V_1 / V_2 = 5$ (siehe unten)
Auswaage $m(PbSO_4)$ Auswaage $m(SnO_2)$	$m(PbSO_4) = 0{,}230$ g $m(SnO_2) = 1{,}084$ g
Stoffmenge $n(SnO_2)$	$n(SnO_2) = \frac{1{,}084\text{ g}}{M(SnO_2)} = \frac{1{,}084\text{ g}}{150{,}71\text{ g/mol}} = 7{,}19 \cdot 10^{-3}$ mol $\triangleq 7{,}19 \cdot 10^{-3}$ mol Sn
analog ergibt sich für $n(PbSO_4)$	$n(PbSO_4) = 0{,}758 \cdot 10^{-3}$ mol $\triangleq 0{,}758 \cdot 10^{-3}$ mol Pb

a $CaCO_3/MgCO_3$ bedeutet eine Gemisch aus Calzium- und Magnesiumcarbonat.

Masse m(Sn) im aliquoten Teil	$m(\mathrm{Sn}) = n(\mathrm{Sn}) \cdot M(\mathrm{Sn}) = 7{,}19 \cdot 10^{-3}\ \mathrm{mol} \cdot 118{,}71\ \mathrm{g/mol} = 0{,}854\ \mathrm{g}$
Massenanteil w unter Berücksichtigung des aliquoten Teils	$w(\mathrm{Sn}) = \frac{5 \cdot 0{,}854\ \mathrm{g}}{5{,}203\ \mathrm{g}} \cdot 100\,\% = \mathbf{82{,}1\,\%}$
der Quotient aus M(Pb) und $M(PbSO_4)$ entspricht dem Faktor $F(PbSO_4 \longrightarrow Pb)$ → siehe Seite 99	$F(\mathrm{PbSO_4} \longrightarrow \mathrm{Pb}) \frac{M(\mathrm{Pb})}{M(\mathrm{PbSO_4})} = \frac{207{,}2\ \mathrm{g/mol}}{303{,}3\ \mathrm{g/mol}} = \mathbf{0{,}6832}$
Masse m(Pb) aber vereinfacht mit Hilfe des Faktors $F(PbSO_4 \longrightarrow Pb)$ berechnet	$m(\mathrm{Pb}) = m(\mathrm{PbSO_4}) \cdot F = 0{,}23\ \mathrm{g} \cdot 0{,}6832 = 0{,}157\ \mathrm{g}$
Der Faktor $F(SnO_2 \longrightarrow Sn)$ errechnet sich analog → siehe Seite 100	$F(\mathrm{SnO_2} \longrightarrow \mathrm{Sn}) = \frac{M(\mathrm{Sn})}{M(\mathrm{SnO_2})} = \frac{118{,}71\ \mathrm{g/mol}}{150{,}71\ \mathrm{g/mol}} = \mathbf{0{,}7877}$
Massenanteil w unter Berücksichtigung des aliquoten Teils	$w(\mathrm{Pb}) = \frac{5 \cdot m(\mathrm{Pb})}{m_E} = \frac{5 \cdot 0{,}157\ \mathrm{g}}{5{,}203\ \mathrm{g}} \cdot 100\,\% = \mathbf{15{,}09\,\%}$

Beispiel 5

Es sollen 2 Liter einer Lösung von Lithiumchlorid mit einem Massenanteil von 2,5 g/l Lithium (Li^+) hergestellt werden. Das zur Verfügung stehende technische Lithiumchlorid hat noch einen Wassergehalt von 1,5 % w/w und das getrocknete Material enthält noch Anteile von 5 % w/w Kalium-/Natriumchlorid. Wie hoch ist der Massenanteil w in % an reinem LiCl und wieviel Gramm des technischen Lithiumchlorids sind einzuwiegen?

theoretische Einwaage Li^+ für 2 Liter Lösung	$\beta(\mathrm{Li^+}) = \frac{m(\mathrm{Li^+})}{V}$ $\longrightarrow m(\mathrm{Li^+}) = \beta \cdot V = 2{,}5\ \mathrm{g/mol} \cdot 2\ \mathrm{l} = 5\ \mathrm{g}$
Umrechnung von $Li^+ \longrightarrow LiCl$ Faktor F (reziproker Wert): 6,1078 Seite 95	$m(\mathrm{LiCl}) = m(\mathrm{Li^+}) \cdot F = 5\ \mathrm{g} \cdot 6{,}1078 = 30{,}539\ \mathrm{g}$
m trockenes LiCl m(NaCl/KCl)	100 g techn. LiCl – 1,5 % Wasser ≙ 98,5 g trockenem LiCl 98,5 g · 5 % (KCl/NaCl)/100 % = 4,92 g KCl/NaCl
Massenanteil w(LiCl) der techn. Ware	w(LiCl) = 98,5 g – 4,92 g = 93,57 g LiCl ≙ **93,58 % w/w**
Einwaage m_E an techn. LiCl	$m_E = \frac{100\,\%}{93{,}57\,\%} \cdot 30{,}539\ \mathrm{g} = \mathbf{32{,}638\ g}$

3.2.2 Stöchimetrische Faktoren

gesucht	gegeben	*F*	1/*F*
Ag	Ag_3AsO_4	0,6996	1,4293
Ag	AgBr	0,5745	1,7408
Ag	$Ag(C_7H_4NS_2)$ (Mercapto-benzothiazol)	0,3935	2,5412
Ag	AgCN	0,8057	1,2412
Ag	AgSCN	0,6500	1,5385
Ag	AgCl	0,7526	1,3287
Ag	AgI	0,4595	2,1765
Ag	$AgNO_3$	0,6350	1,5748
Ag	Ag_2O	0,9310	1,0742
Ag	Ag_3PO_4	0,7731	1,2935
Ag	Ag_2S	0,8706	1,1486
$AgNO_3$	AgCl	1,1853	0,8437
Ag_2S	H_2S	7,2710	0,1375
Al	$Al(C_9H_6NO)_3$ (Oxin)	0,05872	17,0276
Al	Al_2O_3	0,5293	1,8895
Al	$AlPO_4$	0,2213	4,5199
Al	$Al_2(SO_4)_3$	0,1577	6,3402
Al	AlN	0,6583	1,5191
AlF_3	Al	3,1124	0,3213
AlF_3	CaF_2	0,7170	1,3946
Al_2O_3	$Al(C_9H_6NO)_3$ (Oxin)	0,1110	9,0119
Al_2O_3	$AlCl_3$	0,3823	2,6155
Al_2O_3	$KAl(SO_4)_2 \cdot 12\,H_2O$	0,1075	9,3053
Al_2O_3	$NH_4Al(SO_4)_2 \cdot 12\,H_2O$	0,1125	8,8922
Al_2O_3	$AlPO_4$	0,4180	2,3921
Al_2O_3	$Al_2(SO_4)_3$	0,2980	3,3557
Al_2O_3	$Al_2(SO_4)_3 \cdot 18\,H_2O$	0,1530	6,5361
Al_2O_3	SiO_2	0,5656	1,7680
$Al_2O_3 \cdot 2\,SiO_2 \cdot 2\,H_2O$	$Al(C_9H_6ON)_3$ (Oxin) H_2O	0,2809	3,5510
	(Glühverlust)	7,1650	0,1396
$AlPO_4$	P_2O_5	1,7183	0,5820
$Al_2(SO_4)_3$	SO_3	1,4245	0,7020
$Al_2(SO_4)_3$	$Al_2(SO_4)_3 \cdot 18\,H_2O$	0,5134	1,9478
$Al_2(SO_4)_3$	$Al(OH)_3$	2,1932	0,4560
$Al_2(SO_4)_3 \cdot 18\,H_2O$	SO_3	2,7746	0,3604
As	AsO_3	0,6095	1,6406
As	As_2O_3	0,7574	1,3203
As	AsO_4	0,5394	1,8541
As	As_2O_5	0,6520	1,5339
As	Ag_3AsO_4	0,1620	6,1734
As	$Mg_2As_2O_7$	0,4827	2,0719
As	$(NH_4MgAsO_4)_2 \cdot H_2O$	0,3938	2,5397
As	As_2S_3	0,6090	1,6420
As	As_2S_5	0,4831	2,0700
As	$BaSO_4$	0,2140	4,6727
As	$Mg_2P_2O_7$	0,6733	1,4852
As	Sb	0,6154	1,6250
As_2O_3	As_2O_5	0,8608	1,1616
As_2O_3	H_3AsO_3	0,7854	1,2732
As_2O_3	$Mg_2As_2O_7$	0,6373	1,5692
As_2O_3	$(NH_4MgAsO_4)_2 \cdot H_2O$	0,5199	1,9235
As_2O_3	As_2S_3	0,8041	1,2436
As_2O_3	As_2S_5	0,6379	1,5678
As_2O_3	$BaSO_4$	0,2825	3,5394
As_2O_3	$Mg_2P_2O_7$	0,8890	1,1249
H_3AsO_3	H_3AsO_4	0,8873	1,1270
As_2O_5	H_3AsO_4	0,8096	1,2351
As_2O_5	$Mg_2As_2O_7$	0,7404	1,3507
As_2O_5	$(NH_4MgAsO_4)_2 \cdot H_2O$	0,6040	1,6556
As_2O_5	As_2S_3	0,9342	1,0705
As_2O_5	As_2S_5	0,7410	1,3495
As_2O_5	$BaSO_4$	0,3282	3,0466
As_2O_5	$Mg_2P_2O_7$	1,0327	0,9683
AsO_3	$Mg_2As_2O_7$	0,7919	1,2628
AsO_3	$(NH_4MgAsO_4)_2 \cdot H_2O$	0,6460	1,5480
AsO_3	As_2S_3	0,9992	1,0008
AsO_3	As_2S_5	0,7926	1,2617
AsO_3	$BaSO_4$	0,3511	2,8482
AsO_3	$Mg_2P_2O_7$	1,1046	0,9053
AsO_4	$Mg_2As_2O_7$	0,8950	1,1174
AsO_4	$(NH_4MgAsO_4)_2 \cdot H_2O$	0,7301	1,3697

gesucht	gegeben	*F*	1/*F*
AsO_4	As_2S_3	1,1292	0,8855
AsO_4	As_2S_5	0,8958	1,1164
AsO_4	$BaSO_4$	0,3968	2,5201
AsO_4	$Mg_2P_2O_7$	1,2484	0,8010
Au	AuCN	0,8833	1,1321
Au	$AuCl_3$	0,6494	1,5400
Au	$K[Au(CN)_2]$	0,6837	1,4627
Au	$K[Au(CN)_4] \cdot H_2O$	0,5499	1,8185
Au	$H[AuCl_4] \cdot 4\ H_2O$	0,4783	2,0909
B	B_2O_3	0,3106	3,2202
B	$K[BF_4]$	0,08586	11,6468
B	$Na_2B_4O_7 \cdot 10\ H_2O$	0,1134	8,8198
B_2O_3	BO_2	0,8131	1,2298
B_2O_3	HBO_2	0,7944	1,2588
B_2O_3	$NaBO_2$	0,5290	1,8903
B_2O_3	BO_3	0,5919	1,6894
B_2O_3	H_3BO_3	0,5630	1,7763
B_2O_3	B_4O_7	0,8969	1,1149
B_2O_3	$Na_2B_4O_7 \cdot 10\ H_2O$	0,3651	2,7389
H_3BO_3	$Na_2B_4O_7 \cdot 10\ H_2O$	0,6485	1,5419
$Na_2B_4O_7$	$Na_2B_4O_7 \cdot 10\ H_2O$	0,5276	1,8953
Ba	$BaCO_3$	0,6959	1,4370
Ba	BaC_2O_4	0,6094	1,6409
Ba	$BaCl_2$	0,6595	1,5163
Ba	$BaCl_2 \cdot 2\ H_2O$	0,5622	1,7787
Ba	$BaCrO_4$	0,5421	1,8446
Ba	$Ba(NO_3)_2$	0,5255	1,9030
Ba	BaO	0,8957	1,1165
Ba	BaO_2	0,8110	1,2330
Ba	BaS	0,8107	1,2335
Ba	$BaSO_4$	0,5884	1,6995
Ba	$Ba[SiF_6]$	0,4915	2,0346
$BaCO_3$	BaC_2O_4	0,8757	1,1419
$BaCO_3$	$BaCrO_4$	0,7790	1,2837
$BaCO_3$	$BaSO_4$	0,8455	1,1827
$BaCO_3$	CO_2	4,4843	0,2230
$BaCl_2$	Ba	1,5163	0,6595
$BaCl_2$	$BaCl_2 \cdot 2\ H_2O$	0,8525	1,1730
$BaCl_2$	$BaSO_4$	0,8922	1,1208
$BaCl_2 \cdot 2\ H_2O$	Ba	1,7787	0,5622
$BaCl_2 \cdot 2\ H_2O$	$BaSO_4$	1,0466	0,9555
BaF_2	$BaSO_4$	0,7512	1,3312
BaF_2	$Ba[SiF_6]$	0,6275	1,5936
$Ba(NO_3)_2$	$BaCrO_4$	1,0316	0,9693
$Ba(NO_3)_2$	$BaSO_4$	1,1198	0,8930
BaO	Ba	1,1165	0,8957
BaO	$BaCO_3$	0,7770	1,2870
BaO	BaC_2O_4	0,6804	1,4697
BaO	$BaCrO_4$	0,6053	1,6522
BaO	BaO_2	0,9055	1,1044
BaO	$Ba(OH)_2$	0,8949	1,1175
BaO	$BaSO_4$	0,6570	1,5221
BaO	$Ba[SiF_6]$	0,5488	1,8223
BaO	CO_2	3,4840	0,2870
BaO_2	$BaCO_3$	0,8581	1,1654
BaO_2	$BaSO_4$	0,7255	1,3783
BaO_2	O	10,584	0,09449
$Ba(OH)_2$	$BaSO_4$	0,7342	1,3621
$Ba(OH)_2$	$Ba(OH)_2 \cdot 8\ H_2O$	0,5431	1,8411
$Ba(OH)_2 \cdot 8\ H_2O$	$BaSO_4$	1,3516	0,7398
BaS	$BaSO_4$	0,7258	1,3778
Be	BeO	0,3603	2,7753
Be	$Be_2P_2O_7$	0,0939	10,6505
BeO	$Be_2P_2O_7$	0,2606	3,8376
Bi	$Bi(C_6H_3O_3)$ (Pyrogallol)	0,6293	1,5890
Bi	$Bi(C_9H_6NO)_3$ (Oxin)	0,3258	3,0693
Bi	$Bi(C_9H_6NO)_3 \cdot H_2O$	0,3169	3,1555
Bi	$Bi(C_{12}H_{10}NOS)_3 \cdot H_2O$ (Thionalid)	0,2386	4,1910
Bi	$BiCl_3$	0,6627	1,5089
Bi	$Bi[Cr(SCN)_6]$	0,3429	2,9163
Bi	Bi_2O_3	0,8970	1,1148
Bi	BiOCl	0,8024	1,2463
Bi	BiOI	0,5939	1,6838
Bi	$(BiO)_2Cr_2O_7$	0,6276	1,5933
Bi	$BiPO_4$	0,6875	1,4545
Bi	Bi_2S_3	0,8129	1,2302
Bi	$Bi_2(SeO_3)_3$	0,5232	1,9113

gesucht	gegeben	F	$1/F$
Br	AgBr	0,4255	2,3500
Br	HBr	0,9875	1,0126
Br	KBr	0,6715	1,4893
Br	NaBr	0,7766	1,2877
Br	BrO_3	0,6247	1,6007
Br	$HBrO_3$	0,6198	1,6133
Br	$KBrO_3$	0,4785	2,0900
Br	$NaBrO_3$	0,5295	1,8884
Br	Cl	2,2538	0,4437
Br	AgCl	0,5575	1,7937
HBr	AgBr	0,4309	2,3207
KBr	AgBr	0,6338	1,5779
NaBr	AgBr	0,5480	1,8249
BrO_3	AgBr	0,6812	1,4681
C	CO	0,4288	2,3322
C	CO_2	0,2729	3,6642
C	CaC_2	0,3748	2,6684
C	$CaCO_3$	0,1200	8,3331
C	CaO	0,2142	4,6690
C	$BaCO_3$	0,06086	16,4312
CH_3O	AgI	0,1322	7,5650
CH_3O	x ml 0,1 mol/l Thiosulfat	0,51715	1,9337
C_2H_5O	AgI	0,1919	5,2101
C_2H_5O	x ml 0,1 mol/l Thiosulfat	0,75067	1,3321
CN	Ag	0,2412	4,1460
CN	AgCN	0,1943	5,1460
HCN	Ag	0,2505	3,9914
HCN	AgCN	0,2019	4,9541
CNS	AgCNS	0,3500	2,8572
CNS	$BaSO_4$	0,2489	4,0182
CNS	CuCNS	0,4777	2,0934
CNS	$Fe(CNS)_3$	0,7573	1,3205
$CO(NH_2)_2$	N	2,1438	0,4665
$CO(NH_2)_2$	NH_3	1,7632	0,5672
CO	CO_2	0,6365	1,5712
CO_2	$CaCO_3$	0,4397	2,2742
CO_2	CaO	0,7848	1,2742
CO_2	HCO_3	0,7213	1,3864
CO_2	MgO	1,0920	0,9158
CO_2	Na_2CO_3	0,4152	2,4083
CO_2	$Na_2CO_3 \cdot 10\ H_2O$	0,1538	6,5017
CO_2	$NaHCO_3$	0,5239	1,9088

gesucht	gegeben	F	$1/F$
CO_3	C	4,9962	0,2002
CO_3	CO_2	1,3635	0,7334
C_2O_4	CO_2	2,0000	0,5000
C_2O_4	CaO	1,5696	0,6371
Ca	$CaCO_3$	0,4004	2,4973
Ca	$CaC_2O_4 \cdot H_2O$	0,2743	3,6456
Ca	$Ca(C_{10}H_7O_5N_4)_2 \cdot 8\ H_2O$ (Pikrolonsäure)	0,05640	17,7298
Ca	$CaCl_2$	0,3611	2,7691
Ca	CaF_2	0,5133	1,948
Ca	CaO	0,7147	1,3992
Ca	$CaSO_4$	0,2944	3,3969
CaC_2	C	2,6685	0,3744
CaC_2	C_2H_2	2,4618	0,4062
CaC_2	CaO	1,1430	0,8749
$CaCN_2$	CaO	1,4284	0,7001
$CaCN_2$	N	2,8595	0,3497
$CaCO_3$	CO_2	2,2742	0,4397
$CaCO_3$	$Ca(HCO_3)_2$	0,6174	1,6197
$CaCO_3$	$CaC_2O_4 \cdot H_2O$	0,6850	1,4599
$CaCO_3$	CaO	1,7848	0,5603
$CaCO_3$	$CaSO_4$	0,7352	1,3602
$CaCO_3$	HCl	1,3727	0,7286
$CaCl_2$	CaO	1,9791	0,5053
$CaCl_2$	Cl	1,5652	0,6389
$CaCl_2$	$CaCl_2 \cdot 2\ H_2O$	0,7549	1,3246
$CaCl_2$	$CaCl_2 \cdot 6\ H_2O$	0,5066	1,9739
CaF_2	CaO	1,3923	0,7182
CaF_2	$CaSO_4$	0,5735	1,7436
CaF_2	$H_2[SiF_6]$	1,6254	0,6152
$Ca(NO_3)_2$	CaO	2,9261	0,3418
CaO	CO_2	1,2742	0,7848
CaO	$CaC_2O_4 \cdot H_2O$	0,3838	2,6055
CaO	$Ca(HCO_3)_2$	0,3459	2,8907
CaO	$CaCl_2 \cdot 6\ H_2O$	0,2560	3,9066
CaO	$3\ Ca_3(PO_4)_2 \cdot Ca(OH)_2$	0,5582	1,7914
CaO	$CaSO_4$	0,4119	2,4277
CaO	Cl	0,7909	1,2644
CaO	HCl	0,7690	1,3004
CaO	H_2O	3,1129	0,3212
CaO	Mg	2,3073	0,4334
CaO	MgO	1,3914	0,7187

gesucht	gegeben	*F*	1/*F*
CaO	N	2,0019	0,4995
CaO	N_2O_5	0,5192	1,9260
CaO	P_2O_5	1,1852	0,8437
CaO	SO_3	0,7004	1,4277
$Ca(OH)_2$	CaO	1,3213	0,7569
$Ca_3(PO_4)_2$	CaO	1,8437	0,5424
$Ca_3(PO_4)_2$	$Mg_2P_2O_7$	1,3936	0,7176
$Ca_3(PO_4)_2$	P_2O_5	2,1853	0,4576
$3\,Ca_3(PO_4)_2 \cdot Ca(OH)_2$	P_2O_5	2,350	0,4239
	H_2O	55,77	0,0179
$Ca(HSO_3)_2$	CaO	3,6058	0,2773
$CaSO_4$	$BaSO_4$	0,5833	1,7143
$CaSO_4$	$CaSO_4 \cdot 2\,H_2O$	0,7907	1,2647
$CaSO_4$	SO_3	1,7005	0,5881
$CaSO_4 \cdot \frac{1}{2}\,H_2O$	H_2O	16,1139	0,0621
$CaSO_4 \cdot 2\,H_2O$	CaO	3,0702	0,3257
$CaSO_4 \cdot 2\,H_2O$	H_2O	4,7785	0,2093
Cd	$Cd(C_5H_5N)_2 \cdot (SCN)_2$ (Pyridin + Thiocyanat)	0,2906	3,4407
Cd	$Cd(C_5H_5N)_4 \cdot (SCN)_2$ (Pyridin + Thiocyanat)	0,2063	4,8481
Cd	$Cd(C_7H_4NS_2)_2$ (Mercapto-benzothiazol)	0,2527	3,9577
Cd	$Cd(C_7H_6NO_2)_2$ (Anthranilsäure)	0,2922	3,4220
Cd	$Cd(C_9H_6NO)_2$ (Oxin)	0,2805	3,5647
Cd	$Cd(C_9H_6NO)_2 \cdot 1\frac{1}{2}\,H_2O$	0,2628	3,8052
Cd	$Cd(C_{10}H_6NO_2)_2$ (Chinaldinsäure)	0,2461	4,0630
Cd	$CdCl_2$	0,6132	1,6308
Cd	CdO	0,8754	1,1423
Cd	$Cd_2P_2O_7$	0,5638	1,7737
Cd	CdS	0,7781	1,2852
Cd	$CdSO_4$	0,5392	1,8546
CdO	$Cd_2P_2O_7$	0,6440	1,5527
CdO	CdS	0,8888	1,1251
CdO	$CdSO_4$	0,6160	1,6235
Ce	$Ce_2(C_2O_4)_3$	0,5149	1,9423
Ce	$Ce(NO_3)_3$	0,4296	2,3275
Ce	CeO_2	0,8141	1,2284
Ce	Ce_2O_3	0,8538	1,1713
Ce	$Ce(SO_4)_2$	0,4217	2,3712
Ce	$Ce_2(SO_4)_3$	0,4930	2,0284
Ce	$FeSO_4 \cdot 7\,H_2O$	0,5040	1,9842
Ce	$(NH_4)_2Fe(SO_4)_2 \cdot 6\,H_2O$	0,3573	2,7987
Cl	Ag	0,3287	3,0426
Cl	AgCl	0,2474	4,0426
Cl	KCl	0,4756	2,1028
Cl	MgO	1,7593	0,5684
Cl	NaCl	0,6066	1,6485
HCl	AgCl	0,2544	3,9308
ClO_3	AgCl	0,5823	1,7174
ClO_3	$(C_{20}H_{16}N_4) \cdot HClO_3$ (Nitron)	0,2103	4,7552
$HClO_3$	AgCl	0,5893	1,6969
ClO_4	AgCl	0,6939	1,4411
ClO_4	$(C_{20}H_{16}N_4) \cdot HClO_4$ (Nitron)	0,2409	4,1511
ClO_4	K	2,5436	0,3931
ClO_4	KCl	1,3339	0,7497
ClO_4	$KClO_4$	0,7178	1,3931
ClO_4	NaCl	1,7017	0,5877
$HClO_4$	AgCl	0,7009	1,4267
Co	$Co(C_5H_5N)_4 \cdot (SCN)_2$ (Pyridin+Thiocyanat)	0,1199	8,3399
Co	$Co(C_7H_6NO_2)_2$ (Anthranilsäure)	0,1779	5,6197
Co	$Co(C_9H_6NO)_2$ (Oxin)	0,1697	5,8920
Co	$Co(C_{10}H_6NO_2)_3 \cdot 2\,H_2O$ (1-Nitroso-2-naphthol)	0,09638	10,375
Co	$Co(C_{10}H_6NO_3)_3$ (1-Nitro-2-naphthol)	0,09453	10,578

gesucht	gegeben	*F*	1/*F*
Co	$CoCl_2 \cdot 6\,H_2O$	0,2477	4,0373
Co	$Co(NO_3)_2 \cdot 6\,H_2O$	0,2025	4,9385
Co	Co_3O_4	0,7342	1,3620
Co	$Co_2P_2O_7$	0,4039	2,4758
Co	CoS	0,6477	1,5441
Co	$CoSO_4$	0,3802	2,6299
Co	$CoSO_4 \cdot 7\,H_2O$	0,2097	4,7696
Co	$K_3[Co(NO_2)_6]$	0,1303	7,6746
CoO	Co	1,2715	0,7865
CoO	$Co_2P_2O_7$	0,5136	1,9471
CoO	$CoSO_4$	0,4835	2,0685
CoO	$K_3[Co(NO_2)_6]$	0,1657	6,0357
Cr	$BaCrO_4$	0,2053	4,8720
Cr	CrO_3	0,5199	1,9231
Cr	Cr_2O_3	0,6842	1,4616
Cr	CrO_4	0,4483	2,2308
Cr	Cr_2O_7	0,4815	2,0770
Cr	$CrPO_4$	0,3538	2,8265
Cr	$Cr_2(SO_4)_3$	0,2652	3,7711
Cr	K_2CrO_4	0,2678	3,7347
Cr	$K_2Cr_2O_7$	0,3535	2,8289
Cr	$KCr(SO_4)_2 \cdot 12\,H_2O$	0,1041	9,6045
Cr	$PbCrO_4$	0,1609	6,2157
CrO_3	$BaCrO_4$	0,3947	2,5334
CrO_3	Cr_2O_3	1,3158	0,7600
CrO_3	K_2CrO_4	0,5149	1,9420
CrO_3	$PbCrO_4$	0,3094	3,2320
CrO_3	$K_2Cr_2O_7$	0,6798	1,4710
Cr_2O_3	$BaCrO_4$	0,3000	3,3334
Cr_2O_3	$K_2Cr_2O_7$	0,5166	1,9355
Cr_2O_3	$PbCrO_4$	0,2351	4,2528
CrO_4	$BaCrO_4$	0,4579	2,1839
CrO_4	Cr_2O_3	1,5263	0,6552
CrO_4	$PbCrO_4$	0,3589	2,7863
Cr_2O_7	$BaCrO_4$	0,4263	2,3457
Cr_2O_7	Cr_2O_3	1,4211	0,7037
$Cr_2(SO_4)_3$	$Cr_2(SO_4)_3 \cdot 18\,H_2O$	0,5474	1,8269
$KCr(SO_4)_2$	$KCr(SO_4)_2 \cdot 12\,H_2O$	0,5671	1,7633
Cs	Cs_2CO_3	0,8158	1,2258
Cs	Cs_2O	0,9432	1,0602
Cs	$Cs_2[PtCl_6]$	0,3946	2,5342
Cs	Cs_2SO_4	0,7346	1,3614
Cs_2CO_3	$Cs_2[PtCl_6]$	0,4837	2,0674
CsCl	$Cs_2[PtCl_6]$	0,4999	2,0006
Cs_2O	$CsNO_3$	0,7229	1,3833
Cs_2O	$Cs_2[PtCl_6]$	0,4184	2,3903
Cs_2O	Cs_2SO_4	0,7788	1,2841
Cu	$Cu(C_5H_5N)_2 \cdot (SCN)_2$ (Pyridin + Thiocyanat)	0,1881	5,3176
Cu	$Cu(C_7H_6NO_2)_2$ (Anthranilsäure)	0,1892	5,2844
Cu	$Cu(C_7H_6NO_2)_2$ (Salicyladoxim)	0,1892	5,2844
Cu	$Cu(C_9H_6NO)_2$ (Oxin)	0,1806	5,5370
Cu	$Cu(C_{10}H_6NO_2)_2 \cdot H_2O$ (Chinaldinsäure)	0,1492	6,7019
Cu	$Cu(C_{12}H_{10}NOS)_2 \cdot H_2O$ (Thionalid)	0,1236	8,0905
Cu	$Cu(C_{14}H_{11}NO_2)$ (Cupron)	0,2200	4,5446
Cu	CuSCN	0,5225	1,9139
Cu	CuO	0,7989	1,2518
Cu	Cu_2O	0,8882	1,1259
Cu	CuS	0,6646	1,5046
Cu	Cu_2S	0,7985	1,2523
Cu	$CuSO_4$	0,3981	2,5117
Cu	$CuSO_4 \cdot 5\,H_2O$	0,2545	3,9292
$CuCl_2$	CuO	1,6903	0,5916
$CuFeS_2$	Cu_2S	2,3062	0,4336
CuO	CuSCN	0,6540	1,5290
CuO	Cu_2S	0,9996	1,0004
Cu_2O	CuO	0,8995	1,1118
Cu_2O	Cu_2S	0,8991	1,1122
$CuSO_4$	CuO	2,0065	0,4985
$CuSO_4$	$CuSO_4 \cdot 5\,H_2O$	0,6392	1,5644
$CuSO_4 \cdot 5\,H_2O$	CuO	3,1389	0,3186
$CuSO_4 \cdot 5\,H_2O$	CuSCN	2,0529	0,4871
$CuSO_4 \cdot 5\,H_2O$	Cu_2S	3,1377	0,3187

gesucht	gegeben	*F*	1/*F*
Er	Er_2O_3	0,8745	1,1435
F	AlF_3	0,6786	1,4736
F	BF_3	0,8405	1,1897
F	Ca	0,9480	1,0548
F	CaF_2	0,4867	2,0549
F	$CaSO_4$	0,2791	3,5829
F	HF	0,9496	1,0531
F	$H_2[SiF_6]$	0,7911	1,2641
F	KHF_2	0,4865	2,0555
F	NaF	0,4525	2,2101
F	$Na_3[AlF_6]$	0,5430	1,8417
F	PbBrF	0,06207	16,111
F	PbClF	0,07261	13,772
F	SiF_4	0,7302	1,3696
F	SiF_6	0,8023	1,2464
F	$(C_6H_5)_3SnF$ (Triphenylzinnfluorid)	0,05148	19,423
HF	CaF_2	0,5125	1,9514
2 HF	$H_2[SiF_6]$	0,2777	3,6012
6 HF	$H_2[SiF_6]$	0,8331	1,2004
Fe	$Fe(C_9H_6NO)_3$ (Oxin)	0,1144	8,7438
Fe	$Fe(CN)_6$	0,2635	3,7953
Fe	$Fe(CO)_5$	0,2851	3,5078
Fe	$FeCl_3$	0,3443	2,9045
Fe	FeO	0,7773	1,2865
Fe	Fe_2O_3	0,6994	1,4297
Fe	Fe_3O_4	0,7237	1,3818
Fe	$Fe(OH)_3$	0,5226	1,9136
Fe	FeS	0,6353	1,5742
Fe	$FeSO_4 \cdot 7\,H_2O$	0,2009	4,9783
Fe	$Fe_2(SO_4)_3$	0,2793	3,5802
$Fe(CN)_6$	AgCN	0,2639	3,7901
$FeCl_2$	Fe	2,2697	0,4406
$FeCl_2$	$FeCl_2 \cdot 4\,H_2O$	0,6375	1,5685
$FeCl_3$	Fe_2O_3	2,0315	0,4923
$FeCl_3$	$FeCl_3 \cdot 6\,H_2O$	0,6001	1,6664
$FeCl_3 \cdot 6\,H_2O$	Fe	4,8400	0,2066
$FeCl_3 \cdot 6\,H_2O$	$Fe(OH)_3$	2,5292	0,3954
$Fe(HCO_3)_2$	Fe_2O_3	2,2278	0,4489
$FeCO_3$	Fe	2,0745	0,4820
$FeCO_3$	FeO	1,6126	0,6201
$FeCO_3$	Fe_2O_3	1,4510	0,6892
$FeCO_3$	Fe_3O_4	1,5011	0,6661
FeI_2	Fe	5,5447	0,1804
FeO	CO_2	1,6325	0,6126
FeO	Fe_2O_3	0,8998	1,1113
FeO	Fe_3O_4	0,9310	1,0741
FeO	FeS	0,8173	1,2236
FeO	$(NH_4)_2Fe(SO_4)_2 \cdot 6\,H_2O$	0,1832	5,4579
Fe_2O_3	$FeCl_3$	0,4922	2,0315
Fe_2O_3	Fe_3O_4	1,0345	0,9666
Fe_2O_3	$FePO_4$	0,5294	1,8889
Fe_2O_3	FeS_2	0,6655	1,5026
Fe_2O_3	$(NH_4)Fe(SO_4)_2 \cdot 12\,H_2O$	0,1656	6,055
Fe_2O_3	$Fe_2(SO_4)_3$	0,6994	1,4297
FeS_2	$BaSO_4$	0,2570	3,8908
$FeSO_4$	$FeSO_4 \cdot 7\,H_2O$	0,5464	1,8302
Ga	$Ga(C_9H_4Br_2NO)_3$ (Bromoxin)	0,0715	13,9925
Ga	Ga_2O_3	0,7439	1,3442
Ge	GeO_2	0,6941	1,4408
HBO_2	B_2O_3	1,2588	0,7944
H_3BO_3	B_2O_3	1,7762	0,5630
HBr	AgBr	0,4309	2,3207
HCN	Ag	0,2505	3,9913
HCN	AgCN	0,2019	4,9540
H_2CN_2	N	1,501	0,6662
$(H_2CN_2)_2$	N	1,501	0,6662
$(H_2CN_2)_2$	$Ni(C_2H_5N_4O)_2$	0,6446	1,5513
HCO_3	CO_2	1,3864	0,7213
$H_2C_2O_4$	CO_2	1,0229	0,9776
$H_2C_2O_4$	CaO	1,6055	0,6229
$H_6C_4O_6$	$CaC_4H_4O_6 \cdot 4\,H_2O$	0,5768	1,7337
HCl	AgCl	0,2544	3,9308
HCl	Cl	1,0284	0,9724
$HClO_4$	AgCl	0,7009	1,4267
HF	CaF_2	0,5125	1,9513
HF	$CaSO_4$	0,2939	3,4024
HF	SiF_4	0,7689	1,3006

gesucht	gegeben	*F*	1/*F*
$H_3[Fe(CN)_6]$	$AgCN$	0,2675	3,7368
$H_4[Fe(CN)_6]$	$AgCN$	0,2689	3,7194
HI	AgI	0,5448	1,8354
HI	PdI_2	0,7102	1,4080
HNO_3	$C_{20}H_{16}N_4 \cdot HNO_3$ (Nitron)	0,1679	5,9573
HNO_3	NH_4Cl	1,1780	0,8489
HNO_3	$(NH_4)_2\,[PtCl_6]$ (empirisch)	0,2828	3,5361
HNO_3	NO	2,1000	0,4762
HNO_3	N_2O_5	1,1668	0,8571
HNO_3	Pt (empirisch)	0,6423	1,5569
H_2O	H	8,9370	0,1119
H_2O	CaO	0,3212	3,1129
H_2O	MgO	0,4470	2,2371
H_2O	O	1,1260	0,8881
H_2O_2	O	1,0630	0,9407
H_3PO_2	Hg_2Cl_2	0,06990	14,3062
H_3PO_2	$Mg_2P_2O_7$	0,5931	1,6861
H_3PO_3	Hg_2Cl_2	0,1737	5,7574
H_3PO_3	$Mg_2P_2O_7$	0,7369	1,3571
H_3PO_4	$Mg_2P_2O_7$	0,8806	1,1355
H_3PO_4	P_2O_5	1,3808	0,7242
H_2S	$BaSO_4$	0,1460	6,8481
H_2SO_3	$BaSO_4$	0,3517	2,8436
H_2SO_4	$BaSO_4$	0,4202	2,3796
H_2SO_4	HNO_3	0,7782	1,2849
$H_2[SiF_6]$	CaF_2	0,6152	1,6256
$H_2[SiF_6]$	$CaSO_4$	0,3528	2,8345
$H_2[SiF_6]$	$K_2[SiF_6]$	0,6541	1,5288
H_2SiO_3	SiO_2	1,2998	0,7693
Hg	$Hg(C_5H_5N)_2 \cdot Cr_2O_7$ (Pyridin + Chromat)	0,3490	2,8655
Hg	HgC_2O_4 (Oxalat)	0,6950	1,4388
Hg	$Hg(C_7H_6NO_2)_2$ (Anthranilsäure)	0,4242	2,3573
Hg	$Hg(C_{12}H_{10}NOS)_2$ (Thionalid)	0,3168	3,1564
Hg	$HgCl_2$	0,7388	1,3535
Hg	Hg_2Cl_2	0,8498	1,1767
Hg	HgO	0,9261	1,0798
Hg	Hg_2O	0,9616	1,0399
Hg	HgS	0,8622	1,1599
Hg	$Hg(SCN)_2$	0,6333	1,5791
$HgCl_2$	Hg_2Cl_2	1,1502	0,8694
$HgCl_2$	HgS	1,1670	0,8569
Hg_2Cl_2	HgS	1,0146	0,9856
Hg_2Cl_2	HgO	1,0898	0,9176
Hg_2Cl_2	Hg_2O	1,1316	0,8837
HgO	HgS	0,9310	1,0741
I	Ag	1,1765	0,8500
I	$AgCl$	0,8855	1,1294
I	AgI	0,5405	1,8500
I	Pd	2,3854	0,4192
I	PdI_2	0,7046	1,4192
I	TlI	0,3831	2,6104
AgI	IO_3	1,3423	0,7450
AgI	IO_4	1,2298	0,8131
AgI	I_2O_5	1,4066	0,7109
AgI	I_2O_7	1,2836	0,7791
HI	AgI	0,5448	1,8354
HI	PdI_2	0,7102	1,4080
In	$In(C_9H_6NO)_3$ (Oxin)	0,2098	4,7664
In	In_2O_3	0,8271	1,2090
In	In_2S_3	0,7048	1,4189
K	KBr	0,3286	3,0437
K	$K[(C_6H_5)_4B]$ (Tetraphenylborsäure)	0,1091	9,1649
K	$K(C_{12}H_4N_7O_{12})$ (Dipikrylamin)	0,08192	12,208
K	KCl	0,5245	1,9068
K	$KClO_3$	0,3190	3,1344
K	$KClO_4$	0,2822	3,5436
K	K_2O	0,8302	1,2046
K	$K_2[PtCl_6]$ (empirisch)	0,1603	6,2383
K	K_2SO_4	0,4487	2,2285
K	Pt (empirisch)	0,3993	2,5044
K	Pt (empirisch, in Gegenwart von Sulfat nach Finkeners Methode)	0,3992	2,5050
KCN	HCN	2,4094	0,4150
$K_2B_4O_7$	$K_2B_4O_7 \cdot 5\,H_2O$	0,7216	1,3859
K_2CO_3	CO_2	3,1403	0,3184

gesucht	gegeben	*F*	1/*F*
$KHCO_3$	CO_2	2,2748	0,4396
K_2CO_3	$K_2[PtCl_6]$	0,2844	3,5165
$KHCO_3$	$K_2[PtCl_6]$	0,4120	2,4272
$KH(C_4H_4O_6)$	$Ca(C_4H_4O_6) \cdot 4H_2O$ (Tartrat)	0,7232	1,3828
KCl	AgCl	0,5202	1,9225
KCl	$K[(C_6H_5)_4B]$ (Tetraphenylborsäure)	0,2081	4,8065
KCl	Cl	2,1028	0,4756
KCl	$KClO_3$	0,6083	1,6438
KCl	$KClO_4$	0,5381	1,8584
KCl	K_2O	1,5829	0,6318
KCl	$K_2[PtCl_6]$ (empirisch)	0,3056	3,2723
KCl	Pt (empirisch)	0,7614	1,3134
KCl	Pt (empirisch, in Gegenwart von Sulfat nach Finkeners Methode)	0,7612	1,3137
K_2CrO_4	Cr	3,7347	0,2678
$K_2Cr_2O_7$	Cr	2,8290	0,3535
KF	CaF_2	1,4881	0,6720
KI	AgI	0,7071	1,4142
KIO_3	AgI	0,9115	1,0971
$KMnO_4$	Mn	2,8766	0,3476
$KMnO_4$	O_2	3,951	0,2531
KNO_3	N	7,2182	0,1385
KNO_3	NH_3	5,9368	0,1684
KNO_3	N_2O_5	1,8721	0,5342
K_2O	$K[(C_6H_5)_4B]$ (Tetraphenylborsäure)	0,1314	7,6082
K_2O	$KClO_4$	0,3399	2,9417
K_2O	$K_2[PtCl_6]$ (empirisch)	0,1931	5,1787
K_2O	K_2SO_4	0,5406	1,8500
K_2O	$BaSO_4$	0,4036	2,4777
K_2O	Pt (empirisch)	0,4810	2,0790
K_2O	Pt (empirisch, in Gegenwart von Sulfat nach Finkeners Methode)	0,4809	2,0794
$K_2O \cdot Al_2O_3 \cdot 6\,SiO_2$	Al_2O_3	5,4596	0,1832
	KCl	3,7334	0,2678
	K_2O	5,9096	0,1692
	K_2SO_4	3,1945	0,3130

gesucht	gegeben	*F*	1/*F*
KOH	$Al_2(SO_4)_3$	0,9839	1,0164
KOH	$FeCl_3 \cdot 6\,H_2O$	0,6227	1,6059
K_2SO_4	$K[(C_6H_5)_4B]$ (Tetraphenylborsäure)	0,2431	4,1128
$KHSO_4$	$BaSO_4$	0,5834	1,7140
K_2SO_4	$BaSO_4$	0,7466	1,3393
K_2SO_4	KCl	1,1687	0,8556
La	La_2O_3	0,8527	1,1728
Li	Li_2CO_3	0,1879	5,3228
Li	LiCl	0,1637	6,1078
Li	Li_2O	0,4645	2,1529
Li	Li_3PO_4	0,1798	5,5603
Li	Li_2SO_4	0,1263	7,9196
Li_2CO_3	CO_2	1,6790	0,5956
Li_2O	LiCl	0,3524	2,8378
Li_2O	Li_3PO_4	0,3871	2,5836
Li_2O	Li_2SO_4	0,2718	3,6799
Li_2SO_4	$Li_2SO_4 \cdot H_2O$	0,8592	1,1639
Mg	$Mg(C_9H_6NO)_2$ (Oxin)	0,07775	12,862
Mg	$Mg(C_9H_6NO)_2 \cdot 2\,H_2O$	0,06971	14,344
Mg	$MgCO_3$	0,2883	3,4690
Mg	MgC_2O_4	0,2164	4,6215
Mg	MgO	0,6030	1,6583
Mg	$MgNH_4PO_4 \cdot 6\,H_2O$	0,09904	10,0969
Mg	$Mg_2P_2O_7$	0,2184	4,5783
Mg	$MgSO_4$	0,2019	4,9521
$MgCO_3$	CO_2	1,9158	0,5220
$MgCO_3$	$MgCO_3 \cdot H_2O$	0,8239	1,2137
$MgCO_3$	MgO	2,0920	0,4780
$MgCO_3$	$MgNH_4PO_4 \cdot 6\,H_2O$	0,3436	2,9106
$MgCO_3$	$Mg_2P_2O_7$	0,7577	1,3198
$MgCl_2$	Cl	1,3428	0,7447
$MgCl_2$	MgO	2,3623	0,4233
$MgCl_2$	$Mg_2P_2O_7$	0,8556	1,1687
MgO	CO_2	0,9158	1,0920
MgO	H_2O	2,2372	0,4470
MgO	$MgCO_3 \cdot CaCO_3$	0,2186	4,5752
MgO	MgC_2O_4	0,3588	2,7869

gesucht	gegeben	*F*	1/*F*
MgO	$MgNH_4PO_4 \cdot 6\,H_2O$	0,1642	6,0889
MgO	$Mg_2P_2O_7$	0,3622	2,7609
MgO	$MgSO_4$	0,3348	2,9865
MgO	N_2O_5	0,3732	2,6799
MgO	P_2O_5	0,5679	1,7609
MgO	SO_3	0,5034	1,9865
$Mg(OH)_2$	MgO	1,4470	0,6911
$MgSO_4$	$MgNH_4PO_4 \cdot 6\,H_2O$	0,4905	2,0389
$MgSO_4$	$Mg_2P_2O_7$	1,0817	0,9245
$MgSO_4$	$MgSO_4 \cdot 7\,H_2O$	0,4883	2,0477
$MgSO_4$	SO_3	1,5034	0,6651
$MgSiO_3$	MgO	2,4908	0,4015
Mg_2SiO_4	MgO	1,7454	0,5729
Mn	$Mn(C_5H_5N)_4 \cdot (SCN)_2$ (Pyridin + Thiocyanat)	0,1127	8,8737
Mn	$MnCO_3$	0,4779	2,0923
Mn	MnO	0,7745	1,2912
Mn	MnO_2	0,6319	1,5825
Mn	Mn_2O_3	0,6960	1,4368
Mn	Mn_3O_4	0,7204	1,3882
Mn	$Mn_2P_2O_7$	0,3871	2,5831
Mn	$MnNH_4PO_4 \cdot H_2O$	0,2954	3,3849
Mn	MnS	0,6315	1,5837
Mn	$MnSO_4$	0,3638	2,7486
Mn	$KMnO_4$	0,3476	2,8766
$MnCO_3$	CO_2	2,6118	0,3829
MnO	$MnCO_3$	0,6171	1,6204
MnO	$Mn_2P_2O_7$	0,5000	2,0005
MnO	MnS	0,8154	1,2264
MnO	$MnSO_4$	0,4698	2,1286
$Mn_2P_2O_7$	Mn_3O_4	1,8606	0,5375
$MnSO_4$	$BaSO_4$	0,6470	1,5456
$MnSO_4$	$MnSO_4 \cdot 4H_2O$	0,6769	1,4772
$MnSO_4$	SO_3	1,8861	0,5302
Mo	$MoO_2(C_9H_6NO)_2$ (Oxin)	0,2305	4,3385
Mo	MoO_3	0,6665	1,5003
Mo	MoO_4	0,5999	1,6671
Mo	$PbMoO_4$	0,2613	3,8266

gesucht	gegeben	*F*	1/*F*
Mo	MoS_2	0,5994	1,6684
MoO_4	MoO_3	1,1112	0,9000
N	AlN	0,3417	2,9263
N	NH	0,9329	1,0720
N	NH_2	0,8742	1,1439
N	NH_3	0,8225	1,2159
N	NH_4	0,7765	1,2878
N	NH_4Cl	0,2618	3,8190
N	NH_4NO_3	0,1750	5,7147
N	$(NH_4)_2SO_4$	0,2120	4,7170
N	$(NH_4)_2[PtCl_6]$ (empirisch)	0,06286	15,9084
N	Pt (empirisch)	0,1428	7,0028
NH_3	NH_4	0,9441	1,0592
NH_3	$(NH_4)_2CO_3$	0,3545	2,8210
NH_3	NH_4Cl	0,3184	3,1409
NH_3	$(NH_4)_2[PtCl_6]$ (empirisch)	0,07642	13,086
NH_3	NO_3	0,2747	3,6408
NH_3	HNO_3	0,2703	3,6999
NH_3	N_2O_5	0,3153	3,1711
NH_3	Pt (empirisch)	0,1736	5,7604
NH_4	NH_4Cl	0,3372	2,9654
NH_4	$(NH_4)_2[PtCl_6]$ (empirisch)	0,08094	12,3548
NH_4	Pt (empirisch)	0,1839	5,4377
NH_4Cl	HNO_3	0,8489	1,1780
NH_4Cl	NO_3	0,8627	1,1591
NH_4Cl	N_2O_5	0,9905	1,0096
NH_4Cl	$(NH_4)_2[PtCl_6]$ (empirisch)	0,2400	4,1666
NH_4Cl	Pt (empirisch)	0,5453	1,8339
NH_4NO_3	N_2O_5	1,4821	0,6747
NO	NO_2	0,6522	1,5332
NO	NO_3	0,4839	2,0664
NO	N_2O_3	0,7895	1,2666
NO	N_2O_5	0,5556	1,7998
NO	HNO_3	0,4762	2,1000
NO_2	N	3,2845	0,3045
NO_2	N_2O_3	1,2105	0,8261
NO_3	N	4,4268	0,2259
NO_3	$(C_{20}H_{16}N_4) \cdot HNO_3$ (Nitron)	0,1652	6,0540

gesucht	gegeben	*F*	1/*F*
NO_3	$(NH_4)_2[PtCl_6]$ (empirisch)	0,2782	3,5945
NO_3	N_2O_5	1,1481	0,8710
NO_3	Pt (empirisch)	0,6320	1,5823
N_2O_3	$AgNO_2$	0,2470	4,0488
N_2O_3	N	2,7134	0,3685
N_2O_5	$(C_{20}H_{16}N_4) \cdot HNO_3$ (Nitron)	0,1439	6,9508
N_2O_5	KNO_3	0,5342	1,8722
N_2O_5	N	3,8557	0,2594
N_2O_5	$NaNO_3$	0,6354	1,5738
N_2O_5	$(NH_4)_2[PtCl_6]$ (empirisch)	0,2423	4,1271
N_2O_5	$(NH_4)_2SO_4$	0,8174	1,2233
N_2O_5	Pt (empirisch)	0,5505	1,8165
HNO_2	$AgNO_2$	0,3055	3,2730
HNO_3	N	4,4988	0,2223
HNO_3	N_2O_5	1,1668	0,8570
Na	$BaSO_4$	0,1970	5,0759
Na	Br	0,2877	3,4756
Na	Cl	0,6485	1,5421
Na	I	0,1812	5,5200
Na	Na_2CO_3	0,4338	2,3051
Na	$NaHCO_3$	0,2737	3,6541
Na	NaCl	0,3934	2,5421
Na	$NaClO_4$	0,1878	5,3258
Na	$NaMg(UO_2)_3 \cdot (C_2H_3O_2)_9 \cdot 6\,H_2O$	0,015359	65,111
Na	$NaMg(UO_2)_3 \cdot (C_2H_3O_2)_9 \cdot 8\,H_2O$	0,014998	66,677
Na	Na_2O	0,7419	1,3480
Na	NaOH	0,5748	1,7398
Na	Na_2SO_4	0,3237	3,0892
Na	$NaZn(UO_2)_3 \cdot (C_2H_3O_2)_9 \cdot 6\,H_2O$	0,014948	66,897
$Na_2B_4O_7$	B_2O_3	1,4451	0,6920
$Na_2B_4O_7$	H_3BO_3	0,8136	1,2291
$Na_2B_4O_7$	$Na_2B_4O_7 \cdot 10\,H_2O$	0,5276	1,8953
NaBr	AgBr	0,5480	1,8249
Na_2CO_3	CO_2	2,4083	0,4152
Na_2CO_3	$NaHCO_3$	0,6308	1,5852
Na_2CO_3	NaOH	1,3250	0,7547
Na_2CO_3	Na_2SO_4	0,7462	1,3401
$NaHCO_3$	CO_2	1,9088	0,5239
NaCl	AgCl	0,4078	2,4523
NaCl	Cl	1,6485	0,6066
NaCl	$NaClO_4$	0,4773	2,0950
NaCl	$NaMg(UO_2)_3 \cdot (C_2H_3O_2)_9 \cdot 6\,H_2O$	0,03904	25,613
NaCl	$NaMg(UO_2)_3 \cdot (C_2H_3O_2)_9 \cdot 8\,H_2O$	0,03813	26,229
NaCl	Na_2O	1,8859	0,5303
NaCl	Na_2SO_4	0,8229	1,2152
NaCl	$NaZn(UO_2)_3 \cdot (C_2H_3O_2)_9 \cdot 6\,H_2O$	0,03800	26,316
NaF	CaF_2	1,0756	0,9298
NaF	F	2,2101	0,4525
NaI	AgI	0,6385	1,5663
NaI	I	1,1811	0,8467
$NaNO_3$	N	6,0681	0,1648
$NaNO_3$	NH_3	4,9908	0,2004
$NaNO_3$	N_2O_5	1,5738	0,6354
Na_2O	$BaSO_4$	0,2656	3,7656
Na_2O	CO_2	1,4083	0,7101
Na_2O	N_2O_5	0,5738	1,7427
Na_2O	Na	1,3480	0,7419
Na_2O	NaCl	0,5303	1,8859
Na_2O	$NaMg(UO_2)_3 \cdot (C_2H_3O_2)_9 \cdot 6\,H_2O$	0,02070	48,302
Na_2O	$NaMg(UO_2)_3 \cdot (C_2H_3O_2)_9 \cdot 8\,H_2O$	0,02022	49,465
Na_2O	NaOH	0,7748	1,2907
Na_2O	Na_2SO_4	0,4364	2,2917
Na_2O	$NaZn(UO_2)_3 \cdot (C_2H_3O_2)_9 \cdot 6\,H_2O$	0,02015	49,628
Na_2O	SO_3	0,7742	1,2917
Na_2O	SiO_2	1,0315	0,9694
NaOH	$FeCl_3 \cdot 6\,H_2O$	0,4439	2,2526
NaOH	$Al_2(SO_4)_3$	0,7014	1,4257
Na_2HPO_4	$Na_2HPO_4 \cdot 12\,H_2O$	0,3964	2,5229
Na_2HPO_4	$Mg_2P_2O_7$	1,2756	0,7839

gesucht	gegeben	*F*	1/*F*
Na_2HPO_4	P_2O_5	2,0002	0,5000
$Na_2HPO_4 \cdot 12\ H_2O$	$Mg_2P_2O_7$	3,2185	0,3107
$Na_2HPO_4 \cdot 12\ H_2O$	P	11,5627	0,0865
Na_3PO_4	PO_4	1,7262	0,5793
Na_3PO_4	P_2O_5	2,3099	0,4329
$Na_3PO_4 \cdot 12\ H_2O$	P_2O_5	5,3559	0,1867
Na_2S	$BaSO_4$	0,3344	2,9906
Na_2SO_3	$BaSO_4$	0,5400	1,8517
Na_2SO_3	SO_2	1,9675	0,5083
$Na_2SO_3 \cdot 7\ H_2O$	$BaSO_4$	1,0804	0,9256
$Na_2SO_3 \cdot 7\ H_2O$	SO_2	3,9362	0,2541
Na_2SO_4	$BaSO_4$	0,6086	1,6431
Na_2SO_4	$Na_2SO_4 \cdot 10\ H_2O$	0,4408	2,2683
Na_2SO_4	SO_3	1,7742	0,5636
Nb	Nb_2O_5	0,6990	1,4305
Ni	$Ni(C_2H_3O_2)_2 \cdot 4\ H_2O$ (Acetat)	0,2359	4,2397
Ni	$Ni(C_2H_5N_4O)_2$ (Dicyandiamidin)	0,2250	4,4446
Ni	$Ni(C_4H_7N_2O_2)_2$ (Dimethyl-glyoxim)	0,2032	4,9224
Ni	$Ni(C_4H_{10}O_4N_8)$ (Oxalendiuramid-dioxin)	0,2004	4,9898
Ni	$Ni(C_5H_5N)_4 \cdot (SCN)_2$ (Pyridin + Thiocyanat)	0,1195	8,3699
Ni	$Ni(C_7H_6NO_2)_2$ (Anthranilsäure)	0,1773	5,6386
Ni	$Ni(C_9H_6NO)_2$ (Oxin)	0,1691	5,9120
Ni	$Ni(C_9H_6NO)_2 \cdot 2\ H_2O$	0,1532	6,5258
Ni	$Ni(CO)_4$	0,3438	2,9087
Ni	NiO	0,7858	1,2726
Ni	NiS	0,6468	1,5463
Ni	$NiSO_4$	0,3793	2,6367
Ni	O	3,6685	0,2726
NiO	$NiSO_4 \cdot 7\ H_2O$	0,2660	3,7602
$NiSO_4$	$NiSO_4 \cdot 7\ H_2O$	0,5510	1,8149
O	Al_2O_3	0,4707	2,1243
O	Cl	0,2256	4,4318
O	H_2O	0,8881	1,1260
O_2	$KMnO_4$	0,2531	3,9510
O_2	$K_2Cr_2O_7$	0,1632	6,1293
O_2	I_2 (nach Winkler)	0,0630	15,8637
OCH_3	AgI	0,1322	7,5650
OC_2H_5	AgI	0,1919	5,2101
P	Ag_3PO_4	0,0740	13,5138
P	$Ag_4P_2O_7$	0,1023	9,7731
P	H_3PO_3	0,3777	2,6473
P	H_3PO_4	0,3161	3,1638
P	$(C_9H_7N)_3H_3PO_4 \cdot 12\ MoO_3$	0,013998	71,4388
P	$Mg_2P_2O_7$	0,2783	3,5926
P	$(NH_4)_2HPO_4$	0,2346	4,2635
P	$(NH_4)_3[P(Mo_{12}O_{40})]$ (empirisch nach Finkener)	0,01639	61,013
P	$(NH_4)_3[P(Mo_{12}O_{40})]$ (theoretisch)	0,01651	60,578
P	$P_2O_5 \cdot 24\ MoO_3$	0,01722	58,0720
P	P_2O_5	0,4364	2,2914
P	P_2S_5	0,2787	3,5881
PO_2	Hg_2Cl_2	0,06670	14,9933
PO_2	$Mg_2P_2O_7$	0,5659	1,7670
PO_3	Hg_2Cl_2	0,1673	5,9779
PO_3	$Mg_2P_2O_7$	0,7097	1,4090
PO_4	$Mg_2P_2O_7$	0,8535	1,1717
PO_4	$(NH_4)_3[P(Mo_{12}O_{40})]$ (empirisch nach Finkener)	0,05025	19,901
PO_4	$(NH_4)_3[P(Mo_{12}O_{40})]$ (theoretisch)	0,05061	19,759
PO_4	Na_3PO_4	0,5793	1,7262
PO_4	P	3,0662	0,3261
PO_4	P_2O_5	1,4946	0,6691
PO_4	$P_2O_5 \cdot 24\ MoO_3$	0,05281	18,9358
P_2O_5	Ag_3PO_4	0,1696	5,8977
P_2O_5	$Ag_4P_2O_7$	0,2345	4,2651

gesucht	gegeben	*F*	1/*F*
P_2O_5	Al_2O_3	1,3921	0,7183
P_2O_5	$AlPO_4$	0,5820	1,7183
P_2O_5	CaO	0,8437	1,1853
P_2O_5	$Ca_3(PO_4)_2$	0,4576	2,1852
P_2O_5	$3\ Ca_3(PO_4)_2 \cdot Ca(OH)_2$	0,4239	2,3594
P_2O_5	H_3PO_4	0,7242	1,3808
P_2O_5	$(C_9H_7N)_3H_3PO_4 \cdot 12\ MoO_3$	0,032074	31,178
P_2O_5	MgO	1,1739	0,8518
P_2O_5	$Mg_2P_2O_7$	0,6378	1,5679
P_2O_5	$(NH_4)_3[P(Mo_{12}O_{40})]$ (empirisch nach Finkener)	0,03755	26,631
P_2O_5	$(NH_4)_3[P(Mo_{12}O_{40})]$ (theoretisch)	0,03782	26,438
P_2O_5	Na_2HPO_4	0,5000	2,0002
P_2O_5	$Na_2HPO_4 \cdot 12\ H_2O$	0,1982	5,0462
P_2O_5	Na_3PO_4	0,4329	2,3099
P_2O_5	$P_2O_5 \cdot 24\ MoO_3$	0,03947	25,337
H_3PO_2	Hg_2Cl_2	0,06990	14,307
HPO_3	$Mg_2P_2O_7$	0,7188	1,3913
H_3PO_3	Hg_2Cl_2	0,1737	5,7575
H_3PO_3	$Mg_2P_2O_7$	0,7369	1,3571
H_3PO_4	$Mg_2P_2O_7$	0,8806	1,1355
Pb	$Pb(C_2H_3O_2)_2 \cdot 3\ H_2O$ (Acetat)	0,5462	1,8308
Pb	$Pb(C_2H_5)_4$ (Tetraethyl)	0,64060	1,5610
Pb	$Pb(OH) \cdot (C_7H_4NS_2)$ (Mercaptobenzothiazol)	0,5307	1,8844
Pb	$Pb(C_7H_6NO_2)_2$ (Anthranilsäure)	0,4321	2,3140
Pb	$Pb(C_7H_6NO_2)_2$ (Salicylaldoxim)	0,4321	2,3140
Pb	$Pb(C_{10}H_7N_4O_5)_2 \cdot 1{,}5\ H_2O$ (Pikrolonsäure)	0,2724	3,6708
Pb	$Pb(C_{12}H_{10}NOS)_2$ (Thionalid)	0,3239	3,0876
Pb	$PbCl_2$	0,7451	1,3422
Pb	$PbCrO_4$ (empirisch)	0,6401	1,5623
Pb	$PbCrO_4$ (theoretisch)	0,6411	1,5598
Pb	PbO	0,9283	1,0772
Pb	PbO_2	0,8662	1,1544
Pb	Pb_3O_4	0,9067	1,1030
Pb	PbS	0,8660	1,1548
Pb	$PbSO_4$	0,6832	1,4636
$Pb(C_2H_5)_4$	$PbSO_4$	1,067	0,9376
$PbCrO_4$	Cr_2O_3	4,2529	0,2351
$PbCrO_4$	PbO	1,4480	0,6906
PbO	$PbCl_2$	0,8026	1,2460
PbO	PbO_2	0,9331	1,0717
PbO	Pb_3O_4	0,9767	1,0239
PbO	PbS	0,9329	1,0720
PbO	$PbSO_4$	0,7360	1,3587
PbS	$PbSO_4$	0,7890	1,2675
$PbSO_4$	$BaSO_4$	1,2994	0,7696
Pd	$Pd(C_5H_5NO_2)_2 \cdot Cl_2$ (Furfuraldoxim)	0,2663	3,7542
Pd	$Pd(C_7H_6NO_2)_2$ (Salicylaldoxim)	0,2810	3,5583
Pd	$Pd(C_9H_6NO)_2$ (Oxin)	0,2696	3,7091
Pd	$Pd(C_{10}H_6NO_2)_2$ (1-Nitroso-2-naphthol)	0,2361	4,2355
Pd	$Pd(C_{10}H_6NO_3)_2$ (1-Nitro-2-naphthol)	0,2205	4,5362
Pd	$Pd(C_{10}H_9N_2O_3)_2$ (Benzoylmethylglyoxim)	0,2059	4,8562
Pd	$Pd(CN)_2$	0,6715	1,4892
Pd	PdI_2	0,2954	3,3853
Pr	Pr_6O_{11} (empirisch)	0,8277	1,2082
Pr	Pr_2O_3	0,8545	1,1703
Pr	$Pr_2(SO_4)_3$	0,4944	2,0227
Pt	$(NH_4)_2[PtCl_6]$ (empirisch)	0,4402	2,2717
Pt	$PtCl_4$	0,5791	1,7270
Pt	$PtCl_6$	0,4784	2,0904
Pt	PtS_2	0,7526	1,3287

gesucht	gegeben	F	1/F
Rb	Rb_2CO_3	0,7402	1,3511
Rb	RbCl	0,7068	1,4148
Rb	$RbClO_4$	0,4622	2,1636
Rb	Rb_2O	0,9144	1,0936
Rb	Rb_2SO_4	0,6402	1,5619
S	$BaSO_4$	0,1374	7,2797
S	$(C_{12}H_{12}N_2) \cdot H_2SO_4$ (Benzidinsulfat)	0,1136	8,8045
S	CuO	0,4030	2,4811
S	H_2S	0,9408	1,0629
S	NaOH	0,8017	1,2474
S	Na_2SO_4	0,2257	4,4304
S	SO_2	0,5005	1,9981
S	S_2O_3	0,5719	1,7486
H_2S	$BaSO_4$	0,1460	6,8490
H_2SO_4	$BaSO_4$	0,4202	2,3798
H_2SO_4	$(C_{12}H_{12}N_2) \cdot H_2SO_4$ (Benzidinsulfat)	0,3474	2,8785
H_2SO_4	$Ba(ClO_4)_2$	0,2917	3,4282
H_2SO_4	NaOH	1,2261	0,8156
SO_2	$BaSO_4$	0,2745	3,6431
SO_2	H_2SO_4	0,6532	1,5310
SO_2	SO_3	0,8002	1,2498
SO_2	SO_4	0,6669	1,4995
SO_3	$Ba(ClO_4)_2$	0,2381	4,1995
SO_3	$BaSO_4$	0,3430	2,9151
SO_3	CaO	1,4276	0,7005
SO_3	H_2SO_4	0,8163	1,2250
SO_3	K_2SO_4	0,4594	2,1766
SO_3	MgO	1,9864	0,5034
SO_3	NaOH	1,0009	0,9991
SO_3	Na_2SO_4	0,5636	1,7742
SO_3	NH_3	2,3506	0,4254
SO_3	S	2,4971	0,4005
SO_3	SO_4	0,8334	1,1999
SO_4	$Ba(ClO_4)_2$	0,2857	3,5001
SO_4	$BaSO_4$	0,4116	2,4297
SO_4	S	2,9962	0,3338
Sb	As	1,6252	0,6153
Sb	$Sb(C_6H_5O_4)$ (Pyrogallol)	0,4632	2,1588
Sb	$Sb(C_9H_6NO)_3$ (Oxin)	0,2197	4,5520
Sb	$Sb(C_{12}H_{10}NOS)_3$ (Thionalid)	0,1580	6,3288
Sb	$SbCl_3$	0,5337	1,8735
Sb	$SbCl_5$	0,4072	2,4559
Sb	$K(SbO)C_4H_4O_6 \cdot ½ H_2O$ (Brechweinstein)	0,3646	2,7426
Sb	Sb_2O_3	0,8353	1,1971
Sb	Sb_2O_4	0,7919	1,2628
Sb	Sb_2O_4 (empirisch)	0,7922	1,2623
Sb	Sb_2S_3	0,7168	1,3950
Sb	Sb_2S_3 (empirisch)	0,7173	1,3941
Sb	Sb_2S_5	0,6030	1,6583
Sb_2O_3	Sb_2O_4	0,9480	1,0549
Sb_2O_3	Sb_2O_4 (empirisch)	0,9484	1,0544
Sb_2O_3	Sb_2S_3	0,8582	1,1653
Sb_2O_3	Sb_2S_3 (empirisch)	0,8587	1,1646
Sb_2O_3	Sb_2S_5	0,7219	1,3853
Sb_2O_5	Sb	1,3285	0,7527
Sb_2S_3	Sb_2O_4	1,1047	0,9052
Sb_2S_3	Sb_2O_4 (empirisch)	1,1047	0,9053
Se	SeO_2	0,7116	1,4053
Se	SeO_3	0,6219	1,6079
Se	$PbSeO_4$	0,2255	4,4346
Si	SiC	0,7004	1,4277
Si	SiO_2	0,4674	2,1393
SiC	C	3,3384	0,2996
SiF_4	$Ba[SiF_6]$	0,3725	2,6846
SiF_4	$K_2[SiF_6]$	0,4725	2,1165
SiF_6	CaF_2	0,6066	1,6487
SiF_6	$CaSO_4$	0,3479	2,8744
SiF_6	$K_2[SiF_6]$	0,6450	1,5504
SiO_3	SiO_2	1,2663	0,7897
Si_2O_7	SiO_2	1,3994	0,7146
SiO_4	SiO_2	1,5326	0,6525
Sn	$SnCl_4 \cdot (NH_4Cl)_2$	0,3230	3,0958
Sn	SnO	0,8812	1,1348
Sn	SnO_2	0,7877	1,2695
Sr	$SrCO_3$	0,5935	1,6849
Sr	SrC_2O_4 (Oxalat)	0,4989	2,0046

gesucht	gegeben	*F*	1/*F*
Sr	$SrC_2O_4 \cdot H_2O$	0,4525	2,2102
Sr	SrO	0,8456	1,1826
Sr	$SrSO_4$	0,4770	2,0963
$SrCO_3$	$Sr(HCO_3)_2$	0,7042	1,4201
$SrCO_3$	CO_2	3,3545	0,2981
$SrCO_3$	$Sr(NO_3)_2$	0,6976	1,4335
$SrCO_3$	$Sr(OH)_2 \cdot 8\,H_2O$	0,5555	1,8002
$SrCO_3$	SrS	1,2335	0,8107
$SrCO_3$	SrS_2O_3	0,7391	1,3530
SrO	$SrCO_3$	0,7019	1,4247
SrO	$Sr(NO_3)_2$	0,4896	2,0424
SrO	$SrSO_4$	0,5641	1,7726
$Sr(OH)_2 \cdot 8\,H_2O$	$Sr(NO_3)_2$	1,2558	0,7963
$Sr(OH)_2 \cdot 8\,H_2O$	$Sr(SH)_2$	1,7284	0,5786
$Sr(OH)_2 \cdot 8\,H_2O$	SrS_2O_3	1,3305	0,7516
$SrSO_4$	$BaSO_4$	0,7870	1,2706
Ta	$TaCl_5$	0,5051	1,9796
Ta	Ta_2O_5	0,8190	1,2211
Te	TeO_2	0,7995	1,2508
Te	TeO_3	0,7267	1,3762
Th	$Th(C_{10}H_7N_4O_5)_4 \cdot H_2O$ (Prikolonsäure)	0,1781	5,6146
Th	$Th(C_2O_4)_2 \cdot 6\,H_2O$ (Oxalat)	0,4495	2,2245
Th	$Th(C_9H_6NO)_4$ (Oxin)	0,2869	3,4849
Th	$Th(NO_3)_4 \cdot 4\,H_2O$	0,4203	2,3793
Th	ThO_2	0,8788	1,1379
Ti	$TiO(C_9H_6NO)_2$ (Oxin)	0,1359	7,3572
Ti	TiO_2	0,5995	1,6680
Ti	$Ti_3(PO_4)_4$	0,2745	3,6436
Ti	$Ti_2P_2O_9$	0,3175	3,1496
TiO_2	$Ti_2P_2O_9$	0,5296	1,8882
TiO_2	$TiO(C_9H_6NO)_2$ (Oxin)	0,2269	4,4095
Tl	$Tl(C_7H_4NS_2)$ (Mercaptobenzothiazol)	0,5515	1,8134
Tl	$Tl(C_{12}H_{10}NOS)$ (Thionalid)	0,4859	2,0582
Tl	Tl_2CO_3	0,8720	1,1468
Tl	TlI	0,6169	1,6210
U	$Na_2U_2O_7$	0,7508	1,3318
U	UF_6	0,6762	1,4789
U	UO_2	0,8815	1,1344
U	$UO_2(C_2H_3O_2)_2$ (Acetat)	0,6133	1,6305
U	$UO_2(C_2H_3O_2)_2 \cdot 2\,H_2O$	0,5612	1,7819
U	$UO_2(C_9H_6NO)_2 \cdot (C_9H_7NO)$ (Oxin)	0,3384	2,9555
U	$UO_2(NO_3)_2 \cdot 12\,H_2O$	0,3901	2,5636
U	$(UO_2)_2P_2O_7$	0,6667	1,4998
U	UO_3	0,8322	1,2016
U	U_2O_7	0,8095	1,2353
U	U_3O_8	0,8481	1,1792
V	$AgVO_3$	0,2463	4,0597
V	Ag_3VO_4	0,1162	8,6088
V	NH_4VO_3	0,4355	2,2963
V	$Pb_2V_2O_7$	0,1622	6,1667
V	VO_3	0,5149	1,9422
V	V_2O_3	0,6798	1,4711
V	$V_2O_3(C_9H_6NO)_4$ (Oxin)	0,1402	7,1306
V	V_2O_5	0,5602	1,7852
W	$WO_2(C_9H_6NO)_2$ (Oxin)	0,3647	2,7423
W	WO_3	0,7930	1,2611
W	WS_2	0,7414	1,3488
Y	Y_2O_3	0,7874	1,2699
Zn	$Zn(C_2H_3O_2)_2 \cdot 2\,H_2O$ (Acetat)	0,2979	3,3569

gesucht	gegeben	*F*	1/*F*
Zn	$Zn(C_5H_5N)_2 \cdot (SCN)_2$ (Pyridin + Thiocyanat)	0,1925	5,1958
Zn	$Zn(C_7H_6NO_2)_2$ (Anthranilsäure)	0,1937	5,1636
Zn	$Zn(C_9H_6NO)_2$ (Oxin)	0,1849	5,4089
Zn	$Zn(C_{10}H_6NO_2)_2 \cdot H_2O$ (Chinaldinsäure)	0,1529	6,5411
Zn	$Zn[Hg(SCN)_4]$	0,1312	7,6213
Zn	$ZnNH_4PO_4$	0,3665	2,7285
Zn	ZnO	0,8034	1,2447
Zn	$Zn_2P_2O_7$	0,4292	2,3302
Zn	ZnS	0,6710	1,4904
Zn	$ZnSO_4$	0,4050	2,4692
$ZnCl_2$	AgCl	0,4755	2,1032
$ZnCl_2$	Cl	1,9223	0,5202
$ZnCl_2$	Zn	2,0844	0,4798
$ZnCl_2$	$ZnNH_4PO_4$	0,7640	1,3089
$ZnCl_2$	ZnO	1,6747	0,5971
ZnO	$Zn_2P_2O_7$	0,5342	1,8720
ZnO	ZnS	0,8352	1,1973
ZnO	$ZnSO_4$	0,5041	1,9838
ZnO	$ZnSO_4 \cdot 7\,H_2O$	0,2831	3,5330
ZnS	$BaSO_4$	0,4176	2,3948
ZnS	$Zn_2P_2O_7$	0,6396	1,5634
ZnS	$ZnSO_4 \cdot 7\,H_2O$	0,3389	2,9510
$ZnSO_4$	$ZnSO_4 \cdot 7\,H_2O$	0,5615	1,7811
Zr	$Zr(C_9H_6NO)_4$ (Oxin)	0,1366	7,3207
Zr	ZrO_2	0,7403	1,3508
Zr	ZrP_2O_7	0,3440	2,9069
ZrO_2	ZrP_2O_7	0,4647	2,1520

3.2.3 Indirekte Analysen

Mit Hilfe der indirekten Analyse lässt sich die quantitative Zusammensetzung eines Substanzgemisches ermitteln, ohne dass eine Trennung der Bestandteile oder deren Umwandlungsprodukte nötig ist. Vielmehr errechnet man die Zusammensetzung an Hand der Massen vor und nach einer zweckentsprechenden Umsetzung.

Die indirekte Analyse erfordert höchste Sorgfalt bei der Durchführung und Berechnung der Ergebnisse. Im Wesentlichen wird die Genauigkeit von der Differenz der molaren Massen beider Ionenarten bestimmt. Dies sollte gegenüber den technischen Vorteilen dieser Bestimmungsmethode stets berücksichtigt werden.

Die Berechnung indirekter Analysen erfolgt mit Hilfe eines Systems zweier Gleichungen, wobei folgende Umsetzungsreaktionen zugrunde gelegt werden:

Umsetzungsreaktionen der Ausgangskomponenten A, B	$A \longrightarrow A'$ $B \longrightarrow B'$
z. B.: Ausgangsgemisch NaCl/NaBr wird mit $AgNO_3$ umgesetzt	$NaCl \longrightarrow AgCl$ $NaBr \longrightarrow AgBr$

$$m(\mathrm{A} + m(\mathrm{B}) = m_1 \tag{1}$$

$$m(\mathrm{A}') + m(\mathrm{B}') = m_2 \quad \text{bzw.} \tag{2}$$

$$m(\mathrm{A})\cdot F(\mathrm{A}) + m(\mathrm{B})\cdot F(\mathrm{B}) = m_2 \tag{3}$$

Aus Gleichung 1 und 3 erhält man für die Massen von A und B folgende Beziehungen:

$m(\text{A}) = \dfrac{m_2 - F(\text{B}) \cdot m_1}{F(\text{A}) - F(\text{B})}$	m(A), m(B):	Massen der Ausgangskomponenten A, B in g oder mg
	m(A′), m(B′):	Massen der Komponenten A, B nach der Umsetzung in g oder mg
	m_1:	Masse der Einwaage vor der Umsetzung in g oder mg
	m_2:	Masse der Auswaage nach der Umsetzung in g oder mg
$m(\text{B}) = m_1 - m(\text{A})$	F(A), F(B)	stöchiometrische Faktoren (siehe Kapitel 3.2.2) zur Umrechnung von m(A) in m(A′) bzw. m(B) in m(B′)

Es ist zu beachten, dass hier die reziproken Faktoren $1/F$ aus Kapitel 3.2.2 verwendet werden müssen: m(A) bzw. m(B) sind gegeben, m(A′) bzw. m(B′) sind gesucht.

Beispiel:

Ein NaCl/KCl-Gemisch wurde mit $AgNO_3$ zu AgCl umgesetzt. In welchen Massenanteilen in % liegen die beiden Komponenten im Ausgangsgemisch vor?

Masse der Einwaage an NaCl/KCl	$m_1 = 1{,}374$ g
Masse der Auswaage an AgCl	$m_2 = 2{,}801$ g
Faktoren	$F(\text{NaCl} \longrightarrow \text{AgCl}) = \dfrac{M(\text{AgCl})}{M(\text{NaCl})} = \dfrac{143{,}321\ \text{g/mol}}{58{,}443\ \text{g/mol}} = 2{,}4523$ $F(\text{KCl} \longrightarrow \text{AgCl}) = \dfrac{M(\text{AgCl})}{M(\text{KCl})} = \dfrac{143{,}321\ \text{g/mol}}{74{,}551\ \text{g/mol}} = 1{,}9225$
Masse an NaCl	$m(\text{NaCl}) = \dfrac{2{,}801\ \text{g} - 1{,}9225 \cdot 1{,}374\ \text{g}}{2{,}4523 - 1{,}9225} = 0{,}301\ \text{g}$
Masse an KCl	$m(\text{KCl}) = 1{,}374 - 0{,}301\ \text{g} = 1{,}073\ \text{g}$
Massenanteil an NaCl	$w(\text{NaCl}) = \dfrac{100 \cdot 0{,}301\ \text{g}}{1{,}374\ \text{g}}\ s = \mathbf{21{,}9\,\%}$
Massenanteil an KCl	$w(\text{KCl}) = 100 - 21{,}9 = \mathbf{78{,}1\,\%}$

Ausgangsgemisch **A** m_1	 **B** m_1	m_2	**a**	**b**
KCl	NaCl	AgCl	− 362,73	+188,69
		ml $AgNO_3$, 0,1 mol/l	− 362,73	+ 2,7043
KCl	KBr	KCl	+ 267,71	−267,71
		K_2SO_4	+ 267,71	−229,06
		$K[B(C_6H_5)_4]$	+ 267,71	− 55,698
		AgCl; AgBr	+ 557,94	−290,23
		ml $AgNO_3$, 0,1 mol/l	+ 267,71	− 1,9959

Ausgangsgemisch				
A	**B**			
m_1	m_1	m_2	**a**	**b**
KCl	KI	KCl	+ 181,52	−181,52
		K_2SO_4	+ 181,52	−155,32
		$K[B(C_6H_5)_4]$	+ 181,52	− 37,767
		AgCl; AgI	+ 378,33	−196,80
		ml $AgNO_3$, 0,1 mol/l	+ 181,52	− 1,3534
KBr	KI	KCl	+ 353,24	−563,87
		K_2SO_4	+ 353,24	−482,48
		$K[B(C_6H_5)_4]$	+ 353,24	−117,32
		AgBr, AgI	+ 964,57	−611,33
		ml $AgNO_3$, 0,1 mol/l	+ 353,24	− 4,2040
K_2SO_4	Na_2SO_4	$BaSO_4$	− 440,78	+329,10
$CaCO_3$	$SrCO_3$	CO_2	+ 310,54	−706,24
		$CaSO_4$; $SrSO_4$	+1172,59	−862,01
AgCl	AgBr	AgCl	+ 422,39	−422,39
		Ag	+ 422,39	−561,22
AgCl	AgI	AgCl	+ 256,72	−256,72
		Ag	+ 256,72	−341,10
AgBr	AgI	AgCl	+ 499,57	−654,53
		Ag	+ 499,57	−869,65

Mit Hilfe obiger Tabelle lassen sich sehr einfach die Massenanteile $w(A)$ und $w(B)$ für eine Reihe binärer Gemische nach folgender Formel berechnen:

$$w(B) = a + b \cdot \frac{m_2}{m_1}\,\% \qquad w(A) = 100 - w(B)\,\%$$

Beispiel:

Masse der Einwaage an KCl/NaCl	$m_1 = 1{,}236$ g
Masse der Auswaage an AgCl	$m_2 = 2{,}579$ g
Konstanten	a = −362,73 b = +188,69
Massenanteile an NaCl bzw. KCl	$w(\mathrm{NaCl}) = -362{,}73 + 188{,}69 \cdot \frac{2{,}579\ \mathrm{g}}{1{,}236\ \mathrm{g}} = \mathbf{30{,}98\,\%}$ $w(\mathrm{KCl}) = 100 - 30{,}98\ \mathrm{g} = \mathbf{69{,}02\,\%}$

Die Berechnung der Massenanteile von Bromid/Chlorid bzw. Iodid/Chlorid in einer Substanzmischung kann nach entsprechender Umsetzung mit Hilfe der angegebenen Formeln durchgeführt werden.

Reaktionsfolge:

Substanz ⟶ Silberhalogenidgemisch ⟶ Silberchlorid
m_1 ⟶ m_2 ⟶ m_3 ($m_{1\text{–}3}$ in g oder mg)

$w(\mathrm{Br}) = 179{,}75 \cdot \frac{m_2 - m_3}{m_1}$ in % $w(\mathrm{Cl}) = \frac{104{,}49 \cdot m_3 - 79{,}95 \cdot m_2}{m_1}$ in %	Gemisch Bromid/Chlorid
$w(\mathrm{I}) = 138{,}76 \cdot \frac{m_2 - m_3}{m_1}$ in % $w(\mathrm{Cl}) = \frac{63{,}50 \cdot m_3 - 38{,}76 \cdot m_2}{m_1}$ in %	Gemisch Iodid/Chlorid

3.3 Gasvolumetrie, Bestimmung und Berechnung von Gasvolumina

3.3.1 Druck- und Temperaturabhängigkeit von Gasvolumina

Da das Volumen eines Gases von Druck und Temperatur abhängig ist, muss dieses in der Regel auf standardisierte Bedingungen umgerechnet werden. Diese standardisierten Bedingungen sind wie folgt festgelegt:

Normzustand, Verwendung in der Physik [a]	
Normdruck	$p_n = 1013{,}25$ hPa = 1013,25 mbar = 1,01325 bar
Normtemperatur	$T_n = 273{,}15$ K bzw. $t_n = 0\,°\mathrm{C}$

Standardzustand eines Stoffes, Verwendung in der Chemie [b]	
Standarddruck	$p_n = 1000$ hPa = 1000 mbar = 1,0 bar
Standardtemperatur	$T = 298{,}15$ K bzw. $t = 25\,°\mathrm{C}$

a DIN 1343 1990-01
b IUPAC 1982

Für die Berechnung der Zustandsänderungen gelten die folgenden Beziehungen[a]:

allgemeine Zustandsgleichung für Gase	$\frac{p_1 \cdot V_1}{T_1} = \frac{p_2 \cdot V_2}{T_2}$	$p_{1,2}$: Druck im Zustand 1 bzw. 2 in bar, mbar $V_{1,2}$: Volumen im Zustand 1 bzw. 2 in l, ml, m^3 $T_{1,2}$: Temperatur im Zustand 1 bzw. 2 in K
Partialdruckgesetz	$p = p(A) + p(B) + p(C)$ ...	p: Gesamtdruck in bar, mbar p(A,B,C ...): Partialdrücke der einzelnen Komponenten A, B, C ...
Allgemeines Gasgesetz	$p \cdot V = n \cdot R \cdot T$ $p \cdot V = \frac{m}{M} \cdot R \cdot T$	n: Stoffmenge in mol R: Gaskonstante: 0,08314472 $l \cdot bar \cdot K^{-1} \cdot mol^{-1}$ M: molare Masse in g/mol p, V, T: siehe oben

Beispiel 1

Ein Gasballon ist mit 5 Liter Helium gefüllt. Der Druck beträgt 1000 mbar. Wie groß ist das Volumen bei konstanter Temperatur und einem Druck von 450 mbar?

Es gilt die allgemeine Zustandsgleichung für Gase da T = const., ergibt sich für das Volumen V_2 bei 450 mbar	$V_2 = \frac{p_1 \cdot V_1}{p_2} = \frac{1000 \text{ mbar} \cdot 5 \text{ l}}{450 \text{ mbar}} = \mathbf{11{,}1\ l}$ Da der Druck sich verringert, vergrößert sich das Volumen!

Beispiel 2

In einer Stahlflasche befinden sich 20 l Wasserstoff bei 200 bar und 25 °C. Wie hoch steigt der Druck, wenn die Temperatur auf 100 °C erhöht wird?

100 °C ≙ 373,15 K; 25 °C entsprechen Standardbedingungen von 298,15 K	$p_2 = \frac{p_1 \cdot V_1 \cdot T_2}{T_1 \cdot V_2} = \frac{200 \text{ bar} \cdot 20 \text{ l} \cdot 373{,}15 \text{ K}}{298{,}15 \text{ K} \cdot 20 \text{ l}} =$
Damit ergibt sich für p_2 bei 100 °C	$p_2 = \mathbf{251{,}63\ bar}$

Beispiel 3

Trockenes Argon füllt unter Standardbedingungen ein Volumen von 250 ml. Welches Volumen würde das Argongas ausfüllen, wenn es bei 35 °C über Wasser aufgefangen worden wäre?

a Streng genommen gelten diese Beziehungen natürlich nur für ideale Gase!

Es gilt das Partialdruckgesetz zu beachten! bei 35 °C beträgt der Partialdruck von Wasserdampf	$p(H_2O) = 56{,}23\ \text{bar}$	(vergl. Tabelle 3.3.5, S. 110)
Damit ergibt sich für den Partialdruck von Argon	$p(\text{Argon}) = 1000\ \text{bar} - 56{,}23\ \text{bar} = 943{,}77\ \text{bar}$	
	$V_2 = \dfrac{p_1 \cdot V_1 \cdot T_2}{p(\text{Argon}) \cdot T_1} = \dfrac{1000\ \text{mbar} \cdot 250\ \text{ml} \cdot 308{,}15\ \text{K}}{943{,}77\ \text{mbar} \cdot 298{,}15\ \text{K}} =$	
Das Volumen V_2 von Argon bei 35 °C über Wasser aufgefangen beträgt	$V_2 = \mathbf{273{,}78\ ml}$	

3.3.2 Reduktion von Gasvolumina auf Normbedingungen

Bei der volumetrischen Bestimmung von Gasen, z. B. von Stickstoff für analytische Zwecke, wird in der Regel eine höhere Genauigkeit benötigt, als sich unter einfacher Verwendung des allgemeinen Gasgesetzes ergeben würde. Mit der unten aufgeführten Beziehung kann man das Gasvolumen hinreichend genau für analytische Zwecke auf Normbedingungen umrechnen. Die Formel berechnet die Volumenänderungen unter Berücksichtigung des Ausdehnungskoeffizienten für Stickstoff. Auf dieser Basis wurden auch die Faktoren in der Tabelle (ab S. 111) berechnet, die eine einfache und schnelle Umrechnung ermöglichen. Die angegebenen Temperaturwerte sind als Δ Werte bezogen auf die Normtemperatur 0 °C zu verstehen. Werden Werte für eine Standardtemperatur von 25 °C benötigt, so sind in die Formel die Δt-Werte in Bezug auf 25 °C einzusetzen (positiv über 25 °C, negativ unter 25 °C). Desgleichen lassen sich für andere Gase unter Verwendung der spezifischen Ausdehnungskoeffizienten deren exakte Volumenänderungen berechnen, wobei die folgende Tabelle zeigt, dass die einzelnen Werte nicht sonderlich stark differieren.

Ausdehnungskoeffizient γ verschiedener Gase	
ideales Gas	$\gamma = \dfrac{1}{273{,}15}\ \text{K}^{-1} = 36{,}61 \cdot 10^{-4}\ \text{K}^{-1}$
Stickstoff	$\gamma = 36{,}71 \cdot 10^{-4}\ \text{K}^{-1}$
Argon	$\gamma = 36{,}76 \cdot 10^{-4}\ \text{K}^{-1}$
Helium	$\gamma = 36{,}60 \cdot 10^{-4}\ \text{K}^{-1}$
Wasserstoff	$\gamma = 36{,}62 \cdot 10^{-4}\ \text{K}^{-1}$
Luft	$\gamma = 36{,}74 \cdot 10^{-4}\ \text{K}^{-1}$
Sauerstoff	$\gamma = 36{,}74 \cdot 10^{-4}\ \text{K}^{-1}$

Zu berücksichtigen ist ferner – wie im Beispiel 3 gezeigt – der Partialdruck der Auffang- bzw. Absperrflüssigkeit. Die Formel und die angegeben Faktoren gelten nur für trockene Gase. Für Wasser und Kalilauge sind Werte für den gängigen Temperaturbereich in

Tab. 3.3.5 angegeben. Falls Quecksilber als Absperrmedium verwendet wird, kann dessen Dampfdruck in diesem Temperaturbereich vernachlässigt werden.

Auch die Messung des Luftdrucks sollte so präzise wie möglich erfolgen. Gegebenenfalls sind auch hier Korrekturen zu berücksichtigen (vergl. Abschnitt 3.3.3).

Berechnung des reduzierten Gasvolumens V_n	$V_n = \frac{p \cdot V_t}{p_n \cdot (1 + y \cdot t)} = F \cdot V_t$	V_n: reduziertes Volumen in l, ml p_n: Normdruck, 1013,15 mbar bzw. Standarddruck, 1000 mbar V_t: Volumen bei der Temp t in l, ml p: Luftdruck, ggf. korrigiert in mbar y: Ausdehnungskoeffizient für Stickstoff, $36{,}71 \cdot 10^{-4}\ K^{-1}$ t: Temperaturdifferenz zur Normtemperatur bzw. Standardtemp. F: berechneter Faktor für Normbedingungen

Beispiel:

53,20 ml Stickstoff wurden über Wasser aufgefangen. Die Temperatur betrug 24 °C und der Druck 1019,7 mbar (Barometerskala Messing) Gesucht ist das Volumen V_n unter Normbedingungen.

Barometerkorrektion:	
Korrekturwert für 24 °C, Messingskala Tab. 3.3.4	$\Delta p = 4{,}0$ mbar
Dampfdruck Wasser bei 24 °C, Tab. 3.3.5	$p(H_2O) = 29{,}4$ mbar
korrigierter Druck	$p = 1019{,}7$ mbar − 29,4 mbar − 4 mbar = 986,3 mbar
Korrekturfaktor aus Tabelle 3.3.6 für p = 986,3 mbar und 24 °C	$F = 0{,}8943$
auf Normbedingungen korrigiertes Volumen	$V_n = 53{,}20\ \text{ml} \cdot 0{,}8943 = \mathbf{47{,}58\ ml}$

3.3.3 Volumetrische Stickstoffbestimmung

Zur Berechnung des Massenanteils an Stickstoff bei der volumetrischen Stickstoffbestimmung verwendet man folgende Formel. Auch hierfür muss zunächst das Volumen des Stickstoffs auf Normbedingungen umgerechnet werden.

Massenanteil w an Stickstoff	$w(N_2) = \frac{V_n \cdot \rho_{N_2}}{m} \cdot 100\,\%$	$w(N_2)$: Massenanteil an N_2 in % V_n: gemessenes u. reduziertes Volumen in ml m_E: Einwaage in mg ρ_{N_2}: Dichte Stickstoff unter Normbedingungen 1,2505 mg/ml

Beispiel:

Zur volumetrischen Stickstoffbestimmung wurden 7,2 mg Probensubstanz eingewogen und für V_n 1,07 ml ermittelt. Welchen Massenanteil an Stickstoff in % hat die Probe?

Massenanteil an Stickstoff	$w(N_2) = \frac{1{,}07\ \text{ml} \cdot 1{,}2505\ \text{mg/ml}}{7{,}2\ \text{mg}} \cdot 100\,\% = \mathbf{18{,}6\,\%}$

3.3.4 Luftdruckmessung und Barometerkorrektion

Die genaue Messung des herrschenden Luftdrucks erfolgte in der Vergangenheit im Wesentlichen mit dem Quecksilberbarometer. Aber auch heute wird dieses Instrument noch verwendet. Daneben findet man vielfach sogenannte Aneroidbarometer (z. B. das bekannte Dosenbarometer). In modernsten Geräten werden Elektronikbauteile eingesetzt, bei denen auf einem Siliciumchip ein Mikrodosenbarometer abgebildet wird.

Da beim Quecksilberbarometer sich sowohl das Quecksilber als auch die Skala ausdehnen, muss für genaue Messungen der bei einer Temperatur t abgelesene Wert auf Normtemperatur (0 °C bzw. 273,15 K) korrigiert werden.

In den beiden nachfolgenden Tabellen sind diese Korrekturwerte für Messing- und Glasskalen angegeben. Sie wurden nach folgender Formel berechnet:

Korrekturwerte *Δp in mbar*	$\Delta p = p_B \frac{(\gamma - \alpha)t}{1 + \gamma t}$	p_B: am Barometer abgelesener Druck in mbar γ: Ausdehnungskoeffizient Hg $1{,}818 \cdot 10^{-4}\,\text{K}^{-1}$ α: Längenausdehnungskoeffizient für Messing $1{,}84 \cdot 10^{-5}\,\text{K}^{-1}$, Glas $8{,}5 \cdot 10^{-6}\,\text{K}^{-1}$

Beispiel:

Bei 15 °C wurde an einem Barometer mit Glasskala 1030 mbar abgelesen.

korrigierter Wert p in mbar	$p = 1030\ \text{mbar} - 2{,}6\ \text{mbar}$ $p = \mathbf{1027{,}4\ mbar}$	(Tabellenwert)

t in °C	Korrekturwerte *Δp* für Messingskala						Korrekturwerte *Δp* für Glasskala					
	p_B in mbar						p_B in mbar					
	900	**930**	**960**	**990**	**1020**	**1050**	**900**	**930**	**960**	**990**	**1020**	**1050**
5	0,7	0,8	0,8	0,8	0,8	0,9	0,8	0,8	0,8	0,9	0,9	0,9
6	0,9	0,9	0,9	1,0	1,0	1,0	0,9	1,0	1,0	1,0	1,1	1,1
7	1,0	1,1	1,1	1,1	1,2	1,2	1,1	1,1	1,2	1,2	1,2	1,3
8	1,2	1,2	1,3	1,3	1,3	1,4	1,2	1,3	1,3	1,4	1,4	1,5
9	1,3	1,4	1,4	1,5	1,5	1,5	1,4	1,4	1,5	1,5	1,6	1,6
10	1,5	1,5	1,6	1,6	1,7	1,7	1,6	1,6	1,7	1,7	1,8	1,8

t in °C	Korrekturwerte Δp für Messingskala						Korrekturwerte Δp für Glasskala					
	p_B in mbar						p_B in mbar					
	900	930	960	990	1020	1050	900	930	960	990	1020	1050
11	1,6	1,7	1,7	1,8	1,8	1,9	1,7	1,8	1,8	1,9	1,9	2,0
12	1,8	1,8	1,9	1,9	2,0	2,1	1,9	1,9	2,0	2,1	2,1	2,2
13	1,9	2,0	2,0	2,1	2,2	2,2	2,0	2,1	2,2	2,2	2,3	2,4
14	2,1	2,1	2,2	2,3	2,3	2,4	2,2	2,3	2,3	2,4	2,5	2,5
15	2,2	2,3	2,3	2,4	2,5	2,6	2,3	2,4	2,5	2,6	2,6	2,7
16	2,3	2,4	2,5	2,6	2,7	2,7	2,5	2,6	2,7	2,7	2,8	2,9
17	2,5	2,6	2,7	2,7	2,8	2,9	2,6	2,7	2,8	2,9	3,0	3,1
18	2,6	2,7	2,8	2,9	3,0	3,1	2,8	2,9	3,0	3,1	3,2	3,3
19	2,8	2,9	3,0	3,1	3,2	3,2	3,0	3,1	3,2	3,2	3,3	3,4
20	2,9	3,0	3,1	3,2	3,3	3,4	3,1	3,2	3,3	3,4	3,5	3,6
21	3,1	3,2	3,3	3,4	3,5	3,6	3,3	3,4	3,5	3,6	3,7	3,8
22	3,2	3,3	3,4	3,5	3,7	3,8	3,4	3,5	3,6	3,8	3,9	4,0
23	3,4	3,5	3,6	3,7	3,8	3,9	3,6	3,7	3,8	3,9	4,0	4,2
24	3,5	3,6	3,7	3,9	4,0	4,1	3,7	3,9	4,0	4,1	4,2	4,3
25	3,7	3,8	3,9	4,0	4,1	4,3	3,9	4,0	4,1	4,3	4,4	4,5
26	3,8	3,9	4,1	4,2	4,3	4,4	4,0	4,2	4,3	4,4	4,6	4,7
27	4,0	4,1	4,2	4,3	4,5	4,6	4,2	4,3	4,5	4,6	4,7	4,9
28	4,1	4,2	4,4	4,5	4,6	4,8	4,3	4,5	4,6	4,8	4,9	5,1
29	4,2	4,4	4,5	4,7	4,8	4,9	4,5	4,6	4,8	4,9	5,1	5,2
30	4,4	4,5	4,7	4,8	4,0	5,1	4,7	4,8	5,0	5,1	5,3	5,4
31	4,5	4,7	4,8	5,0	5,1	5,3	4,8	5,0	5,1	5,3	5,4	5,6
32	4,7	4,8	5,0	5,1	5,3	5,5	5,0	5,1	5,3	5,5	5,6	5,6
33	4,8	5,0	5,1	5,3	5,5	5,6	5,1	5,3	5,5	5,6	5,8	6,0
34	5,0	5,1	5,3	5,5	5,6	5,8	5,3	5,4	5,6	5,8	6,0	6,1
35	5,1	5,3	5,5	5,6	5,8	6,0	5,4	5,6	5,8	6,0	6,1	6,3

3.3.5 Sättigungsdampfdruck des Wasserdampfes über Wasser und Kalilauge (30 %)

t in °C	Wasser $p(H_2O)$ in mbar	Kalilauge $p(H_2O)$ in mbar	*t* in °C	Wasser $p(H_2O)$ in mbar	Kalilauge $p(H_2O)$ in mbar	*t* in °C	Wasser $p(H_2O)$ in mbar	Kalilauge $p(H_2O)$ in mbar
0	6,10		12	14,02	8,5	24	29,83	18,3
1	6,57		13	14,97	9,2	25	31,67	19,5
2	7,06		14	15,98	9,7	26	33,62	
3	7,58		15	17,05	10,4	27	35,65	
4	8,13		16	18,17	11,2	28	37,79	
5	8,72		17	19,37	11,9	29	40,05	
6	9,35		18	20,63	12,7	30	42,45	
7	10,02		19	21,97	13,5	31	44,92	
8	10,73		20	23,38	14,4	32	47,55	
9	11,48		21	24,86	15,2	33	50,30	
10	12,29	7,5	22	26,43	16,3	34	53,19	
11	13,12	8,0	23	28,09	17,2	35	56,23	

3.3.6 Faktoren zur Gasreduktion auf Normbedingungen

t in °C	Druck in mbar										
	980	982	984	986	988	990	992	994	996	998	1000
5	0,9498	0,9517	0,9536	0,9556	0,9575	0,9594	0,9614	0,9633	0,9653	0,9672	0,9691
6	0,9463	0,9483	0,9502	0,9521	0,9541	0,9560	0,9579	0,9599	0,9618	0,9637	0,9657
7	0,9430	0,9449	0,9468	0,9487	0,9507	0,9526	0,9545	0,9564	0,9583	0,9603	0,9622
8	0,9396	0,9415	0,9434	0,9453	0,9473	0,9492	0,9511	0,9530	0,9549	0,9568	0,9588
9	0,9363	0,9382	0,9401	0,9420	0,9439	0,9458	0,9477	0,9496	0,9515	0,9534	0,9554
10	0,9329	0,9348	0,9367	0,9386	0,9406	0,9425	0,9444	0,9463	0,9482	0,9501	0,9520
11	0,9296	0,9315	0,9334	0,9353	0,9372	0,9391	0,9410	0,9429	0,9448	0,9467	0,9486
12	0,9264	0,9283	0,9302	0,9320	0,9339	0,9358	0,9377	0,9396	0,9415	0,9434	0,9453
13	0,9231	0,9250	0,9269	0,9288	0,9307	0,9325	0,9344	0,9363	0,9382	0,9401	0,9420
14	0,9199	0,9218	0,9237	0,9255	0,9274	0,9293	0,9312	0,9330	0,9349	0,9368	0,9387
15	0,9167	0,9186	0,9204	0,9223	0,9242	0,9261	0,9279	0,9298	0,9317	0,9335	0,9354
16	0,9135	0,9154	0,9173	0,9191	0,9210	0,9228	0,9247	0,9266	0,9284	0,9303	0,9322
17	0,9104	0,9122	0,9141	0,9159	0,9178	0,9197	0,9215	0,9234	0,9252	0,9271	0,9290
18	0,9072	0,9091	0,9109	0,9128	0,9146	0,9165	0,9183	0,9202	0,9220	0,9239	0,9258
19	0,9041	0,9060	0,9078	0,9097	0,9115	0,9133	0,9152	0,9170	0,9189	0,9207	0,9226
20	0,9010	0,9029	0,9047	0,9065	0,9084	0,9102	0,9121	0,9139	0,9157	0,9176	0,9194
21	0,8980	0,8998	0,9016	0,9035	0,9053	0,9071	0,9090	0,9108	0,9126	0,9145	0,9163
22	0,8949	0,8967	0,8986	0,9004	0,9022	0,9040	0,9059	0,9077	0,9095	0,9113	0,9132
23	0,8919	0,8937	0,8955	0,8973	0,8992	0,9010	0,9028	0,9046	0,9064	0,9083	0,9101
24	0,8889	0,8907	0,8925	0,8943	0,8961	0,8979	0,8998	0,9016	0,9034	0,9052	0,9070
25	0,8859	0,8877	0,8895	0,8913	0,8931	0,8949	0,8967	0,8985	0,9003	0,9022	0,9040
26	0,8829	0,8847	0,8865	0,8883	0,8901	0,8919	0,8937	0,8955	0,8973	0,8991	0,9009
27	0,8800	0,8818	0,8836	0,8854	0,8871	0,8889	0,8907	0,8925	0,8943	0,8961	0,8979
28	0,8770	0,8788	0,8806	0,8824	0,8842	0,8860	0,8878	0,8896	0,8914	0,8931	0,8949
29	0,8741	0,8759	0,8777	0,8795	0,8813	0,8830	0,8848	0,8866	0,8884	0,8902	0,8920
30	0,8712	0,8730	0,8748	0,8766	0,8783	0,8801	0,8819	0,8837	0,8855	0,8872	0,8890

t in °C	Druck in mbar									
	1002	1004	1006	1008	1010	1012	1014	1016	1018	1020
5	0,9711	0,9730	0,9749	0,9769	0,9788	0,9808	0,9827	0,9846	0,9866	0,9885
6	0,9676	0,9695	0,9714	0,9734	0,9753	0,9772	0,9792	0,9811	0,9830	0,9850
7	0,9641	0,9660	0,9680	0,9699	0,9718	0,9737	0,9757	0,9776	0,9795	0,9814
8	0,9607	0,9626	0,9645	0,9664	0,9684	0,9703	0,9722	0,9741	0,9760	0,9779
9	0,9573	0,9592	0,9611	0,9630	0,9649	0,9668	0,9687	0,9706	0,9726	0,9745
10	0,9539	0,9558	0,9577	0,9596	0,9615	0,9634	0,9653	0,9672	0,9691	0,9710
11	0,9505	0,9524	0,9543	0,9562	0,9581	0,9600	0,9619	0,9638	0,9657	0,9676
12	0,9472	0,9491	0,9510	0,9528	0,9547	0,9566	0,9585	0,9604	0,9623	0,9642
13	0,9439	0,9457	0,9476	0,9495	0,9514	0,9533	0,9552	0,9570	0,9589	0,9608
14	0,9406	0,9424	0,9443	0,9462	0,9481	0,9499	0,9518	0,9537	0,9556	0,9575
15	0,9373	0,9392	0,9410	0,9429	0,9448	0,9466	0,9485	0,9504	0,9523	0,9541
16	0,9340	0,9359	0,9378	0,9396	0,9415	0,9434	0,9452	0,9471	0,9490	0,9508
17	0,9308	0,9327	0,9345	0,9364	0,9382	0,9401	0,9420	0,9438	0,9457	0,9475
18	0,9276	0,9295	0,9313	0,9332	0,9350	0,9369	0,9387	0,9406	0,9424	0,9443
19	0,9244	0,9263	0,9281	0,9330	0,9318	0,9336	0,9355	0,9373	0,9392	0,9410

t in °C	Druck in mbar									
	1002	**1004**	**1006**	**1008**	**1010**	**1012**	**1014**	**1016**	**1018**	**1020**
20	0,9213	0,9231	0,9249	0,9268	0,9286	0,9305	0,9323	0,9341	0,9360	0,9378
21	0,9181	0,9200	0,9218	0,9236	0,9254	0,9273	0,9291	0,9309	0,9328	0,9346
22	0,9150	0,9168	0,9187	0,9205	0,9223	0,9241	0,9260	0,9278	0,9296	0,9314
23	0,9119	0,9137	0,9155	0,9174	0,9192	0,9210	0,9228	0,9246	0,9265	0,9283
24	0,9088	0,9106	0,9125	0,9143	0,9161	0,9179	0,9197	0,9215	0,9233	0,9252
25	0,9058	0,9076	0,9094	0,9112	0,9130	0,9148	0,9166	0,9184	0,9202	0,9220
26	0,9027	0,9045	0,9063	0,9081	0,9099	0,9117	0,9135	0,9153	0,9171	0,9190
27	0,8997	0,9015	0,9033	0,9051	0,9069	0,9087	0,9105	0,9123	0,9141	0,9159
28	0,8967	0,8985	0,9003	0,9021	0,9039	0,9057	0,9075	0,9093	0,9110	0,9128
29	0,8937	0,8955	0,8973	0,8991	0,9009	0,9027	0,9045	0,9062	0,9080	0,9098
30	0,8908	0,8926	0,8944	0,8961	0,8979	0,8997	0,9015	0,9032	0,9050	0,9068

t in °C	Druck in mbar									
	1022	**1024**	**1026**	**1028**	**1030**	**1032**	**1034**	**1036**	**1038**	**1040**
5	0,9905	0,9924	0,9943	0,9963	0,9982	1,0001	1,0118	1,0040	1,0060	1,0079
6	0,9869	0,9888	0,9908	0,9927	0,9946	0,9966	1,0081	1,0004	1,0023	1,0043
7	0,9834	0,9853	0,9872	0,9891	0,9911	0,9930	1,0045	0,9968	0,9988	1,0007
8	0,9799	0,9818	0,9837	0,9856	0,9875	0,9894	1,0010	0,9933	0,9952	0,9971
9	0,9764	0,9783	0,9802	0,9821	0,9840	0,9859	0,9974	0,9898	0,9917	0,9936
10	0,9729	0,9748	0,9767	0,9786	0,9805	0,9824	0,9939	0,9862	0,9882	0,9901
11	0,9695	0,9714	0,9733	0,9752	0,9771	0,9790	0,9904	0,9828	0,9847	0,9866
12	0,9661	0,9680	0,9699	0,9717	0,9736	0,9755	0,9869	0,9793	0,9812	0,9831
13	0,9627	0,9646	0,9665	0,9683	0,9702	0,9721	0,9834	0,9759	0,9778	0,9796
14	0,9593	0,9612	0,9631	0,9650	0,9668	0,9687	0,9800	0,9725	0,9744	0,9762
15	0,9560	0,9579	0,9597	0,9616	0,9635	0,9653	0,9766	0,9691	0,9710	0,9728
16	0,9527	0,9545	0,9564	0,9583	0,9601	0,9620	0,9732	0,9657	0,9676	0,9695
17	0,9494	0,9512	0,9531	0,9550	0,9568	0,9587	0,9698	0,9624	0,9643	0,9661
18	0,9461	0,9480	0,9498	0,9517	0,9535	0,9554	0,9665	0,9591	0,9609	0,9628
19	0,9429	0,9447	0,9466	0,9484	0,9503	0,9521	0,9632	0,9558	0,9576	0,9595
20	0,9396	0,9415	0,9433	0,9452	0,9470	0,9488	0,9599	0,9525	0,9544	0,9562
21	0,9364	0,9383	0,9401	0,9419	0,9438	0,9456	0,9566	0,9493	0,9511	0,9529
22	0,9333	0,9351	0,9369	0,9387	0,9406	0,9424	0,9534	0,9460	0,9479	0,9497
23	0,9301	0,9319	0,9337	0,9356	0,9374	0,9392	0,9501	0,9428	0,9447	0,9465
24	0,9270	0,9288	0,9306	0,9324	0,9342	0,9360	0,9469	0,9397	0,9415	0,9433
25	0,9238	0,9257	0,9275	0,9293	0,9311	0,9329	0,9437	0,9365	0,9383	0,9401
26	0,9208	0,9226	0,9244	0,9262	0,9280	0,9298	0,9406	0,9334	0,9352	0,9370
27	0,9177	0,9195	0,9213	0,9231	0,9249	0,9267	0,9374	0,9302	0,9320	0,9338
28	0,9146	0,9164	0,9182	0,9200	0,9218	0,9236	0,9343	0,9272	0,9289	0,9307
29	0,9116	0,9134	0,9152	0,9169	0,9187	0,9205	0,9312	0,9241	0,9259	0,9276
30	0,9086	0,9104	0,9121	0,9139	0,9157	0,9175	0,9281	0,9210	0,9228	0,9246

3.3.7 Molare Volumina und Dichte von Gasen

Die angegebenen molaren Volumina $V_m(\mathrm{X})$ gelten für Normbedingungen (siehe S. 105).

molares Normvolumen des idealen Gases V_0	$V_0 = 22{,}41383\ \mathrm{l/mol}$	
molares Volumen $V_m(\mathrm{X})$ und molare Masse $M(\mathrm{X})$	$V_m(\mathrm{X}) = \dfrac{M(\mathrm{X})}{\rho}$	ρ: Dichte eines Gases in g/l

Soll aus einem gemessenen und auf Normbedingungen umgerechneten Volumen eines realen Gases die enthaltene Stoffmenge *n* berechnet werden, so ist mit einem Fehler von ca. 1 % zu rechnen, falls nicht das reale molare Volumen eingesetzt wird. Die Dichtewerte gelten ebenfalls für Normbedingungen und sind in den Einheiten g/l bzw. mg/ml angegeben.

Beispiel 1

Welches Volumen nehmen 10,0 g Stickstoff unter Normbedingungen ein?

Volumen N_2	$V_n(\mathrm{N_2}) = \dfrac{m}{M(\mathrm{N_2})} \cdot V_0 = \dfrac{10\ \mathrm{g}}{28{,}0134\ \mathrm{g/mol}} \cdot 22{,}4138\ \mathrm{l/mol} = \mathbf{8{,}00\ l}$

Beispiel 2

Berechne die molare Masse eines Gases, von dem 2500 ml 3,565 g unter Normbedingungen wiegen.

Dichte des Gases	$\rho = \dfrac{m}{V} = \dfrac{3{,}565\ \mathrm{g}}{2{,}500\ \mathrm{l}} = 1{,}426\ \mathrm{g/l}$
gesuchte molare Masse $M(\mathrm{X})$	$M(\mathrm{X}) = V_n(\mathrm{X}) \cdot \rho = 22{,}4138\ \mathrm{l/mol} \cdot 1{,}426\ \mathrm{g/l} = \mathbf{31{,}96\ g/mol}$

Rechenvariante über das ideale Gasgesetz:

ideales Gasgesetz	$p \cdot V = \dfrac{m}{M} \cdot R \cdot T$ $M(\mathrm{X}) = \dfrac{m \cdot R \cdot T}{p \cdot v} =$	R: 0,08314472 l · bar · $\mathrm{K^{-1}}$ · $\mathrm{mol^{-1}}$ T: Normtemperatur 273,15 K p: Normdruck 1,01325 bar
gesuchte molare Masse $M(\mathrm{X})$	$\dfrac{3{,}565\ \mathrm{g} \cdot 0{,}083145\ \mathrm{l \cdot bar \cdot K^{-1} \cdot mol^{-1}} \cdot 273{,}15\ \mathrm{K}}{1{,}01325\ \mathrm{bar} \cdot 2{,}5\ \mathrm{l}} = \mathbf{31{,}96\ g/mol}$	

Gas		ρ in g/l oder mg/ml	V_m(X) in l/mol
Ammoniak	NH_3	0,7714	22,078
Argon	Ar	1,7837	22,394
n-Butan	C_4H_{10}	2,5190	21,504
iso-Butan	C_4H_{10}	2,6726	21,786
Chlor	Cl_2	3,220	22,037
Chlormethan	CH_3Cl	2,3073	21,885
Dimethylether	C_2H_6O	2,1098	21,836
Distickstoffmomoxid	N_2O	1,9780	22,255
Ethan	C_2H_6	1,3566	22,176
Ethanol	C_2H_5OH	2,043	22,550
Ethen (Ethylen)	C_2H_4	1,2605	22,256
Ethin (Acetylen)	C_2H_2	1,1709	22,238
Fluor	F_2	1,696	22,406
Fluormethan	CH_3F	1,5452	22,028
Freon 12	CF_2Cl_2	5,510	21,944
Helium	He	0,17847	22,43
Hydrogenbromid	HBr	3,6445	22,204
Hydrogenchlorid	HCl	1,6391	22,245
Hydrogeniodid	HI	5,7891	22,096
Hydrogensulfid	H_2S	1,5392	22,139
Kohlenstoffdioxid	CO_2	1,9768	22,263
Kohlenstoffmonoxid	CO	1,2500	22,409
Krypton	Kr	3,708	22,60
Luft	–	1,2929[a]	22,468
Fiktives Gas M = 1g/mol	–	0,044615	–
Methan	CH_4	0,7168	22,381
Methanol	CH_3OH	1,426	22,470
Nitrosylchlorid	NOCl	2,9919	21,879
n-Octan	C_8H_{18}	5,030	22,710
Ozon	O_3	2,144	22,388
Pentan	C_5H_{12}	3,457	20,871
Propan	C_3H_8	2,0096	22,008
Propen	C_3H_6	1,937	21,974
Sauerstoff	O_2	1,42895	22,393
Schwefeldioxid	SO_2	2,9263	21,891
Siliciumtetrafluorid	SiF_4	4,684	22,222
Siliciumwasserstoff	SiH_4	1,44	22,307
Stickstoff	N_2	1,2505	22,402
Stickstoffmonoxid	NO	1,3402	22,389
Trichlormethan	$CHCl_3$	5,283	22,598
Trimethylamin	$N(CH_3)_3$	2,580 (4 °C)	22,912 (4 °C)
Wasserdampf	H_2O	0,768	23,459
Wasserstoff	H_2	0,089870	22,442

a Mittelwert (Schwankungen zwischen 1,2927 und 1,2933).

3.3.8 Molare Volumina feuchter idealer Gase; Temperaturabhängigkeit

Da bei stöchiometrischen und anderen Berechnungen häufig die molaren Volumina V_m(X) fast idealer Gase benötigt werden, ohne dass dabei die gleiche Genauigkeit wie bei analytischen Rechnungen erforderlich ist, kann folgende Tabelle Umrechnungen ersparen; man runde dann auf eine oder zwei Stellen nach dem Komma ab.

V_m(X) in l/mol.

$p(H_2O)$ in mbar	t in °C	893	906	920	933	946	960	p in mbar
6,10	0	25,60	25,22	24,85	24,495	24,15	23,81	
8,72	5	26,15	25,76	25,38	25,01	24,66	24,31	
12,29	10	26,72	26,32	25,94	25,56	25,20	24,84	
17,05	15	27,34	26,93	26,535	26,15	25,77	25,41	
23,38	20	28,02	27,60	27,19	26,79	26,40	26,025	
36,67	25	28,77	28,33	27,91	27,50	27,09	26,705	
42,45	30	29,62	29,17	28,72	28,29	27,88	27,47	
56,23	35	30,61	30,13	29,66	29,21	28,78	28,35	
$p(H_2O)$ in mbar	**t in °C**	**973**	**986**	**1000**	**1013**	**1026**	**1039**	**p in mbar**
6,10	0	23,48	23,16	22,85	22,55	22,255	21,97	
8,72	5	23,98	23,65	23,33	23,02	22,72	22,43	
12,29	10	24,50	24,16	23,84	23,52	23,21	22,91	
17,05	15	25,055	24,71	24,375	24,05	23,73	23,42	
23,38	20	25,66	25,30	24,96	24,62	24,30	23,98	
36,67	25	26,33	25,96	25,60	25,25	24,92	24,59	
42,45	30	27,08	26,70	26,32	25,96	25,61	25,27	
56,23	35	27,94	27,54	27,15	26,77	26,40	26,05	

Unsicherheit etwa $\Delta V = \pm$ 0,004 l; p-Werte in mbar gerundet.

3.3.9 Molare Volumina trockener idealer Gase; Temperaturabhängigkeit

V_m(X) in l/mol.

t in °C	893	906	920	933	946	960	p in mbar
0	25,424	25,051	24,687	24,335	23,992	23,659	
5	25,890	25,509	25,139	24,780	24,431	24,092	
10	26,355	25,968	25,591	25,226	24,870	24,525	
15	26,821	26,426	26,043	25,671	25,310	24,958	
20	27,286	26,884	26,495	26,117	25,749	25,391	
25	27,751	27,343	26,947	26,562	26,188	25,824	
30	28,217	27,802	27,399	27,007	26,627	26,257	
35	28,682	28,260	27,851	27,453	27,066	26,690	
t in °C	**973**	**986**	**1000**	**1013**	**1026**	**1039**	**p in mbar**
0	23,335	23,019	22,712	22,4136	22,123	21,839	
5	23,762	23,441	23,128	22,824	22,527	22,239	
10	24,199	23,862	23,544	23,234	22,932	22,638	
15	24,616	$24{,}283_5$	23,960	23,644	23,337	23,039	
20	25,043	24,705	24,375	24,055	23,742	23,438	
25	25,470	25,126	24,791	24,465	24,147	23,838	
30	25,898	25,548	25,207	24,875	24,552	24,237	
35	26,325	25,969	25,623	25,286	24,957	24,637	

Unsicherheit etwa $\Delta V = \pm$ 0,003 ... 0,004 l; p-Werte in mbar gerundet.

3.3.10 Volumetrische Bestimmung von Gasen und gasentwickelnder Stoffe

Mit Hilfe der in Tab. 3.3.7 angegebenen Dichten lässt sich sehr leicht die Masse eines Gases aus dem gemessenen Volumen (korrigiert auf Normbedingungen) bestimmen. Werden die Gase über Sperrflüssigkeiten aufgefangen, so muss dies bei der Barometerkorrektion berücksichtigt werden. Entwickelt sich durch eine chemische Reaktion ein Gas aus einer bestimmten Verbindung, so lässt sich die Masse bzw. der Massenanteil der Ausgangsverbindung in einer Probe aus der Masse des entstandenen Gases berechnen. Die Masse wiederum kann aus dem Volumen berechnet werden. Es gelten die folgenden Beziehungen:

Masse *m* des zu bestimmenden Gases in mg	$m = \rho \cdot V_n$	ρ: Dichte des Gases in mg/ml; g/l V_n: gemesseness Gasvolumen in ml korrigiert auf Normbedingungen m: Masse in mg
Masse eines beliebigen Gases der molaren Masse *M*(X), wenn ρ nicht bekannt	$m(X) = M(X) \cdot 0{,}044614\ \text{mol/l} \cdot V_n$	ρ: Dichte fiktives Gas mit M = 1 g/mol
Massenanteil *w* des gasentwickelnden Stoffes	$w = \frac{V_n \cdot F \cdot 100\,\%}{m_E}$	V_n: gemesseness Gasvolumen in ml des gasentwickelnden Stoffes umgerechnet auf Normbedingungen m_E: Einwaage an Probe in mg F: Faktor aus Tabelle 3.3.7

Beispiel 1

Welcher Masse entsprechen 43,7 ml NO, gemessen bei 17 °C und 998 mbar?

korrigiertes Volumen mit Faktor aus Tabelle 3.3.6	$V_n = 43{,}7\ \text{ml} \cdot 0{,}9271 = 40{,}51\ \text{ml}$
Dichte für NO	$\rho(NO) = 1{,}3402\ \text{mg/ml}$
Masse an NO	$m(NO) = 1{,}3402\ \text{mg/ml} \cdot 40{,}51\ \text{ml} = \mathbf{54{,}3\ mg}$

Beispiel 2

250 mg einer Probe Zinkstaub ergaben 79,60 ml Wasserstoff, gemessen über Wasser bei 20 °C und 989 mbar. Welchen Massenanteil an Zink hat die Probe?

korrigiertes Volumen H_2 mit p = 989 mbar – 23,38 mbar (Tabelle 3.3.5) = 965,6 mbar und Faktor 0,9093 aus Tabelle 3.3.6	$V_n = 79{,}6\ \text{ml} \cdot 0{,}9093 = 72{,}38\ \text{ml}$
Massenanteil *w* an Zn in der Probe berechnet mit Faktor *F* aus Tabelle 3.3.7	$w(Zn) = \frac{V_n \cdot F}{m_E} = \frac{72{,}38\ \text{ml} \cdot 2{,}9142\ \text{mg/ml}}{250\ \text{mg}} \cdot 100\,\% = \mathbf{84{,}37\,\%}$

gemessenes Gas	gesuchter Stoff	*F*
Acetylen	CaC_2	2,8825
	H_2O	1,6202
Kohlenstoffdioxid	$BaCO_3$	8,8645
	$CaCO_3$	4,4958
	K_2CO_3	6,2077
	$MgCO_3$	3,7871
	Na_2CO_3	4,7607
	$SrCO_3$	6,6311
Methan	H_2O	0,8049
Sauerstoff	H_2O_2 [a]	1,5190
	$KMnO_4$ [a]	2,8230
	H_2O_2 [b]	3,0380
	Na_2O_2 [b]	6,964
Stickstoffmonoxid	HNO_3	2,8144
	KNO_2	3,8013
	KNO_3	4,5159
	N	0,6256
	NH_4NO_3	3,5751
	N_2O_5	2,4125
	NO_3	2,7694
	$NaNO_3$	3,7962
Wasserstoff	Al	0,80190
	Fe	2,4896
	Mg	1,0835
	Ni	2,6173
	Zn	2,9142

a Umsetzung von Wasserstoffperoxid mit Permanganat.
b Katalytische Zersetzung von Wasserstoffperoxid.

3.4 Bestimmung von Einzelkomponenten, Kennzahlen und Summenparametern

3.4.1 Wasserbestimmung nach Karl Fischer [8, 9, 10]

Einstellen der Karl-Fischer-Lösung mit Natriumtartrat-2-Wasser:

$$F = \frac{m \cdot 15{,}65}{V \cdot 100}$$

F: Faktor (mg H_2O pro ml Maßlösung)
m: Masse der Einwaage an Natriumtartrat-2-H_2O in mg
V: Volumen der verbrauchten Maßlösung in ml

Einstellen der Karl-Fischer-Lösung mit Methanol:

a) 10 ml trockenes Methanol werden mit der einzustellenden Karl-Fischer-Lösung titriert. Verbrauch: V_1

b) 10 ml feuchtes Methanol (0,1 ml H_2O auf 100 ml trockenes Methanol) werden ebenfalls mit der einzustellenden Lösung titriert.
Verbrauch: V_2

$F = \frac{10\ \text{ml}}{V_2 - V_1}$	F: Faktor (mg H_2O pro ml Maßlösung)

3.4.2 Bestimmung metallorganischer Verbindungen [11]

Zur Bestimmung der Konzentration metallorganischer Verbindungen (Methyllithium, *n*-Butyllithium, Phenyllithium) wird vorzugsweise die „Doppelte Titration" nach Gilman [12] eingesetzt. Man bestimmt zunächst die Gesamtalkali-Konzentration, anschließend die Restalkali-Konzentration und erhält aus der Differenz die gesuchte Konzentration an wirksamer, metallorganischer Verbindung.

a) Bestimmung der Gesamtalkali-Konzentration nach Umsetzung eines definierten Volumens der zu untersuchenden Lösung mit Wasser.
Maßlösung: HCl, H_2SO_4; Indikator: Phenolphthalein; Verbrauch: V_1

b) Bestimmung der Restalkali-Konzentration nach Umsetzung eines definierten Volumens der zu untersuchenden Lösung mit z. B. 1,2-Dibrommethan und anschließender Zugabe von Wasser.
Maßlösung und Indikator: wie unter a; Verbrauch: V_2

Wirksame Konzentration an metallorganischer Verbindung:

$c = \frac{(V_1 - V_2) \cdot c_M}{V}$	c: wirksame Konzentration an metallorganischer Verbindung in mol/l c_M: Konzentration der Maßlösung in mol/l V_1, V_2: Volumina verbrauchter Maßlösung in ml V: Volumen an zu untersuchender Lösung in ml

3.4.3 Bestimmung von Säuregruppen (Säurezahl) [13]

Die Säurezahl ist eine häufig verwendete Größe zur Charakterisierung von organischtechnischen Stoffen bzw. Stoffgemischen, wie Harzen, Ölen, Fettsäuren, Lösemitteln und Tensiden.

Mit ihr werden alle sauren Funktionen, die durch Kalilauge neutralisierbar sind, erfasst.

Zum Beispiel:

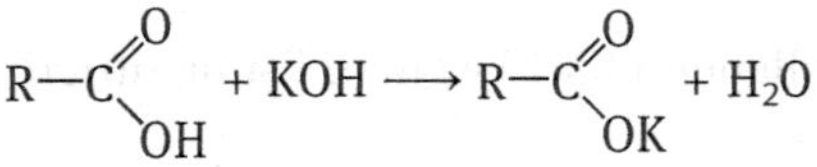

Definition der Säurezahl

Die Säurezahl gibt die Masse Kaliumhydroxid in mg an, die zur Neutralisation von 1 g der zu untersuchenden Probe erforderlich ist.

Reagenzien

1. methanolische oder ethanolische Kaliumhydroxid-Lösung (carbonatfrei), $c(\text{KOH}) = 0{,}1\ \text{mol/l} \triangleq \beta(\text{KOH}) = 5{,}61\ \text{mg/ml}$
2. Lösemittelgemisch Toluol/Ethanol 2 : 1 (Volumenteile) zum Lösen der zu untersuchenden Substanz
3. Indikatorlösung Phenolphthalein in Ethanol, $w = 1\,\%$

Durchführung und Auswertung

(ausführliche Vorschrift s. DIN 53402)

Von der zu untersuchenden Substanz werden ca. 1–10 g (je nach zu erwartender Säurezahl) in 50 ml Lösemittel gelöst und titriert. Das reine Lösemittel wird ebenfalls titriert. Daraus ergibt sich die Säurezahl zu:

$$SZ = \frac{(V_1 - V_2)}{m_E} \cdot 5{,}61\ \text{mg/ml}$$

SZ: Säurezahl in mg KOH pro g Probe
V_1: Volumen verbrauchter Maßlösung bei der Titration der Probe in ml
V_2: Volumen verbrauchter Maßlösung bei der Titration des Lösemittels (Blindversuch) in ml
m_E: Masse der Einwaage der Probe in g

3.4.4 Bestimmung von Hydroxylgruppen (Hydroxylzahl) [14]

Die Bestimmung von Hydroxylgruppen (Hydroxylzahl, OH-Zahl) dient ähnlich wie die Säurezahl zur Charakterisierung von technischen Stoffen und Stoffgemischen. Bei dem am häufigsten verwendeten Verfahren wird die zu untersuchende Substanz mit Essigsäureanhydrid umgesetzt und die gebildete Essigsäure mit KOH-Lösung titriert. Unumgesetztes Essigsäureanhydrid wird mit Wasser ebenfalls zu Essigsäure umgesetzt.

Zum Beispiel:

$$\text{R(OH)}_n + n(\text{CH}_3\text{CO})_2\text{O} \longrightarrow \text{R(}\underset{\substack{\| \\ \text{O}}}{\text{O}}\text{CCH}_3)_n + n\text{CH}_3\text{COOH}$$

Definition der Hydroxylzahl

Die Hydroxylzahl entspricht derjenigen Masse Kaliumhydroxid in mg, die der bei der Acetylierung von 1 g Substanz verbrauchten Essigsäure äquivalent ist.

Reagenzien

1. Essigsäureanhydrid/Pyridin-Gemisch
   für Hydroxylzahlen > 20: 2,5 % Volumenanteil Pyridin
   für Hydroxylzahlen < 20: 25 % Volumenanteil Pyridin

2. Ethanol, $\varphi = 96\,\%$
3. methanolische bzw. ethanolische Kaliumhydroxid-Lösungen, $c(KOH) = 0{,}1$ bis 1 mol/l
4. Indikatorlösung
   Phenolphthalein in Ethanol, $w = 1\,\%$ bzw.
   Alkaliblau 6 B in Ethanol, $w = 1\,\%$

Durchführung und Auswertung
(ausführliche Vorschrift s. DIN 53240)

Die Probe (je nach zu erwartender Hydroxylzahl zwischen 0,2 und 20 g) wird mit 10 ml des Pyridin/Essigsäureanhydrid-Gemisches 1 h unter Rückfluss zum Sieden erhitzt, nach dem Abkühlen mit 2 ml Wasser versetzt und nochmals 10 min lang zum Sieden erhitzt. Sobald sich die Lösung abgekühlt hat, wird im Kühler kondensierte Flüssigkeit mit 5 ml neutralisiertem Ethanol in den Kolben gespült und nach Zugabe von 3 Tropfen Phenolphthalein- oder Alkaliblau 6 B-Lösung mit Kalilauge titriert. In gleicher Weise, jedoch ohne Probe, wird ein Blindversuch durchgeführt. Hieraus ergibt sich die Hydroxylzahl zu:

$$\text{Hydroxylzahl} = \frac{(V_2 - V_1) \cdot F}{m_E} + SZ$$

V_1: Volumen verbrauchter Maßlösung in ml bei der Titration der Probe
V_2: Volumen verbrauchter Maßlösung in ml für den Blindversuch
F: Faktor, abhängig von der Konzentration der verwendeten Maßlösung
Für $c(KOH) = 0{,}1$ mol/l: $F = 5{,}61$ mg/ml
$c(KOH) = 0{,}5$ mol/l: $F = 28{,}05$ mg/ml
$c(KOH) = 1$ mol/l: $F = 56{,}10$ mg/ml
SZ: Säurezahl
m_E: Masse der Einwaage der Probe in g

3.4.5 Bestimmung von Esterfunktionen (Verseifungszahl) [15]

Die Bestimmung der Esterfunktion (Verseifungszahl) dient ebenfalls zur Charakterisierung vieler technischer Produkte. Diese Bestimmung ist allerdings nur dann sinnvoll, wenn sichergestellt werden kann, dass eine ausreichende Verseifung unter den gewählten Bedingungen erreicht wird.

Zum Beispiel:

$$R{-}\underset{\underset{O}{\|}}{C}{-}OR' + KOH \longrightarrow R{-}\underset{\underset{O}{\|}}{C}{-}OK + R'OH$$

Definition der Verseifungszahl
Unter der Verseifungszahl wird diejenige Masse an Kaliumhydroxid in mg verstanden, die für die Verseifung von 1 g Probe erforderlich ist.

Reagenzien

1. Salzsäure, methanolisch/wässrige Lösung, ca. 80 % Volumenanteil Methanol oder Salzsäure, wässrig, $c(HCl) = 0{,}5$ mol/l
2. ethanolische Kaliumhydroxidlösung, $c(KOH) = 0{,}5$ mol/l ≙ $\beta(KOH) = 28{,}05$ mg/ml
3. Indikatorlösungen
   Phenolphthalein in Ethanol, $w = 1\,\%$
   Thymolphthalein in Ethanol, $w = 1\,\%$

Durchführung und Auswertung
(ausführliche Vorschrift s. DIN 53401)

Die abgewogene Probe (je nach zu erwartender Verseifungszahl zwischen 0,2 und 20 g) wird in einem definierten Volumen Toluol oder einem anderen nicht verseifbaren Lösemittel gelöst (ggf. unter Erwärmen) und mit einem definierten Volumen Kaliumhydroxid-Lösung (25 ml) versetzt. Es wird 1 h unter Rückfluss zum Sieden erhitzt und nach Zusatz von 3 Tropfen Indikatorlösung mit Salzsäure titriert. Mit den Reagenzien wird ohne Probe ein Blindversuch durchgeführt. Die Verseifungszahl errechnet sich nach folgender Formel:

$$\text{Verseifungszahl} = \frac{(V_2 - V_1)}{m_E} \cdot 28{,}05 \text{ mg/ml}$$

V_1: Volumen verbrauchter Maßlösung in ml bei der Titration der Probe
V_2: Volumen verbrauchter Maßlösung in ml bei der Titration des Blindversuchs
m_E: Masse der Einwaage der Probe in g

4 Instrumentelle Analytik – spektroskopische Methoden

4.1 Übersicht

Die klassischen instrumentellen, spektroskopischen Verfahren beinhalten Methoden zur Strukturaufklärung und zur qualitativen und quantitativen Bestimmung chemischer Elemente und deren Verbindungen.

In der nachfolgenden Tabelle sind die am häufigsten eingesetzten instrumentellen Analysenverfahren aufgelistet:

Methode	Prinzip	Schwerpunktanwendung
Spektroskopische Methoden, Atomspektroskopie		Strukturaufklärung, quantitative Bestimmungen
Atomabsorptionspektrometrie AAS, verschiedene Atomisierungsvarianten	Absorption durch Übergänge in den äußeren Elektronenschalen	Spurenanalyse einzelner Elemente
Atomemissionspektrometrie AES, ICPAES, zahlreiche Anregungsverfahren	Emission durch Anregung in den äußeren Elektronenschalen	Spurenelementanalytik, Multielementanalytik
Röntgenemission	Elektronenübergänge	Elementanalytik
Röntgenfluoreszenzanalyse	Elektronenübergänge	Elementanalytik
Röntgenbeugung	Wechselwirkung am Kristallgitter	Kristallstrukturanalyse von Elementen u. Molekülen
Massenspektrometrie, Atome	Ablenkung geladener Teilchen (Massen) im Magnetfeld	Bestimmung von Atommassen
Spektroskopische Methoden, Molekülspektroskopie		Strukturaufklärung, quantitative Bestimmungen
UV/VIS – Spektroskopie	Lichtabsorption Valenzelektronen	Absorptionsspektren, Strukturaufklärung, Eigenschaften von Chromophoren
Fluoreszenz- und Phosphoreszenzspektroskopie	Lichtabsorption/Emission Valenzelektronen	Moleküleigenschaften, Chromophore
IR-Spektroskopie	Lichtabsorption, Molekülschwingungen	Identifikation, Strukturaufklärung von Molekülen
Ramanspektroskopie	Lichstreuung an Molekülen	Moleküleigenschaften, Struktur
Kernresonanzspektroskopie ^{1}H-NMR, ^{13}C-NMR u. weitere Kerne, diverse Verfahren	Resonanz elektromagnetischer Wellen mit dem Kernspin	Strukturaufklärung von Molekülen
Molekülmassenspektrometrie	Erzeugung gasförmiger geladener Analytbruchstücke	qualitative und quantitative Bestimmungen, Strukturanalytik

Methode	Prinzip	Schwerpunktanwendung
Elektroanalytische Verfahren		qualitative und quantitative Bestimmungen
Potentiometrie	Messung der EMK	Titrationen verfolgen
Coulometrie	Messung der elektrischen Ladung	quantitative Bestimmung von Ionen, Elementen, Molekülen
Konduktometrie	Messung der Leitfähigkeit eines Elektrolyten	quantitative Bestimmung von Ionen, Elementen, Molekülen
Voltammetrie, diverse Verfahren z. B. Polarographie	Messung der Stromstärke bei Variation der Spannung	quantitative Bestimmung von Ionen, Elementen, Molekülen

4.2 Elektronenspektroskopie im sichtbaren und im UV-Bereich

4.2.1 Das elektromagnetische Spektrum

Die verschiedenen Bereiche des Spektrums sind nicht immer scharf definiert und überlappen teilweise. Die Wellenlängenangaben beziehen sich auf die oberen Grenzen der Bereiche.

Art der Strahlung	Entstehung	Frequenz in Hz	Energie in eV	Wellenlänge
Kosmische Strahlung	–	10^{22}	$4 \cdot 10^{7}$	$3 \cdot 10^{-5}$ nm
Gamma-Strahlung	Kernübergänge	10^{18}	$4 \cdot 10^{3}$	0,3 nm
Röntgen-Strahlung	innere Elektronenübergänge	10^{16}	$4 \cdot 10$	30 nm
Ultraviolette Strahlung (Vakuum-UV)	Valenzelektronenübergänge	$1{,}5 \cdot 10^{15}$	6,2	200 nm
Ultraviolette Strahlung (Quarz-UV)	Valenzelektronenübergänge	$7{,}5 \cdot 10^{14}$	3,1	400 nm
Sichtbare Strahlung	Valenzelektronenübergänge	$3{,}8 \cdot 10^{14}$	1,6	800 nm
Infrarot-Strahlung (nahes IR)	Vibrationsschwingungen Kombinationsschwingungen	$1{,}2 \cdot 10^{14}$	0,52	2,5 µm
Infrarot-Strahlung (mittleres IR)	siehe nahes Infrarot	$2{,}4 \cdot 10^{13}$	0,1	12,5 µm
Infrarot-Strahlung (fernes IR)	Skelettschwingungen Ringtorsionen	10^{12}	$4 \cdot 10^{-3}$	300 µm
Mikrowellen	Rotationen Torsionsschwingungen	10^{9}	$4 \cdot 10^{-6}$	300 mm
Kurzwellen	Spinorientierungen (NMR)	$1{,}5 \cdot 10^{6}$	$6 \cdot 10^{-9}$	200 m
Radiowellen	–	$5{,}5 \cdot 10^{5}$	$2{,}22 \cdot 10^{-9}$	550 m
Langwellen	–	$3 \cdot 10^{3}$	$1{,}3 \cdot 10^{-11}$	10^{5} m

Absorbiertes Licht und beobachtbare Restfarbe.

absorbierte Wellenlänge in nm	Spektralfarbe	beobachtete Farbe (Restfarbe)
400	violett	grünlichgelb
425	indigoblau	gelb
450	blau	orange
490	blaugrün	rot
510	grün	purpur
530	gelbgrün	violett
550	gelb	indigoblau
590	orange	blau
640	rot	blaugrün
730	purpur	grün

4.2.2 Wichtige Begriffe und Definitionen

Die Absorption elektromagnetischer Strahlung im ultravioletten und sichtbaren Bereich des Spektrums hängt von der elektronischen Struktur des Moleküls ab. Die Absorption der Strahlung resultiert aus der Anhebung von Elektronen aus energetisch niedrig liegenden Orbitalen im Grundzustand auf energetisch höher liegende Orbitale in einen angeregten Zustand.

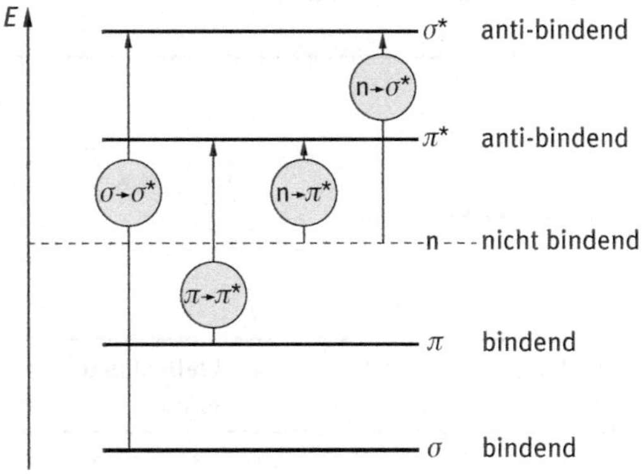

Relative Energieniveaus von Orbitalen und dazugehörige Elektronenübergänge.

Bindungstypen und Elektronenübergänge.

Bindungstyp	Molekül (Beispiel)	Bezeichnung des Übergangs	Wellenlänge in nm	ε[a] in l/mol·cm
σ	Ethan	$\sigma \longrightarrow \sigma^*$	135	
n	Wasser	$n \longrightarrow \sigma^*$	167	7000
	Methanol	$n \longrightarrow \sigma^*$	183	500
π	Ethylen	$\pi \longrightarrow \pi^*$	165	10000
	Acetylen	$\pi \longrightarrow \pi^*$	173	6000
π und n	Aceton	$n \longrightarrow \sigma^*$	150	
		$\pi \longrightarrow \pi^*$	188	900
		$n \longrightarrow \pi^*$	279	15
π—π	1,3-Butadien	$\pi \longrightarrow \pi^*$	217	21000
aromatisch π	Benzol	$\pi \longrightarrow \pi^*$	180	60000
		$\pi \longrightarrow \pi^*$	200	8000
		$\pi \longrightarrow \pi^*$	255	215
aromatisch π	Styrol	$\pi \longrightarrow \pi^*$	244	12000
		$\pi \longrightarrow \pi^*$	282	450

Chromophor:	Atomgruppe mit Mehrfachbindungen in einem Molekül, die zur Lichtabsorption befähigt ist.
Auxochrom:	Substituent, z. B. —OH, —NH_2, —Br, der durch Verbindung mit einem Chromophor dessen Absorptionswellenlänge und dessen Absorptionsintensität verändert.
bathochrome Verschiebung:	Verschiebung der Absorption zu höherer Wellenlänge, Rotverschiebung.
hypsochrome Verschiebung:	Verschiebung der Absorption zu niedrigerer Wellenlänge, Blauverschiebung

a Molarer Extinktionskoeffizient (vgl. Kapitel 4.2.9).

4.2.3 Typische Absorptionscharakteristika anorganischer Ionen

Anionen.

Ion	Wellenlänge in nm	Ion	Wellenlänge in nm	Ion	Wellenlänge in nm
SO_4^{2-}	200	SCN^-	213	N_3^-	235
NO_3^-	204	$S_2O_3^{2-}$	217	$SeCN^-$	235
NO_2^-	210	I^-	226	$C_2O_4^{2-}$	250

Kationen.

Ion	Wellenlänge in nm	ε in l/mol·cm	beobachtete Farbe
Ag^{+}	224	400	
	210	900	
	193	1500	
Cr^{2+}	709	4,2	schwach blau
Cr^{3+}	590	14	blau
	416	15	
Co^{2+}	1250	1,3	rosa
	500	5,0	
Cu^{2+}	833	11	blau
Fe^{2+}	1000	1,1	schwach grün
Fe^{3+}	714		
Mn^{3+}	476		violett
Ni^{2+}	1149	1,6	grün
	690	2,0	
Ru^{3+}	400		
	224	2300	
Ti^{3+}	492	4	purpur
U^{3+}	580	6	grün

4.2.4 Absorptionscharakteristika gesättigter organischer Verbindungen

Übergänge: $\sigma \longrightarrow \sigma^*$ und $n \longrightarrow \sigma^*$.

Chromophor	Verbindung	λ_{max} [a] in nm	ε_{max} [a] in l/mol · cm
C—H	CH_4	122	stark
C—C	$CH_3—CH_3$	130	stark
C—$\underline{\overline{O}}$—	$CH_3—OH$	177	200
	$CH_3—O—CH_3$	184	2500
C—$\underline{\overline{S}}$—	$CH_3—SH$	235	180
	$CH_3—S—CH_3$	228	620
	$n\text{-}C_4H_9—S—n\text{-}C_4H_9$	210	1200
		229 (s)	
C—$\overline{N}$<	$C_2H_5—NH_2$	210	800
	$(C_2H_5)_2NH$	193	2500
	$(CH_3)_3N$	199	4000
C—Cl	CH_3Cl	173	200
—I	$n\text{-}C_3H_7Cl$	208	300
—Br	CH_3I	259	400
	CH_3Br	204	260

a Der molare Extinktionskoeffizient ε erreicht bei der Wellenlänge λ_{max} seinen Maximalwert; ε_{max} und λ_{max} variieren mit dem Lösemittel.

4.2.5 Absorptionscharakteristika isolierter Chromophore

Übergänge: n ⟶ π^* und $\pi \longrightarrow \pi^*$.

Chromophor	Verbindung	λ_{max} [a] in nm	ε_{max} [a] in l/mol·cm	Lösemittel
$>C{=}C<$	$CH_2{=}CH_2$	165 193	15000 10000	Gas Gas
$-C{\equiv}C-$	$CH{\equiv}CH$	173	6000	Gas
$>C{=}O$	$CH_3-C({=}O)H$	290	16	Heptan
	$CH_3CH_2C({=}O)H$ *(n-Propionaldehyd)*	292	21	Isooctan
	$CH_3-C({=}O)-CH_3$	188	900	Hexan
	$CH_3-C({=}O)-C_2H_5$ *(Methylethylketon)*	279	16	Isooctan
	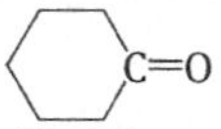 *(Cyclohexanon)*	285	14	Hexan
$-C({=}O)OR$ R: H	$CH_3-C({=}O)OH$ *(Essigsäure)*	200	50	Gas
R: C_2H_5	$CH_3-C({=}O)OC_2H_5$ *(Essigsäureethylester)*	210	50	Gas
R: NH_2	$CH_3-C({=}O)NH_2$ *(Acetamid)*	220	63	Wasser
$>C{=}N\backslash$	$(CH_3)_2-C{=}NOH$ *(Dimethylacetoxim)*	190	5000	Wasser
$-C{\equiv}N\vert$	$CH_3-C{\equiv}N$ *(Acetonitril)*	< 190		
$/\bar{N}{=}\underline{N}/$	$CH_3-\bar{N}{=}\bar{N}-CH_3$ *(Azomethan)*	347	16	Ethanol
$/N{=}O$	$n\text{-}C_4H_9-NO_2$ *(Nitrosobutan)*	300 665	100 20	Diethylether Diethylether
$-ONO_2$	$C_2H_5-ONO_2$ *(Ethylnitrat)*	270	12	Dioxan

a Der molare Extinktionskoeffizient ε erreicht bei der Wellenlänge λ_{max} seinen Maximalwert; ε_{max} und λ_{max} variieren mit dem Lösemittel

Chromophor	Verbindung	λ_{max} [a] in nm	ε_{max} [a] in l/mol·cm	Lösemittel
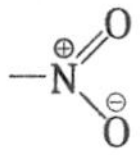	CH_3NO_2 *(Methylnitrat)*	271	19	Ethanol
	$C_8H_{17}NO_2$ *(Octylnitrat)*	270	15	Pentan
—ONO	n-C_5H_{11}—ONO *(n-Amylnitrit)*	218 346	1120	Benzin
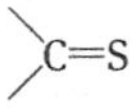	$CH_3-C(=S)-CH_3$ *(Thioaceton)*	460	schwach	
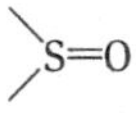	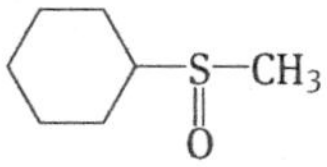 *(Cyclohexylmethylsulfoxid)*	210	1500	Ethanol
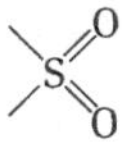	$CH_3-SO_2-CH_3$ *(Dimethylsulfon)*	< 180		

a Der molare Extinktionskoeffizient ε erreicht bei der Wellenlänge λ_{max} seinen Maximalwert; ε_{max} und λ_{max} variieren mit dem Lösemittel.

4.2.6 Absorptionscharakteristika konjugierter Chromophore

Übergänge: $\pi \longrightarrow \pi^*$.

Verbindung	λ_{max} in nm	ε_{max} in l/mol·cm	Lösemittel
1,3-Butadien	217	21000	Hexan
1,3-Pentadien			
cis-Isomeres	223	22600	Ethanol
trans-Isomeres	223,5	23000	Ethanol
2,3-Dimethyl-1,3-butadien	226	21400	Cyclohexan
1,3-Cyclohexadien	256	8000	Hexan
$CH_3-C(=O)-CH=CH_2$	212,5	7000	Ethanol
(Methylvinylketon)	320	27	
$CH_2=CH-CHO$	210	11500	Ethanol
(Acrolein)	315	26	
$CH_2=CH-COOH$ *(Acrylsäure)*	200	10000	Ethanol

Verbindung	λ_{max} in nm	ε_{max} in l/mol·cm	Lösemittel
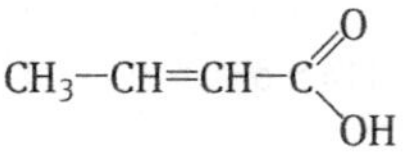 (*Methacrylsäure, trans*)	205	14000	Ethanol
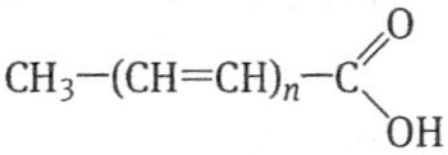			
n = 2	254	25000	
n = 3	294	37000	
n = 4	332	49000	

4.2.7 Absorptionsbanden von Aromaten und Heterocyclen

Verbindung	λ_{max} in nm	ε_{max} in l/mol·cm	Lösemittel
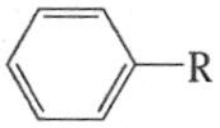 Benzol, R: H	204 256	7900 200	Hexan
Phenol R: OH	210,5 270	6200 1450	Wasser
Phenolat-Ion R: $-O^{\ominus}$	235 287	9400 2600	wässrige Natronlauge
Toluol R: $-CH_3$	207 261	7000 224	Wasser
Anilin R: $-NH_2$	230 280	8600 1430	Wasser
Anilinium-Ion R: $-\overset{\oplus}{N}H_3$	203 254	7500 160	wässrige Lösung
Nitrobenzol R: $-NO_2$	252 280 330	10000 1000 125	Hexan
Chlorbenzol R: $-Cl$	210 265	7600 240	Ethanol
Benzaldehyd R: 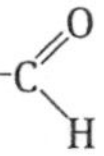	244 280 328	15000 1500 20	Ethanol
Styrol R: $-CH{=}CH_2$	244 282	12000 450	Ethanol
Benzoesäure R: $-COOH$	230 270	10000 800	Wasser
Acetophenon R: 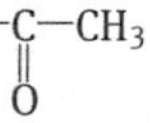	240 278 319	13000 1100	Ethanol

Verbindung	**λ_{max} in nm**	**ε_{max} in l/mol·cm**	**Lösemittel**
Benzophenon 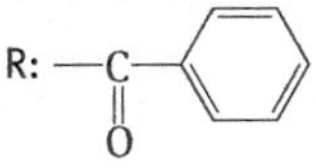	252 325	20000 180	Ethanol
Biphenyl 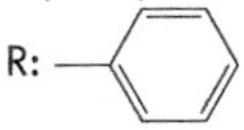	246	20000	Ethanol
2,2′-Dimethyl-biphenyl	270	800	Ethanol
cis-Stilben 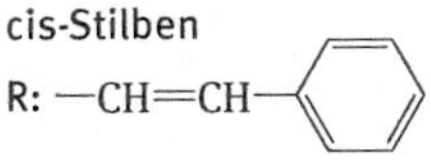	283	12300	Ethanol
trans-Stilben	295[a]	25000	Ethanol
o-Nitrophenol	279 351	6600 3200	Ethanol
m-Nitrophzenol	274 333	6000 1960	Ethanol
p-Nitrophenol	318	10000	Ethanol
Naphthalin 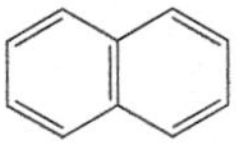	190 220 286 312	10000 133000 9300 289	Ethanol
Anthracen 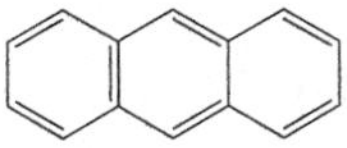	221 256 375	14500 180000 9000	Cyclohexan
Phenanthren 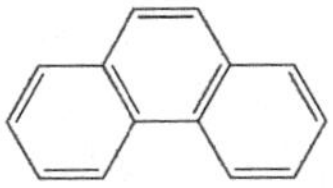	222 252 292 345	24000 66000 16000 209	Cyclohexan
Chinolin 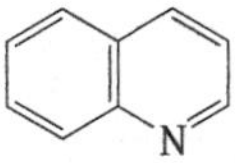	228 270 315	40000 3160 2500	Cyclohexan
Furan 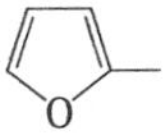	200 252	10000	
2-CHO	227 272	2200 13000	
2-NO_2	225 315	3400 8100	

a Intensivste Bande.

Verbindung	λ_{max} in nm	ε_{max} in l/mol·cm	Lösemittel
Pyrrol 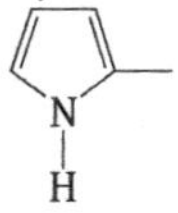	183 211	– 15000	
2-CHO	252 290	5000 16600	
2-COOH	228 258	4500 12600	
2—C(=O)—CH_3	250 287	4400 16000	
Thiophen 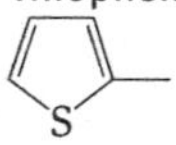	231	7100	Hexan
2-CHO	265 279	10500 6500	
2—C(=O)—CH_3	252 273	10500 7200	
2-COOH	249 269	11500 8200	
2-NO_2	268–272 294–298	6300 6000	
Imidazol 	207	5000	Ethanol
Pyridin 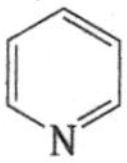	257 270	2750 450	Ethanol

4.2.8 Empirische Regeln zur Berechnung von Bandenmaxima in konjugierten Systemen

Konjugierte Diene (Fieser-Woodward-Regeln).

Basis-System	Struktur	Basiswert λ in nm
acyclisches Dien	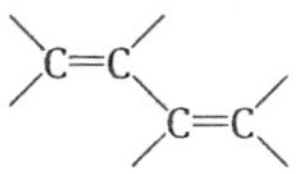	217
heteroannulares Dien	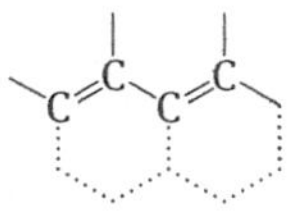	214
homoannulares Dien	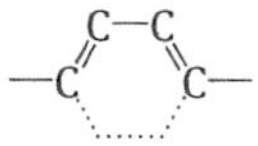	253
Inkremente (in nm):	für jede weitere Doppelbindung	+30
	pro exocyclische Lage einer Doppelbindung	+ 5
	für weitere Substituenten:	
	Alkylsubstituent (R)	+ 5
	RCO_2	0
	RO	+ 6
	RS	+30
	Cl, Br	+17
	NR_2	+60
	Korrektur für Lösemittel	0
Beispiel:	Für folgenden Chromophor ist λ_{max} abzuschätzen:	
	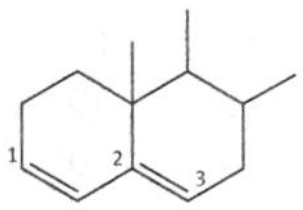	
	Grundwert für heteroannulares System	214 nm
	drei Alkylsubstituenten (1, 2, 3)	+15 nm
	eine exocyclische Doppelbindung	+ 5 nm
	Schätzwert aus Inkrementen (λ_{max})	234 nm
	experimenteller Wert (λ_{max})	235 nm

Konjugierte Carbonylverbindungen.

Basis-System	Struktur	Basiswert λ in nm
konjugiertes oder Ringketon	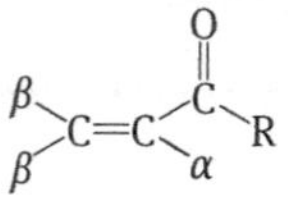	215
	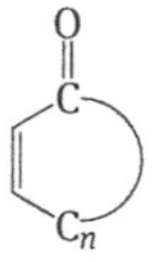 $n \geqq 3$	
Cyclopentenon	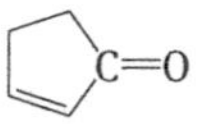	205
konjugierte Aldehyde	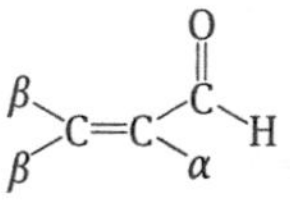	210
Inkremente (in nm):	für jede weitere konjugierte Doppelbindung	+30
	für jede exocyclische Lage einer Doppelbindung 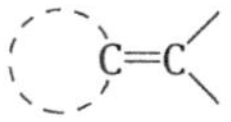	+ 5
	für jede homoannulare Lage einer Dienkomponente 	+39

für weitere Substituenten	Lage α	β	γ u. höher
Alkyl (R)	10	12	18
OH	35	30	50
OR	35	30	17
SR		85	
CH_3CO_2	6	6	6
Cl	15	12	
Br	25	30	
NR_2		95	

Diese Daten gelten für Ethanol als Lösemittel. Für andere Lösemittel sind folgende Korrekturen anzubringen:

Wasser	– 8
Methanol	0
Dioxan	+ 5
Diethylether	+ 7
Hexan	+11
Cyclohexan	+11
Chloroform	+ 1

Basis-System	Struktur	Basiswert λ in nm
Beispiel:	Für 1-Acetylcyclohexen ist λ_{max} in Ethanol als Lösemittel abzuschätzen:	
	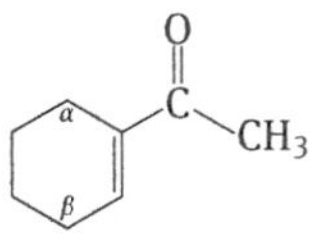	
	Grundwert für konjugiertes Keton	215 nm
	α-Substituent (Alkyl)	+10 nm
	β-Substituent (Alkyl)	+12 nm
	Schätzwert aus Inkrementen (λ_{max})	237 nm
	experimenteller Wert (λ_{max})	232 nm

Substituierte Benzolderivate – K-Bande.

Basis-System	Struktur	Basiswert λ_{max} in nm
aromatische Ketone	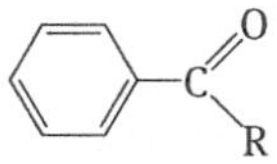	246
aromatische Aldehyde	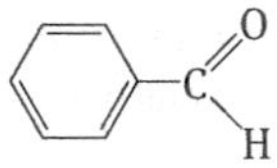	250
aromatische Säuren und Ester	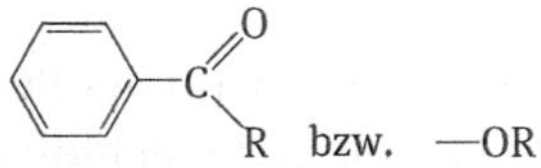	230
aromatische Nitrile	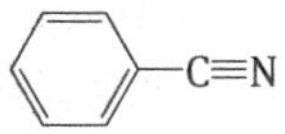	224

Inkremente für weitere Substituenten:

	Position zum Erstsubstituent ortho	meta	para
Alkyl (R)	3	3	10
OH, Alkyl-O	7	7	25
O—	11	20	78
Cl	0	0	10
Br	2	2	15
NH_2	13	13	58
NHAc	20	20	45
NHR			73
NR_2	20	20	85

Diese Werte gelten für Ethanol als Lösemittel.

Basis-System	Struktur	Basiswert λ_{max} in nm
Beispiel:	Es ist die Lage der Absorptionsbande (λ_{max} der K-Bande) für p-Methoxybenzaldehyd abzuschätzen:	
	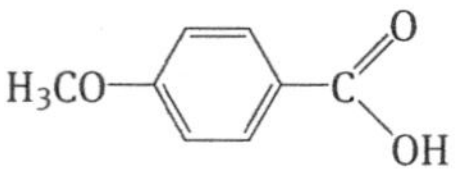	
	Basiswert für aromatische Aldehyde	250 nm
	Alkoxysubstituent in para-Stellung	+25 nm
	Schätzwert aus Inkrementen (λ_{max})	275 nm
	experimenteller Wert (λ_{max})	277 nm

4.2.9 Berechnung des molaren Extinktionskoeffizienten [17]

Nach dem Lambert-Beer'schen Gesetz ist die Absorption elektromagnetischer Strahlung durch Atome oder Moleküle proportional der Anzahl der absorbierenden Teile und unabhängig von der Strahlungsleistung der Lichtquelle.

$E_\lambda = -\lg \frac{\Phi_a}{\Phi_e} = \varepsilon_\lambda \cdot c(\mathrm{X}) \cdot d$	E_λ: Extinktion bei der Wellenlänge λ Φ_a: austretende Strahlungsleistung in W Φ_e: eingedrungene Strahlungsleistung in W ε_λ: molarer Extinktionskoeffizient in l/mol·cm c(X): Stoffmengenkonzentration in mol/l d: Schichtdicke der Lösung in cm

Die Extinktion wird gemessen, indem man die Lösung (in der Regel sehr verdünnt) der zu vermessenden Substanz in einer Küvette (definierte Schichtdicke) in einem Photometer bestrahlt und die Strahlungsleistung vor und nach Passieren der Lösung misst. Den negativen dekadischen Logarithmus des Leistungsverhältnisses Φ_a/Φ_e bezeichnet man als Extinktion. Moderne Spektralphotometer erlauben es, kontinuierlich die Wellenlänge zu variieren und dabei die Extinktion gegen die Wellenlänge aufzuzeichnen.

Die Extinktion hängt von der Anzahl der absorbierenden Teilchen ab und ist somit abhängig von der Stoffmengenkonzentration der Lösung und ihrer Schichtdicke. Sie ist ferner abhängig vom molaren Extinktionskoeffizienten, der letztlich ein Maß für die Absorptionswahrscheinlichkeit darstellt und u. a. von der Molekülstruktur und der Messwellenlänge bestimmt wird.

Bei allen Methoden der Flüssigkeitschromatographie (z. B. HPLC, GPC usw.) spielen optische Detektoren (oft vereinfacht als UV-Detektoren bezeichnet) eine große Rolle. Um eine möglichst hohe Empfindlichkeit zu erreichen, sollte eine Substanz bei der Wellenlänge detektiert werden, bei der der molare Extinktionskoeffizient seinen höchsten Wert erreicht.

Beispiel:

Berechnung des molaren Extinktionskoeffizienten von Diisopropylketon. Zur Messung wurden 9,96 mg der Verbindung in einen 100-ml-Messkolben eingewogen und mit Ethanol aufgefüllt. Die molare Masse der Verbindung beträgt 114 g/mol. Die Messung erfolgte mit einer 1-cm-Küvette. Folgendes Spektrum wurde erhalten:

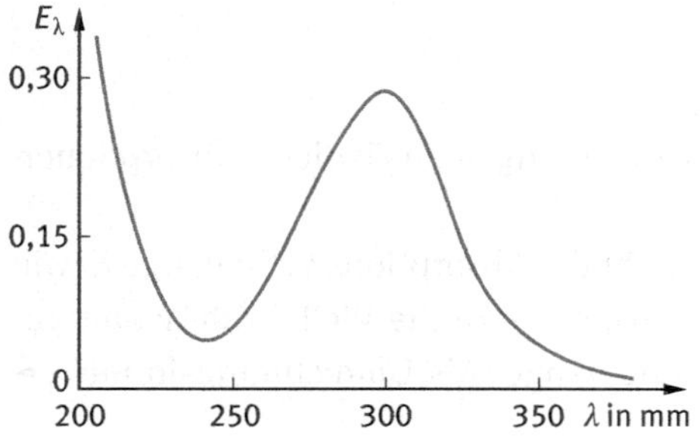

Elektronenspektrum von Diisopropylketon.

Dem Spektrum ist zu entnehmen, dass die Verbindung bei 300 nm ein Maximum mit einer Extinktion von 0,3 aufweist. Durch Umformen der obigen Gleichung nach ε erhält man mit

$$c(\mathrm{X}) = \frac{0{,}00996\ \mathrm{g}}{114\ \mathrm{g/mol} \cdot 0{,}1\ \mathrm{l}} = 0{,}000874\ \mathrm{mol/l}$$

$$\varepsilon_\lambda = \frac{E_\lambda}{c(\mathrm{X}) \cdot d} = \frac{0{,}3}{0{,}000874\ \mathrm{mol/l} \cdot 1\ \mathrm{cm}} = \mathbf{343{,}3\ l/mol \cdot cm}$$

4.3 Infrarotspektroskopie [18]

Molekülschwingungen liegen in der Regel energetisch im infraroten Spektralbereich elektromagnetischer Strahlung. Die Absorptionen in diesem Bereich (IR-Spektren) haben einen sehr hohen Informationsgehalt. Lage und Intensität dieser Banden geben vielfältige Hinweise auf Struktur und funktionelle Gruppen in organischen Molekülen.

Je nachdem, wie sich die einzelnen Atome bzw. Atomgruppen relativ bei einer Schwingung zu einander bewegen, unterscheidet man folgende Schwingungsarten:

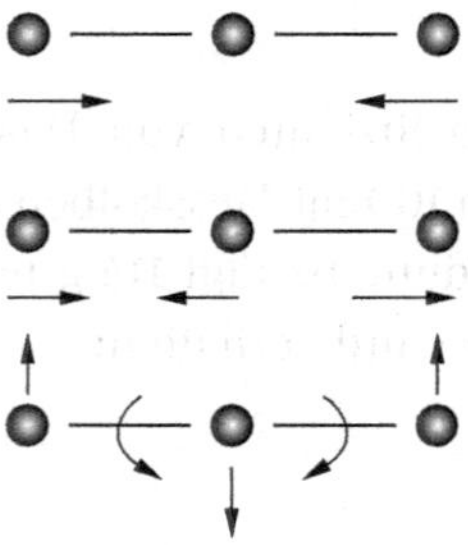

Daneben gibt es durch Ober- und Kombinationsschwingungen zusätzliche Absorptionen im IR-Bereich.

In der IR-Spektroskopie wird im Allgemeinen nicht die Absorptionswellenlänge λ (wie bei der Spektroskopie im sichtbaren und UV-Bereich), sondern die Wellenzahl $\tilde{\nu}$ angegeben. Die Wellenzahl ist der reziproke Wert der Wellenlänge. Als Umrechnungsformel ergibt sich:

$\tilde{\nu} = \frac{10^4\ \mu m/cm}{\lambda}$	$\tilde{\nu}$: Wellenzahl in cm^{-1} λ: Wellenlänge in µm

4.3.1 Spektrale Regionen im IR-Bereich und ihre Anwendungen

Bereich	Wellenzahl in cm^{-1}	Wellenlänge in µm	Bemerkung
nahes IR	12500–4000	0,8–2,5	qualitative und quantitative Analyse von wasserstoffhaltigen funktionellen Gruppen
mittleres IR	4000–600	1,5–16,7	Absorptionsbereich typischer funktioneller Gruppen, auch „Vibrationsbereich“ genannt
fernes IR	600–30	16,7–330	Schwingungen niedriger Energie, zur Untersuchung anorganischer und metallorganischer Verbindungen geeignet, Skelett- und Ringdeformationsschwingungen

4.3.2 Lösemittel für die Infrarotspektroskopie

Die schwarzen Balken geben die Durchlässigkeit an, wobei bei einer Schichtdicke von 150 µm eine Mindestdurchlässigkeit von 20 % gegeben ist. Umfassende Informationen zur Probenvorbereitung finden sich in [18].

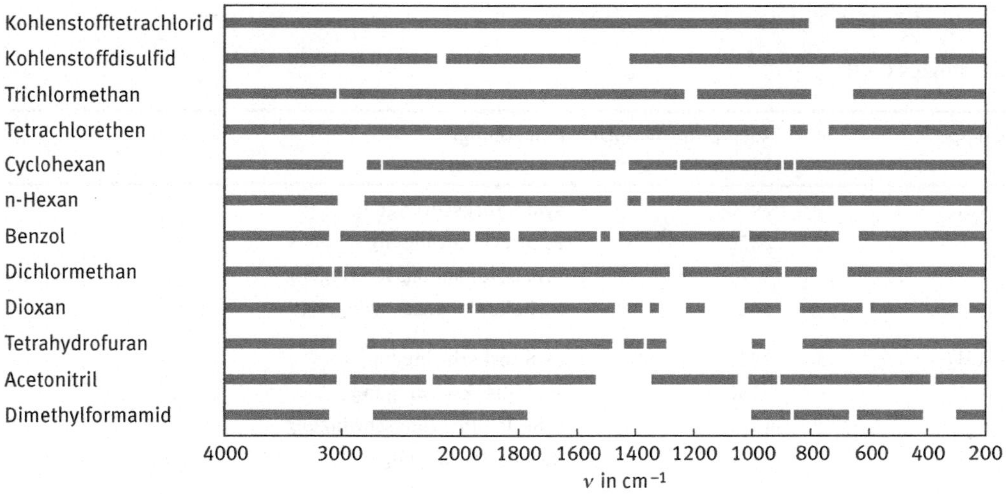

4.3.3 Materialien für Küvetten und Fenster

Material	Nutzbarer Bereich Langwellige Grenze in cm^{-1}	Bemerkungen
NaCl	650	Standardmaterial für den Bereich 5000–650 cm^{-1} wenig löslich in wasserfreiem Ethanol
KBr	380	geeignet für Messungen bis 380 cm^{-1} löslich in Ethanol, hygroskopisch
CsI	200	löslich in Ethanol
KRS-5	250	KRS-5: TlBr, w = 42 % / TlI, w = 58 %, für wässrige Lösungen, empfindlich gegen organische Lösemittel, sehr weiches Material
CaF_2	1300	gute Auflösung für OH-, NH- und CH-Streck-schwingungen
AgCl AgBr	435 285	in Wasser praktisch unlöslich, geeignet für korrosive Flüssigkeiten, sehr weiches Material
Al_2O_3 (Saphir)	1800	sehr hart, geeignet für hohe Drücke
SiO_2 (Quarz)	2800	sehr widerstandsfähig, geeignet für Messungen unter Druck, nahes IR
Polyethylen	10	geeignet für wässrige Lösungen, organische Lösemittel im langwelligen und fernen IR, in dickeren Schichten erst unterhalb 500 cm^{-1} einsetzbar

4.3.4 Charakteristische IR-Absorptionen

Gesättigtes C—H.

Gruppe	Absorptionsbereich $\tilde{\nu}$ in cm^{-1}	Bemerkungen
$—CH_3$	2960	sym-Streckschwingung
	2870	as-Streckschwingung
	1375	sym-Deformationsschwingung
	1460	as-Deformationsschwingung
$—CH_2—$	2925	as-Streckschwingung
	2850	sym-Streckschwingung
	1470	sym-Deformationsschwingung
	720	Rockingschwingungen
$—\overset{|}{\underset{|}{C}}H$	2890	Streckschwingung
	1340	Deformationsschwingung
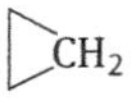	3050	Skelettschwingung, ebenso für Epoxide,
	1010	Aziridine und $—CH_2$-Hal[a]
$—C(CH_3)_3$	1397, 1370	charakteristisches Dublett
	1250, 1210	
$>C(CH_3)_2$	1385, 1370	charakteristisches Dublett
	1145, 1170	
$—O—CH_3$	2850–2810	
$—O—CH_2—O—$	2790–2770	
$>N—CH_3$	2820–2780	

a Cl, Br, I.

Olefine, Alkine, Aromaten.

Gruppe	Absorptionsbereich $\tilde{\nu}$ in cm^{-1}	Bemerkungen
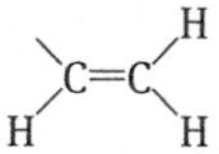	3085, 3015	CH-Streckschwingung
	1638–1648	CC-Deformationsschwingung
(monosubstituiert)	990, 910	Deformationsschwingung
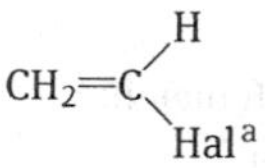	1601	Deformationsschwingungen
	1593, 1581	

a Cl, Br, I.

Olefine, Alkine, Aromaten.

Gruppe		Absorptionsbereich $\tilde{\nu}$ in cm^{-1}	Bemerkungen
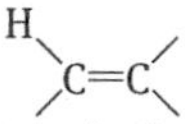		3020	CH-Valenzschwingung
trisubstitutiert		1665–1675	CC-Valenzschwingung
		790– 840	
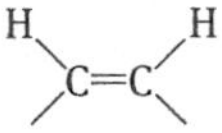		3020	CH-Valenzschwingung
cis		1652–1662	CC-Valenzschwingung
		690	
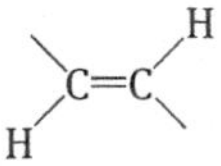		3020	CH-Valenzschwingung
		1668–1678	
trans			
	n		
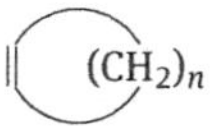	1	1640	CC-Valenzschwingungen
	2	1566	
	3	1611	
	4	1646	
	5	1650	
	n		
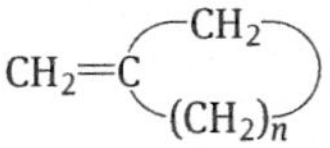	1	1730	
	2	1678	
	3	1657	
	4	1651	
—C≡C—H		3340–3267	CH-Valenzschwingung
		2260–2190	CC-Valenzschwingung
		7000–6100	CH-Deformationsschwingung
—C≡C—		2260–2150	CC-Valenzschwingung
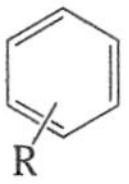		3040–3010	CH-Valenzschwingung, in der Regel schwach
		2000–1600	schwache Banden, Ober- und Kombinationsschwingungen
		1580–1600	CC-Valenzschwingungen,
		1450–1500	Ringverzerrung
		1225– 950	Fingerprintbereich, geringer diagnostischer Wert
		900	CH – „out of plane“ – Schwingungen, Lage und Intensität von der Substitution des Aromaten abhängig

Kumulierte Doppel- und Dreifachbindungen.

Gruppe	Absorptionsbereich $\tilde{\nu}$ in cm^{-1}	Bemerkungen
$>C=C=C<$ Allene	1950	Dublett, wenn mit elektronenziehenden Gruppen substituiert
$>C=C=O$ Ketene	2150, 1120	
$>C=C=N-$ Ketenimine	2000	
$O=C=O$ Kohlenstoffdioxid	2349	
$-N=C=N-$ Carbodiimide	2140–2130 2145–2115	aliphatische aromatische, sehr hohe Intensität
$-N=C=O$ Isocyanate	2275–2260 1390–1350	sehr hohe Intensität Konjugation beeinflusst nicht die Bandenlage
$-N=C=S$ Isothiocyanate	2140–1990 2130–2140	aliphatisch aromatisch
$-N_3$ Azide	2160–2120	
$>C=\overset{\oplus}{N}=\overset{\ominus}{N}$ Diazoalkane	2050–2035	
$R-C\equiv N$ Nitrile	2260–2200	CN-Valenzschwingung
$R-\overset{\oplus}{N}\equiv\overset{\ominus}{C}$ Isonitrile	2200–2100	
$R-S-C\equiv N$ Thiocyanate	2140 2175–2160	aliphatisch aromatisch
$R-\overset{\oplus}{N}\equiv N\ X^{\ominus}$ Diazoniumsalze	2280–2240	Bandenlage kaum abhängig vom Gegenion
$-C\equiv\overset{\oplus}{N}\rightarrow\overset{\ominus}{O}$ Nitriloxide	2300–2290	

Alkohole, Phenole und sonstige OH-Gruppen.

Gruppe	Absorptionsbereich $\tilde{\nu}$ in cm^{-1}	Bemerkungen
Wasser in Lösung	3710	
R—OH prim. Alkohol	3635 1350–1250 1045	OH-Valenzschwingung OH-Deformationschwingung CO-Valenzschwingung
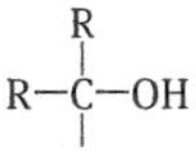 sek. Alkohol	3625 1350–1250 1100	OH–Valenzschwingung OH-Deformationschwingung CO-Valenzschwingung
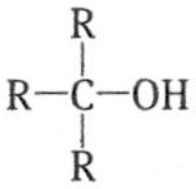 tert. Alkohol	3615 1410–1310 1150	OH-Valenzschwingung OH-Deformationschwingung CO-Valenzschwingung
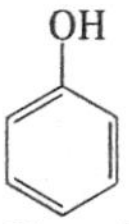 Phenole	3600 1410–1310	
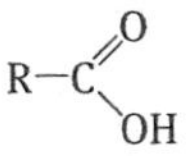 Säuren (monomer)	3550	
—OH	3600–3500	scharfe Bande bei Dimeren H-Brücke
H-Brücken intermolektular	3400–3200	breiter je tiefer die Frequenz, umso stärker die H-Brücke
—OH	3200–2500	Chelat-Brücken
H-Brücken intramolekular	3600–3500	Polyhydroxyverbindungen relativ scharfe Bande, kritischer OH-Abstand 0,35 nm

Ether, Acetale, Ketale.

Gruppe	Absorptionsbereich $\tilde{\nu}$ in cm^{-1}	Bemerkungen
R—O—R R: Alkyl	1150–1100	asym. COC-Streckschwingung
R—O—R′ R: Alkyl R′: Vinyl Aryl	1275–1200	
$>C(O{-}R)(O{-}R')$ Acetale	1190–1160 1195–1125 1098–1063	in der Regel Gruppen von vier Banden, Orthoester fallen ebenfalls in diese Kategorie
Ketale	1116–1103	zusätzlich bei Acetalen

Amine, Imine, Ammoniumverbindungen.

Gruppe	Absorptionsbereich $\tilde{\nu}$ in cm^{-1}	Bemerkungen
$R{-}NH_2$ prim. Amine	3500–3300 1640–1560 1230–1030	zwei Banden sym. u. asym. Valenzschwingung
$R_2N{-}H$ sek. Amin	3350–3310 1580–1490 1230–1030	sek. Amine absorbieren schwächer, oft sehr schwach und daher kaum bemerkt
$R_2C{=}N{-}H$	3400 1670 1640 1590–1500	für R: Alkyl für R: Aryl
$NH_4^{\oplus}$	3300–3030 1430–1390	breite Banden
$R{-}\overset{\oplus}{N}H_3$	3130–3030 2000, 2500	z. B. in Aminosäuren Banden tauchen nicht immer auf
$R_2\overset{\oplus}{N}H_2$	2700–2250	breite Banden
$R_2C{=}\overset{\oplus}{N}{-}H$	2500–2300 2200–1800	

Oxime, Nitroverbindungen, Salpeter- und Salpetrigsäureester.

Gruppe	Absorptionsbereich $\tilde{\nu}$ in cm^{-1}	Bemerkungen
$R_2C=N-OH$ Oxime	3650–3500 1685–1650	im Allgemeinen schwach
R_3C-NO_2 Nitroverbindungen	1570–1550 1360–1320 870– 830	für R: Alkyl, Konjugation erniedrigt die Werte um ca. 30 cm^{-1}
$R_3C-O-NO_2$ Ester der Salpetersäure	1650–1620 1300–1250 870– 830	
$R_3C-O-NO$ Ester der salpetrigen Säure	1680–1650 850– 750	

Carbonylverbindungen, Ketone.

Gruppe	Absorptionsbereich $\tilde{\nu}$ in cm^{-1}	Bemerkungen
$R_1R_2C=O$ R_1, R_2: Alkyl	1725–1705	$>C=O$
R_1: —CH=CH— R_2: Alkyl	1685–1665	Banden der —C=C-Doppelbindung zusätzlich
R_1, R_2: —CH=CH—	1670–1660	
R_1: Aryl R_2: Alkyl	1700–1680	
Cyclopropyl	1705–1685	
Vierringketone	1780	Konjugation beeinflusst diese Werte analog wie bei offenkettigen Ketonen
Fünfringketone	1750–1740	
Sechsringe und höher		Werte ähnlich den entsprechenden offenkettigen Systemen

Gruppe	Absorptionsbereich $\tilde{\nu}$ in cm^{-1}	Bemerkungen
α-Halogenketone	1745–1725	wird von der Konformation beeinflusst, höchste Werte, wenn Halogene in der C=O-Ebene liegen
α,α-Halogendiketone	1765–1745	
1,2-Diketone	1730–1710	evtl. 2 Banden bei unsymmetrischer Substitution
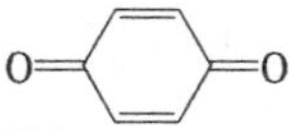 Chinone	1690–1660	C=C gewöhnlich bei 1600 cm^{-1}

Carbonylverbindungen, Aldehyde.

Gruppe	Absorptionsbereich $\tilde{\nu}$ in cm^{-1}	Bemerkungen
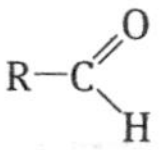		
R: Alkyl	1740–1720	
R: —CH=CH—	1705–1680	
R: Aryl	1715–1695	ortho-Hydroxy oder Aminofunktionen werden infolge H-Brückenbildung nach 1655–1625 cm^{-1} verschoben

Carbonylverbindungen, Säuren.

Gruppe	Absorptionsbereich $\tilde{\nu}$ in cm^{-1}	Bemerkungen
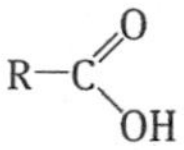		
R: ges. Alkyl	1725–1700	Monomere absorbieren bei 1760, in der Regel werden jedoch nur die dimeren H-Brücken beobachtet
R: —CH=CH—	1715–1690	
R: Aryl	1700–1680	
R: —CH— Hal[a]	1740–1720	evtl. Bandenaufspaltung
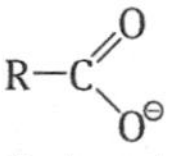 Carboxylation	1610–1550 1420–1300	antisymmetrische und symmetrische Valenzschwingung

a Cl, Br, I.

Carbonylverbindungen, Ester.

Gruppe	Absorptionsbereich $\tilde{\nu}$ in cm^{-1}	Bemerkungen
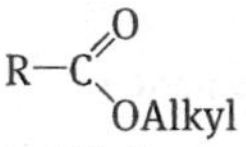		
R: Alkyl	1750–1735	
R: —CH=CH— R: Aryl	1730–1715	
—CH(Hal[a])—	1770–1745	
—C(=O)—	1755–1740	
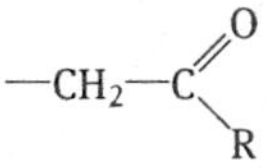		
R: —CH=CH— R: Aryl	1800–1770	
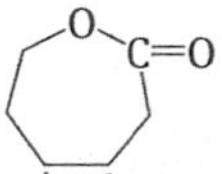 ε-Lacton	1730	
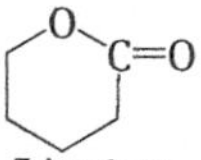 δ-Lacton	1750	
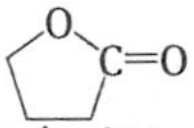 γ-Lacton	1775	
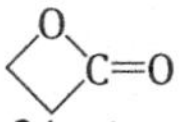 β-Lacton	1840	
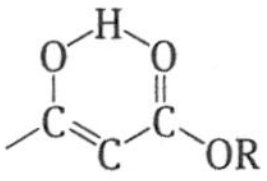 β-Ketoester Enolform	1600	Ketoform normal, H-Brückenbindung verschiebt nach tieferen Frequenzen

a Cl, Br, I.

Carbonylverbindungen, Amide und verwandte Verbindungen.

Gruppe	Absorptionsbereich $\tilde{\nu}$ in cm^{-1}	Bemerkungen
primäre Amide 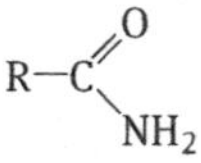		Die gesamte Amidabsorption ist kompliziert. Dies hängt mit der Möglichkeit von cis-trans Isomerien sowie H-Brückenbildung zusammen. Die Absorptionen werden in sechs Klassen I–VI eingeteilt.
in Lösung	1690	Amid I: C=O-Valenz
im festen Zustand	1650	
in Lösung	1600	Amid II: meist NH-Bindung
im festen Zustand	1640	Amid I ist in der Regel intensiver als Amid II.
N-Monosubstituierte Amide 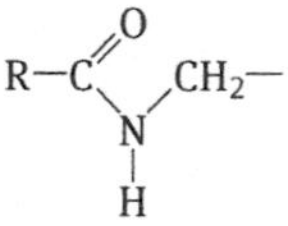	1680–1630	Amid II
N-Disubstituierte Amide 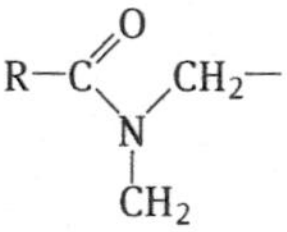	1670–1630	Da keine H-Brücken auftreten, sind Lösungs- und Festkörperspektren sehr ähnlich.
Lactame 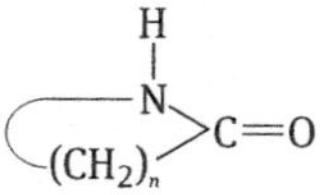		
$n = 5$	1669	
$n = 4$	1673	
$n = 3$	1717	
$n = 2$	1750	
$n = 1$	1850	
Imide 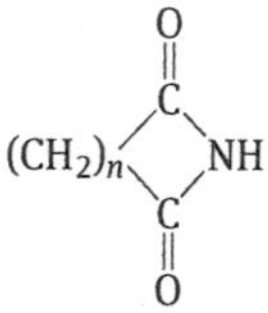		
$n = 6$	1710, 1700	
$n = 5$	1770, 1700	
Urethan 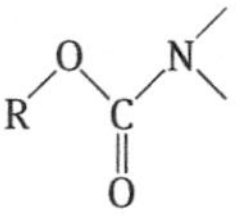	1735–1700	

Gruppe	Absorptionsbereich $\tilde{\nu}$ in cm^{-1}	Bemerkungen
Harnstoffderivat		
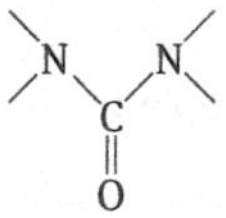	1660	
Thiosäuren und Ester		
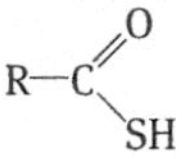	1720	
S-Alkyl	1690	
S-Aryl	1710	

Carbonylverbindungen, Säurechloride, Anhydride, Peroxide.

Gruppe	Absorptionsbereich $\tilde{\nu}$ in cm^{-1}	Bemerkungen
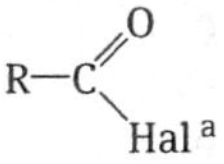	1800	
R: —CH=CH-Aryl Säurechloride	1780 – 1750	
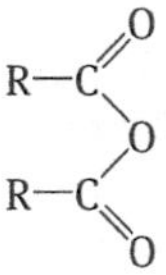		
R: Alkyl	1830–1810 1770–1750	
R: —CH=C-Aryl Anhydride	1795–1775 1735–1715	
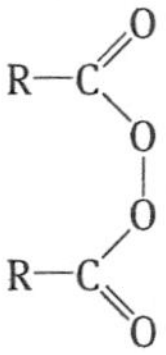 Peroxide	1820–1810 1795–1785	

a Cl, Br, I.

4.4 ^{1}H-Kernresonanzspektroskopie [19]

4.4.1 Eigenschaften verschiedener für die ^{1}H-NMR-Spektroskopie interessanter Kerne

Isotop	NMR-Frequenz[a]	natürlicher Massenanteil in %	relative Empfindlichkeit	Spin I
^{1}H	42,576	99,9844	1,000	½
^{2}H	6,5357	$1{,}56 \cdot 10^{-2}$	$9{,}64 \cdot 10^{-3}$	1
^{10}B	4,575	18,83	$1{,}99 \cdot 10^{-2}$	3
^{11}B	13,660	81,17	0,165	3/2
^{12}C	–	98,9	–	0
^{13}C	10,705	1,108	$1{,}59 \cdot 10^{-2}$	½
^{14}N	3,076	99,635	$1{,}01 \cdot 10^{-3}$	1
^{15}N	4,315	0,365	$1{,}04 \cdot 10^{-3}$	½
^{16}O	–	99,76	–	0
^{17}O	5,772	$3{,}7 \cdot 10^{-2}$	$2{,}91 \cdot 10^{-2}$	5/2
^{19}F	40,055	100	0,834	½
^{28}Si	–	92,28	–	0
^{29}Si	8,458	4,70	$7{,}85 \cdot 10^{-2}$	½
^{30}Si	–	3,02	–	0
^{31}P	17,236	100	$6{,}64 \cdot 10^{-2}$	½
^{32}S	–	95,06	–	0
^{33}S	3,266	0,74	$2{,}26 \cdot 10^{-3}$	3/2
^{34}S	–	4,2	–	0
^{35}Cl	4,172	75,4	$4{,}71 \cdot 10^{-3}$	3/2
^{37}Cl	3,472	24,6	$2{,}72 \cdot 10^{-3}$	3/2
^{79}Br	10,667	50,57	$7{,}86 \cdot 10^{-2}$	3/2
^{81}Br	11,499	49,43	$9{,}84 \cdot 10^{-2}$	3/2
^{127}I	8,519	100	$9{,}35 \cdot 10^{-2}$	5/2

a Resonanzfrequenz in MHz bei einem magnetischen Fluss von 1 Tesla.

4.4.2 Lösemittel für die ^{1}H-NMR-Spektroskopie

Lösemittel	**Formel**	**Sdp. in °C**	**Schmp. in °C**	**Absorption in ppm**
Aceton-d_6	CD_3COCD_3	56,2	−95,4	2,07
Acetonitril-d_3	CD_3CN	81,6	−45,7	1,96
Ameisensäure-d_2	DCOOD	101	8,4	8,2; 10,8
Benzol-d_6	C_6D_6	80,1	5,5	7,24
Brombenzol-d_5	C_6D_5Br	156	−30,8	7,1–7,5
Bromoform-d_1	$CDBr_3$	150	8,3	6,82
tert-Butylalkohol-d_{10}	$(CD_3)_3COD$	82	25,5	1,22; 1,35
Chloroform-d_1	$CDCl_3$	61,7	−63,5	7,25
Cyclohexan-d_{12}	C_6D_{12}	80,7	6,55	1,42
1,2-Dichlorethan-d_4	$ClCD_2CD_2Cl$	83,5	−35	3,69
Dichlormethan-d_2	CD_2Cl_2	40	−95,1	5,28
Diethylether-d_{10}	$C_2D_5OC_2D_5$	34,5	−116	1,2; 3,4
Dimethylformamid-d_7	$DCON(CD_3)_2$	152	−61	2,79; 2,94; 7,90
Dimethylsulfoxid-d_6	CD_3SOCD_3	189(d)	18,4	2,50
Dioxan-d_8	$C_4D_6O_2$	102	11,8	3,56
Essigsäure-d_4	CD_3COOD	118	15,75	2,06; 12,0
Ethanol-d_6	CD_3CD_2OD in D_2O	78,15	−120,0	1,17; 3,59; 4,1
Hexamethylphosphorsäuretriamid-d_{18}	$[(CD_3)_2N]_3PO$	232	4	2,64
Hexachlor-1,3-butadien	C_4Cl_6	215	−21	–
Isopropanol-d_8	$CD_3CDODCD_3$	82,4	−89,5	1,2; 1,6; 4,0
Kohlenstoffdisulfid	CS_2	46	−109	–
Methanol-d_4	CD_3OD	64,5	−97,5	3,34; 4,1
Nitrobenzol-d_5	$C_6D_5NO_2$	211	5,8	7,4–8,3
Nitromethan-d_3	CD_3NO_2	101	−28,5	4,29
Pyridin-d_5	C_5D_5N	115,6	−41,8	7,0–7,8; 8,57
Schwefelsäure-d_2	D_2SO_4	> 300	14,35	10,9
Tetrachlormethan	CCl_4	77	−23	–
Tetrahydrofuran-d_8	C_4D_8O	67	−65	1,6–2,0; 3,5–3,8
Trifluoressigsäure-d_1	CF_3COOD	72,4	−15	11,34
Toluol-d_8	$C_6D_5CD_3$	110,6	−95	2,31; 7,10
Wasser-d_2	D_2O	101,4	3,8	4,8

4.4.3 Übersichtstabelle chemischer Verschiebungen

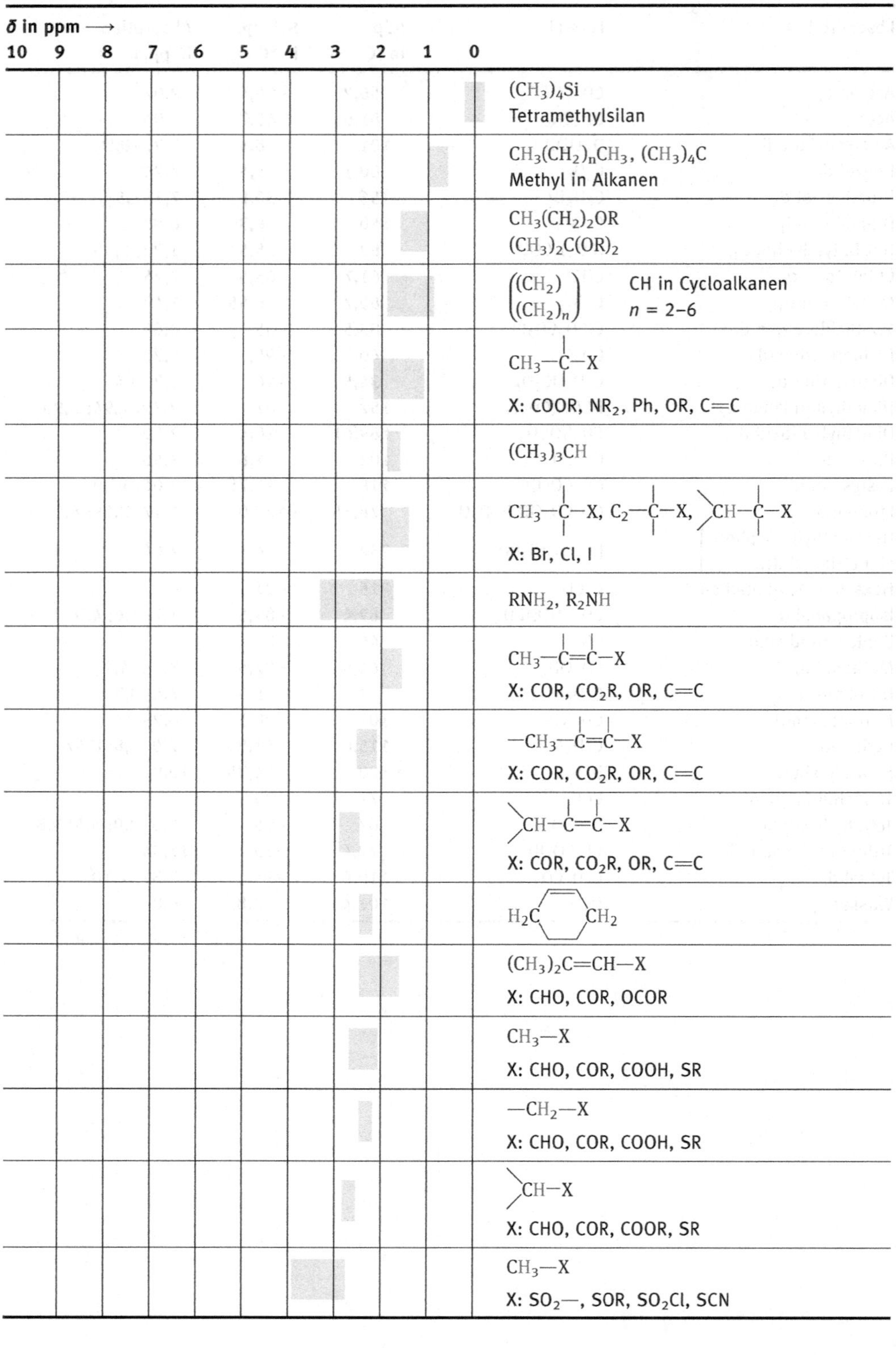

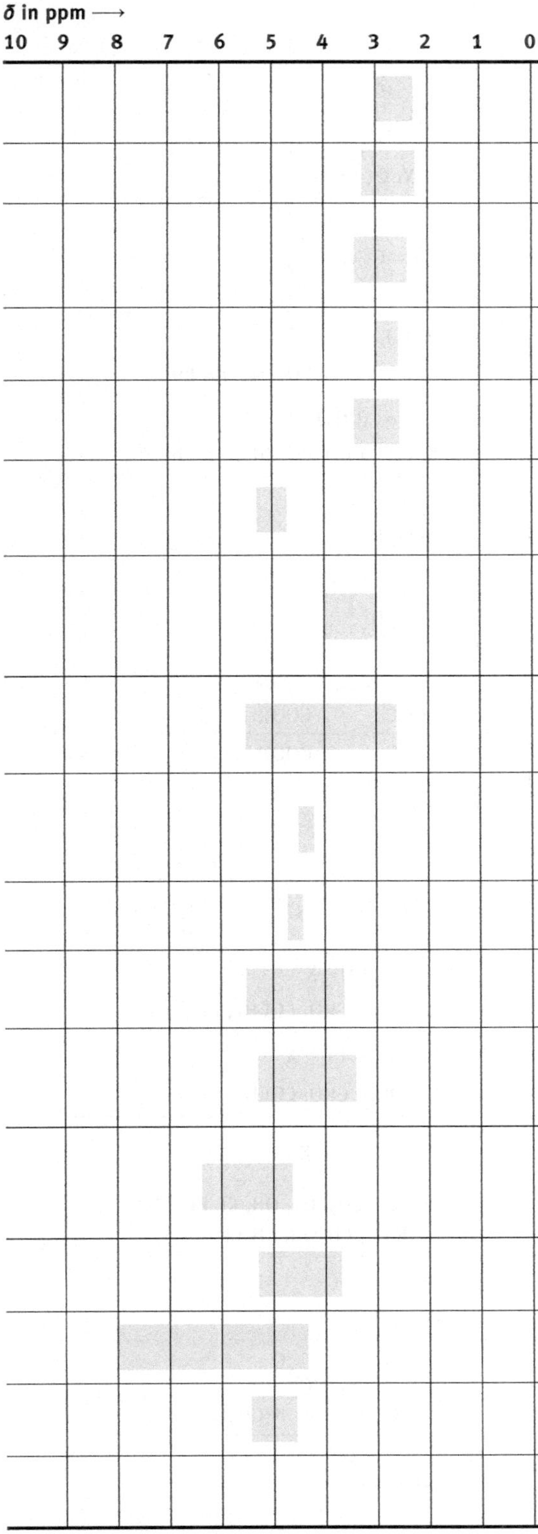

- $(CH_3)_2N{-}X$
  X: CH_2Ph, CH_2OH, Ph
- $(CH_3)_2O$, $(CH_3)_3N$, $(CH_3)_2S$
- $CH_3{-}X$, $-CH_2{-}X$
  X: >N acycl, $NH{-}COCH_3$
- CH_3CH_2Ph, $PhCH_2CH_2Ph$
  $(CH_3)_2CHPh$
- CH_3X, $-CH_2{-}X$
  X: OH, OR, OCOR, OPh
- >CH−X
  X: OH, OR, OCOR, OPh
- $=C{-}CH_2{-}X$
  X: C=C, −CHO, Br, OH
- CH_3X, $-CH_2X$, >CHX
  X: F, Cl, Br, I
- 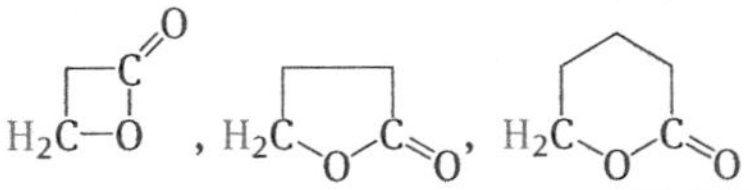
- $H_3C{-}NO_2$, $-CH_2{-}NO_2$, $>CHNO_2$
- ROH, >CHOH, ≡C−OH
- $Ph{-}CH_2{-}X$
  X: −N<, OR, Cl, Br, OCOR
- $Ph{-}CH{-}X$
  X: −N<, OR, Cl, Br, OCOR
- $(CH_3)_2CHOR$, $CH_3CH(OR)_2$
  $CH_2(OR)_2$
- −CH=CH−
  konjugiert
- −CH=CH−
  nicht konjugiert
- $CH_2{=}C$
  terminal

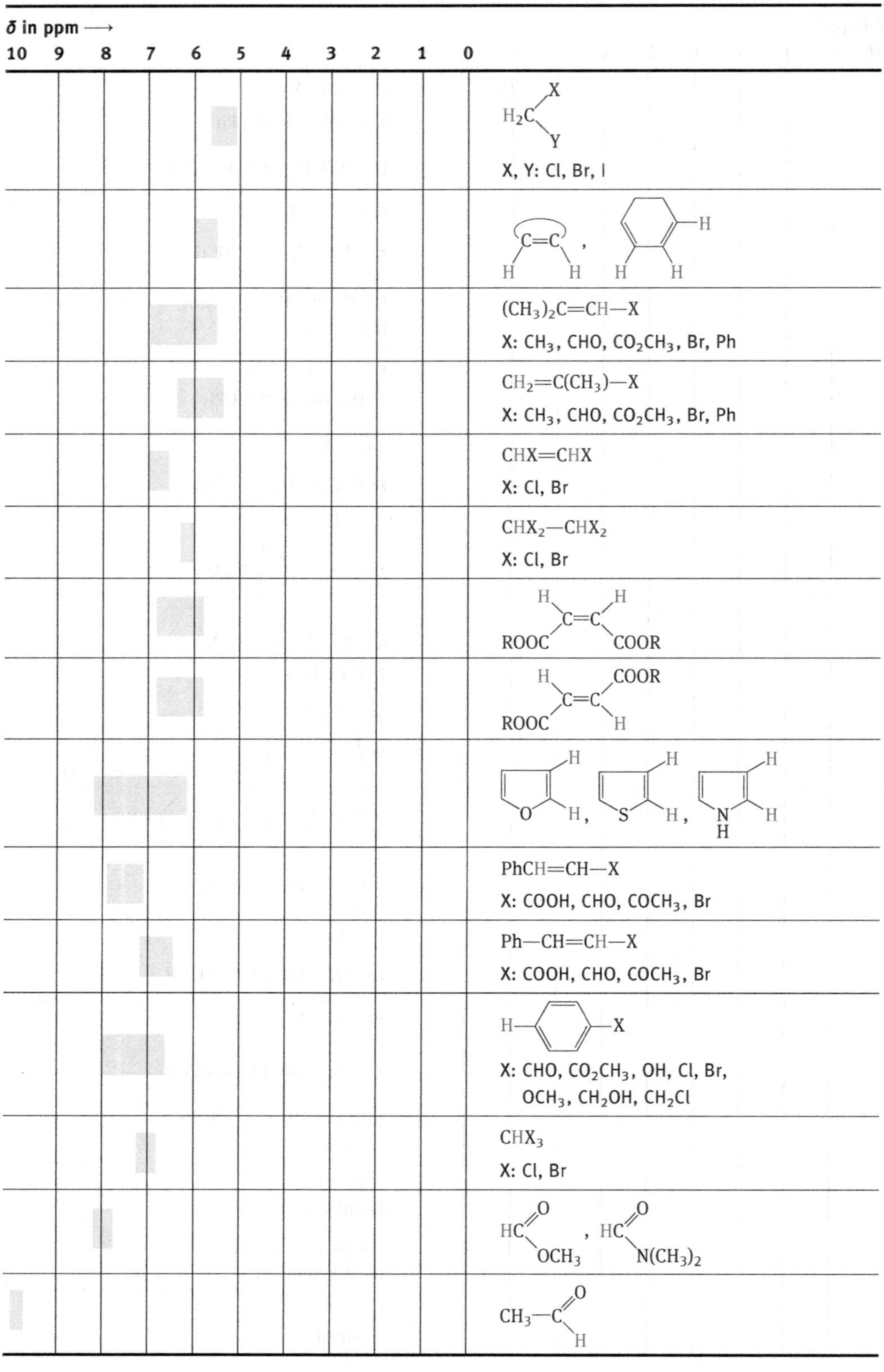
δ in ppm ⟶
10 9 8 7 6 5 4 3 2 1 0
X, Y: Cl, Br, I
(CH3)2C=CH—X
X: CH3, CHO, CO2CH3, Br, Ph
CH2=C(CH3)—X
X: CH3, CHO, CO2CH3, Br, Ph
CHX=CHX
X: Cl, Br
CHX2—CHX2
X: Cl, Br
PhCH=CH—X
X: COOH, CHO, COCH3, Br
Ph—CH=CH—X
X: COOH, CHO, COCH3, Br
X: CHO, CO2CH3, OH, Cl, Br, OCH3, CH2OH, CH2Cl
CHX3
X: Cl, Br

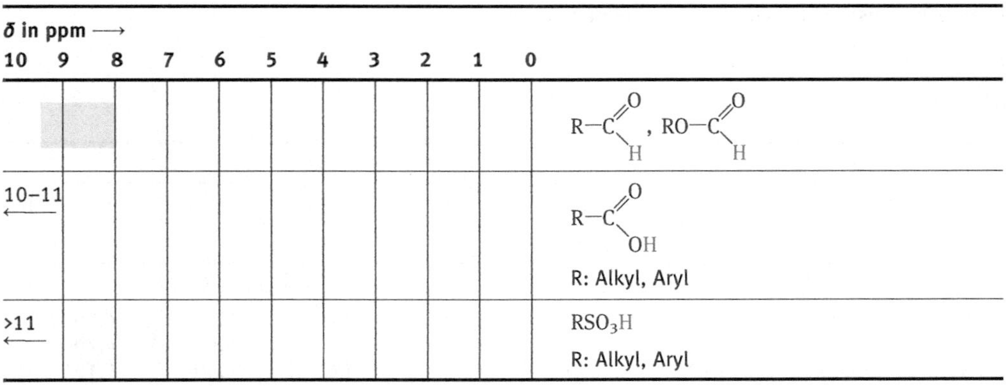

4.4.4 Chemische Verschiebungen einzelner Stoffgruppen

Chemische Verschiebungen an monosubstituierten Alkanen.
δ-Werte in ppm relativ zu Tetramethylsilan (TMS).

R	CH_3–R	C–CH_2–R	C–CH(–C)–R	CH_3–C(–)(–)–R	C–CH_2–C(–)(–)–R	C–CH(–C)–C(–)(–)–R
–H	0,233	0,86	1,33	0,86	1,33	1,56
–CH=CR_2	1,73	2,00	1,73	1,55	1,35	1,00
–C≡CR	1,75	2,15	2,70	1,15	1,50	1,80
–C≡N	1,98	2,35	2,80	1,30	1,60	2,00
–Ph	2,34	2,60	2,87	1,18	1,60	1,80
–CHO	2,17	2,40	2,40	1,13	1,65	
–COR	2,10	2,40	2,55	1,05	1,50	1,70
–COPh	2,50	2,90	3,40	1,18	1,60	2,00
–CO_2R	2,10	2,20	2,50	1,15	1,70	1,80
–$CONR_2$	2,05	2,23	2,40	1,10	1,60	1,80
–I	2,16	3,17	4,25	1,80	1,80	2,10
–Br	2,68	3,36	4,20	1,80	1,90	2,00
–Cl	3,05	3,44	4,10	1,50	1,80	2,00
–F	4,26	4,40	4,80	1,40	1,80	2,10
–OR	3,38	3,40	3,60	1,20		
–OPh	3,82	3,95	4,60	1,30	1,50	1,70
–OCOR	3,65	4,10	5,00	1,25	1,60	1,80
–OCOPh	3,82	4,20	5,10	1,50	1,70	1,90
–$OCOCF_3$	3,95	4,30		1,40	1,60	
–ONO		4,75		1,40		
–NR_2	2,30	2,60	2,90	1,05	1,45	1,70
–$N^{\oplus}R_3$	~3,20	~3,10	~3,60	1,40	1,70	2,00
–NRPh	~2,70	~3,10	~3,60	1,10	1,50	1,80
–NHCOR	2,80	3,30	3,80	1,10	1,50	1,90
–NO_2	4,30	4,40	4,60	1,60	2,05	2,50
–N≡C	2,85		4,80	1,60		
–SR	2,09	2,50	3,00	1,25	1,60	1,90
–SSR	2,30	2,70		1,30	1,70	
–SOR	2,50	3,00	2,80	1,35	1,70	
–SO_2R	2,80	2,90	3,10	1,35	1,70	

Chemische Verschiebungen an disubstituierten Alkanen.

R—CH_2—R′

δ-Werte in ppm.

R	R′						
	—CH=CH—	—Ph	—C(=O)—R	—Cl	—OH	—OR	—O—C(=O)—R
	H						
—CH_3	1,97	2,63	2,47	3,57	3,70	3,40	4,10
—CH=CH—	2,73	3,30	3,10	4,10	4,10	3,97	4,70
—Ph	3,30	3,90	3,50	4,55	4,60	4,50	5,10
—Cl	4,10	4,55	4,50	5,30		5,40	
—OR	3,97	4,50	–	–		4,50	
	—Ph	—C≡N	—Cl	—OC(=O)R	—OR		—OPh
	H						
—C≡N	3,70	4,10	4,10	3,50	4,20		
—NR_2	3,50	–	–	4,20	4,10		4,60
	H						
	—C=C—	—C(=O)—OR	—C(=O)—Ph	-Br	-SR		-NHC(=O)—R
	H						
—CH_3	2,14	2,33	3,00	3,40	2,53		3,26

Chemische Verschiebungen an Aromaten und Heterocyclen.

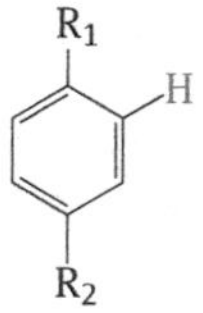

Benzol
p-disubstituiert mit R_1 und R_2

δ-Werte in ppm.

R_2	R_1										
	—CH_3	—CHO	—$COCH_3$	—COCl	—CN	—Cl	—Br	—I	—NH_2	—NO_2	—OCH_3
	H										
—CH_3	6,95	7,68	7,80	7,99	7,45	7,16	7,32	7,51	6,43	8,10	6,69
—CHO	7,26	8,02	8,11	8,30	7,74	7,48	7,63	7,85	6,64	8,46	6,92
—$COCH_3$	7,16	7,92	8,00	8,19	7,63	7,41	7,57	7,73	6,57	8,33	6,85
—COCl	7,23	8,00	8,07	8,26	7,70	7,43	7,59	7,80	6,61	8,41	6,94
—CN	7,23	7,93	8,01	8,20	7,77	7,37	7,53	7,74	6,57	8,35	6,86
—Cl	7,03	7,78	7,84	8,03	7,47	7,24	7,36	7,56	6,46	8,17	6,75
—Br	6,97	7,65	7,77	7,97	7,41	7,14	7,34	7,49	6,41	8,06	6,7
—I	6,85	7,49	7,64	7,83	7,27	7,00	7,16	7,38	6,32	7,91	6,67
—NH_2	6,84	7,48	7,64	7,83	7,27	7,00	7,15	7,34	6,37	7,90	6,61
—NO_2	7,23	8,00	8,07	8,26	7,70	7,52	7,59	7,80	6,61	8,45	6,92
—OCH_3	6,97	7,75	7,80	8,02	7,43	7,16	7,3	7,53	6,43	8,13	6,70

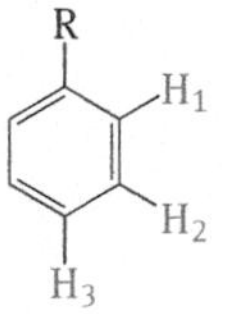

Benzol
monosubstituiert mit R

δ-Werte in ppm.

R	H_1	H_2	H_3
—H	7,27	7,27	7,27
—CH_3	7,07	7,07	7,07
—CH_2CH_3	7,13	7,13	7,13
—CH_2OH	7,28	7,28	7,28
—CH_2Cl	7,32	7,32	7,32
—$CHCl_2$	7,42	7,42	7,42
—CCl_3	7,91	7,40	7,37
—$CH{=}CH_2$	7,5	7,5	7,5
—CHO	7,83	7,49	7,56
—$COCH_3$	7,89	7,41	7,56
—CO_2H	8,12	7,43	7,51
—CO_2CH_3	7,98	7,38	7,48
—COCl	8,11	7,49	7,63
—COBr	8,07	7,48	7,64
—$CONH_2$	7,8	7,5	7,5
—CN	7,63	7,45	7,55
—F	6,99	7,24	7,08
—Cl	7,30	7,25	7,18
—Br	7,45	7,19	7,23
—I	7,67	7,06	7,27
—NH_2	6,52	7,02	6,62
—$NHCH_3$	6,47	7,05	6,59
—$N(CH_3)_2$	6,61	7,09	6,60
—$NHCOCH_3$	7,7	7,1	7,0
—NH_3^+	7,7	7,5	7,5
—NO	7,81	7,55	7,61
—NO_2	8,22	7,53	7,65
—OH	6,68	7,15	6,82
—OCH_3	7,77	7,15	7,37
—$OCOCH_3$	6,79	7,18	6,83
—SCH_3	7,4	7,2	7,1
—SO_2Cl	8,04	7,62	7,72
—SO_3CH_3	7,87	7,53	7,60

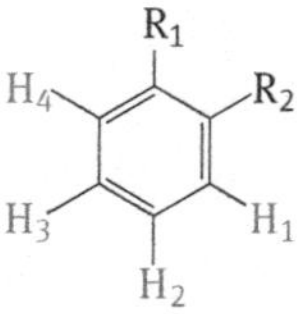

Benzol
o-disubstituiert mit R_1 und R_2

δ-Werte in ppm.

R_1	R_2	H_1	H_2	H_3	H_4
$—CH_3$	$—CH_3$	7,01	7,01	7,01	7,01
$—CH_3$	—Cl	7,24	7,02	7,04	7,11
$—CH_3$	—Br	7,44	6,95	7,09	7,13
$—CH_3$	$—NH_2$	6,43	6,87	6,55	6,88
$—CH_3$	$—NO_2$	7,87	7,29	7,44	7,29
$—CH_3$	—OH	6,59	6,92	6,73	6,99
$—CH_3$	$—OCH_3$	6,66	7,01	6,72	6,99
$—CH_3$	—CN	7,50	7,23	7,42	7,27
—Ph	—Ph	7,27	7,31	7,31	7,27
—Ph	—F	7,04	7,17	7,07	7,33
—Ph	—Cl	7,38	7,16	7,19	7,24
—Ph	—Br	7,58	7,08	7,23	7,23
—Ph	—I	7,87	6,92	7,27	7,21
—Ph	$—NH_2$	6,53	6,98	6,67	6,98
—Ph	$—NO_2$	7,71	7,36	7,48	7,33
—Ph	—OH	6,83	7,11	6,84	7,10
—Ph	—CN	7,64	7,32	7,51	7,41
—F	—Cl	7,34	7,01	7,16	7,07
—F	—Br	7,48	6,94	7,24	7,04
—F	—I	7,69	6,83	7,24	6,99
—Cl	—Cl	7,37	7,11	7,11	7,37
—Cl	—Br	7,54	7,03	7,16	7,37
—Cl	$—NH_2$	6,58	6,93	6,57	7,14
—Cl	$—NO_2$	7,81	7,41	7,50	7,52
—Cl	—OH	6,97	7,11	6,79	7,25
—Cl	$—OCH_3$	6,81	7,10	6,8	7,26
—Br	—Br	7,54	7,08	7,08	7,54
—Br	—I	7,79	6,91	7,12	7,55
—Br	$—NH_2$	6,61	6,99	6,51	7,32
—Br	—t-Bu	7,35	7,12	6,92	7,49
—I	—I	7,81	6,96	6,96	7,81
—I	$—NH_2$	6,58	7,01	6,36	7,53
$—NH_2$	$—OCH_3$	6,56	6,56	6,56	6,56
$—NH_2$	$—NO_2$	8,07	6,67	7,30	6,79
$—NH_2$	—CN	7,29	6,64	7,23	6,69
$—NO_2$	$—NO_2$	8,16	8,01	8,01	8,16
$—NO_2$	—OH	7,10	7,53	6,94	8,05
—OH	—OH	6,68	6,82	6,82	6,68
—t-Bu	—t-Bu	6,96	7,46	7,46	6,96

Verbindung	δ-Wert in ppm	Verbindung	δ-Wert in ppm
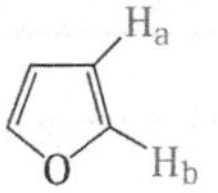	a: 6,3 b: 7,4	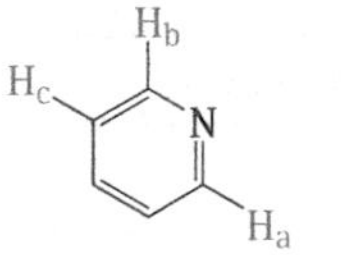	a: 9,2 b: 8,6 c: 7,1
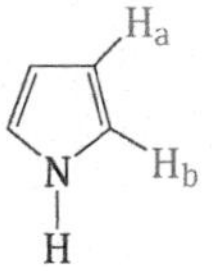	a: 6,1 b: 6,6	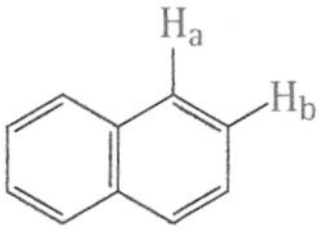	a: 7,8 b: 7,5
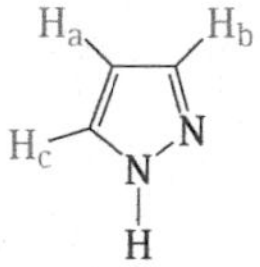	a: 7,6 b: 6,3 c: 7,6	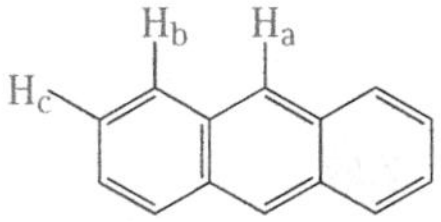	a: 8,3 b: 7,9 c: 7,4
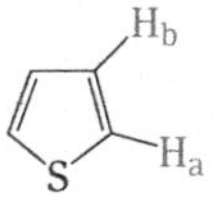	a: 7,2 b: 7,0	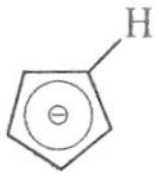 in THF	5,8
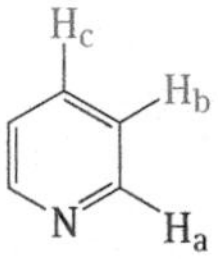	a: 8,5 b: 7,1 c: 7,5	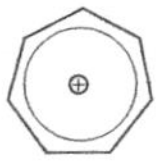 in flüssigem SO_2	9,3
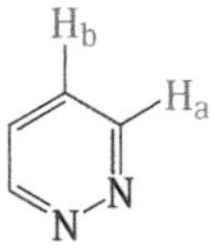	a: 9,2 b: 7,7		

Chemische Verschiebungen an carbocyclischen Verbindungen.

Verbindung	**δ-Wert in ppm**	**Verbindung**	**δ-Wert in ppm**
$(CH_2)_n$ CH_2		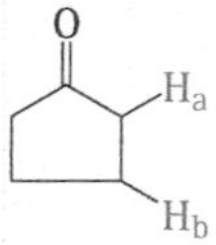	a: 2,06 b: 2,02
Cyclopropan $n = 2$	0,22		
Cyclobutan $n = 3$	1,96		
Cyclohexan $n = 6$	1,44		
Cyclooctan $n = 8$	1,54		
	0,92	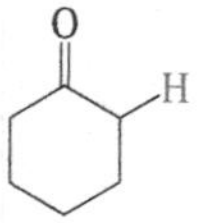	2,25
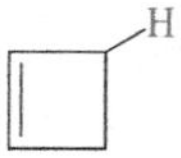	2,57	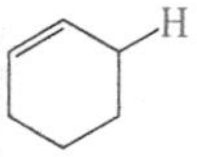	1,96
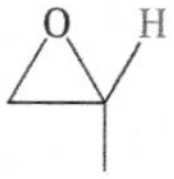	2,54	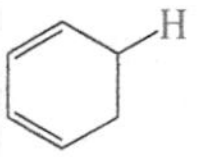	2,15
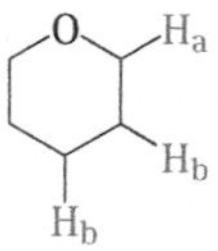	a: 3,56 b: 1,58	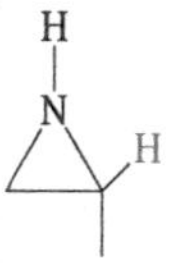	1,48
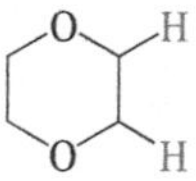	3,59	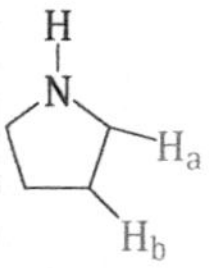	a: 2,74 b: 1,62
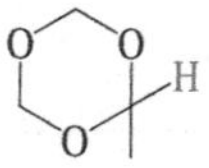	5,0	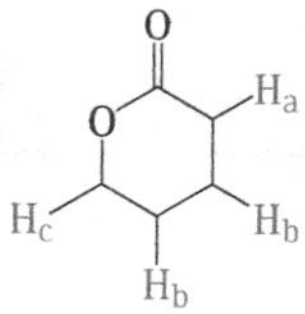	a: 2,27 b: 1,62 c: 4,06
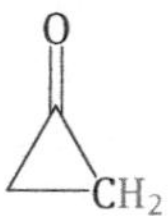	1,65	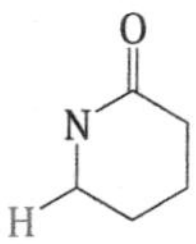	3,17

Chemische Verschiebungen an Doppelbindungen.

Verbindung	δ-Wert in ppm	Verbindung	δ-Wert in ppm
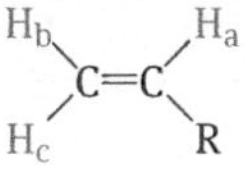	a: 5,7 b: 4,9 c: 5	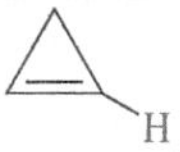	7,0
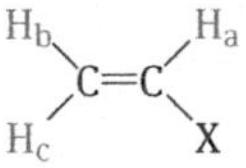		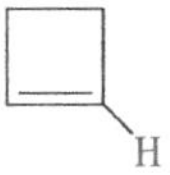	6,0
X: Cl	a: 6,3 b: 5,4 c: 5,5	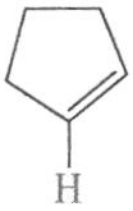	5,6
X: Br	a: 6,5 b: 5,9 c: 6,0	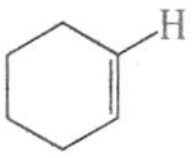	5,6
X: Phenyl	a: 6,7 b: 5,2 c: 5,7	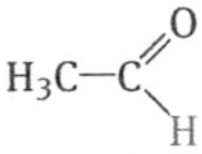	9,7
X: CN	a: 5,5 b: 6,0 c: 5,9	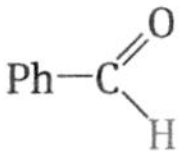	9,8
X: CH_2OH	a: 6,0 b: 5,1 c: 5,3	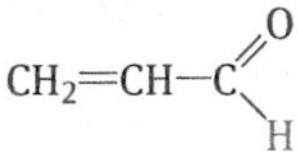	7,8
X: OCH_3	a: 6,4 b: 3,9 c: 4,0	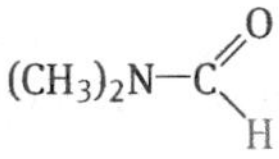	8,1
X: SO_2CH_3	a: 6,7 b: 6,1 c: 6,0	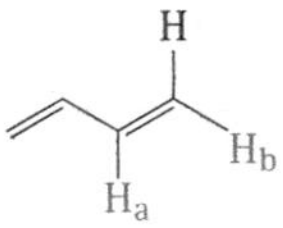	a: 5,2 b: 5,1

4.4.5 Einflüsse von Wasserstoffbrückenbindungen auf die chemische Verschiebung von Protonen

Proton	Verbindung	δ-Wert in ppm
OH	Carbonsäuren	10 –13
	Sulfonsäuren	10 –11
	Phenol	4 –7,5
	Phenole (intramolekular)	5,5–12,5
	Alkohole	0,5–4
		4,1–6,1 (in DMSO)
	Enole (cyclische α-Diketone)	6 –7
	Enole (β-Diketone)	14,5–16,5
	Enole (β-Ketoester)	9,5–10,5
	Wasser	4,5–5
		2,7–2,9 (in Aceton)
	Oxime	9 –12
NH_2, NHR	Alkyl- und cyclische Amine	0,5–3
	Arylamine	3 –5
	Amide	5 –8,5
	Urethane	9,5–10,5
SH	Mercaptane	1,1–1,7
	Thiophenole	2,8–3,8

4.4.6 Abschätzung der chemischen Verschiebung mit Hilfe von Inkrementen

Substituierte Alkane

Für die Berechnung der chemischen Verschiebung der Methylen- bzw. Methinprotonen in folgenden Grundstrukturen gilt:

$R_1\text{—}CH_2\text{—}R_2$ $\delta = 1{,}25 + \sigma_1 + \sigma_2$ $R_1\text{—}CH(R_3)\text{—}R_2$ $\delta = 1{,}5 + \sigma_1 + \sigma_2 + \sigma_3$	δ:	Chemische Verschiebung in ppm relativ zu Tetramethylsilan (TMS)
	1,25 bzw. 1,5:	Grundwerte
	σ_{1-3}:	Inkremente für die Substituenten R_1, R_2 bzw. R_3, siehe nachfolgende Tabelle

Inkremente.

Substituent R_1, R_2, R_3	**σ-Wert für die Inkremente in ppm**
—Alkyl	0,0
—C=C—	0,8
—C≡C—	0,9
—C_6H_5	1,3
—CO—H, —CO-Alkyl	1,2
—COOH	0,8
—CO—O-Alkyl	0,7
—Cl	2,0
—Br	1,9
—I	1,4
—C≡N	1,2
—NH_2, —NH-Alkyl, —N(Alkyl)$_2$	1,0
—NO_2	3,0
—S-Alkyl	1,0
—OH	1,7
—O-Alkyl	1,5
—O—C_6H_5	2,3
—O—CO-Alkyl	2,7
—O—CO—C_6H_5	2,9

Beispiel:

Gesucht wird die chemische Verschiebung für die Methylenprotonen in Bromtoluol:

Grundwert:	1,25 ppm
$\sigma_{⌬}$:	1,3 ppm
σ_{Br}:	1,9 ppm

Summe der Inkrementwerte: 4,45 ppm

Experimentell wird ein Wert von $\delta = 4,5$ ppm gefunden.

4.4.7 Kopplungskonstanten

Geminale Kopplungskonstanten

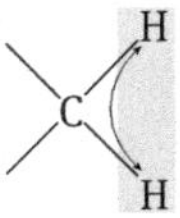

$J_{HCH} = -12 \ldots -15$ Hz

Verbindung	Kopplungskonstante *J* in Hz	Verbindung	Kopplungskonstante *J* in Hz
CH_4	−12,4	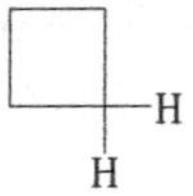	−12,0 … −15,0
CH_3X	− 9,2 … −16,9		
X: I	− 9,2	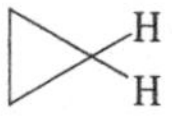	−12,0 … −15,0
Br	−10,2		
Cl	−10,8		
F	−96	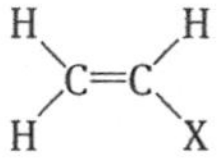	
OH	−10,8		
CN	−16,9		
NO	−13,2		
$COCH_3$	−14,9	X: H	+ 2,3
		CH_3	+ 2,1
CH_2Cl_2	− 7,5	Ph	+ 1,3
	− 0,5 … − 9,9	Cl	− 1,4
		OCH_3	− 2,1

Vicinale Kopplungskonstanten.

Vicinale Kopplungskonstanten in gesättigten Systemen.

Vicinale Kopplungen in ungesättigten Systemen.

Abhängigkeit der Kopplungskonstanten vom Diederwinkel.

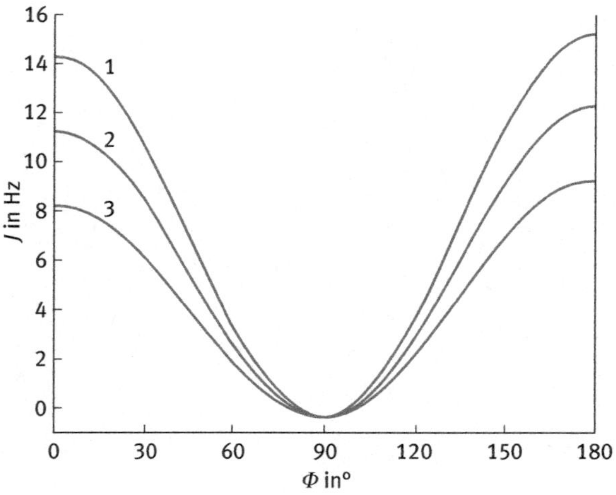

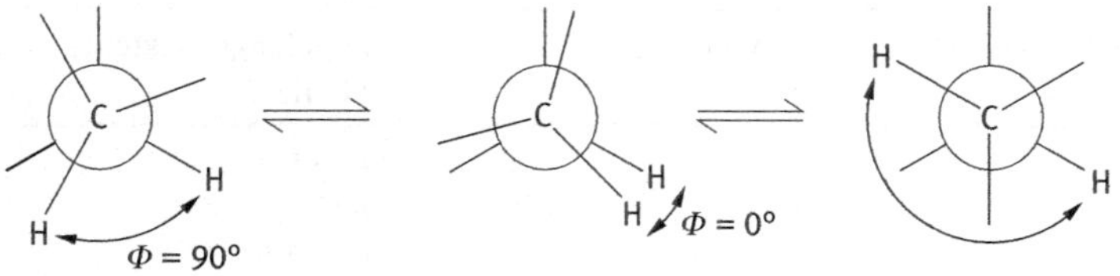

Die Kurven 1–3 sind Beispiele für die Abhängigkeit der Kopplungskonstanten J vom Diederwinkel Φ. Im Falle von 1 liegt J für $\Phi = 0°$ bei 14 Hz und für $\Phi = 180°$ bei 15 Hz. Bei 90° ist in allen drei Fällen $J = 0$ Hz.

Vicinale Kopplungen über C=C-Doppelbindungen.

Verbindung	**Kopplungskonstante *J* in Hz**		**Verbindung**	**Kopplungskonstante *J* in Hz**	
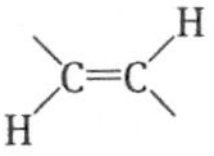	trans	12–18	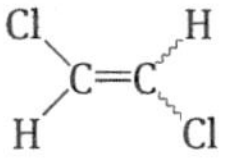	cis trans	5,2 12,2
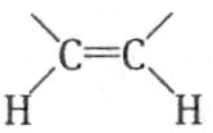	cis	6–12	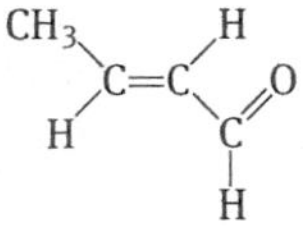	trans	15,4
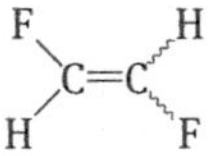	cis trans	−2 +9,5	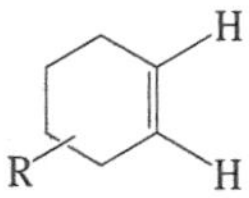		8,8–11

Vicinale Kopplungen über C—C-Einfachbindungen.

Verbindung	**Kopplungskonstante *J* in Hz**	**Verbindung**		**Kopplungskonstante *J* in Hz**
CH_3–CH_3	8,0	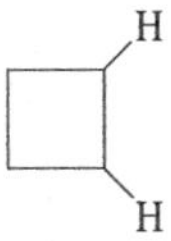		6–10
CH_3–CH_2X				
X: Cl	7,2			
CH_3	7,3			
Ph	7,6	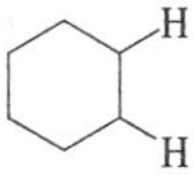	a–a[a]	6–14
OC_2H_5	7,0		a–e[b]	0– 5
$N(C_2H_5)_2$	7,4		e–e	0– 5
CN	7,6			

a a: axial
b e: equatorial

Verbindung		Kopplungskonstante J in Hz	Verbindung		Kopplungskonstante J in Hz
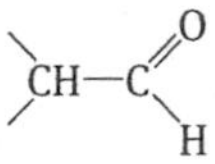		1 -3	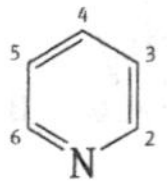	2-3	4 -5,7
				3-4	6,8-9,1
				2-4	0 -2,5
				3-5	0,5-1,8
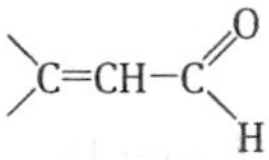		5 -8		2-5	0 -2,3
				2-6	0 -0,6
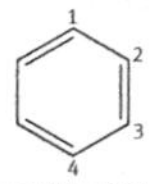	1-2 ortho	6 -9,4		2-3	1,7-2,0
	1-3 meta	1,2-3,1		3-4	3,3-3,8
	1-4 para	0,2-1,5		2-4	0,4-0,9
				2-5	1 -2

4.5 ^{13}C-Kernresonanzspektroskopie

4.5.1 Lösemittel für die ^{13}C-Kernresonanzspektroskopie

Lösemittel	Multiplizität,	$J_{^{13}C-^{2}D}$ in Hz	^{13}C-Verschiebung δ-Wert in ppm
Dichlormethan-d_2	Quintett	27	53,1
Trichlormethan-d_1	Triplett	32	77
Tetrachlormethan	Singulatt		96
Trifluorchlormethan	Dublett		117,6
Tribrommethan-d_1	Triplett	31,5	10,2
Methanol-d_4	Septett	23,5	60,5
Ethanol-d_6	Septett	19,5	15,8
	Quintett	22	55,4
Aceton-d_6	Septett	20	29,8
	Multipl.	< 1	206,5
Tetrahydrofuran-d_8	Quintett	20,5	25,2
	Quintett	22	67,4
Dioxan-d_8	Quintett	22	66,5
Dimethylsulfoxid-d_6	Septett	21	39,7
Benzol-d_6	Triplett	24	128
Acetonitril-d_3	Septett	21	1,3
	Multipl.	< 1	118
Pyridin-d_5	Triplett	25	123,5
	Triplett	24,5	135,5
	Triplett	27,4	149,2
Essigsäure-d_4	Septett	20	20
	Multipl.	< 1	178,4
Nitromethan-d_3	Septett	23,5	60,5
Hexamethylphosphorsäuretriamid-d_{18}	Septett	21	35,8
Kohlenstoffdisulfid	Singulett		192,3

4.5.2 Übersichtstabelle ¹³C-chemischer Verschiebungen

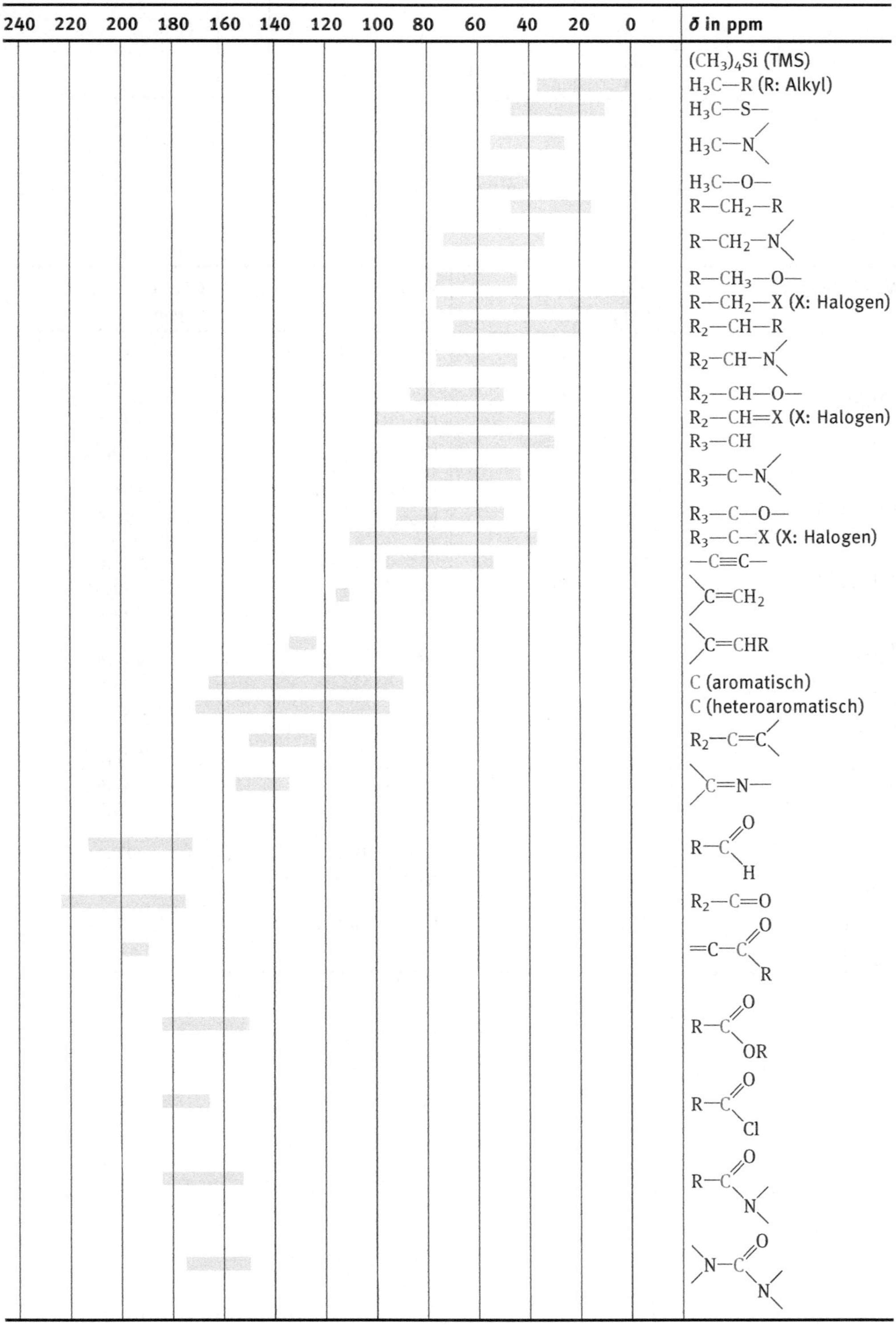

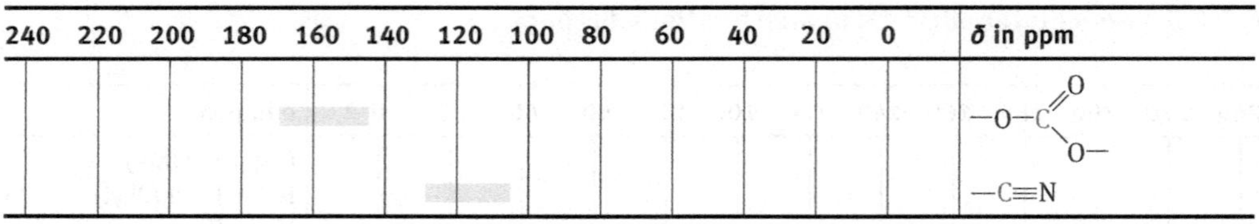

4.5.3 ^{13}C-chemische Verschiebungen einzelner Stoffgruppen

Alkane.

Verbindung	**δ-Wert in ppm**	
CH_4		2,1
CH_3CH_3		5,9
$CH_3\underset{2}{C}H_2\underset{1}{C}H_3$	C_1	15,6
	C_2	16,1
$CH_3(\underset{2}{C}H_2)_2\underset{1}{C}H_3$	C_1	13,0
	C_2	24,8
$(\underset{1}{C}H_3)_3\underset{2}{C}H$	C_1	24,3
	C_2	25,2
$(\underset{2}{C}H_3)_4\underset{1}{C}$	C_1	31,5
	C_2	27,9
		−3,8
		22,1
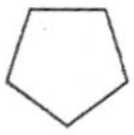		25,3
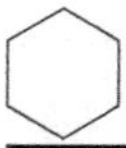		26,6

Alkene.

Verbindung	**δ-Wert in ppm**	
$CH_3\underset{2}{C}H=\underset{1}{C}H_2$	C_1	115,9
	C_2	136,2
$CH_3CH=\underset{1}{C}H\underset{2}{C}H_3$ (cis)	C_1	123,4
	C_2	10,9
$CH_3CH=\underset{1}{C}H\underset{2}{C}H_3$ (trans)	C_1	124,8
	C_2	16,4
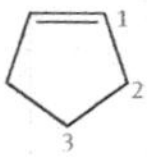	C_1	130,8
	C_2	32,8
	C_3	23,3
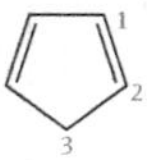	C_1	133,4
	C_2	133,0
	C_3	42,2
	C_1	127,2
	C_2	25,4
	C_3	23,0
CHCl=CHCl (cis)		118,4
CHCl=CHCl (trans)		120,2

Alkine, Allene, Nitrile.

Verbindung		δ-Wert in ppm
$HC\equiv CH$		71,9
$C_2H_5\underset{2}{C}\equiv\underset{1}{C}H$	C_1	67,3
	C_2	85,0
$CH_3C\equiv CCH_3$		73,9
$Ph\underset{2}{C}\equiv\underset{1}{C}H$	C_1	77,6
	C_2	83,9
$C_4H_9\underset{2}{C}\equiv\underset{1}{C}CL$	C_1	56,7
	C_2	68,8
$C_4H_9\underset{2}{C}\equiv\underset{1}{C}Cl$	C_1	-3,3
	C_2	96,8
$H_2C=C=CHCH_3$		209,5
$HC\equiv N$		109,1
$\underset{2}{C}H_3\underset{1}{C}\equiv N$	C_1	117,7
	C_2	1,3
$C\equiv N^{\ominus}$		168,8
$PhC\equiv N$		118,7

Aromatische Kohlenwasserstoffe und Heterocyclen.

Verbindung		δ-Wert in ppm
		128,5
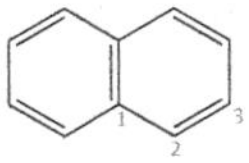	C_1	133,7
	C_2	128,0
	C_3	126,0
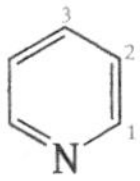	C_1	149,8
	C_2	123,6
	C_3	135,7
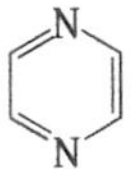		145,2
	C_1	143,0
	C_2	109,9
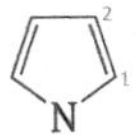	C_1	118,0
	C_2	107,7
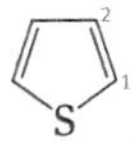	C_1	125,6
	C_2	127,4

Alkohole, Ether.

Verbindung		δ-Wert in ppm
CH_3OH		49
$\underset{1}{C}H_3\underset{2}{C}H_2OH$	C_1	17,6
	C_2	57,0
$\overset{1}{C}H_3\overset{2}{C}H(CH_3)—OH$	C_1	25,1
	C_2	63,4
$(\underset{1}{C}H_3)_3\underset{2}{C}OH$	C_1	31,3
	C_2	68,4
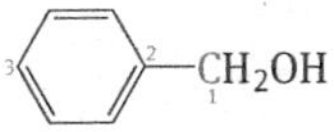	C_1	64,5
	C_2	140
	C_3	127
$CH_3CH_2O\underset{1}{C}H_2\underset{2}{C}H_3$	C_1	65,2
	C_2	14,6

Halogen- und Schwefelverbindungen.

Verbindung		δ-Wert in ppm
CH_3Cl		22
CH_2Cl_2		55
C_1HCl_3		81
CCl_4		98
CH_3Br		14
CH_3I		-21
$\underset{2}{C}H_3\underset{1}{C}H_2F$	C_1	78
	C_2	13
$\underset{2}{C}H_3\underset{1}{C}H_2Cl$	C_1	39
	C_2	17,5
$\underset{2}{C}H_3\underset{1}{C}H_2Br$	C_1	27
	C_2	19

Verbindung	δ-Wert in ppm		Verbindung	δ-Wert in ppm	
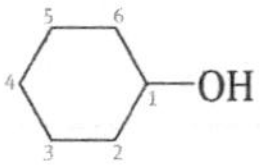	C_1	62,2	CH_3CH_2I (C-2: CH_3, C-1: CH_2)	C_1	0,3
	C_2	33,1		C_2	22
	C_3	26,1	$CH_2{=}CHCl$ (C-2: CH_2, C-1: CHCl)	C_1	125
	C_4	32,3		C_2	116
	C_5	23,1	CH_3SCH_3		19,5
	C_6	14,5	CH_3SOCH_3		43
			$CH_3CH_2SCH_2CH_3$ (C-1: SCH_2, C-2: CH_3)	C_1	26,5
				C_2	16

Amine, Nitroverbindungen, Nitrile.

Verbindung	δ-Wert in ppm	
$CH_3{-}NH_2$		27
$(CH_3)_3N$		47,5
$\underset{2}{C}H_3{-}\underset{1}{C}H_2{-}NH_2$	C_1	36
	C_2	18
$CH_3{-}NO_2$		57,3
$\underset{2}{C}H_3{-}\underset{1}{C}N$	C_1	117,7
	C_2	0,5
$H_2\underset{3}{C}{=}\underset{2}{C}H{-}\underset{1}{C}N$	C_1	117,2
	C_2	107,8
	C_3	137,5
CN^-		168,8
HCN		109,1

Aldehyde, Ketone, Carbonylverbindungen.

$\underset{2}{C}H_3{-}\underset{1}{C}({=}O){-}O\underset{3}{C}H_3$	C_1	173,3
	C_2	19,6
	C_3	50,7
$\underset{2}{C}H_3{-}\underset{1}{C}({=}O){-}OC_2H_5$	C_1	170
	C_2	20

Aldehyde, Ketone, Carbonylverbindungen.

Verbindung	δ-Wert in ppm	
$\underset{2}{C}H_3\underset{1}{C}HO$	C_1	199,7
	C_2	30,7
$CH_3{-}\overset{2}{C}({=}O){-}\underset{1}{C}H_3$	C_1	28
	C_2	205,1
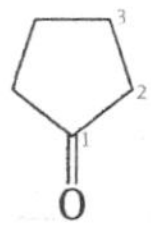	C_1	213,6
	C_2	36,7
	C_3	22
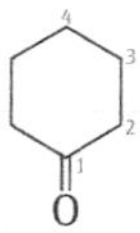	C_1	208,5
	C_2	40,4
	C_3	26,5
	C_4	23,8
$\underset{4}{C}H_3{-}\underset{3}{C}H_2{-}\overset{2}{C}({=}O){-}\underset{1}{C}H_3$	C_1	27,5
	C_2	206,3
	C_3	35,2
	C_4	7
$\underset{2}{C}H_3{-}\underset{1}{C}OOH$	C_1	179
	C_2	21
$\underset{2}{C}H_3{-}\underset{2}{C}H_2{-}\underset{1}{C}OOH$	C_1	180,2
	C_2	27,5
	C_3	8,7
$COOH{-}\underset{2}{C}H_2{-}\underset{1}{C}OOH$	C_1	170,4
	C_2	41,4

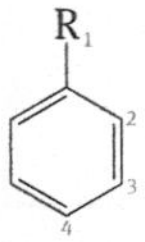

δ-Werte in ppm.

Substituent R	C_1	C_2	C_3	C_4
$—CH_3$	138	129	129	126
$—CH_2OH$	141	127	127	127
—CHO	138	130	130	135
$—COCH_3$	138	129	129	133
—COCl	135	131	130	136
$—C_6H_5$	139	129	129	136
$—NH_2$	148	116	130	119
$—N(CH_3)_2$	151	113	130	117
$—N(C_2H_5)_2$	148	113	130	117
$—NHCOCH_3$	140	119	129	123
$—NO_2$	148	123	130	135
—OH	156	116	130	121
$—OCH_3$	159	114	130	121
$—OC_6H_5$	158	119	130	124
$—OCOCH_3$	152	122	130	126
$—O^{\ominus}$	168	121	131	126
—F	164	114	130	124
—Cl	135	129	130	127
—Br	123	132	131	128
—I	96	139	131	128

4.5.4 Kopplungskonstanten

^{13}C-^{1}H-Kopplungen.

Verbindung	**Kopplungskonstante J_{CH} in Hz**	**Verbindung**	**Kopplungskonstante J_{CH} in Hz**
CH_4	125	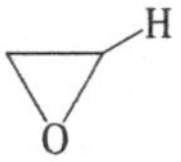	176
CH_3—NO_2	146,5	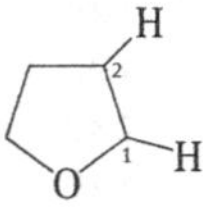	J_1 133 J_2 145
CH_3—OH	142	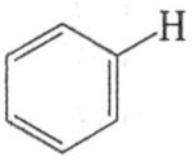	160
CH_3—NH_2	136	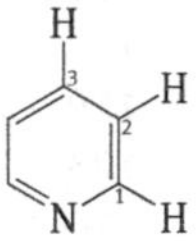	J_1 177 J_2 166 J_3 163
CH_3—Cl	150	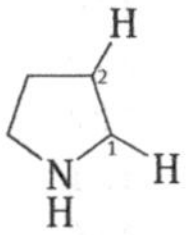	J_1 184 J_2 170
CH_2Cl_2	177,6	CH_2=CH_2	156,2
$CHCl_3$	210,6	HC≡CH	249
CH_3CH_3	125	Ph—C≡CH	251
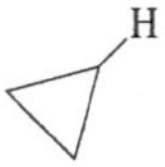	161		
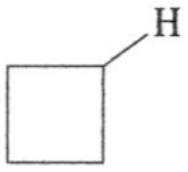	134		
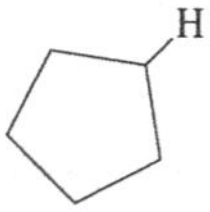	128		
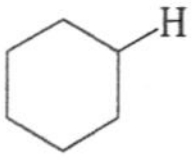	123		

4.6 Massenspektrometrie [21]

Charakteristische Massendifferenzen und Fragmente.

X^+: Fragmention
M^+: Molekülion
m: Masse des Fragmentions X
z: Ladung des Fragmentions

Es wird in der Darstellung der Fragmentionen nicht zwischen Ionen z. B. X^+ und Radikalionen $X^{+\bullet}$ unterschieden.

Masse *m/z*	Fragment X	Massendifferenz zu M^+	Hinweis auf Strukturelement oder Verbindungsklasse
12	C^+		
13	CH^+		
14	CH_2^+, N^+, N_2^{++}, CO^{++}		
15	CH_3^+	$-CH_3$	
16	O^+, NH_2^{++}, O_2^{++}	$-CH_4$ $-O$ $-NH_2$	Methyl Nitroderivate, Epoxide, *N*-Oxide, Sulfone primäre Amine, Sulfonamide
17	OH^+, NH_3^+	$-OH$ $-NH_3$	Carbonsäuren, Hydroxylamine, *N*-Oxide, Nitroderivate, Sulfoxide, tertiäre Alkohole primäre Amine
18	H_2O^+, NH_4^+	$-H_2O$	Alkohole, teilweise Säuren, Aldehyde, Ketone, Lactone, Ether
19	H_3O^+, F^+	$-F$	Fluorderivate
20	HF^+, Ar^{++}	$-HF$	Fluorderivate
22	CO_2^{++}		
23	Na^+		
24	C_2^+		
25	C_2H^+	$-C_2H$	
26	$C_2H_2^+$, CN^+	$-C_2H_2$ $-CN$	Aromaten aromatische Nitrile
27	$C_2H_3^+$, HCN^+	$-C_2H_3$ $-HCN$	terminaler Vinylrest, manche Ethylester aromatische Amine und *N*-Heterocyclen, aromatische Nitrile

Masse *m/z*	Fragment X	Massendifferenz zu M^+	Hinweis auf Strukturelement oder Verbindungsklasse
28	$C_2H_4^+$, CO^+, N_2^+, $HCNH^+$	$-C_2H_4$	Cyclohexene, Ethylester, Propylketone, Propylaromaten
		$-CO$	CO aus aromatisch gebundenem Sauerstoff, Aldehyde, Lactame
		$-N_2$	Diazoverbindungen, Luft
29	$C_2H_5^+$, CHO^+	$-C_2H_5$	Ethylderivate
		$-CHO$	Phenole, Furane, Aldehyde
30	CH_2O^+, $CH_2NH_2^+$, $C_2H_6^+$	$-C_2H_6$	Ethylalkane
		$-CH_2O$	cyclische Ether, aromatische Methylether, Lactone, primäre Alkohole
		$-NO$	Nitro-, Nitrosoverbindungen
31	CH_3O^+, $CH_3NH_2^+$,	$-CH_3O$	Methylester, Methylether, primäre Alkohole
	CF^+, $N_2H_3^+$	$-CH_3NH_2$	*N*-Methylamine, sekundäre Acylamide
		$-N_2H_3$	Hydrazide
32	O_2^+, CH_3OH^+, S^+	$-CH_3OH$	Methylester, Methylether
		$-S$	Schwefelderivate
		$-O_2$	cyclische Peroxide, Luft
33	$CH_3OH_2^+$, HS^+,	$-(CH_3 + H_2O)$	
	CH_2F^+	$-SH$	Schwefelindikation, Thiole, Isothiocyanate
		$-CH_2F$	Fluormethyl, aliphatische Fluorderivate
34	H_2S^+	$-H_2S$	Schwefelindikation
35	$^{35}Cl^+$	$-Cl$	Chlorderivate, Hydrochloride
36	HCl^+, C_3^+	$-HCl$	Chlorderivate, Hydrochloride
37	C_3H^+, $^{37}Cl^+$	$-Cl$	Chlorderivate, Hydrochloride
38	$C_3H_2^+$, $H^{37}Cl^+$	$-HCl$	Chlorderivate, Hydrochloride
39	$C_3H_3^+$	$-C_3H_3$	Aromaten, Alkine
40	$C_3H_4^+$, CH_2CN^+	$-CH_2CN$	selten aus Cyanmethylgruppen
41	$C_3H_5^+$, CH_3CN^+	$-C_3H_5$	Alicyclen, Allylderivate
		$-CH_3CN$	aromatische *N*-Methylheterocyclen, Oxime Lösemittel: Acetonitril
42	$C_3H_6^+$, $C_2H_2O^+$,	$-C_3H_6$	*n*-Butylcarbonylderivate,
	CON^+, $C_2H_4N^+$		*O*- und *N*-Propylderivate
		$-C_2H_2O$	Enol- und Enaminacetate, Acetamide, Cyclohexenone, *α*-, *β*-ungesättigte Cyclohexanone
43	$C_3H_7^+$, $C_2H_3O^+$	$-C_3H_7$	Propyl- und Isopropylderivate
		$-C_2H_3O$	Methylketone, Acetate, aromatische Methylether
	$CONH^+$		*N*-Acetylderivate

Masse m/z	Fragment X	Massendifferenz zu M^+	Hinweis auf Strukturelement oder Verbindungsklasse
44	CO_2^+, $C_2H_4CN^+$	$-C_3H_8$	Propylalkane
	$C_2H_6N^+$, $C_3H_8^+$	$-C_2H_4O$	Aldehyde (Mc Lafferty-Umlagerung), Ethylenketale, cyclische Ether
		CO_2	aus Luft
		$-C_2H_6N$	Acylamide, Amine
45	$C_2H_5O^+$	$-C_2H_5O$	*O*-Ethylderivate (Ether, Ester)
	CHO_2^+	$-CHO_2$	Carbonsäuren, Lactone
	CHS^+		Disulfide, aromatische *S*-Heterocyclen
	$C_2H_7N^+$	$-C_2H_7N$	*N,N*-Dimethylaminderivate, *N*-Ethylaminderivate
46	$C_2H_6O^+$, NO_2^+	$-C_2H_6O$	Ethylester, Ethylether, primäre Alkohole
		$-NO_2$	Nitroverbindungen
47	CH_3S^+		Thioether, primäre Thiole
	CCl^+		
48	$CHCl^+$, SO^+	$-SO$	Sulfoxide, Sulfone
49	CH_2Cl^+		Chlorderivate
	$CH_3SH_2^+$		
50	$CH_4H_2^+$		*o*-disubstituierte Phenylcarbonylderivate
	F_2^+	$-CF_2$	Trifluormethylaromaten
	CH_3Cl^+		quartäre Methylammoniumchloride
51	$C_4H_3^+$		Aromaten
	CHF_2^+		Fluorderivate
52	$C_4H_4^+$		Aromaten
54	$C_4H_6^+$		Cyclohexene
55	$C_4H_7^+$	$-C_4H_7$	aromatische Butylester
	$C_3H_3O^+$		Cyclopentanon- und Cyclohexanonderivate
56	$C_4H_8^+$	$-C_4H_8$	Butylester, Alicyclen, Alkene, Alkenole
	$C_3H_4O^+$	$-C_3H_4O$	Methylcyclohexenone, β-Tetralone
	$C_2H_2NO^+$		Isocyanate
57	$C_4H_9^+$		Alkane
	$C_3H_7N^+$		cyclische Amine
	$C_2H_5CO^+$		Ethylketone, Cyclopentanol- und Cyclohexanolderivate
58	$C_3H_6O^+$		α-Methylalkanale, Methylketone, Isopropylidenglykole
	$C_3H_8N^+$		Amine
59	$C_3H_7O^+$		Propylester, Propylether
	$C_2H_3O_2^+$	$-C_2H_3O_2$	Methylester
	$C_2H_5NO^+$		Oxime, primäre Carbonsäureamide

Masse *m/z*	Fragment X	Massendifferenz zu M^+	Hinweis auf Strukturelement oder Verbindungsklasse
60	$C_2H_4O_2^+$		aliphatische Carbonsäuren, *O*-Acetylderivate
61	$C_2H_6O_2^+$		Glykole, Ethylenketale
	$C_2H_5S^+$		aliphatische Thiole
62	$C_2H_6O_{2+}$		Methoxymethylether, Ethylenglykole
63	$C_2H_4Cl^+$		Chlorethylderivate
		—(CO + Cl)	Säurechloride
	CH_3SO^+		Alkylsulfoxide
65	$C_5H_5^+$		aromatische Alkylderivate
66	$C_5H_6^+$		Cyclopentene
	$H_2S_2^+$		Disulfide
68	$C_5H_8^+$		Cyclohexene, Tetraline
	$C_4H_4O^+$		Cyclohexenone, *β*-Tetralone
69	$C_5H_9^+$		Alicyclen, Alkene
	$C_4H_5O^+$		2- und 3-Methylcyclopentanon und -hexanonderivate
	CF_3^+		Trifluormethylderivate, Trifluoracetylderivate
70	$C_4H_6O^+$		Cycloalkanone
	$C_4H_8N^+$		Pyrrolidinderivate
	$C_2H_2NS^+$		Isothiocyanate
71	$C_5H_{11}^+$		Alkane
	$C_4H_7O^+$		Butansäureester, Propylketone, Tetrahydrofuranderivate
72	$C_4H_{10}N^+$		Amine z. B. $H_2C{=}\overset{+}{N}(C_2H_5)_2$
	$C_4H_8O^+$		Alkanale, Alkanole z. B. Butanon $H_2C{=}C(OH^+)C_2H_5$
73	$C_3H_5O_2^+$		Methylester, Ethylester, Lactone
	$C_4H_9O^+$		Ether z. B. $H_3C{-}CH{=}\overset{+}{O}{-}C_2H_5$
	$C_3H_9Si^+$		Trimethylsilylderivate, Dimethylformamid
74	$C_3H_6O_2^+$		Methylester, Methylcarbonsäuren
	$C_4H_{10}^+$		Diethylether
75	$C_3H_7O_2^+$		Dimethylacetale, Glykole
	$C_3H_7S^+$		Ethylalkylsulfide, Thiole
	$C_2H_7OSi^+$		*O*-Trimethylsilylderivate
76	$C_6H_4^+$		Aromaten, Antrachinonderivate, Schwefelkohlenstoff
77	$C_6H_5^+$		Phenylderivate

Masse m/z	Fragment X	Massendifferenz zu M^+	Hinweis auf Strukturelement oder Verbindungsklasse
78	$C_6H_6^+$		Phenylderivate, Benzol, Lösemittel: Dimethylsulfoxid
	$C_5H_4N^+$		Pyridine
79	$^{79}Br^+$		Bromderivate
	$C_5H_5N^+$		Pyridine, Pyrrole
80	HBr^+		HBr aus Bromderivaten, quatäre Ammoniumbromide
	$C_6H_5N^+$		Pyridinderivate, *N*-Alkylpyrrolderivate
	$C_5H_4O^+$		Cyclopentenone
81	$^{81}Br^+$		Brom aus Bromderivaten
	$C_5H_5O^+$		Furanderivate, Pyrane
	$C_6H_9^+$		Cyclohexane
82	$H^{81}Br^+$		Bromwasserstoff aus Bromderivaten
	$C_6H_{10}^+$		Cyclohexane
	$C_5H_8N^+$		Dihydropyrrolderivate, Tetrahydropyridine
83	$C_6H_{11}^+$		Cycloalkane, Alkene
	$C_4H_7CO^+$		Cycloalkanone
	$CHCl_2^+$		Lösemittel: Chloroform
84	$C_5H_{10}N^+$		*N*-Methylpyrrolidine z. B. 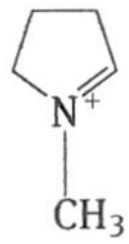 2-substituierte Piperidine z. B. 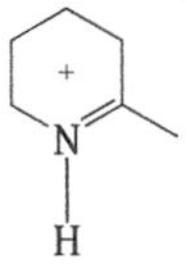
85	$C_6H_{13}^+$		Alkane
	$C_5H_9O^+$		Butylketone, Valeriansäureester, 2-substituierte Pyrane, z. B. 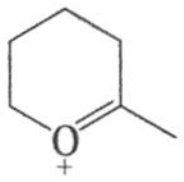
86	$C_5H_{10}O^+$		Alkanole, Alkanale
	$C_5H_{12}N^+$		aliphatische Amine, Lösemittel: Hexan
87	$C_5H_{11}O^+$		Ether, z. B. $C_3H_7{-}\overset{+}{O}{=}CH{-}CH_3$
	$C_4H_7O_2^+$		Methyl-, Ethylester
88	$C_4H_8O_2^+$		Carbonsäureethylester, Lösemittel: Dioxan, Essigsäureethylester

Masse *m/z*	**Fragment X**	**Massendifferenz zu M$^+$**	**Hinweis auf Strukturelement oder Verbindungsklasse**
89	$C_7H_6^{+\cdot}$		disubstituierte Aromaten, Lösemittel: Ethylenglykoldimethylether
91	$C_7H_7^+$		Benzylderivate z. B. 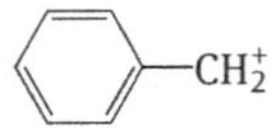
	$C_4H_8Cl^+$		1-Chloralkanderivate
92	$C_7H_8^{+\cdot}$		Alkylbenzolderivate
	$C_6H_6N^+$		Alkylpyridinderivate, Lösemittel: Toluol
93	$C_6H_5O^+$		Phenol, Phenolderivate
	$C_6H_7N^+$		Anilinderivate
	$CH_2{}^{79}Br^+$		Alkylbromide
94	$C_6H_6O^+$		Phenolether, Phenolester
	$C_5H_4NO^+$		Pyrrolcarbonylderivate z. B. 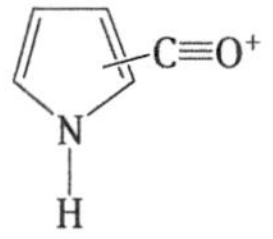
95	$C_5H_3O_2^+$		Furylcarbonylderivate z. B. 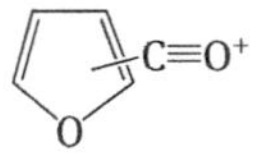
	$CH_2{}^{81}Br^+$		Alkylbromide
97	$C_7H_{13}^+$		Cycloalkane
	$C_5H_5S^+$		Alkylthiophenderivate z. B. 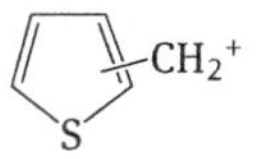
98	$C_6H_{12}N^+$		*N*-Alkylpiperidine z. B. 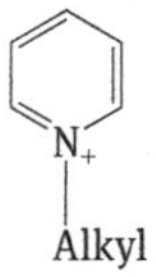
99	$C_7H_{15}^+$		Alkane
	$C_5H_7O_2^+$		Ethylenketale z. B. 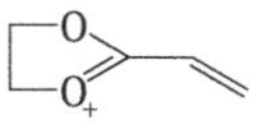
	$H_4PO_4^+$		Alkylphosphate

5 Instrumentelle Analytik – Trennverfahren [21, 22, 23]

5.1 Grundlagen und Übersicht

Die klassischen instrumentellen Methoden zur Strukturaufklärung organischer Verbindungen wurden im Kapitel 4 behandelt. In diesem Kapitel liegt der Schwerpunkt bei den wichtigsten Trennverfahren wie Gaschromatographie(GC) und High Performance-Liquid-Chromatographie (HPLC), den Standardmethoden zur quantitativen Bestimmung organischer Verbindungen. Diese Methoden haben alle gemeinsam, dass die Bestimmung über eine physikalische Größe erfolgt (z. B. Extinktion) und stets eine Kalibrierung voraussetzt. Eine Beschreibung der wichtigsten Kalibriermethoden und deren Anwendung findet sich in Kap. 8.

In vielen Fällen erfolgt die Ausgabe der Messergebnisse als Datenpeak, dessen Charakterisierung, Optimierung und quantitative Auswertung eine wichtige Voraussetzung für eine möglichst genaue (richtig und präzise, vgl. Kap. 8) Analyse ist. Auch bei den modernsten Auswerteverfahren ist es immer notwendig, Peakform und Auflösung visuell zu beurteilen und daraus die richtigen Optimierungsmaßnahmen abzuleiten.

In der nachfolgenden Tabelle sind die am häufigsten eingesetzten instrumentellen Trennverfahren aufgelistet.

Methode	Prinzip	Schwerpunktanwendung
Trennverfahren		**qualitative und quantitative Bestimmungen**
Gaschromatographie, Gas-Flüssig-Chromatographie, Gas-Fest-Chromatographie	Verteilung von Molekülen zwischen Gas- und stationärer Phase, unterschiedliche Adsorption an der flüssigen oder festen stationären Phase	Trennung von gasförmigen bzw. leicht verdampfbaren Stoffgemischen
Papierchromatographie, Dünnschichtchromatographie	Wechselwirkung von Molekülen mit einer stationären Phase, Verteilung zwischen flüssiger und fester Phase	einfachste, schnelle Trennungsmethode, auch sehr häufig quantitativ angewendet
High-Performance Flüssigkeitschromatographie, HPLC, zahlreiche Varianten der stationären Phasen polar oder unpolar	Wechselwirkung von Molekülen mit einer stationären Phase, Verteilung zwischen fester und flüssiger Phase bzw. zwei flüssige Phasen	Standardmethode zur Trennung organischer Moleküle unterschiedlichster Polarität, Größe und Geometrie
Ionenchromatographie, HPLC	Wechselwirkung von Ionen an einem Ionentauscher	Molekülionen, anionische Kationen und Anionen
Ausschlusschromatographie, Niederdruck- oder Hochdruckvarianten, wässrig und Lösemittel basiert	Wechselwirkung von Molekülen mit einer porösen Phase und Selektion nach Molekülgröße	Trennung und Charakterisierung von Polymeren, Bestimmung der molaren Masse von Polymeren

Typische Einsatzgebiete der verschiedenen chromatographischen Verfahren entsprechend der molaren Masse der zu analysierenden Verbindungen:

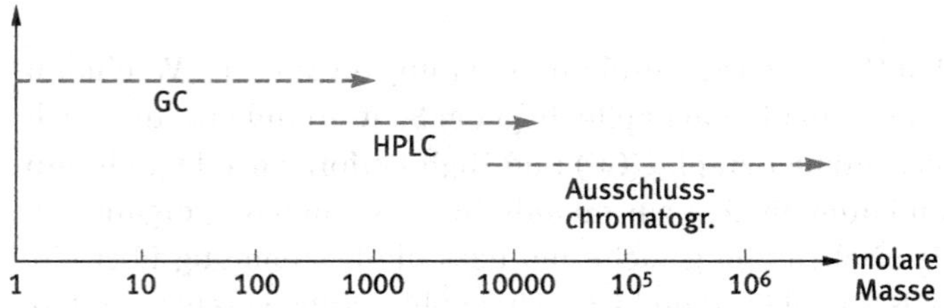

Die Separation unterschiedlicher Stoffe (Moleküle) erfolgt im Prinzip durch ihre unterschiedliche Verteilung zwischen stationärer Phase (Cellulose, Kieselgel etc.) und der mobilen Phase (Lösemittel). Der Grund für die unterschiedliche Verteilung liegt in den Stoffeigenschaften, bedingt durch unterschiedliche Ladung, Polarität und Geometrie der einzelnen Moleküle.

Die Stoffmengenkonzentration in stationärer und mobiler Phase wird durch das Nernst'sche Verteilungsgesetz beschrieben:

Nernst'sches Verteilungsgesetz	$K_c = \frac{c_S}{c_M} = \frac{n_S/V_S}{n_M/V_M}$	K_c: Verteilungskonstante c_S: Stoffmengenkonzentration in der festen Phase c_M: Stoffmengenkonzentration in der mobilen Phase n_S: Stoffmenge in der festen Phase n_M: Stoffmenge in der mobilen Phase V_S: Volumen feste Phase V_M: Volumen mobile Phase
Phasenverhältnis β	$\beta = \frac{V_M}{V_S}$	V_S: Volumen feste Phase V_M: Volumen mobile Phase

5.2 Das Chromatogramm

Das Ergebnis einer idealen Trennung zeigt folgendes Beispielchromatogramm:

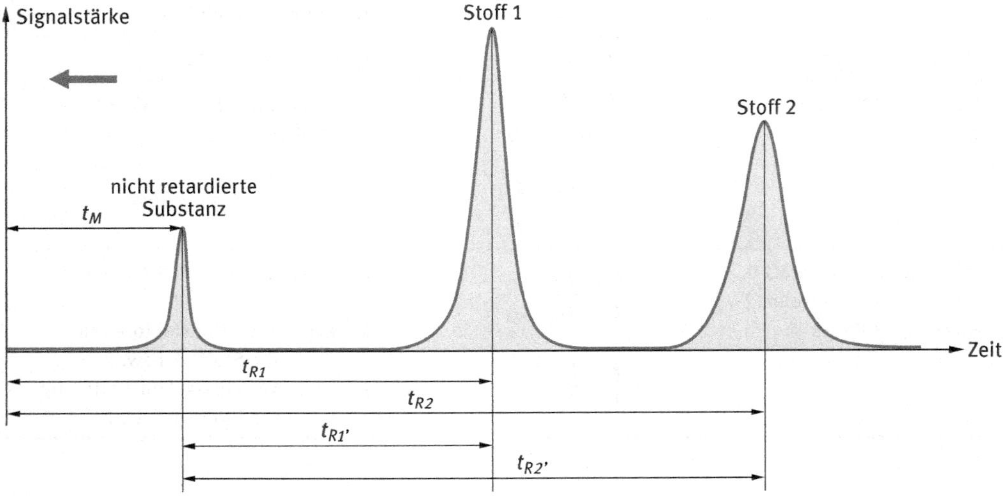

Die in der Abbildung verwendeten Begriffe und Abkürzungen sind wie folgt definiert:

Zeit	Elutionszeit der einzelnen Komponenten des Stoffgemisches
Signalstärke	Intensität des Detektorsignals z. B. UV-Absorption, Brechungsindex etc., sollte proportional der Stoffmengenkonzentration der zu bestimmenden Komponente sein
nicht retardierte Substanz	Innertsubstanz, die nicht wechselwirkt, sie bewegt sich genau so schnell wie die mobile Phase und erscheint nach der Durchflusszeit t_M im Chromatogramm
Stoff 1	zu bestimmende Komponente (Analyt) 1
Stoff 2	zu bestimmende Komponente (Analyt) 2
t_{R1} bzw. t_{R2}	Retentionszeit von Stoff 1 bzw. Stoff 2
$t_{R1'}$ bzw. $t_{R2'}$	reduzierte Retentionszeit von Stoff 1 bzw. Stoff 2
t_M	Zeit, die die mobile Phase zum Durchfluss der gesamten Säulenlänge benötigt

Folgende Beziehungen dienen zur Charakterisierung und Optimierung des Trennvorgangs:

Lineargeschwindigkeit u	$u = \frac{L}{t_M}$	L: Säulenlänge in cm u: Lineargeschwindigkeit in cm/s t_M: Durchflusszeit in s
reduzierte Retentionszeit $t_{R'}$	$t_{R'} = t_R - t_M$	t_R, $t_{R'}$, t_M: siehe oben
Retentionsfaktor k_1 für einen Stoff (Analyt) 1	$k_1 = \frac{t_{R1} - t_M}{t_M} = \frac{t_{R1'}}{t_M}$ $k_1 = K_c \cdot \frac{V_M}{V_S} = \frac{K_c}{\beta}$	t_{R1}, $t_{R'}$, t_M, $t_{R1'}$, K_c, V_M, V_S, β: siehe oben
Trennfaktor (Selektivität) α, relative Retention zweier benachbarter Peaks	$\alpha = \frac{t_{R2} - t_M}{t_{R1} - t_M} = \frac{t_{R2'}}{t_{R1'}}$ $\alpha = \frac{k_1}{k_2} = \frac{K_{c2}}{K_{c1}}$	t_R, $t_{R'}$, t_M, $t_{R1'}$, $t_{R2'}$: siehe oben k_1, k_2: Retentionsfaktoren für die Stoffe 1 bzw. 2 K_{c1}, K_{c2}: Verteilungskonstanten für die Stoffe 1 bzw. 2

5.3 Peakform und Gaußkurve

Der Konzentrationsverlauf über die Zeit entspricht im Idealfalle einer Gaußverteilung (ideale Peakform).

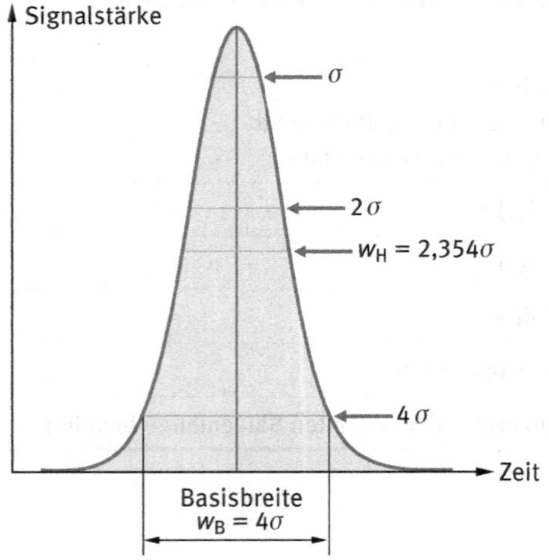

Signalstärke	Intensität des Detektorsignals z. B. UV-Absorption, Brechungsindex etc. Ausgabe in mV oder V oder Digits etc.
Zeit	in s
Peakhöhe h	in mm
Standardabweichung σ der Gaussfunktion	σ
Peakbasisbreite w_B	w_B in mm, Peakbreite an der Basis
Peakhalbwertsbreite w_H	w_H in mm, Peakbreite auf halber Höhe

Abweichungen von der idealen Peakform (Gaußverteilung) führen zum sogenannten Tailing (Peak 1) bzw. Fronting (Peak2) siehe nachfolgende Abbildung. Gründe hierfür sind meist ein Überladen der Säule. Abhilfe kann eine Verringerung des Probenvolumens oder der Probenkonzentration schaffen.

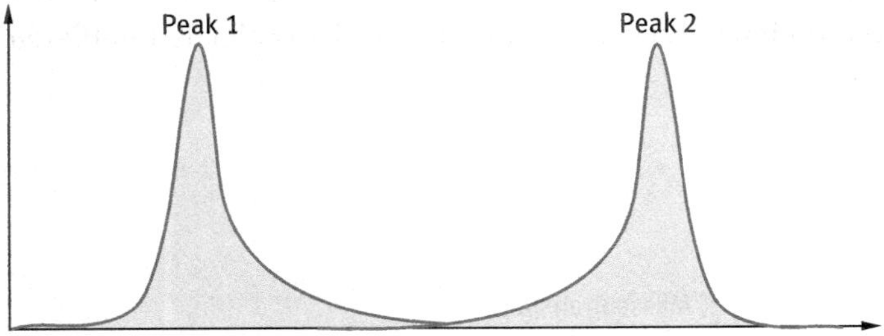

5.4 Auswertung von Peakflächen

Zur Auswertung von Peakflächen stehen verschiedene Verfahren zur Verfügung:

elektronische Integration	gängige Methode in der Praxis,diverse Korrekturparameter über Auswertprogramme einstellbar (z. B. Basislinienkorrektur)
Halbwertsbreite × Höhe	einfache Methode über die Peakhalbwertsbreite und Peakhöhe, nur sinnvoll bei symmetrischen Peaks und gut definierter Basislinie, wenn keine Auswertesoftware verfügbar
Auswiegen	Notbehelf, Ausschneiden der Peaks (aus Kopie des Chromatogramms) und Wägen, Masse des ausgeschnittenen Peaks ist proportional der Peakfläche

5.5 Bodenzahl, Bodenhöhe und Bandenverbreiterung

theoretische Bodenzahl *N* abhängig von Peakbreite und Retentionszeit (Näherung), je mehr Böden, desto besser die Trennung	$N = \left(\frac{t_R}{\sigma}\right)^2 \approx \left(\frac{t_R}{w_H}\right)^2 \cdot 5{,}54$	N: Bodenzahl t_R: Retentionszeit in s w_H: Peakbreite auf halber Höhe in mm σ: Standardabweichung
Bodenhöhe *H* je kleiner die Bodenhöhe, umso besser die Trennung	$H = \frac{L}{N}$	H: Bodenhöhe in cm L: Säulenlänge in cm N: Bodenzahl
van Deemter-Gleichung Näherung zur quantitativen Beschreibung von Faktoren, die die Bodenhöhe *H* beeinflussen	$H = A + \frac{B}{u} + C \cdot u$	H: Bodenhöhe in cm A: Streu- bzw.Eddy-Diffusion B: Longitudinaldiffusion C: Massentransportkoeffizient u: Fließgeschwindigkeit

Die folgende Darstellung zeigt graphisch die Auswirkung der verschiedenen Parameter der van Deemter-Gleichung auf die optimale Bodenhöhe und damit der optimalen mittleren Geschwindigkeit der mobilen Phase.

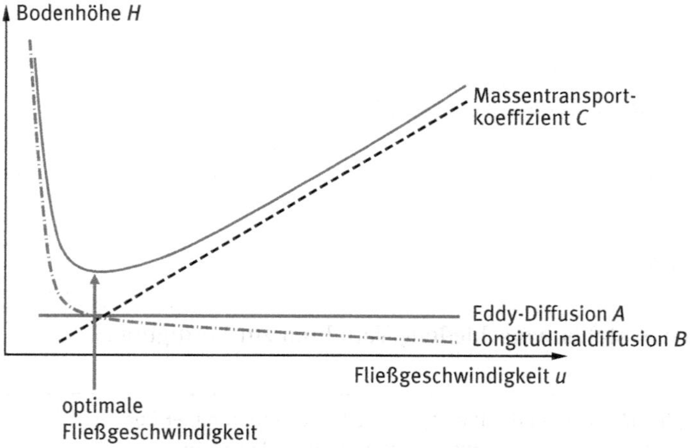

Die Eddy-Diffusion *A* führt zu einer Verminderung der Trennleistung auf Grund unterschiedlich langer Wege der zu trennenden Stoffe durch das gepackte Trennmedium. Sie kann durch Packung, Material und Beschaffenheit (Partikelgrößenverteilung, sphärisch vs. irregulär etc.) der stationären Phase beeinflusst werden.

Die Longitudinaldiffusion *B* verringert die Effizienz der Trennung durch Diffusion der zu trennenden Stoffe in der mobilen Phase. Je länger eine Substanz sich in der Trennsäule befindet, umso stärker macht sich der Effekt bemerkbar.

Der Massentransport (Stoffaustausch) *C* zwischen mobiler und stationärer Phase bedingt den eigentlichen chromatographischen Effekt. Die Wechelwirkung verschiedener

Analytbestandteile mit der Oberfläche der stationären Phase führt zu unterschiedlichen Fortbewegungsgeschwindigkeiten und damit letztlich zur Auftrennung einzelner Moleküle.

5.6 Auflösung und Trennleistung

Zwei Peaks gelten als gut aufgelöst, wenn zwischen den beiden Peaks das Signal wieder die Grundlinie erreicht (Pfeil).

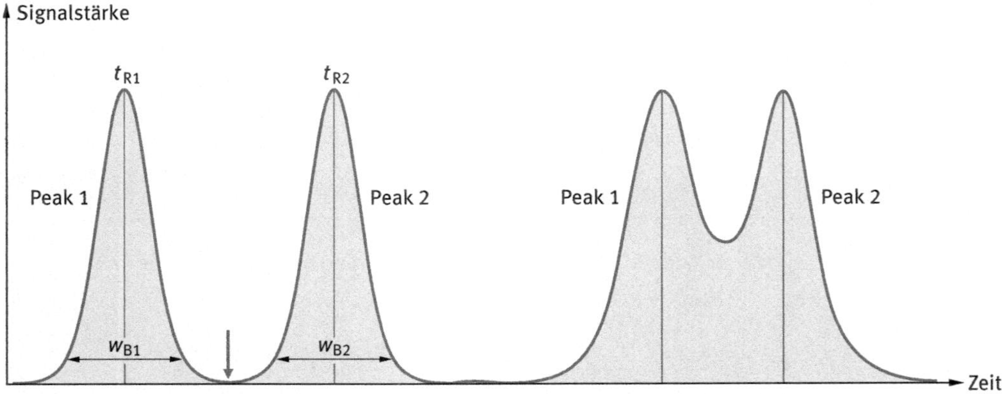

Auflösung R zwischen zwei benachbarten Peaks	$R = \frac{2(t_{R2}-t_{R1})}{w_{B1} - w_{B2}}$	$t_{R1,2}$: Retentionszeiten in s, min w_B: Basispeakbreite in mm
abgeleitet aus obiger Gleichung gilt für die Auflösung R auch	$R = \left(\frac{\alpha - 1}{\alpha}\right) \cdot \left(\frac{k_2}{1 + k_2}\right) \cdot \left(\frac{\sqrt{N}}{4}\right)$	α: Trennfaktor k_2: Retentionsfaktor Peak 2 N: theoretische Bodenzahl

6 Messung und Berechnung physikalischer Größen

6.1 Bestimmung der Masse, Korrektur des Luftauftriebs [24]

Begriffe

Das Abwiegen von Substanzen oder Proben ist eine der am häufigsten durchzuführenden Operationen im Labor. Das dazu verwendete Messinstrument ist die Waage, die nach unterschiedlichen physikalischen Messprinzipien aufgebaut sein kann. Die wichtigsten sind:

direkter Massevergleich	Balkenwaage	ortsunabhängig
Kräftevergleich	elektromechanische Waage, Federwaage	das Prinzip der elektromagnetischen Kraftkompensation hat sich bei allen modernen Laborwaagen durchgesetzt. Die Kraft, die von einer Masse ausgeübt wird, ist von der Fallbeschleunigung abhängig und variiert demzufolge mit der geographischen Breite und der Höhe über dem Meeresspiegel

Bei Präzisionswägungen ist bei allen Waagentypen eine Luftauftriebskorrektur durchzuführen.

Im Zusammenhang mit der Benutzung von Waagen wird sehr häufig der Begriff „Gewicht" verwendet und zwar

- anstelle von Wägewert bzw. Masse des Wägegutes (s. u.)
- für die Gewichtskraft $F = m \cdot g$
- für das Gewichtsstück.

Um Missverständnissen vorzubeugen, sollte man daher auf richtige Begriffe achten. Die Eichung (bzw. Kalibrierung) von Waagen erfolgt mit sogenannten Massenormalen (Eichgewichte), die sich vom internationalen Kilogrammprototyp ableiten.

6.1.1 Korrektur des Luftauftriebs

Bei einer Wägung in Luft erhält man den Wägewert, der mit der Masse durch folgende Beziehung verknüpft ist:

Wägewert w: Anzeige der Waage in kg, g, mg

$$w = m \cdot \frac{1 - \frac{\rho_L}{\rho_1}}{1 - \frac{\rho_L}{\rho_2}}$$

m: Masse des Wägegutes in kg, g, mg
ρ_L: Dichte der Luft 0,0012 g/ml bei 40 % Feuchte und 1013 mbar
ρ_1: Dichte des Wägegutes in g/ml
ρ_2: Dichte der Massenormale 8,0 g/ml bei neueren Waagen (Stahl); 8,4 g/ml bei älteren Waagen (Messing)

Bei einer Dichte des Wägeguts von 1 g/ml ist die scheinbare Masse um ca. 0,1 % kleiner als die korrekte Masse. Die scheinbare Masse unterscheidet sich von der korrekten Masse um die Differenz der Luftauftriebskräfte von Wägegut und Massenormalen. Die korrekte Masse wird auf einer Waage nur dann angezeigt, wenn das Wägegut und die Massenormale die gleiche Dichte haben und wenn sich die Dichte der Luft zwischen Kalibrierung und Messung nicht verändert. Zur Ausschaltung dieser Differenz reduziert man rechnerisch die Wägung auf Vakuum und erhält so die korrekte Masse (Vakuummasse). Die chemischen Äquivalenzbeziehungen gelten streng nur für die Vakuummassen.

Für gravimetrische Bestimmungen ist im Allgemeinen die Reduktion des Wägeergebnisses auf Vakuum nicht erforderlich. Derartige Korrekturen liegen innerhalb der normalen Versuchsfehler. Die Korrektion kann aber Bedeutung gewinnen, wenn entweder die Probe z. B. mit einer Pipette gemessen und eine Massenkonzentration bestimmt oder eine Probe geringer Dichte gewogen und ein daraus entwickeltes Gasvolumen gemessen wird (Stickstofbestimmung nach Dumas).

Berechnung

Aus der Differenz der Luftauftriebskräfte von Wägegut und Massenormale lässt sich ableiten, dass ein Körper bei einer Wägung in Luft leichter erscheint. Dieser Betrag muss zum abgelesenen Wert addiert werden, um die Vakuummasse zu erhalten. Die Korrektur ist in fast allen Fällen der Praxis (bei allen Stoffen, deren Dichte < 8,0 g/ml ist) negativ, d. h. die Masse, bestimmt in Luft, ist kleiner als die Vakuummasse. Mit Hilfe der folgenden Grafik lässt sich leicht ablesen, welche Stoffportion in Luft abgewogen werden muss, um diejenige Masse zu erhalten, welche die Waage im Vakuum anzeigen würde.

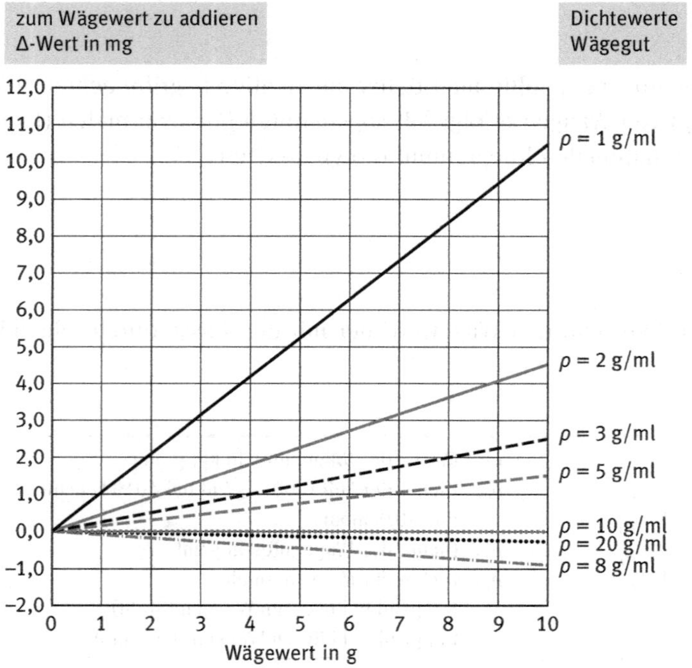

Beispiel:

Bei einem Wägewert von 10 g und einer Dichte des Wägeguts von 1 g/ml sind 10,5 mg zu addieren, um die Vakuummasse zu erhalten. Für Wägewerte über 10 g sind die Δ-Werte proportional hochzurechnen. Benötigt man genauere Δ-Werte können sie mit der folgenden Formel berechnet werden.

Δ-Wert pro g	$\Delta = \rho_L \left(\frac{1}{\rho_1} - \frac{1}{\rho_2} \right)$	ρ_L, ρ_1, ρ_2: siehe oben

Es sollen 5,8443 g Natriumchlorid (Vakuummasse) in Luft abgewogen werden. Wie groß ist die Masse abgewogen in Luft?

Dichte NaCl und Luft	$\rho(\text{NaCl}) = 2{,}17$ g/ml, ρ_L: 0,0012 g/ml (Dichte der Luft)
Δ-Wert	$\Delta = 0{,}0012 \frac{\text{g}}{\text{ml}} \left(\frac{1}{2{,}17 \text{ g/ml}} - \frac{1}{8{,}0 \text{ g/ml}} \right) = 0{,}00040 \text{ g} \mathrel{\hat=} 0{,}4 \text{ mg}$
Masse NaCl in Luft gewogen (Wägewert W)	$W = 5{,}8433 \text{ g} - 5{,}8433 \text{ g} \cdot 0{,}0004 \text{ g} = \mathbf{5{,}8420\ g}$

6.2 Bestimmung der molaren Masse

Die Bestimmung der molaren Masse, insbesondere von niedermolekularen organischen Verbindungen (molare Massen bis ca. 1000 g/mol), erfolgt fast ausschließlich mit Hilfe der Massenspektrometrie. Je nach Desorptionsmethode gelangt man damit aber auch in deutlich höhere Bereiche molarer Massen. Dennoch haben die klassischen Bestimmungsmethoden über das molare Volumen bzw. aus der Dampfdruckerniedrigung eine gewisse Bedeutung beibehalten.

Bei Polymeren (10^5–10^7 g/mol lässt sich die mittlere molare Masse z. B. über Viskositätsmessungen von Polymerlösungen oder über eine Ausschlusschromatographie (Gelpermeationschromatographie, GPC) ermitteln. Bei Anwendung der GPC muss zuvor mit Standards kalibriert werden, deren mittlere molare Massen z. B. durch Lichtstreuung oder durch eine andere Absolutmethode ermittelt wurden.

6.2.1 Bestimmung der molaren Masse nach Victor Mayer

Dieser Bestimmungsmethode liegt folgende Gleichung zugrunde:

molare Masse $M(X)$ in g/mol	$M(X) = \frac{V_0}{V_n} \cdot m$	V_0: molares Volumen des idealen Gases, 22414 ml/mol V_n: gemessenes und auf Normbedingungen korrigiertes Volumen in ml m: Masse der eingewogenen Probe X in g

Das bei t °C und p mbar gemessene Volumen wird mit dem aus Kapitel 3.3.6 entnommenen Faktor auf Normbedingungen umgerechnet. Da im Allgemeinen die verdrängte Luft in einem Gasmessrohr über Wasser aufgefangen wird, muss bei der Barometerkorrektur zusätzlich der Partialdruck des Wasserdampfes und der Druck der verbleibenden Wassersäule berücksichtigt werden.

Beispiel:

Masse der eingewogenen Probe X	$m_E = 0{,}1195$ g
Volumen der verdrängten Luft	$V = 25{,}3$ ml
Temperatur	$t = 20$ °C
am Barometer abgelesener Druck	$p_B = 1017{,}4$ mbar (Glasskala)
Höhe der restlichen Wassersäule	$h = 85$ mm
Druckkorrektur Korrekturwert für Glasskala bei 20 °C Tab.3.3.4	$\Delta p = 3{,}5$ mbar
Partialdruck des Wasserdampfes Tab.3.3.5	$p(H_2O) = 23{,}4$ mbar (bei 20 °C)
Druck der Wassersäule (Umrechnung siehe Tab.9.5.4)	$h = 85$ mm WS ≙ $p = 8{,}3$ mbar
korrigierter Druck p	$p = 1017{,}4 \text{ mbar} - 3{,}5 \text{ mbar} - 23{,}4 \text{ mbar} - 8{,}3 \text{ mbar}$ $= 982{,}2$ mbar
Faktor aus Tab. 3.3.6 korrigiertes Volumen	$F = 0{,}9031$ (interpoliert) $V_n = 0{,}9031 \cdot 25{,}3 \text{ ml} = 22{,}8$ ml
gesuchte molare Masse $M(X)$	$M(X) = \frac{22414 \text{ ml/mol} \cdot 0{,}1195 \text{ g}}{22{,}8 \text{ ml}} = \mathbf{117{,}5 \text{ g/mol}}$

6.2.2 Bestimmung der molaren Masse aus der Dampfdruck- und Gefrierpunktserniedrigung

Die hier angegebene Beziehung zur Berechnung der molaren Masse einer gelösten Substanz aus der Siedepunktserhöhung bzw. Gefrierpunktserniedrigung des Lösemittels gilt nur für genügend kleine Konzentrationen [26]. Steigt die Konzentration über das zulässige Maß, so macht sich dies in einem Gang der Ergebnisse bemerkbar.

molare Masse M(X) in g/mol	$$M(\mathrm{X}) = \frac{K_1 \cdot m_1}{\Delta T \cdot m_2}$$	K_1: ebullioskopische Konstante K_b bzw. kryoskopische Konstante K_m in K · kg/mol ΔT: Gefrierpunktserniedrigung bzw. Siedepunktserhöhung in K m_1: Masse der gelösten Verbindung X in g m_2: Masse des Lösemittels in g

Beispiel:

gemessene Gefrierpunktserniedrigung	$\Delta T = 0{,}642$ K
Masse der gelösten Verbindung X	$m_1 = 0{,}3522$ g
Masse des Lösemittels (Cyclohexan); kryoskopische Konstante für Cyclohexan	$m_2 = 25{,}15$ g $K_m = 20{,}2$ K · kg/mol
gesuchte molare Masse M(X)	$M(\mathrm{X}) = \frac{20{,}2\ \mathrm{K \cdot kg/mol} \cdot 0{,}3522\ \mathrm{g}}{0{,}642\ \mathrm{K} \cdot 25{,}15\ \mathrm{g}}$ $= \mathbf{0{,}4406\ kg/mol = 440{,}6\ g/mol}$

Konstanten zur Gefrierpunktserniedrigung (K_m).

Lösemittel	Gefrierpunkt in °C	K_m in K · kg/mol	ρ bei 20 °C
Dibrommethan	9,98	12,5	2,177
Ameisensäure	8,43	2,77	1,220
Benzol	5,4	5,10	0,879
Bromoform	9	14,4	2,890
Campher	178	40	–
Cyclohexan	6,2	20,2	0,778
Eisessig	16,65	3,9	1,049
Cyclopentadekanon	65,6	21,3	–
Naphthalin	80,1	6,899	–
Nitrobenzol	5,67	6,89	1,203
Phenanthren	100	12,0	–
Phenol	41	7,3	–
Phosphoroxidtrichlorid	1,3	7,57	1,68
Wasser	0,00	1,853	0,998
Zinn(IV)-bromid	29,9	28,0	–

Konstanten zur Siedepunktserhöhung (K_b).

Lösemittel	Siedepunkt in °C	K_b in K · kg/mol	ρ bei 20 °C
Aceton	56,1	1,73	0,792
Ether	34,6	2,16	0,714
Ethanol	78,3	1,20	0,789
Anilin	184,4	3,69	1,022
Benzol	80,5	2,57	0,879
Chloroform	61,2	3,88	1,483
Dioxan	100,8	3,2	1,033
Biphenyl	254,9	7,06	–
Eisessig	118,1	3,07	1,049
Essigsäureanhydrid	139,6	3,53	1,082
Methanol	64,7	0,84	0,792
Kohlenstoffdisulfid	46,3	2,29	1,263
Kohlenstofftetrachlorid	76,8	4,88	1,593
Naphthalin	217,7	5,80	
Phenol	180,5	3,60	
Wasser	100,0	0,515	0,998

6.3 Bestimmung der Dichte, Dichtetabellen [25]

6.3.1 Allgemeines

Die Dichte eines Stoffes ist der Quotient aus seiner Masse und seinem Volumen.

Dichte ρ in g/ml, kg/m³	$\rho = \frac{m}{V}$	m: Masse in g, kg V: Volumen in ml, m³

Es gibt für einen homogenen Körper bei einer bestimmten Temperatur und einem bestimmten Druck nur eine Dichte. Die Temperatur, für die ein bestimmter Dichtewert gilt, muss immer mit angegeben werden. Eine Angabe des Drucks erübrigt sich bei allen flüssigen und festen Körpern, falls der Druck nur geringfügig vom normalen Atmosphärendruck abweicht. Bei Gasen dagegen ist stets auch eine Druckangabe erforderlich.

6.3.2 Bestimmung der Dichte einer Flüssigkeit mit dem Pyknometer

folgende Massen werden zunächst bestimmt	m_1: Masse des leeren Pyknometers in g m_2: Masse des mit Wasser gefüllten Pyknometers in g m_3: Masse des Pyknometers gefüllt mit der zu untersuchenden Flüssigkeit in g	
Dichte des Wassers bei der Temperatur t	ρ_{H_2O}	(siehe Tab. 6.3.8)
Masse der zu untersuchenden Probe	$m = m_3 - m_1$	in g
Volumen des Pyknometers	$V = \frac{m_2 - m_1}{\rho_{H_2O}}$	in ml
gesuchter Dichtewert bei der Temperatur t	$\rho = \frac{m}{V} = \frac{m_3 - m_1}{m_2 - m_1} \cdot \rho_{H_2O}$	in g/ml

Beispiel:

Die Dichte einer Schwefelsäurelösung ist bei 20 °C zu bestimmen.

Masse des leeren Pyknometers	$m_1 = 21{,}3762$ g
Masse des mit Wasser gefüllten Pyknometers	$m_2 = 46{,}3312$ g
Masse des Pyknometers gefüllt mit Schwefelsäure	$m_3 = 61{,}0512$ g

Dichte des Wassers bei 20 °C	$\rho_{H_2O} = 0{,}9982\,g/ml$
gesuchte Dichte der Schwefelsäure bei 20 °C	$\rho_{H_2SO_4} = \frac{61{,}0512\,g - 21{,}3762\,g}{46{,}3312\,g - 21{,}3762\,g} \cdot 0{,}9982\,g/ml = \mathbf{1{,}5870\,g/ml}$

6.3.3 Bestimmung der Dichte eines Festkörpers mit dem Pyknometer

Erforderliche Massebestimmungen (bei konstanter Temperatur):

folgende Massen werden zunächst bestimmt	m_1: Masse der Probe in g m_2: Masse des mit Wasser gefüllten Pyknometers in g m_3: Masse des Pyknometers inclusive der Probe, aufgefüllt mit Wasser in g	
Dichte des Wassers bei der Temperatur *t*	ρ_{H_2O}	(siehe Tab. 6.3.8)
Masse des durch die Probe verdrängten Wassers	$m = m_1 + m_2 - m_3$	in g
Volumen der Probe	$V = \frac{m}{\rho_{H_2O}}$	in ml
gesuchter Dichtewert bei der Temperatur *t*	$\rho = \frac{m}{V}$	in g/ml

6.3.4 Volumenbestimmung von Messgeräten

Die Volumenbestimmung geschieht durch Auswägen der entsprechenden Volumenmessgeräte mit Wasser bzw. mit Quecksilber und zwar unter Berücksichtigung des Luftauftriebs. Den Berechnungen im Kapitel 6.3.5 wurde eine Dichte der Schaltgewichte von $\rho = 8{,}4\,g/ml$ und eine mittlere Luftdichte von $\rho = 0{,}0012\,g/ml$ (bei 20 °C, 1013 mbar und 40 % relativer Feuchte) zugrunde gelegt. Werden Schaltgewichte der Dichte $\rho = 8{,}0\,g/ml$ genutzt, so erhöhen sich die angegebenen Werte um eine Einheit in der zweiten Stelle nach dem Komma.

Beispiel:

Das genaue Volumen eines Gefäßes soll durch Auswägen mit Wasser bei 18 °C bestimmt werden.

Masse des ausgewogenen Wassers (bei 18 °C)	$m_1 = 67{,}346\,g$
Tabellenwert aus Tab. 6.3.5 für 18 °C	$m = 997{,}53\,g$ (berechnet für 1000 ml)
Volumen des Gefäßes bei 18 °C	$V_{18} = \frac{1000\,ml}{997{,}53\,g} \cdot 67{,}346\,g = 67{,}513\,ml$

Das für eine bestimmte Temperatur (Prüftemperatur) bekannte Volumen lässt sich mit Hilfe folgender Gleichung auf andere Temperaturen umrechnen:

umgerechnetes Volumen V_2	$V_2 = V_1 \cdot \left[1 + \gamma(t_2 - t_1)\right]$	V_1: Volumen bei der Temperatur t_1 V_2: Volumen bei der Temperatur t_2 γ: Volumenausdehnungskoeffizient des Glases Duranglas: $1 \cdot 10^{-5}\,K^{-1}$ Geräteglas: $1{,}4 \cdot 10^{-5}\,K^{-1}$ Normalglas 16/III: $2{,}5 \cdot 10^{-5}\,K^{-1}$

Beispiel:

Das Volumen eines Gefäßes aus Duran wurde bei 18 °C bestimmt. Wie groß ist das Volumen bei 28 °C?

Volumen V bei 18 °C	$V_{18} = 67{,}513$ ml
Volumen V bei 28 °C	$V_{28} = 67{,}513\ \text{ml} \cdot [1 + 1 \cdot 10^{-5}\,K^{-1}(28\text{–}18)\,°C] = \mathbf{67{,}520\ ml}$

Die Tabelle 6.3.6 kann zur Prüfung von Volumenmessgeräten verwendet werden. Die Abweichung vom Sollwert bei einer Temperatur von 20 °C bzw. 28 °C wird durch Wägung mit Wasser bei einer beliebigen Temperatur ermittelt, wobei sich der Fehler aus der Differenz zwischen gefundener Masse und dem Tabellenwert m_{20} bzw. m_{28} ergibt.

Beispiel:

Ein Messkolben mit einem Nennvolumen (Sollwert) von 500 ml bei 20 °C wiegt gefüllt mit Wasser bei 23 °C 497,98 g. Wie groß ist die Abweichung vom Nennvolumen in ml?

Wägewert bei 23 °C	$m = 497{,}98$ g
Tabellenwert m_{20} aus Tab. 6.3.6	$m_{20} = 996{,}51$ (bezogen auf 1000 ml, für 500 ml gilt 1000 / 2)
Abweichung ΔV vom Sollwert 500 ml bei 20 °C	$\Delta V = 497{,}98 - \dfrac{996{,}51}{2} = \mathbf{-0{,}275\ ml}$

6.3.5 Volumenbestimmung durch Auswägung mit Wasser oder Quecksilber

Den Angaben in der Tabelle liegt ein Sollvolumen des Messgefäßes von 1000 ml bei 20 °C zugrunde.

t in °C	*m* in g	*t* in °C	*m* in g	*t* in °C	*m* in g	*t* in °C	*m* in g
0	998,78	17,2	997,68	23,2	996,43	29,2	994,82
1	998,84	17,4	997,64	23,4	996,38	29,4	994,76
2	998,88	17,6	997,61	23,6	996,33	29,6	994,70
3	998,91	17,8	997,57	23,8	996,28	29,8	994,64
4	998,91	18,0	997,53	24,0	996,23	30,0	994,58
5	998,91	18,2	997,50	24,2	996,18	30,2	994,52
6	998,88	18,4	997,46	24,4	996,13	30,4	994,46
7	998,84	18,6	997,42	24,6	996,08	30,6	994,40
8	998,78	18,8	997,38	24,8	996,03	30,8	994,34
9	998,72	19,0	997,34	25,0	995,98	31,0	994,28
10	998,63	19,2	997,30	25,2	995,93	31,2	994,21
11	998,55	19,4	997,26	25,4	995,88	31,4	994,15
12	998,44	19,6	997,22	25,6	995,83	31,6	994,09
13	998,32	19,8	997,18	25,8	995,77	31,8	994,02
14	998,18	20,0	997,14	26,0	995,72	32,0	993,96
14,2	998,16	20,2	997,10	26,2	995,67	32,2	993,90
14,4	998,13	20,4	997,06	26,4	995,61	32,4	993,83
14,6	998,10	20,6	997,02	26,6	995,56	32,6	993,77
14,8	998,07	20,8	996,97	26,8	995,50	32,8	993,70
15,0	998,04	21,0	996,93	27,0	995,45	33,0	993,64
15,2	998,01	21,2	996,89	27,2	995,39	33,2	993,57
15,4	997,98	21,4	996,84	27,4	995,34	33,4	993,51
15,6	997,95	21,6	996,80	27,6	995,28	33,6	993,44
15,8	997,91	21,8	996,75	27,8	995,23	33,8	993,37
16,0	997,88	22,0	996,71	28,0	995,17	34,0	993,30
16,2	997,85	22,2	996,66	28,2	995,11	34,2	993,24
16,4	997,82	22,4	996,62	28,4	995,05	34,4	993,17
16,6	997,78	22,6	996,57	28,6	995,00	34,6	993,10
16,8	997,75	22,8	996,52	28,8	994,94	34,8	993,03
17,0	997,71	23,0	996,48	29,0	994,88	35,0	992,97

Auswägung mit Quecksilber; Dichte des Quecksilbers.

t in °C	ρ in g/ml	$\rho_{vac.}$ in g/ml	*t* in °C	ρ in g/ml	$\rho_{vac.}$ in g/ml	*t* in °C	ρ in g/ml	$\rho_{vac.}$ in g/ml
0	13,5958	13,5951	11	13,5687	13,5680	21	13,5441	13,5435
1	13,5933	13,5926	12	13,5662	13,5655	22	13,5416	13,5410
2	13,5908	13,5902	13	13,5637	13,5631	23	13,5392	13,5385
3	13,5884	13,5877	14	13,5613	13,5606	24	13,5367	13,5361
4	13,5859	13,5852	15	13,5588	13,5582	25	13,5343	13,5336
5	13,5834	13,5828	16	13,5564	13,5557	26	13,5318	13,5312
6	13,5810	13,5803	17	13,5539	13,5553	27	13,5294	13,5287
7	13,5785	13,5778	18	13,5515	13,5508	28	13,5269	13,5263
8	13,5760	13,5754	19	13,5490	13,5483	29	13,5245	13,5238
9	13,5736	13,5729	20	13,5466	13,5459	30	13,5220	13,5214
10	13,5711	13,5705						

6.3.6 Prüfung von Volumenmessgeräten

Den Angaben in der Tabelle liegt ein Sollvolumen des Messgefäßes von 1000 ml bei 28 °C zugrunde.

t in °C	m_{20}	m_{28}	*t* in °C	m_{20}	m_{28}	*t* in °C	m_{20}	m_{28}
0	998,58	998,50	19,2	997,29	997,21	27,2	995,45	995,37
1	998,65	998,57	19,4	997,25	997,17	27,4	995,41	995,33
2	998,70	998,62	19,6	997,22	997,14	27,6	995,36	995,28
3	998,74	998,66	19,8	997,18	997,10	27,8	995,31	995,23
4	998,75	998,67	20,0	997,14	997,06	28,0	995,25	995,17
5	998,76	998,68	20,2	997,10	997,02	28,2	995,19	995,11
6	998,74	998,66	20,4	997,06	996,98	28,4	995,13	995,05
7	998,71	998,63	20,6	997,03	996,95	28,6	995,09	995,01
8	998,66	998,58	20,8	996,98	996,90	28,8	995,03	994,95
9	998,61	998,53	21,0	996,94	996,86	29,0	994,97	994,89
10	998,53	998,45	21,2	996,90	996,82	29,2	994,91	994,83
11	998,46	998,38	21,4	996,85	996,77	29,4	994,85	994,77
12	998,36	998,28	21,6	996,82	996,73	29,6	994,80	994,72
13	998,25	998,17	21,8	996,77	996,69	29,8	994,74	994,66
14	998,12	998,04	22,0	996,73	996,65	30,0	994,66	994,60
14,2	998,10	998,02	22,2	996,68	996,60	30,2	994,62	994,54
14,4	997,74	997,99	22,4	996,64	996,56	30,4	994,56	994,48
14,6	998,05	997,97	22,6	996,60	996,52	30,6	994,50	994,43
14,8	998,02	997,94	22,8	996,55	996,47	30,8	994,45	994,37
15,0	997,99	997,91	23,0	996,51	996,43	31,0	994,39	994,31
15,2	997,96	997,88	23,2	996,46	996,38	31,2	994,32	994,24
15,4	997,93	997,85	23,4	996,41	996,33	31,4	994,26	994,18
15,6	997,91	997,83	23,6	996,37	996,29	31,6	994,21	994,13
15,8	997,87	997,79	23,8	996,32	996,24	31,8	994,14	994,06
16,0	997,84	997,76	24,0	996,27	996,19	32,0	994,08	994,00
16,2	997,81	997,73	24,2	996,22	996,14	32,2	994,02	993,94
16,4	997,78	997,70	24,4	996,17	996,09	32,4	993,95	993,87
16,6	997,75	997,67	24,6	996,13	996,05	32,6	994,90	993,82
16,8	997,72	997,64	24,8	996,08	996,00	32,8	993,83	993,75
17,0	997,68	997,60	25,0	996,03	995,95	33,0	993,77	993,69
17,2	997,65	997,57	25,2	995,98	995,90	33,2	993,70	993,62
17,4	997,61	997,53	25,4	995,93	995,85	33,4	993,64	993,56
17,6	997,59	997,51	25,6	995,87	995,81	33,6	993,58	993,50
17,8	997,55	997,47	25,8	995,83	995,75	33,8	993,51	993,43
18,0	997,51	997,43	26,0	995,78	995,70	34,0	993,44	993,36
18,2	997,48	997,40	26,2	995,73	995,65	34,2	993,38	993,30
18,4	997,44	997,36	26,4	995,67	995,59	34,4	993,31	993,23
18,6	997,40	997,33	26,6	995,63	995,55	34,6	993,24	993,17
18,8	997,37	997,29	26,8	995,57	995,49	34,8	993,18	993,10
19,0	997,33	997,25	27,0	995,52	995,44	35,0	993,12	993,04

6.3.7 Toleranzen handelsüblicher Volumenmessgeräte[a]

Messkolben

Die angegebenen Daten beziehen sich auf Messkolben (Enghals) aus DURAN-Glas. Die Justierung erfolgt auf Einguss (In) für 20 °C Bezugstemperatur.

	Volumen in ml	Fehlergrenze in ± ml
Messkolben, eichfähig	10	0,025
Klasse A, ISO 1042	20[b]	0,04
	25	0,04
	50	0,06
	100	0,1
	200	0,15
	250	0,15
	500	0,25
	1000	0,4
	2000	0,6
	5000[b]	1,2
	10000[a]	2,0

b Nicht nach DIN/ISO.

Büretten

Die angegebenen Daten beziehen sich auf Büretten aus DURAN-Glas. Die Justierung erfolgt auf Ablauf (Ex) für 20 °C. Die Klasse „AS" gilt speziell für Volumenmessungen, die mit Wasser oder verdünnten wässrigen Lösungen durchgeführt werden.

	Volumen in ml	Teilung in ml	Fehlergrenze in ± ml
Büretten,	10	0,02	0,02
Klasse AS, ISO 385	25	0,05	0,03
Wartezeit: 30 s	50	0,1	0,05
	100[b]	0,2	0,08
Mikro-Büretten,	1	0,01	0,01
Klasse AS, ISO 385	2	0,01	0,01
Wartezeit: 30 s	5	0,02	0,01
Automatische Büretten	10	0,02	0,02
Klasse AS, ISO 385	25	0,05	0,03
Wartezeit: 30 s	50	0,1	0,05

b Nicht nach DIN/ISO.

a Nach Angaben der Firma Duran Group.

Pipetten

Die angegebenen Daten beziehen sich auf Mess- und Vollpipetten aus DUROBAX-Glas. Die Justierung erfolgt auf Ablauf (Ex) für 20 °C Bezugstemperatur.

	Volumen in ml	Teilung in ml	Fehlergrenze in ± ml
Messpipetten für Teilablauf,	0,1 [a]	0,001	0,01
Klasse B, ISO 835	0,2 [a]	0,001	0,01
und Vollablauf,	0,2 [a]	0,002	0,01
Klasse B, ISO 835	0,5	0,01	0,008
	1	0,01	0,008
	2	0,01	0,015
	2	0,02	0,015
	5	0,05	0,04
	5	0,1	0,04
	10	0,1	0,08
	25	0,1	0,15
Messpipetten für	1	0,01	0,006
Voll- und Teilablauf,	2	0,02	0,01
Klasse AS, ISO 835	5	0,05	0,03
Wartezeit: 15 s	10	0,1	0,05
	25	0,1	0,1
Vollpipetten	1		0,007
Klasse AS, ISO 648	2		0,01
Wartezeit: 15 s	5		0,015
	10		0,02
	20		0,03
	25		0,03
	50		0,05
	100		0,08

a Nicht nach ISO, auf Einguss (In) justiert.

6.3.8 Dichte von Wasser

t	ρ_t	t	ρ_t
0,0	0,999840	17,5	0,998685
0,5	0,999871	18,0	0,998595
1,0	0,999899	18,5	0,998500
1,5	0,999921	19,0	0,998403
2,0	0,999940	19,5	0,998304
2,5	0,999954	20,0	0,998203
3,0	0,999964	20,5	0,998098
3,5	0,999970	21,0	0,997991
4,0	0,999972	21,5	0,997881
4,5	0,999970	22,0	0,997769
5,0	0,999964	22,5	0,997654
5,5	0,999954	23,0	0,997537
6,0	0,999940	23,5	0,997417
6,5	0,999922	24,0	0,997295
7,0	0,999901	24,5	0,997170
7,5	0,999876	25,0	0,997043
8,0	0,999848	25,5	0,996913
8,5	0,999816	26,0	0,996782
9,0	0,999780	26,5	0,996648
9,5	0,999741	27,0	0,996511
10,0	0,999699	27,5	0,996372
10,5	0,999653	28,0	0,996231
11,0	0,999604	28,5	0,996088
11,5	0,999552	29,0	0,995943
12,0	0,999497	29,5	0,995795
12,5	0,999439	30,0	0,995645
13,0	0,999376	30,5	0,995493
13,5	0,999312	31,0	0,995339
14,0	0,999243	31,5	0,995183
14,5	0,999172	32,0	0,995024
15,0	0,999099	32,5	0,994864
15,5	0,999022	33,0	0,994701
16,0	0,998942	33,5	0,994536
16,5	0,998859	34,0	0,994370
17,0	0,998773	34,5	0,994201

ρ_t in g/ml; t in °C.

t	**0,0**	**1,0**	**2,0**	**3,0**	**4,0**	**5,0**	**6,0**	**7,0**	**8,0**	**9,0**
30	0,99565	0,99534	0,99502	0,99470	0,99437	0,99403	0,99368	0,99333	0,99296	0,99259
40	0,99221	0,99183	0,99144	0,99104	0,99063	0,99021	0,98979	0,98937	0,98893	0,98849
50	0,98804	0,98759	0,98712	0,98666	0,98618	0,98573	0,98522	0,98472	0,98422	0,98372
60	0,98321	0,98269	0,98217	0,98164	0,98110	0,98056	0,98002	0,97947	0,97891	0,97835
70	0,97778	0,97720	0,97663	0,97604	0,97545	0,97486	0,97426	0,97365	0,97304	0,97242
80	0,97180	0,97118	0,97054	0,96991	0,96927	0,96862	0,96797	0,96731	0,96665	0,96598
90	0,96531	0,96464	0,96396	0,96327	0,96258	0,96189	0,96119	0,96048	0,95978	0,95906
100	0,95835									

6.3.9 Dichte wässriger Lösungen von Säuren und Basen

ρ: Dichte in g/ml bei 20 °C
w: Massenanteil in %
c: Stoffmengenkonzentration in mol/l

Schwefelsäure (H_2SO_4).

ρ	*w*	*c*	*ρ*	*w*	*c*
1,000	0,2609	0,02660	1,210	28,95	3,572
1,005	0,9855	0,1010	1,215	29,57	3,663
1,010	1,731	0,1783	1,220	30,18	3,754
1,015	2,485	0,2595	1,225	30,79	3,846
1,020	3,242	0,3372	1,230	31,40	3,938
1,025	4,000	0,4180	1,235	32,01	4,031
1,030	4,746	0,4983	1,240	32,61	4,123
1,035	5,493	0,5796	1,245	33,22	4,216
1,040	6,237	0,6613	1,250	33,82	4,310
1,045	6,956	0,7411	1,255	34,42	4,404
1,050	7,704	0,8250	1,260	35,01	4,498
1,055	8,415	0,9052	1,265	35,60	4,592
1,060	9,129	0,9865	1,270	36,19	4,686
1,065	9,843	1,066	1,275	36,78	4,781
1,070	10,56	1,152	1,280	37,36	4,876
1,075	11,26	1,235	1,285	37,95	4,972
1,080	11,96	1,317	1,290	38,53	5,068
1,085	12,66	1,401	1,295	39,10	5,163
1,090	13,36	1,484	1,300	39,68	5,259
1,095	14,04	1,567	1,305	40,25	5,356
1,100	14,73	1,654	1,310	40,82	5,452
1,105	15,41	1,735	1,315	41,39	5,549
1,110	16,08	1,820	1,320	41,95	5,646
1,115	16,76	1,905	1,325	42,51	5,743
1,120	17,43	1,990	1,330	43,07	5,840
1,125	18,09	2,075	1,335	43,62	5,938
1,130	18,76	2,161	1,340	44,17	6,035
1,135	19,42	2,247	1,345	44,72	6,132
1,140	20,08	2,334	1,350	45,26	6,229
1,145	20,73	2,420	1,355	45,80	6,327
1,150	21,38	2,507	1,360	46,33	6,424
1,155	22,03	2,594	1,365	46,86	6,522
1,160	22,67	2,681	1,370	47,39	6,620
1,165	23,31	2,768	1,375	47,92	6,718
1,170	23,95	2,857	1,380	48,45	6,817
1,175	24,58	2,945	1,385	48,97	6,915
1,180	25,21	3,033	1,390	49,48	7,012
1,185	25,84	3,122	1,395	49,99	7,110
1,190	26,47	3,211	1,400	50,50	7,208
1,195	27,10	3,302	1,405	51,01	7,307
1,200	27,72	3,391	1,410	51,52	7,406
1,205	28,33	3,481	1,415	52,02	7,505

ρ	w	c	ρ	w	c
1,420	52,51	7,603	1,655	73,80	12,45
1,425	53,01	7,702	1,660	74,22	12,56
1,430	53,50	7,801	1,665	74,64	12,67
1,435	54,00	7,901	1,670	75,07	12,78
1,440	54,49	8,000	1,675	75,49	12,89
1,445	54,97	8,099	1,680	75,92	13,00
1,450	55,45	8,198	1,685	76,34	13,12
1,455	55,93	8,297	1,690	76,77	13,23
1,460	56,41	8,397	1,695	77,20	13,34
1,465	56,89	8,497	1,700	77,63	13,46
1,470	57,36	8,598	1,705	78,06	13,57
1,475	57,84	8,699	1,710	78,49	13,69
1,480	58,31	8,799	1,715	78,93	13,80
1,485	58,78	8,899	1,720	79,37	13,92
1,490	59,24	9,000	1,725	79,81	14,04
1,495	59,70	9,100	1,730	80,25	14,16
1,500	60,17	9,202	1,735	80,70	14,28
1,505	60,62	9,303	1,740	81,16	14,40
1,510	61,08	9,404	1,745	81,62	14,52
1,515	61,54	9,506	1,750	82,09	14,65
1,520	62,00	9,608	1,755	82,57	14,78
1,525	62,45	9,711	1,760	83,06	14,90
1,530	62,91	9,813	1,765	83,57	15,04
1,535	63,36	9,916	1,770	84,08	15,17
1,540	63,81	10,02	1,775	84,61	15,31
1,545	64,26	10,12	1,780	85,16	15,46
1,550	64,71	10,23	1,785	85,74	15,61
1,555	65,15	10,33	1,790	86,35	15,76
1,560	65,59	10,43	1,795	86,99	15,92
1,565	66,03	10,54	1,800	87,69	16,09
1,570	66,47	10,64	1,805	88,43	16,27
1,575	66,91	10,74	1,810	89,23	16,47
1,580	67,35	10,85	1,815	90,12	16,68
1,585	67,79	10,96	1,820	91,11	16,91
1,590	68,23	11,06	1,821	91,33	16,96
1,595	68,66	11,16	1,822	91,56	17,01
1,600	69,09	11,27	1,823	91,78	17,06
1,605	69,53	11,38	1,824	92,00	17,11
1,610	69,96	11,48	1,825	92,25	17,17
1,615	70,39	11,59	1,826	92,51	17,22
1,620	70,82	11,70	1,827	92,77	17,28
1,625	71,25	11,80	1,828	93,03	17,34
1,630	71,67	11,91	1,829	93,33	17,40
1,635	72,09	12,02	1,830	93,64	17,47
1,640	72,52	12,13	1,831	93,94	17,54
1,645	72,95	12,24	1,832	94,32	17,62
1,650	73,37	12,34	1,833	94,72	17,70

ρ in g/ml bei 20 °C; *w* in %; *c* in mol/l.

Der Gehalt von Säuren höherer Dichte ist auf aräometrischem Wege nicht eindeutig bestimmbar.

Salzsäure (HCl).

ρ	*w*	*c*	*ρ*	*w*	*c*
1,000	0,3600	0,09874	1,105	21,36	6,473
1,005	1,360	0,3749	1,110	22,33	6,798
1,010	2,364	0,6548	1,115	23,29	7,122
1,015	3,374	0,9393	1,120	24,25	7,449
1,020	4,388	1,228	1,125	25,22	7,782
1,025	5,408	1,520	1,130	26,20	8,120
1,030	6,433	1,817	1,135	27,18	8,459
1,035	7,464	2,118	1,140	28,18	8,811
1,040	8,490	2,422	1,145	29,17	9,160
1,045	9,510	2,726	1,150	30,14	9,506
1,050	10,52	3,030	1,155	31,14	9,864
1,055	11,52	3,333	1,160	32,14	$10{,}22_5$
1,060	12,51	3,637	1,165	33,16	$10{,}59_5$
1,065	13,50	3,943	1,170	34,18	10,97
1,070	$14{,}49_5$	4,254	1,175	35,20	11,34
1,075	$15{,}48_5$	4,566	1,180	36,23	11,73
1,080	16,47	4,879	1,185	37,27	12,11
1,085	17,45	5,193	1,190	38,32	12,50
1,090	18,43	5,510	1,195	39,37	12,90
1,095	19,41	5,829	1,198	40,00	13,14
1,100	20,39	6,152			

ρ in g/ml bei 20 °C; *w* in %; *c* in mol/l.

Perchlorsäure ($HClO_4$).

ρ	*w*	*c*	*ρ*	*w*	*c*
1,0050	1	0,1000	1,1581	24	2,767
1,0109	2	0,2013	1,1900	28	3,317
1,0228	4	0,4073	1,2239	32	3,899
1,0348	6	0,6180	1,2603	36	4,516
1,0471	8	0,8339	1,2991	40	5,173
1,0597	10	1,0549	1,3521	45	6,057
1,0726	12	1,2812	1,4103	50	7,019
1,0859	14	1,513	1,4733	55	8,066
1,0995	16	1,751	1,5389	60	9,191
1,1135	18	1,995	1,6059	65	10,04
1,1279	20	2,246			

ρ in g/ml bei 20 °C; *w* in %; *c* in mol/l.

Salpetersäure (HNO_3).

ρ	*w*	*c*	*ρ*	*w*	*c*
1,000	0,3333	0,05231	1,245	39,80	7,863
1,005	1,255	0,2001	1,250	40,58	8,049
1,010	2,164	0,3468	1,255	41,36	8,237
1,015	3,073	0,4950	1,260	42,14	8,426
1,020	3,982	0,6445	1,265	42,92	8,616
1,025	4,883	0,7943	1,270	43,70	8,808
1,030	5,784	0,9454	1,275	44,48	9,001
1,035	6,661	1,094	1,280	45,27	9,195
1,040	7,530	1,243	1,285	46,06	9,394
1,045	8,398	1,393	1,290	46,85	9,590
1,050	9,259	1,543	1,295	47,63	9,789
1,055	10,12	1,694	1,300	48,42	9,990
1,060	10,97	1,845	1,305	49,21	10,19
1,065	11,81	1,997	1,310	50,00	10,39
1,070	12,65	2,148	1,315	50,85	10,61
1,075	13,48	2,301	1,320	51,71	10,83
1,080	14,31	2,453	1,325	52,56	11,05
1,085	15,13	2,605	1,330	53,41	11,27
1,090	15,95	2,759	1,335	54,27	11,49
1,095	16,76	2,913	1,340	55,13	11,72
1,100	17,58	3,068	1,345	56,04	11,96
1,105	18,39	3,224	1,350	56,95	12,20
1,110	19,19	3,381	1,355	57,87	12,44
1,115	20,00	3,539	1,360	58,78	12,68
1,120	20,79	3,696	1,365	59,69	12,93
1,125	21,59	3,854	1,370	60,67	13,19
1,130	22,38	4,012	1,375	61,69	13,46
1,135	23,16	4,171	1,380	62,70	13,73
1,140	23,94	4,330	1,385	63,72	14,01
1,145	24,71	4,489	1,390	64,74	14,29
1,150	25,48	4,649	1,395	65,84	14,57
1,155	26,24	4,810	1,400	66,97	14,88
1,160	27,00	4,970	1,405	68,10	15,18
1,165	27,76	5,132	1,410	69,23	15,49
1,170	28,51	5,293	1,415	70,39	15,81
1,175	29,25	5,455	1,420	71,63	16,14
1,180	30,00	5,618	1,430	74,09	16,81
1,185	30,74	5,780	1,425	72,86	16,47
1,190	31,47	5,943	1,435	75,35	17,16
1,195	32,21	6,107	1,440	76,71	17,53
1,200	32,94	6,273	1,445	78,07	17,90
1,205	33,68	6,440	1,450	79,43	18,28
1,210	34,41	6,607	1,455	80,88	18,68
1,215	35,16	6,778	1,460	82,39	19,09
1,220	35,93	6,956	1,465	83,91	19,51
1,225	36,70	7,135	1,470	85,50	19,95
1,230	37,48	7,315	1,475	87,29	20,43
1,235	38,25	7,497	1,480	89,07	20,92
1,240	39,02	7,679	1,485	91,13	21,48

ρ	w	c	ρ	w	c
1,490	93,49	22,11	1,506	98,25	23,48
1,495	95,46	22,65	1,507	98,50	23,56
1,500	96,73	23,02	1,508	98,76	23,63
1,501	96,98	23,10	1,509	99,01	23,71
1,502	97,23	23,18	1,510	99,26	23,79
1,503	97,49	23,25	1,511	99,52	23,86
1,504	97,74	23,33	1,512	99,77	23,94
1,505	97,99	23,40	1,513	100,00	24,01

ρ in g/ml bei 20 °C; w in %; c in mol/l.

Kalilauge (KOH).

ρ	w	c	ρ	w	c
1,000	0,197	0,0351	1,175	18,84	$3{,}94_5$
1,005	0,743	0,133	1,180	19,35	4,07
1,010	$1{,}29_5$	0,233	1,185	19,86	$4{,}19_5$
1,015	1,84	0,333	1,190	20,37	4,32
1,020	2,38	$0{,}433_5$	1,195	20,88	4,45
1,025	2,93	0,536	1,200	21,38	4,57
1,030	3,48	$0{,}639_5$	1,205	21,88	4,70
1,035	4,03	0,744	1,210	22,38	4,83
1,040	4,58	0,848	1,215	22,88	$4{,}95_5$
1,045	5,12	0,954	1,220	23,38	5,08
1,050	5,66	1,06	1,225	23,87	5,21
1,055	6,20	1,17	1,230	24,37	5,34
1,060	6,74	1,27	1,235	24,86	5,47
1,065	7,28	1,38	1,240	25,36	5,60
1,070	7,82	1,49	1,245	25,85	5,74
1,075	8,36	1,60	1,250	26,34	5,87
1,080	8,89	1,71	1,255	26,83	6,00
1,085	9,43	1,82	1,260	27,32	$6{,}13_5$
1,090	9,96	1,94	1,265	27,80	6,27
1,095	10,49	2,05	1,270	28,29	6,40
1,100	11,03	2,16	1,275	28,77	6,54
1,105	11,56	2,28	1,280	29,25	6,67
1,110	12,08	2,39	1,285	29,73	6,81
1,115	12,61	2,51	1,290	30,21	6,95
1,120	13,14	2,62	1,295	30,68	7,08
1,125	13,66	2,74	1,300	31,15	7,22
1,130	14,19	2,86	1,305	31,62	7,36
1,135	$14{,}70_5$	$2{,}97_5$	1,310	32,09	7,49
1,140	15,22	3,09	1,315	32,56	7,63
1,145	15,74	3,21	1,320	33,03	7,77
1,150	16,26	3,33	1,325	33,50	7,91
1,155	16,78	3,45	1,330	33,97	8,05
1,160	17,29	3,58	1,335	34,43	8,19
1,165	17,81	3,70	1,340	34,90	$8{,}33_5$
1,170	18,32	3,82	1,345	35,36	8,48

ρ	w	c	ρ	w	c
1,350	35,82	8,62	1,445	44,36	11,42
1,355	36,28	8,76	1,450	44,79	11,58
1,455	45,23	11,73	1,360	36,73	$8{,}90_5$
1,460	45,66	11,88	1,365	37,19	9,05
1,465	$46{,}09_5$	12,04	1,370	37,65	9,19
1,470	46,53	12,19	1,375	$38{,}10_5$	9,34
1,475	46,96	12,35	1,380	38,56	9,48
1,480	47,39	12,50	1,385	39,01	9,63
1,485	47,82	12,66	1,390	39,46	9,78
1,490	48,25	12,82	1,395	39,92	9,93
1,495	$48{,}67_5$	12,97	1,400	40,37	10,07
1,500	49,10	13,13	1,405	40,82	10,22
1,505	49,53	13,29	1,410	41,26	10,37
1,510	49,95	13,45	1,415	41,71	10,52
1,515	50,38	13,60	1,420	$42{,}15_5$	10,67
1,520	50,80	13,76	1,425	42,60	10,82
1,525	51,22	13,92	1,430	43,04	10,97
1,530	51,64	14,08	1,435	43,48	11,12
1,535	52,05	14,24	1,440	43,92	11,28

ρ in g/ml bei 20 °C; w in %; c in mol/l.

Natronlauge (NaOH).

ρ	w	c	ρ	w	c
1,000	0,159	0,0398	1,115	$10{,}55_5$	2,942
1,005	0,602	0,151	1,120	11,01	3,082
1,010	$1{,}04_5$	0,264	1,125	11,46	3,224
1,015	1,49	0,378	1,130	11,92	3,367
1,020	1,94	0,494	1,135	12,37	3,510
1,025	2,39	0,611	1,140	12,83	3,655
1,030	2,84	0,731	1,145	13,28	3,801
1,035	3,29	0,851	1,150	13,73	3,947
1,040	$3{,}74_5$	0,971	1,155	14,18	4,095
1,045	4,20	1,097	1,160	14,64	4,244
1,050	$4{,}65_5$	1,222	1,165	15,09	4,395
1,055	5,11	1,347	1,170	15,54	4,545
1,060	5,56	1,474	1,175	15,99	4,697
1,065	6,02	1,602	1,180	16,44	4,850
1,070	6,47	1,731	1,185	16,89	5,004
1,075	6,93	1,862	1,190	$17{,}34_5$	5,160
1,080	7,38	1,992	1,195	17,80	5,317
1,085	7,83	2,123	1,200	$18{,}25_5$	5,476
1,090	8,28	2,257	1,205	18,71	5,636
1,095	8,74	2,391	1,210	19,16	5,796
1,100	9,19	2,527	1,215	19,62	5,958
1,105	$9{,}64_5$	2,664	1,220	20,07	6,122
1,110	10,10	2,802	1,225	20,53	6,286

ρ	w	c	ρ	w	c
1,230	20,98	6,451	1,385	$35{,}50_5$	12,29
1,235	21,44	6,619	1,390	36,00	12,51
1,240	21,90	6,788	1,395	$36{,}49_5$	12,73
1,245	22,36	6,958	1,400	36,99	12,95
1,250	22,82	7,129	1,405	37,49	13,17
1,255	$23{,}27_5$	7,302	1,410	37,99	13,39
1,260	23,73	7,475	1,415	38,49	13,61
1,265	24,19	7,650	1,420	38,99	13,84
1,270	$24{,}64_5$	7,824	1,425	$39{,}49_5$	14,07
1,275	25,10	8,000	1,430	40,00	14,30
1,280	25,56	8,178	1,435	$40{,}51_5$	14,53
1,285	26,02	8,357	1,440	41,03	14,77
1,290	26,48	8,539	1,445	41,55	15,01
1,295	26,94	8,722	1,450	42,07	15,25
1,300	27,41	8,906	1,455	42,59	15,49
1,305	27,87	9,092	1,460	43,12	15,74
1,310	28,33	9,278	1,465	43,64	15,98
1,315	28,80	9,466	1,470	44,17	16,23
1,320	29,26	9,656	1,475	$44{,}69_5$	16,48
1,325	29,73	9,847	1,480	45,22	16,73
1,330	30,20	10,04	1,485	45,75	16,98
1,335	30,67	10,23	1,490	46,27	17,23
1,340	31,14	10,43	1,495	46,80	17,49
1,345	31,62	10,63	1,500	47,33	17,75
1,350	32,10	10,83	1,505	47,85	18,00
1,355	32,58	11,03	1,510	48,38	18,26
1,360	33,06	11,24	1,515	$48{,}90_5$	18,52
1,365	33,54	11,45	1,520	49,44	18,78
1,370	34,03	11,65	1,525	49,97	19,05
1,375	34,52	11,86	1,530	50,50	19,31
1,380	35,01	12,08			

ρ in g/ml bei 20 °C; *w* in %; *c* in mol/l.

Natriumcarbonat-Lösung[a] (Na_2CO_3).

ρ	w	c	ρ	w	c
1,000	0,19	0,018	1,055	5,47	0,544
1,005	0,67	$0{,}063_5$	1,060	5,95	0,595
1,010	1,14	0,109	1,065	6,43	0,646
1,015	1,62	0,155	1,070	6,90	0,696
1,020	2,10	0,202	1,075	7,38	0,748
1,025	2,57	0,248	1,080	7,85	0,800
1,030	3,05	0,296	1,085	8,33	0,853
1,035	3,54	0,346	1,090	8,80	0,905
1,040	4,03	0,395	1,095	9,27	0,958
1,045	4,50	0,444	1,100	9,75	1,012
1,050	4,98	0,493	1,105	10,22	1,065

ρ in g/ml bei 20 °C; *w* in %; *c* in mol/l.

a *w* bezogen auf wasserfreies Na_2CO_3.

ρ	w	c	ρ	w	c
1,110	10,68	1,118	1,155	14,75	1,607
1,115	11,14	1,172	1,160	15,20	1,663
1,120	11,60	1,226	1,165	15,60	1,714
1,125	12,05	1,279	1,170	16,03	1,769
1,130	12,52	1,335	1,175	16,45	1,823
1,135	13,00	1,392	1,180	16,87	1,878
1,140	13,45	1,446	1,185	17,30	1,934
1,145	13,90	1,501	1,150	14,35	1,557
1,190	17,70	1,987			

ρ in g/ml bei 20 °C; w in %; c in mol/l.

Ammoniak-Lösung (NH_3).

ρ	w	c	ρ	w	c
0,998	0,0465	0,0273	0,938	15,47	8,52
0,996	0,512	0,299	0,936	16,06	8,83
0,994	0,977	0,570	0,934	16,65	9,13
0,992	1,43	0,834	0,932	17,24	9,44
0,990	1,89	1,10	0,930	17,85	9,75
0,988	2,35	$1{,}36_5$	0,928	18,45	10,06
0,986	2,82	$1{,}63_5$	0,926	19,06	10,37
0,984	3,30	1,91	0,924	19,67	10,67
0,982	3,78	2,18	0,922	20,27	10,97
0,980	4,27	2,46	0,920	20,88	11,28
0,978	4,76	2,73	0,918	21,50	11,59
0,976	5,25	3,01	0,916	22,12	11,90
0,974	5,75	3,29	0,914	22,75	12,21
0,972	6,25	3,57	0,912	23,39	12,52
0,970	6,75	3,84	0,910	24,03	12,84
0,968	7,26	4,12	0,908	24,68	13,16
0,966	7,77	4,41	0,906	25,33	13,48
0,964	8,29	4,69	0,904	26,00	13,80
0,962	8,82	4,98	0,902	26,67	14,12
0,960	9,34	5,27	0,900	27,33	14,44
0,958	9,87	5,55	0,898	28,00	14,76
0,956	$10{,}40_5$	5,84	0,896	28,67	15,08
0,954	10,95	6,13	0,894	29,33	15,40
0,952	11,49	6,42	0,892	30,00	15,71
0,950	12,03	6,71	0,890	$30{,}68_5$	16,04
0,948	12,58	7,00	0,888	31,37	16,36
0,946	13,14	7,29	0,886	32,09	16,69
0,944	13,71	7,60	0,884	32,84	17,05
0,942	14,29	7,91	0,882	$33{,}59_5$	17,40
0,940	14,88	8,21	0,880	34,35	17,75

ρ in g/ml bei 20 °C; w in %; c in mol/l.

6.4 Temperaturmessung

6.4.1 Primäre thermometrische Fixpunkte

Stoff	Gleichgewicht	Temperatur in K	Temperatur in °C
Sauerstoff	flüssig – gasförmig	90,18	−182,97
Wasser	fest – flüssig	273,15	0,00
Wasser	fest – flüssig – gasförmig	273,16	0,01
Wasser	flüssig – gasförmig	373,15	100,00
Zink	fest – flüssig	692,655	419,505
Schwefel	flüssig – gasförmig	717,75	444,6
Silber	fest – flüssig	1233,95	960,8
Gold	fest – flüssig	1336,15	1063,00

6.4.2 Sekundäre thermometrische Fixpunkte

Gleichgewichtstemperatur	Stoff	Temperatur in °C	Druckabhängigkeit der Temperatur zwischen 880 und 1140 mbar
Sblp.	CO_2	−78,5	$t = 78{,}5 + 12{,}12\left(\frac{p}{p_0} - 1\right) - 6{,}4\left(\frac{p}{p_0} - 1\right)^2$
Ep.	Hg	−38,87	
Trp.	H_2O	+ 0,0100	Wird statt des Schmelzpunkts des Wassers benutzt
Up.	$Na_2SO_4 \cdot 10\,H_2O$	32,38	
Trp.	Benzoesäure	122,36	
Sdp.	Naphthalin	218,0	$t = 218{,}0 + 44{,}4\left(\frac{p}{p_0} - 1\right) - 19\left(\frac{p}{p_0} - 1\right)^2$
Ep.	Sn	231,9	
Sdp.	Benzophenon	305,9	$t = 305{,}9 + 48{,}8\left(\frac{p}{p_0} - 1\right) - 21\left(\frac{p}{p_0} - 1\right)^2$
Ep.	Cd	320,9	
Ep.	Pb	327,3	
Sdp.	Hg	356,58	$t = 356{,}58 + 55{,}552\left(\frac{p}{p_0} - 1\right) - 23{,}03\left(\frac{p}{p_0} - 1\right)^2 + 14\left(\frac{p}{p_0} - 1\right)^3$
Ep.	Zn	419,5	
Ep.	Sb	630,5	unterhalb: Widerstandsthermometer, oberhalb: Thermoelement
Ep.	Al	660,1	
Ep.	Cu	1083	in reduzierender Atmosphäre
Ep.	Ni	1453	
Ep.	Co	1492	oberhalb des Goldpunktes werden optische Pyrometer benutzt;
Ep.	Pd	1552	Interpolation bis 2700 °C nach der vereinfachten Planck'schen
Ep.	Pt	1769	Formel:
Ep.	Rh	1960	
Ep.	Ir	2443	$\ln \frac{I_T}{I_{Au}} = \frac{C_2}{\lambda}\left(\frac{1}{T_{Au}} - \frac{1}{T}\right)$
Ep.	W	3380	

Sblp.: Sublimationspunkt *Up.*: Umwandlungspunkt *Ep.*: Erstarrungspunkt
Trp.: Tripelpunkt *Sdp.*: Siedepunkt

6.4.3 Thermometergläser und Füllungen, Anwendungsbereiche

Glasart	verwendbar bis	α in K^{-1} [a]
Normalglas 16/III	430 °C	$88 \cdot 10^{-7}$
Thermometerglas 2954	480 °C	$62 \cdot 10^{-7}$
Supremaxglas 8409	630 °C	$41 \cdot 10^{-7}$
Quarzglas	1000 °C	$5 \cdot 10^{-7}$

a α: Längenausdehnungskoeffizient.

Thermometerfüllung	Temp. (min.)	Temp. (max.)	benet-zend	α in K^{-1} [a]	
Quecksilber	– 38 °C	+800 °C	–	0,000160	(150 °C, 16/III)
Quecksiber-Thallium-Legierung	– 58 °C	ca. 150 °C	–		
Gallium	ca. 0 °C	ca. 1200 °C	–	0,000158	(0 °C, 16/III)
				0,00010	(800 °C, Quarz)
Pentan	–200 °C	ca. + 30 °C	+	0,0009	(–180 °C, 16/III)
Ethanol	–110 °C	ca. +100 °C	+	0,001	(– 50 °C, 16/III)
Toluol	–100 °C	ca. +100 °C	+	0,001	(– 50 °C, 16/III)
Kreosot	ca. – 40 °C	ca. +200 °C	+	–	

a α: Längenausdehnungskoeffizient.

6.4.4 Widerstands-Grundwerte für Platin-Messwiderstände

Nennwiderstand: 100 Ω bei 0 °C
Temperaturbeiwert zwischen 0 und 100 °C: $3{,}85 \cdot 10^{-3}$/K
Widerstand in Ω.

t in °C	0	–10	–20	–30	–40	–50	–60	–70	–80	–90	–100	Ω/K [a]
–200	18,44	14,26	10,35	7,06	4,49	2,52	–	–	–	–	–	–
–100	60,20	56,13	52,04	47,93	43,80	39,65	35,48	31,28	27,03	22,71	18,44	0,42
0	100,0	96,07	92,13	88,17	84,21	80,25	76,28	72,29	68,28	64,25	60,20	0,40
***t* in °C**	**0**	**10**	**20**	**30**	**40**	**50**	**60**	**70**	**80**	**90**	**100**	**Ω/K [a]**
0	100,00	103,90	107,79	111,67	115,54	119,40	123,24	127,07	130,89	134,70	138,50	0,385
100	138,50	142,28	146,06	149,82	153,57	157,32	161,04	164,47	168,47	172,16	175,84	0,373
200	175,84	179,51	183,17	186,82	190,46	194,08	197,70	201,30	204,88	208,46	212,03	0,361
300	212,03	215,58	219,13	222,66	226,18	229,69	233,19	236,67	240,15	243,61	247,06	0,350
400	247,06	250,50	253,93	257,34	260,75	264,14	267,52	270,89	274,25	277,60	280,93	0,338
500	280,93	284,26	287,57	290,87	294,16	297,43	300,70	303,95	307,20	310,43	313,65	0,327
600	313,65	316,86	320,05	323,24	326,41	329,57	332,72	335,86	338,99	342,10	345,21	0,315
700	345,21	348,30	351,38	354,45	357,51	360,55	363,59	366,61	369,62	372,62	375,61	0,304
800	375,61	378,59	381,55	384,50	387,45	390,38	–	–	–	–	–	0,295

a Mittelwerte der 100-Grad-Bereiche.

6.4.5 Thermospannungen von Thermoelementen

Kupfer-Konstantan. Thermospannung *U* in mV.

t in °C	0	−10	−20	−30	−40	−50	−60	−70	−80	−90	−100	mV/K[a]
−100	−3,40	−3,68	−3,95	−4,21	−4,46	−4,69	−4,91	−5,12	−5,32	−5,51	−5,70	0,023
***t* in °C**	**0**	**10**	**20**	**30**	**40**	**50**	**60**	**70**	**80**	**90**	**100**	**mV/K[a]**
0	0	0,40	0,80	1,21	1,63	2,05	2,48	2,91	3,35	3,80	4,25	0,043
100	4,25	4,71	5,18	5,65	6,13	6,62	7,12	7,63	8,15	8,67	9,20	0,050
200	9,20	9,74	10,29	10,85	11,41	11,98	12,55	13,13	13,71	14,30	14,89	0,057
300	14,89	15,49	16,09	16,69	17,30	17,91	18,52	19,13	19,75	20,37	20,99	0,061
400	20,99	21,61	22,24	22,87	23,50	24,14	24,78	25,43	26,08	26,74	27,40	0,064
500	27,40	28,07	28,74	29,42	30,10	30,79	31,48	32,18	32,88	33,59	34,30	0,069

a Mittelwerte der 100-Grad-Bereiche.

Platinrhodium-Platin. Thermospannung *U* in mV.

t in °C	0	−10	−20	−30	−40	−50	−60	−70	−80	−90	−100	mV/K[a]
0	0	0,056	0,113	0,173	0,235	0,299	0,364	0,431	0,500	0,571	0,643	0,006
100	0,643	0,717	0,792	0,869	0,946	1,025	1,106	1,187	1,269	1,352	1,436	0,008
200	1,436	1,521	1,607	1,693	1,780	1,868	1,956	2,045	2,135	2,225	2,316	0,009
300	2,316	2,408	2,499	2,592	2,685	2,778	2,872	2,966	3,061	3,156	3,251	0,009
400	3,251	3,347	3,442	3,539	3,635	3,732	3,829	3,926	4,024	4,122	4,221	0,010
500	4,221	4,319	4,419	4,518	4,618	4,718	4,818	4,919	5,020	5,122	5,224	0,010
600	5,224	5,326	5,429	5,532	5,635	5,738	5,842	5,946	6,050	6,155	6,260	0,010
700	6,260	6,365	6,471	6,577	6,683	6,790	6,897	7,005	7,112	7,220	7,329	0,011
800	7,329	7,438	7,547	7,656	7,766	7,876	7,987	8,098	8,209	8,320	8,432	0,011
900	8,432	8,545	8,657	8,770	8,883	8,997	9,111	9,225	9,340	9,455	9,570	0,011
1000	9,570	9,686	9,802	9,918	10,035	10,152	10,269	10,387	10,505	10,623	10,741	0,012
1100	10,741	10,860	10,979	11,098	11,217	11,336	11,456	11,575	11,695	11,815	11,935	0,012
1200	11,935	12,055	12,175	12,296	12,416	12,536	12,657	12,777	12,897	13,018	13,138	0,012
1300	13,138	13,258	13,378	13,498	13,618	13,738	13,858	13,978	14,098	14,217	14,337	0,012
1400	14,337	14,457	14,576	14,696	14,815	14,935	15,054	15,173	15,292	15,411	15,530	0,012
1500	15,530	15,649	15,768	15,887	16,006	16,124	16,243	16,361	16,479	16,597	16,716	0,012

a Mittelwerte der 100-Grad-Bereiche.

6.4.6 Fadenkorrektion für das Quecksilberthermometer

Wenn der Faden eines Quecksilberthermometers, das eine bestimmte Temperatur anzeigt, um n Grade aus dem zu messenden Bereich herausragt, so ist der abgelesene Temperaturwert zu niedrig. Dies gilt für den Fall, dass die Außentemperatur niedriger als die zu messende Temperatur ist. Im umgekehrten Falle sind die Werte zu hoch.

Die Korrektion K ergibt sich aus der Differenz zwischen dem angezeigten Wert t_1 und der in der Mitte des herausragenden Fadenteils zu messenden Außentemperatur t_2:

$$K = n \cdot (t_1 - t_2) \cdot \alpha \qquad \alpha = 0{,}00016 \text{ (mittlerer Wert)}$$

Der scheinbare Längenausdehnungskoeffizient α für Quecksilber in der Glaskapillare hängt zwar auch von der Art des Glases und der Konstruktion des Thermometers ab, im Wesentlichen jedoch nur vom Längenausdehnungskoeffizienten des Quecksilbers.

Die folgende Tabelle gibt unmittelbar an, um wieviel °C die abgelesene Temperatur zu korrigieren ist.

Beispiel:

Der abgelesene Wert am Thermometer beträgt 186 °C und die Differenz $t_1 - t_2 = 160$ °C.
Korrekturwert (folgende Tabelle): 4,6 °C

korrigierte Temperatur: $t = 186\,°C + 4{,}6\,°C =$ **190,6 °C** (mittlerer Wert)

n[a] in °C	$t_1 - t_2$ in °C																	
	40	**60**	**80**	**100**	**120**	**140**	**160**	**180**	**200**	**220**	**240**	**260**	**280**	**300**	**320**	**340**	**360**	**380**
20	0,1	0,2	0,3	0,3	0,4	0,4	0,5	0,6	0,6	0,7	0,8	0,8	0,9	0,9	1,0	1,1	1,2	1,2
40	0,3	0,4	0,5	0,6	0,8	0,9	1,0	1,2	1,3	1,4	1,5	1,7	1,8	1,9	2,0	2,2	2,3	2,4
60	0,4	0,6	0,8	1,0	1,2	1,3	1,5	1,7	1,9	2,1	2,3	2,5	2,7	2,9	3,1	3,3	3,5	3,6
80		0,8	1,0	1,3	1,5	1,9	2,1	2,3	2,6	2,8	3,1	3,3	3,6	3,9	4,1	4,4	4,6	4,9
100			1,3	1,6	1,9	2,2	2,6	2,9	3,2	3,5	3,9	4,2	4,5	4,8	5,1	5,4	5,8	6,2
120				1,9	2,3	2,7	3,1	3,5	3,9	4,2	4,6	5,0	5,2	5,8	6,2	6,5	6,9	7,3
140					2,7	3,1	3,6	4,0	4,5	4,9	5,4	5,8	6,3	6,8	7,2	7,6	8,1	8,5
160						3,6	4,1	4,6	5,1	5,6	6,1	6,6	7,2	7,7	8,2	8,7	9,2	9,7
180							4,6	5,2	5,8	6,3	6,9	7,5	8,1	8,6	9,2	9,8	10,4	10,9
200								5,8	6,4	7,0	7,7	8,3	8,9	9,6	10,2	10,9	11,5	12,2
220									7,0	7,7	8,4	9,2	9,9	10,6	11,3	12,0	12,7	13,4
240										8,4	9,2	10,0	10,8	11,5	12,3	13,0	13,8	14,6
260											10,0	10,8	11,6	12,5	13,4	14,2	15,0	15,8
280												11,6	12,5	13,4	14,3	15,2	16,1	17,0
300													13,4	14,4	15,4	16,3	17,3	18,2
320														15,4	16,4	17,4	18,4	19,4
340															17,4	18,5	19,6	20,7
360																19,6	20,7	21,9
380																	21,9	23,1
400																		24,3

a herausragende Fadenlänge.

6.4.7 Druckabhängigkeit des Siedepunktes

Die Siedetemperatur eines Stoffes ist abhängig vom herrschenden Druck. Um vergleichbare Werte zu erhalten, wird der Siedepunkt deshalb auf Normdruck (1013,25 mbar) umgerechnet.

Ist die Siedetemperatur bei einem Barometerstand p_1 abgelesen worden, der sich um den Betrag Δp vom Normdruck p_n unterscheidet, so ist nach Berücksichtigung der Fadenkorrektur (siehe Kapitel 6.4.6) ein der Druckdifferenz entsprechender Temperaturwert Δt abzuziehen ($p_1 > p_n$) bzw. zu addieren ($p_1 < p_n$).

$$\Delta t = \Delta p \cdot \delta$$

Die für jede Substanz eigenen δ-Werte liegen in der Größenordnung von 0,01–0,1 °C/mbar. Näherungsweise genügt es jedoch, die in der folgenden Tabelle angegebenen Werte zu verwenden. Beträgt die Abweichung des Drucks nicht mehr als ca. 13 mbar vom Normdruck, so halten sich die Fehler im Bereich von 10^{-2}.

Beispiel:

Es wurde bei einem Druck von 971,6 mbar ein Siedepunkt von 125,0 °C bestimmt.

Korrekturfaktor:	δ = 0,036
Druckdifferenz:	Δp = 1013,25 mbar − 971,6 mbar = 41,65 mbar
Temperaturdifferenz:	Δt = 41,65 mbar · 0,036 °C/mbar
	Δt = 1,5 °C
korrigierter Siedepunkt:	$Sdp._{korr.}$ = 125,0 °C + 1,5 °C = **126,5 °C**

Temperaturbereich in °C	**Korrekturfaktor δ**	**Temperaturbereich in °C**	**Korrekturfaktor δ**
14– 23	0,026	282–289	0,050
24– 31	0,027	290–298	0,051
32– 39	0,028	299–306	0,052
40– 48	0,029	307–314	0,053
49– 56	0,029	315–323	0,054
57– 64	0,030	324–331	0,054
65– 73	0,031	332–339	0,055
74– 81	0,032	340–348	0,056
82– 89	0,032	349–356	0,056
90– 98	0,033	357–364	0,057
99–106	0,034	365–373	0,058
107–114	0,035	374–381	0,059
115–123	0,036	382–389	0,059
124–131	0,036	390–398	0,060
132–139	0,037	399–406	0,061
140–148	0,038	407–414	0,062
149–156	0,038	415–423	0,062
157–164	0,039	424–431	0,063
165–173	0,040	432–439	0,064
174–181	0,040	440–448	0,065
182–189	0,041	449–456	0,065
190–198	0,042	457–464	0,066
199–206	0,043	465–473	0,067
207–214	0,044	474–481	0,068
215–223	0,044	481–489	0,068
224–231	0,045	490–498	0,069
232–239	0,046	499–506	0,070
240–248	0,047	507–514	0,070
249–256	0,047	515–523	0,071
257–264	0,048	524–531	0,072
265–273	0,049	532–539	0,073
274–281	0,050	540–548	0,074

Temperaturbereich in °C	Korrekturfaktor δ	Temperaturbereich in °C	Korrekturfaktor δ
549–556	0,074	657–664	0,084
557–564	0,075	665–673	0,085
565–573	0,076	674–681	0,086
574–581	0,077	682–689	0,086
582–589	0,077	690–698	0,087
590–598	0,078	699–706	0,088
599–606	0,079	707–714	0,089
607–614	0,080	715–723	0,089
615–623	0,080	724–731	0,090
624–631	0,081	732–739	0,091
632–639	0,082	740–748	0,092
640–648	0,083	749–756	0,092
649–656	0,083	757–764	0,093

7 Messung und Berechnung physikalisch-chemischer Größen

7.1 Elektrolyse, elektrochemische Äquivalente

Den Zusammenhang zwischen der bei einer Elektrolyse abgeschiedenen Stoffmenge n und der Elektrizitätsmenge Q beschreibt das Faraday'sche Gesetz:

Stoffmenge n(X) der abgeschiedenen Teilchenart X in mol	$n(\mathrm{X}) = \frac{Q}{z \cdot F}$	Q: Elektrizitätsmenge $Q = I \cdot t$ in C (= A · s) für I = konst. z: Äquivalentzahl (Anzahl der an der Elektrode abgegebenen oder aufgenommenen Elektronen bei der Abscheidung eines Teilchens X) F: Faraday-Konstante 96 485 C/mol I: Stromstärke in A; t: Zeitspanne in s

Mit der molaren Masse des abgeschiedenen Stoffes erhält man die abgeschiedene Masse. Da bei Elektrolysen infolge von Nebenreaktionen die Elektrizitätsmenge nicht quantitativ für die gewünschte Stoffabscheidung genutzt wird, muss in der Praxis noch die Stromausbeute berücksichtigt werden:

abgeschiedene Masse m in g	$m = \frac{M(\mathrm{X}) \cdot Q}{z \cdot F}$	M(X): molare Masse des abgeschiedenen Stoffes in g/mol
Der Ausdruck	$\frac{M(\mathrm{X})}{z \cdot F}$	wird als „Elektrochemisches Äquivalent" bezeichnet. Es gibt die Masse des Stoffes an, die von 1 A · s abgeschieden wird.
Abscheidung unter Berücksichtigung der Stromausbeute	$m = \frac{M(\mathrm{X}) \cdot Q}{z \cdot F} \cdot \eta$	η: Stromausbeute z. B. 0,5

Beispiel 1

Eine Cu(II)-Sulfat-Lösung wird 45 Minuten lang mit einem Gleichstrom von I = 0,8 A und einer Stromausbeute von 90 % (η = 0,90) elektrolysiert. Wie groß ist die abgeschiedene Masse an Kupfer?

Elektrolysezeit t	45 min · 60 = 2700 s
Stromstärke I	0,8 A
Ladung Q (unter Berücksichtigung der Stromausbeute)	0,8 A · 2700 s · 0,9 = 1944 A · s
Elektrochemisches Äquivalent (siehe folgende Tabelle)	0,3293 mg/A · s
abgeschiedene Masse an Kupfer	m(Cu) = 0,3293 mg/A · s · 1944 A · s = **640,2 mg**

Beispiel 2

Bei der Elektrolyse von Wasser (z. B. mit einem Hoffmann'schen Wasserzersetzungsapparat) sollen 2 l Wasserstoff unter Normbedingungen hergestellt werden. Wie lange muss elektrolysiert werden, wenn mit einem Stromfluss von 2,5 Ampere gearbeitet wird?

Nach der Reaktionsgleichung:

$2\,H_2O \longrightarrow 2\,H_2 + O_2$	entstehen:
$4\,H^+ + 4e \longrightarrow 2\,H_2$	44,82 l (2 mol) Wasserstoff
$2\,O^{2-} \longrightarrow O_2 + 4e^-$	22,41 l (1 mol) Sauerstoff

elektrochemisches Äquivalent für H_2 (siehe folgende Tabelle)	0,4185 l/A · h
Stromstärke I	2,5 A
Wasserstoffvolumen V_{H_2}	2 l
Elektrolysezeit in Stunden h	$t = \dfrac{V_{H_2}}{I \cdot 0{,}4185\,\frac{l}{A} \cdot h} = \dfrac{2\,l}{2{,}5\,A \cdot 0{,}4185\,\frac{l}{A} \cdot h} = \mathbf{1{,}91\,h}$

Beispiel 3

Bei der Elektrolyse eines Goldsalzes wurden 2,100 g Gold abgeschieden. Die gleiche Elektrizitätsmenge scheidet 3,521 g Silber ab, wobei die molare Masse des Silberäquivalentes $M(1/z\,\text{Ag}) = 107{,}868$ g/mol beträgt. Berechne die molare Masse des Goldäquivalentes $M(1/z\,\text{Au})$ und die Oxidationszahl des Goldes in der Elektrolyselösung.

Stoffmenge des Silberäquivalentes	$n\left(\frac{1}{z}\,\text{Ag}\right) = \dfrac{3{,}521\,g}{107{,}868\,g/mol} = 0{,}032\,mol$ mit $z = 1$
das entsprechende Goldäquivalent beträgt ebenfalls	$n\left(\frac{1}{z}\,\text{Au}\right) = 0{,}032\,mol$
die molare Masse des Äquivalentes ergibt sich zu	$M\left(\frac{1}{z}\,\text{Au}\right) = \dfrac{2{,}100\,g}{0{,}032\,mol} = \mathbf{65{,}65\,g/mol}$
Oxidationszahl	$z = \dfrac{M(\text{Au})}{M\left(\frac{1}{z}\,\text{Au}\right)} = \dfrac{196{,}967\,g/mol}{65{,}65\,g/mol} \approx \mathbf{3}$

Elektrochemische Äquivalente (berechnet mit $F = 96\,500$ C/mol).

Ion	mg/A · s	g/A · h	Ion	mg/A · s	g/A · h
Ag^{+}	1,1178	4,0242	Sb^{3+}	0,4205	1,5139
Al^{3+}	0,0932	0,3355	Sb^{5+}	0,2523	0,9083
Au^{+}	2,0411	7,3479	Sn^{2+}	0,6149	2,2139
Au^{3+}	0,6804	2,4493	Sn^{4+}	0,3074	1,1069
Ba^{2+}	0,7116	2,5617	Sr^{2+}	0,4539	1,6343
Be^{2+}	0,04669	0,1681	Tl^{+}	2,1178	7,6241
Bi^{3+}	0,7218	2,5987	Tl^{3+}	0,7059	2,5413
Ca^{2+}	0,2076	0,7476	Zn^{2+}	0,3388	1,2197
Cd^{2+}	0,5823	2,0965	Zr^{4+}	0,2363	0,8508
Co^{2+}	0,3053	1,0992	Br^{-}	0,8280	2,9808
Cr^{3+}	0,1796	0,6465	$C_2O_4^{2-}$	0,4560	1,6418
Cs^{+}	1,3772	4,9581	CO_3^{2-}	0,3109	1,1193
Cu^{2+}	0,3293	1,18531	Cl^{-}	0,3673	1,3225
Fe^{2+}	0,2893	1,0417	CrO_4^{2-}	0,0898	0,32328
Fe^{3+}	0,1929	0,6944	F^{-}	0,1968	0,7087
Hg_2^{2+}	2,0785	7,4831	H^{+}	0,0104	0,0376
Hg^{2+}	1,0393	3,7415	I^{-}	1,3150	4,7342
K^{+}	0,4052	1,4587	NH_4^{+}	0,1869	0,6729
Li^{+}	0,0719	0,2589	O^{2-}	0,0828	0,2984
Mg^{2+}	0,1259	0,4533	OH^{-}	0,1762	0,6344
Mn^{2+}	0,2846	1,0247	S^{2-}	0,1661	0,5980
Na^{+}	0,2382	0,8576	SO_4^{2-}	0,4977	1,7917
Ni^{2+}	0,3041	1,0951			
Pb^{2+}	1,0735	3,8648			
Pd^{2+}	0,5512	1,9846			
Pt^{4+}	0,5054	1,8194			
Pt^{2+}	1,0105	3,6389			
Rb^{+}	0,8856	3,1884			

Gas	ml/A · s	l/A · h	
Knallgas			
$O_2 + 2\,H_2$	0,1743	0,6273	bei Normbedingungen
O_2	0,05802	0,2089	bei Normbedingungen
H_2	0,1162	0,4185	bei Normbedingungen

7.2 Leitfähigkeit wässriger Elektrolytlösungen

Die spezifische Leitfähigkeit eines Elektrolyten hängt von der Struktur und Quantität der Ionen ab, welche für den Ladungstransport verantwortlich sind. Da die Leitfähigkeit sich mit der Konzentration ändert, beurteilt man die Leitfähigkeit einzelner Elektrolyte bei der gleichen Stoffmengenkonzentration. Die Äquivalentleitfähigkeit nimmt mit steigender Konzentration ab. Sie erreicht das Maximum bei unendlicher Verdünnung. Wichtige Beziehungen:

längenbezogene Leitfähigkeit κ in $\Omega^{-1} \cdot \mathrm{cm}^{-1}$	$\kappa = \frac{C}{R}$	C: Widerstandskapazität C des Messgefäßes in cm^{-1} R: ohmscher Widerstand der Elektrolytlösung in Ω
Widerstandskapazität C des Messgefäßes in cm^{-1}	$C = l \cdot A^{-1} = \kappa \cdot R$	l: Abstand der Elektroden in cm A: wirksame Elektrodenfläche in cm^2
molare Leitfähigkeit, Äquivalentleitfähigkeit Λ_c in $\Omega^{-1} \cdot \mathrm{cm}^2 \cdot \mathrm{mol}^{-1}$	$\Lambda_c = \frac{\kappa}{c}$	c: Stoffmengenkonzentration in mol/l
Dissoziationsgrad α	$\alpha = \frac{\Lambda_c}{\Lambda_0}$	Λ_c: molare Leitfähigkeit in $\Omega^{-1} \cdot \mathrm{cm}^2 \cdot \mathrm{mol}^{-1}$ Λ_0: molare Leitfähigkeit bei vollständiger Dissoziation, Grenzleitfähigkeit

Tab. 1: Äquivalentleitfähigkeiten wässriger Elektrolytlösungen in $\frac{\mathrm{S} \cdot \mathrm{m}^2}{\mathrm{mol}} \cdot 10^{-4}$.

Verbindung	**Stoffmengenkonzentrationen in mol/l**							
	∞[a]	**0,0005**	**0,001**	**0,005**	**0,01**	**0,02**	**0,05**	**0,1**
$AgNO_3$	133,29	131,29	130,45	127,14	124,70	121,35	115,18	109,09
½ $BaCl_2$	139,91	135,89	134,27	127,96	123,88	119,03	111,42	105,14
½ $CaCl_2$	135,77	131,86	130,30	124,19	120,30	115,59	108,42	102,41
½ $Ca(OH)_2$	258	–	–	233	226	214	–	–
½ $CuSO_4$	133,6	121,6	115,20	94,02	83,08	72,16	59,02	50,55
HCl	425,95	422,53	421,15	415,59	411,80	407,04	398,89	391,13
KBr	151,9	–	–	146,02	143,36	140,41	135,61	131,32
KCl	149,79	147,74	146,88	143,48	141,20	138,27	133,30	128,90
$KClO_4$	139,97	138,69	137,80	134,09	131,39	127,86	121,56	115,14
⅓ $K_3Fe(CN)_6$	174,5	166,4	163,1	150,7	–	–	–	–
¼ $K_4Fe(CN)_6$	184	167,16	146,02	134,76	122,76	107,65	97,82	
$KHCO_3$	117,94	116,04	115,28	112,18	110,03	107,17	–	–
KI	150,31	–	–	144,30	142,11	139,38	134,90	131,05
KIO_4	127,86	125,74	124,88	121,18	118,45	114,08	106,67	98,2
KNO_3	144,89	142,70	141,77	138,41	132,75	132,34	126,25	120,34
$KMnO_4$	134,8	–	133,3	–	126,5	–	–	113
KOH	271,5	–	234	230	228	–	219	213
$KReO_4$	128,20	126,03	125,12	121,31	118,49	114,49	106,40	97,40
⅓ $LaCl_3$	145,9	139,6	137,0	127,5	121,8	115,3	106,2	99,1
LiCl	114,97	113,09	112,34	109,35	107,27	104,60	100,06	95,81
$LiClO_4$	105,93	104,13	103,39	100,52	98,56	96,13	92,15	88,52
½ $MgCl_2$	129,34	125,55	124,15	118,25	114,49	109,99	103,03	97,05
NH_4Cl	149,6	–	146,7	134,4	141,21	138,25	133,22	128,69
NaCl	126,39	124,44	123,68	120,59	118,45	115,70	111,01	106,69
$NaClO_4$	117,42	115,58	114,82	111,70	109,54	106,91	102,35	98,38
NaI	126,88	125,30	124,19	121,19	119,18	116,64	112,73	108,73
$NaOOCCH_3$	91,0	89,2	88,5	85,68	83,72	81,20	76,88	72,76
$NaOOCC_2H_5$	85,88	84,20	83,50	80,86	79,01	76,59	–	–
$NaOOCC_3H_7$	82,66	81,00	80,27	77,54	75,72	73,35	69,29	65,24

a unendliche Verdünnung.

Verbindung	Stoffmengenkonzentrationen in mol/l							
	∞[a]	0,0005	0,001	0,005	0,01	0,02	0,05	0,1
NaOH	247,7	245,5	244,6	240,7	237,9	–	–	–
Na-Pikrat	80,45	–	78,6	757	73,7	–	66,3	61,8
½ Na_2SO_4	129,8	125,68	124,09	117,09	112,38	106,73	97,70	89,94
½ $SrCl_2$	135,73	131,84	130,27	124,18	120,23	115,48	108,20	102,14
½ $ZnSO_4$	132,7	121,3	114,47	95,44	84,87	74,20	61,17	52,61

a unendliche Verdünnung.

Beispiel 1

Die Widerstandskapazität einer Messzelle soll für 25 °C bestimmt werden. Zur Kalibrierung wird eine Kaliumchloridlösung mit $c(KCl) = 0{,}01$ mol/l verwendet.

gemessener Widerstand R	$R = 1{,}2 \cdot 10^3\ \Omega$
längenbezogene Leitfähigkeit bei 25 °C (siehe Tabelle 2, S. 220)	$\kappa = 0{,}001413\ \Omega^{-1} \cdot \mathrm{cm}^{-1}$
Widerstandskapazität der Messzelle (Zellkonstante)	$C = 1{,}2 \cdot 10^3\ \Omega \cdot 0{,}001413\ \Omega^{-1} \cdot \mathrm{cm}^{-1} = \mathbf{1{,}696\ cm^{-1}}$

Beispiel 2

Bestimmung der molaren Leitfähigkeit Λ von Salzsäure bei 25 °C unter Verwendung der Zellkonstante aus Beispiel 1.

molare Leitäfhigkeit in $S \cdot cm^2 \cdot mol^{-1}$ $1\ S \mathrel{\hat=} 1\ \Omega^{-1}$	$\Lambda(HCl) = \frac{\kappa(HCl)}{c(HCl)}$	
gemessener Widerstand der HCl-Lösung $c = 0{,}01$ mol/l	$R = 411{,}7\ \Omega$	Anmerkung: Die Eigenleitfähigkeit des Lösemittels Wasser wird hier vernachlässigt.
längenbezogene Leitfähigkeit (unter Verwendung der Zellkonstante aus Beispiel 1)	$\kappa(HCl) = \frac{1{,}696\ \mathrm{cm}^{-1}}{411{,}7\ \Omega} = 4{,}119 \cdot 10^{-3} \cdot \Omega^{-1} \cdot \mathrm{cm}^{-1}$	
molare Leitfähigkeit	$\Lambda(HCl) = \frac{4{,}119 \cdot 10^{-3} \cdot \Omega^{-1} \cdot \mathrm{cm}^{-1}}{0{,}01\ \mathrm{mol}/10^3\ \mathrm{cm}^3} = \mathbf{4{,}119\ \Omega^{-1} \cdot cm^2 \cdot mol^{-1}}$	

Beispiel 3

Die Leitfähigkeitsdaten gemessen bei ∞ Verdünnung (Grenzleitfähigkeit Λ_∞) für einzelne Ionenpaare, lassen sich durch geeignete Kombination zur Berechnung der Grenzleitfähigkeit schwacher Elektrolyte verwenden. Als Beispiel soll die Grenzleitfähigkeit von Essigsäure aus den entsprechenden Daten (siehe Tabelle 1, S. 218) für Natriumacetat, NaCl und

HCl berechnet werden. Jedes einzelne Ion liefert bei sehr niedrigen Konzentrationen einen separaten Beitrag zur Gesamtleitfähigkeit.

Λ_∞(Na-Acetat); Λ_∞(NaCl); Λ_∞(HCl)	$85{,}88 \cdot 10^{-4}\ \Omega^{-1} \cdot m^2 \cdot mol^{-1}$ $126{,}39 \cdot 10^{-4}\ \Omega^{-1} \cdot m^2 \cdot mol^{-1}$ $95 \cdot 10^{-4}\ \Omega^{-1} \cdot m^2 \cdot mol^{-1}$
Λ_∞ (Essigsäure)	$\Lambda_\infty(C_2H_5OO^-) + \Lambda_\infty(HCl) - \Lambda_\infty(NaCl)$ $= \Lambda_\infty(Na^+) + \Lambda_\infty(C_2H_5OO^-) + \Lambda_\infty(H^+) + \Lambda_\infty(Cl^-) - \Lambda_\infty(Na^+) - \Lambda_\infty(Cl^-)$ $= \Lambda_\infty(C_2H_5OO^-) + \Lambda_\infty(H^+) - \Lambda_\infty(NaCl)$ $= 85{,}88 \cdot 10^{-4} + 425{,}95 \cdot 10^{-4} - 126{,}39 \cdot 10^{-4} = \mathbf{385{,}44\ \Omega^{-1} \cdot m^2 \cdot mol^{-1}}$

Kaliumchloridlösungen dienen zur Bestimmung der Widerstandskapazität C von Messgefäßen (Leitfähigkeitsmesszellen), in denen die längenbezogene (früher spezifische) Leitfähigkeit Λ_C von Elektrolytlösungen bestimmt wird.

Folgende Tabelle gibt die längenbezogenen Leitfähigkeiten wässriger Kaliumchlorid-Standardlösungen in Abhängigkeit von der Temperatur und der Konzentration an.

Tab. 2: Leitfähigkeiten wässriger Kaliumchloridlösungen κ in $\Omega^{-1} \cdot cm^{-1}$.

Temperatur in °C	Stoffmengenkonzentration der KCl-Standardlösungen in mol/l			
	1	0,1	0,02	0,01
0	0,06541	0,00715	0,001521	0,000776
1	0,06713	0,00736	0,001566	0,000800
5	0,07414	0,00822	0,001752	0,000896
10	0,08319	0,00933	0,001994	0,001020
15	0,09252	0,01048	0,002243	0,001147
16	0,09441	0,01072	0,002294	0,001173
17	0,09631	0,01095	0,002345	0,001199
18	0,09822	0,01119	0,002397	0,001225
19	0,10014	0,01143	0,002449	0,001251
20	0,10207	0,01167	0,002501	0,001278
21	0,10400	0,01191	0,002553	0,001305
22	0,10554	0,01215	0,002606	0,001332
23	0,10789	0,01239	0,002659	0,001359
24	0,10984	0,01264	0,002712	0,001386
25	0,11180	0,01288	0,002765	0,001413

7.3 Löslichkeiten und Löslichkeitsprodukte [27]

Die Löslichkeiten ausgewählter anorganischer Substanzen sind als spezifische Stoffmenge in mol/kg Lösung und g/100 g Lösemittel (H_2O) angegeben. Alle Angaben gelten für reine Substanzen bei einer Temperatur von 20 °C. Das Löslichkeitsprodukt K_L eines schwer löslichen Elektrolyten A_mB_n ist definiert als das Produkt seiner Ionenkonzentration in gesättigter Lösung. In der Praxis wird analog dem pH-Wert häufig der negative dekadische Logarithmus pK_L des Löslichkeitsproduktes angegeben.

Dissoziationsgleichgewicht eines Elektrolyten	$A_mB_n \longrightarrow m\,A^{n+} + n\,B^{m-}$		
damit ergibt sich für das Löslichkeitsprodukt K_L und den pK_L-Wert	$K_L = c(A^{n+})^m \cdot c(B^{m-})^n$ $pK_L = -\log K_L$	K_L: $c(A^{n+})$; $c(B^{m-})$: n^+; m^-:	Löslichkeitsprodukt in $(mol/l)^{m+n}$ Ionenkonzentrationen in mol/l Anzahl der positiven bzw. negativen Ladungen

Das Löslichkeitsprodukt ist für jeden Elektrolyten verschieden und von der Temperatur abhängig. Bei Berechnungen und Umrechnungen immer genau auf die Stöchiometrie bei der Dissoziation und die jeweilige Anzahl der Ionenladungen achten! (Vgl. Rechenbeispiele weiter unten). Strenggenommen müsste mit den Ionenaktivitäten gerechnet werden. Da es sich aber in der Regel um stark verdünnte Lösungen handelt, können in der Praxis die Konzentrationen an Stelle der Aktivitäten eingesetzt werden.

Beispiel 1

Berechne das Löslichkeitsprodukt von Bleisulfat $PbSO_4$, aus der Löslichkeit der Verbindung in Wasser.

Löslichkeit von $PbSO_4$ in Wasser	$4{,}2 \cdot 10^{-3}$ g/100 g Wasser (aus Tab. S. 226) entspricht ⟶ $4{,}2 \cdot 10^{-2}$ g/1000 g Wasser (1 l)
für die Dissoziation gilt	$PbSO_4 \rightleftharpoons Pb^{2+} + SO_4^{2-} \longrightarrow c(Pb^{2+}) = c(SO_4^{2-})$
bei vollständiger Dissoziation gilt	$c(PbSO_4) = c(SO_4^{2-})$
die Stoffmengenkonzentration c berechnet sich zu	$c(PbSO_4) = \frac{\text{Löslichkeit g/l}}{M(PbSO_4)} = \frac{4{,}2 \cdot 10^{-2}\ \text{g/l}}{303{,}3\ \text{g/mol}} = 1{,}38 \cdot 10^{-4}\ \text{mol/l} = c(Pb^{2+})$
Löslichkeitsprodukt von $PbSO_4$	$K_L(PbSO_4) = 1{,}38 \cdot 10^{-4}\ \text{mol/l} \cdot 1{,}38 \cdot 10^{-4}\ \text{mol/l} = \mathbf{1{,}92 \cdot 10^{-8}\ (mol/l)^2}$
davon der negative dekadische Logarithmus	$\mathbf{pK_L = 7{,}7}$

Beispiel 2

Berechne aus dem Löslichkeitsprodukt von Silberphosphat Ag_3PO_4 dessen Löslichkeit in g/l Wasser.

Löslichkeitsprodukt von Ag_3PO_4	$K_L(Ag_3PO_4) = 1{,}6 \cdot 10^{-18}$	(S. 228)
für die Dissoziation und für die Stöchiometrie gilt	$Ag_3PO_4 \rightleftarrows 3\,Ag^+ + 1\,PO_4^{3-}$	1 mol gelöstes Silberphosphat ergibt 1 mol PO_4^{3-} und 3 mol Ag^+
damit ergibt sich für die Zusammensetzung des Löslichkeitsproduktes	$K_L(Ag_3PO_4) = c(PO_4^{3-}) \cdot (3c)^3(Ag^+) = 1{,}6 \cdot 10^{-18}\ (mol/l)^4$ $K_L(Ag_3PO_4) = c \cdot (3c)^3 = 27c^4 = 1{,}6 \cdot 10^{-18}\ (mol/l)^4$	
	$c(PO_4^{3-})^4 = \frac{1{,}6 \cdot 10^{-18}}{27}\ (mol/l)^4$	
daraus ergibt sich für $c(PO_4^{3-})$	$c(PO_4^{3-}) = \sqrt[4]{\frac{1{,}6 \cdot 10^{-18}}{27}} = 1{,}56 \cdot 10^{-5}$ mol/l	
und analog für $c(Ag_3PO_4)$	$\mathbf{c(Ag_3PO_4) = 1{,}56 \cdot 10^{-5}\ mol/l}$	
Massenkonzentration β	$\beta(Ag_3PO_4) = 1{,}56 \cdot 10^{-5}$ mol/l $\cdot M(Ag_3PO_4)$ $\beta(Ag_3PO_4) = 1{,}56 \cdot 10^{-5}$ mol/l $\cdot$ 418,58 g/mol $\boldsymbol{\beta}\mathbf{(Ag_3PO_4) = 0{,}0065\ g/l}$	

Beispiel 3

In einer Elektrolytlösung beträgt die Silberionenkonzentration $5{,}2 \cdot 10^{-4}$ mol/l. Ab welcher Bromidionenkonzentration beginnt Silberbromid auszufallen, wenn der Lösung Kaliumbromid zugegeben wird?

Löslichkeitsprodukt von Silberbromid (S. 228)	$K_L(AgBr) = 5{,}4 \cdot 10^{-13}\ (mol/l)^2$ $K_L(AgBr) = c(Ag^+) \cdot c(Br^-)$
Bromidionenkonzentration zu Beginn der Fällung	$c(Br^-) = \frac{K_L(AgBr)}{c(Ag^+)} = \frac{5{,}4 \cdot 10^{-13}\ (mol/l)^2}{5{,}2 \cdot 10^{-4}\ mol/l} = \mathbf{1{,}03 \cdot 10^{-9}\ mol/l}$

Beispiel 4

Im Rahmen einer gravimetrischen Analyse wird Barium als Bariumsulfat ausgefällt. Es entstehen 3,6 g Niederschlag. Dieser wird mit Wasser (500 ml) bzw. 500 ml Schwefelsäure (c = 0,2 mol/l) gewaschen. Wie hoch sind die jeweiligen Verluste ans Bariumsulfat beim Waschvorgang (Massenanteile in %)?

Dissoziation von Bariumsulfat und Löslichkeitsprodukt (S. 228)	$BaSO_4 \rightleftharpoons Ba^{2+} + SO_4^{2-}$ $K_L(BaSO_4) = c(Ba^{2+}) \cdot c(SO_4^{2-}) = 1 \cdot 10^{-10}\,(mol/l)^2$
Löslichkeit von $BaSO_4$ in mol/l	$c(Ba^{2+}) = c(BaSO_4) = \sqrt{K_L(BaSO_4)} = \sqrt{1 \cdot 10^{-10}} = 1 \cdot 10^{-5}$ mol/l
Massenkonzentration von $BaSO_4$ in g/l	$\beta(BaSO_4) = c(BaSO_4) \cdot M(BaSO_4) = 1 \cdot 10^{-5}$ mol/l · 233,39 g/mol $\beta(BaSO_4) = 2{,}33 \cdot 10^{-3}$ g/l
Masse an $BaSO_4$, die sich in 500 ml Wasser löst Massenanteil *w* in %	$m(BaSO_4) = 2{,}33 \cdot 10^{-3}$ g/l · 0,5 l = $1{,}17 \cdot 10^{-3}$ g $w(BaSO_4) = 1{,}17 \cdot 10^{-3}$ g/3,6 g · 100 % = $\mathbf{3{,}3 \cdot 10^{-2}}$ **%**
Verlust durch Waschen mit Schwefelsäure	$c(Ba^{2+}) = \frac{K_L(BaSO_4)}{c(SO_4^{2-})} = \frac{1 \cdot 10^{-10}\,(mol/l)^2}{0{,}2\,mol/l} = 5 \cdot 10^{-10}$ mol/l
Verlust durch Waschen mit Schwefelsäure	$w(BaSO_4) = \frac{5 \cdot 10^{-10}\,mol/l \cdot M(BaSO_4) \cdot V}{3{,}6\,g} \cdot 100\,\%$
Massenanteil *w* in %	$w(BaSO_4) = \frac{5 \cdot 10^{-10}\,mol/l \cdot 233{,}39\,g/mol \cdot 0{,}5\,l}{3{,}6\,g} \cdot 100\,\% = \mathbf{1{,}62 \cdot 10^{-6}\,\%}$

Beispiel 5

Weche Sulfidionenkonzentration stellt sich in einer gesättigten H_2S-Lösung (0,1 mol/l) ein, wenn der pH-Wert mit Salzsäure auf 3,5 eingestellt wurde?

Gleichgewichtskonstante für die vollständige Dissoziation von H_2S in 2 H^+ und 1 S^{2-}; K_1 und K_2 siehe Tab. S. 260	$\frac{c(H^+)^2 \cdot c(S^{2-})}{c(H_2S)} = K_1 \cdot K_2 = 9{,}1 \cdot 10^{-8} \cdot 1{,}1 \cdot 10^{-12} = 1{,}001 \cdot 10^{-19}$
H_2S-Konzentration H^+-Konzentration bei pH 3,5	$c(H_2S) = 0{,}1$ mol/l pH 3,5 ≙ $c(H^+) = 10^{-3{,}5} = 3{,}16 \cdot 10^{-4}$ mol/l
daraus die S^{2-}-Konzentration	$c(S^{2-}) = 1{,}001 \cdot 10^{-19} \cdot \frac{c(H_2S)}{c(H^+)^2} = 1{,}001 \cdot 10^{-19} \cdot \frac{0{,}1\,mol/l}{(3{,}16 \cdot 10^{-4})^2} = \mathbf{1{,}00 \cdot 10^{-13}\,mol/l}$

Löslichkeiten.

Substanz	mol/kg Lösung	g/100 g H_2O
$AgClO_4$	4,05	518
AgF	–	182
$AgNO_2$	$2{,}3 \cdot 10^{-2}$	0,36
$AgNO_3$	4,02	215,3
$AlCl_3$	2,37	46,2
$AlK(SO_4)_2 \cdot 12\,H_2O$	0,12	6,01
$Al(NO_3)_3 \cdot 9\,H_2O$	1,15	75,44
$AlNH_4(SO_4)_2$	0,23	6,59
$Na_3[AlF_6]$	$2 \cdot 10^{-2}$	0,42
$AlNa(SO_4)_2$	1,19	40,5
$Al_2(SO_4)_3$	0,786	36,9
As_2O_3	0,09	1,81
$AuCl_3$	2,2	200,6
$K[AuCl_4]$	1,01	61,7
$Na[AuCl_4] \cdot 2\,H_2O$	1,66	194,4
H_3BO_3	0,755	4,89
Ba-Acetat	1,65	72,8
$BaBr_2$	1,68	99,7
$BaCl_2$	1,25	35,2
$Ba(ClO_3)_2 \cdot H_2O$	0,67	27,5
BaI_2	1,7	198,5
$Ba(NO_3)_2$	0,31	8,81
$Ba(OH)_2$	0,20	3,48
$Ba(OH)_2 \cdot 6\,H_2O$	–	5,6
BaS	0,4	7,26
$BaS_2O_8 \cdot 4\,H_2O$	0,85	51,8
$Be(NO_3)_2 \cdot 3\,H_2O$	3,91	272,4
$BeSO_4$	2,66	38,8
Br_2	0,21	3,47
HBr	8,21	198,0
$CaBr_2$	2,95	143,7
$CaCl_2$	3,83	73,9
$CaCrO_4$	0,15	2,39
CaI_2	2,28	203,1
$Ca(NO_3)_2$	3,41	127,0
$CaSO_4 \cdot 2\,H_2O$	$1{,}46 \cdot 10^{-2}$	0,25
$CdBr_2$	1,80	96,1
$CdCl_2$	3,45	171,8
CdI_2	1,25	86,9
$Cd(NO_3)_2 \cdot 4\,H_2O$	2,56	375,5
$CdSO_4$	2,09	77,2
$Ce_2(SO_4)_3$	$1{,}54 \cdot 10^{-1}$	9,59
Cl_2	0,102	0,728
HCl	11,49	72,1
$HClO_3$	5	73,2
$CoBr_2$	2,42	112,5
$CoCl_2$	2,58	50,4
CoF_2	0,14	1,37
$Co(NO_3)_2$	2,73	99,8
$CoSO_4$	1,67	34,9
K_2CrO_4	1,98	62,5
$Cr_2(SO_4)_3 \cdot 18\,H_2O$	–	120
$KCr(SO_4)_2 \cdot 12\,H_2O$	–	24,4
$CrCl_3 \cdot 6\,H_2O$	–	58,5
$K_2Cr_2O_7$	0,38	12,6
$(NH_4)_2CrO_4$	1,68	34,3
$(NH_4)_2Cr_2O_7$	1,03	35,1
Na_2CrO_4	2,73	79,3
$Na_2Cr_2O_7 \cdot 2\,H_2O$	2,48	283,2
$Cr_2(SO_4)_3$	1,39	119,8
CsBr	2,47	110,8
Cs_2CO_3	2,22	261,4
CsCl	3,86	185,6
CsI	1,68	77,45
$CsNO_3$	0,64	14,3
Cs_2SO_4	1,769	177,9
$CuBr_2$	2,51	127,6
$CuCl_2$	3,14	73,1
$Cu(NO_3)_2 \cdot 3\,H_2O$	3,04	276,6
$CuSO_4$	1,06	20,4
$FeBr_2$	2,48	115
$FeCl_2$	3,05	63,0
$FeCl_3$	2,96	92,3
$K_3[Fe(CN)_6]$	0,96	46,2
$K_4[Fe(CN)_6]$	0,6	28,4
$Fe(NO_3)_2 \cdot 6\,H_2O$	2,53	268,3
$Na_4[Fe(CN)_6] \cdot 10\,H_2O$	0,51	32,8

Substanz	mol/kg Lösung	g/100 g H_2O
$FeSO_4$	1,38	26,5
$FeNH_4(SO_4)_2 \cdot 12\,H_2O$	–	124
$HgCl_2$	0,228	6,6
I	$2{,}29 \cdot 10^{-4}$	$2{,}9 \cdot 10^{-2}$
K-Acetat	7,34	257,6
$K_2C_2O_4$	1,41	30,5
$K[BF_4]$	$3 \cdot 10^{-2}$	0,38
KBr	3,31	65,0
$KBrO_3$	0,39	7,0
KCN	6,20	67,7
K_2CO_3	3,8	110,6
$KHCO_3$	2,50	33,4
$K_2C_2O_4 \cdot H_2O$	–	33 (weiß)
$K_2C_4H_4O_6 \cdot 2\,H_2O$ (dl-Form)	–	100
K-Na-Tartrat	1,9	66,2
KCl	3,42	34,4
$KClO_3$	0,53	6,95
$KClO_4$	0,12	1,69
KF	8,35	94,2
KHF_2	3,53	38,1
KI	3,55	143,5
KIO_3	0,35	8,1
KIO_4	0,02	0,46
$KMnO_4$	0,38	6,39
K_2MoO_4	2,7	180,1
KN_3	4,19	51,5
KNO_2	8,69	284
KNO_3	2,37	31,5
KOH	9,48	113,6
KOCN	5,07	69,9
KH_2PO_4	1,02	16,2
K_2HPO_4	3,53	159
K_3PO_4	2,34	98,7
$K_2[PtCl_6]$	$2{,}2 \cdot 10^{-2}$	1,1
KSCN	7,1	222,5
K_2SO_4	0,56	12
$KHSO_4$	2,4	32,7
$K_2SO_3 \cdot \frac{5}{3}\,H_2O$	2,74	106,6
$K_2S_2O_3$	3,69	236,6
$K_2S_2O_8$	0,186	5,3
K(SbO)-Tartrat (Brechweinstein)	0,222	8,0
$K_2[SiF_6]$	$7 \cdot 10^{-3}$	0,15
$LaCl_3$	1,997	96
$La(NO_3)_3 \cdot 6\,H_2O$	1,667	259,5
$La_2(SO_4)_3$	$3{,}9 \cdot 10^{-2}$	2,26
Li-Acetat	4,24	76,2
LiBr	7,08	159,6
Li_2CO_3	0,179	1,34
LiCl	10,62	81,89
$LiClO_3 \cdot \frac{1}{2}\,H_2O$	8,83	717
$LiClO_4$	3,38	56,2
LiF	$5{,}7 \cdot 10^{-2}$	0,15
LiI	4,65	164,8
$LiNO_2 \cdot H_2O$	9,48	205,5
$LiNO_3$	6,09	72,4
LiOH	4,72	12,7
Li_3PO_4	$2{,}6 \cdot 10^{-3}$	0,03
LiSCN	8,18	113,6
Li_2SO_4	2,33	34,4
$MgBr_2$	2,74	101,8
$Mg(BrO_3)_2 \cdot 6\,H_2O$	1,731	204,9
$Mg(C_2H_3O_2) \cdot 4\,H_2O$	–	120
$MgCl_2$	3,70	54,4
$Mg(ClO_3)_2 \cdot 6\,H_2O$	2,99	851
MgI_2	2,14	147
$Mg(IO_3)_2 \cdot 4\,H_2O$	0,209	10,2
$Mg(NO_2)_2$	3,74	77,0
$Mg(NO_3)_2$	2,80	71,1
$Mg_3(PO_4)_2 \cdot 4\,H_2O$	$6{,}12 \cdot 10^{-4}$	0,0205
$MgHPO_4 \cdot 7\,H_2O$	$1{,}2 \cdot 10^{-2}$	0,3
$MgSO_4$	3,102	59,6
Mn(II)-Acetat	1,36	50,0
$MnBr_2$	2,738	146,9
$MnCl_2$	3,36	73,3
MnF_2	0,113	1,1
$Mn(NO_3)_2 \cdot 6\,H_2O$	3,17	–
$MnSO_4$	2,56	63,0
NH_3	20,03	51,8
$(NH_2OH)_2 \cdot H_2SO_4$	2,52	70,5
$NH_2OH \cdot HCl$	6,528	83
$NH_4[BF_4]$	1,77	22,9

Substanz	mol/kg Lösung	g/100 g H_2O
$(NH_4)_2B_4O_7 \cdot 4\,H_2O$	0,399	12,2
NH_4Br	4,29	72,5
NH_4Cl	5,05	37,0
$(NH_4)CO_2NH_2$	6,40	99,9
$(NH_4)_2CO_3$	3,0	40,5
$(NH_4)HCO_3$	2,23	21,4
$(NH_4)_2(C_2O_4) \cdot H_2O$	0,3	4,3
NH_4ClO_4	–	10,7
NH_4F	12,15	81,8
NH_4I	4,35	170,6
NH_4NO_2	10,46	202,9
NH_4NO_3	8,18	189,6
$NH_4H_2PO_4$	2,36	37,26
$(NH_4)_2HPO_4$	3,09	68,9
$(NH_4)_3PO_4 \cdot 3\,H_2O$	1,132	29,86
$(NH_4)_2[PtCl_6]$	$1{,}2 \cdot 10^{-2}$	0,54
NH_4SCN	8,15	163,4
$(NH_4)_2SO_4$	3,25	75,3
Na_2HAsO_4	1,26	30,5
$NaBO_2$	3,07	25,3
$Na_2B_4O_7$	0,12	2,47
$NaBr$	4,62	90,6
$NaBrO_3$	1,79	37,0
$NaCN$	7,49	58,0
Na_2CO_3	1,69	21,8
$NaHCO_3$	1,02	9,4
$Na_2C_2O_4$	0,25	3,47
$NaCl$	4,53	36,0
$NaClO \cdot 5\,H_2O$	4,65	325,6
$NaClO_3$	4,65	98,0
$NaClO_4$	5,43	198,3
NaF	0,96	4,2
NaI	4,27	177,8
$NaIO_3$	0,41	8,83
$NaIO_4$	0,43	10,1
NaN_3	4,51	41,5
$NaNO_2$	6,52	81,8
$NaNO_3$	5,46	86,6
$NaOH$	13,00	108,3
$Na_3PO_4 \cdot 12\,H_2O$	0,619	30,8
$Na_2HPO_4 \cdot 7\,H_2O$	0,50	15,6
NaH_2PO_4	3,83	85,0
Na_2S	2,05	19,0
$NaHS$	8,92	100
$NaSCN$	7,09	135,2
Na_2SO_3	1,657	26,4
$NaHSO_4$	–	28,6 (25 °C)
Na_2SO_4	1,14	19,3
$Na_2S_2O_3$	2,59	69,3
$Na_2S_2O_4$	1,05	22,4
$Na_2S_2O_5$	2,05	63,9
$Na_2S_2O_6 \cdot 2\,H_2O$	0,73	21,5
$Na_2S_2O_8$	1,502	55,7
$Na_2[SiF_6]$	$3{,}67 \cdot 10^{-2}$	0,69
Na_2SiO_3	1,29	18,7
Na_2WO_4	1,442	73,5
$NdCl_3$	1,975	98,3
$Nd(NO_3)_3 \cdot 6\,H_2O$	1,77	346,2
$Nd_2(SO_4)_3$	$1{,}1 \cdot 10^{-1}$	6,77
$NiBr_2$	2,59	130,4
$NiCl_2$	2,93	61,2
NiF_2	0,26	2,6
NiI_2	1,904	146,9
$Ni(NO_3)_2 \cdot 6\,H_2O$	2,65	336
$NiSO_4$	1,78	38,0
O_2	$1{,}36 \cdot 10^{-3}$	$4{,}3 \cdot 10^{-3}$
O_3	$1{,}188 \cdot 10^{-2}$	0,057
OsO_4	0,24	6,5
Pb(II)-Acetat	0,769	33,4
$PbBr_2$	$2{,}3 \cdot 10^{-2}$	0,85
$PbCl_2$	$3{,}5 \cdot 10^{-2}$	0,98
$PbCl_4$	$3 \cdot 10^{-3}$	0,1
PbF_2	$2{,}65 \cdot 10^{-3}$	0,065
PbI_2	$2 \cdot 10^{-3}$	0,09
$Pb(NO_3)_2$	1,04	52,5
$PbSO_4$	$1{,}4 \cdot 10^{-4}$	$4{,}2 \cdot 10^{-3}$
$PtCl_4$	1,74	141,7
$RaBr_2$	1,08	71,4
$RaCl_2$	0,66	24,4
$Ra(NO_3)_2$	0,33	13,1
$RbBr$	3,19	111,7
Rb_2CO_3	1,77	69,1
$RbCl$	3,93	90,6
$RbClO_3$	0,287	5,1
$RbClO_4$	$5{,}4 \cdot 10^{-2}$	1,0

Substanz	mol/kg Lösung	g/100 g H_2O	Substanz	mol/kg Lösung	g/100 g H_2O
RbI	2,9	160,3	TlBr	$1{,}67 \cdot 10^{-3}$	$4{,}7 \cdot 10^{-2}$
$RbNO_3$	2,37	53,7	Tl_2CO_3	0,111	5,5
RbOH	6,19	173,5	TlCl	$1{,}33 \cdot 10^{-2}$	0,32
Rb_2SO_4	1,22	48,3	TlF	3,53	372,8
H_2S	$1{,}124 \cdot 10^{-1}$	0,38	TlI	$1{,}9 \cdot 10^{-4}$	$6{,}3 \cdot 10^{-3}$
SO_2	1,5	10,6	$TlNO_3$	0,327	9,54
$SbCl_3$	3,93	865,9	TlOH	1,154	34,3
SbF_3	4,59	456,9	Tl_2SO_4	0,089	4,7
Sb_2O_5	0,565	22,4	UF_6	1,127	65,8
H_2Se	9,011	270	$UO_2(NO_3)_2 \cdot H_2O$	1,4	136,3
H_2SeO_3	4,85	167,0	$UO_2SO_4 \cdot H_2O$	1,639	170
$SmCl_3$	1,881	93,4	$U(SO_4) \cdot 4H_2O$	0,242	13,8
$Sm(NO_3)_3 \cdot 6\,H_2O$	1,75	350,2	YBr_3	1,327	77,3
$Sm_2(SO_4)_3 \cdot 8\,H_2O$	$4{,}4 \cdot 10^{-2}$	3,3	YCl_3	2,25	78,4
$SnCl_2$	3,70	235	$Y(NO_3)_3$	2,062	130,9
SnI_2	$2{,}6 \cdot 10^{-2}$	0,98	$Y_2(SO_4)_3$	0,146	7,3
Sr-Acetat	1,31	36,9	$Yb_2(SO_4)_3$	0,361	29,7
$SrBr_2$	2,02	100	Zn-Acetat	1,258	30,0
$Sr(BrO_3)_2 \cdot H_2O$	0,742	36,7	$ZnBr_2$	3,61	434,6
$SrCl_2$	2,18	52,8	$ZnCl_2$	5,775	369,6
$Sr(ClO_3)_2$	2,50	175	ZnF_2	0,154	1,62
SrF_2	$9{,}6 \cdot 10^{-4}$	$1{,}2 \cdot 10^{-2}$	ZnI_2	2,553	440,2
SrI_2	1,89	182	$Zn(NO_3)_2 \cdot 6\,H_2O$	2,851	558,4
$Sr(NO_2)_2$	2,28	69,3	$ZnSO_4$	2,168	53,8
$Sr(NO_3)_2$	1,94	70,0	$Zn[SiF_6] \cdot 6\,H_2O$	1,687	113,8
$Sr(OH)_2 \cdot 8\,H_2O$	0,073	0,9			
$Th(NO_3)_4 \cdot 6\,H_2O$	1,375	422,7			
$Th(SO_4)_2$	$3{,}1 \cdot 10^{-2}$	1,33			

K_L- und pK_L-Werte ausgewählter anorganischer Verbindungen.

Substanz	K_L	pK_L	*t* in °C	Substanz	K_L	pK_L	*t* in °C
AgBr	$5{,}4 \cdot 10^{-13}$	12,3	25	$Ca(IO_3)_2$	$7{,}4 \cdot 10^{-7}$	6,1	18
$AgBrO_3$	$5{,}8 \cdot 10^{-5}$	4,2	25	$CaCrO_4$	$2{,}3 \cdot 10^{-2}$	1,6	18
AgCN	$6 \cdot 10^{-17}$	16,2	25	$CaSO_4 \cdot 2\,H_2O$	$2{,}1 \cdot 10^{-4}$	3,7	25
AgCNO	$2{,}3 \cdot 10^{-7}$	6,6	18–20				
Ag_2CO_3	$8{,}5 \cdot 10^{-12}$	11,1	25	$Cd_3(AsO_4)_2$	$2{,}2 \cdot 10^{-33}$	32,7	25
AgCl	$1{,}8 \cdot 10^{-10}$	9,7	25	$CdCO_3$	$6{,}2 \cdot 10^{-12}$	11,2	25
Ag_2CrO_4	$4 \cdot 10^{-12}$	11,4	25	CdF_2	$6{,}4 \cdot 10^{-3}$	2,2	25
$Ag_2Cr_2O_7$	$2{,}0 \cdot 10^{-7}$	6,7	25	$Cd(OH)_2$	$5{,}3 \cdot 10^{-15}$	14,3	25
AgI	$1{,}5 \cdot 10^{-16}$	15,8	25	$CdC_2O_4 \cdot 3\,H_2O$	$1{,}5 \cdot 10^{-8}$	7,8	25
$AgIO_3$	$3{,}2 \cdot 10^{-8}$	7,5	25	$Cd_3(PO_4)_2$	$2{,}5 \cdot 10^{-33}$	32,6	25
Ag_2MoO_4	$3{,}1 \cdot 10^{-11}$	10,5	18	CdS	$1{,}4 \cdot 10^{-29}$	28,9	25
AgOH	$5{,}6 \cdot 10^{-9}$	8,3	20				
Ag_3PO_4	$1{,}6 \cdot 10^{-18}$	17,8	20	$Co_3(AsO_4)_2$	$6{,}8 \cdot 10^{-29}$	28,8	25
Ag_2S (α)	$6{,}7 \cdot 10^{-50}$	49,2	25	$Co(OH)_2$ rosa	$1{,}1 \cdot 10^{-15}$	15,0	25
Ag_2S (β)	$1{,}1 \cdot 10^{-49}$	49,0	25	$Co(OH)_2$ blau	$5{,}9 \cdot 10^{-5}$	4,2	25
Ag_2SO_3	$1{,}5 \cdot 10^{-14}$	13,8	25	$Co_3(PO_4)_2$	$2 \cdot 10^{-35}$	34,7	25
AgSCN	$1{,}0 \cdot 10^{-12}$	12,0	25	CoS	$8 \cdot 10^{-23}$	22,1	25
Ag_2SO_4	$7{,}7 \cdot 10^{-5}$	4,1	25				
Ag_3AsO_4	$1{,}0 \cdot 10^{-22}$	22,0	25	$Cr(OH)_2$	$2 \cdot 10^{-20}$	19,7	18
$AgC_2H_3O_2$ (Acetat)	$1{,}9 \cdot 10^{-3}$	2,7	25	$Cr(OH)_3$	$1 \cdot 10^{-30}$	30,0	25
$Al(OH)_3$	$6 \cdot 10^{-33}$	32,2	25	CuBr	$6{,}3 \cdot 10^{-9}$	8,2	25
$AlPO_4$	$9{,}8 \cdot 10^{-21}$	20,0	25	CuCl	$1{,}7 \cdot 10^{-7}$	6,8	25
				$CuCO_3$	$1{,}4 \cdot 10^{-10}$	9,9	25
$BaCO_3$	$8{,}1 \cdot 10^{-9}$	8,1	25	CuC_2O_4	$4{,}4 \cdot 10^{-10}$	9,4	25
BaC_2O_4	$1{,}6 \cdot 10^{-7}$	6,8	25	CuI	$5 \cdot 10^{-12}$	11,3	20
$BaCrO_4$	$1{,}2 \cdot 10^{-10}$	9,9	25	$Cu(OH)_2$	$5{,}6 \cdot 10^{-20}$	19,3	25
BaF_2	$1{,}8 \cdot 10^{-7}$	6,7	25	$Cu_3(PO_4)_2$	$1{,}4 \cdot 10^{-37}$	36,9	25
$Ba(IO_3)_2$	$4{,}0 \cdot 10^{-9}$	8,4	25	CuS	$1{,}3 \cdot 10^{-36}$	35,9	25
$BaSO_4$	$1 \cdot 10^{-10}$	10	25	Cu_2S	$2 \cdot 10^{-47}$	46,7	18
				CuSCN	$1{,}8 \cdot 10^{-13}$	12,7	25
$Be(OH)_2$	$5 \cdot 10^{-21}$	20,3	25				
				$FeCO_3$	$3 \cdot 10^{-11}$	10,5	25
$BiAsO_4$	$4{,}4 \cdot 10^{-10}$	9,4	25	FeOOH (α)	10^{-42}	42,0	
$Bi(OH)_3$	$4{,}3 \cdot 10^{-31}$	30,4	18	FeOOH (β)	10^{-40}	40,0	
Bi_2S_3	$1{,}8 \cdot 10^{-99}$	98,7	25	Fe_2O_3 (α)	10^{-42}	42,0	
				$Fe(OH)_2$	$4{,}9 \cdot 10^{-17}$	16,3	25
$CaCO_3$	$5 \cdot 10^{-9}$	8,3	25	$Fe(OH)_3$	$3{,}8 \cdot 10^{-38}$	37,4	18
$CaC_2O_4 \cdot H_2O$	$2{,}3 \cdot 10^{-9}$	8,6	25	$FePO_4 \cdot 2\,H_2O$	$9{,}9 \cdot 10^{-29}$	28,0	25
CaF_2	$3{,}4 \cdot 10^{-11}$	10,5	18	FeS	$5 \cdot 10^{-18}$	17,3	25
$Ca(OH)_2$	$7 \cdot 10^{-5}$	4,2	25	FeF_2	$2{,}4 \cdot 10^{-6}$	5,6	25

Substanz	K_L	pK_L	t in °C
$Ga(OH)_3$	$2 \cdot 10^{-39}$	38,7	18
Hg_2Br_2	$6{,}4 \cdot 10^{-23}$	22,2	25
Hg_2CO_3	$3{,}4 \cdot 10^{-17}$	16,5	25
$Hg_2C_2O_4$	$1{,}7 \cdot 10^{-13}$	12,8	25
Hg_2Cl_2	$1{,}6 \cdot 10^{-18}$	17,8	25
Hg_2I_2	$1{,}2 \cdot 10^{-28}$	27,9	25
HgI_2	$2{,}8 \cdot 10^{-29}$	28,6	25
HgO	$1{,}7 \cdot 10^{-26}$	25,8	25
$Hg(OH)_2$	$1 \cdot 10^{-26}$	26,0	18
$Hg_2(OH)_2$	$7{,}8 \cdot 10^{-24}$	23,1	18
HgS schwarz	$6{,}4 \cdot 10^{-53}$	52,2	25
HgS rot	$2 \cdot 10^{-53}$	52,7	25
Hg_2S	$1 \cdot 10^{-45}$	45,0	25
Hg_2SO_4	$8 \cdot 10^{-7}$	6,1	25
Hg_2O	$1{,}6 \cdot 10^{-23}$	22,8	25
$KHC_4H_4O_6$ (Tartrat)	$3{,}8 \cdot 10^{-4}$	3,4	18
$KClO_4$	$1{,}5 \cdot 10^{-2}$	1,8	25
$K_2[PtCl_6]$	$7{,}5 \cdot 10^{-6}$	5,1	25
$La_2(C_2O_4)_3$	$2 \cdot 10^{-28}$	27,7	25
$LaOH_3$	$1 \cdot 10^{-3}$	3,0	25
Li_2CO_3	$8{,}5 \cdot 10^{-4}$	3,1	25
$MgCO_3$	$6{,}8 \cdot 10^{-6}$	5,2	25
$MgCO_3 \cdot 3\,H_2O$	$2{,}4 \cdot 10^{-6}$	5,6	25
$MgCO_3 \cdot 5\,H_2O$	$3{,}8 \cdot 10^{-6}$	5,4	25
$MgC_2O_4 \cdot 2\,H_2O$	$4{,}8 \cdot 10^{-6}$	5,3	25
MgF_2	$7{,}4 \cdot 10^{-11}$	10,1	25
$MgNH_4PO_4$	$2{,}5 \cdot 10^{-13}$	12,6	25
$Mg(OH)_2$	$5{,}6 \cdot 10^{-12}$	11,3	25
$Mg_3(PO_4)_2$	$9{,}7 \cdot 10^{-25}$	24,0	25
$MnCO_3$	$2{,}2 \cdot 10^{-11}$	10,7	25
$MnC_2O_4 \cdot 2\,H_2O$	$1{,}7 \cdot 10^{-7}$	6,8	25
$Mn(OH)_2$	$2{,}1 \cdot 10^{-13}$	12,7	25
MnS	$4{,}7 \cdot 10^{-14}$	13,3	25
$NiCO_3$	$1{,}4 \cdot 10^{-7}$	6,9	25
$Ni(OH)_2$	$5{,}5 \cdot 10^{-16}$	15,3	25
$Ni_3(PO_4)_2$	$4{,}7 \cdot 10^{-32}$	31,3	25

Substanz	K_L	pK_L	t in °C
$PbBr_2$	$5{,}0 \cdot 10^{-5}$	4,3	20
$PbCO_3$	$1{,}5 \cdot 10^{-13}$	12,8	25
PbC_2O_4	$8{,}5 \cdot 10^{-10}$	9,1	25
$PbCl_2$	$1{,}2 \cdot 10^{-5}$	4,9	25
$PbCrO_4$	$1{,}8 \cdot 10^{-14}$	13,7	18
PbF_2	$7{,}1 \cdot 10^{-7}$	6,1	25
PbI_2	$8{,}5 \cdot 10^{-9}$	8,1	25
$Pb(IO_3)_2$	$3{,}7 \cdot 10^{-13}$	12,4	25
$Pb(OH)_2$	$1{,}4 \cdot 10^{-20}$	19,9	25
PbS	$9 \cdot 10^{-29}$	28,0	25
$PbSO_4$	$1{,}5 \cdot 10^{-8}$	7,8	25
$RaSO_4$	$4 \cdot 10^{-11}$	10,4	25
$Sb(OH)_3$	$4 \cdot 10^{-42}$	41,4	25
$Sn(OH)_2$	$5 \cdot 10^{-26}$	25,3	25
$Sn(OH)_4$	$1 \cdot 10^{-56}$	56,0	25
SnS	$3{,}5 \cdot 10^{-28}$	27,5	25
$SrCO_3$	$5{,}6 \cdot 10^{-10}$	9,3	25
SrC_2O_4	$5 \cdot 10^{-8}$	7,3	18
$SrCrO_4$	$3{,}6 \cdot 10^{-5}$	4,4	18
SrF_2	$3{,}5 \cdot 10^{-9}$	8,5	25
$Sr(IO_3)_2$	$1{,}1 \cdot 10^{-7}$	7,0	25
$SrSO_4$	$3{,}4 \cdot 10^{-7}$	6,5	25
$Th(OH)_4$	$1 \cdot 10^{-50}$	50,0	25
$Ti(OH)_3$	$1 \cdot 10^{-4}$	4,0	25
$TlBr$	$2{,}7 \cdot 10^{-6}$	5,6	25
$TlCl$	$1{,}8 \cdot 10^{-4}$	3,7	25
TlI	$3{,}6 \cdot 10^{-8}$	7,5	25
$Tl(OH)_3$	$1 \cdot 10^{-44}$	44,0	25
Tl_2S	$9 \cdot 10^{-23}$	22,0	25
$ZnCO_3$	$1{,}2 \cdot 10^{-10}$	9,9	25
$ZnCO_3 \cdot H_2O$	$5{,}4 \cdot 10^{-11}$	10,3	25
$ZnC_2O_4 \cdot 2\,H_2O$	$1{,}4 \cdot 10^{-9}$	8,9	18
ZnF_2	$1{,}5 \cdot 10^{-2}$	1,8	25
$Zn(OH)_2$ (γ)	$6{,}9 \cdot 10^{-17}$	16,2	25
$Zn(OH)_2$ (β)	$7{,}7 \cdot 10^{-17}$	16,1	25
ZnS (α)	$6{,}9 \cdot 10^{-26}$	25,2	20
ZnS (β)	$1{,}1 \cdot 10^{-24}$	24,0	25

7.4 Mittlere Aktivitätskoeffizienten ausgewählter Elektrolyte

Die angeführten Werte der mittleren Aktivitätskoeffizienten $y_\pm$ wurden experimentell ermittelt. Bei einem Elektrolyten, welcher in der Lösung in n Ionen (d. h. n_+ Kationen und n_- Anionen) zerfällt, ist der mittlere Aktivitätskoefiizient wie folgt definiert:

Aktivitätskoefizient $y_\pm$

$$y_\pm = \sqrt[n]{y_+^{n+} \cdot y_-^{n-}} = \sqrt[n]{\frac{a_+^{n+} \cdot a_-^{n-}}{(n_+ \cdot b_+)^{n+} \cdot (n_- \cdot b_-)^{n-}}} = \frac{a_\pm}{b_\pm}$$

n: $n_+ + n_-$
y_+: Aktivitätskoeffizient des Kations
y_-: Aktivitätskoeffizient des Anions
b_+: Molalität des Kations in mol/kg
b_-: Molalität des Anions in mol/kg
$b_\pm$: Mittlere Molalität der beiden Ionen in mol/kg
a_+: Aktivität des Kations
a_-: Aktivität des Anions
$a_\pm$: Mittlere Aktivität der beiden Ionen

Beispiel:

In einer Lösung von HCl und $CaCl_2$ mit der Molalität b(HCl) = 0,1 mol/kg und $b(CaCl_2)$ = 0,5 mol/kg ist $b_-(Cl^-)$ = 1,1 mol/kg, $b_+(H^+)$ = 0,1 mol/kg und $b_+(Ca^{2+})$ = 0,5 mol/kg.

Für HCl gilt $b_\pm = \sqrt{0{,}1 \cdot 1{,}1}$ mol/kg, für $CaCl_2$ ist $b_\pm = \sqrt[3]{0{,}5 \cdot 1{,}1^2}$ mol/kg.

Mittlere Aktivitätskoeffizienten gebräuchlicher Elektrolyte bei 25 °C.

b in mol/kg	**Aktivitätskoeffizienten**							
	HBr	**HCl**	**$HClO_4$**	**HNO_3**	**H_2SO_4**	**NaOH**	**KOH**	**$Ba(OH)_2$**
0,001	0,966	0,966	0,966	0,965	0,830	0,964	0,964	0,931
0,002	0,952	0,952	0,953	0,951	0,757	0,946	0,945	0,853
0,005	0,930	0,928	0,929	0,927	0,639	0,927	0,920	0,773
0,01	0,906	0,905	0,907	0,902	0,544	0,901	0,899	0,712
0,02	0,879	0,876	0,878	0,871	0,453	0,857	0,852	0,627
0,05	0,838	0,830	0,834	0,823	0,340	0,818	0,820	0,526
0,1	0,805	0,796	0,803	0,791	0,265	0,766	0,798	0,443
0,2	0,782	0,767	0,778	0,754	0,209	0,727	0,760	0,370
0,5	0,789	0,757	0,769	0,720	0,154	0,690	0,732	–
1,0	0,871	0,809	0,823	0,724	0,130	0,678	0,756	–
2,0	1,17	1,009	1,055	0,793	0,124	0,709	0,888	–
5,0	–	2,38	3,11	–	0,212	1,077	1,72	–
10,0	–	10,44	–	–	0,553	3,23	6,22	–

b in mol/kg	**Aktivitätskoeffizienten**							
	$AgNO_3$	$AlCl_3$	$Al(NO_3)_3$	$CaCl_2$	$Ca(NO_3)_2$	CdI_2	$CdSO_4$	$CoCl_2$
0,001	0,96	–	–	0,89	0,88	0,76	0,73	–
0,002	0,94	–	–	0,85	0,84	0,65	0,64	–
0,005	0,92	–	–	0,785	0,77	0,49	0,50	–
0,01	0,90	–	–	0,725	0,71	0,38	0,40	–
0,02	0,86	–	–	0,66	0,64	0,28	0,31	–
0,05	0,79	0,447	–	0,57	0,54	0,17	0,21	–
0,1	0,734	0,389	0,20	0,515	0,48	0,11	0,17	0,526
0,2	0,657	0,353	0,16	0,48	0,42	0,068	0,11	0,482
0,5	0,536	0,384	0,14	0,52	0,38	0,038	0,067	0,465
1,0	0,429	0,621	0,19	0,71	0,35	0,025	0,045	0,538
2,0	0,316	–	0,45	–	0,35	0,018	0,035	0,884

b in mol/kg	**Aktivitätskoeffizienten**							
	$CuCl_2$	$CuSO_4$	$FeCl_2$	KBr	KCl	KI	KNO_3	K_2CrO_4
0,001	0,89	0,74	0,89	0,965	0,965	0,965	–	–
0,002	0,85	–	0,86	0,952	0,952	0,951	–	–
0,005	0,78	0,53	0,80	0,927	0,927	0,927	–	–
0,01	0,72	0,41	0,75	0,903	0,901	0,905	–	–
0,02	0,66	0,31	0,70	0,872	–	0,88	–	–
0,05	0,58	0,21	0,62	0,822	0,815	0,84	–	–
0,1	0,52	0,16	0,58	0,777	0,770	0,80	0,739	0,455
0,2	0,47	0,11	0,55	0,728	0,718	0,76	0,663	0,379
0,5	0,42	0,068	0,59	0,665	0,649	0,71	0,545	0,292
1,0	0,43	0,047	0,67	0,625	0,604	0,68	0,445	0,236
2,0	0,51	–	–	0,602	0,573	0,69	0,333	0,197

b in mol/kg	**Aktivitätskoeffizienten**							
	K_2SO_4	LiCl	$LiClO_4$	$LiNO_3$	$MgCl_2$	$Mg(NO_3)_2$	$MgSO_4$	NH_4Cl
0,001	0,89	0,963	0,967	0,966	–	0,88	–	0,961
0,002	–	0,948	0,956	0,953	–	0,84	–	0,944
0,005	0,78	0,921	0,935	0,930	–	0,77	–	0,911
0,01	0,71	0,89	0,915	0,904	–	0,71	0,40	0,88
0,02	0,64	0,86	0,890	0,878	–	0,64	0,32	0,84
0,05	0,52	0,82	0,853	0,834	–	0,55	0,22	0,79
0,1	0,43	0,78	0,825	0,798	0,56	0,51	0,18	0,74
0,2	0,36	0,75	0,805	0,765	0,520	0,46	0,13	0,69
0,5	–	0,73	0,82	0,743	0,514	0,44	0,088	0,62
1,0	–	0,76	0,91	0,76	0,613	0,50	0,064	0,57
2,0	–	0,91	–	0,84	1,143	0,69	0,055	–

b in mol/kg	Aktivitätskoeffizienten						
	NH_4NO_3	$(NH_4)_2SO_4$	NaBr	$NaC_2H_3O_2$	NaCl	$NaClO_4$	NaF
0,001	0,959	0,874	0,966	–	0,966	0,97	–
0,002	0,942	0,821	0,955	–	0,953	0,95	–
0,005	0,912	0,726	0,934	–	0,929	0,93	0,93
0,01	0,88	0,67	0,914	–	0,904	0,90	0,90
0,02	0,84	0,59	0,887	–	0,875	0,87	0,87
0,05	0,78	0,48	0,844	–	0,823	0,82	0,81
0,1	0,73	0,40	0,800	0,791	0,778	0,775	0,75
0,2	0,66	0,32	0,740	0,757	0,735	0,729	0,69
0,5	0,56	0,22	0,695	0,735	0,681	0,668	0,62
1,0	0,47	0,16	0,686	0,757	0,657	0,629	–
2,0	–	–	0,734	0,851	0,668	0,609	–

b in mol/kg	Aktivitätskoeffizienten						
	NaI	$NaNO_3$	Na_2SO_4	$NiCl_2$	$UO_2(NO_3)_2$	$ZnCl_2$	$ZnSO_4$
0,001	0,97	0,966	0,887	–	–	0,88	0,70
0,002	0,96	0,953	0,847	–	–	0,84	0,61
0,005	0,94	0,93	0,778	–	–	0,77	0,48
0,01	0,91	0,90	0,714	–	–	0,71	0,39
0,02	0,89	0,87	0,641	–	–	0,64	–
0,05	0,86	0,82	0,53	–	–	0,56	–
0,1	0,83	0,762	0,45	0,526	0,551	0,50	0,150
0,2	0,81	0,703	0,36	0,483	0,520	0,45	0,104
0,5	0,78	0,617	0,27	0,468	0,542	0,38	0,063
1,0	0,80	0,548	0,20	0,542	0,689	0,33	0,043
2,0	0,95	0,478	–	0,938	1,237	–	0,035

7.5 Elektrodenpotenziale, Konzentrationsabhängigkeit

Das Potenzial einer Elektrode ist u. a. eine von der Ionenaktivität (in verdünnten Lösungen von der Ionenkonzentration) der Lösung abhängige Größe. Ist die Ionenaktivität in einer zu untersuchenden Halbzelle gleich eins und wird das Potenzial gegen die Standardwasserstoffelektrode (bei 25 °C) gemessen, so erhält man das Standardpotenzial $E°$ (bei 25 °C) der entsprechenden Elektrode. Die Nernst'sche Gleichung erlaubt die Umrechnung der Standardpotenziale von Standardbedingungen auf andere Konzentrations- und Temperaturbedingungen:

Nernst'sche Gleichung

Elektrodenpotenzial Redoxsystem Potenzial E gemessen gegen die Standard-Wasserstoffelektrode in V	$E = E° + \frac{R \cdot T}{z \cdot F} \ln \frac{a(\text{ox})}{a(\text{red})}$	$E°$: Standardpotenzial; $E° = E$, wenn z. B. $a(\text{ox}) = a(\text{red})$ in V R: Gaskonstante, $R = 8{,}3143\ \text{J} \cdot \text{K}^{-1} \cdot \text{mol}^{-1}$ T: Temperatur in K F: Faraday-Konstante, $F = 96485\ \text{C/mol}$ z: Anzahl der bei der Elektrodenreaktion ausgetauschten Elektronen a: Aktivitäten der an der Reaktion beteiligten Reaktionpartner in mol/l
Konzentrationszelle	$\Delta E = \Delta E° + \frac{R \cdot T}{z \cdot F} \ln \frac{a(\text{niedrige Konz.})}{a(\text{hohe Konz.})}$	Anmerkung: zur Vereinfachung kann bei hoher Verdünnung die Stoffmengenkonzentration anstatt der Aktivität eingesetzt werden

In Abhängigkeit von der Temperatur sind die Werte des Ausdrucks $\frac{RT}{T} \cdot \ln 10$ (Einheit: Volt) in folgender Tabelle wiedergegeben.

t in °C	$\frac{RT}{T} \cdot \ln 10$ V	t in °C	$\frac{RT}{T} \cdot \ln 10$ V	t in °C	$\frac{RT}{T} \cdot \ln 10$ V
0	0,05420	18	0,05777	36	0,06134
1	0,05440	19	0,05797	37	0,06154
2	0,05459	20	0,05816	38	0,06174
3	0,05479	21	0,05836	39	0,06193
4	0,05499	22	0,05856	40	0,06213
5	0,05519	23	0,05876	41	0,06233
6	0,05539	24	0,05896	42	0,06253
7	0,05559	25	0,05916	43	0,06273
8	0,05578	26	0,05936	44	0,06293
9	0,05598	27	0,05955	45	0,06313
10	0,05618	28	0,05975	46	0,06332
11	0,05638	29	0,05995	47	0,06352
12	0,05658	30	0,06015	48	0,06372
13	0,05678	31	0,06035	49	0,06392
14	0,05697	32	0,06055	50	0,06412
15	0,05717	33	0,06074	51	0,06432
16	0,05737	34	0,06094		
17	0,05757	35	0,06114		

7.6 Internationales Weston Element

Das internationale Weston-Element diente wegen seiner guten Spannungs- und Temperaturstabilität über viele Jahre als Kalibriergrundlage für Spannungsmessungen. Es wurde abgelöst durch den Josephson-Effekt, der über eine sehr genaue Frequenz-Spannungskonversion heute sehr präzise Kalibrierungen ermöglicht. Für Versuchszwecke sind nachfolgend der Aufbau und die Daten des Weston-Elementes wiedergegeben.

Das Weston-Element besteht aus zwei Elektroden 2. Art, die über eine gesättigte Cadmiumsulfatlösung miteinander verbunden sind:

$$\oplus\ Hg/Hg_2SO_4,\ CdSO_4(aq.,\ ges.),\ CdSO_4 \cdot H_2O(f)/12{,}5\,\%\ Cd\text{-}Amalgam\ \ominus$$

Es liefert eine auf 10^{-5} V genau reproduzierbare Spannung und dient als internationaler Standard.

Seine Spannung bei 20 °C wurde mit

$$E = 1{,}018646\ \mathrm{V}$$

festgesetzt.

International angenommene Gleichung der Abhängigkeit der EMK des Normal-Elementes von der Temperatur, gültig zwischen 0 °C und 40 °C:

$$E_t = 1{,}018646 - 4{,}06 \cdot 10^{-5}(t-20) - 0{,}95 \cdot 10^{-6}(t-20)^2 + 1 \cdot 10^{-8}(t-20)^3.$$

Daraus errechnete Urspannungen zwischen 11 °C und 30 °C:

t in °C	E_t in V	*t* in °C	E_t in V	*t* in °C	E_t in V
11	1,018927	18	1,018723	25	1,018420
12	1,018905	19	1,018686	26	1,018370
13	1,018880	20	1,018646	27	1,018319
14	1,018853	21	1,018604	28	1,018265
15	1,018824	22	1,018561	29	1,018221
16	1,018793	23	1,018516	30	1,018155
17	1,018759	24	1,018469		

7.7 Potenziale von Bezugselektroden gegen die Standard-Wasserstoffelektrode

Die Toleranzen bei serienmäßigen Elektroden betragen ±5 mV bei 25 °C.

Elektrode	Bezugselektrolyt	Potenzial in mV
Hg/Hg_2Cl_2	KCl aq., ges.	+244,4
Hg/Hg_2Cl_2	KCl aq., 1 mol/l	+283,0
Hg/Hg_2Cl_2	KCl aq., 0,1 mol/l	+335,6
Hg/Hg_2SO_4	K_2SO_4 aq., ges.	+650
Ag/AgCl	KCl + AgCl(a = 1)	+222
Ag/AgCl	KCl + AgCl aq., 1 mol/l	+236,3
Ag/AgCl	KCl + AgCl aq., 3 mol/l	+207,0

Temperaturabhängigkeit von Bezugselektroden.
(Standardspannungen bezogen auf die Standard-Wasserstoffelektrode in mV, ohne Diffusionsspannungen)

t in °C	Quecksilber/Kalomel	Silber/Silberchlorid	
	KCl, gesättigt	KCl, 1 mol/l	KCl, 3 mol/l
95	–	189,1	148,1
90	–	192,7	153,3
85	–	196,3	158,3
80	–	199,9	163,1
75	–	203,4	167,7
70	212,4	206,9	172,1
65	216,2	210,4	176,4
60	219,9	213,9	180,3
55	223,6	217,4	184,4
50	227,2	220,8	188,4
45	230,8	224,1	192,3
40	234,3	227,3	196,1
35	237,7	230,4	199,8
30	241,1	233,4	203,4
25	244,4	236,3	207,0
20	247,7	239,1	210,5
15	250,9	241,8	214,0
10	254,1	244,4	217,4
5	257,2	246,9	220,9
0	260,2	249,3	224,2

7.8 Standardpotenziale [28, 29]

Mit Hilfe von Standardpotenzialen lassen sich über die Nernst'sche Gleichung vielfältige Berechnungen zu Redoxvorgängen, Gleichgewichtskonstanten usw. durchführen.

Beispiel 1

Welches Reduktionspotenzial E hat eine Wasserstoffelektrode in reinem Wasser bei 20 °C? Welches Reduktionspotenzial hat eine Wasserstoffelektrode in reinem Wasser bei einem pH-Wert von 10 und bei einer Temperatur von 40 °C?

Die zugrunde liegende Redoxgleichung lautet:

$$2\,H^+ + 2\,e^- \rightleftharpoons H_2$$

Für die Berechnung der Potenziale wird die Nernst'sche Gleichung (vgl. Kap. 7.5) verwendet.

Nernst'sche Gleichung	$E = E° + \frac{R \cdot T}{z \cdot F} \cdot \log \frac{c^2(H^+)}{c(H_2)}$	Anmerkung: zur Vereinfachung werden an Stelle der Aktivitäten die Stoffmengenkonzentrationen c eingesetzt. Achtung! aus Koeffizienten in der Reaktionsgleichung werden Exponenten in der Nernst'schen Gleichung
Standardpotenzial für H_2 (bei 25 °C und 1 bar H_2)	$E° = \pm\, 0{,}00$ V	per Definition!
Wasserstoffkonzentration Wasserstoffionenkonzentration	$c(H_2) = 1$ mol/l pH 7 (reinesH_2O) $\hat{=}\ c(H^+) = 10^{-7}$ mol/l pH 10 $\hat{=}\ c(H^+) = 10^{-10}$ mol/l	
Anzahl beteiligter Elektronen	$z = 2$	
$\frac{R \cdot T}{F} \cdot \ln 10$ für 20 °C und 40 °C (siehe Tab. 7.5, S. 233)	$\frac{R \cdot T}{F} \cdot \ln 10 = 0{,}05816$ V (20 °C) $\frac{R \cdot T}{F} \cdot \ln 10 = 0{,}06213$ V (40 °C)	Achtung die Daten in Tab. 7.5 beinhalten die Umrechnung von ln in log!
Reduktionspotenzial H_2-Elektrode pH 7, bei 20 °C	$E = 0 + \frac{0{,}05816}{2} \cdot \log \frac{(10^{-7})^2}{1}$ $= 0 + 0{,}0291 \cdot \log 10^{-14}$ V $= \mathbf{-0{,}407\ V}$	Beachte: im Ausdruck $\frac{0{,}05816}{2}$ steht die 2 im Nenner für $z = 2$
Reduktionspotenzial H_2-Elektrode pH 10, bei 40 °C	$E = 0 + \frac{0{,}06213}{2} \cdot \log \frac{(10^{-10})^2}{1} = 0 + 0{,}0311 \cdot \log 10^{-20}$ V $= \mathbf{-0{,}623\ V}$	

Beispiel 2

Berechne die Gleichgewichtskonstante *K* der Redoxreaktion $Zn + Cu^{2+} \rightleftharpoons Zn^{2+} + Cu$ bei 18 °C aus dem gemessenen Redoxpotenzial. Folgende Redoxgleichungen sind zu betrachten:

Reduktion: $Cu^{2} + 2\,e^{-} \rightleftharpoons Cu$
Oxidation: $Zn \rightleftharpoons Zn^{2+} + 2\,e^{-}$

Standardpotenziale (siehe S. 240 ff.)	Reduktion +0,337 V (Cu) Oxidation −0,763 V (Zn)
Differenz der Standardpotenziale gemessenes Redoxpotenzial	$\Delta E^\circ = E_{red} - E_{ox} = +0{,}337\ V - (-0{,}763\ V) = 1{,}1\ V$ $\Delta E = 2{,}21\ V$
einsetzen in die Nernst'sche Gleichung	$\Delta E = \Delta E^\circ + \frac{R \cdot T}{z \cdot F} \ln \frac{a(ox)}{a(red)}$ $\quad \ln \frac{a(ox)}{a(red)} \mathrel{\hat{=}} \ln K$
daraus ln *K*	$\ln K = \frac{\Delta E - \Delta E^\circ}{\frac{R \cdot T}{z \cdot F}} = \frac{(2{,}21\ V - 1{,}1\ V)}{\frac{8{,}314\ C \cdot K^{-1} \cdot mol^{-1} \cdot 291\ K}{2 \cdot 96485\ C \cdot mol^{-1}}} = 88{,}53$ mit: $T = 291\ K\ (273 + 18)$; $z = 2$; $R = 8{,}314\ J \cdot K^{-1} \cdot mol^{-1}$ bzw. $V \cdot C \cdot mol^{-1} \cdot K^{-1}$ und $F = 96485\ C \cdot mol^{-1}$
und die Gleichgewichtskonstante *K*	$\mathbf{K = 2{,}82 \cdot 10^{38}}$

Beispiel 3

Kaliumpermanganat ist im Sauren ein starkes Oxidationsmittel. Berechne die Differenz des Oxidationspotenzials wenn der pH-Wert von 0 auf 4,5 angehoben wird.

Redoxgleichung (vereinfacht): $MnO_4^- + 8\,H^+ + 5e^- \rightleftharpoons Mn^{2+} + 4\,H_2O$

einsetzen in die Nernst'sche Gleichung	$E = E^\circ + \frac{R \cdot T}{z \cdot F} \cdot \ln \frac{c(MnO_4^-) \cdot c(H^+)^8}{c(Mn^{2+})}$ mit: $T = 293\ K$; $R = 8{,}314\ J \cdot K^{-1} \cdot mol^{-1}$ bzw. $V \cdot C \cdot mol^{-1} \cdot K^{-1}$; $E^\circ = 1{,}51\ V$; $z = 5$ und $F = 96485\ C \cdot mol^{-1}$
Wasserstoffionenkonzentration	pH 0 $\mathrel{\hat{=}} c(H^+) = 1\ mol/l$ und pH 4,5 $\mathrel{\hat{=}} c(H^+) = 3{,}16 \cdot 10^{-5}\ mol/l$
Oxidationspotenzial von MnO_4^- bei pH 4,5	$E = +1{,}51\ V + \frac{0{,}0252}{5} \cdot \ln \frac{1 \cdot (3{,}16 \cdot 10^{-5})^8}{1} = \mathbf{1{,}09\ V}$ die pH-Werterhöhung führt zu einer deutlichen Senkung des Oxidationspotenzials im Vergleich zu $E^\circ = 1{,}51\ V$

Beispiel 4

Die beiden Halbzellen Cu/Cu^{2+} und Zn/Zn^{2+} bilden ein Redoxpaar. Berechne die Zellspannung, die sich zwischen den beiden Halbzellen einstellt, wenn die Cu^{2+}-Konzentration 0,5 mol/l und die Zn^{2+}-Konzentration 0,2 mol/l beträgt. Die Temperatur beträgt 25 °C. Die Konzentration der Metallelektroden wird standardmäßig auf 1 gesetzt.

Spannung der Halbzelle Cu/Cu^{2+}	$E = E° + \frac{R \cdot T}{z \cdot F} \cdot \log \frac{c(Cu^{2+})}{c(Cu)} = 0{,}337\ V + \frac{0{,}05916}{2} \cdot \log \frac{0{,}5}{1}\ V = 0{,}329\ V$	
Spannung der Halbzelle Zn/Zn^{2+}	$E = E° + \frac{R \cdot T}{z \cdot F} \cdot \log \frac{c(Zn^{2+})}{c(Zn)}$ $= -0{,}7627\ V + \frac{0{,}05916}{2} \cdot \log \frac{0{,}2}{1}\ V$ $= -0{,}783\ V$	Anmerkung: $z = 2$; Standardpotenzial Zn/Zn^{2+} (siehe S. 240 und RT/F aus Tab. 7.5)
Zellspannung ($Cu/Cu^{2+}//Zn/Zn^{2+}$)	$E = E(Cu/Cu^{2+}) - E(Zn/Zn^{2+}) = 0{,}328\ V - (-0{,}783\ V) = \mathbf{1{,}111\ V}$	

Beispiel 5

Berechne das Potenzial einer Silber/Silberbromidelektrode bei 25 °C, wobei die metallische Silberelektrode mit festem Silberbromid in Kontakt steht. Der Elektrolyt enthält 0,5 mol/l Bromidionen in Form von Kaliumbromid.

Folgende Teilreaktionen sind zu berücksichtigen:

$$AgBr \rightleftharpoons Ag^+ + Br^- \quad \text{(definiert durch das Löslichkeitsprodukt)}$$
$$Ag^+ + 1e^- \rightleftharpoons Ag$$

Löslichkeitsprodukt von Silberbromid Kap. 7.3	$K_L = 5{,}4 \cdot 10^{-13}\ mol^2/l^2$	
Silberionenkonzentration	$c(Ag^+) = \frac{K_L}{c(Br^-)} = \frac{5{,}4 \cdot 10^{-13}\ mol^2/l^2}{0{,}5\ mol/l} = 1{,}08 \cdot 10^{-12}\ mol/l$	
Silberkonzentration und Anzahl beteiligter Elektronen z	$c(Ag) = 1$ $z = 1$	per Definition, da fester Metallstab
einsetzen der Daten in die Nernst'sche Gleichung	$E = E° + \frac{R \cdot T}{z \cdot F} \cdot \log \frac{c(Ag^+)}{c(Ag)}$ $E = 0{,}7991\ V + \frac{0{,}05916}{2} \cdot \log \frac{1{,}08 \cdot 10^{-12}}{1}\ V$ $= \mathbf{0{,}0911\ V}$	Anmerkung: Standardpotenzial Ag/Ag^+ aus Tab. 7.8 und RT/F aus Kap. 7.5

Beispiel 6

Berechne den Potenzialverlauf bei der Fällung von Silberchlorid aus einer Silbernitratlösung $c(AgNO_3) = 0{,}05$ mol/l mit einer Natriumchloridlösung $c(NaCl) = 0{,}025$ mo/l. Gesucht sind die Potenziale nach Zugabe von 1 ml, 20 ml, 50 ml und 80 ml Chloridlösung. Vorgelegt werden 25 ml Silbernitratlösung.

Folgende stöchiometrische Reaktion ist zu berücksichtigen:

$$1\,AgNO_3 + 1\,NaCl \rightleftharpoons 1\,NaNO_3 + 1\,AgCl \downarrow$$

Für die Potenzialberechnung mit Hilfe der Nernst'schen Gleichung sind zunächst die Silberionenkonzentrationen nach der jeweiligen Reagenzzugabe zu berechnen. Die Ag^+-Konzentration ergibt sich aus der Anfangskonzentration minus dem durch Chloridzugabe ausgefällten Anteil AgCl unter Berücksichtigung der Verdünnung durch das zugeführte Volumen NaCl-Lösung. Für exakte Berechnungen ist zusätzlich die über das Löslichkeitsprodukt definierte aus dem AgCl stammende Ag^+-Konzentration mit einzubeziehen. Dies gilt insbesondere in der Nähe des Äquivalenzpunktes, wenn $c(Ag^+) \approx c(Cl^-)$.

Stoffmengenkonzentration $c(Ag^+)$ zu Beginn	$c(AgNO_3) = 0{,}05$ mol/l
Zugaben von für den Äquivalenzpunkt gilt	$c(Cl^-)$ führen zur Fällung von $n(Ag^+)$ als AgCl $n(Ag^+) = n(Cl^-)$
theoretischer Verbrauch $V(NaCl)$ in ml bis zum Äquivalenzpunkt	$n(AgNo_3) = V(AgNo_3) \cdot c(AgNo_3) = V(NaCl) \cdot c(NaCl) = n(NaCl)$ $V(NaCl) = \frac{V(AgNO_3) \cdot c(AgNO_3)}{c(NaCl)} = \frac{0{,}025\,l \cdot 0{,}05\,mol/l}{0{,}025\,mol/l} = 0{,}05\,l \mathrel{\hat{=}} 50\,ml$
Stoffmengenkonzentration $c(Ag^+)$ im Verlauf der Titration, vor dem Äquivalenzpunkt gilt: $c(Ag^+) \gg c(Cl^-)$	$c(Ag^+) = \frac{V(AgNO_3) \cdot c(AgNO_3) - V(NaCl) \cdot c(NaCl)}{V(AgNO_3) + c(NaCl)} + \sqrt{K_L(AgCl)}$ [a]
Zugabe 1 ml	$c(Ag^+) = \frac{25\,ml \cdot 0{,}05\,mol/l - 1\,ml \cdot 0{,}025\,mol/l}{25\,ml + 1\,ml} = 4{,}71 \cdot 10^{-2}\,mol/l$
Zugabe 20 ml	$c(Ag^+) = \frac{25\,ml \cdot 0{,}05\,mol/l - 20\,ml \cdot 0{,}025\,mol/l}{25\,ml + 20\,ml} = 1{,}67 \cdot 10^{-2}\,mol/l$
Stoffmengenkonzentration am Äquivalenzpunkt, Zugabe 50 ml; $c(Ag^+) = c(Cl^-)$	$c(Ag^+) = \frac{25\,ml \cdot 0{,}05\,mol/l - 50\,ml \cdot 0{,}025\,mol/l}{25\,ml + 50\,ml} + \sqrt{K_L(AgCl)}$ $c(Ag^+) = 0 + \sqrt{K_L(AgCl)} = \sqrt{1{,}8 \cdot 10^{-10}} = 1{,}34 \cdot 10^{-5}\,mol/l$

a Da $c(Ag^+) \gg c(Cl^-)$ kann an dieser Stelle der Term vernachlässigt werden.

Stoffmengenkonzentration $c(Cl^-)$ nach dem Äquivalenzpunkt,	$c(Cl^-) = \frac{80\ ml \cdot 0{,}025\ mol/l - 25\ ml \cdot 0{,}05\ mol/l}{25\ ml + 80\ ml} = 4{,}71 \cdot 10^{-2}\ mol/l$
Zugabe 80 ml; $c(Ag^+) \ll c(Cl^-)$	$c(Cl^-) = 7{,}14 \cdot 10^{-3}\ mol/l \longrightarrow c(Ag^+) = 2{,}52 \cdot 10^{-8}\ mol/l$
Einsetzten der Konzentrationen in die Nernst'sche Gleichung	$E = E° + \frac{R \cdot T}{z \cdot F} \cdot \log \frac{c(Ag^+)}{c(Ag)}$
Zugabe 1 ml	$E = 0{,}558\ V + \frac{0{,}05916}{1} \cdot \log \frac{4{,}71 \cdot 10^{-2}}{1}\ V = \mathbf{0{,}479\ V}$
Zugabe 20 ml	$E = 0{,}558\ V + \frac{0{,}05916}{1} \cdot \log \frac{1{,}67 \cdot 10^{-2}}{1}\ V = \mathbf{0{,}453\ V}$
Zugabe 50 ml	$E = 0{,}558\ V + \frac{0{,}05916}{1} \cdot \log \frac{1{,}34 \cdot 10^{-5}}{1}\ V = \mathbf{0{,}270\ V}$
Zugabe 80 ml	$E = 0{,}558\ V + \frac{0{,}05916}{1} \cdot \log \frac{2{,}52 \cdot 10^{-8}}{1}\ V = \mathbf{0{,}108\ V}$

Spannungsreihe von Metallen (saure Lösung).

Red.	⇌	Ox.	+ e⁻	E° in V	Red.	⇌	Ox.	+ e⁻	E° in V
Li	⇌	Li^+	+ e^-	−3,045	Co	⇌	Co^{2+}	+ $2e^-$	−0,277
K	⇌	K^+	+ e^-	−2,925	Ni	⇌	Ni^{2+}	+ $2e^-$	−0,250
Ca	⇌	Ca^{2+}	+ $2e^-$	−2,866	Sn (weiß)	⇌	Sn^{2+}	+ $2e^-$	−0,136
Na	⇌	Na^+	+ e^-	−2,714	Pb	⇌	Pb^{2+}	+ $2e^-$	−0,126
Mg	⇌	Mg^{2+}	+ $2e^-$	−2,363	D_2	⇌	$2\ D^+$	+ $2e^-$	−0,0034
Be	⇌	Be^{2+}	+ $2e^-$	−1,847	H_2	⇌	$2\ H^+$	+ $2e^-$	∓ 0,0000
Al	⇌	Al^{3+}	+ $3e^-$	−1,662					
Mn	⇌	Mn^{2+}	+ $2e^-$	−1,180	Cu	⇌	Cu^{2+}	+ $2e^-$	+0,337
Zn	⇌	Zn^{2+}	+ $2e^-$	−0,7627	Ag	⇌	Ag^+	+ e^-	+0,7991
Cr	⇌	Cr^{3+}	+ $3e^-$	−0,744	Hg	⇌	Hg^{2+}	+ $2e^-$	+0,854
Ga	⇌	Ga^{3+}	+ $3e^-$	−0,529	Pd	⇌	Pd^{2+}	+ $2e^-$	+0,987
Fe	⇌	Fe^{2+}	+ $2e^-$	−0,4002	Pt	⇌	Pt^{2+}	+ $2e^-$	~ +1,2
Cd	⇌	Cd^{2+}	+ $2e^-$	−0,4029	Au	⇌	Au^{3+}	+ $3e^-$	+1,498

Spannungsreihe von Ionenumladungen (saure Lösungen).

Red.	$\rightleftharpoons$	**Ox.**	**+ e^-**	***E*° in V**	**Red.**	$\rightleftharpoons$	**Ox.**	**+ e^-**	***E*° in V**
U^{3+}	$\rightleftharpoons$	U^{4+}	+ e^-	−0,607	Hg_2^{2+}	$\rightleftharpoons$	2 Hg^{2+}	+ 2e^-	+0,9075
Yb^{2+}	$\rightleftharpoons$	Yb^{3+}	+ e^-	−0,578	Pu^{3+}	$\rightleftharpoons$	Pu^{4+}	+ e^-	+0,9818
In^{+}	$\rightleftharpoons$	In^{3+}	+ 2e^-	−0,44	Rh^{2+}	$\rightleftharpoons$	Rh^{3+}	+ e^-	+1,20
Cr^{2+}	$\rightleftharpoons$	Cr^{3+}	+ e^-	−0,408	Tl^{+}	$\rightleftharpoons$	Tl^{3+}	+ 2e^-	+1,25
Ti^{2+}	$\rightleftharpoons$	Ti^{3+}	+ e^-	−0,369	Ce^{3+}	$\rightleftharpoons$	Ce^{4+}	+ e^-	+1,28
Eu^{2+}	$\rightleftharpoons$	Eu^{3+}	+ e^-	−0,429	Au^{+}	$\rightleftharpoons$	Au^{3+}	+ 2e^-	+1,402
V^{2+}	$\rightleftharpoons$	V^{3+}	+ e^-	−0,256	Mn^{2+}	$\rightleftharpoons$	Mn^{3+}	+ e^-	+1,51
Sn^{2+}	$\rightleftharpoons$	Sn^{4+}	+ 2e^-	+0,154	Bk^{3+}	$\rightleftharpoons$	Bk^{4+}	+ e^-	+1,62
Cu^{+}	$\rightleftharpoons$	Cu^{2+}	+ e^-	+0,153	Pb^{2+}	$\rightleftharpoons$	Pb^{4+}	+ 2e^-	+1,80
Ru^{2+}	$\rightleftharpoons$	Ru^{3+}	+ e^-	+0,23	Co^{2+}	$\rightleftharpoons$	Co^{3+}	+ e^-	+1,808
Fe^{2+}	$\rightleftharpoons$	Fe^{3+}	+ e^-	+0,771	Ag^{+}	$\rightleftharpoons$	Ag^{2+}	+ e^-	+1,980

Spannungsreihe von Nicht- und Halbmetallen (saure Lösung).
Nicht(Halb-)metalle als Reduktionsmittel.

Red.		$\rightleftharpoons$	**Ox.**		**+ e^-**	***E*° in V**
H(g)		$\rightleftharpoons$	H^{+}		+ e^-	−2,1065
B	+ 3 H_2O	$\rightleftharpoons$	H_3BO_3	+ 3 H^{+}	+ 3e^-	−0,8698
Si	+ 2 H_2O	$\rightleftharpoons$	SiO_2	+ 4 H^{+}	+ 4e^-	−0,857
P	+ 3 H_2O	$\rightleftharpoons$	H_3PO_3	+ 3 H^{+}	+ 3e^-	−0,505
Ge	+ 2 H_2O	$\rightleftharpoons$	GeO_2	+ 4 H^{+}	+ 4e^-	−0,15
½ H_2		$\rightleftharpoons$	H^{+}		+ e^-	∓ 0,0000
Sb	+ H_2O	$\rightleftharpoons$	SbO^{+}	+ 2 H^{+}	+ 3e^-	+0,213
As	+ 2 H_2O	$\rightleftharpoons$	$HAsO_2$	+ 3 H^{+}	+ 3e^-	+0,2476
Bi	+ H_2O	$\rightleftharpoons$	BiO^{+}	+ 2 H^{+}	+ 3e^-	+0,320
S	+ 3 H_2O	$\rightleftharpoons$	H_2SO_3	+ 4 H^{+}	+ 4e^-	+0,450
C	+ H_2O	$\rightleftharpoons$	CO	+ 2 H^{+}	+ 2e^-	+0,51
Te	+ 2 H_2O	$\rightleftharpoons$	TeO_2	+ 4 H^{+}	+ 4e^-	+0,529
Se	+ 3 H_2O	$\rightleftharpoons$	H_2SeO_3	+ 4 H^{+}	+ 4e^-	+0,740
Po	+ 2 H_2O	$\rightleftharpoons$	PoO_2	+ 4 H^{+}	+ 4e^-	+0,73
½ At_2	+ H_2O	$\rightleftharpoons$	HAtO	+ H^{+}	+ e^-	+1,0
½ I_2	+ H_2O	$\rightleftharpoons$	HIO	+ H^{+}	+ e^-	+1,45
½ N_2	+ 2 H_2O	$\rightleftharpoons$	HNO_2	+ 3 H^{+}	+ 3e^-	+1,45
½ Br_2	+ H_2O	$\rightleftharpoons$	HBrO	+ H^{+}	+ e^-	+1,595
½ Cl_2	+ H_2O	$\rightleftharpoons$	HClO	+ H^{+}	+ e^-	+1,630
O_2	+ H_2O	$\rightleftharpoons$	O_3	+ 2 H^{+}	+ 2e^-	+2,07

Nicht(Halb-)metalle als Oxidationsmittel.

Red.	$\rightleftharpoons$	Ox.		+ e$^-$	***E*° in V**
H^-	$\rightleftharpoons$	½ H_2		+ e^-	−2,25
PoH_2	$\rightleftharpoons$	Po	+ 2 H^+	+ $2e^-$	> −1,00
BiH_3	$\rightleftharpoons$	Bi	+ 3 H^+	+ $3e^-$	< −0,8
H_2Te	$\rightleftharpoons$	Te	+ 2 H^+	+ $2e^-$	−0,718
AsH_3	$\rightleftharpoons$	As	+ 3 H^+	+ $3e^-$	−0,607
SbH_3	$\rightleftharpoons$	Sb	+ 3 H^+	+ $3e^-$	−0,510
H_2Se	$\rightleftharpoons$	Se	+ 2 H^+	+ $2e^-$	−0,399
GeH_4	$\rightleftharpoons$	Ge	+ 4 H^+	+ $4e^-$	< −0,3
½ $(BH_3)_2$	$\rightleftharpoons$	B	+ 3 H^+	+ $3e^-$	−0,14
PH_3	$\rightleftharpoons$	P	+ 3 H^+	+ $3e^-$	−0,063
SiH_4	$\rightleftharpoons$	Si	+ 4 H^+	+ $4e^-$	+0,102
CH_4	$\rightleftharpoons$	C	+ 4 H^+	+ $4e^-$	+0,1316
H_2S	$\rightleftharpoons$	S	+ 2 H^+	+ $2e^-$	+0,142
NH_4^+	$\rightleftharpoons$	½ N_2	+ 4 H^+	+ $3e^-$	+0,27
At^-	$\rightleftharpoons$	½ At_2		+ e^-	+0,2
I^-	$\rightleftharpoons$	½ I_2		+ e^-	+0,5355
Br^-	$\rightleftharpoons$	½ Br_2		+ e^-	+1,0652
Cl^-	$\rightleftharpoons$	½ Cl_2		+ e^-	+1,3595
HF(aq)	$\rightleftharpoons$	½ F_2	+ H^+	+ e^-	+3,06

Spannungsreihe komplizierterer Redoxsysteme (saure Lösung).

Red.		$\rightleftharpoons$	**Ox.**		**+ e$^-$**	***E*° in V**
H_3PO_2	+ H_2O	$\rightleftharpoons$	H_3PO_3	+ 2 H^+	+ $2e^-$	−0,499
H_3PO_3	+ H_2O	$\rightleftharpoons$	H_3PO_4	+ 2 H^+	+ $2e^-$	−0,276
$HS_2O_4^-$	+ H_2O	$\rightleftharpoons$	2 H_2SO_3	+ H^+	+ $2e^-$	−0,08
$S_2O_3^{2-}$	+ 5 H_2O	$\rightleftharpoons$	SO_4^{2-}	+ 10 H^+	+ $8e^-$	+0,29
H_2SO_3	+ H_2O	$\rightleftharpoons$	SO_4^{2-}	+ 4 H^+	+ $2e^-$	+0,172
H_3AsO_3	+ H_2O	$\rightleftharpoons$	H_3AsO_4	+ 2 H^+	+ $2e^-$	+0,560
H_2O_2		$\rightleftharpoons$	O_2	+ 2 H^+	+ $2e^-$	+0,6824
HNO_2	+ H_2O	$\rightleftharpoons$	NO_3^-	+ 3 H^+	+ $2e^-$	+0,94
NO	+ 2 H_2O	$\rightleftharpoons$	NO_3^-	+ 4 H^+	+ $3e^-$	+0,96
NO	+ H_2O	$\rightleftharpoons$	HNO_2	+ H^+	+ e^-	+0,98
I^-	+ 3 H_2O	$\rightleftharpoons$	IO_3^-	+ 6 H^+	+ $6e^-$	+1,086
H_2SeO_3	+ H_2O	$\rightleftharpoons$	SeO_4^{2-}	+ 4 H^+	+ $2e^-$	+1,15
Mn^{2+}	+ 2 H_2O	$\rightleftharpoons$	MnO_2	+ 4 H^+	+ $2e^-$	+1,23
2 Cr^{3+}	+ 7 H_2O	$\rightleftharpoons$	$Cr_2O_7^{2-}$	+ 14 H^+	+ $6e^-$	+1,33
Cl^-	+ 3 H_2O	$\rightleftharpoons$	ClO_3^-	+ 6 H^+	+ $6e^-$	+1,45
Pb^{2+}	+ 2 H_2O	$\rightleftharpoons$	PbO_2	+ 4 H^+	+ $2e^-$	+1,455
Cl^-	+ H_2O	$\rightleftharpoons$	HClO	+ H^+	+ $2e^-$	+1,495
Mn^{2+}	+ 4 H_2O	$\rightleftharpoons$	MnO_4^-	+ 8 H^+	+ $5e^-$	+1,51

Red.		⇌	Ox.		+ e⁻	*E*° in V
$2\ H_2O$		⇌	H_2O_2	$+\ 2\ H^+$	$+\ 2e^-$	+1,776
O_2	$+\ H_2O$	⇌	O_3	$+\ 2\ H^+$	$+\ 2e^-$	+2,07
$2\ F^-$	$+\ H_2O$	⇌	F_2O	$+\ 2\ H^+$	$+\ 4e^-$	+2,15
$2\ HSO_4^-$		⇌	$S_2O_8^{2-}$	$+\ 2\ H^+$	$+\ 2e^-$	+2,18
Fe^{3+}	$+\ 4\ H_2O$	⇌	FeO_4^{2-}	$+\ 8\ H^+$	$+\ 3e^-$	+2,20
XeO_3	$+\ 3\ H_2O$	⇌	H_4XeO_6	$+\ 2\ H^+$	$+\ 2e^-$	+3,00

Spannungsreihe von Metallen (basische Lösung).

Red.		⇌	Ox.		+ e⁻	*E*° in V
Li		⇌	Li^+		$+\ e^-$	−3,045
Ca	$+\ 2\ OH^-$	⇌	$Ca(OH)_2$		$+\ 2e^-$	−3,02
K		⇌	K^+		$+\ e^-$	−2,925
Na		⇌	Na^+		$+\ e^-$	−2,714
Mg	$+\ 2\ OH^-$	⇌	$Mg(OH)_2$		$+\ 2e^-$	−2,690
Be	$+\ 2\ OH^-$	⇌	BeO	$+\ H_2O$	$+\ 2e^-$	−2,613
Al	$+\ 4\ OH^-$	⇌	$Al(OH)_4^-$		$+\ 3e^-$	−2,33
Mn	$+\ 2\ OH^-$	⇌	$Mn(OH)_2$		$+\ 2\ e^-$	−1,55
Ga	$+\ 4\ OH^-$	⇌	$Ga(OH)_4^-$		$+\ 3e^-$	−1,219
Zn	$+\ 4\ OH^-$	⇌	$Zn(OH)_4^{2-}$		$+\ 2e^-$	−1,215
Cr	$+\ 4\ OH^-$	⇌	$Cr(OH)_4^-$		$+\ 3e^-$	−1,27
Sn	$+\ 3\ OH^-$	⇌	$Al(OH)_3^-$		$+\ 2e^-$	−0,909
Fe	$+\ 2\ OH^-$	⇌	$Fe(OH)_2$		$+\ 2e^-$	−0,877
Cd	$+\ 2\ OH^-$	⇌	$Cd(OH)_2$		$+\ 2e^-$	−0,809
Co	$+\ 2\ OH^-$	⇌	$Co(OH)_2$		$+\ 2e^-$	−0,73
Ni	$+\ 2\ OH^-$	⇌	$Ni(OH)_2$		$+\ 2e^-$	−0,72
Sb	$+\ 4\ OH^-$	⇌	$Sb(OH)_4^-$		$+\ 3e^-$	−0,66
Pb	$+\ 3\ OH^-$	⇌	$Pb(OH)_3^-$		$+\ 2e^-$	−0,540
2 Bi	$+\ 6\ OH^-$	⇌	$Bi(OH)_3$	$+\ 3\ H_2O$	$+\ 6e^-$	−0,46
Cu	$+\ 2\ OH^-$	⇌	$Cu(OH)_2$		$+\ 2e^-$	−0,22
Pd	$+\ 2\ OH^-$	⇌	$Pd(OH)_2$		$+\ 2e^-$	+0,07
Hg	$+\ 2\ OH^-$	⇌	HgO	$+\ H_2O$	$+\ 2e^-$	+0,098
Pt	$+\ 2\ OH^-$	⇌	$Pt(OH)_2$		$+\ 2e^-$	+0,15
2 Ag	$+\ 2\ OH^-$	⇌	Ag_2O	$+\ H_2O$	$+\ 2e^-$	+0,345
Au	$+\ 4\ OH^-$	⇌	$H_2AuO_3^-$	$+\ H_2O$	$+\ 3e^-$	+0,70

Spannungsreihe von Wertigkeitswechslern (basische Lösung).

Red.				⇋	**Ox.**			**+ e⁻**	***E*° in V**
$U(OH)_3$			$+ OH^-$	⇋	$U(OH)_4$			$+ e^-$	−2,20
$Cr(OH)_2$			$+ OH^-$	⇋	$Cr(OH)_3$			$+ e^-$	−1,10
$Pu(OH)_3$			$+ OH^-$	⇋	$Pu(OH)_4$			$+ e^-$	−0,963
$Sn(OH)_3^-$			$+ 3\,OH^-$	⇋	$Sn(OH)_6^{2-}$			$+ 2e^-$	−0,93
$Fe(OH)_2$			$+ OH^-$	⇋	$Fe(OH)_3$			$+ e^-$	−0,559
Cu_2O	+	H_2O	$+ 2\,OH^-$	⇋	$2\,Cu(OH)_2$			$+ 2e^-$	−0,080
$Tl(OH)$			$+ 2\,OH^-$	⇋	$Tl(OH)_3$			$+ 2e^-$	−0,05
$Mn(OH)_2$			$+ 2\,OH^-$	⇋	$Mn(OH)_3$			$+ e^-$	+0,15
$Co(OH)_2$			$+ OH^-$	⇋	$Co(OH)_3$			$+ e^-$	+0,17
PbO			$+ 2\,OH^-$	⇋	PbO_2	+	H_2O	$+ 2e^-$	+0,247
Ag_2O			$+ 2\,OH^-$	⇋	$2\,AgO$	+	H_2O	$+ 2e^-$	+0,607

Spannungsreihe von Nichtmetallen (basische Lösung).
Nichtmetalle als Reduktionsmittel.

Red.		⇋	**Ox.**		**+ e⁻**	***E*° in V**
$\frac{1}{2}H_2$	$+ OH^-$	⇋	H_2O		$+ e^-$	−2,9345
P	$+ 2\,OH^-$	⇋	$H_2PO_2^-$		$+ e^-$	−2,05
Si	$+ 6\,OH^-$	⇋	SiO_3^{2-}	$+ 3\,H_2O$	$+ 4e^-$	−1,697
H_2	$+ 2\,OH^-$	⇋	$2\,H_2O$		$+ 2e^-$	−0,82806
As	$+ 4\,OH^-$	⇋	AsO_2^-	$+ 2\,H_2O$	$+ 3e^-$	−0,675
S	$+ 6\,OH^-$	⇋	SO_3^{2-}	$+ 3\,H_2O$	$+ 4e^-$	−0,61
Te	$+ 6\,OH^-$	⇋	TeO_3^{2-}	$+ 3\,H_2O$	$+ 4e^-$	−0,57
C	$+ 3\,OH^-$	⇋	HC	$+ H_2O$	$+ 2e^-$	−0,52
Se	$+ 6\,OH^-$	⇋	SeO_3^{2-}	$+ 3\,H_2O$	$+ 4e^-$	−0,366
Cl_2	$+ 4\,OH^-$	⇋	$2\,ClO^-$	$+ 2\,H_2O$	$+ 2e^-$	+0,42
N_2	$+ 8\,OH^-$	⇋	$2\,NO_3^-$	$+ 4\,H_2O$	$+ 6e^-$	+0,41
Br_2	$+ 4\,OH^-$	⇋	$2\,BrO^-$	$+ 2\,H_2O$	$+ 2e^-$	+0,457
I_2	$+ 4\,OH^-$	⇋	$2\,IO^-$	$+ 2\,H_2O$	$+ 2e^-$	+0,434
O_2	$+ 2\,OH^-$	⇋	O_3	$+ H_2O$	$+ 2e^-$	+1,24

Nichtmetalle als Oxidationsmittel.

Red.		$\rightleftharpoons$	Ox.		+ e^-	$E°$ in V
H^-		$\rightleftharpoons$	½ H_2		+ e^-	−2,25
AsH_3	+ 3 OH^-	$\rightleftharpoons$	As	+ 3 H_2O	+ $3e^-$	−1,435
Te^{2-}		$\rightleftharpoons$	Te		+ $2e^-$	−1,143
Se^{2-}		$\rightleftharpoons$	Se		+ $2e^-$	−0,92
PH_3	+ 3 OH^-	$\rightleftharpoons$	P	+ 3 H_2O	+ $3e^-$	−0,891
NH_3	+ 3 OH^-	$\rightleftharpoons$	½ N_2	+ 3 H_2O	+ $3e^-$	−0,74
SiH_4	+ 4 OH^-	$\rightleftharpoons$	Si	+ 4 H_2O	+ $4e^-$	−0,73
CH_4	+ 4 OH^-	$\rightleftharpoons$	C	+ 4 H_2O	+ $4e^-$	−0,70
S^{2-}		$\rightleftharpoons$	S		+ $2e^-$	−0,447
O_2^-	+ OH^-	$\rightleftharpoons$	O_2	+ H_2O	+ $2e^-$	−0,076
2 OH^- (pH 14)		$\rightleftharpoons$	½ O_2	+ H_2O	+ $2e^-$	+0,401
I^-		$\rightleftharpoons$	½ I_2		+ e^-	+0,5355
Br^-		$\rightleftharpoons$	½ Br_2		+ e^-	+1,0652
Cl^-		$\rightleftharpoons$	½ Cl_2		+ e^-	+1,3595
F^-		$\rightleftharpoons$	½ F_2		+ e^-	+2,87

Spannungsreihe komplizierterer Redoxsysteme (basische Lösung).

Red.		$\rightleftharpoons$	Ox.		+ e^-	$E°$ in V
BH_4^-	+ 8 OH^-	$\rightleftharpoons$	$H_2BO_3^-$	+ 5 H_2O	+ $8e^-$	−1,24
HPO_3^{2-}	+ 3 OH^-	$\rightleftharpoons$	PO_4^{3-}	+ 2 H_2O	+ $2e^-$	−1,12
$S_2O_4^{2-}$	+ 4 OH^-	$\rightleftharpoons$	2 SO_3^{2-}	+ H_2O	+ $2e^-$	−1,12
SO_3^{2-}	+ 2 OH^-	$\rightleftharpoons$	SO_4^{2-}	+ H_2O	+ $2e^-$	−0,93
$H_2AsO_3^-$	+ 4 OH^-	$\rightleftharpoons$	AsO_4^{3-}	+ 3 H_2O	+ $2e^-$	−0,68
$S_2O_3^{2-}$	+ 6 OH^-	$\rightleftharpoons$	2 SO_3^{2-}	+ 3 H_2O	+ $4e^-$	−0,571
$Cr(OH)_3$	+ 5 OH^-	$\rightleftharpoons$	CrO_4^{2-}	+ 4 H_2O	+ $3e^-$	−0,13
$Mn(OH)_2$	+ 2 OH^-	$\rightleftharpoons$	MnO_2	+ 2 H_2O	+ $2e^-$	−0,05
NO_2^-	+ 2 OH^-	$\rightleftharpoons$	NO_3^-	+ H_2O	+ $2e^-$	+0,01
SeO_3^{2-}	+ 2 OH^-	$\rightleftharpoons$	SeO_4^{2-}	+ H_2O	+ $2e^-$	+0,05
2 SO_3^{2-}		$\rightleftharpoons$	$S_4O_6^{2-}$		+ $2e^-$	+0,09
NO	+ 4 OH^-	$\rightleftharpoons$	NO_3^-	+ 2 H_2O	+ $3e^-$	+0,13
PbO (rot)	+ 2 OH^-	$\rightleftharpoons$	PbO_2	+ H_2O	+ $2e^-$	+0,247
MnO_2	+ 4 OH^-	$\rightleftharpoons$	MnO_4^-	+ 2 H_2O	+ $3e^-$	+0,588
Cl^-	+ 6 OH^-	$\rightleftharpoons$	ClO_3^-	+ 3 H_2O	+ $6e^-$	+0,62
3 OH^-		$\rightleftharpoons$	HO_2^-	+ H_2O	+ $2e^-$	+0,878
Cl^-	+ 2 OH^-	$\rightleftharpoons$	ClO^-	+ H_2O	+ $2e^-$	+0,85
$Fe(OH)_4^-$	+ 4 OH^-	$\rightleftharpoons$	FeO_4^{2-}	+ 4 H_2O	+ $3e^-$	+0,90
$HXeO_4^-$	+ 4 OH^-	$\rightleftharpoons$	$HXeO_6^{3-}$	+ 2 H_2O	+ $2e^-$	+0,94
O_2	+ 2 OH^-	$\rightleftharpoons$	O_3	+ H_2O	+ $2e^-$	+1,24
2 F^-	+ 2 OH^-	$\rightleftharpoons$	F_2O	+ H_2O	+ $4e^-$	+1,32
2 SO_4^{2-}		$\rightleftharpoons$	$S_2O_8^{2-}$		+ $2e^-$	+2,01

7.9 pH-Wert und Ionenprodukt des Wassers [30, 31]

pH-Wert-Berechnungen von Säuren, Basen, hydrolysierbaren Salzen, Puffersystemen etc. spielen in der analytischen und präparativen Chemie, insbesondere aber auch in der Biochemie und Pharmazie eine wichtige Rolle. Das Verständnis der verschiedenen Gleichgewichte von Wasser, Säuren und Basen ist hier von fundamentaler Bedeutung.

Für das Dissoziationsgleichgewicht des Wassers gilt nach dem Massenwirkungsgesetz:

Dissoziationsgleichgewicht des Wassers[a]	$H_2O \rightleftarrows H^+ + OH^-$	
Einsetzen in das Massenwirkungsgesetz mit der Gleichgewichtskonstante K_D	$K_D(H_2O) = \frac{c(H^+) \cdot c(OH^-)}{c(H_2O)}$	$c(H_2O)$, $c(H^+)$, $c(OH^-)$: Stoffmengenkonzentrationen in mol/l
Einbeziehung der praktisch konstanten Konzentration undissoziierten Wassers ergibt[b]	$K_w(H_2O) = c(H^+) \cdot c(OH^-)$ bzw. $K_w(H_2O) = a(H^+) \cdot a(OH^-)$	$K_w(H_2O)$: Ionenprodukt des Wassers in mol^2/l^2 a: Aktivitäten

a Für die hydratisierten Wasserstoffionen wird vereinfachend das Symbol H^+ verwendet.
b Unter der Aktivität versteht man die wirksame Konzentration der gelösten Teilchen. Sie ist mit der Konzentration c durch den Aktivitätskoeffizienten f nach der Beziehung $a = f \cdot c$ verknüpft. In verdünnten Lösungen wird hier in der Regel vereinfacht nur c verwendet.

Das Ionenprodukt des Wassers ergibt bei 25 °C, wie aus Leitfähigkeitsmessungen hervorgeht folgenden Wert:

Ionenprodukt des Wassers; Temperaturabhängigkeit (siehe Tab. S. 248)	$c(H^+) \cdot c(OH^-) = 10^{-14} mol^2/l^2 = K_w(H_2O)$
Den Zahlenwert des negativen dekadischen Logarithmus der Wasserstoffionenkonzentration bzw. Wasserstoffionenaktivität bezeichnet man als pH-Wert:	$pH = -\log c(H^+)$ bzw. $pH = -\log a(H^+)$ und analog $pOH = -\log c(OH^-)$
Beide Größen stehen untereinander in folgender Beziehung:	$pH + pOH = 14 = pK_w$

pH-Wert und Wasserstoffionenkonzentration bzw. OH^- Ionenkonzentration lassen sich mit folgenden Beziehungen berechnen, wobei auch hier wieder vereinfachend die Stoffmengenkonzentrationen eingesetzt werden. Bei starken Säuren (K_S-Werte weit über 10) und Konzentrationen von $c \approx 1$ mol/l und kleiner, ist generell von einer vollständigen Protolyse auszugehen, d. h., es liegen praktisch keine freien Säuren mehr vor. Dies gilt analog für die Dissoziation von Metallsalzen wie NaOH in Wasser oder die Protonierung starker Basen wie NH_2^- oder das Hydridion H^-. Ammoniak als klassische Base zählt hiermit nicht zu den starken Basen!

Wasserstoffionenkonzentration $c(H^+)$ gilt für vollständige Protolyse	$c(H^+) = 10^{-pH}$
pH-Wert	$pH = -\log c(H^+)$
pOH-Wert	$pOH = 14 - pH$
pH-Werte für schwache Säuren und Basen, die nicht vollständig protolysieren K_S- und K_B-Werte (siehe S. 259 ff.)	$pH \approx \frac{1}{2}(pK_S - \log c)$ schwache Säure $pH \approx \frac{1}{2}(pK_B - \log c)$ schwache Base
für Mischungen starker mit schwachen Säuren bzw. starker mit schwachen Basen gilt in guter Näherung	$c(H^+) = \frac{c_{0\,(\text{starke S.})}}{2} + \sqrt{\frac{(c_{0\,(\text{starke S.})})^2}{4} + c_{0\,(\text{schwache S.})} \cdot K_{S\,(\text{schwache S.})}}$ $c(OH^-) = \frac{c_{0\,(\text{starke B.})}}{2} + \sqrt{\frac{(c_{0\,(\text{starke B.})})^2}{4} + c_{0\,(\text{schwache B.})} \cdot K_{B\,(\text{schwache B.})}}$ c_0: Ausgangskonzentration der jeweiligen Säure bzw. Base in mol/l K_S: Säure bzw. Basenkonstante der schwachen Säure bzw. K_B: Base
für die pH-Wert Berechnung von sehr niedrigen Konzentrationen starker Säuren oder Basen ist grundsätzlich das Ionengleichgewicht des Wassers zu berücksichtigen!	Formel siehe Beispiel 4

Ionenprodukt des Wassers bei verschiedenen Temperaturen.
Temperaturen von 0 bis 60 °C nach Harned und Robinson.

t in °C	$\lg K_w$	K_w	$pH = -\lg\sqrt{K_w}$	$\sqrt{K_w}$
0	−14,9435	$0{,}1139 \cdot 10^{-14}$	7,4718	$0{,}3375 \cdot 10^{-7}$
5	−14,7338	$0{,}1846 \cdot 10^{-14}$	7,3669	$0{,}4297 \cdot 10^{-7}$
10	−14,5346	$0{,}2920 \cdot 10^{-14}$	7,2673	$0{,}5404 \cdot 10^{-7}$
15	−14,3463	$0{,}4505 \cdot 10^{-14}$	7,1732	$0{,}6712 \cdot 10^{-7}$
20	−14,1669	$0{,}6809 \cdot 10^{-14}$	7,0835	$0{,}8252 \cdot 10^{-7}$
25	−13,9965	$1{,}008 \cdot 10^{-14}$	6,9983	$1{,}004 \cdot 10^{-7}$
30	−13,8330	$1{,}469 \cdot 10^{-14}$	6,9165	$1{,}212 \cdot 10^{-7}$
35	−13,6801	$2{,}089 \cdot 10^{-14}$	6,8401	$1{,}445 \cdot 10^{-7}$
40	−13,5348	$2{,}919 \cdot 10^{-14}$	6,7674	$1{,}708 \cdot 10^{-7}$
45	−13,3960	$4{,}018 \cdot 10^{-14}$	6,6980	$2{,}004 \cdot 10^{-7}$
50	−13,2617	$5{,}474 \cdot 10^{-14}$	6,6309	$2{,}34 \cdot 10^{-7}$
55	−13,1369	$7{,}296 \cdot 10^{-14}$	6,5685	$2{,}70 \cdot 10^{-7}$
60	−13,0171	$9{,}610 \cdot 10^{-14}$	6,5086	$3{,}10 \cdot 10^{-7}$

Temperaturen zwischen 70 und 320 °C; geschätzte Werte nach einer Zusammenstellung von K. Schwabe.

t in °C	$\lg K_w$	K_w	pH = $-\lg \sqrt{K_w}$	$\sqrt{K_w}$
70	−12,80	$16 \cdot 10^{-14}$	6,40	$4 \cdot 10^{-7}$
80	−12,60	$25 \cdot 10^{-14}$	6,30	$5 \cdot 10^{-7}$
90	−12,43	$37 \cdot 10^{-14}$	6,22	$6 \cdot 10^{-7}$
100	−12,27	$54 \cdot 10^{-14}$	6,13	$7{,}4 \cdot 10^{-7}$
120	−12,00	$100 \cdot 10^{-14}$	6,00	$10 \cdot 10^{-7}$
140	−11,79	$160 \cdot 10^{-14}$	5,89	$13 \cdot 10^{-7}$
160	−11,64	$230 \cdot 10^{-14}$	5,82	$15 \cdot 10^{-7}$
180	−11,51	$310 \cdot 10^{-14}$	5,75	$18 \cdot 10^{-7}$
200	−11,42	$380 \cdot 10^{-14}$	5,71	$20 \cdot 10^{-7}$
220	−11,34	$460 \cdot 10^{-14}$	5,67	$21 \cdot 10^{-7}$
240	−11,29	$510 \cdot 10^{-14}$	5,65	$22 \cdot 10^{-7}$
260	−11,26	$550 \cdot 10^{-14}$	5,63	$23 \cdot 10^{-7}$
280	−11,24	$580 \cdot 10^{-14}$	5,62	$24 \cdot 10^{-7}$
300	−11,24	$580 \cdot 10^{-14}$	5,62	$24 \cdot 10^{-7}$
320	−11,25	$560 \cdot 10^{-14}$	5,63	$23 \cdot 10^{-7}$

Diese Zahlen sind nicht direkt gemessen worden; sie können trotzdem als zuverlässiger Anhalt dienen.

Die Interpolationsformel von Robinson, welche $\lg K_w$ in Abhängigkeit von der absoluten Temperatur T angibt, entspricht sehr gut den gemessenen Werten:

$$\lg K_w = -4471{,}33/T + 6{,}0846 - 0{,}01705\, T$$

Beispiel 1

Welchen pH-Wert hat eine Lösung mit der Wasserstoffionenkonzentration $c(H^+) = 5{,}6 \cdot 10^{-10}$ mol/l?

Wasserstoffionenkonzentration	$c(H^+) = 5{,}6 \cdot 10^{-10}$ mol/l
pH-Wert	$pH = -\log c(H^+)$
	$pH = -\log (5{,}6 \cdot 10^{-10})$ mol/l
	$pH = -(\log 5{,}6 + \log 10^{-10})$
	$pH = -(0{,}75 - 10) = 9{,}25$
gesuchter pH-Wert	pH = **9,25**

Beispiel 2

Welche Wasserstoffionenkonzentration liegt in einer Lösung mit dem pH-Wert 1,25 vor?

pH-Wert	pH = 1,25
Wasserstoffionenkonzentration	$c(H^+) = 10^{-pH}$ mol/l $c(H^+) = 10^{-1,25}$ mol/l $\longrightarrow 10^{-1,25} = 5,62 \cdot 10^{-2}$ mol/l
gesuchter Wert	$c(H^+) = \mathbf{5,62 \cdot 10^{-2}}$ **mol/l**

Beispiel 3

Welchen pH-Wert hat eine Salzsäure mit einer Massenkonzentration β von 0,5 g/l?
Anmerkung: HCl ist als starke Säure vollständig dissoziiert!

Umrechnung der Massenkonzentration in Stoffmengenkonzentration (siehe S. 367)	$c(HCl) = \frac{\beta(HCl)}{M(HCl)} = \frac{0,5\ g/l}{36,46\ g/mol} = 1,37 \cdot 10^{-2}$ mol/l
Wasserstoffionenkonzentration und pH-Wert	$c(H^+) = 1,37 \cdot 10^{-2}$ mol/l $\longrightarrow$ davon der neg. Log pH = **1,86**

Beispiel 4 (stark verdünnte Säure)

Berechne den pH-Wert der Salzsäure aus Beispiel 3, nachdem 1 ml davon auf 5 m^3 verdünnt wurden.

Ausgangskonzentration an HCl	$c(HCl) = 1,3710^{-2}$ mol/l
Verdünnungsfaktor f	$f = \frac{V_{Startvolumen}}{V_{Endvolumen}} = \frac{1\ ml}{5 \cdot 10^6\ ml} = 2 \cdot 10^{-7}$ Anmerkung: $5\ m^3 \triangleq 5 \cdot 10^6$ ml
Konzentration an HCl nach der Verdünnung	$c(HCl) = 1,37 \cdot 10^{-2}\ mol/l \cdot 2 \cdot 10^{-7} = 2,74 \cdot 10^{-9}$ mol/l Anmerkung: Der pH-Wert würde nach Umrechnung in $c(H^+)$ über pH 7 liegen, was aber keinen Sinn macht, da eine starke Säure nie alkalisch reagieren kann! Lösung: es muss die Autoprotolyse des Wassers mit berücksichtigt werden, die bei höheren Konzentrationen vernachlässigt werden kann.

folgende Bedingungen sind zu erfüllen	
1. Stöchiometrie	$c(\mathrm{HCl}) = c(\mathrm{Cl^-}) = c(\mathrm{H^+}) = 2{,}74 \cdot 10^{-9}\ \mathrm{mol/l} = c_0$
2. Ionenprodukt des Wassers	$c(\mathrm{H^+}) = \frac{K_w}{c(\mathrm{OH^-})}$
3. Ladungsbilanz	$c(\mathrm{H^+}) = c(\mathrm{OH^-}) + c(\mathrm{Cl^-})$
Einsetzen und Umformen der Gleichungen 1–3 ergibt eine quadratische Gleichung für $c(\mathrm{H^+})$	$c(\mathrm{H^+})^2 + c_0 \cdot c(\mathrm{H^+}) + K_w = 0$
Auflösen der quadratischen Gleichung nach bekannter Formel (siehe S. 350) ergibt eine positive Lösung	$c(\mathrm{H^+}) = \frac{c_0}{2} + \sqrt{\frac{c_0^2}{4} + K_w} = \frac{2{,}74 \cdot 10^{-9}}{2} + \sqrt{\frac{(2{,}74 \cdot 10^{-9})^2}{4} + 1 \cdot 10^{-14}}$
Wert für $c(\mathrm{H^+})$ und damit einen pH-Wert von	$c(\mathrm{H^+}) = \mathbf{1{,}0138 \cdot 10^{-7}\ mol/l}$ pH = **6,99** Anmerkung: der pH-Wert wird nahezu vollständig durch die Autoprotolyse des Wassers dominiert!

Beispiel 5

Berechne die Wasserstoffionenkonzentration und den pH-Wert von Schwefelsäure mit einer Konzentration von $c(\mathrm{H_2SO_4}) = 0{,}15$ mo/l.

Die K_S-Werte betragen für die erste Stufe $K_{S1} \gg 10$ und $K_{S2} = 1{,}2 \cdot 10^{-2}$. Damit ist die Schwefelsäure bez. der 1. Protolysestufe vollständig umgesetzt. Dies gilt nicht für die zweite Stufe.

$$\mathrm{H_2SO_4} \rightleftarrows \mathrm{H^+} + \mathrm{HSO_4^-} \qquad \text{d. h. } c(\mathrm{H_2SO_4}) \ll c(\mathrm{HSO_4^-})$$
$$\mathrm{HSO_4^-} \rightleftarrows \mathrm{H^+} + \mathrm{HSO_4^{2-}}$$

folgende Bedingungen sind damit zu erfüllen	
1. Gleichgewichtsreaktion (2. Stufe)	$K_{S2} = \frac{c(\mathrm{H^+}) \cdot c(\mathrm{SO_4^{2-}})}{c(\mathrm{HSO_4^{2-}})}$
2. Stöchiometrie	$c(\mathrm{H_2SO_4}) = c(\mathrm{HSO_4^-}) + c(\mathrm{SO_4^{2-}}) = c_0$
3. Ladungsbilanz[a]	$c(\mathrm{H^+}) = 1 \cdot c(\mathrm{HSO_4^-}) + 2 \cdot c(\mathrm{SO_4^{2-}})$
	Anmerkung: Das Ionenprodukt des Wassers kann bei einer Konzentration von $c(\mathrm{H_2SO_4}) = 0{,}15$ mo/l vernachlässigt werden.

a 1 $\mathrm{SO_4^{2-}}$ ist ladungsäquivalent zu 2 $\mathrm{H^+}$!

aus Gl. 2 und 3 erhält man für $c(SO_4^{2-})$ und $c(HSO_4^-)$	$c(SO_4^{2-}) = c(H^+) - c_0$ $c(HSO_4^-) = 2 \cdot c_0 - c(H^+)$
einsetzen in Gl. 1 und Umformen ergibt wieder eine quadratische Gleichung	$c(H^+)^2 + c(H^+) \cdot (K_{S2} - c_0) - 2 \cdot c_0 \cdot K_{S2} = 0$
Umwandeln nach der Formel für quadratische Gleichungen (siehe S. 350) ergibt	$c(H^+) = -\frac{(K_{S2} - c_0)}{2} + \sqrt{\frac{(K_{S2} - c_0)^2}{4} + 2 \cdot c_0 \cdot K_{S2}}$ $c(H^+) = -\frac{(1{,}2 \cdot 10^{-2} - 0{,}15)}{2} + \sqrt{\frac{(1{,}2 \cdot 10^{-2} - 0{,}15)^2}{4} + 2 \cdot 0{,}15 \cdot 1{,}2 \cdot 10^{-2}}$
für $c(H^+)$ und pH	$c(H^+) = \mathbf{0{,}160\ mol/l}$ pH = **0,79**

Beispiel 6

Welcher pH-Wert liegt in einer Ameisensäurelösung mit einer Konzentration von 0,012 mol/l vor? Der K_S-Wert für Ameisensäure beträgt $1{,}8 \cdot 10^{-4}$.

Aus dem K_S-Wert ist zu ersehen, dass es sich um keine starke Säure im klassischen Sinne handelt, daher kann folgende Näherung angewendet werden	$pH \approx ½\,(pK_S - \log c)$
Einsetzen der Werte für c und K_S	$pH \approx ½\,(-\log 1{,}8 \cdot 10^{-4} - \log 0{,}012)$ pH ≈ **2,8**

Beispiel 7

Mischung zweier starker Säuren

Welche Wasserstoffionenkonzentration und pH-Wert hat eine Mischung aus zwei starken Säuren wie Schwefelsäure (1. Stufe) und Salzsäure? Die Konzentration von Schwefelsäure beträgt 0,05 mol/l und die der Salzsäure 0,15 mo/l.

Da es sich um starke Säuren handelt, ist von einer vollständigen Protolyse auszugehen.

Stoffmengenkonzentrationen an Schwefelsäure bzw. Salzsäure	$c(H_2SO_4) = 0{,}05$ mol/l ⟶ $c(H^+) = 0{,}05$ mol/l $c(HCl) = 0{,}015$ mol/l ⟶ $c(H^+) = 0{,}015$ mol/l
Summe der H^+-Ionenkonzentration pH-Wert	$c(H^+) = 0{,}05$ mol/l + 0,015 mol/l = **0,065 mol/l** pH = **1,19**

7.10 pH-Wert-Messung [29]

Zur Bestimmung des pH-Wertes einer Lösung oder zur Durchführung potentiometrischer Titrationen, denen Säure/Base-Gleichgewichte zugrundeliegen, werden heute fast ausschließlich Glaselektroden eingesetzt. Für bestimmte Präzisionsmessungen findet die Pt/H_2-Elektrode noch Verwendung.

Da die absolute Bestimmung von Aktivitäten, wie es nach der Definition des pH-Wertes ($\mathrm{pH} = -\lg a(\mathrm{H}^+)$) gefordert wird, problematisch ist, liegt der Definition der praktischen pH-Skala eine Reihe von Standardpufferlösungen[a] zugrunde. Die pH-Wert-Messung wird auf einen Vergleich mit diesen Lösungen zurückgeführt. Danach berechnet sich der pH-Wert bei Verwendung einer idealen elektrochemischen Messkette z. B.

Pt, H_2 / Lösung(X) / KCl-Lsg. / Vergleichselektrode
Pt, H_2 / Lösung(S) / KCl-Lsg. / Vergleichselektrode

nach folgender Gleichung:

$\mathrm{pH}(X) = \mathrm{pH}(S) + \dfrac{E(\mathrm{X}) - E(\mathrm{S})}{\frac{RT \cdot \ln 10}{F}}$	pH(X):	gesuchter pH-Wert
	pH(S):	pH-Wert der Standard-Pufferlösung
	E(X), E(S):	Potenzial der zu untersuchenden bzw. der Standardlösung
	$\dfrac{RT \cdot \ln 10}{F}$:	theoretische Steilheit einer pH-Elektrode

Messungen von pH(S) und pH(X) sind durchzuführen:
- bei gleicher Temperatur
- mit gleichen KCl-Lösungen
- und mit gleichen Elektroden

Werden zwei Standard-Pufferlösungen (S_1, S_2) verwendet, deren pH-Werte möglichst nahe oberhalb und unterhalb des gesuchten Wertes liegen sollten, ergibt sich der unbekannte pH-Wert (pH(X)) aus der Beziehung:

$$\frac{\mathrm{pH}(\mathrm{X}) - \mathrm{pH}(\mathrm{S}_1)}{\mathrm{pH}(\mathrm{S}_2) = \mathrm{pH}(\mathrm{S}_1)} = \frac{E(\mathrm{X}) - E(\mathrm{S}_1)}{E(\mathrm{S}_2) - E(\mathrm{S}_1)}$$

Die Pt/H_2-Elektrode kann durch andere, H^+-Ionen indizierende Elektroden, wie z. B. die Glaselektrode, ersetzt werden. Dabei treten jedoch Abweichungen vom idealen Verhalten der Messkette auf, die sich als Nullpunktsfehler (Asymmetriespannung) und Steilheitsfehler bemerkbar machen. Bei Verwendung eines pH-Meters lassen sich in der Praxis diese Fehler mit Hilfe der Standardlösungen ausreichend genau eliminieren, wodurch eine direkte pH-Anzeige ermöglicht wird. Werden an die Messgenauigkeit höhere Anforderungen gestellt ($\sigma_{\mathrm{pH}} \simeq 0{,}02$), müssen die Elektrodenparameter (s: Steilheitsfehler, pH_0: Nullpunktsfehler) bekannt sein. Dann können die gemessenen pH-Werte nach folgender Gleichung korrigiert werden:

a pH-Standardlösungen für Mess- bzw. Eichzwecke finden sich im Kapitel 7.12.

$$pH(X_{korr.}) = \frac{RT \cdot \ln 10}{F \cdot s}(pH(X_{gem.}) - 7) + pH_0$$

Die Parameter s und pH_0 lassen sich durch Vermessen einer Anzahl geeigneter Eichpuffer graphisch oder über eine lineare Ausgleichsrechnung ermitteln.

7.11 Säure-Basen-Gleichgewichte, Hydrolyse, Pufferlösungen

Säure-Basen-Gleichgewichte

Die Stärke von Säuren und Basen wird im Allgemeinen über ihre Gleichgewichtsreaktion mit Wasser definiert:

Reaktion einer Säure HA mit Wasser	$HA + H_2O \rightleftarrows A^- + H_3O^+$	
für die Gleichgewichtskonstante K_S einer Säure gilt[a]	$K_S = \frac{c(A^-) \cdot c(H_3O^+)}{c(HA) \cdot c(H_2O)}$	c: Stoffmengenkonzentrationen in mol/l
Reaktion einer Base B mit Wasser	$B + H_2O \rightleftarrows BH^+ + OH^-$	
für die Gleichgewichtskonstante K_B einer Base gilt[b]	$K_B = \frac{c(BH^+) \cdot c(OH^-)}{c(B) \cdot c(H_2O)}$	c: Stoffmengenkonzentrationen in mol/l

a An Stelle der Konzentrationen c müssen für exakte Berechnungen die Aktivitäten eingesetzt werden.
b Achtung: bei den viel verwendeten „Basen" NaOH, KOH findet beim Auflösen in Wasser keine Protonierung sondern eine Dissoziierung statt, bei der Wasser die entstehenden Ionen lediglich hydratisiert.

Bezieht man die in verdünnten Lösungen praktisch konstante Konzentration des Wassers mit in die Konstanten K ein, so ergeben sich folgende Beziehungen für die Säurekonstante K_S bzw. die Basenkonstante K_B.

Säurekonstante K_S	$K_S = \frac{c(A^-) \cdot c(H_3O^+)}{c(HA)}$
Basenkonstante K_B	$K_B = \frac{c(BH^+) \cdot c(OH^-)}{c(B)}$
der negative dekadische Logarithmus wird als pK_S bzw. pK_B-Wert bezeichnet	$pK_S = -\lg K_S$ $pK_B = -\lg K_B$ $K_S \cdot K_B = 10^{-14} \longrightarrow pK_S + pK_B = 14$

Starke Säuren oder Basen sind unter Standardbedingungen vollständig dissoziiert bzw. protoniert, und K_S bzw. K_B liegen weit über 10.

Pufferlösungen

Wird die Wasserstoffionenkonzentration in einer Elektrolytlösung durch (geringe) Zugabe einer Säure oder Base kaum beeinflusst, so liegt eine Pufferlösung vor. Voraussetzung ist, dass eine ausreichend im Überschuss vorhandene Konzentration einer schwachen Säure und Base vorliegt. So wird z. B. über das Dissoziationsgleichgewicht der Säure mit ihrer konjugierten Base die Wasserstoffionenkonzentration wieder eingeregelt. Jedes Paar einer schwachen Säure oder Base kann im Prinzip für Pufferlösungen verwendet werden, solange es in wässriger Lösung seine konjugierte Säure bzw. Base bilden kann.

Der pH-Wert solcher Systeme kann mit folgenden Gleichungen in guter Näherung beschrieben werden. Die pK_S-Werte sollten dafür möglichst aber im Bereich zwischen ≈ 3–7 liegen.

schwache Säure und starke Base	$\mathrm{pH} \approx \mathrm{p}K_S + \lg \dfrac{c(\mathrm{Salz})}{c(\mathrm{Säure})}$
schwache Base und starke Säure	$\mathrm{pH} \approx \mathrm{p}K_w - \mathrm{p}K_B + \lg \dfrac{c(\mathrm{Base})}{c(\mathrm{Salz})}$

Henderson-Hasselbalch'sche-Gleichung unter Verwendung des Dissoziationsgrades α	$\mathrm{pH} \approx \mathrm{p}K_S + \lg \dfrac{\alpha}{1-\alpha}$	
Dissoziationsgrad α	$\alpha = \dfrac{c(\mathrm{X})}{c_0(\mathrm{X})} \approx \sqrt{\dfrac{K}{c_0(\mathrm{X})}}$	$c(\mathrm{X})$: Stoffmengenkonz. der dissoziierten Teilchen in mol/l $c_0(\mathrm{X})$: Anfangskonzentration in mol/l K: Dissoziationskonstante (siehe Tab. S. 259 ff.)

Beispiel einer Titrationskurve

Das Beispiel in der Abbildung zeigt die Pufferzone innerhalb einer Titrationskurve. Die Pufferzone liegt im Bereich von pH ≈ p$K_S \mp 1$. Innerhalb der Pufferzone wird der pH-Wert bei Zugabe einer NaOH-Lösung nur geringfügig verändert. Erst bei einer Zugabe von mehr als 10 ml tritt dann der pH-Wertsprung auf.

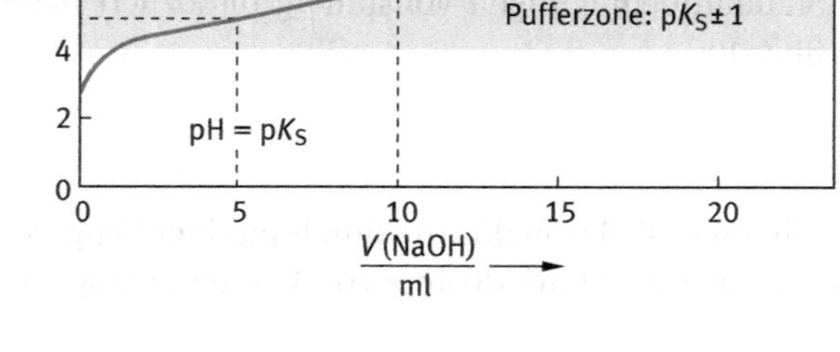

Protolyse von Salzen

Salze starker Säuren mit schwachen Basen bzw. schwacher Säuren mit starken Basen reagieren mit Wasser unter Einstellung eines Gleichgewichtes. Löst man z. B. Natriumacetat, das Salz aus NaOH und der schwachen Essigsäure in Wasser, so sind folgende Reaktionen zu berücksichtigen:

1. $CH_3COO^-_{\text{(konjugierte Base)}}\ Na^+ + H^+ \longrightarrow CH_3COOH_{\text{(Säure)}} + Na^+$
2. $H_2O \longrightarrow H^+OH^-$

für Teilreaktion 1 gilt:	$K_S(CH_3COOH) = \dfrac{c(H^+) \cdot c(CH_3COO^-)}{c(CH_3COOH)}$
für Teilreaktion 2 gilt:	$K_w(H_2O) = c(H^+) \cdot c(OH^-)$
zusammengefasst ergibt sich die Hydrolysekonstante K_p	$K_p = \dfrac{K_w}{K_S} = \dfrac{K_w}{K_S(CH_3COOH)} = \dfrac{c(H^+) \cdot c(CH_3COO^-)}{c(CH_3COOH)}$

Beispiel 1

4,1 g Natriumacetat werden in 1 Liter Wasser gelöst. Berechne die OH^--Konzentration und den pH-Wert der Lösung. K_S beträgt für Essigsäure (HAc) bei 25 °C: $1{,}76 \cdot 10^{-5}$ (Reaktionsgleichung siehe oben).

Stoffmengenkonzentration Natriumacetat (NaAc)	$c(NaAc) = \dfrac{m(NaAc)}{M(NaAc)} = \dfrac{4{,}1\,g}{82{,}034\,g/mol \cdot 1\,l} = 0{,}05\,mol/l = c_0$	
weiter müssen folgende Beziehungen gelten:		
1. Hydrolysekonstante K_p für NaAc $1{,}76 \cdot 10^{-5}$	$K_p = \dfrac{K_w}{K_S} = \dfrac{c(OH^-) \cdot c(HAc)}{c(Ac^-)} = \dfrac{1 \cdot 10^{-14}}{1{,}76 \cdot 10^{-5}} = 5{,}68 \cdot 10^{-10}$	
2. Stöchiometrie	$c_0 = c(NaAc) = c(HAc) + c(Ac^-) = 0{,}05\,mol/l$	
3. Ladungsbilanz bezüglich aller vorhandener Ionen	$c(OH^-) + c(Ac^-) = c(Na^+) + c(H^+) = c_0$	incl. Autoprotolyse des Wassers!
	$c(OH^-) + c(Ac^-) = c(Na^+) = c_0$	ohne Autoprotolyse des Wassers!
4. Auflösen der Gl. 2 nach c(HAc) und	$c(HAc) = c_0 - c(Ac^-)$	
5. Gl. 3 nach $c(Ac^-)$	$c(Ac^-) = c_0 - c(OH^-)$	
6. Einsetzen von Gl. 5 in Gl. 4	$c(HAc) = c(OH^-)$	

7. Einsetzen von Gl. 5 und Gl. 6 in Gl. 1	$K_p = \frac{c(OH^-)^2}{c_0 - c(OH^-)}$
8. Auflösen von Gl. 7 nach $c(OH^-)$ ergibt eine quadratische Gleichung	$c(OH^-)^2 + K_p \cdot c(OH^-) - K_p \cdot c_0 = 0$
Aus Gl. 8 errechnet sich mit der Formel für quadratische Gleichungen (siehe S. 350)[a] und Einsetzen der Werte für K_p und c_0	$c(OH^-) = \frac{K_p}{2} + \sqrt{\frac{K_p^2}{4} + K_p \cdot c_0}$ $c(OH^-) = \frac{5{,}71 \cdot 10^{-10}}{2} + \sqrt{\frac{(5{,}71 \cdot 10^{-10})^2}{4} + 5{,}71 \cdot 10^{-10} \cdot 0{,}05}$ $= \mathbf{5{,}34 \cdot 10^{-6}\ mol/l}$
die OH^--Konzentration und der pH-Wert	pOH = 5,27 ⟶ **pH = 14 − 5,27 = 8,72**

a Bequemer kann mit der Software MATHEMATICA gerechnet werden, siehe z. B. https://www.wolfram.com/mathematica/online bzw. https://www.mathe-online.at/Mathematica.

Beispiel 2

Hydrolyse von Zinkchlorid in Wasser. Gegeben sei eine Zinkchloridlösung mit $c = 0{,}01$ mol/l. Berechne die Wasserstoffionenkonzentration. $K_p(ZnCl_2) = 3{,}3 \cdot 10^{-10}$

Folgendes Reaktionsgleichgewicht ist zu berücksichtigen:

$$ZnCl_2 + H_2O \rightleftharpoons ZnOH^+ + H^+ + 2\,Cl^-$$

Analog zu Beispiel 1 müssen folgende Beziehungen gelten:		
1. Hydrolysegleichgewicht	$K_p = \frac{c(ZnOH^+) \cdot c(H^+)}{c(Zn^{2+})} = 3{,}3 \cdot 10^{-10}$	
2. Stöchiometrie	$c_0 = c(ZnCl_2) = c(Zn^{2+}) + c(ZnOH^+) = 0{,}01$ mol/l	
3. Ladungsbilanz	$c(H^+) + c(Zn^{2+}) = 2 \cdot c(Cl^-) = c_0$	ohne Autoprotolyse des Wassers!
4. Auflösen der Gl. 2 nach $c(ZnOH_+)$ und	$c_0 = c(ZnOH_+) = c_0 - c(Zn^{2+})$	
5. Gl. 3 nach $c(Zn^{2+})$	$c(Zn^{2+}) = c_0 - c(H^+)$	
6. Einsetzen von Gl. 5 in Gl. 4	$c(ZnOH^+) = c(H^+)$	

7. Einsetzen von Gl. 5 und Gl. 6 in Gl. 1	$K_p = \dfrac{c(H^+)^2}{c_0 - c(H^+)}$
8. Auflösen von Gl. 7 nach $c(H^+)$ ergibt eine quadratische Gleichung	$c(H^+)^2 + K_p \cdot c(H^+) - K_p \cdot c_0 = 0$
Einsetzen und Auflösen analog Beispiel 1 ergibt	$c(H^+) = \mathbf{1{,}82 \cdot 10^{-6}\,mol/l}$ $\mathbf{pH = 5{,}74}$

Beispiel 3

Die Kohlensäurekonzentration in Wasser betrage 0,005 mol/l. Welcher pH-Wert stellt sich ein und in welcher Konzentration liegt die Spezies HCO_3^- vor? Folgende Gleichgewichtsreaktionen sind zu berücksichtigen:

$$H_2CO_3 + H_2O \rightleftharpoons H_3O^+ + HCO_3^- \qquad K_{S1} = 4{,}3 \cdot 10^{-7}$$
$$HCO_3^- + H_2O \rightleftharpoons H_3O^+ + CO_3^{2-} \qquad K_{S2} = 5{,}6 \cdot 10^{-11}$$

Analog zu Beispiel 1 gelten folgende Beziehungen:	
1. Gleichgewichtsreaktion	$K_{S1} = \dfrac{c(HCO_3^-) \cdot c(H^+)}{c(H_2CO_3)} = 4{,}3 \cdot 10^{-7}$
2. Stöchiometrie	$c_0 = c(H_2CO_3) + c(HCO_3^-) + c(CO_3^{2-}) = 0{,}005\ mol/l$
3. Ladungsbilanz	$c(H^+) = c(HCO_3^-) + 2\,c(CO_3^{2-}) + c(OH^-)$ Anmerkung: die zweite Stufe ist 4 Größenordnungen kleiner und wird zur Vereinfachung zunächst nicht berücksichtigt, d. h. der Term $c(CO_3^{2-})$ entfällt. Ebenso wird die Autoprotolyse des Wassers vernachlässigt ($c(OH^-)$).
4. Auflösen der Gl. 2 nach $c(H_2CO_3)$ und	$c(H_2CO_3) = c_0 - c(HCO_3^-)$
5. Gl. 3 nach $c(HCO_3^-)$	$c(HCO_3^-) = c(H^+)$ ohne $c(CO_3^{2-})$ und $c(OH^-)$!
6. Einsetzen von Gl. 5 in Gl. 4	$c(H_2CO_3) = c_0 - c(H^+)$
7. Einsetzen von Gl. 5 und Gl. 6 in Gl. 1	$K_{S1} = \dfrac{c(H^+)^2}{c_0 - c(H^+)} = 4{,}3 \cdot 10^{-7}$
8. Auflösen von Gl. 7 nach $c(H^+)$ ergibt eine quadratische Gleichung	$c(H^+)^2 + K_{S1} \cdot c(H^+) - K_{S1} \cdot c_0 = 0$
Einsetzen und Auflösen analog Beispiel 1 ergibt	$c(H^+) = \mathbf{0{,}459 \cdot 10^{-4}\ mol/l}$ $pH = \mathbf{4{,}34}$ $c(HCO_3^-) = \mathbf{0{,}459 \cdot 10^{-4}\ mol/l}$ vergl. Gl. 3

Beispiel 4

Es sollen 500 ml Phospatpuffer mit einem pH-Wert von 6,8 hergestellt warden. Es stehen Phosphorsäure ($pK_S = 2{,}16$), Natriumdihydrogenphosphat ($pK_S = 7{,}21$) und Dinatriumhydrogenphosphat ($pK_S = 12{,}32$) zur Verfügung. Die Gesamtphosphatkonzentration soll 0,15 mol/l betragen.

Da eine wässrige Lösung von NaH_2PO_4 sauer reagiert (pH ≅ 4,5), kann die Pufferlösung aus NaH_2PO_4 und Na_2HPO_4 hergestellt werden.

Es gilt folgender Ansatz, Gl. 1	$pH = pK_S + \lg \frac{c(Na_2HPO_4)}{c(NaH_2PO_4)}$
mit $pH_{soll} = 6{,}8$ und $pK_S = 7{,}21$ gilt	$6{,}8 = 7{,}21 + \lg \frac{c(Na_2HPO_4)}{c(NaH_2PO_4)}$
umgeformt	$\lg \frac{c(Na_2HPO_4)}{c(NaH_2PO_4)} = 6{,}8 - 7{,}21 = -0{,}41$
nach Potenzieren ergibt sich für das Verhältnis der Konzentrationen die Gl. 2	$\frac{c(Na_2HPO_4)}{c(NaH_2PO_4)} = 0{,}38904 \longrightarrow$ $c(NaH_2PO_4) = c(Na_2HPO_4) \cdot \frac{1}{0{,}38904} = c(Na_2HPO_4) \cdot 2{,}5703$
Die Gesamtkonzentration an Phosphat beträgt, Gl. 3	$c_{ges} = c(NaH_2PO_4) + c(Na_2HPO_4) = 0{,}15$ mol/l
Auflösen von Gl. 3 nach $c(NaH_2PO_4)$ ergibt Gl. 4	$c(NaH_2PO_4) = 0{,}15$ mol/l $- c(Na_2HPO_4)$
Einsetzen in Gl. 2 ergibt	$\frac{c(Na_2HPO_4)}{0{,}15 \text{ mol/l} - c(Na_2HPO_4)} = 2{,}5703$
daraus $c(Na_2HPO_4)$ und nach Einsetzen in Gl. 4	$c(Na_2HPO_4) =$ **0,04201 mol/l** $c(NaH_2PO_4) =$ **0,10798 mol/l**
Berechnung der Einwaagen auf 500 ml	$V \cdot c(Na_2HPO_4) = n(Na_2HPO_4) \longrightarrow$ $n(Na_2HPO_4) \cdot M(Na_2HPO_4) = m(Na_2HPO_4)$ $m(Na_2HPO_4) = 0{,}5 \text{ l} \cdot 0{,}04201 \text{ mol/l} \cdot 141{,}959 \text{ g/mol} =$ **2,982 g**
analog für NaH_2PO_4	$m(NaH_2PO_4) = 0{,}5 \text{ l} \cdot 0{,}10798 \text{ mol/l} \cdot 119{,}977 \text{ g/mol} =$ **6,478 g**

Beispiel 5

Wie ändert sich der pH-Wert, wenn zu 200 ml der Pufferlösung aus Beispiel 4 jeweils 10 ml Salzsäure $c = 0{,}1$ mol/l bzw. Natronlauge $c = 0{,}5$ mol/l zugegeben werden?

Zur Vereinfachung empfiehlt es sich in Stoffmengen zu rechnen, damit ergeben sich sehr einfach die molaren Veränderungen von NaH_2PO_4 und Na_2HPO_4!

es gilt dann folgender Ansatz für die Zugabe von	
HCl, Gl. 1	$\mathrm{pH} = \mathrm{p}K_S + \lg \frac{c(\mathrm{Na_2HPO_4})}{c(\mathrm{NaH_2PO_4})} \longrightarrow \mathrm{pH} = \mathrm{p}K_S + \lg \frac{n(\mathrm{Na_2HPO_4}) - n(\mathrm{HCl})}{n(\mathrm{NaH_2PO_4}) + n(\mathrm{HCl})}$
NaOH, Gl. 2	$\mathrm{pH} = \mathrm{p}K_S + \lg \frac{c(\mathrm{Na_2HPO_4})}{c(\mathrm{NaH_2PO_4})} \longrightarrow \mathrm{pH} = \mathrm{p}K_S + \lg \frac{n(\mathrm{Na_2HPO_4}) - n(\mathrm{NaOH})}{n(\mathrm{NaH_2PO_4}) + n(\mathrm{NaOH})}$
für 200 ml Pufferlösung und jeweils 10 ml Säure bzw. Base ergeben sich folgende Stoffmengen	$n(\mathrm{Na_2HPO_4}) = 0{,}2\,\mathrm{l} \cdot 0{,}04201\,\mathrm{mol/l} = 8{,}4 \cdot 10^{-3}\,\mathrm{mol}$ $n(\mathrm{NaH_2PO_4}) = 0{,}2\,\mathrm{l} \cdot 0{,}10798\,\mathrm{mol/l} = 0{,}0216\,\mathrm{mol}$ $n(\mathrm{HCl}) = 0{,}01\,\mathrm{l} \cdot 0{,}1\,\mathrm{mol/l} = 1 \cdot 10^{-4}\,\mathrm{mol}$ $n(\mathrm{NaOH}) = 0{,}01\,\mathrm{l} \cdot 0{,}5\,\mathrm{mol/l} = 5 \cdot 10^{-5}\,\mathrm{mol}$
pH-Wert nach Säurezugabe	$\mathrm{pH} = \mathrm{p}K_S + \lg \frac{8{,}4 \cdot 10^{-3}\,\mathrm{mol} + 0{,}001\,\mathrm{mol}}{0{,}0216\,\mathrm{mol} - 0{,}001\,\mathrm{mol}} = \mathbf{6{,}72}$
pH-Wert nach Basenzugabe	$\mathrm{pH} = \mathrm{p}K_S + \lg \frac{8{,}4 \cdot 10^{-3}\,\mathrm{mol} - 0{,}005\,\mathrm{mol}}{0{,}0216\,\mathrm{mol} + 0{,}005\,\mathrm{mol}} = \mathbf{7{,}12}$

Säure- und Basenkonstanten [32]

Säurekonstanten anorganischer Säuren in wässriger Lösung.

Säure ($c \approx 0{,}1$–$0{,}01$ **mol/l**)	t **in °C**	**Protolyse-stufe**	K_S	pK_S
H_3AsO_3	25		$6 \cdot 10^{-10}$	9,22
H_3AsO_4	18	1	$5{,}62 \cdot 10^{-3}$	2,25
H_3AsO_4	18	2	$1{,}70 \cdot 10^{-7}$	6,77
H_3AsO_4	18	3	$3{,}95 \cdot 10^{-12}$	11,40
H_3BO_3	20	1	$7{,}3 \cdot 10^{-10}$	9,14
H_3BO_3	20	2	$1{,}8 \cdot 10^{-13}$	12,74
H_3BO_3	20	3	$1{,}6 \cdot 10^{-14}$	13,80
HBr	20			–6
HBrO	25		$2{,}06 \cdot 10^{-9}$	8,69
HCl	20			–6
HClO	18		$2{,}95 \cdot 10^{-8}$	7,53
HCN	25		$4{,}93 \cdot 10^{-10}$	9,31
H_2CO_3	25	1	$4{,}3 \cdot 10^{-7}$	6,37
H_2CO_3	25	2	$5{,}61 \cdot 10^{-11}$	10,25
H_2CrO_4	25	1	$1{,}8 \cdot 10^{-1}$	0,74
H_2CrO_4	25	2	$3{,}20 \cdot 10^{-7}$	6,49
HF	25		$3{,}53 \cdot 10^{-4}$	3,45
HI	20			–6
HIO	25		$2{,}3 \cdot 10^{-11}$	10,64
HIO_3	25		$1{,}69 \cdot 10^{-1}$	0,77
HIO_4	25		$2{,}3 \cdot 10^{-2}$	1,64
HNO_2	25		$4{,}6 \cdot 10^{-4}$	3,34

Säure ($c \approx$ **0,1–0,01 mol/l**)	t **in °C**	**Protolyse-stufe**	K_S	pK_S
HNO_3	20		$2 \cdot 10^{1}$	−1,3
H_2O_2	25		$2,4 \cdot 10^{-12}$	11,62
HOCN	20		$2,2 \cdot 10^{-4}$	3,66
H_3PO_3	18	1	$1,0 \cdot 10^{-2}$	2,0
H_3PO_3	18	2	$2,6 \cdot 10^{-7}$	6,58
H_3PO_4	25	1	$7,52 \cdot 10^{-3}$	2,12
H_3PO_4	25	2	$6,23 \cdot 10^{-8}$	7,21
H_3PO_4	18	3	$3,5 \cdot 10^{-13}$	12,46
H_2S	18	1	$9,1 \cdot 10^{-8}$	7,04
H_2S	18	2	$1,1 \cdot 10^{-12}$	11,96
H_2SO_3	18	1	$1,54 \cdot 10^{-2}$	1,81
H_2SO_3	18	2	$1,02 \cdot 10^{-7}$	6,99
H_2SO_4	20	1		−3
H_2SO_4	18	2	$1,2 \cdot 10^{-2}$	1,92
H_2SeO_3	18	1	$3,5 \cdot 10^{-3}$	2,46
H_2SeO_4	25	1	$3,5 \cdot 10^{-3}$	2,46
H_2SiO_3	20	1	$2,0 \cdot 10^{-10}$	9,70
H_2SiO_3	20	2	$1,0 \cdot 10^{-12}$	12,00
H_4SiO_4	30	1	$2,2 \cdot 10^{-10}$	9,6
H_4SiO_4	30	2	$2,2 \cdot 10^{-12}$	11,7
H_4SiO_4	30	3	$1,0 \cdot 10^{-12}$	12
H_4SiO_4	30	4	$1,0 \cdot 10^{-12}$	12

Basekonstanten anorganischer Basen in wässriger Lösung.

Base ($c \approx$ **0,1–0,01 mol/l**)	t **in °C**	**Protolyse-stufe**	K_B	pK_B
$Al(OH)_3$	25			8,3
$Al(OH)_2^+$	25			9,7
AgOH	25		$1,1 \cdot 10^{-4}$	3,96
$Be(OH)_2$	25	2	$5 \cdot 10^{-11}$	10,30
$Ca(OH)_2$	30	2	$4 \cdot 10^{-2}$	1,40
$NH_3 \cdot H_2O$	25		$1,79 \cdot 10^{-5}$	4,75
$ND_3 \cdot D_2O$	25		$1,1 \cdot 10^{-4}$	4,96
NH_2OH	20		$1,07 \cdot 10^{-8}$	7,97
N_2H_4	20		$1,7 \cdot 10^{-6}$	5,77
$Pb(OH)_2$	25		$9,6 \cdot 10^{-4}$	3,02
$Zn(OH)_2$	25		$9,6 \cdot 10^{-4}$	3,02

Dissoziationskonstanten organischer Säuren in wässriger Lösung.

Säure	t in °C	Protolysestufe	K_S	pK_S
Acrylsäure	25		$5{,}6 \cdot 10^{-5}$	4,25
Adipinsäure	25	1	$3{,}7 \cdot 10^{-5}$	4,43
	25	2	$3{,}9 \cdot 10^{-6}$	5,41
Ameisensäure	20		$1{,}8 \cdot 10^{-4}$	3,75
Ascorbinsäure	24	1	$7{,}9 \cdot 10^{-5}$	4,1
	16	2	$1{,}6 \cdot 10^{-12}$	11,8
Benzoesäure	25		$6{,}5 \cdot 10^{-5}$	4,2
n-Buttersäure	20		$1{,}54 \cdot 10^{-5}$	4,8
i-Buttersäure	18		$1{,}44 \cdot 10^{-5}$	4,84
Essigsäure	25		$1{,}76 \cdot 10^{-5}$	4,75
Fumarsäure (trans)	18	1	$9{,}3 \cdot 10^{-4}$	3,0
	18	2	$3{,}6 \cdot 10^{-5}$	4,4
Glutarsäure	25	1	$4{,}6 \cdot 10^{-5}$	4,3
	25	2	$3{,}9 \cdot 10^{-6}$	5,6
Heptansäure	25		$1{,}3 \cdot 10^{-5}$	4,9
Hexansäure	25		$1{,}3 \cdot 10^{-5}$	4,9
Maleinsäure	25	1	$1{,}4 \cdot 10^{-2}$	1,8
	25	2	$8{,}6 \cdot 10^{-7}$	6,1
Milchsäure	25		$1{,}38 \cdot 10^{-4}$	3,86
Naphthalinsulfonsäure	25		$2{,}7 \cdot 10^{-1}$	0,57
Nitrobenzoesäure	0		$1{,}05 \cdot 10^{-4}$	4
o-Nitrophenol	25		$6{,}8 \cdot 10^{-8}$	7,2
m-Nitrophenol	25		$5{,}3 \cdot 10^{-9}$	8,3
p-Nitrophenol	25		$7 \cdot 10^{-8}$	7,15
Nonansäure	25		$1{,}1 \cdot 10^{-5}$	5
Octansäure	25		$1{,}3 \cdot 10^{-5}$	4,9
Oxalsäure	25	1	$5{,}9 \cdot 10^{-2}$	1,2
	25	2	$6{,}4 \cdot 10^{-5}$	4,2
Phenol	20		$1{,}3 \cdot 10^{-10}$	9,8
o-Phthalsäure	25	1	$1{,}3 \cdot 10^{-3}$	2,9
		2	$3{,}9 \cdot 10^{-6}$	5,5
Propionsäure	25		$1{,}3 \cdot 10^{-5}$	4,9
Weinsäure	25	1	$1 \cdot 10^{-3}$	3
	25	2	$4{,}6 \cdot 10^{-5}$	4,3
Trichloressigsäure	25		$2 \cdot 10^{-1}$	0,7
n-Valeriansäure	18		$1{,}5 \cdot 10^{-5}$	4,8
i-Valeriansäure	25		$1{,}7 \cdot 10^{-5}$	4,7
Zitronensäure	20	1	$7{,}1 \cdot 10^{-4}$	3,1
	20	2	$1{,}7 \cdot 10^{-5}$	4,7
	20	3	$4{,}1 \cdot 10^{-7}$	6,4

Dissoziationskonstanten organischer Basen in wässriger Lösung.

Base	***t* in °C**	**Protolysestufe**	**K_B**	**pK_B**
α-Alanin	25		$4{,}5 \cdot 10^{-3}$	2,34
Anilin	25		$2{,}3 \cdot 10^{-5}$	4,6
Anilin, 4-nitro	25		$1 \cdot 10^{-1}$	1
n-Butylamin	20		$1{,}7 \cdot 10^{-11}$	10,7
t-Butylamin	18		$1{,}5 \cdot 10^{-11}$	10,8
Codein	25		$6{,}1 \cdot 10^{-9}$	8,2
Cyclohexylamin	25		$2{,}2 \cdot 10^{-11}$	10,6
Cystine	30	1	$1{,}25 \cdot 10^{-2}$	1,9
	30	2	$5{,}8 \cdot 10^{-9}$	8,2
Diethylamin	40		$3{,}2 \cdot 10^{-11}$	10,5
Diisobutylamin	20		$1{,}2 \cdot 10^{-11}$	10,9
Diisopropylamin	30		$1{,}1 \cdot 10^{-11}$	10,96
Dimethylamin	25		$1{,}8 \cdot 10^{-11}$	10,7
Ethylamin	20		$1{,}56 \cdot 10^{-11}$	10,8
Ethylendiamin	0	1	$1{,}9 \cdot 10^{-11}$	10,71
	0	2	$2{,}7 \cdot 10^{-8}$	7,6
Glycin	25	1	$4{,}5 \cdot 10^{-3}$	2,3
	25	2	$1{,}7 \cdot 10^{-10}$	9,7
n-Hexylamin	25		$2{,}75 \cdot 10^{-11}$	10,56
Imidazol	25		$1{,}1 \cdot 10^{-7}$	6,9
Methionin	25	1	$6 \cdot 10^{-3}$	2,2
	25	2	$5{,}4 \cdot 10^{-10}$	9,2
Methylamin	25		$2{,}7 \cdot 10^{-11}$	10,65
Morpholin	25		$4{,}7 \cdot 10^{-9}$	8,3
Nicotin	25	1	$9{,}55 \cdot 10^{-9}$	8
	25	2	$7{,}6 \cdot 10^{-4}$	3,1
n-Nonylamin	25		$2{,}3 \cdot 10^{-11}$	10,6
Octylamin	25		$2{,}2 \cdot 10^{-11}$	10,6
α-Picolin	20		$1{,}1 \cdot 10^{-6}$	5,9
β-Picolin	20		$2{,}1 \cdot 10^{-6}$	5,6
Piperazin	23,5	1	$1{,}5 \cdot 10^{-10}$	9,8
	23,5	2	$2{,}8 \cdot 10^{-6}$	5,5
Piperidin	25		$7{,}5 \cdot 10^{-12}$	11,1
Propylamin	20		$1{,}96 \cdot 10^{-11}$	10,7
Pyridin	25		$5{,}6 \cdot 10^{-6}$	5,25
Pyrrolidin	25		$5{,}4 \cdot 10^{-12}$	11,1
o-Tolnidin	25		$3{,}6 \cdot 10^{-5}$	4,4
m-Toluidin	25		$1{,}9 \cdot 10^{-5}$	4,7
p-Toluidin	25		$8{,}3 \cdot 10^{-6}$	5

7.12 pH-Standard-Pufferlösungen für Kalibrierzwecke [33]

Zusammensetzung der Standardlösungen (Lösemittel: Wasser).

Pufferlösung	Puffersubstanz	Masse der Einwaage für 1 l Lösung in g	Konzentration *c* in mol/l Molalität *b* in mol/kg
1 Tetraoxalat	$KH_3(C_2O_4)_2 \cdot 2H_2O$	12,61	0,0496 0,05
2 Tartrat	$KHC_4H_4O_6$	gesättigt bei 25 °C	0,034 0,0341
3 Citrat	$KH_2C_6H_5O_7$	11,41	– 0,05
4 Phthalat	$KHC_8H_4O_4$	10,12	0,04958 0,05
5 Phosphat	KH_2PO_4 Na_2HPO_4	3,388 } 3,533 }	0,0249 0,025
6 Phosphat	KH_2PO_4	1,179	0,008665 0,008695
	Na_2HPO_4	4,302	0,3032 0,3043
7 Borax	$Na_2B_4O_7 \cdot 10\ H_2O$	3,80	0,009971 0,01
8 Carbonat	$NaHCO_3$	2,092	– 0,025
	Na_2CO_3	2,640	– 0,025
9 Calciumhydroxid	$Ca(OH)_2$	gesättigt bei 25 °C	0,02025 0,0203

pH(S)-Werte der Standardlösungen 1–9, Temperaturabhängigkeit.

t in °C	1	2	3	4	5	6	7	8	9
0	1,666	–	3,863	4,003	6,984	7,534	9,464	10,317	13,423
5	1,668	–	3,840	3,999	6,951	7,500	9,395	10,245	13,207
10	1,670	–	3,820	3,998	6,923	7,472	9,332	10,179	13,003
15	1,672	–	3,802	3,999	6,900	7,448	9,276	10,118	12,810
20	1,675	–	3,788	4,002	6,881	7,429	9,225	10,062	12,627
25	1,679	3,557	3,776	4,008	6,865	7,413	9,180	10,012	12,454
30	1,683	3,552	3,766	4,015	6,853	7,400	9,139	9,966	12,289
35	1,688	3,549	3,759	4,024	6,844	7,389	9,102	9,925	12,133
38	1,691	3,548	3,755	4,030	6,840	7,384	9,081	9,903	12,043
40	1,694	3,547	3,753	4,035	6,838	7,380	9,068	9,889	11,984
45	1,700	3,547	3,750	4,047	6,834	7,373	9,038	9,856	11,841
50	1,707	3,549	3,749	4,060	6,833	7,367	9,011	9,828	11,705
55	1,715	3,554		4,075	6,834	–	8,985		11,574
60	1,723	3,560		4,091	6,836	–	8,962		11,449
70	1,743	3,580		4,126	6,845	–	8,921		–
80	1,766	3,609		4,164	6,859	–	8,885		–
90	1,792	3,650		4,205	6,877	–	8,850		–
95	1,806	3,674		4,227	6,886	–	8,833		–

7.13 Herstellung von Puffergemischen

Nr.	pH-Bereich	Puffersystem	Stammlösung A		Stammlösung B		Zusammensetzung der Pufferlösung (vgl. S. 261)	*t* in °C
			c in mol/l	Puffersubstanz	*c* in mol/l	Puffersubstanz		
1	1,0– 2,2	KCl/HCl	0,2	KCl	0,2	HCl	25 ml A + *x* ml B	25
2	1,1– 3,5	Glycin/HCl	0,1	Glycin (7,507 g Glycin + 5,84 g NaCl in 1 l)	0,1	HCl	*x* ml A + (100 – *x*) ml B	20
3	1,1– 4,9	Na-Citrat/HCl	0,1	Na-Citrat (21,015 g Citronensäuremonohydrat + 8 g[a] NaOH in 1 l)	0,1	HCl	*x* ml A + (100 – *x*) ml B	20
4	2,2– 4,0	KH-Phthalat/HCl	0,1	KH-Phthalat	0,1	HCl	50 ml A + *x* ml B	25
5	2,2– 8,0	McIlvaine-Puffer	0,1	Citronensäure	0,2	$Na_2HPO_4 \cdot 2\ H_2O$	*x* ml A + (100 – *x*) ml B	21
6	3,6– 5,6	Essigsäure/Na-Acetat	0,1	Essigsäure	0,2	Na-Acetat	*x* ml A + *y* ml B auf 100 ml	23
7	3,8– 6,0	Bernsteinsäure/NaOH	0,2	Bernsteinsäure	0,2	NaOH	25 ml A + *x* ml B auf 100 ml	23
8	4,1– 5,9	KH-Phthalat/NaOH	0,1	KH-Phthalat	0,1	NaOH	50 ml A + *x* ml B	25
9	5,0– 8,0	KH_2PO_4/Na_2HPO_4	0,066	$Na_2HPO_4 \cdot 2\ H_2O$	0,066	KH_2PO_4	*x* ml A + (100 – *x*) ml B	20
10	5,0– 6,6	Na-Citrat/NaOH	0,1	NaOH	0,1	Na-Citrat (21,015 g Citronensäuremonohydrat + 8 g[a] NaOH in 1 l)	*x* ml A + (100 – *x*) ml B	20
11	5,2– 8,6	TRIS/Maleinsäure/NaOH	0,2	Trismaleat (24,2 g Tris(hydroxymethyl)aminomethan + 23,2 g Maleinsäure in 1 l)	0,2	NaOH	25 ml A + *x* ml B auf 100 ml	23
12	5,8– 8,0	KH_2PO_4/NaOH	0,1	KH_2PO_4	0,1	NaOH	50 ml A + *x* ml B	25
13	7,2– 9,0	TRIS/HCl	0,2	Tris (24,2 g Tris(hydroxymethyl)aminomethan in 1 l)	0,2	HCl	25 ml A + *x* ml B auf 100 ml	23
14	7,7– 9,0	Na-Borat/HCl	0,1	Na-Borat (12,37 g Borsäure + 4 g[b]) NaOH in 1 l)	0,1	HCl	*x* ml A + (100 – *x*) ml B	20

15	7,8–10,0	H_3BO_3/KCl/NaOH	0,1	Borsäure in KCl-Lösung (6,2 g H_3BO_3 + 7,46 g KCl in 1 l)	0,1	NaOH	50 ml A + *x* ml B auf 100 ml	20
16	8,5–12,9	Glycin/NaOH	0,1	NaOH	0,1	Glycin (7,507 g Glycin + 5,85 g NaCl in 1 l)	*x* ml A + (100 – *x*) ml B	20
17	9,2–11,0	Na-Borat/NaOH	0,1	NaOH	0,1	Na-Borat (12,37 g Borsäure + 4 g[b] NaOH in 1 l)	*x* ml A + (100 – *x*) ml B	20
18	9,2–10,7	Na_2CO_3/$NaHCO_3$	0,2	Na_2CO_3 (wasserfrei)	0,2	$NaHCO_3$	*x* ml A + *y* ml B auf 100 ml	23
19	10,9–12,0	Na_2HPO_4/NaOH	0,05	Na_2HPO_4	0,1	NaOH	50 ml A + *x* ml B	25
20	12,0–13,0	KCl/NaOH	0,2	KCl	0,2	NaOH	25 ml A + *x* ml B	25
21	2,0–12,0	Universalpuffer nach „Theorell u. Stenhagen“		Die je 100 ml einer NaOH-Lösung, c = 1 mol/l, entsprechenden äquivalenten Mengen an Citronensäure- und Phosphorsäure-Lösungen werden mit 3,54 g Borsäure (kristallin) und 343 ml einer NaOH-Lösung, c = 1 mol/l, versetzt und auf 1 l aufgefüllt.	0,1	HCl	20 ml A + *x* ml B auf 100 ml	20
22	1,8–12,0	Universalpuffer nach Britton-Robinson mit konstanter Ionenstärke[c]	0,04 0,04 0,04	H_3PO_4 CH_3COOH H_3BO_3 (4,90 g, w = 80 % (m/m) H_3PO_4 + 2,40 g CH_3COOH + 2,744 g H_3BO_3 in 1 l)	0,2	NaOH	100 ml A + *x* ml B + *a* g $NaClO_4 \cdot H_2O$ für I = 0,15 + *b* g $NaClO_4 \cdot H_2O$ für Erhöhung von I um 0,05	18

a bzw. 200 ml einer NaOH-Lösung, c = 1 mol/l.
b bzw. 100 ml einer NaOH-Lösung, c = 1 mol/l.

c Ionenstärke $I = 0{,}5 \sum_{i=1}^{n} c_i \cdot z_1^2$ c_i Konzentration der Ionen i in mol/l; z_i = Ladung der Ionen i.

Beispiel:

Die Ionenstärke einer Lösung, die in 1 Liter 0,2 mol $BaCl_2$ und 0,3 mol NaCl enthält, beträgt

$$I = 0{,}5\,[(0{,}2 \cdot 2^2) + (0{,}4 \cdot 1^2) + (0{,}3 \cdot 1^2) + (0{,}3 \cdot 1^2)] = 0{,}9$$

pH	Nr. 22			pH	Nr. 22		
	x	*a*	*b*		*x*	*a*	*b*
1,8	0,00	1,896	0,702	7,0	52,50	1,392	1,071
2,0	5,45	1,920	0,741	7,2	54,58	1,321	1,086
2,2	9,79	1,946	0,771	7,4	56,33	1,271	1,098
2,4	13,00	1,946	0,794	7,6	57,86	1,210	1,109
2,6	15,32	1,956	0,810	7,8	59,05	1,196	1,117
2,8	16,94	1,962	0,821	8,0	60,25	1,166	1,125
3,0	18,27	1,961	0,831	8,2	61,50	1,152	1,134
3,2	19,86	1,956	0,842	8,4	62,80	1,138	1,143
3,4	20,56	1,953	0,847	8,6	64,32	1,120	1,154
3,6	21,58	1,948	0,854	8,8	66,06	1,100	1,166
3,8	22,66	1,943	0,861	9,0	68,13	1,074	1,181
4,0	24,22	1,936	0,872	9,2	70,57	1,051	1,198
4,2	26,00	1,904	0,885	9,4	72,80	1,038	1,214
4,4	28,10	1,912	0,900	9,6	74,80	1,011	1,228
4,6	30,45	1,896	0,916	9,8	76,55	1,001	1,240
4,8	32,71	1,878	0,932	10,0	77,98	0,990	1,250
5,0	34,79	1,860	0,947	10,2	79,04	0,975	1,257
5,2	36,45	1,845	0,958	10,4	80,10	0,956	1,265
5,4	37,95	1,827	0,969	10,6	81,10	0,911	1,272
5,6	39,23	1,804	0,978	10,8	82,10	0,864	1,279
5,8	40,54	1,779	0,987	11,0	83,44	0,811	1,288
6,0	41,89	1,753	0,996	11,2	85,00	0,754	1,299
6,2	43,48	1,706	1,008	11,4	87,50	0,658	1,317
6,4	45,34	1,640	1,021	11,6	90,42	0,544	1,337
6,6	47,62	1,570	1,037	11,8	94,58	0,396	1,366
6,8	50,00	1,475	1,053	12,0	100,00	0,253	1,405

pH	Nr.								
	1	2	3	4	5	6		7	21
	x	*x*	*x*	*x*	*x*	*x*	*y*	*x*	*x*
1,0	67,0								
1,1	52,8	5,7	4,8						
1,2	42,5	14,6	11,1						
1,3	33,6	22,6	15,9						
1,4	26,6	28,9	19,3						
1,5	20,7	33,8	22,2						
1,6	16,2	38,0	24,6						
1,7	13,0	41,7	26,5						
1,8	10,2	45,3	28,2						
1,9	8,1	48,9	29,5						
2,0	6,5	51,9	30,6						73,3
2,1	5,1	54,9	31,7						–
2,2	3,9	57,6	32,6	49,5	98,0				67,85
2,3		60,3	33,6	45,8	–				–
2,4		63,6	34,5	42,2	93,8				63,85
2,5		66,6	35,4	38,8	–				–
2,6		69,6	36,4	35,4	89,1				60,80
2,7		72,8	37,3	32,1	–				–
2,8		76,0	38,3	28,9	84,2				58,45
2,9		79,2	39,3	25,7	–				–
3,0		82,1	40,3	22,3	79,5				56,50
3,1		84,8	41,5	18,8	–				–
3,2		87,1	42,7	15,7	75,3				54,95
3,3		89,2	44,0	12,9	–				–
3,4		91,0	45,4	10,4	71,5				53,70
3,5		92,5	46,8	8,2	–				–
3,6			48,4	6,3	67,8	46,3	3,7		52,65
3,7			50,1	4,5	–	–	–		–
3,8			51,9	2,9	64,5	44,0	6,0	7,5	51,55

⋮

Puffergemisch Nr. 22 (pH-Bereich 1,8 ... 12,0) s. Seite 266

pH	Nr.											
⋮	3	4	5	6		7	8	9	10	11	12	21
⋮	*x*	*x*	*x*	*x*	*y*	*x*	*x*	*x*	*x*	*x*	*x*	*x*
3,9	53,8	1,4										
4,0	56,0	0,1	61,5	41,0	9,0	10,0						50,50
4,1	58,5		–	–	–	–	1,3					–
4,2	61,1		58,6	36,8	13,2	13,3	3,0					49,45
4,3	64,3		–	–	–	–	4,7					–
4,4	67,9		55,9	30,5	19,5	16,7	6,6					48,35
4,5	71,9		–	–	–	–	8,7					–
4,6	76,9		53,25	25,5	24,5	20,0	11,1					47,26
4,7	82,2		–	–	–	–	13,6					–
4,8	88,0		50,7	20,0	30,0	23,5	16,5					46,22
4,9	95,6		–	–	–	–	19,4					–
5,0			48,5	14,8	35,2	26,7	22,6	0,95	3,6			45,18
5,1			–	–	–	–	25,5	1,35	9,7			–
5,2			46,4	10,5	39,5	30,3	28,8	1,80	14,9	3,5		44,05
5,3		–	–	–	–	31,6	2,30	19,6	–		–	
5,4		44,3	8,8	41,2	34,2	34,1	3,00	32,7	5,4		42,94	
5,5		–	–	–	–	36,6	3,90	27,7	–		–	
5,6		42,0	4,8	45,2	37,5	38,8	4,90	31,0	7,8		41,80	
5,7		–			–	40,6	6,20	34,0	–		–	
5,8		39,6			40,7	42,3	7,90	36,4	10,3	3,6	40,61	
5,9		–			–	43,7	9,80	38,5	–	4,6	–	
6,0		36,9			43,5		12,1	40,4	13,0	5,6	39,42	
6,1		–					15,0	42,0	–	6,8	–	
6,2		33,9					18,4	43,4	15,8	8,1	38,09	
6,3		–					22,1	44,6	–	9,7	–	
6,4		30,8					26,4	45,4	18,5	11,6	36,74	
6,5		–					31,3	46,3	–	13,9	–	
6,6		27,3					37,2	47,0	21,3	16,4	35,36	
6,7		–					43,0		–	19,3	–	

⋮ Puffergemisch Nr. 22 (pH-Bereich 1,8 ... 12,0) s. Seite 266

pH	Nr										
⋮	9	11	12	13	14	15	16	17	18		21
⋮	*x*	*x*	*x*	*x*	*x*	*x*	*x*	*x*	*x*	*y*	*x*
6,8	49,2	22,5	22,4								33,92
6,9	55,2	–	25,9								–
7,0	61,2	24,0	29,1								32,65
7,1	67,0	–	32,1								–
7,2	72,6	25,5	34,7	22,1							31,45
7,3	77,7	–	37,0	–							–
7,4	81,8	27,0	39,1	20,7							30,35
7,5	85,2	–	41,1	–							–
7,6	88,5	29,0	42,8	19,2							29,43
7,7	91,2	–	44,2	–	–						–
7,8	93,6	31,8	45,3	16,3	53,4	2,61					28,68
7,9	95,5	–	46,1	–	54,65	–					–
8,0	96,9	34,5	46,7	13,4	55,85	3,97					28,02
8,1		–		–	57,15	–					–
8,2		37,5		11,0	58,65	5,90					27,45
8,3		–		–	60,7	–					–
8,4		40,5		8,3	62,95	8,50					26,90
8,5		–		–	65,25	–	–				–
8,6		43,3		6,1	68,0	12,00	5,80				26,10
8,7				–	71,2	–	7,10				–
8,8				4,1	75,5	16,30	8,60				24,90
8,9				–	80,5	–	10,4				–
9,0				2,5	–	21,30	12,4				23,75
9,1						–	14,6				–
9,2						26,70	17,0	–	2,0	23,0	22,38
9,3						–	19,7	8,90	–	–	–
9,4						32,00	22,3	15,4	4,8	20,3	21,12
9,5						–	25,3	21,0	–	–	–
9,6						36,85	28,0	26,8	8,0	17,0	19,94

⋮

Puffergemisch Nr. 22 (pH-Bereich 1,8 ... 12,0) s. Seite 266

pH	Nr.							
⋮	**15**	**16**	**17**	**18**		**19**	**20**	**21**
⋮	*x*	*x*	*x*	*x*	*y*	*x*	*x*	*x*
9,7	–	31,0	32,3					
9,8	40,80	33,8	36,3	11,0	14,0			18,81
9,9	–	36,2	39,0	–	–			–
10,0	43,90	38,3	41,0	13,8	11,3			17,92
10,1		40,2	42,7	–	–			–
10,2		41,9	44,0	16,5	8,5			16,97
10,3		43,5	45,2	–	–			–
10,4		44,8	46,3	19,3	5,8			16,36
10,5		45,8	47,2	–	–			–
10,6		46,7	48,0	21,3	3,8			15,95
10,7		47,4	48,6					–
10,8		48,0	49,1					15,40
10,9		48,5	49,5			3,3		–
11,0		48,9	49,9			4,1		14,52
11,1		49,5				5,1		–
11,2		49,8				6,3		13,20
11,3		50,2				7,6		–
11,4		50,6				9,1		11,23
11,5		51,0				11,1		–
11,6		51,4				13,5		8,40
11,7		51,9				16,2		–
11,8		52,6				19,4		4,70
11,9		53,4				23,0		–
12,0		54,4				26,9	6,0	0,40
12,1		55,8					8,0	
12,2		57,4					10,2	
12,3		59,4					12,8	
12,4		61,8					16,2	
12,5		65,4					20,4	
12,6		70,0					25,6	
12,7		75,0					32,2	
12,8		81,0					41,2	
12,9		90,0					53,0	
13,0							66,0	

⋮ Puffergemisch Nr. 22 (pH-Bereich 1,8 ... 12,0) s. Seite 266

8 Statistische Messwertbeurteilung, Kalibrierungsverfahren und Regressionsrechnung

8.1 Allgemeines

Die Bewertung von Analysenergebnissen hat durch die Einführung des TQM (Total Quality Management) eine noch nie dagewesene Bedeutung und Verbreitung gewonnen.

Jede Messung, sei es bei der Gewinnung von Analysenergebnissen oder bei der Bestimmung einer jeden beliebigen physikalischen Größe, ist mit *Unsicherheiten (engl. uncertainties)* behaftet. Man sagt, das Ergebnis weicht *vom wahren Wert* ab. Diese Abweichungen können *zufälliger* oder *systematischer* Natur (vgl. S. 273, 274) sein.

In der nachfolgenden Tabelle sind einige *Quellen für Unsicherheiten* („Fehlerquellen"), die in der Analytik auftreten können, aufgeführt. Dies soll helfen, den analytischen Sachverstand zu schärfen und die Unsicherheiten so weit wie möglich zu minimieren:

– Probenahme	Homogenität der Probe, Temperatur und Druckeffekte, Entnahmeort der „Stichprobe", Auswahl des Probenmaterials aus mehreren Entnahmen, wurde z. B. ein Fass aufgerührt vor der Probenahme, wurde unten oder oben entnommen, usw.
– Probenaufbereitung	Homogenisierung, Teilen der Probe, Trocknung, Extraktion, Kontamination, Derivatisierung, Verdünnung, Einwaage usw.
– Referenzmaterial („Standard")	Welches Referenzmaterial wird zum Kalibrieren verwendet? Wie genau sind die Angaben?
– Kalibrierung	Genauigkeit der Instrumente, Kalibrierunsicherheiten durch die verwendeten Standards usw.
– Durchführung der Messung	Durch den Operator erzeugte Effekte, systematische Fehler durch Temperaturdrift, Ablesefehler, Interferenzen durch Matrixeffekte, Reinheit der Reagenzien, falsche Auswahl der Geräteparameter, falsche Auswahl der Geräte, usw.
– Datenaufbereitung, Rechnung	Wahl der Auswertesysteme und Methoden, Kontrolle von Rundungs- und Übertragungsfehlern, usw.
– Interpretation der Ergebnisse	Bewertung der Daten in Bezug auf Limits und Grenzwerte, Übereinstimmung mit Gesetzesvorschriften, usw.

Viele wichtige Entscheidungen im Geschäftsleben oder bei der Einhaltung von Gesetzesvorschriften (z. B. zulässige Grenzwerte) beruhen auf den *Ergebnissen quantitativer chemischer Analysen.* So hat die Aussagekraft von Ergebnissen zum Beispiel bei der Bestimmung von Ausbeuten, bei der Einhaltung von Spezifikationen oder in der klinischen Diagnostik u. U. eine enorme Relevanz hinsichtlich Wirtschaftlichkeit und/oder Sicherheit.

Eine Aussage über die Zuverlässigkeit eines Ergebnisses ist nur über eine *Quantifizierung der Ergebnisabweichung* möglich. Hierzu dient die Angabe der Ergebnisunsicherheit (z. B. in Form der *Standardabweichung* vgl. Kap. 8.3.3), welche einen Wertebereich kennzeichnet, innerhalb dessen der wahre Wert liegt.

Die statistische Mathematik liefert wichtige Werkzeuge für eine objektive Beurteilung und Kontrolle von Analysenwerten hinsichtlich Präzision, Übereinstimmung mit Vergleichswerten oder die Festlegung von Verfahrenskenndaten bei der Entwicklung und Standardisierung von Analysenmethoden (vgl. Kap. 8.5). Die wichtigsten praxisrelevanten Verfahren sind in diesem Kapitel aufgezeigt.

Achtung!
Der analytische Sachverstand darf durch eine allzu unkritische Anwendung statistischer Methoden nicht in den Hintergrund gedrängt werden.
Dies gilt z. B. bei der Bewertung von Ausreißern.

Bei der Qualitätssicherung von Messwerten beispielsweise in der Analytik gilt es, zwischen dem gesetzlich geregelten Bereich und dem gesetzlich nicht geregelten Bereich zu unterscheiden.

So ist durch die *GLP* (*G*ood *L*aboratory *P*raxis), nach OECD-Grundsätzen), verankert unter anderem im Chemikaliengesetz der BRD, die Sicherung der Qualität von sicherheits- und gesundheitsrelevanten Daten für Verbraucher und Umwelt geregelt. Deutsche und internationale Normen beschreiben im Detail die Anwendung und die Vorgehensweise für die Praxis (z. B. DIN/EN 45001, DIN/ISO 9001).

Im nichtgesetzlichen Bereich, wie bei der Bewertung von Spezifikationen im Chemikalienhandel, entscheidet der Auftraggeber, welche Prüfzeugnisse und Zertifikate er vom Prüflabor fordert und ob das Prüflabor akkreditiert oder zertifiziert sein soll. Im Falle einer *Akkreditierung* wird dem Labor von einer unabhängigen Prüfstelle formell bestätigt, dass es für die Durchführung der Prüfung (z. B. der Analysen) kompetent ist (Kompetenzbestätigung).

Bei einer *Zertifizierung* erfolgt eine formelle Bestätigung, dass die erbrachte Leistung einer Norm (z. B. ISO 9001) oder Richtlinie entspricht (Konformitätsbescheinigung).

Die wichtigsten Elemente der analytischen Qualitätssicherung sind:

– Qualitätshandbuch	– Apparative Ausstattung und Wartung der Geräte	– Messberichte, Kontrollaufzeichnungen
– eindeutig geregelte Zuständigkeiten	– Arbeitsanweisungen	– Teilnahme an Ringversuchen
– Geschultes Laborpersonal	– Kalibrierung, Ermittlung von Verfahrenskenndaten – Validierung	– Dokumentation und Archivierung

8.2 Begriffe[a]

Arbeitsbereich

Der Arbeitsbereich stellt den Bereich zwischen dem niedrigsten und höchsten Gehalt dar, der mit dem Analysenverfahren bestimmt werden kann.

Bestimmungsgrenze

siehe Seite 302.

Bezugswerte: Wahrer Wert, Richtiger Wert, Erwartungswert

Um den Grad der Übereinstimmung zwischen „Soll-" und „Ist-Wert" bei einem Analysenverfahren objektiv zu messen und zu beurteilen, benötigt man Bezugswerte. Eine Ergebnisabweichung ist z. B. der Unterschied zwischen einem Messergebnis und einem zuvor definierten Bezugswert (dies kann der Wert des Standards bei der Kalibrierung sein!).

Wahrer Wert (true value)	Bezogen auf ein Analysenergebnis: tatsächlicher Gehaltswert bzw. tatsächlicher Merkmalswert. Dieser ließe sich nur dann feststellen, wenn sämtliche Ergebnisabweichungen vermieden werden könnten (perfekte Messung).
Richtiger Wert (conventional true value)	Näherungswert für den wahren Wert; gewonnen aus Referenzmaterialien oder Referenzverfahren; Differenz zum wahren Wert für Vergleichszwecke vernachlässigbar (früher als „Sollwert" bezeichnet).
Erwartungswert	Mittleres Messergebnis: aus ständig wiederholten und unter definierten Bedingungen durchgeführten Messungen

Erfassungsgrenze

Die Erfassungsgrenze ist der kleinste Gehalt einer Probe, bei dem mit einer vorgegebenen Wahrscheinlichkeit der Nachweis möglich ist.

Ermittlungsergebnis („Messergebnis")

Ein durch ein Messverfahren (Analysenverfahren) ermittelter Wert (sog. Merkmalswert), z. B. ml verbrauchte Maßlösung bei einer Titration!

Ergebnisabweichungen, zufällige („Zufallsfehler")

Zufällige Abweichungen bezeichnen das Streuen der Ergebnisabweichungen bei wiederholter Durchführung einer Analyse. Die Streuung ist regellos und unvorhersehbar, die Abweichungen sowohl positiv wie negativ. Die Ursache liegt zumeist in häufigen Schwankungen einer Vielzahl von Versuchsbedingungen. Diese können sich in ihrer Wirkung verstärken oder aufheben.

---

a In der Literatur (z. B. DIN) werden zum Teil sehr abstrakte, für den Anfänger schwerverständliche Begriffsdefinitionen verwendet. Im folgenden Kapitel werden diese zum besseren Verständnis z. T. vereinfacht wiedergegeben.

Ergebnisabweichungen, systematische („systematische Fehler“)

Sind bei einer Analyse die Ergebnisabweichungen vom wahren Wert konstant oder hängen sie in definierter Weise vom Gehalt der zu bestimmenden Substanz ab, spricht man von systematischen Abweichungen. Ursachen können darin liegen, dass ein Messgerät immer im gleichen Sinne falsch abgelesen oder eine Analysenvorschrift immer in gleicher Weise missachtet wird. Fehler bei der Probenvorbereitung können ebenfalls zu systematischen Abweichungen führen.

Man unterscheidet zwischen konstanten und veränderlichen systematischen Abweichungen. Konstante systematische Abweichungen sind unabhängig vom Gehalt der zu bestimmenden Substanz und können z. B. durch Matrixeffekte verursacht sein. Sie lassen sich nur durch Anwendung eines anderen Analysenverfahrens ausschalten. Veränderliche systematische Abweichungen sind gehaltsabhängig, sie können durch Wiederfindungsexperimente erkannt werden. Systematische Abweichungen sind einseitig gerichtet.

Ergebnisabweichung

Unterschied zwischen einem Ermittlungsergebnis (Messung) und einem Bezugswert, wobei dieser je nach Vereinbarung der wahre, der richtige oder der Erwartungswert sein kann. Die Ergebnisabweichung kann z. B. als *Standardabweichung* (siehe S. 278) ausgedrückt werden.

Von einem *Fehler* („*Error*“) spricht man auch, wenn es sich um die Unterschiede zwischen Messergebnis und dem *wahren Wert* handelt.

Fehler 1. und 2. Art

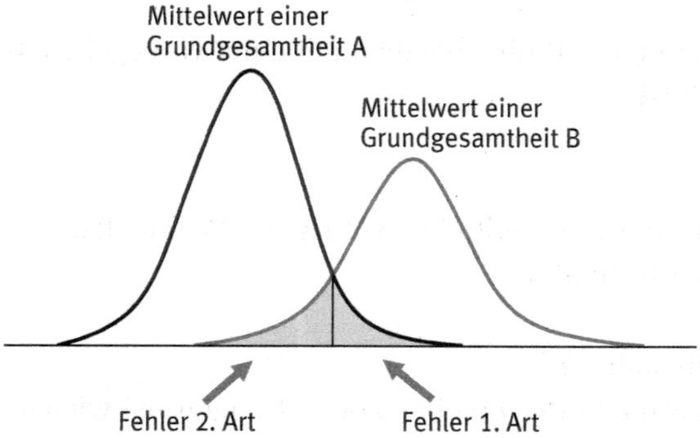

Beim Fehler 1. Art werden Werte (grauer Anteil) abgelehnt, die zur Verteilung A gehören.
Beim Fehler 2. Art werden Werte akzeptiert, die eigentlich zur Verteilung B gehören.

Freiheitsgrade

Anzahl der in einer statistischen Berechnung frei veränderlichen Variablen.

Genauigkeit

Mit dem Begriff Genauigkeit wird das Ausmaß der Annäherung des Ergebnisses einer Analyse an den wahren Wert beschrieben. Die Genauigkeit umfasst die gesamte Ergebnisabweichung, also systematische und zufällige Abweichungen des Ergebnisses vom wahren Wert. Je kleiner die Abweichungen sind, desto höher ist die Genauigkeit.

Kalibrierung, Kalibrierfunktion

Die Kalibrierung ist die Messung von Kalibrierlösungen, hergestellt aus Standardmaterialien, deren Gehalt als bekannt vorausgesetzt wird. Die erhaltenen Messwerte dienen der Ermittlung der Kalibrierfunktion. Sie stellt den funktionalen Zusamenhang zwischen der Messgröße, z. B. der Absoprtion, und dem Gehalt dar.

Leerprobe

Eine Probe, die in ihrer Zusammensetzung der Analysenprobe entspricht, jedoch nicht den zu bestimmenden Bestandteil enthält, bezeichnet man als Leerprobe. Sie wird dem gleichen Analysengang unterworfen wie eine normale Analysenprobe. Das Ergebnis der Gehaltsbestimmung einer Leerprobe ist der *Leerwert* (*„Blindwert“*).

Messprobe

Die Messprobe ist eine oder mehrere (Probenteilung) aus der Stichprobe nach entsprechender Aufarbeitung gewonnene Probe, die dem Analysengang zugeführt wird.

Nachweisgrenze

siehe Seite 302.

Präzision

Von Präzision spricht man in der qualitativen Beurteilung von Messwerten, wenn man die gegenseitige Annäherung von Messergebnissen betrachtet, die durch Wiederholung von Mess- bzw. Analysenvorgängen erhalten wurden.

Je nachdem, ob die Präzision unter Wiederholbedingungen oder unter Vergleichsbedingungen ermittelt wurde, spricht man von Wiederhol- bzw. Vergleichspräzision. Der Begriff Reproduzierbarkeit wird häufig im gleichen Sinne wie der allgemeine Begriff Präzision verwendet (vgl. aber DIN 55350 Teil 13). Mit der Präzision werden zufällige Fehler erfasst. Ein Maß dafür ist die Standardabweichung.

Referenzmaterialien („Standards“), zertifizierte Referenzmaterialien
Schlüssel zur Richtigkeits-/Genauigkeitsprüfung!

Material oder Substanz mit einer oder mehreren genügend gut gesicherten Eigenschaften (z. B. Gehalt an einem Element) zur Kalibrierung einer Messvorrichtung (z. B. Analysengerät), zur Beurteilung einer Messmethode oder zur Zuweisung von Werten zu Materialien.

Bei zertifizierten Referenzmaterialien sind die Eigenschaftswerte durch ein anerkanntes Verfahren gesichert, das mit einem Zertifikat oder sonstigem Dokument zurückverfolgt werden kann.

Richtigkeit

Mit dem Begriff Richtigkeit wird die Übereinstimmung zwischen Bezugswert (wahrer oder richtiger Wert s. o.) und dem Erwartungswert eines Messergebnisses beschrieben. Die Richtigkeit wird also durch die Größe der systematischen Ergebnisabweichungen bestimmt. Je kleiner diese sind, umso richtiger arbeitet das Analysenverfahren. Da der wahre Wert in der Regel nicht bekannt ist, ist eine exakte Quantifizierung der Richtigkeit nicht möglich. Durch Einsatz von zertifizierten Referenzmaterialien kann man aber die Richtigkeit von Analysenverfahren beurteilen.

Stichprobe

Die Stichprobe stellt die an Ort und Stelle gezogene Probe dar, in der der Gehalt eines Stoffes oder die Gehalte mehrerer Stoffe bestimmt werden sollen. Sie ist Teil einer Grundgesamtheit (Fluss, See, LKW-Ladung), aus der diese Probe gezogen wird.

Unabhängige Messung, unabhängige Wiederholmessung (Parallelbestimmung)

Zwei Messungen sind unabhängig, wenn das Ergebnis der einen das Ergebnis der anderen nicht beeinflusst.

Unter einer unabhängigen Wiederholmessung versteht man die Wiederholung einer Analyse (Messung) inklusive aller denkbaren Vorbereitungsschritte.

Achtung!
Nur das erneute Messen ein und derselben Probe ist keine unabhängige Wiederholungsmessung!

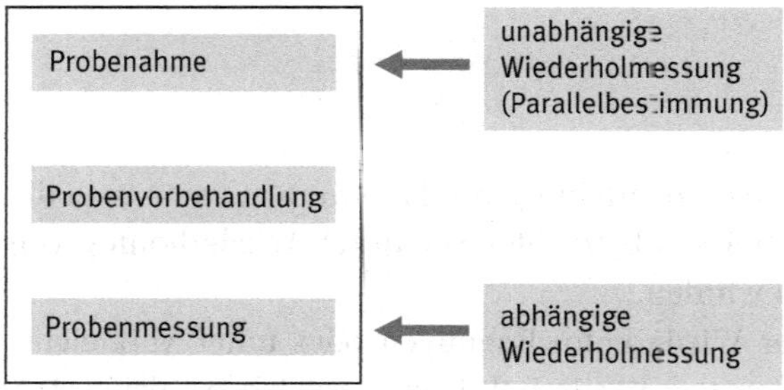

Zweiseitiger und einseitiger Test

Vgl. *t*-Tabelle Seite 289.

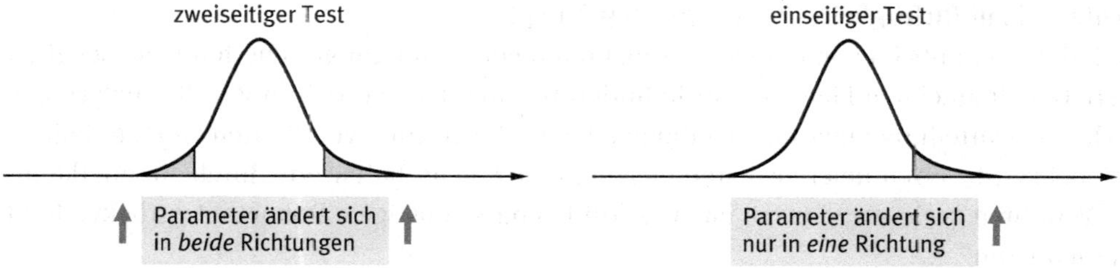

8.3 Messwertbeurteilung mit Hilfe statistischer Kenngrößen

8.3.1 Einleitung

Ein Messvorgang oder eine Analyse liefert in der Regel quantitative Informationen in Form des Messergebnisses. Diese Ergebnisse liegen als Einzeldaten vor. Um die Präzision der Daten zu ermitteln, ist es notwendig, die Messungen bzw. den Analysenvorgang mehrfach durchzuführen. Aus den Ergebnissen dieser Wiederholserien (Mehrfachbestimmungen) lassen sich mit Hilfe statistischer Methoden Kenngrößen ermitteln, die ein Maß für die Präzision darstellen.

Durch den Vergleich der Kenngrößen mit den Ergebnissen der Analyse von Referenzmaterialien lassen sich auch quantitative Aussagen über die Richtigkeit machen.

8.3.2 Verteilungsfunktionen

Wertvolle Hinweise über Ergebnisse bei Mehrfachbestimmungen erhält man durch Auftragen der Häufigkeit der Messwerte gegen die Messwerte selbst. Man nennt diese Darstellung Häufigkeitsverteilung.

Die Verteilung von Ergebnissen aus Mehrfachbestimmungen lassen sich i. d. Regel durch das Modell der *Gauß'schen Normalverteilung* beschreiben. Die Gauß-Verteilung ist eine symmetrische Verteilungsfunktion mit dem Mittelwert als häufigstem und den Randwerten als seltensten Werten. Die Normalverteilung gilt streng nur für große Strichprobenumfänge, d. h. für eine unendlich große Zahl von Einzelwerten. Diesen Fall hat man aber in der Praxis normalerweise nicht.

Grundlage für die statistische Behandlung von Wiederholserien mit *kleinerem* Stichprobenumfang ist die von der Gauß-Verteilung abgeleitete *Student-Verteilung*. Diese Verteilung berücksichtigt beliebige Stichprobenumfänge ab $n \geq 2$. Sie hat je nach Größe von n eine eigene Verteilungsfunktion (vgl. t-Tabelle Seite 289 und nachfolgende Abbildung).

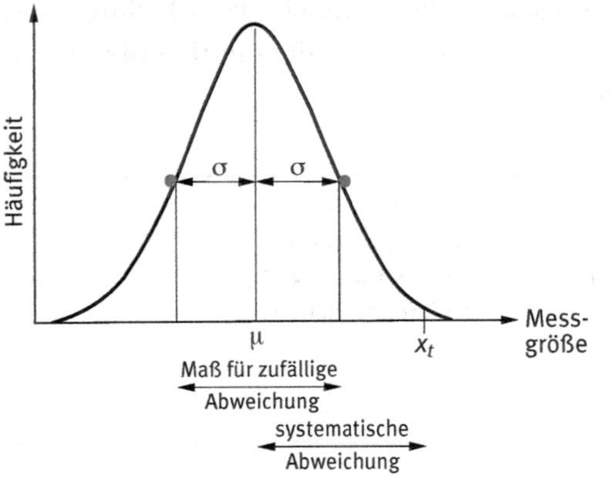

Gauß'sche Normalverteilung
von sehr vielen Messwerten
zufällige und systematische Abweichungen
μ: Mittelwert, σ: Standardabweichung, x_t: wahrer Wert

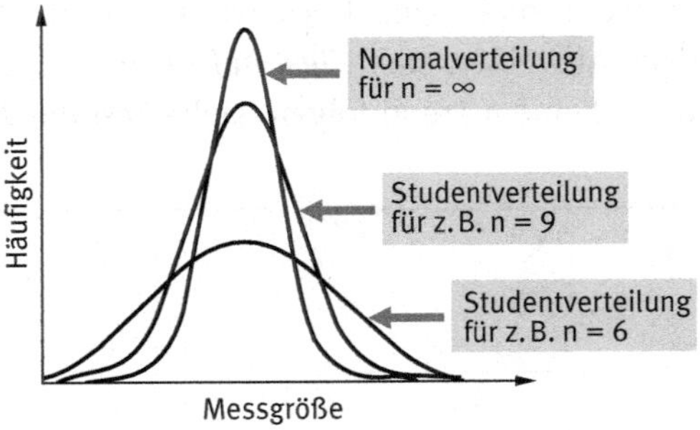

Gauß'sche Normalverteilung
und Student-Verteilung

Für große Stichprobenumfänge ($n \longrightarrow \infty$) geht sie in die Normalverteilung über. Die Student-Verteilung berücksichtigt für kleine n, dass die Häufigkeit der Messwerte, die nahe dem Mittelwert μ liegen, geringer ist als durch die Normalverteilung beschrieben. Dagegen ist die Häufigkeit von Messwerten, die entfernter von μ liegen, erhöht, d. h. die Verteilung ist flacher und breiter.

Für praktische Überlegungen kann man bei der Gauß-Verteilung davon ausgehen, dass
68 % aller Werte in einem Bereich $\pm 1\,\sigma$ um den Mittelwert liegen
95 % aller Werte in einem Bereich $\pm 2\,\sigma$ um den Mittelwert liegen
99,7 % aller Werte in einem Bereich $\pm 3\,\sigma$ um den Mittelwert liegen (3 σ-Regel!)

8.3.3 Arithmetischer Mittelwert und Standardabweichung

Wenn n Messungen derselben Größe die Einzelwerte $x_1, x_2, x_3 \ldots x_N$ geliefert haben, dann ist – unter der Annahme einer Normalverteilung der Einzelwerte – der wahrscheinlichste Wert der ermittelten Größe der arithmetische Mittelwert $\bar{x}$. Wichtig ist der klare Bezug von n (Anzahl Proben, Anzahl Injektionen etc.)

$\bar{x} = \frac{x_1 + x_2 + x_3 + \ldots x_n}{n} = \frac{1}{n}\sum_{i=1}^{n}$	$\bar{x}$:	Mittelwert
	$x_{1,2\,\ldots\,n}$:	einzelne Messwerte
	n:	Anzahl der Messwerte

Die *Standardabweichung* s_x (Wiederholstandardabweichung) ist ein Maß für die mittlere Abweichung der Einzelwerte x_i vom Mittelwert $\bar{x}$, $(x_i - \bar{x})$. In der Regel wird in der Praxis nur der Stichprobenmittelwert sowie dessen Standardabweichung bestimmt (die Standardabweichung σ der Grundgesamtheit würde theoretisch für $N \longrightarrow \infty$ erhalten). Die Kenngröße s_x ist nur dann ein zuverlässiger Schätzwert für die Streuungen der Einzelwerte, wenn diejenigen Einzelwerte, die durch systematische Abweichungen bedingt sind (sog. Ausreißer, siehe *Test auf Ausreißer*), entfernt werden. Außerdem dürfen die Einzelwerte keinem Trend folgen (siehe *Test auf Trend*).

$s_x^2 = \frac{1}{n-1}\sum_{i=1}^{n}(x_i - \bar{x})^2$	$\bar{x}$:	Mittelwert
	$x_{1,2\,\ldots\,n}$:	einzelne Messwerte
$s_x = \sqrt{\frac{1}{n-1}\sum_{i=1}^{n}(x_i - \bar{x})^2}$	n:	Anzahl der Messwerte
	x_x:	Standardabweichung

Sind diese Voraussetzungen erfüllt, lassen sich über die Standardabweichungen Bereiche definieren, innerhalb derer ein Einzelwert mit einer bestimmten Wahrscheinlichkeit anzutreffen ist.

Hiermit ist eine Gütebeurteilung des Mess- bzw. des Analysenverfahrens möglich. Es lassen sich *Streubereiche* um den Mittelwert angeben, die als Vielfaches (t-Faktor) der Standardabweichung definiert sind. Je größer der Streubereich ist, den man betrachtet, umso höher ist die Wahrscheinlichkeit, einen Einzelwert innerhalb des Streubereiches anzutreffen. Da wir es in der Regel nicht mit unendlich vielen Messwerten zu tun haben, gilt in guter Näherung für den Streubereich (vgl. Beispiel S. 280):

$\bar{x} \pm t \cdot s$	$\bar{x}$:	Mittelwert
	t:	Faktor aus t-Tabelle (Seite 289 für zweiseitige Fragestellung und vorgegebener statistischer Sicherheit P und Anzahl der Freiheitsgrade $f = n - 1$)
	s_x:	Standardabweichung

8.3.4 Variationskoeffizient

Als Maß für die relative zufällige Abweichung der Einzelwerte vom Mittelwert wird häufig auch der Variationskoeffizient VK bzw. die relative Standardabweichung angegeben. Er stellt ein relatives Streumaß in Prozent des Mittelwertes dar. In der Analytik wird in der Regel die relative prozentuale Standardabweichung RSD in % angegeben (*R*elative *S*tandard *D*eviation).

$$VK = \frac{s_x}{\bar{x}} \qquad VK = \frac{s_x}{\bar{x}} \cdot 100\,\%$$

8.3.5 Statistische Sicherheit und Vertrauensbereich des Mittelwertes

Anstelle des Begriffs Wahrscheinlichkeit wird in der Statistik meist der Begriff *statistische Sicherheit P* verwendet. P ist ein Maß für die Wahrscheinlichkeit, mit der eine bestimmte Aussage zutreffend ist.

Bei der Gütebeurteilung eines Analysenverfahrens ist man an der Streubreite der Einzelwerte interessiert (s. oben). Häufig möchte man aber auch eine Aussage treffen über die Zuverlässigkeit des durch Mehrfachbestimmung oder Mehrfachmessung erhaltenen Mittelwertes einer Stichprobe. Hierzu definiert man einen sogenannten Vertrauensbereich:

Der *Vertrauensbereich VB* ist das Intervall um den Mittelwert zwischen dessen unterer und oberer Vertrauensgrenze VG_u bzw. VG_o und gibt den Bereich $\bar{x} \pm \Delta VG$ an, innerhalb dessen sich der *wahre Wert* μ mit einer gegebenen *statistischen Sicherheit* befindet.

Die Berechnung des Vertrauensbereiches erfolgt nach folgender Formel. Dabei geht die statistische Sicherheit in Form eines Multiplikators t ein. Bei einer realen Stichprobe mit einer endlichen Zahl von Messwerten wird ein von P und n abhängiger Faktor aus der t-Tabelle (siehe Seite 289), dem die Student-Verteilung zugrunde liegt, eingesetzt:

$VB = \bar{x} \pm \frac{t(P,f) \cdot s_x}{\sqrt{n}}$	*VB*:	Vertrauensbereich des Mittelwertes
	t:	*t*-Faktor aus der Student-Verteilung (siehe *t*-Tabelle Seite 289)
	P:	gewählte statistische Sicherheit z. B. 95 %, 99 % oder 99,9 %
	f:	Freiheitsgrad $n - 1$ (siehe *t*-Tabelle)

8.3.6 Angabe von Ergebnissen, Beispiel

Bei der Angabe von Analysen- oder sonstigen Messergebnissen unter Angabe der Ergebnisabweichungen ist zu unterscheiden, ob man lediglich eine Angabe über den Streubereich von Einzelwerten machen will oder ob die Zuverlässigkeit des Mittelwertes durch Angabe seines Vertrauensbereiches charakterisiert werden soll. Unter Umständen muss bei komplexeren Analysen oder Messungen berücksichtigt werden, dass sich die Gesamtergebnisabweichung aus der Addition von Einzelabweichungen zusammensetzen kann („Fehleraddition").

Beispiel:

Die Dichte einer Flüssigkeit wurde zehnmal gemessen. Es sei angenommen, dass die Messwerte normalverteilt und ausreißerfrei sind und dass kein Trend vorliegt. (Zur Prüfung auf Normalverteilung, Ausreißer und Trend siehe Kap. 8.4.1 und 8.4.2.)

Tabelle der ermittelten Messwerte zur Berechnung von Standardabweichung und Mittelwert:

Nr.	x_i	$x_i - \bar{x}$	$(x_i - \bar{x})^2$
1	1,1535	−0,0005	$25 \cdot 10^{-8}$
2	1,1539	−0,0001	$1 \cdot 10^{-8}$
3	1,1537	−0,0003	$9 \cdot 10^{-8}$
4	1,1542	+0,0002	$4 \cdot 10^{-8}$
5	1,1544	+0,0004	$16 \cdot 10^{-8}$
6	1,1546	+0,0006	$36 \cdot 10^{-8}$
7	1,1551	+0,0011	$121 \cdot 10^{-8}$
8	1,1536	−0,0004	$16 \cdot 10^{-8}$
9	1,1530	−0,0010	$100 \cdot 10^{-8}$
10	1,1540	0	$0 \cdot 10^{-8}$
Summe	11,5400		$328 \cdot 10^{-8}$

Anzahl der Messwerte:	10
Mittelwert:	$\bar{x} = \frac{11{,}540}{10} = 1{,}1540$
Standardabweichung:	$s = \sqrt{\frac{328 \cdot 10^{-8}}{10 - 1}} = 0{,}00060$
Dichte der Flüssigkeit:	$\rho = \bar{x} \pm t \cdot s$ mit n, P und t $\rho = 1{,}1540$ g/ml $\pm$ 0,0011 g/ml ($n = 10$, $f = 10 - 1 = 9$, $P = 90\,\%$, $t = 1{,}83$)

Diese Angabe bedeutet, dass mit einer Wahrscheinlichkeit von 90 % die Einzelwerte im Bereich zwischen 1,1529 und 1,1551 g/ml liegen.

Soll das Ergebnis unter Angabe des Vertrauensbereiches *VB* z. B. für eine statistische Sicherheit *P* von 99,9 % angegeben werden, dann gilt:

Dichte der Flüssigkeit:	$\rho = \bar{x} \pm t \cdot \frac{s}{\sqrt{n}}$ mit n, P und t
Angabe Vertrauensbereich:	$\rho = 1{,}1540$ g/ml $\pm$ 0,00091 g/ml ($n = 10$, $f = 9$, $P = 99{,}9\,\%$, $t = 4{,}78$)

Diese Angabe bedeutet, dass mit einer statistischen Sicherheit von 99,9 % die „wahre" Dichte der Flüssigkeit zwischen 1,15311 und 1,1549 g/ml liegt.

8.4 Statistische Prüfverfahren zur Beurteilung von Messwerten

8.4.1 Ausreißertest nach Grubbs

Mit dem Ausreißertest [36] kann man prüfen, ob die Abweichung eines Einzelwertes vom Mittelwert innerhalb einer Messreihe nur zufälliger Natur ist oder ob die Abweichung auf einen systematischen Einfluss zurückzuführen ist. Liegt eine systematische Abweichung vor, so muss der Ausreißer entfernt werden, da er nicht zu der Grundgesamtheit der Daten gehört.

Mittelwert und Standardabweichung sind aus den restlichen Daten neu zu berechnen.

Als Ausreißer kommt derjenige Wert der Messreihe in Betracht, der am weitesten vom Mittelwert entfernt ist, also der größte bzw. kleinste Wert der Messreihe (x_{max} bzw. x_{min}). Zunächst wird eine Prüfgröße *PG* berechnet:

$PG = \frac{\lvert x^* - \bar{x}\rvert}{s}$	x^*: ausreißerverdächtiger Wert (x_{max} bzw. x_{min}) $\bar{x}$: Mittelwert, berechnet aus allen Werten der Messreihe s: Standardabweichung, berechnet aus allen Werten der Messreihe

Anschließend vergleicht man die Prüfgröße mit den in der nachstehenden Tabelle in Abhängigkeit von n für verschiedene Signifikanzniveaus α angegebenen Werten $r(\alpha)$; n ist die Anzahl der Einzelwerte einschließlich des ausreißerverdächtigen Wertes. Ist $PG > r(\alpha)$, dann ist der untersuchte kleinste oder größte Wert auf dem Niveau α als Ausreißer anzusehen und ist aus dem Datenkollektiv zu entfernen.

Im Einzelnen gelten folgende Kriterien zur Beurteilung eines Messwertes als Ausreißer:

$PG < r(10\,\%)$:	Der Messwert x^* ist kein Ausreißer. Die Kenndaten $\bar{x}$ und s der Messreihe können aus allen n Einzelwerten berechnet werden.
$r(10\,\%) \leq PG < r(5\,\%)$:	Der Messwert x^* ist wahrscheinlich ein Ausreißer. Werden für diese Vermutung eindeutige untersuchungstechnische oder andere Gründe gefunden, so ist der betreffende Wert zu eliminieren. Andernfalls sind die Kenndaten $\bar{x}$ und s aus allen n Einzelwerten zu berechnen. Der ausreißerverdächtige Wert x^* ist jedoch zu kennzeichnen.
$r(5\,\%) \leq PG < r(1\,\%)$:	Der Messwert x^* ist signifikant ein Ausreißer und zu entfernen.
$PG \geq r(1\,\%)$:	Der Messwert x^* ist hochsignifikant ein Ausreißer und ist zu entfernen.

Die Rundung der Einzelwerte ist so vorzunehmen, dass die Unterschiede der Werte sichtbar werden. Sonst ergibt der Ausreißertest keine sinnvollen Aussagen.

Vergleichswerte $r(\alpha)$ zum Ausreißertest nach Grubbs.

n	$r(\alpha)$			n	$r(\alpha)$		
	α: 10 %	5 %	1 %		α: 10 %	5 %	1 %
3	1,148	1,153	1,155	21	2,408	2,580	2,112
4	1,425	1,463	1,492	22	2,429	2,603	2,939
5	1,602	1,672	1,749	23	2,448	2,624	2,963
6	1,729	1,822	1,944	24	2,467	2,644	2,987
7	1,828	1,938	2,097	25	2,486	2,663	3,009
8	1,909	2,032	2,221	26	2,502	2,681	3,029
9	1,977	2,110	2,323	27	2,519	2,698	3,049
10	2,036	2,176	2,410	28	2,534	2,714	3,068
11	2,088	2,234	2,485	29	2,549	2,730	3,085
12	2,134	2,285	2,550	30	2,563	2,745	3,103
13	2,175	2,331	2,607	31	2,577	2,759	3,119
14	2,213	2,371	2,659	32	2,591	2,773	3,135
15	2,247	2,409	2,705	33	2,604	2,786	3,150
16	2,279	2,443	2,747	34	2,616	2,799	3,164
17	2,300	2,475	2,785	35	2,628	2,811	3,178
18	2,335	2,504	2,821	36	2,630	2,823	3,101
19	2,361	2,532	2,854	37	2,650	2,835	3,204
20	2,385	2,557	2,884	38	2,661	2,846	3,216

n	*r*(*α*)			*n*	*r*(*α*)		
	α: 10 %	5 %	1 %		*α*: 10 %	5 %	1 %
39	2,671	2,857	3,228	48	2,753	2,940	3,310
40	2,682	2,866	3,240	49	2,760	2,948	3,329
41	2,692	2,877	3,251	50	2,768	2,956	3,336
42	2,700	2,887	3,261	60	2,837	3,025	3,411
43	2,710	2,896	3,271	70	2,893	3,082	3,471
44	2,719	2,905	3,282	80	2,940	3,130	3,521
45	2,727	2,914	3,292	90	2,981	3,171	3,563
46	2,736	2,923	3,302	100	3,017	3,207	3,600
47	2,744	2,931	3,310	140	3,129	3,318	3,712

Beispiel:

Unterwirft man die Datenreihe des Beispiels zur Dichtebestimmung (siehe S. 280) dem Ausreißertest, so könnten die Werte Nr. 7 bzw. Nr. 9 (x_{max} bzw. x_{min}) Ausreißer sein.

Als Prüfgröße *PG* erhält man für x_{max}

$$PG = \frac{|1{,}1551 - 1{,}1540|}{0{,}00060} = 1{,}833$$

und für x_{min}

$$PG = \frac{|1{,}1530 - 1{,}1540|}{0{,}00060} = 1{,}667$$

Für $n = 10$ gelten folgende Tabellenwerte:
$r(10\,\%) = 2{,}036$
$r\ (5\,\%) = 2{,}176$
$r\ (1\,\%) = 2{,}410$

Da beide Prüfgrößen kleiner als alle drei Tabellenwerte sind, liegen keine Ausreißer vor.

Würde der größte Wert der Messreihe jedoch nicht 1,1550 sondern 1,1560 betragen, dann ergäbe sich für die Prüfgröße der Wert $PG = 2{,}35$ ($\bar{x} = 1{,}1541$; $s = 0{,}00082$).

Damit läge die Prüfgröße zwischen den Tabellenwerten für $\alpha = 5\,\%$ und $\alpha = 1\,\%$ und der Wert 1,1560 wäre nach den obigen Kriterien ein Ausreißer.

8.4.2 Trendtest nach Neumann

Ein Trend kann dann vorliegen, wenn innerhalb einer Messreihe von Wiederholdaten aufeinander folgende Messwerte kontinuierlich ansteigen oder fallen. Die Ursache dafür kann z. B. eine Drift von Messparametern des verwendeten Messgerätes sein.

Zur Untersuchung, ob die Messwerte einem Trend folgen, bildet man als Prüfgröße *PG* den Quotienten aus dem mittleren Quadrat der $n-1$ Differenzen aufeinanderfolgender Werte Δ^2 (sukzessive Differenzstreuung, siehe auch [34]) und der Varianz s^2 der Messwerte:

$$\Delta^2 = [(x_1 - x_2)^2 + (x_2 - x_3)^2 + (x_3 - x_4)^2 + \dots + (x_{n-1} - x_n)^2] / (n-1)$$
$$s^2 = [(x_1 - \bar{x})^2 + (x_2 - \bar{x})^2 + (x_3 - \bar{x})^2 + \dots + (x_n - \bar{x})^2] / (n-1)$$
$$PG = \Delta^2 / s^2$$

Anschließend vergleicht man die Prüfgröße mit den in der folgenden Tabelle in Abhängigkeit von der Anzahl der Einzelwerte *n* für verschiedene Signifikanzniveaus angegebenen Werten $W(\alpha)$.

Ist $PG < W(\alpha)$, dann liegt auf dem Signifikanzniveau α ein Trend der Messdaten vor.

Folgendes Schema lässt sich zur Beurteilung eines Trends innerhalb einer Messreihe heranziehen:

$PG > W(5\,\%)$:	Ein Trend ist statistisch nicht feststellbar.
$W(5\,\%) \geq PG > W(1\,\%)$:	Ein Trend ist wahrscheinlich. Mittelwert und Standardabweichung sind nur mit Vorbehalt anzugeben. Es empfiehlt sich, weitere Messungen durchzuführen, um eine eindeutige Aussage zu erhalten.
$PG \leq W(1\,\%)$: $PG \leq W(0{,}1\,\%)$:	Es liegt statistisch signifikant bzw. hochsignifikant ein Trend vor.

Vergleichswerte $W(\alpha)$ zum Trendtest nach Neumann.

n	$W(\alpha)$			*n*	$W(\alpha)$		
	α: 0,1 %	1 %	5 %		α: 0,1 %	1 %	5 %
4	0,5898	0,6256	0,7805	18	0,7368	0,9979	1,2660
5	0,4161	0,5379	0,8204	19	0,7617	1,0199	1,2834
6	0,3634	0,5615	0,8902	20	0,7852	1,0406	1,2996
7	0,3695	0,6140	0,9359	21	0,8073	1,0601	1,3148
8	0,4036	0,6628	0,9825	22	0,8283	1,0785	1,3290
9	0,4420	0,7088	1,0244	23	0,8481	1,0958	1,3425
10	0,4816	0,7518	1,0623	24	0,8668	1,1122	1,3552
11	0,5197	0,7915	1,0965	25	0,8846	1,1278	1,3671
12	0,5557	0,8280	1,1276	26	0,9017	1,1426	1,3785
13	0,5898	0,8618	1,1558	27	0,9182	1,1567	1,3892
14	0,6223	0,8931	1,1816	28	0,9341	1,1702	1,3994
15	0,6532	0,9221	1,2053	29	0,9496	1,1830	1,4091
16	0,6826	0,9491	1,2272	30	0,9645	1,1951	1,4183
17	0,7104	0,9743	1,2473	31	0,9789	1,2067	1,4270

n	$W(\alpha)$			n	$W(\alpha)$		
	α: 0,1%	1%	5%		α: 0,1%	1%	5%
32	0,9925	1,2177	1,4354	47	1,1484	1,3453	1,5305
33	1,0055	1,2283	1,4434	48	1,1561	1,3515	1,5351
34	1,0186	1,2386	1,4511	49	1,1635	1,3573	1,5395
35	1,0300	1,2485	1,4585	50	1,1705	1,3629	1,5437
36	1,0416	1,2581	1,4656	51	1,1774	1,3683	1,5477
37	1,0529	1,2673	1,4726	52	1,1843	1,3738	1,5518
38	1,0639	1,2763	1,4793	53	1,1910	1,3792	1,5557
39	1,0746	1,2850	1,4858	54	1,1976	1,3846	1,5596
40	1,0850	1,2934	1,4921	55	1,2041	1,3899	1,5634
41	1,0950	1,3017	1,4982	56	1,2104	1,3949	1,5670
42	1,1048	1,3096	1,5041	57	1,2166	1,3999	1,5707
43	1,1142	1,3172	1,5098	58	1,2227	1,4048	1,5743
44	1,1233	1,3246	1,5154	59	1,2288	1,4096	1,5779
45	1,1320	1,3317	1,5206	60	1,2349	1,4144	1,5814
46	1,1404	1,3387	1,5257	∞	2,0000	2,0000	2,0000

Beispiel:

Bei einer Mehrfachbestimmung von Eisen in einer Wasserprobe wurden in der Reihenfolge der Messung folgende Massenkonzentrationen β(Fe) gefunden (in mg/l):

Nr.	**1**	**2**	**3**	**4**	**5**	**6**
β(Fe)	20,1	23,5	19,2	19,8	22,4	18,9

In der folgenden Tabelle sind die Rechengrößen zur Berechnung der Prüfgröße *PG* zusammengestellt:

Nr.	x_i	$x_i - \bar{x}$	$(x_i - \bar{x})^2$	$\Delta = x_i - x_{i+1}$	$\Delta^2 = (x_i - x_{i+1})^2$
1	20,1	−0,5500	0,3025	−3,4	11,56
2	23,5	+2,8500	8,1225	+4,3	18,49
3	19,2	−1,4500	2,1025	−0,6	0,36
4	19,8	−0,8500	0,7225	−2,6	6,76
5	22,4	+1,7500	3,0625	+3,5	12,25
6	18,9	−1,7500	3,0625		
Summe	123,9		17,3750		49,42

Anzahl der Messwerte:	$n = 6$
Mittelwert:	$\bar{x} = \frac{123{,}9}{6} = 20{,}65 \mathrel{\hat=} \beta(\text{Fe}) = 20{,}65\ \text{g/l}$
Varianz:	$s^2 = \frac{17{,}3750}{5} = 3{,}48$
Mittleres Quadrat der sukzessiven Differenzen:	$\Delta^2 = \frac{49{,}42}{5} = 9{,}88$
Prüfgröße:	$PG = \frac{\Delta^2}{s^2} = 2{,}84$
Vergleichswerte:	$W\ (5\,\%) = 0{,}8902$ $W\ (1\,\%) = 0{,}5615$ $W(0{,}1\,\%) = 0{,}3634$

Die Prüfgröße ist größer als alle drei Vergleichswerte. Bereits wegen $PG > W(5\,\%)$ ist kein Trend vorhanden.

Wären allerdings die Messwerte z. B. in der Reihenfolge 23,5; 22,4; 20,1; 18,9; 19,8; 19,2 angefallen, dann läge wegen $PG = 0{,}524$ signifikant ein Trend vor.

8.4.3 Prüfung auf Normalverteilung nach David

Bei einer Normalverteilung von Messwerten liegt eine symmetrische Verteilung der Messwerte um den arithmetischen Mittelwert vor.

Die Prüfgröße ist bei diesem Test der Quotient aus der Spannweite R aller n Werte, d. h. der Differenz zwischen dem größten und kleinsten Wert der Messreihe und der Standardabweichung.

Liegt die Prüfgröße PG zwischen einer oberen und einer unteren Schranke, dann kann die Hypothese der Normalverteilung auf dem vorgegebenen Signifikanzniveau α nicht widerlegt werden.

$$PG = \frac{R}{s} = \frac{x_{\text{max}} - x_{\text{min}}}{s}$$

Vergleichswerte für die untere und obere Schranke zur Prüfung auf Normalverteilung nach David.

n	Untere Schranke Signifikanzniveau *α* %			Obere Schranke Signifikanzniveau *α* %		
	1,0	**5,0**	**10,0**	**1,0**	**5,0**	**10,0**
3	1,737	1,758	1,782	1,999	2,000	2,000
4	1,87	1,98	2,04	2,429	2,445	2,447
5	2,02	2,15	2,22	2,753	2,803	2,813
6	2,15	2,28	2,37	3,012	3,095	3,115
7	2,26	2,40	2,49	3,222	3,338	3,369
8	2,35	2,50	2,59	3,399	3,543	3,585
9	2,44	2,59	2,68	3,552	3,720	3,772
10	2,51	2,67	2,76	3,685	3,875	3,935
11	2,58	2,74	2,84	3,80	4,012	4,079
12	2,64	2,80	2,90	3,91	4,134	4,208
13	2,70	2,86	2,96	4,00	4,244	4,325
14	2,75	2,92	3,02	4,09	4,34	4,431
15	2,80	2,97	3,07	4,17	4,44	4,53
16	2,84	3,01	3,12	4,24	4,52	4,62
17	2,88	3,06	3,17	4,31	4,60	4,70
18	2,92	3,10	3,21	4,37	4,67	4,78
19	2,96	3,14	3,25	4,43	4,74	4,85
20	2,99	3,18	3,29	4,49	4,80	4,91
25	3,15	3,34	3,45	4,71	5,06	5,19
30	3,27	3,47	3,59	4,89	5,26	5,40
35	3,38	3,58	3,70	5,04	5,42	5,57
40	3,47	3,67	3,79	5,16	5,56	5,71
45	3,55	3,75	3,88	5,26	5,67	5,83
50	3,62	3,83	3,95	5,35	5,77	5,93
55	3,69	3,90	4,02	5,43	5,86	6,02
60	3,75	3,96	4,08	5,51	5,94	6,10
65	3,80	4,01	4,14	5,57	6,01	6,17
70	3,85	4,06	4,19	5,63	6,07	6,24
75	3,90	4,11	4,24	5,68	6,13	6,30
80	3,94	4,16	4,28	5,73	6,18	6,35
85	3,99	4,20	4,33	5,78	6,23	6,40
90	4,02	4,24	4,36	5,82	6,27	6,45
95	4,06	4,27	4,40	5,86	6,32	6,49
100	4,10	4,31	4,44	5,90	6,36	6,53
150	4,38	4,59	4,72	6,18	6,64	6,82
200	4,59	4,78	4,90	6,39	6,84	7,01
500	5,13	5,37	5,49	6,94	7,42	7,60
1000	5,57	5,79	5,92	7,33	7,80	7,99

8.4.4 Vergleich zwischen Mittelwert und Sollwert

Im Rahmen der Qualitätskontrolle ist häufig zu entscheiden, ob zwischen einem aus Analysendaten berechneten Mittelwert und einem vorgegebenen Sollwert ein signifikanter Unterschied besteht.

Soll geprüft werden, ob eine systematische Abweichung oder nur eine rein zufällige vorliegt, so handelt es sich – da die Abweichung des Mittelwertes vom Sollwert positiv oder negativ sein kann – um einen zweiseitigen Test.

Soll dagegen nur geprüft werden, ob der Mittelwert größer als der Sollwert ist oder lediglich untersucht werden, ob der Mittelwert kleiner als der Sollwert ist, dann liegt jeweils ein einseitiger Test vor.

Dazu wird zunächst die Prüfgröße

$PG = \frac{x - \mu_0}{s^2}\sqrt{n}$	n:	Anzahl der Messwerte
	$\bar{x}$:	Mittelwert
	s:	Standardabweichung
	μ_0:	Sollwert

berechnet. Man vergleicht *PG* dann mit der Signifikanzschranke $t(\alpha)$ der *t*-Verteilung für den einseitigen oder zweiseitigen Test bei einem Freiheitsgrad $f = n - 1$ auf dem gewählten Signifikanzniveau α.

Es gelten folgende Entscheidungsregeln:

$PG < t(5\,\%)$:	Der Unterschied zwischen $\bar{x}$ und μ_0 ist zufällig.
$t(5\,\%) \leq PG < t(1\,\%)$:	Ein systematischer Unterschied zwischen $\bar{x}$ und μ_0 ist wahrscheinlich.
$t(1\,\%) \leq PG < t(0{,}1\,\%)$:	Der Unterschied zwischen $\bar{x}$ und μ_0 ist signifikant.
$PG \geq t(0{,}1\,\%)$:	Der Unterschied zwischen $\bar{x}$ und μ_0 ist hochsignifikant.

Die Signifikanzschranken der *t*-Verteilung sind in folgender Tabelle wiedergegeben.

t-Tabelle: Signifikanzschranken der *t*-Verteilung für den einseitigen und zweiseitigen Test.

Anzahl der Freiheitsgrade *f*	Signifikanzniveau α (zweiseitige Fragestellung)					
	10 %	5 %	2 %	1 %	0,2 %	0,1 %
	P = 90 %	95 %	98 %	99 %	99,8 %	99,9 %
1	6,31	12,7	31,82	63,7	318,3	637,0
2	2,92	4,30	6,97	9,92	22,33	31,6
3	2,35	3,18	4,54	5,84	10,22	12,9
4	2,13	2,78	3,75	4,60	7,17	8,61
5	2,01	2,57	3,37	4,03	5,89	6,86
6	1,94	2,45	3,14	3,71	5,21	5,96
7	1,89	2,36	3,00	3,50	4,79	5,40
8	1,86	2,31	2,90	3,36	4,50	5,04
9	1,83	2,26	2,82	3,25	4,30	4,78
10	1,81	2,23	2,76	3,17	4,14	4,59
11	1,80	2,20	2,72	3,11	4,03	4,44
12	1,78	2,18	2,68	3,05	3,93	4,32
13	1,77	2,16	2,65	3,01	3,85	4,22
14	1,76	2,14	2,62	2,98	3,79	4,14
15	1,75	2,13	2,60	2,95	3,73	4,07
16	1,75	2,12	2,58	2,92	3,69	4,01
17	1,74	2,11	2,57	2,90	3,65	3,96
18	1,73	2,10	2,55	2,88	3,61	3,92
19	1,73	2,09	2,54	2,86	3,58	3,88
20	1,73	2,09	2,53	2,85	3,55	3,85
21	1,72	2,08	2,52	2,83	3,53	3,82
22	1,72	2,07	2,51	2,82	3,51	3,79
23	1,71	2,07	2,50	2,81	3,49	3,77
24	1,71	2,06	2,49	2,80	3,47	3,74
25	1,71	2,06	2,49	2,79	3,45	3,72
26	1,71	2,06	2,48	2,78	3,44	3,71
27	1,71	2,05	2,47	2,77	3,42	3,69
28	1,70	2,05	2,46	2,76	3,40	3,66
29	1,70	2,05	2,46	2,76	3,40	3,66
30	1,70	2,04	2,46	2,75	3,39	3,65
40	1,68	2,02	2,42	2,70	3,31	3,55
60	1,67	2,00	2,39	2,66	3,23	3,46
120	1,66	1,98	2,36	2,62	3,17	3,37
∞ [a]	1,64	1,96	2,33	2,58	3,09	3,29
	5 %	2,5 %	1 %	0,5 %	0,1 %	0,05 %
	Signifikanzniveau α (einseitige Fragestellung)					

a Diese Werte entsprechen der Gauß-Verteilung für n gegen ∞.

8.4.5 Vergleich zweier Varianzen mit dem *F*-Test

Mit dem *F*-Test kann geprüft werden, ob die Unterschiede zwischen zwei Standardabweichungen bzw. Varianzen aus zwei unabhängigen Datenreihen von Wiederholwerten signifikant oder nur zufällig sind.

Als Prüfgröße wird berechnet:

$PG = s_1^2 / s_2^2 \quad \text{für } s_1 > s_2$	s_1: Standardabweichung aus der Datenreihe 1 mit n_1 Einzelwerten s_2: Standardabweichung aus der Datenreihe 2 mit n_2 Einzelwerten

Dabei erhält diejenige Datenreihe den Index 1, die die größere Standardabweichung aufweist.

Man vergleicht die Prüfgröße mit den Signifikanzschranken *F* der *F*-Verteilung für $f_1 = n_1 - 1$ und $f_2 = n_2 - 1$ Freiheitsgrade auf dem gewählten Signifikanzniveau α. Die Schranken entnimmt man den nachstehenden Tabellen.

Es gelten folgende Entscheidungsregeln:

$PG < F(5\,\%)$:	Der Unterschied zwischen s_1 und s_2 ist zufällig.
$F(5\,\%) \leq PG < F(1\,\%)$:	Ein systematischer Unterschied zwischen s_1 und s_2 ist wahrscheinlich.
$F(1\,\%) \leq PG < F(0{,}1\,\%)$:	Der Unterschied zwischen s_1 und s_2 ist signifikant.
$PG \geq F(0{,}1\,\%)$:	Der Unterschied zwischen s_1 und s_2 ist hochsignifikant.

Signifikanzschranken der *F*-Verteilung, Signifikanzniveau $\alpha = 5\,\%$.

f_2 \ f_1	1	2	3	4	5	6	7	8	9	10	11	12	24	∞
1	161,4	199,5	215,7	224,6	230,2	234,0	236,8	238,9	240,6	241,9	243,0	243,9	249,0	254,3
2	18,51	19,00	19,16	19,25	19,30	19,33	19,35	19,37	19,38	19,39	19,40	19,41	19,45	19,50
3	10,13	9,55	9,28	9,12	9,01	8,94	8,88	8,84	8,81	8,78	8,76	8,74	8,64	8,53
4	7,71	6,94	6,59	6,39	6,26	6,16	6,09	6,04	6,00	5,96	5,93	5,91	5,77	5,63
5	6,61	5,79	5,41	5,19	5,05	4,95	4,88	4,81	4,77	4,74	4,71	4,68	4,53	4,36
6	5,99	5,14	4,76	4,53	4,39	4,28	4,21	4,15	4,10	4,06	4,03	4,00	3,84	3,67
7	5,59	4,74	4,35	4,12	3,97	3,87	3,79	3,73	3,68	3,63	3,60	3,57	3,41	3,23
8	5,32	4,46	4,07	3,84	3,69	3,58	3,50	3,44	3,39	3,34	3,31	3,28	3,12	2,93
9	5,12	4,26	3,86	3,63	3,48	3,37	3,29	3,23	3,18	3,13	3,10	3,07	2,90	2,71
10	4,96	4,10	3,71	3,48	3,33	3,22	3,13	3,07	3,02	2,97	2,94	2,91	2,74	2,54
11	4,84	3,98	3,59	3,36	3,20	3,09	3,01	2,95	2,90	2,85	2,82	2,79	2,61	2,40
12	4,75	3,88	3,49	3,26	3,11	3,00	2,91	2,85	2,80	2,75	2,72	2,69	2,50	2,30
13	4,67	3,80	3,41	3,18	3,02	2,92	2,83	2,77	2,71	2,67	2,63	2,60	2,42	2,21
14	4,60	3,74	3,34	3,11	2,96	2,85	2,76	2,70	2,64	2,60	2,56	2,53	2,35	2,13
15	4,54	3,68	3,29	3,06	2,90	2,79	2,70	2,64	2,59	2,54	2,51	2,48	2,29	2,07
16	4,49	3,63	3,24	3,01	2,85	2,74	2,65	2,59	2,53	2,49	2,45	2,42	2,24	2,01
17	4,45	3,59	3,20	2,96	2,81	2,70	2,61	2,55	2,49	2,45	2,41	2,38	2,19	1,96
18	4,41	3,55	3,16	2,93	2,77	2,66	2,57	2,51	2,45	2,41	2,37	2,34	2,15	1,92
19	4,38	3,52	3,13	2,90	2,74	2,63	2,54	2,48	2,42	2,38	2,34	2,31	2,11	1,88
20	4,35	3,49	3,10	2,87	2,71	2,60	2,51	2,45	2,39	2,35	2,31	2,28	2,08	1,84
21	4,32	3,47	3,07	2,84	2,68	2,57	2,48	2,42	2,36	2,32	2,28	2,25	2,05	1,81
22	4,30	3,44	3,05	2,82	2,66	2,55	2,46	2,40	2,34	2,30	2,26	2,23	2,03	1,78
23	4,28	3,42	3,03	2,80	2,64	2,53	2,44	2,38	2,32	2,27	2,23	2,20	2,00	1,76
24	4,26	3,40	3,01	2,78	2,62	2,51	2,42	2,36	2,30	2,25	2,21	2,18	1,98	1,73
25	4,24	3,38	2,99	2,76	2,60	2,49	2,40	2,34	2,28	2,23	2,19	2,16	1,96	1,71
26	4,22	3,37	2,98	2,74	2,59	2,47	2,38	2,32	2,26	2,22	2,18	2,15	1,95	1,69
27	4,21	3,35	2,96	2,73	2,57	2,46	2,37	2,30	2,24	2,20	2,16	2,13	1,93	1,67
28	4,20	3,34	2,95	2,71	2,56	2,44	2,35	2,29	2,23	2,19	2,15	2,12	1,91	1,65
29	4,18	3,33	2,93	2,70	2,54	2,43	2,34	2,28	2,22	2,17	2,13	2,10	1,90	1,64
30	4,17	3,32	2,92	2,69	2,53	2,42	2,33	2,27	2,21	2,16	2,12	2,09	1,89	1,62
40	4,08	3,23	2,84	2,61	2,45	2,34	2,25	2,18	2,12	2,07	2,03	2,00	1,79	1,51
60	4,00	3,15	2,76	2,52	2,37	2,25	2,16	2,10	2,04	1,99	1,95	1,92	1,70	1,39
120	3,92	3,07	2,68	2,45	2,29	2,17	2,08	2,02	1,96	1,91	1,86	1,83	1,61	1,25
∞	3,84	2,99	2,60	2,37	2,21	2,09	2,00	1,94	1,88	1,83	1,78	1,75	1,52	1,00

Signifikanzschranken der F-Verteilung, Signifikanzniveau $\alpha = 1\,\%$.

f_2 \ f_1	1	2	3	4	5	6	7	8	9	10	11	12	24	∞
1	4052	4999	5403	5625	5764	5859	5929	5981	6023	6056	6083	6106	6234	6366
2	98,49	99,00	99,17	99,25	99,30	99,33	99,35	99,36	99,38	99,40	99,41	99,42	99,46	99,50
3	34,12	30,81	29,46	28,71	28,24	27,91	27,67	27,49	27,34	27,23	27,13	27,05	26,60	26,12
4	21,20	18,00	16,69	15,98	15,52	15,21	14,98	14,80	14,66	14,54	14,45	14,37	13,93	13,46
5	16,26	13,27	12,06	11,39	10,97	10,67	10,44	10,27	10,14	10,04	9,96	9,89	9,47	9,02
6	13,74	10,92	9,78	9,15	8,75	8,47	8,26	8,10	7,97	7,87	7,79	7,72	7,31	6,88
7	12,25	9,55	8,45	7,85	7,46	7,19	6,99	6,84	7,62	6,62	6,54	6,47	6,07	5,65
8	11,26	8,65	7,59	7,01	6,63	6,37	6,18	6,03	5,91	5,81	5,74	5,67	5,28	4,86
9	10,56	8,02	6,99	6,42	6,06	5,80	5,61	5,47	5,35	5,25	5,18	5,11	4,73	4,31
10	10,04	7,56	6,55	5,99	5,64	5,39	5,20	5,06	4,94	4,85	4,77	4,71	4,33	3,91
11	9,65	7,20	6,22	5,67	5,32	5,07	4,88	4,74	4,63	4,54	4,48	4,40	4,02	3,60
12	9,33	6,93	5,95	5,41	5,06	4,82	4,63	4,50	4,39	4,30	4,22	4,16	3,78	3,36
13	9,07	6,70	5,74	5,20	4,86	4,62	4,44	4,30	4,19	4,10	4,02	3,96	3,59	3,16
14	8,86	6,51	5,56	5,03	4,69	4,46	4,28	4,14	4,03	3,94	3,86	3,80	3,43	3,00
15	8,68	6,36	5,42	4,89	4,56	4,32	4,14	4,00	3,89	3,80	3,73	3,67	3,29	2,87
16	8,53	6,23	5,29	4,77	4,44	4,20	4,02	3,89	3,78	3,69	3,61	3,55	3,18	2,75
17	8,40	6,11	5,18	4,67	4,34	4,10	3,92	3,79	3,68	3,59	3,51	3,45	3,08	2,65
18	8,28	6,01	5,09	4,58	4,25	4,01	3,83	3,71	3,60	3,51	3,43	3,37	3,00	2,57
19	8,18	5,93	5,01	4,50	4,17	3,94	3,76	3,63	3,52	3,43	3,36	3,30	2,92	2,49
20	8,10	5,85	4,94	4,43	4,10	3,87	3,69	3,56	3,45	3,36	3,29	3,23	2,86	2,42
21	8,02	5,78	4,87	4,37	4,04	3,81	3,64	3,51	3,40	3,31	3,23	3,17	2,80	2,36
22	7,94	5,72	4,82	4,31	3,99	3,76	3,58	3,45	3,34	3,25	3,18	3,12	2,75	2,31
23	7,88	5,66	4,76	4,26	3,94	3,71	3,54	3,41	3,30	3,21	3,13	3,07	2,70	2,26
24	7,82	5,61	4,72	4,22	3,90	3,67	3,49	3,36	3,25	3,16	3,09	3,03	2,66	2,21
25	7,77	5,57	4,68	4,18	3,86	3,63	3,45	3,32	3,21	3,12	3,05	2,99	2,62	2,17
26	7,72	5,53	4,64	4,14	3,82	3,59	3,42	3,29	3,18	3,09	3,02	2,96	2,58	2,13
27	7,68	5,49	4,60	4,11	3,78	3,56	3,39	3,26	3,15	3,06	2,99	2,93	2,55	2,10
28	7,64	5,45	4,07	4,07	3,75	3,53	3,36	3,23	3,12	3,03	2,96	2,90	2,52	2,06
29	7,60	5,42	4,54	4,04	3,73	3,50	3,33	3,20	3,09	3,00	2,93	2,87	2,49	2,03
30	7,56	5,39	4,51	4,02	3,70	3,47	3,30	3,17	3,06	2,97	2,90	2,84	2,47	2,01
40	7,31	5,18	4,31	3,83	3,51	3,29	3,12	2,99	2,88	2,79	2,72	2,66	2,29	1,80
60	7,08	4,98	4,13	3,65	3,34	3,12	2,95	2,82	2,71	2,63	2,56	2,50	2,12	1,60
120	6,85	4,79	3,95	3,48	3,17	2,96	2,79	2,66	2,55	2,47	2,40	2,34	1,95	1,38
∞	6,64	4,60	3,78	3,32	3,02	2,80	2,63	2,51	2,40	2,31	2,24	2,18	1,79	1,00

Signifikanzschranken der *F*-Verteilung, Signifikanzniveau $\alpha = 0{,}1\,\%$.

f_2 \ f_1	1	2	3	4	5	6	7	8	9	10	11	12	24	∞
1	$4{,}05 \cdot 10^5$	$5{,}00 \cdot 10^5$	$5{,}40 \cdot 10^5$	$5{,}63 \cdot 10^5$	$5{,}76 \cdot 10^5$	$5{,}86 \cdot 10^5$	$5{,}33 \cdot 10^5$	$5{,}98 \cdot 10^5$	$6{,}02 \cdot 10^5$	$6{,}06 \cdot 10^5$	$6{,}08 \cdot 10^5$	$6{,}11 \cdot 10^5$	$6{,}23 \cdot 10^5$	$6{,}37 \cdot 10^5$
2	998,5	999,0	999,2	999,3	999,3	999,3	999,4	999,4	999,4	999,4	999,4	999,4	999,5	999,5
3	167,5	148,5	141,1	137,1	134,6	132,8	131,5	130,6	129,8	129,2	128,7	128,3	125,9	123,5
4	74,14	61,25	56,18	53,44	51,71	50,53	49,66	49,00	48,47	48,05	47,71	47,71	45,77	44,05
5	47,04	36,61	33,20	31,09	29,75	28,84	28,15	27,64	27,23	26,91	26,64	26,42	25,14	23,78
6	35,51	27,00	23,70	21,90	20,81	20,03	19,46	19,03	18,68	18,41	18,18	17,99	16,89	15,75
7	29,22	21,69	18,77	17,19	16,21	15,52	15,01	14,63	14,32	14,08	13,88	13,71	12,73	11,69
8	25,42	18,49	15,83	14,39	13,49	12,86	12,39	12,04	11,76	11,53	11,34	11,19	10,30	9,34
9	22,86	16,39	13,90	12,56	11,71	11,13	10,70	10,37	10,10	9,89	9,72	9,57	8,72	7,81
10	21,04	14,41	12,55	11,28	10,48	9,92	9,51	9,20	8,95	8,75	8,59	8,45	7,64	6,76
11	19,69	13,81	11,56	10,35	9,58	9,05	8,65	8,35	8,11	7,92	7,76	7,63	6,85	6,00
12	18,64	12,97	10,80	9,63	8,89	8,38	8,00	7,71	7,47	7,28	7,13	7,00	6,25	5,42
13	17,81	12,31	10,21	9,07	8,35	7,86	7,49	7,21	6,98	6,80	6,65	6,52	5,78	4,97
14	17,14	11,78	9,73	8,62	7,92	7,43	7,07	6,80	6,58	6,40	6,25	6,13	5,41	4,60
15	16,59	11,34	9,34	8,25	7,57	7,09	6,74	6,37	6,25	6,07	5,93	5,81	5,10	4,31
16	16,12	10,97	9,00	7,94	7,27	6,81	6,46	6,19	5,98	5,81	5,67	5,55	4,85	4,06
17	15,72	10,66	8,73	7,68	7,02	6,56	6,22	5,96	5,75	5,58	5,44	5,32	4,63	3,85
18	15,38	10,39	8,49	7,46	6,81	6,35	6,01	5,76	5,55	5,38	5,24	5,13	4,45	3,67
19	15,08	10,16	8,28	7,26	6,61	6,18	5,84	5,59	5,38	5,22	5,08	4,97	4,29	3,52
20	14,82	9,95	8,10	7,10	6,46	6,02	5,69	5,44	5,23	5,07	4,93	4,82	4,15	3,38
21	14,59	9,77	7,94	6,95	6,32	5,88	5,55	5,31	5,11	4,94	4,81	4,70	4,03	3,26
22	14,38	9,61	7,80	6,81	6,19	5,76	5,43	5,19	4,99	4,82	4,69	4,58	3,92	3,15
23	14,19	9,47	7,67	6,69	6,08	5,65	5,33	5,09	4,89	4,72	4,59	4,48	3,82	3,05
24	14,03	9,34	7,55	6,59	5,98	5,55	5,23	4,99	4,79	4,63	4,50	4,39	3,74	2,97
25	13,88	9,22	7,45	6,49	5,88	5,46	5,15	4,91	4,71	4,55	4,42	4,31	3,66	2,89
26	13,74	9,12	7,36	6,41	5,90	5,38	5,07	4,83	4,63	4,48	4,35	4,24	3,59	2,82
27	13,61	9,02	7,27	6,33	5,73	5,31	5,00	4,76	4,56	4,41	4,28	4,17	3,52	2,75
28	13,50	8,93	7,19	6,25	5,66	5,24	4,93	4,69	4,50	4,34	4,22	4,11	3,46	2,70
29	13,39	8,85	7,12	6,19	5,59	5,18	4,86	4,64	4,44	4,29	4,16	4,05	3,41	2,64
30	13,29	8,77	7,05	6,12	5,53	5,12	4,81	4,58	4,39	4,23	4,11	4,00	3,36	2,59
40	12,61	9,25	6,60	5,70	5,13	4,73	4,43	4,21	4,02	3,87	3,74	3,64	3,01	2,23
60	11,97	7,76	6,17	5,31	4,76	4,37	4,08	3,87	3,68	3,53	3,41	3,31	2,69	1,90
120	11,38	7,31	5,79	4,9:5	4,42	4,04	3,76	3,55	3,37	3,23	3,12	3,02	2,40	1,56
∞	10,83	6,91	5,42	4,62	4,10	3,74	3,47	3,27	3,11	2,95	2,84	2,74	2,13	1,00

8.4.6 Vergleich zweier Mittelwerte mit dem *t*-Test

Mit dem *t*-Test (nach Student) kann man prüfen, ob die Mittelwerte aus zwei unabhängigen Datenreihen von Wiederholwerten einen signifikanten Unterschied aufweisen oder ob der Unterschied nur zufallsbedingt ist.

Voraussetzung für den Test ist eine Normalverteilung der Einzelwerte in den beiden Datenreihen und ein nur zufälliger Unterschied zwischen den beiden Varianzen s_1^2 und s_2^2. Als Prüfgröße bildet man:

$$PG = \frac{|\bar{x}_1 - \bar{x}_2|}{s_d} \sqrt{\frac{n_1 \cdot n_2}{n_1 + n_2}} \quad \text{mit} \quad s_d = \sqrt{\frac{(n_1 - 1)\, s_1^2 + (n_2 - 1)\, s_2^2}{n_1 - n_2 - 2}}$$

Dabei sind n_1, $\bar{x}_1$, s_1 die Kenngrößen der Datenreihe 1 und n_2, $\bar{x}_2$ und s_2 die Kenngrößen der Datenreihe 2.

Die Prüfgröße wird wie beim Vergleich Mittelwert-Sollwert mit den Signifikanzschranken der *t*-Verteilung (s. S. 289) für den zweiseitigen Test und $f = n_1 + n_2 - 2$ Freiheitsgrade verglichen. Es gelten analog dazu folgende Entscheidungsregeln:

$PG < t(5\,\%)$:	Zwischen $\bar{x}_1$ und $\bar{x}_2$ besteht nur ein zufälliger Unterschied.
$t(5\,\%) \leq PG < t(1\,\%)$:	Ein systematischer Unterschied zwischen $\bar{x}_1$ und $\bar{x}_2$ ist wahrscheinlich.
$t(1\,\%) \leq PG < t(0{,}1\,\%)$:	Der Unterschied zwischen $\bar{x}_1$ und $\bar{x}_2$ ist signifikant.
$PG \geq t(0{,}1\,\%)$:	Der Unterschied zwischen $\bar{x}_1$ und $\bar{x}_2$ ist hochsignifikant.

8.5 Entwicklung von Analysenverfahren, Bausteine zur Validierung

8.5.1 Allgemeines

An ein Analysenverfahren werden in Abhängigkeit von der analytischen Fragestellung unterschiedliche Anforderungen gestellt:

Analytische Fragestellung	Erforderliche Qualität des Analysenverfahrens
Ist ein Stoff nachweisbar?	Das Verfahren muss ausreichend empfindlich sein
In welchem Bereich liegt der Gehalt des Stoffes?	Das Verfahren muss einen ausreichenden Arbeitsbereich besitzen
Liegt der Gehalt weit unterhalb eines festgelegten Grenzwertes?	Es ist keine hohe Präzision des Analysenverfahrens erforderlich.
Ist ein Grenzwert überschritten?	Hohe Präzision und Richtigkeit des Analysenverfahrens sind erforderlich
Wie groß ist der Gehalt des interessierenden Stoffes in der Probe?	Hohe Präzision und Richtigkeit des Analysenverfahrens sind erforderlich

Analytische Fragestellung	Erforderliche Qualität des Analysenverfahrens
Ein Analysenverfahren umfasst in der Regel folgende Arbeitsschritte	1. Probenahme 2. Probenvorbereitung 3. Kalibrierung 4. Messung der Proben 5. Auswertung 6. Interpretation des Ergebnisses

Zur Kalibrierung von Analysenverfahren werden in der Regel folgende Methoden eingesetzt:

Methode	Charakteristik
Kalibrierung mit externen Standards	– Einsatz von Standard- bzw. Kalibrierlösungen – gängige Methode bei vielen Proben mit vergleichbarer Matrix – Volumenfehler, Verluste durch Probenvorbereitung etc. sollten vernachlässigbar sein
Kalibrierung mit Kalibrierlösungen (extern) und internem Standard	– Verwendung von Kalibrierlösungen (wie oben) – der Probe wird aber zusätzlich eine bekannte Konzentration eines Standards zugesetzt – systematische Fehler werden eliminiert, – interner Standard durchläuft die gleichen Vorbereitungsschritte wie die Probe
Standardadditionsverfahren	– gängige Methode bei komplexen Matrices – Zugabe unterschiedlicher Standardmengen zur Analysenlösung

Die Güte des Analysenverfahrens, die sich mit Hilfe statistischer Kenngrößen beschreiben lässt, wird von verschiedenen Parametern bei den einzelnen Verfahrensschritten beeinflusst.

Bei den Verfahren der instrumentellen Analytik ist eine Kalibrierung der Geräte erforderlich, d. h. es ist der Zusammenhang zwischen der Messgröße und dem Gehalt des zu bestimmenden Stoffes zu ermitteln. Aus den bei der Kalibrierung erhaltenen Daten, wobei die Messgröße eine Funktion des Gehaltes der Kalibrierproben ist, kann mit Hilfe mathematisch-statistischer Methoden eine Kalibrierfunktion berechnet werden. Hieraus lässt sich als Umkehrfunktion die Auswertefunktion ermitteln, bei welcher der Gehalt eine Funktion der Messgröße ist. Aus dem zur Analysenprobe gehörenden Messwert kann über die Auswertefunktion der Gehalt des interessierenden Stoffes in der Probe berechnet werden. Bei der Durchführung einer Kalibrierung im Rahmen eines Analysenverfahrens sind folgende Regeln zu beachten:

Die Gehalte der Kalibrierproben müssen möglichst genau bekannt sein, d. h. die Unsicherheit der Gehalte sollte so klein wie möglich sein. Es ist davon auszugehen, dass eine Wägung präziser möglich ist, als das Abmessen eines Volumens

Die Kalibrierproben müssen voneinander unabhängig sein. Sie sollten im Idealfall durch getrennte Einwaagen hergestellt werden. Zumindest aber sollten verschiedene Kalibrierlösungen durch voneinander unabhängige Verdünnungen aus einer Stammlösung resultieren.

Der Leerwert sollte nicht durch eine Einfachbestimmung ermittelt und dann von den einzelnen Messwerten abgezogen werden, wie es häufig der Fall ist. Vielmehr sollte die Leerprobe als „Kalibrierprobe" aufgefasst und der entsprechende Messwert mit in die Berechnung der Kalibrierfunktion einbezogen werden. Der Leerwert ergibt sich dann als Schnittpunkt der Kalibrierfunktion mit der Ordinate („Messwertachse").

Wenn die Linearität der Kalibrierfunktion nicht vorausgesetzt werden kann, dann sollten mehrere Kalibrierproben mit verschiedenen Gehalten für die Kalibrierung verwendet werden, da sonst z. B. Abweichungen von der Linearität nur schwer erkannt werden können.

8.5.2 Kalibrierung mit externen Standards – graphische Methode

Die Vermessung einer Serie von Kalibrierlösungen ergibt graphisch dargestellt folgendes allgemeine Bild:

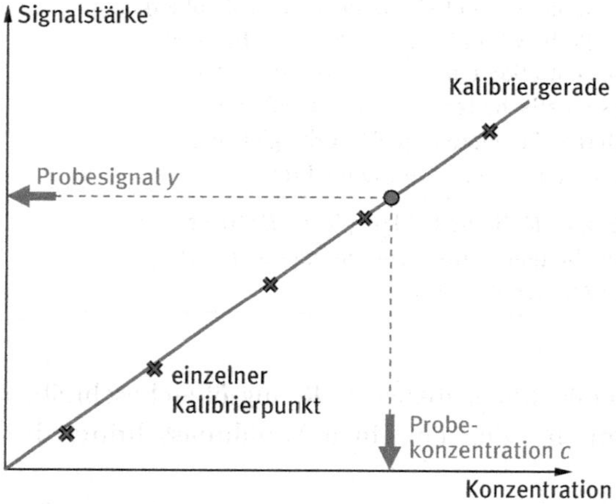

Daraus ergeben sich die Kalibrier- und Analysenfunktionen:

Kalibrierfunktion	$y_K = a + b \cdot c_K$	y_K: Signalwert der Kalibrierlösungen c_K: Konzentrationen der Kalibrierlösungen a: Achsenabschnitt b: Steigung
Auswerte-(Analysen) Funktion	$c_P = \frac{y_P - a}{b}$	y_P: Signalwert der Probelösung c_P: Konzentration der Probelösung a: Achsenabschnitt b: Steigung

Falls keine Rechenhilfsmittel zur Verfügung stehen, kann in Ausnahmefällen eine graphische Ermittlung der Kalibrierfunktion vorgenommen werden. Diese „klassische“ Methode ist aber mit gravierenden Mängeln behaftet und sollte deshalb nur für eine Übersicht dienen. Verfahrenskenngrößen wie Reststreuung, Standardabweichung des Verfahrens usw. können graphisch nicht ermittelt werden. Man geht so vor, dass in einem Diagramm auf der Abszisse die Gehaltswerte und auf der Ordinate die Messwerte aufgetragen werden. Die Kalibrierfunktion – meist wird ein linearer Zusammenhang angenommen – wird dann nach Augenmaß eingezeichnet. Dabei ist eine gewisse Willkür nicht auszuschließen. Daher sollte man das Verfahren mit Vorsicht anwenden.

Beispiel:

Zur atomabsorptionsspektrometrischen Bestimmung von Eisen in einer Wasserprobe wurden sechs Kalibrierlösungen hergestellt und deren Extinktionen E je einmal gemessen.

Die Messungen lieferten folgende Ergebnisse:

Nr.	β(Fe) in mg/l	E
1	4,5	0,09
2	10,5	0,19
3	15,2	0,23
4	21,3	0,27
5	25,5	0,34
6	31,1	0,42

Die Darstellung in einem Koordinatensystem ergibt folgende Abbildung:

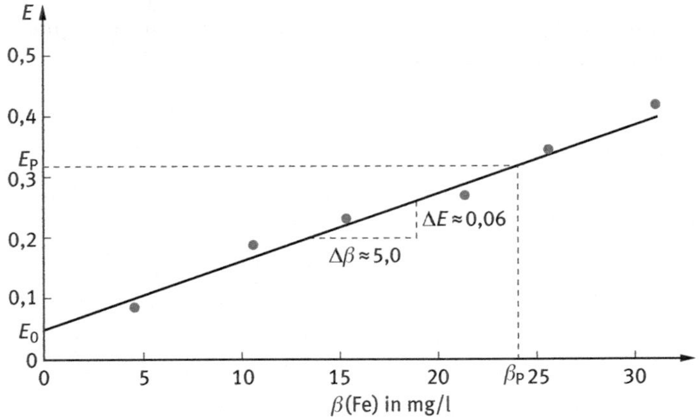

E_0: Leerwert
E_P: Extinktion der Probe
β_P: Konzentration

Aus dem Diagramm lassen sich folgende Informationen entnehmen:

Das Verfahren besitzt eine Empfindlichkeit von $\Delta E / \Delta\beta(\text{Fe}) \approx 0{,}06 / 5$ mg/l = 0,012 l/mg.
Das bedeutet, eine Zunahme der Massenkonzentration um 1 mg/l bewirkt eine Erhöhung der Extinktion um ca. 0,012.
Der Leerwert liegt bei der Extinktion $E \approx 0{,}05$.
Die Massenkonzentration einer unbekannten Lösung mit der Extinktion $E_P = 0{,}32$ beträgt nach der graphischen Auswertung $\beta(\text{Fe}) \approx 24$ mg/l.

8.5.3 Kalibrierung mit externen Standards – Regressionsrechnung

Um einen funktionalen Zusammenhang zwischen Messwerten und Konzentrationswerten oder, allgemein ausgedrückt, zwischen zwei Variablen x und y rechnerisch zu ermitteln, bedient man sich der Regressionsrechnung. Das am häufigsten angewandte Verfahren ist die lineare Regression nach der Methode der kleinsten Fehlerquadrate (vgl. DIN 38402 Teil 51). Im Idealfall erhält man eine lineare Funktion $y = bx + a$, wobei y die Informationswerte (Messgröße) und x die zugehörigen Merkmalswerte (z. B. Gehalt) repräsentieren. Bei der Regressionsrechnung erhält man Verfahrenskenngrößen, mit denen eine Beurteilung der Güte des Verfahrens und der Analysenergebnisse möglich wird. Bei Nachweis oder Annahme der Nichtlinearität des funktionalen Zusammenhangs kann die Anpassung auch durch quadratische oder kubische Regression erfolgen. Die meisten wissenschaftlichen Taschenrechner haben heute standardmäßig Regressionsrechnungen vorprogrammiert. Damit lassen sich sehr einfach mit vorhandenen Datensätzen Regressionsrechnungen durchführen. Zum grundlegenden Verständnis wird nachfolgend eine lineare Regression Schritt für Schritt durchgeführt

Bei der Methode der kleinsten Fehlerquadrate versteht man unter Fehler die Abweichung d zwischen dem beobachteten Wert y_1 und dem geschätzten Wert $\hat{y}$? auf der Regressionsgeraden (siehe Abb. unten). Statt Fehler verwendet man häufiger den Begriff Reste oder Residuen (Residuals). Die Anpassung ist dann gefunden, wenn die Summe der quadratischen Abweichungen (Σd^2) ein Minimum annimmt.

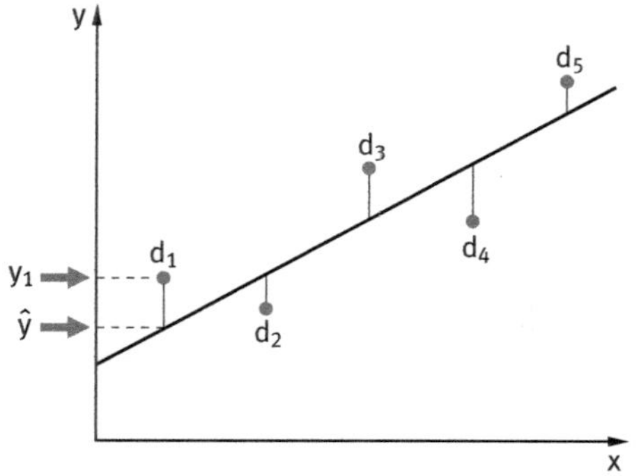

Methode der kleinsten Fehlerquadrate.

Die Gültigkeit der ermittelten Kalibrierfunktion ist strenggenommen nur innerhalb des gewählten Arbeitsbereiches gegeben. Seine untere Grenze ist durch die Bestimmungsgrenze bzw. durch die Kalibrierprobe mit dem kleinsten Gehalt, seine obere Grenze durch die Kalibrierprobe mit dem höchsten Gehalt festgelegt. Die Mitte des Arbeitsbereiches sollte dem in der Praxis am häufigsten vorkommenden Gehalt entsprechen.

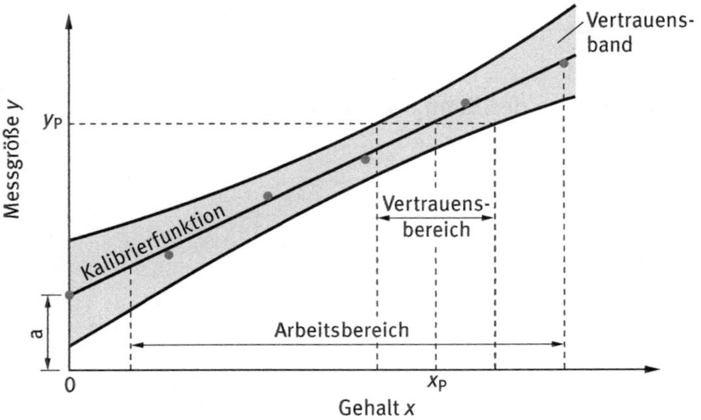

Kalibrierfunktion und Vertrauensbereich eines Analysenergebnisses.

y_p: Messwert einer Analysenprobe

x_p: Gehalt einer Analysenprobe

a: Messwert der Leerprobe

Kenngrößen der linearen Kalibrierfunktion

Die allgemeine Form für einen linearen Zusammenhang zwischen dem Gehalt und dem Erwartungswert der Messgröße lautet:

$\bar{y}_1 = a + b \cdot x_1$	x_i:	Gehalt der Kalibrierprobe i
	$\bar{y}_i$:	Erwartungswert für die Messgröße der Kalibrierprobe i
	a:	Ordinatenabschnitt, Leerwert
	b:	Steigung, Empfindlichkeit des Verfahrens

Zur Berechnung der Parameter a und b und weiterer Kalibrierkenngrößen sind zunächst aus den Datenpaaren x_i/y_i folgende Rechenhilfsgrößen zu ermitteln, wobei n die Gesamtzahl der Kalibrierproben bzw. die Anzahl der Datenpaare x_i/y_i bei der Kalibrierung ist.

$$\bar{x} = \frac{1}{n} \sum_{i=1}^{n} x_i \quad \text{und} \quad \sum_{i=1}^{n} x_i^2$$

$$\bar{y} = \frac{1}{n} \sum_{i=1}^{n} y_i$$

$$Q_x = \sum_{i=1}^{n} (x_i - \bar{x})^2$$

$$Q_y = \sum_{i=1}^{n} (y_i - \bar{y})^2$$

$$Q_{xy} = \sum_{1}^{n} (x_i - \bar{x})(y_i - \bar{y})$$

Die Rechenvorschriften zur Ermittlung der Kenngrößen lauten:

Steigung b:

$$b = \frac{Q_{xy}}{Q_x}$$

Ordinatenabschnitt a:

$$a = \bar{y} - b \cdot \bar{x}$$

Reststreuung s_y:

$$s_y = \sqrt{\frac{Q_y - b \cdot Q_{xy}}{n - 2}}$$

Verfahrensstandardabweichung:

Die Verfahrensstandardabweichung dient in allgemeiner und eindeutiger Weise zur Bestimmung der Güte eines Analysenverfahrens. Sie ist definiert als das Verhältnis der Kalibrierpräzision (Reststreuung der Informationswerte bei der Kalibrierung s_y) zur Empfindlichkeit (Steigung b der Kalibriergeraden).

$$s_{x0} = \frac{s_y}{b}$$

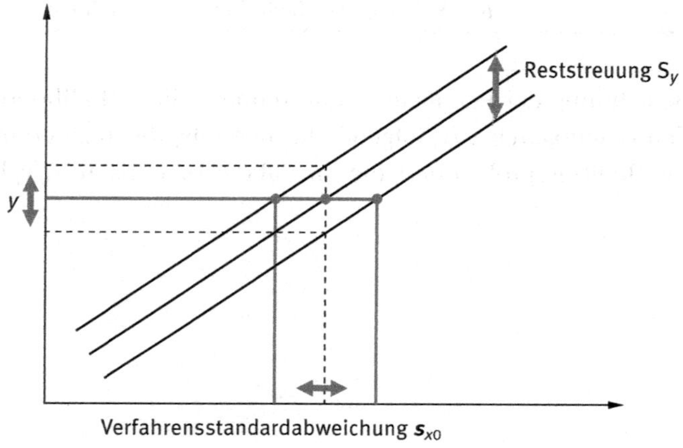

Relative Verfahrensabweichung υ_{x0}:

$$\upsilon_{x0} = \frac{s_{x0} \cdot 100}{\bar{x}} \%$$

Standardabweichung der Steigung s_b:

$$s_b = \frac{s_y}{\sqrt{Q_x}}$$

Standardabweichung des Leerwertes s_a:

$$s_a = s_b \cdot \sqrt{\frac{\Sigma x_i^2}{n}}$$

Vertrauensbereich eines Analysenergebnisses x_P:

$$x_p \pm \Delta VG(x_p) = x_p \pm \frac{s_y}{b} \cdot t(f, \alpha) \sqrt{\frac{1}{n} + \frac{1}{m} + \frac{(x_p - \bar{x})^2}{Q_x}}$$

Dabei ist $t(f, \alpha)$ die Signifikanzschranke der t-Verteilung für $f = n - 2$ Freiheitsgrade (s. Tabelle S. 289, Signifikanzschranken der t-Verteilung für den zweiseitigen Test). m ist die Anzahl der Parallelbestimmungen. x_P ist das Analysenergebnis einer Probe P.

Die Rechenvorschriften sind streng genommen nur gültig, wenn folgende Voraussetzungen erfüllt sind:

1. Homogenität der Varianzen, d. h. die Varianzen der Messwerte innerhalb des Kalibrierbereiches dürfen sich nicht signifikant voneinander unterscheiden.
2. Lineare Kalibrierfunktion
3. Ausreißerfreie Kalibrierdaten

Bei entsprechenden Ansprüchen an das Analysenverfahren sind die genannten Parameter vor dem Einsatz des Verfahrens zu überprüfen. Gegebenenfalls sind Ausreißer zu entfernen, bei Inhomogenität der Varianzen ist der Arbeitsbereich einzuengen und bei Nichtlinearität der Kalibrierfunktion ein anderes Funktionsmodell zu verwenden. Die Kalibrierkenngrößen sind nach den Korrekturen neu zu berechnen.

Grundsätzlich ist für ein leistungsfähiges Analysenverfahren eine hohe Empfindlichkeit wünschenswert.

Es muss aber betont werden, dass eine höhere Empfindlichkeit eines Analysenverfahrens gegenüber einem anderen Verfahren nicht notwendigerweise eine höhere oder auch nur gleiche Präzision bedeutet, wie aus der nachstehenden Abbildung hervorgeht.

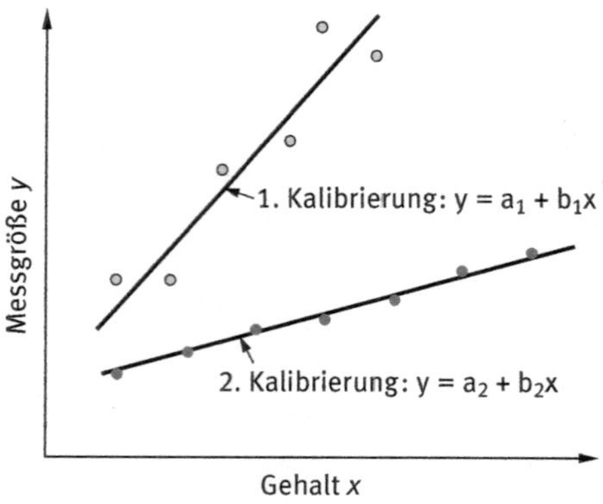

Präzision und Empfindlichkeit bei der Kalibrierung.
1. Kalibrierung: Hohe Empfindlichkeit, geringe Präzision
2. Kalibrierung: Geringe Empfindlichkeit, aber hohe Präzision $b_1 > b_2$, aber $s_{y,1} > s_{y,2}$

Ist eine möglichst niedrige Nachweis- bzw. Bestimmungsgrenze gefragt, dann wird man ein empfindlicheres Verfahren auswählen. Kommt es dagegen in erster Linie auf hohe Präzision der Ergebnisse an, dann wird man einem präzisen Verfahren den Vorzug geben, selbst wenn das eine Einbuße an Empfindlichkeit bedeutet.

8.5.4 Nachweis- und Bestimmungsgrenzen

Für die Beurteilung eines Analysenverfahrens sind neben der wichtigen Kenngröße der Verfahrensstandardabweichung auch die qualitative Nachweisgrenze und die quantitative Bestimmungsgrenze wichtige Verfahrenskenngrößen.

Es sei in diesem Zusammenhang insbesondere auf DIN 32645 hingewiesen, die im Detail Begriffe und Berechnungsgrundlagen erläutert.

Nachweisgrenze – NG

Für die Definition der Nachweisgrenze und deren Berechnung ist der kritische Wert der Messgröße von Bedeutung:

Der kritische Wert der Messgröße y ist derjenige Messwert, bei dessen Überschreitung unter Zugrundelegung einer festgelegten Irrtumswahrscheinlichkeit α erkannt wird, dass der Gehalt eines Stoffes in der Analysenprobe größer ist als derjenige in der Leerprobe („Blindwert"). Er entspricht dem Schnittpunkt der oberen VB-Grenze mit der Koordinatenachse.

Für die Nachweisgrenze gilt dann folgende Definition:

Die Nachweisgrenze eines Analysenverfahrens ist die Konzentration eines Analyten, die unter Verwendung der ermittelten Kalibrierfunktion dem kritischen Wert der Messgröße zuzuordnen ist, d. h. bei vorgegebener statistischer Sicherheit qualitativ gerade noch nachgewiesen werden kann.

Die Zusammenhänge verdeutlicht nachfolgende Abbildung. Wird die Messgröße einer Analysenprobe y_k an der oberen 95 % Vertrauensgrenze des Leerwertes y_L gemessen (kritischer Wert der Messgröße, siehe Abb.), so besteht ein Fehlerrisiko von 50 %, dass die zu bestimmende Substanz identifiziert wird (Fehler 2. Art, s. S. 274) oder es sich um Streuung des Blindwertes handelt, d. h. 50 % der Messwerte der Verteilung um x_N überlappen mit 50 % der Messwerte der Leerprobe um y_L.

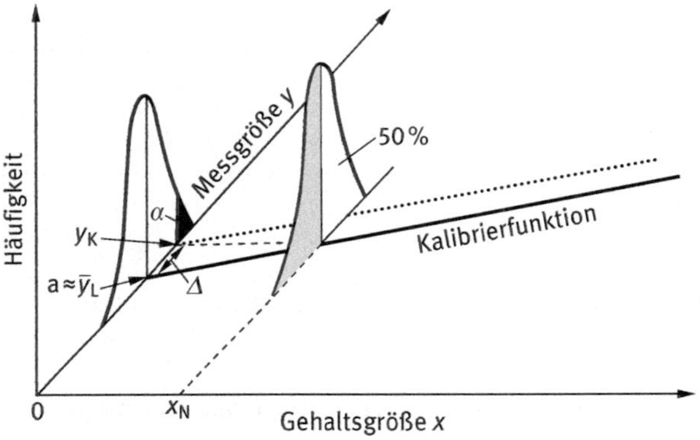

Zur Definition der Nachweisgrenze.
a: Ordinatenabschnitt y_K: Kritischer Wert der Messgröße $\bar{y}_L$: Leerwert
α: Irrtumswahrscheinlichkeit Δ: Vertrauensgrenze x_N: Nachweisgrenze

Zur Ermittlung der Nachweisgrenze gilt folgende Formel:

$x_N = s_{x0} \cdot t(f, a) \sqrt{\frac{1}{n} + \frac{1}{m} + \frac{\bar{x}^2}{Q_x}}$	x_N:	Nachweisgrenze
	s_{x0}:	Verfahrensstandardabweichung
	t:	t-Faktor aus t-Tabelle für zweiseitigen Test
	n:	Anzahl der Kalibrierproben (Anzahl der Levels)
	m:	Anzahl der Wiederholmessungen pro Kalibrierprobe
$f = n - 2$	$\bar{x}$:	Mittelwert
	Q_x:	siehe Seite 300

Bestimmungsgrenze – BG
Die Bestimmungsgrenze ist wie folgt definiert:

Die Bestimmungsgrenze x_B eines Analysenverfahrens entspricht dem Gehalt einer Probe, der unter Zugrundelegung einer festgelegten statistischen Sicherheit quantitativ gerade noch bestimmt werden kann.

In der Praxis bedeutet dies, dass der Streubereich des Analysenwertes sich signifikant vom Streubereich des Leerwertes unterscheiden muss, um den Gehalt der Probe noch quantitativ bestimmen zu können. Die Streubereiche der Messwerte von $\bar{y}_L$ und der Messwerte der Probe y_P dürfen sich innerhalb der gewählten statistischen Sicherheit praktisch nicht überlappen.

Achtung:
Zwischen Leerwert und x_N sind nach Definition maximal 50 % Überlappung, zwischen Leerwert und x_B maximal 5 % zugelassen!

Die Bestimmungsgrenze kann näherungsweise über die Nachweisgrenze nach folgender Rechenvorschrift ermittelt werden:

$$x_B = k \cdot s_{x0} t(f, \alpha) \sqrt{\frac{1}{n} + \frac{1}{m} + \frac{(k \cdot x_N - \bar{x})^2}{Q_x}}$$

x_B: Bestimmungsgrenze
x_N: Nachweisgrenze
s_{x0}: Verfahrensstandardabweichung
k: $1/k$ relative Ergebnisunsicherheit, Quotient aus der Ergebnisunsicherheit und dem zugehörigen Gehalt, k wird vorgegeben z. B. 3, dieser Wert entspricht einer relativen Ergebnisunsicherheit von 33,3 % auf dem vorgegebenen Signifikanzniveau.
t: t-Faktor aus t-Tabelle für zweiseitigen Test, f (Freiheitsgrad) = $n - 2$, α = Irrtumswahrscheinlichkeit (vorgegebene statistische Sicherheit)
n: Anzahl der Kalibrierproben (Anzahl der Levels)
m: Anzahl der Wiederholmessungen pro Kalibrierprobe
$\bar{x}$: Mittelwert
Q_x: siehe Seite 300

Schnellschätzung von NG und BG (für $n = 10$ und $m = 1$, $k = 3$, $\alpha = 0{,}01$)
(Faustregel)
$x_{NG} \approx 4 \times s_{x0}$
$x_{BG} \approx 11 \times s_{x0}$

Rechenbeispiel:

Bei der Kalibrierung für eine plasmaemissionsspektrometrische Kupferbestimmung wurden folgende Kalibrierdaten erhalten:

Nr.	**Kalibrierlösung**	
	x **β(Cu) in mg/l**	y **Messwert *U* in mV**
1	0,00	5,0
2	1,00	49,0
3	1,50	77,0
4	2,00	99,0
5	2,50	126,0
6	3,00	151,0
7	3,50	170,1
8	4,00	199,0
9	4,50	225,0
10	5,00	247,0

Aus diesen Daten ergeben sich folgende Rechenhilfsgrößen:

$\bar{x}$ = 2,7
Q_x = 23,10
Σx^2 = 96,00
$\bar{y}$ = 134,85
Q_y = 55160,945
Q_{xy} = 1128,4

Es lassen sich danach die Kalibrierkenngrößen ermitteln:

Arbeitsbereich:	$\beta(\text{Cu}) = 1$ bis 5 mg/l
Anzahl der Kalibrierproben:	$n = 10$
Steigung der Kalibriergeraden: (Empfindlichkeit des Verfahrens)	$b = 48{,}85$ l/mg
Ordinatenabschnitt der Kalibriergeraden: (Leerwert)	$a = 2{,}959$ mV
Reststreuung:	$s_y = 2{,}2$ mV
Verfahrensstandardabweichung:	$s_{x0} = 0{,}046$ mg/l
Relative Verfahrensstandardabweichung:	$v_{x0} = 1{,}7\,\%$
Kalibrierfunktion:	$y_i = 2{,}959 + 48{,}85 \cdot x_i$
Analysenfunktion:	$x_P = -0{,}060 + 0{,}0205 \cdot y_i$
Vertrauensbereich für ein gegebenes Analysenergebnis (Einzelbestimmung): z. B. $x_P = 2$ mg/l Cu	$x_P \pm \Delta VG(x_P) = 2 \pm 0{,}112$ mg/l
Nachweisgrenze:	$x_N = 0{,}046 \cdot 2{,}31 \cdot \sqrt{\frac{1}{10} + \frac{1}{1} + \frac{2{,}7^2}{23{,}1}} = 0{,}13$ mg/l
Bestimmungsgrenze:	$x_B = 4 \cdot 0{,}046 \cdot 2{,}31 \cdot \sqrt{\frac{1}{10} + \frac{1}{1} + \frac{(4 \cdot 0{,}13 \cdot 2{,}7)^2}{23{,}1}} = 0{,}46$ mg/l

8.5.5 Statistische Prüfverfahren zur Beurteilung von Kalibrierdaten

Überprüfung der Varianzenhomogenität

Zur Prüfung der Varianzenhomogenität (Homoskedastizität) empfiehlt es sich, an der oberen x_o und unteren x_u Grenze des Arbeitsbereichs jeweils 10 Kalibrierlösungen zu messen. Aus den beiden Gruppen von Messwerten berechnet man jeweils die Varianzen und führt mit ihnen den *F*-Test durch.

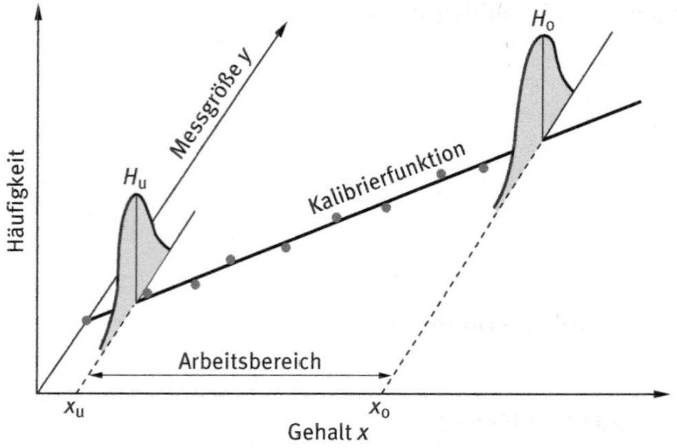

Zur Prüfung der Varianzenhomogenität.
H_u, H_o: Verteilung der Messwerte an der unteren und oberen Grenze des Arbeitsbereichs

Beispiel:

Bei der Messung von Kalibrierproben an der unteren und oberen Grenze des Arbeitsbereiches wurden folgende Messwerte erhalten:

Untere Grenze Skalenteile	**Obere Grenze Skalenteile**
3,20	10,40
2,98	9,95
3,01	10,31
3,10	10,40
2,83	10,14
2,97	9,78
3,05	10,10
3,21	10,20
2,95	9,84
2,88	10,01

Hieraus ergeben sich die Standardabweichungen zu:

s_o = 0,125 Skalenteile
s_u = 0,219 Skalenteile

Für die Prüfgröße zum F-Test erhält man

$$PG = s_u^2 \,/\, s_o^2 = 3{,}09$$

Die Signifikanzschranken der F-Verteilung für $\alpha = 5\,\%$, $\alpha = 1\,\%$ und $\alpha = 0{,}1\,\%$ mit $f_1 = 10 - 1 = 9$ und $f_2 = 10 - 1 = 9$ lauten (s. Tabellen im Abschnitt 8.4.5)

$F\ (5\,\%) = 3{,}18$
$F\ (1\,\%) = 5{,}35$
$F(0{,}1\,\%) = 10{,}10$

Da $PG < F(5\,\%)$ ist, liegt kein signifikanter Unterschied zwischen den Varianzen an der unteren und oberen Grenze des Arbeitsbereichs vor. Die Varianzen können damit als homogen bezeichnet werden.

Prüfung der Linearität der Kalibrierfunktion

Man führt mit den Kalibrierdaten sowohl eine lineare Regression ($y = a + bx$) als auch eine quadratische Regression ($y = a + bx + cx^2$) durch und berechnet für beide Funktionsmodelle die jeweiligen Reststreuungen.

Für die Reststreuung gilt die allgemeine Beziehung

$$s_y = \sqrt{\frac{\Sigma(y_i - \hat{y})^2}{n - p}}$$

Dabei ist für y_i der Messwert der i-ten Kalibrierprobe, für $\hat{y}_i$ der entsprechende Wert der Kalibrierfunktion sowie für p die Anzahl der Konstanten des Funktionsmodells ($p = 2$ bei der linearen und $p = 3$ bei der quadratischen Regression) einzusetzen.

Anschließend ermittelt man die Differenz der jeweiligen quadratischen Abweichungen $\Sigma\,(y_i - \hat{y}_i)^2$:

$$\Delta^2 = (n-2) \cdot s_y^2\,(\text{linear}) - (n-3) \cdot s_y^2\,(\text{quadratisch})$$

Daraus berechnet man die Prüfgröße

$$PG = \Delta^2 \,/\, s_y^2\,(\text{quadratisch})$$

Man vergleicht mit den Signifikanzschranken der F-Verteilung mit $f_1 = 1$ und $f_2 = n - 3$. Dabei gelten folgende Entscheidungskriterien:

$PG < F(5\,\%)$:	Die quadratische Regression führt zu keiner besseren Anpassung als die lineare Funktion.
$F(5\,\%) \leq PG < F(1\,\%)$:	Die bessere Anpassung der quadratischen Regression ist wahrscheinlich.
$F(1\,\%) \leq PG < F(0{,}1\,\%)$:	Die quadratische Regression ergibt eine signifikant bessere Anpassung als die lineare Regression.
$PG \geq F(0{,}1\,\%)$:	Die Anpassung durch die quadratische Regression ist hochsignifikant besser als die der linearen Regression.

Prüfung auf Ausreißer-Residuenanalyse

Unter den Residuen d_i der einzelnen Messwerte y_i bei der Kalibrierung versteht man die Abweichungen der Messwerte von den jeweiligen Erwartungswerten, d. h. von den durch Einsetzen der entsprechenden Gehalte in die Kalibrierfunktion errechneten Werten $\hat{y}_i$:

$$d_i = y\ (\text{gemessen}) - y\ (\text{berechnet}) = y_i - \hat{y}_i$$

Bezieht man die Residuen auf die Reststreuung und trägt die Quotienten $d_{i,r}$ gegen die Erwartungswerte $\hat{y}_i$ auf, dann können sich folgende Abhängigkeiten ergeben:

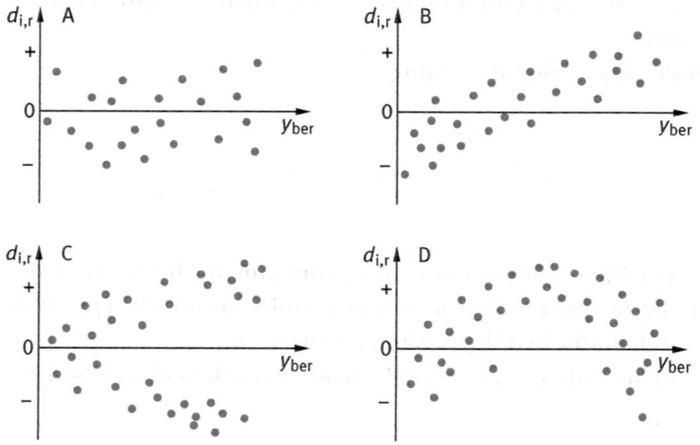

A Normalverteilte Residuen, Wahl des richtigen Funktionsmodells bei der Kalibrierung,
B Linearer Trend der Residuen,
C Inhomogenität der Residuen,
D Nichtlinearer Zusammenhang zwischen Gehalt und Messwert bei der Kalibrierung.

Die graphischen Darstellungen A–D ergeben erste Hinweise zur Identifizierung potentieller Ausreißer bei den Messwerten der Kalibrierung.

Jedes der insgesamt n Wertepaare x_i / y_i, aus denen die Kalibrierfunktion $\hat{y}_i = a + b \cdot x_i$ berechnet wurde, ist prinzipiell ausreißerverdächtig, wenn es ein auffallend großes Residuum $d_i = y_i - \hat{y}_i$ besitzt. Die Überprüfung eines solchen Wertepaares x_i^* / y_i^* kann nach folgendem Schema erfolgen:

1. Berechnung einer „korrigierten" Kalibrierfunktion $\hat{y}_i(\text{korr}) = a(\text{korr}) + b(\text{korr}) \cdot x_i$ aus $n' = n - 1$ Wertepaaren ohne das ausreißerverdächtige Wertepaar x_i^* / y_i^*.
2. Berechnung des Erwartungswertes $\hat{y}_i^*(\text{korr})$ an der Stelle x_i^* durch Einsetzen von x_i^* in die „korrigierte" Kalibrierfunktion.
3. Ermittlung der Kalibrierkenngrößen $\bar{x}(\text{korr})$, $Q_x(\text{korr})$, $s_y(\text{korr})$ und $t(\text{korr})$ *ohne* das ausreißerverdächtige Wertepaar x_i^* / y_i^*.
4. Berechnung des Vertrauensbereichs von $\hat{y}_i^*(\text{korr})$ für die „korrigierte" Kalibrierfunktion $\hat{y}_i(\text{korr}) = f(x_i)$.

5. Prüfung, ob der zu x_i^* gehörige ausreißerverdächtige Messwert y_i^* innerhalb oder außerhalb des Vertrauensbereichs von $\hat{y}_i^*(\text{korr})$ liegt.

Liegt der Messwert y_i^* auf dem Signifikanzniveau α außerhalb des Vertrauensbereichs von $\hat{y}_i^*(\text{korr})$, dann muss das ausreißerverdächtige Wertepaar x_i^* / y_i^* eliminiert werden. Es ist dann die „korrigierte“ Kalibrierfunktion gültig. Für weitere Berechnungen dürfen folgend nur die „korrigierten“ Kenngrößen herangezogen werden.

Für die halbe Breite des Vertrauensbereichs von $\hat{y}_i^*(\text{korr})$ an der Stelle x_i^* gilt dann:

$$\Delta VG\,[\hat{y}_i^*(\text{korr})] = s_y(\text{korr}) \cdot t(\text{korr}) \cdot \sqrt{\frac{1}{n'} + 1 + \frac{[x_i^* - \bar{x}(\text{korr})]^2}{Q_x(\text{korr})}}$$

$t(\text{korr})$ ist die Signifikanzschranke der t-Verteilung für das Signifikanzniveau α und $f = n' - 2 = n - 3$ Freiheitsgrade bei linearem Kalibriermodell.

Beispiel:

Für das Rechenbeispiel auf Seite 304 ergeben sich mit der Kalibrierfunktion $\hat{y}_i = 2{,}955 + 48{,}85 \cdot x_i$ durch Einsetzen der Gehaltswerte x_1 bis x_{10} folgende Erwartungswerte $\hat{y}_i$ und Residuen d_i:

Kalibrierprobe	x_i	y_i	$\hat{y}_i$	d_i
1	0,00	5,0	2,955	2,045
2	1,00	49,0	51,81	−2,81
3	1,50	77,0	76,23	0,77
4	2,00	99,0	100,66	−1,66
5	2,50	126,0	125,08	0,92
6	3,00	151,0	149,51	1,50
7	3,50	170,1	173,93	−3,83
8	4,00	199,0	198,36	0,65
9	4,50	225,0	222,78	2,22
10	5,00	247,0	247,21	−0,21

Das Wertepaar 7 zeigt das größte Residuum und ist daher am ehesten ausreißerverdächtig. Nach Eliminieren des Wertepaares x_7^* / y_7^* (3,50/170,1) erhält man als korrigierte Kalibrierfunktion:

$$\hat{y}_i(\text{korr}) = a(\text{korr}) + b(\text{korr}) \cdot x_i = 2{,}822 + 49{,}047 \cdot x_i$$

Für den Erwartungswert von $\hat{y}_7^*(\text{korr})$ ergibt sich damit durch Einsetzen von x_7^*

$$\hat{y}_7^*(\text{korr}) = 174{,}4865$$

und für die halbe Breite des Vertrauensbereichs von $\hat{y}_7^*$(korr) auf dem Signifikanzniveau $\alpha = 95\,\%$:

$$\Delta VG\,[\hat{y}_7^*(\text{korr})] = 1{,}7617 \cdot 2{,}365 \cdot \sqrt{\frac{1}{9} + 1 + \frac{(3{,}50 - 2{,}6111)^2}{22{,}3889}} = 4{,}461$$

Damit liegt der Vertrauensbereich von $\hat{y}_7^*$(korr) zwischen 174,4865 + 4,461 = 178,9475 und 174,4865 − 4,461 = 170,0255 und der Messwert $y_7^* = 170{,}1$ nur knapp außerhalb der unteren Vertrauensgrenze. Das Wertepaar x_7^* / y_7^* ist daher nur „wahrscheinlich" ein Ausreißer und sollte nicht entfernt werden.

8.5.6 Ermittlung und Anwendung der Auswertefunktion

Wie bereits erwähnt, ist zur Berechnung des Analysenergebnisses, d. h. des gesuchten Gehaltes, der Messwert der Probe in die Auswertefunktion, die sich als Umkehrfunktion aus der Kalibrierfunktion ergibt, einzusetzen:

$$y = a + bx \longrightarrow x(\text{Analyse}) = \frac{y(\text{Analyse}) - a}{b}$$

Damit besitzt die Auswertefunktion den Ordinatenabschnitt $-a/b$ und die Steigung $1/b$, wobei a und b die entsprechenden Werte aus der Kalibrierfunktion sind. Die Ergebnisunsicherheit des Analysenergebnisses ist nicht nur von der Unsicherheit deszugehörigen Messwertes y(Analyse) abhängig, sondern auch von der Unsicherheit, mit welcher die Kalibrierfunktion behaftet ist. Näheres hierzu siehe [34]. Für den Vertrauensbereich des Analysenergebnisses gilt die in Abschnitt 8.5.3 angegebene Rechenvorschrift.

Im Falle der graphischen Auswertung erhält man das Analysenergebnis durch Ablesen des zu dem Messwert der Analysenprobe gehörenden Gehalts auf der Abszisse des Kalibrierdiagramms. Eine zahlenmäßige Beurteilung der Ergebnisunsicherheit ist dabei jedoch nicht möglich.

Hat man eine Mehrfachbestimmung durchgeführt, so ist das arithmetische Mittel der einzelnen Messwerte in die Auswertefunktion und in der Rechenvorschrift für den Vertrauensbereich des Ergebnisses für die Anzahl der Parallelbestimmungen m der entsprechende Wert einzusetzen.

8.5.7 Kalibrierung unter Verwendung eines internen Standards

Um Verluste bei der Probenvorbereitung und weitere systematische Fehler zu erfassen, wird häufig ein interner Standard eingesetzt. Der interne Standard sollte sich bezüglich Wechselwirkung mit mobiler und fester/flüssiger Phase ähnlich verhalten wie die zu untersuchende Substanz. Er sollte aber bezüglich Retentionszeit sauber von der Probesubstanz getrennt sein und auch nicht mit weiteren Komponenten überlappen und in der zu untersuchenden Probe nicht vorkommen.

Daraus ergeben sich für Kalibrier- und Analysenfunktion:

Kalibrierfunktion	$\frac{y_K}{y_i} = a + b \cdot \frac{c_K}{c_i}$	y_K: Signalwert der Kalibrierlösungen c_K: Konzentrationen der Kalibrierlösungen y_i: Signalwert des internen Standards c_i: Konzentrationen des internen Standards a: Achsenabschnitt b: Steigung
Auswerte-(Analysen) Funktion	$c_P = \frac{c_i\left(\frac{y_P}{y_i} - a\right)}{b}$	y_P: Signalwert der Probelösung c_P: Konzentration der Probelösung y_i: Signalwert des internen Standards c_i: Konzentrationen des internen Standards a: Achsenabschnitt b: Steigung

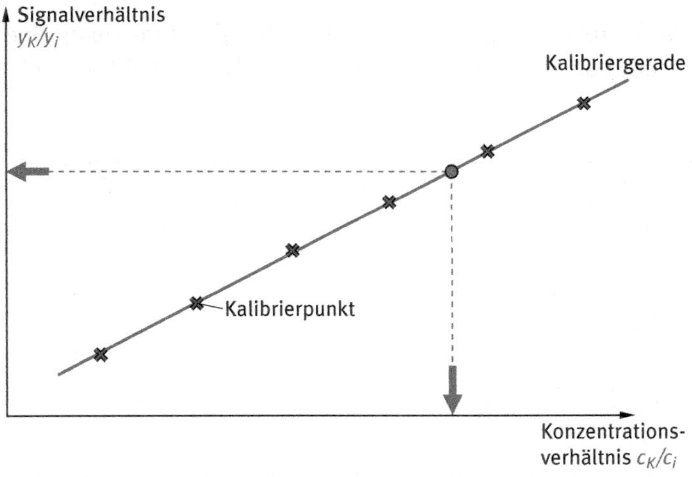

Beispiel:

In einem Tablettenpressling soll der Massenanteil an Amitryptilin-HCl mittels HPLC bestimmt werden. Als interner Standard wird das strukturverwandte Desipramin-HCl eingesetzt. Von dem Tablettenpressling werden 50 mg in 10 ml Lösemittel aufgelöst. Von Amitryptilin-HCl (A) und Desipramin-HCl (D) werden zur Kalibrierung jeweils Stammlösungen mit einer Konzentration von 1 mg/ml hergestellt. Nachfolgende Tabelle enthält die Zusammensetzung der Kalibrierlösungen 1–6 sowie die Peakflächen von A und D. Das Gesamtvolumen aus Kalibrierlösung A, Kalibrierlösung D (interner Standard) und Lösemittel beträgt jeweils 2 ml.

Kalibrierlösungen							
Nr.	Kalibrier-Lösung A Amitryptilin-HCl	Kalibrier-Lösung D Desipramin-HCl	Lösemittel	Peakfläche F_A	Peakfläche F_D	Verhältnis F_A / F_D	Verhältnis β_A / β_D [a]
1	100 µl	600 µl	1300 µl	1210	978	1,237	0,167
2	200 µl	600 µl	1200 µl	1650	950	1,737	0,333
3	300 µl	600 µl	1100 µl	2800	998	2,806	0,500
4	400 µl	600 µl	1000 µl	3205	982	3,264	0,667
5	500 µl	600 µl	900 µl	4050	970	4,175	0,833
6	600 µl	600 µl	800 µl	4980	949	5,248	1,000

a Massenkonzentration β in mg/ml.

Analysenlösung						
Nr.	Probelösung	Kalibrier-Lösung D	Lösemittel	Peakfläche F_{Probe}	Peakfläche F_D	Verhältnis F_{Probe} / F_D
1	500 µl	600 µl	900 µl	3750	975	3,846

Mit den Daten der Spalten „Verhältnis $\boldsymbol{F_A / F_D}$“ und „Verhältnis $\boldsymbol{\beta_A / \beta_D}$“ führt man eine lineare Regression analog Abschnitt 8.5.3 durch, damit erhält man folgende Kalibrierfunktion:

Gleichung der Kalibrierfunktion	$\frac{F_A}{F_D} = 0{,}295 + 4{,}77 \cdot \frac{\beta_A}{\beta_D}$
Gleichung der Analysenfunktion	$\beta_{Probe} = \frac{\beta_D \left(\frac{F_{Probe}}{F_D} - 0{,}295 \right)}{4{,}77}$
Massenkonzentration β_D des internen Standards in der Probelösung	$\beta_D = \frac{0{,}60\ \text{mg}}{2\ \text{ml}} = 0{,}30\ \text{mg/ml}$ Die Stammlösung enthält 1 mg/ml Standardsubstanz, davon werden 600 µl (0,6 ml) zusammen mit der Probelösung (500 µl) und dem Lösemittel (900 µl) auf 2000 µl (2 ml) verdünnt. 600 µl der Standardlösung enthalten 0,60 mg an internem Standard bez. auf 2 ml. Bezogen auf 1 ml beträgt β_D = 0,3 mg/ml
Einsetzen der Werte für die Probe ergibt die Massenkonzentration von Amitryptilin in mg/ml	$\beta_{Probe} = \frac{0{,}30\ \text{mg/ml} \cdot (3{,}846 - 0{,}295)}{4{,}77} = 0{,}223\ \text{mg/ml}$
Masse m_{A2} von Amitryptilin in 2 ml	$m_{A2} = \beta_{Probe} \cdot V = 0{,}223\ \text{mg/ml} \cdot 2\ \text{ml} = 0{,}446\ \text{mg}$ Diese 0,446 mg waren ursprünglich in den 500 µl (0,5 ml) Probelösung vorhanden, die auf 2 ml aufgefüllt wurde.

Gesamtmasse von Amitryptilin in 10 ml Probelösung	$m_{A10} = 10\ \text{ml}/0{,}5\ \text{ml} \cdot 0{,}446\ \text{mg} = \mathbf{8{,}92\ mg}$
Massenanteil w_A an Amitryptilin im Tablettenpressling	$W_A = \dfrac{M_{A10}}{m_E} \cdot 100\% = \dfrac{8{,}92\ \text{mg}}{50\ \text{mg}} \cdot 100\,\% = 17{,}8\,\%$ m_E: Probeneinwaage 50 mg siehe oben

8.5.8 Standardadditionsverfahren

Ist es nicht möglich, die Matrix einer Analysenprobe bei der Kalibrierung zu simulieren, weil z. B. die genaue Zusammensetzung der Probe unbekannt ist, so bietet sich die Methode der Standardaddition als Alternative zu einer „normalen" Kalibrierung an. Im Prinzip läuft das Verfahren darauf hinaus, dass man die Analysenprobe selbst als Matrix benutzt und die Kalibrierproben durch Aufstocken, d. h. durch Zugabe unterschiedlicher Portionen der zu bestimmenden Substanz herstellt.

Die Messwerte, die man dann erhält, setzen sich zusammen aus dem Anteil, der dem eigentlichen Gehalt zuzuordnen ist, dem Anteil der dem Leerwert entspricht und einem Anteil, der den zugegebenen Portionen der zu bestimmenden Substanz zugeordnet werden kann. Durch ein geeignetes Auswerteverfahren kann dann aus den „Kalibrierdaten" der unbekannte Gehalt in der Probe ermittelt werden. Am häufigsten wird das Verfahren angewendet, indem die Kalibrierproben in Form von Lösungen hergestellt werden.

Man geht dazu im Einzelnen wie folgt vor:

1. Als erster Schritt wird eine „normale" Kalibration durchgeführt, wobei gegebenenfalls auf eine Matrixsimulation verzichtet wird. Aus dem Messwert der Analysenprobe wird dann zunächst über die Kalibrierfunktion ein Näherungswert für das Analysenergebnis berechnet.
2. Als nächstes stellt man eine möglichst konzentrierte Lösung her, welche die zu bestimmende Substanz enthält (Standardlösung).
3. Anschließend werden Messlösungen hergestellt durch Zugabe gestaffelter Volumina an Standardlösung zu einem jeweils gleichen Volumen an Lösung der Analysenprobe (V_p). Die Zugabe an Standardlösung erfolgt dabei zweckmäßigerweise in Vielfachen eines festgelegten Volumens V_s, z. B. 1 ml. Anschließend füllt man auf ein jeweils gleiches Endvolumen auf (z. B. 100 ml).
   Neben der Herstellung der Messlösungen durch gestaffelte Zugabe der Standardlösung sollte auch eine Messlösung ohne Zugabe der Standardlösung verwendet werden.
4. Zur Auswertung sind die Konzentrationen der zu bestimmenden Substanz in den Messlösungen zu berechnen, die den jeweils zugesetzten Mengen an Standardlösung entsprechen. Voraussetzung für die Anwendbarkeit des Standardadditionsverfahrens zur Bestimmung kleiner Gehalte ist die genaue Kenntnis des Leerwerts, der bei der Auswertung berücksichtigt werden muss.

Das vorgelegte Volumen an Probelösung V_p, sollte noch deutlich über der größten zugegebenen Portion an Standardlösung liegen, um Matrixeffekte nicht zu verfälschen. Dies ist auch der Grund für die Verwendung einer möglichst konzentrierten Standardlösung. Das folgende Schema verdeutlicht die Vorgehensweise bei der Herstellung der Messlösungen:

Nr.	Zusammensetzung	vorgelegte Volumina	Beispiel
1	Probe	$V_p = x$ ml	$x = 20$ ml
2	Probe + Standard	$V_p + 1 \cdot V_s$	20 ml + 1 ml
3	Probe + Standard	$V_p + 2 \cdot V_s$	20 ml + 2 ml
4	Probe + Standard	$V_p + 3 \cdot V_s$	20 ml + 3 ml
5	Probe + Standard	$V_p + 4 \cdot V_s$	20 ml + 4 ml

Die Proben 1–5 werden nach Zugabe des Standards V_S jeweils auf ein definiertes Volumen z. B. 100 ml aufgefüllt.

Graphische Auswertung

Bezeichnet man mit $\bar{y}_L$ den durch eine Mehrfachbestimmung ermittelten Leerwert, dann erhält man die Konzentration der zu bestimmenden Substanz mit umgekehrtem Vorzeichen als Schnittpunkt der Ausgleichsgeraden durch die Messpunkte mit der Geraden $y = \bar{y}_L$, wie die nachstehende Abbildung zeigt.

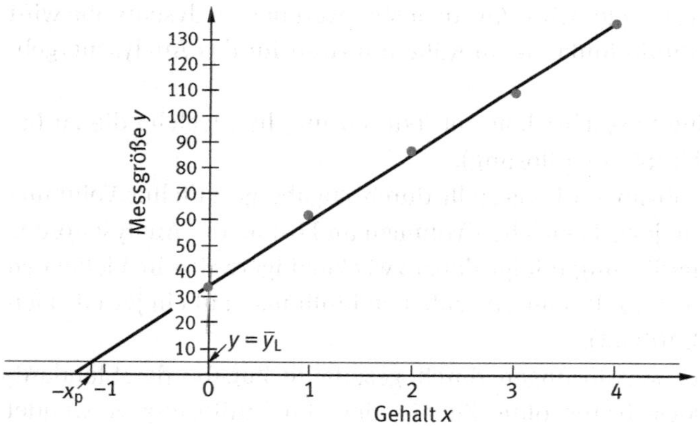

Standardadditionsverfahren.

Rechnerische Auswertung

Aus den Kalibrierdaten ermittelt man, wie in Abschnitt 6.5.2 beschrieben, die Kalibrierfunktion $y = a + b \cdot x$ und daraus die Auswertefunktion. Durch Einsetzen von $\bar{y}_L$ für y erhält man:

$$x_p = \frac{\bar{y}_L - a}{b}$$

Die Kalibrierkenngrößen wie Reststreuung, Verfahrensstandardabweichung usw. lassen sich wie bei einer „normalen" Kalibration mit den in Abschnitt 8.5.4 angegebenen Rechenvorschriften ermitteln.

Beispiel:

Das Standardadditionsverfahren soll auf das in Abschnitt 8.5.4 beschriebene Beispiel zur spektrometrischen Kupferbestimmung angewendet werden.

Es sei angenommen, dass die Voranalyse einer zu untersuchenden Lösung die Massenkonzentration $\beta(\text{Cu}) \approx 15$ mg/l ergeben hat (Probelösung).

Zur Herstellung der Messlösungen wird eine Standardlösung mit der Massenkonzentration $\beta(\text{Cu}) = 100$ mg/l hergestellt.

Für die Messlösungen selbst (Gesamtvolumen jeweils 100 ml) werden folgende Ansätze vorgenommen:

Nr.	Zusammensetzung der Messlösung	Aufgestockte Massenkonzentration in der Messlösung β(Cu) in mg/l
1	10 ml Probelösung	0
2	10 ml Probelösung + 1 ml Standardlösung	1
3	10 ml Probelösung + 2 ml Standardlösung	2
4	10 ml Probelösung + 3 ml Standardlösung	3
5	10 ml Probelösung + 4 ml Standardlösung	4

Danach erhält man als Messwerte für die 5 Lösungen:

Nr.	Massenkonzentration β(Cu) in mg/l	Messwerte y in mV
1	0	33,0
2	1	62,0
3	2	87,0
4	3	110,0
5	4	139,0

Nach Auftragen der Wertepaare in ein Koordinatensystem und einem angenommenen Leerwert von $\bar{y}_L = 5$ mV erhält man für die Massenkonzentration an Kupfer einen Wert von etwa $\beta(\text{Cu}) = 1{,}1$ mg/l.

Zur rechnerischen Ermittlung der Kalibrierkenngrößen und des Analysenergebnisses berechnet man wie im Beispiel in Abschnitt 8.5.4 die Hilfsgrößen $\bar{x}$, Q_x, Σx_i^2, $\bar{y}$, Q_y und Q_{xy}:

$$\begin{aligned} \bar{x} &= 2{,}00 \\ Q_x &= 10{,}00 \\ \Sigma x_i^2 &= 30{,}00 \\ \bar{y} &= 86{,}40 \\ Q_y &= 6819{,}20 \\ Q_{xy} &= 261{,}00 \end{aligned}$$

Hiermit erhält man:

Arbeitsbereich:	$\beta(\text{Cu}) = 1$ bis 4 mg/l
Anzahl der Messlösungen:	$n = 5$
Steigung der Kalibriergeraden: (Empfindlichkeit des Verfahrens)	$b = 26{,}10$ l/mg
Ordinatenabschnitt der Kalibriergeraden: (Summe aus Leerwert und Probenmesswert)	$a = 34{,}20$ mV
Reststreuung:	$s_y = 1{,}538$ mV
Verfahrensstandardabweichung:	$s_{xO} = 0{,}059$ mg/l
Relative Verfahrensstandardabweichung:	$V_{xO} = 2{,}95\,\%$
t-Faktor für $\alpha = 5\,\%$ und $f = n - 2 = 3$:	$t(5\,\%, 3) = 3{,}18$
Kalibrierfunktion:	$\hat{y}_i = a + b \cdot x_i = 34{,}20 + 26{,}10 \cdot x_i$
Auswertefunktion:	$x_p = -\dfrac{\bar{y}_L - a}{b} = -\dfrac{5{,}00 - 34{,}20}{26{,}10}$ mg/l $= 1{,}146$ mg/l

Unter Berücksichtigung des Verdünnungsfaktors von 1 : 10 erhält man für die Massenkonzentration in der Probelösung den Wert $\beta(\text{Cu}) = 11{,}46$ mg/l.

8.5.9 Wiederfindungsfunktion und Wiederfindungsrate

Mit dem Verfahren der Standardaddition lassen sich quantitative Analysen durchführen in Proben, deren Matrix nicht bekannt ist oder nicht simuliert werden kann.

Um das Ausmaß von Matrixeffekten bei der Kalibration zu ermitteln, kann die sog. Wiederfindungsfunktion bzw. das Verfahren zur Bestimmung der Wiederfindungsrate angewendet werden.

Zur Ermittlung der Wiederfindungsfunktion wird zunächst nach dem in Abschnitt 8.5.2 angegebenen Verfahren die Kalibrierfunktion und daraus die Analysenfunktion bestimmt:

$$\hat{y}_i = a + b \cdot x_i \longrightarrow \hat{x} = \frac{y_i - a}{b}$$

Anschließend werden, wie in Abschnitt 8.5.7 beschrieben, aufgestockte Kalibrierlösungen hergestellt.

Die Messwerte y_i^{M} werden in die über die „normale“ Kalibrierung ermittelte Analysenfunktion (s. o.) eingesetzt. Man erhält die Gehalte x_i^{M}(ber.). Die Gehalte können Massenanteile, Massenkonzentrationen oder auch Stoffmengenkonzentrationen sein.

$$x_i^{\mathrm{M}}\,(\text{ber.}) = \frac{y_i^{\mathrm{M}} - a}{b}$$

Wenn bei der „normalen“ Kalibrierung die Matrixeffekte ausreichend berücksichtigt wurden, dann müssten die aufgestockten Gehalte weitgehend mit den entsprechenden Werten x_i^{M}(ber.) übereinstimmen. Man kann das überprüfen, indem man in einem linearen Koordinatensystem auf der Abszisse die aufgestockten Gehalte x_i^{M} und auf der Ordinate die berechneten Gehalte x_i^{M}(ber.) aufträgt. Im Idealfall sollte sich ein linearer Zusammenhang ergeben. Durch lineare Regression erhält man die Wiederfindungsfunktion, wie in der Abbildung dargestellt:

$$x_i^{\mathrm{M}}\,(\text{ber.}) = a_w + b_w \cdot x_i^{\mathrm{M}}$$

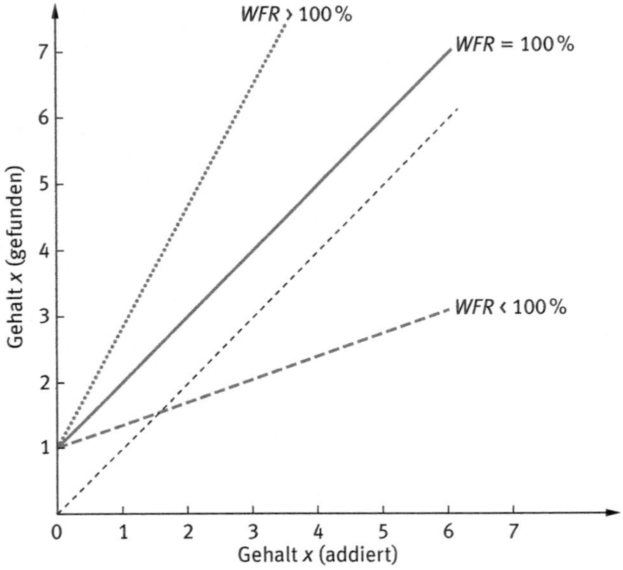

Wiederfindungsfunktion und Wiederfindungsrate.

Daraus kann die Wiederfindungsrate *WFR* berechnet werden:

$$WFR = \frac{x_i^{\mathrm{M}}(\mathrm{ber.}) - a}{x_i^{\mathrm{M}}} = b_w \cdot 100\,\%$$

Eine Alternative zu dem beschriebenen Verfahren besteht darin, den unbekannten Gehalt der zu bestimmenden Substanz in der Analysenprobe durch Zugabe einer definierten Portion dieser Substanz aufzustocken. Die Sollerhöhung x (addiert) wird zu dem über eine „normale" Kalibrierung ermittelten Wert x (gefunden) ins Verhältnis gesetzt. Der Quotient ist dann ein Näherungswert für die Wiederfindungsrate:

$$WFR = \frac{x(\mathrm{addiert})}{x(\mathrm{gefunden})} \cdot 100\,\%$$

9 Größen, Einheiten und Umrechnungsfaktoren

9.1 Zeichen und Abkürzungen

Mathematische Zeichen.

Zeichen	Bedeutung; Aussprache
... n	und so weiter bis n (angeben)
...	und so weiter (unbegrenzt)
,	Komma unten bedeutet Dezimalzeichen; vielstellige Zahlen zum besseren Lesen in Gruppen zu 3 Ziffern trennen, dazu niemals Punkt oder Komma verwenden
$=$	gleich
$\equiv$	identisch gleich
$\neq$	ungleich; nicht gleich
$\not\equiv$	nicht identisch gleich
$<$	kleiner als
$>$	größer als
$\ll$	klein gegen
$\gg$	groß gegen
$\leqq$	kleiner oder gleich
$\geqq$	größer oder gleich
$\triangleq$	entspricht
$\sim$	proportional
$\approx$	angenähert gleich; (etwa, rund)
$\longrightarrow$	nähert sich, strebt nach
lim	Limes
∞	unendlich
%	Prozent; 10^{-2}
‰	Promille; 10^{-3}
ppm	parts per million; 10^{-6}
$+$	plus

Zeichen	Bedeutung; Aussprache
$-$	minus
$\times$	mal
$:/—$	geteilt durch; möglichst waagerechten Bruchstrich verwenden, Doppelpunkt oder Schrägstrich nur zur Platzersparnis
$\sqrt{\ }$	Quadratwurzel aus
$\sqrt[n]{\ }$	n-te Wurzel aus
$\sum$	Summe
$\sum_{k=1}^{n}$	Veränderliche der Summation und untere Grenze darunter, obere Grenze darüber schreiben
$\prod$	Produkt
a^x	allgemeine Exponentialfunktion
log	Logarithmus (allgemein)
$\log_a$	Logarithmus zur Basis a
lg	Zehnerlogarithmus $\lg x = \log_{10} x$
ln	natürlicher Logarithmus $\ln x \equiv \log_e x$
lb	Zweierlogarithmus $\mathrm{lb}\, x \equiv \log_2 x$
$\lvert a \rvert$	Betrag von a
Δ	Delta (Differenz)
$\binom{n}{p}$	n über p
π	Pi; $\pi = 3{,}1415926$ ...
$0{,}\overline{3}$	Periode 3
0,25	letzte Ziffer genau

Vorsätze für dezimale Vielfache und Teile von Einheiten.

Faktor, mit dem die Einheit multipliziert wird		Vorsatz	Kurzzeichen	Faktor, mit dem die Einheit multipliziert wird		Vorsatz	Kurzzeichen
Vielfache	10^{18}	Exa	E	Teile	10^{-1}	Dezi	d
	10^{15}	Peta	P		10^{-2}	Zenti	c
	10^{12}	Tera	T		10^{-3}	Milli	m
	10^{9}	Giga	G		10^{-6}	Mikro	μ
	10^{6}	Mega	M		10^{-9}	Nano	n
	10^{3}	Kilo	k		10^{-12}	Piko	p
	10^{2}	Hekto	h		10^{-15}	Femto	f
	10^{1}	Deka	da		10^{-18}	Atto	a

Doppelvorsätze sollen vermieden werden:

nicht: mμs,	sondern: ns (Nanosekunde)	Die Kombination von Vorsatz- und Einheitenzeichen gilt als ein neues Symbol.
nicht: kMW,	sondern: GW (Gigawatt)	
nicht: μμF,	sondern: pF (Pikofarad)	

Griechisches Alphabet.

Buchstabe		Name	Buchstabe		Name
Α	α	álpha	Ν	ν	nü
Β	β	béta	Ξ	ξ	xi
Γ	γ	gámma	Ο	ο	ómikron
Δ	σ	délta	Π	π	pi
Ε	ε	épsilon	Ρ	ρ	rho
Ζ	ζ	zéta	Σ	σ, ς	sigma
Η	η	éta	Τ	τ	tau
Θ	θ	théta	Υ	υ	ýpsilon
Ι	ι	jóta	Φ	φ	phi
Κ	κ	káppa	Χ	χ	chi
Λ	λ	lámbda	Ψ	ψ	psi
Μ	μ	mü	Ω	ω	ómega

Griechische Zahlwörter.

einfache Zahlen		Multiplikativ-Zahlen	
ein-	móno-		
zwei-	di-	zweimal	bis
drei-	tri-	dreimal	tris
vier-	tétra-	viermal	tetrákis
fünf-	pénta-	fünfmal	pentákis
sechs-	héxa-	sechsmal	hexákis
sieben-	hépta-	siebenmal	heptákis
acht-	ókta-	achtmal	oktákis
neun-	énnéa-	neunmal	enneakis
zehn-	déka-	zehnmal	dekákis
elf-	héndeka-	elfmal	hendekákis
zwölf-	dódeka-	zwölfmal	dodekákis

Indizierung zur Bezeichnung von Zuständen

Zur Kennzeichnung von Zuständen werden die Symbole der Größenarten und Stoffe rechts oben mit einem Index versehen. Es werden unter anderem folgende Zeichen verwendet:

+	positive Ladung	0	Standardzustand
–	negative Ladung	≠	Übergangszustand
⊕	reine Substanz	*	Anregungszustand
∞	unendliche Verdünnung	I, II ...	Oxidationsstufe
id	ideal		

9.2 Größen und Einheiten, SI-Einheiten [37]

9.2.1 SI-Basiseinheiten, Definition

Die gesetzlichen Einheiten, SI-Einheiten

Das „Gesetz über Einheiten im Meßwesen" vom 2. Juli 1969, sowie die „Ausführungsverordnung zum Gesetz über Einheiten im Meßwesen" vom 26. Juni 1970, beide in Kraft getreten am 5. Juli 1970, schreiben die Anwendung der gesetzlichen Einheiten im geschäftlichen und amtlichen Verkehr vor. Der geschäftliche Verkehr schließt Beschreibung, Werbung, Angebot und Verkauf eines Produktes ein. Gleichfalls ist damit festgelegt, dass alle Schulen ihr Lehrangebot auf die gesetzlichen Einheiten umzustellen haben.

Die gesetzlichen Einheiten entsprechen dem „Internationalen Einheitensystem"; SI-Einheiten (SI = Système International d'Unités).

Es wird zwischen Basiseinheiten und abgeleiteten Einheiten unterschieden. Basiseinheiten sind Einheiten von Basisgrößen, aus denen alle anderen Größen mit ihren zugehörigen Einheiten abgeleitet werden.

SI-Basiseinheiten.

Basisgröße	**Basiseinheit**	
	Name	**Zeichen**
Länge	Meter	m
Zeit	Sekunde	s
Masse	Kilogramm	kg
Temperatur	Kelvin	K
Stromstärke	Ampere	A
Lichtstärke	Candela	cd
Stoffmenge	Mol	mol

Definitionen der SI-Basiseinheiten

Meter: Ursprünglich (1790) wurde das Meter definiert als der 40millionste Teil eines Erdmeridians, seit 1875 durch den Strichabstand auf einem im Internationalen Büro für

Gewichte und Maße in Sevres bei Paris aufbewahrten Platin-Iridium-Normalstab (*Urmeter*). 1960 wurde das Meter als das 1 650 763,73fache der Wellenlänge der von den Atomen des Kryptonisotops $^{86}_{36}Kr$ beim Übergang vom Zustand 5 d_5 zum Zustand 2 p_{10} im Vakuum ausgesandten orangeroten Spektrallinie definiert, und seit 1983 beruht die Definition auf der Festlegung des Wertes für die Lichtgeschwindigkeit auf exakt 299 792 458 m/s: Das Meter ist die Länge der Strecke, die Licht im leeren Raum während des Intervalls von (1/299 792 458) Sekunden durchläuft.

Kilogramm: 1 Kilogramm ist definiert als die Masse eines im Internationalen Büro für Gewichte und Maße in Sevres bei Paris aufbewahrten Platin-Iridium-Zylinders (*Urkilogramm*) und wurde ursprünglich der Masse von 1 Liter reinem Wasser bei 4 °C gleichgesetzt. Die Tatsache, dass das Volumen von 1 kg Wasser bei 4 °C in Wirklichkeit nicht 1000, sondern 1000,028 cm^3 beträgt, gab dann 1964 Veranlassung, unter 1 Liter nicht mehr das Volumen von 1 kg Wasser bei 4 °C, sondern das Volumen von 1000 cm^3 zu verstehen.

Sekunde: Unter 1 Sekunde verstand man früher die aus der Erdumdrehung gewonnene „*Weltzeitsekunde*", die gleich dem 86 400sten Teil des mittleren Sonnentages ist. Sie wurde dann, um sich von den Schwankungen der Erdumdrehung unabhängig zu machen, 1956 als der 31 556 925,9747te Teil eines (seinerseits genau definierten) tropischen Sonnenjahres definiert. Seit 1967 definiert man die Sekunde noch genauer als das 9 192 631 770fache der Periodendauer der dem Übergang zwischen den beiden Hyperfeinstrukturniveaus des Grundzustandes von Atomen des Caesiumisotops $^{133}_{55}Kr$ entsprechenden Strahlung (*Atomsekunde*).

Ampere: Als 1 Ampere wurde ursprünglich (seit 1908) eine Stromstärke von 1 Coulomb/Sekunde bezeichnet. 1948 wurde diese Definition wie folgt präzisiert: 1 Ampere ist die Stärke eines elektrischen Stroms, der beim Fluss durch zwei im Vakuum parallel im Abstand von 1 m voneinander angeordnete und genauer definierte Leiter zwischen diesen je 1 m Länge des Doppelleiters eine Kraft von 2×10^{-7} N hervorruft.

Kelvin: 1 Kelvin ist der 273,16te Teil der Differenz zwischen der Temperatur des absoluten Nullpunktes der Thermodynamik und der absoluten Temperatur des Tripelpunktes von reinem Wasser. Nach einer 1967 erfolgten internationalen Übereinkunft soll der bis dahin übliche Zusatz Grad (°) bei der Angabe der Kelvintemperaturen entfallen.

Candela: 1 Candela ist die Lichtstärke, mit der 1/600 000 Quadratmeter der Oberfläche eines schwarzen Strahlers bei der Temperatur des beim Druck von 101 325 Pa erstarrenden Platins senkrecht zu seiner Oberfläche leuchtet.

Mol: Unter 1 Mol eines Stoffs verstand man ursprünglich eine numerisch der relativen Molekülmasse dieses Stoffes entsprechende Masse in Gramm. Seit 1969 bedeutet 1 Mol die Stoffmenge eines Systems gegebener Zusammensetzung, die aus ebensovielen Teilchen (Atome, Moleküle, Ionen, Elektronen, Protonen, Radikale, Formeleinheiten, Photonen usw.) besteht, wie C-Atome in genau 12 g des Kohlenstoffisotops $^{12}_{6}C$ enthalten sind.

9.2.2 Größen, Größenzeichen, Einheiten, Einheitenzeichen, Beziehungen und Umrechnungsfaktoren [37, 38]

Größen	Zeichen	SI-Einheiten gesetzlich zugelassene Einheiten außerhalb des SI (kursiv) Namen, Zeichen	Beziehungen	ältere, nicht mehr zugelassene Einheiten, Zeichen und Umrechnungsfaktoren	Bemerkungen, in Klammern Hinweise zur Formelsammlung auf Seite 355 ff.
Absorptionsgrad	α				(27)
Äquivalentdosis	Dq	$J \cdot kg^{-1}$			
Äquivalentdosisrate, Äquivalentdosisleistung	$\dot{D}q$	$W \cdot kg^{-1}$			
Äquivalentleitfähigkeit, molare Leitfähigkeit	Λ	$S \cdot cm^2 \cdot mol^{-1}$ ($\Omega^{-1} \cdot cm^2 \cdot mol^{-1}$)			(51)
Aktivität einer radioaktiven Substanz	A	Becquerel, Bq	$1\ Bq = 1\ s^{-1}$	Curie, 1 ci = $3{,}7 \cdot 10^{10} \cdot s^{-1}$	
Arbeit (mechanisch)	W	Joule, J	$1\ J = 1\ Nm = 1\ kg \cdot m^2 \cdot s^{-2}$ $= 1\ W \cdot s = 1\ V \cdot A \cdot s$	Erg, 1 erg = 10^{-7} J	(14)
Atommasse, relative	A_r				
Ausdehnungskoeffizient (thermisch) Längenausdehnungskoeffizient	α	K^{-1}			(72)
Volumenausdehnungs-koeffizient	γ	K^{-1}			(73)
Beleuchtungsstärke	E	Lux, lx	$1\ lx = 1\ lm \cdot m^{-2}$ $= 1\ cd \cdot sr \cdot m^{-2}$	Nox, nx 1 nx = 10^{-3} lx Phot, ph 1 ph = 10^4 lx	(24)
Beschleunigung	a, g	$m \cdot s^{-2}$			(6)

Größen	Zeichen	SI-Einheiten gesetzlich zugelassene Einheiten außerhalb des SI (kursiv) Namen, Zeichen	Beziehungen	ältere, nicht mehr zugelassene Einheiten, Zeichen und Umrechnungsfaktoren	Bemerkungen, in Klammern Hinweise zur Formelsammlung auf Seite 355 ff.
Blindleistung		Watt, W			
Brechkraft optischer Systeme, reziproke Länge		*Dioptrie*, dpt	$1\,\text{dpt} = \frac{1}{\text{m}}$		
Brennwert, – spezifischer – molarer – volumenbezogener	 H_0 $H_{0,\,\text{m}}$ $H_{0,\,\text{n}}$	 $\text{kJ} \cdot \text{kg}^{-1}$ $\text{kJ} \cdot \text{mol}^{-1}$ $\text{kJ} \cdot \text{m}^{-3}$			
Dehnung, relative Längenänderung	ε				$\varepsilon = \frac{\Delta l}{l}$
Dichte	ρ_t	$\text{kg} \cdot \text{m}^{-3}$, $\text{kg} \cdot \text{dm}^{-3}$, $\text{g} \cdot \text{cm}^{-3}$			(102) vgl. Kapitel 6.3
Dielektrizitätskonstante (absolute)	ε	$\text{A}^2 \cdot \text{s}^4 \cdot \text{m}^{-3} \cdot \text{kg}^{-1}$			(40)
Dipolmoment (elektrisches)	p, p_e	$\text{C} \cdot \text{m}$			(41)
Dissoziationsgrad	α				(52)
Dissoziationskonstante	K	$\text{mol} \cdot \text{l}^{-1}$			(53)
Drehimpuls, Drall	P	$\text{N} \cdot \text{m} \cdot \text{s} \cdot \text{rad}$			(9)
Drehmoment	M	N·m, J			(7)
Drehung, spezifische	$[\alpha]_\lambda^t$	$\text{Grad} \cdot \text{dm}^{-1} \cdot \text{g}^{-1} \cdot \text{ml}$			(32)
Drehzahl	n	$2\,\pi\,\text{rad} \cdot \text{s}^{-1}$, s^{-1}			

Druck	p	Pascal, Pa *Bar*, bar	1 Pa = 1 N · m^{-2} 1 bar = 10^{5} Pa	technische Atmosphäre, at physikalische Atmosphäre, atm Meter Wassersäule, mWS, mm WS Millimeter Quecksilbersäule, mmHg; Torr	(12)
Elastizitätsmodul	E	Pa, bar			$E = \frac{\sigma}{\varepsilon} = \frac{\text{Spannung}}{\text{Dehnung}}$
Elektrizitätsmenge, Ladung	Q	Coulomb, C	1 C = 1 A · s = 1 J · V^{-1}		
Energie, – potentielle – kinetische – innere Energie	E E_p E_k U	Joule, J *Elektronenvolt*, eV	1 J = 1 N · m = 1 kg · m^{2} · s^{-2} 1 J = 1 W · s 1 eV = 1,60219 · 10^{-19} J	Kalorie, cal Kilokalorien, kcal 1 cal = 4,1868J	(2) (77)
Energiedosis	D	Gray, Gy	1 Gy = 1 J · kg^{-1}	Rad, 1 rd = 0,01 J · kg^{-1} Rem, 1 rem = 0,01 J · kg^{-1}	
Energiedosisrate, Energiedosisleistung	$\dot{D}$	Gy · s^{-1}	1 Gy · s^{-1} = 1 W · kg^{-1}		
Enthalpie, freie Enthalpie	H G	Joule, J		Kalorie, cal	(78)
Entropie Normal-Entropie (25 °C, 1013,25 mbar)	S S_{298}	J · K^{-1}		cal · grad^{-1}	(79)
Extinktion	E				(29)
Extinktionskoeffizient, – molarer – spezifischer	 $\varepsilon(\lambda)$ $\varepsilon_{sp}(\lambda)$	 cm^{-1} · l · mol^{-1} cm^{-1} · l · g^{-1}			 (29)
Fallbeschleunigung	g	m · s^{-2}		Gal, 1 gal = 0,01 m · s^{-2}	

Größen	Zeichen	SI-Einheiten gesetzlich zugelassene Einheiten außerhalb des SI (kursiv) Namen, Zeichen	Beziehungen	ältere, nicht mehr zugelassene Einheiten, Zeichen und Umrechnungsfaktoren	Bemerkungen, in Klammern Hinweise zur Formelsammlung auf Seite 355 ff.
Feldstärke, – elektrische – magnetische	 E H	 $V \cdot m^{-1}$ $A \cdot m^{-1}$	$1\ V \cdot m^{-1} = 1\ m \cdot kg \cdot s^{-3} \cdot A^{-1}$ $= 1\ W \cdot A^{-1} \cdot m^{-1}$	Oersted, Oe $1\ Oe = \frac{10^3}{4\pi} A \cdot m^{-1}$	
Fläche, – allgemein – Querschnitt	 A S	m^2 *Ar*, a *Hektar*, ha	$1\ a = 100\ m^2$ $1\ ha = 100\ a$	Quadratmeter, qm -kilometer, qkm -dezimeter, qdm -zentimeter, qcm -millimeter, qmm	
Fluss, magnetischer	Φ	Weber, Wb (Voltsekunde, Vs)	$1\ Wb = 1\ Vs = 1\ W \cdot s \cdot A^{-1}$ $= 1\ kg \cdot m^2 \cdot s^{-2} \cdot A^{-1}$	Maxwell, M(Mx) $1\ M = 10^{-8}\ Wb$	
Flussdichte, – elektrische – magnetische	 D B	 $C \cdot m^{-2}$ Tesla, T	$1\ T = 1\ Wb \cdot m^{-2} = 1\ V \cdot s \cdot m^{-2}$ $= 1\ kg \cdot s^{-2} \cdot A^{-1}$	Gauß, G $1\ G = 10^{-4}\ T$	
Frequenz	ν	Hertz, Hz, s^{-1}		$\nu = \frac{1}{T}$	
Geschwindigkeit	u, υ	$m \cdot s^{-1}$, $km \cdot h^{-1}$			(5)
Gewichtskraft	G, F	Newton, N	$1\ N = 1\ kg \cdot m \cdot s^{-2}$	Kilopond, kp 1 kp = 9,80665 N	(1)
Gleichgewichtskonstante	K				(83)

Heizwert, – spezifischer – molarer – volumenbezogener	 H_u $H_{u,m}$ $H_{u,n}$	 $J \cdot kg^{-1}$ $J \cdot mol^{-1}$ $J \cdot m^{-3}$			
Impuls	p	$N \cdot s$	$1\ N \cdot s = 1\ kg \cdot m\ s^{-1}$		(3)
Induktion					siehe Flussdichte, magnetische
Induktivität, – elektrische – elektromagnetische	L	Henry, H	$1\ H = 1\ Wb \cdot A^{-1} = 1\ V \cdot s \cdot A^{-1}$ $= W \cdot s \cdot A^{-2} = 1\ \Omega \cdot s$	internationales Henry, H_{int} $1\ H_{int} = 1{,}00049\ H$	
Ionendosis	J	$C \cdot kg^{-1}$		Röntgen, R $1\ R = 2{,}58 \cdot 10^{-4}\ C \cdot kg^{-1}$	
Kapazität, elektrische	C	Farad, F	$1\ F = 1\ C \cdot V^{-1} = 1\ A^2 \cdot s \cdot W^{-1}$ $= 1\ kg^{-1} \cdot s^4 \cdot A^2 \cdot m^{-2}$	internationales Farad, F_{int} $1\ F_{int} = \frac{1}{1{,}00049}\ F$	(47)
Kompressibilität	κ	Pa^{-1}			
Kraft	F	Newton, N	$1\ N = 1\ kg \cdot m \cdot s^{-2}$	Kilopond, Kp $1\ kp = 9{,}80665\ N$ Dyn, dyn $1\ dyn = 10^{-5}\ N$	(1)
Ladung					siehe Elektrizitätsmenge
Länge, Weg, Höhe	l, s r, h	Meter, m		Ångström, Å $1\ Å = 10^{-10}\ m$	
Leitfähigkeit, längenbezogene	κ	$S \cdot cm^{-1}$	$1\ S \cdot cm^{-1} = 1\ \Omega^{-1} \cdot cm^{-1}$		(50)
Leitwert, – elektrischer – magnetischer	 G Λ	 Siemens, S Henry, H	 $1\ S = 1\ \Omega^{-1}$		

Größen	Zeichen	SI-Einheiten gesetzlich zugelassene Einheiten außerhalb des SI (kursiv) Namen, Zeichen	Beziehungen	ältere, nicht mehr zugelassene Einheiten, Zeichen und Umrechnungsfaktoren	Bemerkungen, in Klammern Hinweise zur Formelsammlung auf Seite 355 ff.
Leistung	P	Watt, W	$1\ W = 1\ kg \cdot m^2 \cdot s^{-3}$ $= 1\ J \cdot s^{-1} = 1\ V \cdot A$	$1\ W_{int} = 1{,}00019\ W$ Pferdestärke, PS 1 PS = 735,498775 W	(15)
Leuchtdichte	L_v	$cd \cdot m^{-2}$		Stilb, sb $1\ sb = 10^4\ cd \cdot m^{-2}$	
Lichtausstrahlung, spezifische	R	$lm \cdot cm^{-2}$			
Lichtmenge	Q	$lm \cdot h$			$Q = \int \Phi\ dt$
Lichtstärke	I	Candela, cd		Hefnerkerze, HK 1 HK = 0,903 cd internationale HK bzw. IK 1 IK = 1,019 cd	(23)
Lichtstrom, – eindringender Anteil – reflektierter Anteil – absorbierter Anteil – durchgelassener Anteil	Φ Φ_e Φ_r Φ_a Φ_{tr}	Lumen, lm	$1\ lm = 1\ cd \cdot sr$		 (25) (27) (28)
Löslichkeitsprodukt	L				(61)
Masse	m	Kilogramm, kg Gramm, g Tonne, t *atomare Masseneinheit*, u *metrisches Karat*, Kt	 $1\ g = 10^{-3}\ kg$ $1\ t = 10^3\ kg$ $1\ u = 1{,}66053 \cdot 10^{-27}\ kg$ $1\ Kt = 0{,}2 \cdot 10^{-3}\ kg = 0{,}2\ g$		
Massenanteil	w	$kg \cdot kg^{-1}$, %			(104)
Massenkonzentration	β	$kg \cdot m^{-3}$, $g \cdot l^{-1}$			(99)

Massenstrom, Massendurchfluss	m, qm	$kg \cdot s^{-1}$			
Massenträgheitsmoment	J	$kg \cdot m^2$, $g \cdot m^2$, $t \cdot m^2$			
Molalität	$b(X)$	$mol \cdot kg^{-1}$			(100)
Molare Masse	$M(X)$	$kg \cdot mol^{-1}$, $g \cdot mol^{-1}$			(92)
Molarität					siehe Stoffmengen-konzentration
Molekülmasse, relative	$M_r(X)$				
Molwärme	C_p, C_v				siehe Wärmekapazität
Normalität					siehe Stoffmengen-konzentration von Äquivalenten
Oberflächenspannung	γ, σ	$mN \cdot m^{-1}$	$1\ mN \cdot m^{-1} = 1\ g \cdot s^{-2}$	$1\ dyn \cdot cm^{-1}$	
Osmotischer Druck	π	*Pascal*, Pa *Bar*, bar			(90)
Potenzial, – elektrisches – chemisches	 U, E μ	 Volt. V $J \cdot mol^{-1}$			
Radius	r	Meter, m			
Spannung, mechanische	σ	$N \cdot m^{-2}$, Pa			
Spannungskoeffizient	α_p	K^{-1}			
Spannung, elektrische Potenzialdifferenz	U, E	Volt, V	$1\ V = 1\ W \cdot A^{-1}$ $= 1\ kg \cdot m^2 \cdot s^{-3} \cdot A^{-1}$	internationales Volt, V_{int} $1\ V_{int} = 1{,}00034\ V$	
Stoffmenge	$n(X)$	Mol, mol			früher Molmenge (91)

Größen	Zeichen	SI-Einheiten gesetzlich zugelassene Einheiten außerhalb des SI (kursiv) Namen, Zeichen	Beziehungen	ältere, nicht mehr zugelassene Einheiten, Zeichen und Umrechnungsfaktoren	Bemerkungen, in Klammern Hinweise zur Formelsammlung auf Seite 355 ff.
Stoffmengenanteil	$x(\mathrm{X})$	$\mathrm{mol \cdot mol^{-1}}$, %			früher Molenbruch (104)
Stoffmengenkonzentration	$c(\mathrm{X})$	$\mathrm{mol \cdot 1^{-1}}$		Molarität, M	(97)
– bezogen auf Äquivalente	$c\left(\frac{1}{z^*}X\right)$	$\mathrm{mol \cdot 1^{-1}}$		Normalität, N $1\ \mathrm{val \cdot 1^{-1}}$	z^*: Äquivalentzahl vgl. Kap. 3.1.1
Stromdichte, elektrische	G	$\mathrm{A \cdot m^{-2}}$			
Stromstärke, elektrische	I	Ampere, A	$1\ \mathrm{A} = 1\mathrm{C \cdot s^{-1}}$	internationales Ampere, $\mathrm{A_{int}}$ $1\ \mathrm{A_{int}} = \frac{1}{1{,}00049}\ \mathrm{A}$	(42)
Temperatur	T, Θ t, θ	*Kelvin*, K *Grad Celsius*, °C			(70)
Titer	t				vgl. Kap. 3.1.3
Verdampfungswärme, – spezifische – molare	 r	 $\mathrm{J \cdot kg^{-1}}$, $\mathrm{J \cdot g^{-1}}$ $\mathrm{J \cdot mol^{-1}}$			
Viskosität, – dynamische – kinematische	 η ν	 $\mathrm{Pa \cdot s}$ $\mathrm{m^2 \cdot s^{-1}}$	 $1\ \mathrm{Pa \cdot s} = 1\ \mathrm{N \cdot s \cdot m^{-2}}$ $= 1\ \mathrm{kg \cdot s^{-1} \cdot m^{-1}}$	 η: Poise, P, $1\ \mathrm{P} = 0{,}1\ \mathrm{Pa \cdot s}$ ν: Stokes, St, $1\ \mathrm{St} = 1\ \mathrm{cm^2 \cdot s^{-1}}$	 (19) (20)
Volumen	V	Kubikmeter, $\mathrm{m^3}$ *Liter*, l	 $1\ \mathrm{l} = 10^{-3}\ \mathrm{m^3} = 1\ \mathrm{dm^3}$	Festmeter, Fm Raummeter, Rm	
Volumen, spezifisches	υ	$\mathrm{m^3 \cdot kg^{-1}}$, $\mathrm{l \cdot kg^{-1}}$			
Volumenanteil	φ	$\mathrm{l \cdot l^{-1}}$, %			(105)

Volumenausdehnungs-koeffizient	γ				siehe Ausdehnungskoeffizient kubisch
Volumenkonzentration	σ	$l \cdot m^{-3}$, $ml \cdot l^{-1}$			(99)
Volumenstrom, Volumenfluss	V q_v	$m^3 \cdot s^{-1}$, $l \cdot s^{-1}$			
Wärmekapazität,	C	$J \cdot K^{-1}$		$kcal \cdot grd^{-1}$	(74)
– molare, Molwärme	C_m	$J \cdot mol^{-1} \cdot K^{-1}$		$kcal \cdot mol^{-1} \cdot grd^{-1}$	(82)
– bei p = konst. – bei u = konst.	C_{mp} C_{mv}				
– spezifische	c	$J \cdot kg^{-1} \cdot K^{-1}$		$kcal \cdot kg^{-1} \cdot grd^{-1}$	(75)
Wärmeleitfähigkeit	λ	$W \cdot K^{-1} \cdot m^{-1}$		$1\ W \cdot K^{-1} \cdot m^{-2}$ $= 0{,}86 \cdot kcal \cdot m^{-2} \cdot h^{-1} \cdot grd^{-1}$	
Wärmemenge	Q	Joule, J			
Wärmestrom	Φ	Watt, W			
Wärmeübergangskoeffizient	α	$W \cdot K^{-1} \cdot m^{-2}$			
Wellenlänge	λ	m, nm, pm			
Widerstand, – elektrischer	R	Ohm, Ω	$1\ \Omega = 1\ V \cdot A^{-1}$ $= 1\ kg \cdot m^2 \cdot s^{-3} \cdot A^{-2}$	internationales Ohm, Ω_{int} $1\ \Omega_{int} = 1{,}00049\ \Omega$	(43, 44)
– spezifischer	ϱ	$\Omega \cdot mm^2 \cdot m^{-1}$			(44)
Winkel, ebener	α, β, γ …	Radiant, rad	$1\ rad = 1 \frac{m}{m}\ 57{,}296\ °$		
		Vollwinkel	1 Vollwinkel = $2\ \pi$ rad = 360 °		
		Rechter Winkel, L	$1\ L = \frac{1}{2} \pi\ rad = 90°$		
		Grad, °	$1° = \frac{\pi}{180} \cdot rad$		
		Minute, ′	$1' = \frac{1°}{60}$		
		Sekunde, ″	$1'' = \frac{1'}{60}$		
– räumlicher		Steradiant, sr			

Größen	Zeichen	SI-Einheiten gesetzlich zugelassene Einheiten außerhalb des SI (kursiv) Namen, Zeichen	Beziehungen	ältere, nicht mehr zugelassene Einheiten, Zeichen und Umrechnungsfaktoren	Bemerkungen, in Klammern Hinweise zur Formelsammlung auf Seite 355 ff.
Winkelbeschleunigung	ω	$\text{rad} \cdot \text{s}^{-2}$			(7, 11)
Winkelgeschwindigkeit	ω	$\text{rad} \cdot \text{s}^{-1}$			(8, 9, 10, 11)
Wirkung	H	$\text{kg} \cdot \text{m}^2 \cdot \text{s}^{-1}$			
Wirkungsgrad	η	%			(17)
Zeit, Periodendauer	t, T	Sekunde, s			
		Minute, min	1 min = 60 s		
		Stunde, h	1 h = 60 min		
		Tag, d	1 d = 24 h		
		Jahr, a	1 a = 365 d		

9.3 Physikalische Konstanten

Größe	Symbol	Beziehung	Zahlenwert	Einheit	rel. Unsicherheit (ppm)
Avogadro-Konstante (Loschmidt-Zahl)	N_A, L		$6{,}022\,141\,29 \pm 0{,}000\,000\,54 \cdot 10^{23}$	mol^{-1}	0,59
Bohr-Radius	α_0		$0{,}529\,177\,249(24) \cdot 10^{-10}$	m	0,045
Boltzmann-Konstante (Entropie)	k	$k = R/N_A$	$1{,}380\,658(12) \cdot 10^{-23}$	$J \cdot K^{-1}$	8,5
Elektrische Elementarladung eines Elektrons	e		$1{,}602\,177\,33(49) \cdot 10^{-19}$	C	0,30
Energieäquivalent der Ruhemasse, $m = 1$ g	E	$E = m \cdot c^2$	$8{,}987\,555 \cdot 10^{13}$	J	8,8
Faraday-Konstante	F	$F = N_A \cdot e$	$96\,485{,}309(29)$	$C \cdot mol^{-1}$	0,30
Feinstruktur-Konstante	α		$7{,}297\,353\,08(33) \cdot 10^{-3}$		0,045
Feldkonstante, elektrische	ε_0		$8{,}854\,187\,817 \ldots \cdot 10^{-12}$	$F \cdot m^{-1}$	exakt
Gaskonstante, molare	R		$8{,}314\,4621(75)$	$J \cdot mol^{-1} K^{-1}$	
Gravitationskonstante	G		$6{,}672\,59(85) \cdot 10^{-11}$	$m^3\, kg^{-1}\, s^{-2}$	128
Lichtgeschwindigkeit im Vakuum	c		$2{,}997\,924\,58 \cdot 10^{8}$	$m \cdot s^{-1}$	exakt
Masseneinheit, atomare	u	$u = 10^{-3}\ kg \cdot mol^{-1}/N_A$	$1{,}660\,540\,2(10) \cdot 10^{-27}$	kg	0,59
Massenverhältnis Proton/Elektron	m_p/m_e		$1836{,}152\,701(37)$		0,020
Normvolumen, molares (ideales Gas, $T_0 = 273{,}15$ K, $p_0 = 1013{,}25$ mbar)	$V_{mn}(X)$	$V_m = R \cdot T_0/p_0$	$22\,414{,}10(19)$	$cm^3\, mol^{-1}$	8,4
Planck-Konstante (Wirkungsquantum)	h		$6{,}626\,075\,5(40) \cdot 10^{-34}$	$J \cdot s$	0,60
Ruhemasse des Elektrons	m_e		$9{,}109\,389\,7(54) \cdot 10^{-31}$	kg	0,59
			$5{,}485\,799\,03(13) \cdot 10^{-4}$	u	0,023
Ruhemasse des Neutrons	m_n		$1{,}674\,928\,6(10) \cdot 10^{-27}$	kg	0,59
			$1{,}008\,664\,904(14)$	u	0,014
Ruhemasse des Protons	m_p		$1{,}672\,623\,1(10) \cdot 10^{-27}$	kg	0,59
			$1{,}007\,276\,470(12)$	u	0,012
Rydberg-Konstante	R_∞		$10\,973\,731{,}534(13)$	m^{-1}	0,0012
Stefan-Boltzmann-Konstante	σ	$(\pi^2/60)k^4/\hbar^3 c^2$	$5{,}670\,51(19) \cdot 10^{-8}$	$W \cdot m^{-2} \cdot K^{-4}$	34
Spezifische Ladung des Elektrons	$-e/m_e$		$-1{,}758\,819\,62(53) \cdot 10^{11}$	$C \cdot kg^{-1}$	0,30
v. Klitzing Konstante	R_K		$25\,812{,}807\,4434$	Ω	34

9.4 Dimensionslose Kennzahlen

Bezeichnung	Symbol	Definition	Bedeutung der Faktoren
Bodenstein-Zahl (Diffusion und Strömung)	*Bo*	$\upsilon l D^{-1}$	υ lineare Geschwindigkeit, l Länge, D Diffusionskoefffzient
Damköhler-Zahl (Statische Umsetzung)	Da_l	$U l \upsilon^{-1}$	U Reaktionsgeschwindigkeit, l Länge, υ lineare Geschwindigkeit
Euler-Zahl (Strömung)	*Eu*	$p \rho^{-1} \upsilon^{-2}$	p Druck, ρ Dichte, υ lineare Geschwindigkeit
Fourier-Zahl (Wärmefluss)	*Fo*	$a \Delta t\, l^{-2}$	a Temperaturleitfähigkeit, Δt Zeitspanne, l Länge
Fourier-Zahl (Stofffluss)	*Fo**	$D \Delta t\, l^{-2}$	D Diffusionskoeffizient, Δt Zeitspanne, l Länge
Froude-Zahl (Strömung)	*Fr*	$\upsilon l - \frac{1}{2} g - \frac{1}{2}$	υ Geschwindigkeit, l Länge, g Fallbeschleunigung
Grashof-Zahl (Konvektion)	*Gr*	$l^3 g \alpha \Delta\Theta \rho^2 \eta^{-2}$	l Länge, g Fallbeschleunigung, α Ausdehnungs-Koeffizient, $\Delta\Theta$ Temperaturdifferenz, ρ Dichte, η dynamische Viskosität
Knudson-Zahl (Vakuumströmung)	*Kn*	λl^{-1}	λ mittlere freie Weglänge, l Länge
Lewis-Zahl (Stoff- und Wärmefluss)	*Le*	$a D^{-}$	a Temperaturleitfähigkeit, D Diffusionskoeffizient
Mach-Zahl	*Ma*	υc^{-1}	υ lineare Geschwindigkeit, c Schallgeschwindigkeit
Nusselt-Zahl (Wärmefluss)	*Nu*	$l h k^{-1}$	l Länge, h Wärmedurchgangskoeffizient, k Wärmeleitfähigkeit
Nusselt-Zahl (Stofffluss)	*Nu**	$l k_m \rho^{-1} D^{-1}$	l Länge, k_m Stoffdurchgangskoeffizient, ρ Dichte, D Diffusionskoeffizient
Peclet-Zahl (Wärmefluss)	*Pe*	$\upsilon l a^{-1}$	υ lineare Geschwindigkeit, l Länge, a Temperaturleitfähigkeit
Peclet-Zahl (Stofffluss)	*Pe**	$\upsilon l D^{-1}$	υ lineare Geschwindigkeit, l Länge, D Diffusionskoeffizient
Prandtl-Zahl (Wärmefluss)	*Pr*	$\eta \rho^{-1} a^{-1}$	η dynamische Viskosität, ρ Dichte, a Temperaturleitfähigkeit
Rayleigh-Zahl	*Ra*	$l^3 g \alpha \Delta\Theta \rho \eta^{-1} a^{-1}$	l Länge, g Fallbeschleunigung, α thermischer Ausdehnungskoeffizient, $\Delta\Theta$ Temperaturdifferenz, ρ Dichte, η dynamische Viskosität, a Temperaturleitfähigkeit
Reynolds-Zahl (Strömung)	*Re*	$\rho \upsilon l \eta^{-1}$	ρ Dichte, l Länge, υ lineare Geschwindigkeit, η dynamische Viskosität
Schmidt-Zahl (Strömung und Diffusion)	*Sc*	$\eta \rho^{-1} D^{-1}$	η dynamische Viskosität, ρ Dichte, D Diffusionskoeffizeint
Strouhal-Zahl (Wirbel)	*Sr*	$l \nu \upsilon^{-1}$	l Länge, ν Frequenz, υ lineare Geschwindigkeit
Stanton-Zahl (Wärmefluss)	*St*	$h \rho^{-1} \upsilon^{-1} c_p^{-1}$	h Wärmedurchgangskoeffizeint, ρ Dichte, υ lineare Geschwindigkeit, c_p spezifische Wärme
Stanton-Zahl (Stofffluss)	*St**	$k_m \rho^{-1} \upsilon^{-1}$	k_m Stoffdurchgangskoeffizient, ρ Dichte, υ lineare Geschwindigkeit
Weber-Zahl (Blasenbildung)	*We*	$\rho \upsilon^2 l \gamma^{-1}$	ρ Dichte, υ lineare Geschwindigkeit, l Länge, γ Oberflächenspannung.

9.5 Umrechnungstabellen und Umrechnungsfaktoren

9.5.1 Geschwindigkeit, Durchsatzgeschwindigkeit

Geschwindigkeit.

		cm/s	km/h	in/s	ft/s	ft/min	mi/h
1 cm/s	=	1	$3{,}600 \cdot 10^{-2}$	0,3937	$3{,}281 \cdot 10^{-2}$	1,968	$2{,}237 \cdot 10^{-2}$
1 km/h	=	27,78	1	10,94	0,9113	54,68	0,6214
1 in/s	=	2,540	$9{,}143 \cdot 10^{-2}$	1	$8{,}333 \cdot 10^{-2}$	5	$5{,}682 \cdot 10^{-2}$
1 ft/s	=	30,48	1,097	12	1	60	0,6818
1 ft/min	=	0,5080	$1{,}829 \cdot 10^{-2}$	0,2000	$1{,}667 \cdot 10^{-2}$	1	$1{,}136 \cdot 10^{-2}$
1 mi/h	=	44,70	1,609	17,60	1,467	88	1

Durchsatzgeschwindigkeit.

		l/s	gal/min	ft^3/s	ft^3/min	bbl/h	bbl/d
1 l/s	=	1	15,85	$3{,}531 \cdot 10^{-2}$	2,119	22,66	543,8
1 gal/min	=	$6{,}308 \cdot 10^{-2}$	1	$2{,}228 \cdot 10^{-3}$	0,1337	1,429	34,30
1 ft^3/s	=	28.32	448,8	1	60	641,1	$1{,}54 \cdot 10^{4}$
1 ft^3/min	=	0,4719	7,481	$1{,}667 \cdot 10^{-2}$	1	10,69	256,5
1 bbl/h	=	$4{,}415 \cdot 10^{-2}$	0,6997	$1{,}56 \cdot 10^{-3}$	$9{,}359 \cdot 10^{-2}$	1	24
1 bbl/d	=	$1{,}84 \cdot 10^{-3}$	$2{,}917 \cdot 10^{-2}$	$6{,}50 \cdot 10^{-5}$	$3{,}90 \cdot 10^{-3}$	$4{,}167 \cdot 10^{-2}$	1

1 Barrel (bbl) Erdöl = 42 US-Gallonen = 159 Liter

9.5.2 Leistung, Wäremestrom, Energie, Wärme, Arbeit

Leistung, Wärmestrom.

	W	kW	PS	HP	kcal/h
1 W = 1 J/s = 1 Nm/s =	1	10^{-3}	$1{,}35962 \cdot 10^{-3}$	$1{,}34102 \cdot 10^{-3}$	0,859845
1 kW =	10^{3}	1	1,35962	1,34102	859,845
1 PS =	735,499	0,735499	1	0,986	632,416
1 HP = 550 lbf · ft/s =	745,7	0,7458	1,0138	1	641,197
1 kcal/h =	1,1630	$1{,}1630 \cdot 10^{-3}$	$1{,}58124 \cdot 10^{-3}$	$1{,}55958 \cdot 10^{-3}$	1

Energie, Wärme, Arbeit.

		Joule (J) = N · m = Ws = 10^7 erg	**mkp**	**1 atm[a]**	**PSh**	**kWh**	**$kcal_{IT}$[b]**	**eV**
1 J	=	1	0,10197	0,986896 $\cdot 10^{-2}$	3,77673 $\cdot 10^{-7}$	2,777778 $\cdot 10^{-7}$	2,38844 $\cdot 10^{-4}$	0,6242 $\cdot 10^{19}$
1 mkp	=	9,80665	1	0,967814 $\cdot 10^{-1}$	3,70370 $\cdot 10^{-5}$	2,72407 $\cdot 10^{-6}$	2,34225 $\cdot 10^{-3}$	0,61214 $\cdot 10^{20}$
1 l atm[a]	=	1,013278 $\cdot 10^{2}$	1,033256 $\cdot 10^{1}$	1	3,82688 $\cdot 10^{-5}$	2,81466 $\cdot 10^{-5}$	2,42015 $\cdot 10^{-2}$	
1 PSh	=	2,6478 $\cdot 10^{6}$	2,700000 $\cdot 10^{5}$	2,6131 $\cdot 10^{4}$	1	0,7355	6,3241 $\cdot 10^{2}$	
1 kWh	=	3,600000 $\cdot 10^{6}$	3,670978 $\cdot 10^{5}$	3,55282 $\cdot 10^{4}$	1,35962	1	8,5984 $\cdot 10^{2}$	2,24715 $\cdot 10^{25}$
1 $kcal_{IT}$[b]	=	4,18684 $\cdot 10^{3}$	4,2694 $\cdot 10^{2}$	4,13198 $\cdot 10^{1}$	1,58126 $\cdot 10^{-3}$	1,16301 $\cdot 10^{-3}$	1	2,61343 $\cdot 10^{22}$
1 eV	=	1,60203 $\cdot 10^{-19}$	1,6336 $\cdot 10^{-20}$	1,5810 $\cdot 10^{-21}$	6,0504 $\cdot 10^{-26}$	4,4501 $\cdot 10^{-26}$	3,8264 $\cdot 10^{-23}$	1

a Physikalische Atmosphäre (atm) = $1{,}01325 \cdot 10^5\ N \cdot m^{-2}$.
b Internationale Dampftafel.

9.5.3 Molare Gaskonstante

R in $pV = nRT$; $R = \frac{pV}{nT}$.

Zahlenwert der Gaskonstanten *R*	**Einheiten für**		
	p · V	**T^{-1}**	**n^{-1}**
8,3144621	J	K^{-1}	mol^{-1}
0,84781	kp · m	K^{-1}	mol^{-1}
0,08314472	l · bar	K^{-1}	mol^{-1}
0,0820562	l · atm	K^{-1}	mol^{-1}
1,98582	cal_{IT}	K^{-1}	mol^{-1}
$2{,}3095 \cdot 10^{-6}$	kWh	K^{-1}	mol^{-1}
62,58	mm Hg · l	K^{-1}	mol^{-1}
0,08478	$kg \cdot cm^{-2} \cdot l$	K^{-1}	mol^{-1}
$8{,}317 \cdot 10^{7}$	erg	K^{-1}	mol^{-1}

$R \cdot \ln x = 4{,}57252 \cdot \lg x$ (R in $cal_{IT} \cdot K^{-1} \cdot mol^{-1}$)
$R \cdot \ln x = 19{,}14438 \cdot \lg x$ (R in $J \cdot K^{-1} \cdot mol^{-1}$)

9.5.4 Druck

		Pa	bar	mbar	atm (760 Torr)
1 Pa	=	1	10^{-5}	10^{-2}	$0{,}9869 \cdot 10^{-5}$
1 bar	=	10^{5}	1	10^{3}	0,9869
1 mbar	=	10^{2}	10^{-3}	1	$0{,}9869 \cdot 10^{-3}$
1 atm	=	$1{,}01325 \cdot 10^{5}$	1,01325	$1{,}01325 \cdot 10^{3}$	1
1 at (kp/cm^2)	=	$0{,}9807 \cdot 10^{5}$	0,9807	$0{,}9807 \cdot 10^{3}$	0,9678
1 Torr (mm Hg)	=	$1{,}3332 \cdot 10^{2}$	$1{,}3332 \cdot 10^{-3}$	1,33322	$1{,}316 \cdot 10^{-3}$
1 mWS	=	$9{,}790 \cdot 10^{3}$	$9{,}790 \cdot 10^{-2}$	97,90	$9{,}661 \cdot 10^{-2}$
1 kp/m^2	=	9,807	$9{,}807 \cdot 10^{-5}$	$9{,}807 \cdot 10^{-2}$	$9{,}678 \cdot 10^{-5}$
1 p/cm^2	=	$9{,}807 \cdot 10^{1}$	$9{,}807 \cdot 10^{-4}$	0,9807	$9{,}678 \cdot 10^{-4}$

		at (kp/cm^2)	Torr (mm Hg) bei 20 °C	mWS bei 20 °C	kp/m^2
1 Pa	=	$1{,}0197 \cdot 10^{-5}$	$7{,}528 \cdot 10^{-3}$	$1{,}022 \cdot 10^{-4}$	$1{,}0197 \cdot 10^{-1}$
1 bar	=	1,0197	752,8	10,22	$1{,}0197 \cdot 10^{4}$
1 mbar	=	$1{,}0197 \cdot 10^{-3}$	0,7528	$1{,}022 \cdot 10^{-2}$	10,197
1 atm	=	1,0332	762,76	10,35	$1{,}0332 \cdot 10^{4}$
1 at (kp/cm^2)	=	1	738,2	10,02	10^{4}
1 Torr (mm Hg)	=	$1{,}359 \cdot 10^{-3}$	1,0036	$1{,}362 \cdot 10^{-2}$	13,59
1 mWS	=	$9{,}982 \cdot 10^{-2}$	73,85	1	$9{,}982 \cdot 10^{2}$
1 kp/m^2	=	10^{-4}	$7{,}382 \cdot 10^{-2}$	$1{,}002 \cdot 10^{-3}$	1

9.5.5 Temperatur

Temperaturskalen.

Symbol	Bezeichnung	Nullpunkt
°C	Grad Celsius	Eispunkt
K	Kelvin	absoluter Nullpunkt
°F	Grad Fahrenheit	minus 17,8 °C
°R	Grad Rankine oder absolute Temperatur in Fahrenheitgraden	absoluter Nullpunkt

Umrechnungsformeln.

Temperatur gegeben in	Gesucht ist die Temperatur in			
	°C	K	°F	°R
°C	°C	°C +273,15	1,8 °C +32	1,8 °C +491,4
K	K −273,15	K	1,8 K −459,4	1,8 K
°F	0,556 °F −17,8	0,556 °F +255,3	°F	°F +459,4
°R	0,556 °R −273,1	0,556 °R	°R −459,4	°R

Umrechnung von Grad Fahrenheit (°F) in Grad Celsius (°C) und umgekehrt [39]

Werden die im Druck hervorgehobenen Zahlen als Celsiusgrade genommen, so sind die rechts stehenden Zahlen die entsprechenden Fahrenheitsgrade; werden die im Druck hervorgehobenen Zahlen als Fahrenheitsgrade genommen, so sind die links stehenden Zahlen die entsprechenden Celsiusgrade.

°C		°F	°C		°F	°C		°F
−273,1	**−459,4**		−67,8	**−90**	−130	−1,67	**29**	84,2
−268	**−450**		−62,2	**−80**	−112	−1,11	**30**	86,0
−262	**−440**		−56,7	**−70**	−94	−0,56	**31**	87,8
−257	**−430**		−51,1	**−60**	−76	0	**32**	89,6
−251	**−420**		−45,6	**−50**	−58	0,56	**33**	91,4
−246	**−410**		−40,0	**−40**	−40	1,11	**34**	93,2
−240	**−400**		−34,4	**−30**	−22	1,67	**35**	95,0
−234	**−390**		−28,9	**−20**	−4	2,22	**36**	96,8
−229	**−380**		−23,3	**−10**	14	2,78	**37**	98,6
−223	**−370**		−17,8	**−0**	32	3,33	**38**	100,4
−218	**−360**		−17,2	**1**	33,8	3,89	**39**	102,2
−212	**−350**		−16,7	**2**	35,6	4,44	**40**	104,0
−207	**−340**		−16,1	**3**	37,4	5,00	**41**	105,8
−201	**−330**		−15,6	**4**	39,2	5,56	**42**	107,6
−196	**−320**		−15,0	**5**	41,0	6,11	**43**	109,4
−190	**−310**		−14,4	**6**	42,8	6,67	**44**	111,2
−184	**−300**		−13,9	**7**	44,5	7,22	**45**	113,0
−179	**−290**		−13,3	**8**	46,4	7,78	**46**	114,8
−173	**−280**		−12,8	**9**	48,2	8,33	**47**	116,6
−169	**−273**	−459,4	−12,2	**10**	50,0	8,89	**48**	118,4
−168	**−270**	−454	−11,7	**11**	51,8	9,44	**49**	120,2
−162	**−260**	−436	−11,1	**12**	53,6	10,0	**50**	122,0
−157	**−250**	−418	−10,6	**13**	55,4	10,6	**51**	123,8
−151	**−240**	−400	−10,0	**14**	57,2	11,1	**52**	125,6
−146	**−230**	−382	−9,44	**15**	59,0	11,7	**53**	127,4
−140	**−220**	−364	−8,89	**16**	60,8	12,2	**54**	129,2
−134	**−210**	−346	−8,33	**17**	62,6	12,8	**55**	131,0
−129	**−200**	−328	−7,78	**18**	64,4	13,3	**56**	132,8
−123	**−190**	−310	−7,22	**19**	66,2	13,9	**57**	134,6
−118	**−180**	−292	−6,67	**20**	68,0	14,4	**58**	136,4
−112	**−170**	−274	−6,11	**21**	69,8	15,0	**59**	138,2
−107	**−160**	−256	−5,56	**22**	71,6	15,6	**60**	140,0
−101	**−150**	−238	−5,00	**23**	73,4	16,1	**61**	141,8
−95,6	**−140**	−220	−4,44	**24**	75,2	16,7	**62**	143,6
−90,0	**−130**	−202	−3,89	**25**	77,0	17,2	**63**	145,4
−84,4	**−120**	−184	−3,33	**26**	78,8	17,8	**64**	147,2
−78,9	**−110**	−166	−2,78	**27**	80,6	18,3	**65**	149,0
−73,3	**−100**	−148	−2,22	**28**	82,4	18,9	**66**	150,8

°C		°F	°C		°F	°C		°F
19,4	**67**	152,6	100	**212**	413	349	**660**	1220
20,0	**68**	154,4	104	**220**	428	354	**670**	1238
20,6	**69**	156,2	110	**230**	446	360	**680**	1256
21,1	**70**	158,0	121	**250**	482	366	**690**	1274
21,7	**71**	159,8	116	**240**	464	371	**700**	1292
22,2	**72**	161,6	127	**260**	500	377	**710**	1310
22,8	**73**	163,4	132	**270**	518	382	**720**	1328
23,3	**74**	165,2	138	**280**	536	388	**730**	1346
23,9	**75**	167,0	143	**290**	554	393	**740**	1364
24,4	**76**	168,8	149	**300**	572	399	**750**	1382
25,0	**77**	170,6	154	**310**	590	404	**760**	1400
25,6	**78**	172,4	160	**320**	608	410	**770**	1418
26,1	**79**	174,2	166	**330**	626	416	**780**	1436
26,7	**80**	176,0	171	**340**	644	421	**790**	1454
27,2	**81**	177,8	177	**350**	662	427	**800**	1472
27,8	**82**	179,6	182	**360**	680	432	**810**	1490
28,3	**83**	181,4	188	**370**	698	438	**820**	1508
28,9	**84**	183,2	193	**380**	716	443	**830**	1526
29,4	**85**	185,0	199	**390**	734	449	**840**	1544
30,0	**86**	186,8	204	**400**	752	454	**850**	1562
30,6	**87**	188,6	210	**410**	770	460	**860**	1580
31,1	**88**	190,4	216	**420**	788	466	**870**	1598
31,7	**89**	192,2	221	**430**	806	471	**880**	1616
32,2	**90**	194,0	227	**440**	824	477	**890**	1634
32,8	**91**	195,8	232	**450**	842	482	**900**	1652
33,3	**92**	197,6	238	**460**	860	488	**910**	1670
33,9	**93**	199,4	243	**470**	878	493	**920**	1688
34,4	**94**	201,2	249	**480**	896	499	**930**	1706
35,0	**95**	203,0	254	**490**	914	504	**940**	1724
35,6	**96**	204,8	260	**500**	932	510	**950**	1742
36,1	**97**	206,6	266	**510**	950	516	**960**	1760
36,7	**98**	208,4	271	**520**	968	521	**970**	1778
37,2	**99**	210,2	277	**530**	986	527	**980**	1796
37,8	**100**	212,0	282	**540**	1004	532	**990**	1814
43	**110**	230	288	**550**	1022	538	**1000**	1832
49	**120**	248	293	**560**	1040	543	**1010**	1850
54	**130**	266	299	**570**	1058	549	**1020**	1868
60	**140**	284	304	**580**	1076	554	**1030**	1886
66	**150**	302	310	**590**	1094	560	**1040**	1904
71	**160**	320	316	**600**	1112	566	**1050**	1922
77	**170**	338	321	**610**	1130	571	**1060**	1940
82	**180**	356	327	**620**	1148	577	**1070**	1958
88	**190**	374	332	**630**	1166	582	**1080**	1976
93	**200**	392	338	**640**	1184	588	**1090**	1994
99	**210**	410	343	**650**	1202	593	**1100**	2012

°C		°F	°C		°F	°C		°F
599	**1110**	2030	849	**1560**	2840	1099	**2010**	3650
604	**1120**	2048	854	**1570**	2858	1104	**2020**	3668
610	**1130**	2066	860	**1580**	2876	1110	**2030**	3686
616	**1140**	2084	866	**1590**	2894	1116	**2040**	3704
621	**1150**	2102	871	**1600**	2912	1121	**2050**	3722
627	**1160**	2120	877	**1610**	2930	1127	**2060**	3740
632	**1170**	2138	882	**1620**	2948	1132	**2070**	3758
638	**1180**	2156	888	**1630**	2966	1138	**2080**	3776
643	**1190**	2174	893	**1640**	2984	1143	**2090**	3794
649	**1200**	2192	899	**1650**	3002	1149	**2100**	3812
654	**1210**	2210	904	**1660**	3020	1154	**2110**	3830
660	**1220**	2228	910	**1670**	3038	1160	**2120**	3848
666	**1230**	2246	916	**1680**	3056	1166	**2130**	3866
671	**1240**	2264	921	**1690**	3074	1171	**2140**	3884
677	**1250**	2282	927	**1700**	3092	1177	**2150**	3902
682	**1260**	2300	932	**1710**	3110	1182	**2160**	3920
688	**1270**	2318	938	**1720**	3128	1188	**2170**	3938
693	**1280**	2336	943	**1730**	3146	1193	**2180**	3956
699	**1290**	2354	949	**1740**	3164	1199	**2190**	3974
704	**1300**	2372	954	**1750**	3182	1204	**2200**	3992
710	**1310**	2390	960	**1760**	3200	1210	**2210**	4010
716	**1320**	2408	966	**1770**	3218	1216	**2220**	4028
721	**1330**	2426	971	**1780**	3236	1221	**2230**	4046
727	**1340**	2444	977	**1790**	3254	1227	**2240**	4064
732	**1350**	2462	982	**1800**	3272	1232	**2250**	4082
738	**1360**	2480	988	**1810**	3290	1238	**2260**	4100
743	**1370**	2498	993	**1820**	3308	1243	**2270**	4118
749	**1380**	2516	999	**1830**	3326	1249	**2280**	4136
754	**1390**	2534	1004	**1840**	3344	1254	**2290**	4154
760	**1400**	2552	1010	**1850**	3362	1260	**2300**	4172
763	**1460**	2660	1016	**1860**	3380	1266	**2310**	4190
766	**1410**	2570	1021	**1870**	3398	1271	**2320**	4208
771	**1420**	2588	1027	**1880**	3416	1277	**2330**	4226
777	**1430**	2606	1032	**1890**	3434	1282	**2340**	4244
782	**1440**	2624	1038	**1900**	3452	1288	**2350**	4262
788	**1450**	2642	1043	**1910**	3470	1293	**2360**	4280
799	**1470**	2678	1049	**1920**	3488	1299	**2370**	4298
804	**1480**	2696	1054	**1930**	3506	1304	**2380**	4316
810	**1490**	2714	1060	**1940**	3524	1310	**2390**	4334
816	**1500**	2732	1066	**1950**	3542	1316	**2400**	4352
821	**1510**	2750	1071	**1960**	3560	1321	**2410**	4370
827	**1520**	2768	1077	**1970**	3578	1327	**2420**	4388
832	**1530**	2786	1082	**1980**	3596	1332	**2430**	4406
838	**1540**	2804	1088	**1990**	3614	1338	**2440**	4496
843	**1550**	2822	1093	**2000**	3632	1343	**2450**	4442

°C		°F	°C		°F	°C		°F
1349	**2460**	4460	1454	**2650**	4802	1560	**2840**	5144
1354	**2470**	4478	1460	**2660**	4820	1566	**2850**	5162
1360	**2480**	4496	1466	**2670**	4838	1571	**2860**	5180
1366	**2490**	4514	1471	**2680**	4856	1577	**2870**	5198
1371	**2500**	4532	1477	**2690**	4874	1582	**2880**	5216
1377	**2510**	4550	1482	**2700**	4892	1588	**2890**	5234
1382	**2520**	4568	1488	**2710**	4910	1593	**2900**	5252
1388	**2530**	4586	1493	**2720**	4928	1599	**2910**	5270
1393	**2540**	4604	1499	**2730**	4946	1604	**2920**	5288
1399	**2550**	4622	1504	**2740**	4964	1610	**2930**	5306
1404	**2560**	4640	1510	**2750**	4982	1616	**2940**	5224
1410	**2570**	4658	1516	**2760**	5000	1621	**2950**	5342
1416	**2580**	4676	1521	**2770**	5018	1627	**2960**	5360
1421	**2590**	4694	1527	**2780**	5036	1632	**2970**	5378
1427	**2600**	4712	1532	**2790**	5054	1638	**2980**	5396
1432	**2610**	4730	1538	**2800**	5072	1643	**2990**	5414
1438	**2620**	4748	1543	**2810**	5090	1649	**3000**	5432
1443	**2630**	4766	1549	**2820**	5108			
1449	**2640**	4766	1554	**2830**	5126			

9.5.6 Umrechnung von angelsächsischen in metrische Einheiten

angelsächsische Einheit	**metrische Einheit bezogen auf angelsächsische Einheiten**	
	in Großbritannien	**Einheit in USA**
Längeneinheiten		
1 mil	–	25,400 µm
1 inch (in. bzw. 1 ″)	25,399956 mm	25,40005080 mm
½ ″	12,70 mm	
⅜ ″	9,525 mm	
¼ ″	6,35 mm	
1/16 ″	4,76 mm	
⅛ ″	3,175 mm	
1/16 ″	1,59 mm	
1 foot (ft.)	3,04780 dm	3,0480 dm
1 yard (yd.)	0,91440 m	0,91440 m
1 fathom	1,8288 m	1,8288 m
1 pole (rod)	5,0292 m	(5,0292 m)
1 chain	20,117 m	20,117 m
1 furlong	201,17 m	201,17 m
1 mile (mi)	1,6093 km	1,6093 km

angelsächsische Einheit	metrische Einheit bezogen auf angelsächsische Einheiten	
	in Großbritannien	Einheit in USA
Flächeneinheiten		
1 square inch	6,4516 cm^2	6,4516 cm^2
1 square foot	9,2903 dm^2	9,2903 dm^2
1 square yard	0,83612 m^2	0,83613 m^2
1 acre	4046,8 m^2	4046,9 m^2
1 square mile	2,5900 km^2	2,5900 km^2
Raumeinheiten		
1 cubic inch	16,387 cm^3	16,387 cm^3
1 cubic foot	28,317 dm^3	28,317 dm^3
1 cubic yard	0,76455 m^3	0,76456 m^3
Hohlmaße		
1 minim	59,194 mm^3	61,612 mm^3
1 fluid scruple	1,1839 cm^3	–
1 fluid drachm	3,5516 cm^3	–
1 fluid dram	–	3,6967 cm^3
1 fluid ounce	28,413 cm^3	29,574 cm^3
1 gill	142,07 cm^3	118,29 cm^3
1 (liquid) pint	568,26 cm^3	(0,47318 dm^3)
1 (liquid) quart	1,1365 dm^3	(0,94636 dm^3)
1 gallon (gal)	4,5461 dm^3	231 U.S. cub. inch. 3,7854 dm^3
1 barrel (U.S. petro.)	–	0,15899 m^3
1 acre foot	–	1233,5 m^3
1 dry pint	–	0,55061 dm^3
1 dry quart	–	1,1012 dm^3
1 peck	9,0922 dm^3	8,8098 dm^3
1 bushel (bu)	36,369 dm^3	35,239 dm^3
1 quarter	290,95 dm^3	–
1 chaldron	1,3093 m^3	–
Masseneinheiten		
avoirdupois-system		
1 grain (gr)	64,799 mg	64,799 mg
1 dram (dr)	1,7718 g	1,7718 g
1 ounce (oz)	28,3500 g	28,350 g
1 pound (lb)	0,453592338 kg	0,4535924277 kg
1 stone	6,3053 kg	–
1 quarter (qr)	12,701 kg	–
1 cental	45,359 kg	–
1 short hundredweight	–	45,359 kg
1 (long) hundredweight	50,802 kg	(50,802 kg)
1 short ton	–	907,18 kg
1 (long) ton	1016,0 kg	(1016,0 kg)

angelsächsische Einheit	metrische Einheit bezogen auf angelsächsische Einheiten	
	in Großbritannien	Einheit in USA
apothecaries- und troy-system		
1 (ap.) scruple	1,2960 g	1,2960 g
1 pennyweight	1,5552 g	1,5552 g
1 (ap.) drachm	3,8879 g	–
1 (ap.) dram	–	3,8879 g
1 (ap. od. troy-) ounce	31,103 g	31,103 g
1 (ap. od. troy-) pound	–	373,24 g
Dichteeinheiten		
1 pound/cub. foot	0,016019 g/cm^3	0,016018 g/cm^3
1 pound/cub. inch	27,680 g/cm^3	27,680 g/cm^3
1 pound/cub. yard	0,59328 kg/m^3	0,59327 kg/m^3
1 short ton/cubic yard		1,1865 g/cm^3
1 long ton/cubic yard	1,3289 g/cm^3	1,3289 g/cm^3
1 pound/gallon	0,099779 g/ml 0,099776 g/cm^3	0,1198 g/cm^3
Druckeinheiten		
1 p.s.i; lb/in^2	$6{,}895 \cdot 10^{-2}$ bar	$6{,}895 \cdot 10^{-2}$ bar
1000 p.s.i	≈ 70 bar	
1 lb/ft^2	$4{,}788 \cdot 10^{-1}$ mbar	$4{,}788 \cdot 10^{-1}$ mbar
1 in Hg bei 20 °C	$3{,}3374 \cdot 10^{-2}$ bar	$3{,}3374 \cdot 10^{-2}$ bar
1 in WS bei 20 °C	2,487 mbar	2,487 mbar
Wärmeeinheiten		
1 Btu	1054,350 J	1054,350 J
1 Btu (International Steam Table)	1055,04 J	1055,04 J
1 Btu (mean)	1055,87 J	1055,87 J
1 Btu (39 °F)	1059,67 J	1059,67 J
1 Btu (60 °F)	1054,68 J	1054,68 J

Die „Steam Table British Thermal Unit“ (Btu) ist definiert durch $1\,\frac{\text{cal}_{\text{IT}}}{\text{g}} = 1{,}8\,\frac{\text{Btu}}{\text{lb}}$; mit 1 pound (lb) = 453,59243 g erhält man

$1\ \text{Btu} = 251{,}996\ \text{cal}_{\text{IT}} = 1{,}055066\ \text{J} = 2{,}93074 \cdot 10^{-4}\ \text{kWh}$

$1\ \text{kcal}_{\text{IT}} = 3{,}96832\ \text{Btu}$

9.5.7 Wasserhärte – Umrechnung verschiedener Gehaltsangaben

	Härte $c(Ca^{2+} + Mg^{2+})$ in mmol/l	Härte in mval/l	$CaCO_3$ in ppm	°d	°e	°f	°a
Härte $c(Ca^{2+} + Mg^{2+})$ in mmol/l	1	2	100	5,6	7,0	10,00	5,85
Härte in mval/l	0,5	1	50	2,8	3,51	5,00	2,925
$CaCO_3$ in ppm	0,01	0,02	1	0,056	0,070	0,10	0,05828
1 deutscher Grad °d	0,1786	0,357	17,85	1	1,250	1,786	1,041
1 englischer Grad °e	0,1425	0,285	14,29	0,7999	1	1,429	0,8324
1 französischer Grad °f	0,10	0,20	10,00	0,5599	0,700	1	0,5828
1 amerikanischer Grad °a	0,1716	0,342	17,16	0,961	1,201	1,716	1

9.5.8 Gehaltsgrößen

Verhältnis	%	Potenz	ppm mg/kg	ppb µg/kg	mg/ml
1:100	1	$1 \cdot 10^{-2}$	10000		10
1:200	0,5	$5 \cdot 10^{-3}$	5000		5
1:500	0,2	$2 \cdot 10^{-3}$	2000		2
1:1000	0,1	$1 \cdot 10^{-3}$	1000		1
1:2000	0,05	$5 \cdot 10^{-4}$	500		0,5
1:5000	0,02	$2 \cdot 10^{-4}$	200		0,2
1:10000	0,01	$1 \cdot 10^{-4}$	100		0,1
1:20000	0,005	$5 \cdot 10^{-5}$	50		0,05
1:50000	0,002	$2 \cdot 10^{-5}$	20		0,02
1:100000	0,001	$1 \cdot 10^{-5}$	10	10000	0,01
1:200000	0,0005	$5 \cdot 10^{-6}$	5	5000	0,005
1:500000	0,0002	$2 \cdot 10^{-6}$	2	2000	0,002
$1:1 \cdot 10^{6}$	0,0001	$1 \cdot 10^{-6}$	1	1000	0,001
$1:2 \cdot 10^{6}$	0,00005	$5 \cdot 10^{-7}$	0,5	500	0,0005
$1:5 \cdot 10^{6}$	0,00002	$2 \cdot 10^{-7}$	0,2	200	0,0002
$1:10 \cdot 10^{6}$	0,00001	$1 \cdot 10^{-7}$	0,1	100	0,0001
$1:20 \cdot 10^{6}$	0,000005	$5 \cdot 10^{-8}$	0,05	50	0,00005
$1:50 \cdot 10^{6}$	0,000002	$2 \cdot 10^{-8}$	0,02	20	0,00002

Verhältnis	%	Potenz	ppm mg/kg	ppb µg/kg	mg/ml
$1:100 \cdot 10^6$	0,000001	$1 \cdot 10^{-8}$	0,01	10	0,00001
$1:200 \cdot 10^6$	0,0000005	$5 \cdot 10^{-9}$	0,005	5	0,000005
$1:500 \cdot 10^6$	0,0000002	$2 \cdot 10^{-9}$	0,002	2	0,000002
$1:1 \cdot 10^9$	0,0000001	$1 \cdot 10^{-9}$	0,001	1	0,000001

Nimmt man die Dichte der Lösung zu 1 g/ml an, so entsprechen die Anteilsbezeichnungen
- ppm den Konzentrationsangaben mg/l oder µg/ml
- ppb den Konzentrationsangaben µg/l oder ng/ml.

Weitere Umrechnungen von Gehaltsgrößen siehe Seite 367.

9.5.9 Korngrößen

Lichte Maschenweite mm	Maschen/ cm^2	DIN 1171	Mesh-Zahl Tyler mesh/inch	USA Stand ASTM E 11–61	Brit. Stand S410:1962 mesh/inch	Franz. Stand AFNOR X 11–501	UNI 2331 2332
0,037	23700		400	300		17	40
0,043	16900		325	325	350		
0,053	12100		270	270	300	18	39
0,063	9450		250	230	240	19	38
0,075	6400	80	200	200	200	20	37
0,089	4900	70	170	170	170		
0,104	2900	60	150	140	150	21	33
0,125	2500	50	115	120	120	22	32
0,15	1600	40	100	100	100		31
0,16						23	
0,18				80	85		
0,20	900	30	65	70	72	24	28
0,25	576	24	60	60	60	25	26
0,30	400	20	48	50	52	26	25
0,355				45	44		23
0,42	256	16	35	40	36	27	22
0,50	144	12	32	35	30	28	20
0,60	100	10	28	30	25	29	19
0,71				25	22		17
0,76	64	8					16
0,82			20	20		30	14
1,00	36	6	16	18	16		
1,20	25	5	12	16	14		12
1,30						32	
1,45	16	4		14			
1,65			10	12	10	33	
2,0	11	3	9	10	8	34	7

(gerundete Werte)

9.5.10 Transmissionsgrad – Extinktion

τ in %	,0	,1	,2	,3	,4	,5	,6	,7	,8	,9
10	1,0000	*957	*914	*872	*830	*788	*747	*706	*666	*626
11	0,9586	547	508	469	431	393	355	318	281	245
12	0,9208	172	136	101	066	031	*996	*962	*928	*894
13	0,8861	827	794	761	729	697	665	633	601	570
14	0,8539	508	477	447	416	386	356	327	297	268
15	0,8239	210	182	153	125	097	069	041	013	*986
16	0,7959	932	905	878	852	825	799	773	746	721
17	0,7696	670	645	620	595	570	545	520	497	471
18	0,7447	423	399	375	352	328	305	282	258	235
19	0,7212	190	167	144	122	100	077	055	033	011
20	0,6990	968	946	925	904	882	861	840	819	799
21	0,6778	757	737	716	696	676	655	635	615	596
22	0,6576	556	536	517	498	478	459	440	421	402
23	0,6383	364	345	326	308	289	271	253	234	216
24	0,6198	180	162	144	126	108	091	073	055	038
25	0,6021	003	*986	*969	*952	*935	*918	*901	*884	*867
26	0,5850	834	817	800	784	768	751	735	719	702
27	0,5686	670	654	638	622	607	591	575	560	544
28	0,5528	513	498	482	467	452	436	421	406	391
29	0,5376	361	346	331	317	302	287	272	258	243
30	0,5229	214	200	186	171	157	143	129	114	100
31	0,5086	072	058	045	031	018	003	*989	*976	*962
32	0,4949	935	921	908	895	881	868	855	841	828
33	0,4815	802	789	776	763	750	737	724	711	698
34	0,4685	672	660	647	634	622	609	597	584	572
36	0,4437	425	413	401	389	377	365	353	342	330
37	0,4318	306	295	283	271	260	248	237	225	214
38	0,4202	191	179	168	157	145	134	123	112	101
39	0,4089	078	067	056	045	034	023	012	001	*990
40	0,39794	685	577	469	362	254	147	040	*934	*828
41	0,38722	616	510	405	300	195	091	*986	*882	*779
42	0,37675	572	469	366	263	161	059	*957	*856	*754
43	0,36653	552	452	351	251	151	051	*952	*853	*754
44	0,35655	556	458	360	262	164	067	*969	*872	*775
45	0,34679	582	486	390	294	199	103	008	*913	*819
46	0,33724	630	536	442	348	255	161	068	*975	*883
47	0,32790	698	606	514	422	331	239	148	057	*966
48	0,31876	785	695	605	515	426	336	247	158	069
49	0,30980	892	803	715	627	539	452	364	277	190
50	0,30103	016	*930	*843	*757	*671	*585	*499	*414	*328
51	0,29243	158	073	*988	*904	*819	*735	*651	*567	*483
52	0,28400	316	233	150	067	*984	*901	*819	*737	*654
53	0,27572	490	409	327	246	165	084	003	*922	*841
54	0,26761	680	600	520	440	360	281	201	122	043
55	0,25964	885	806	727	649	571	493	415	337	259
56	0,25181	104	026	*949	*872	*795	*718	*642	*565	*489
57	0,24412	336	260	184	109	033	*958	*882	*807	*732
58	0,23657	582	508	433	359	284	210	136	062	*988

τ in %	,0	,1	,2	,3	,4	,5	,6	,7	,8	,9
59	0,22915	841	768	695	621	548	475	403	330	257
60	0,22185	113	040	*968	*896	*824	*753	*681	*610	*538
61	0,21467	396	325	254	183	112	042	*971	*901	*831
62	0,20761	691	621	551	482	412	343	273	204	135
63	0,20066	*997	*928	*860	*791	*723	*654	*586	*518	*450
64	0,19382	314	246	179	111	044	*977	*910	*843	*776
65	0,18709	642	575	509	442	376	310	243	177	111
66	0,18046	*980	*914	*849	*783	*718	*653	*587	*522	*457
67	0,17393	328	263	198	134	070	005	*941	*877	*813
68	0,16749	685	622	558	494	431	368	304	241	178
69	0,16115	052	*989	*927	*864	*802	*739	*677	*614	*552
70	0,15490	428	366	304	243	181	120	058	*997	*935
71	0,14874	813	752	691	630	569	509	448	388	327
72	0,14267	206	146	086	026	*966	*906	*847	*787	*727
73	0,13668	608	549	490	430	371	312	253	194	136
74	0,13077	018	*960	*901	*843	*784	*726	*668	*610	*552
75	0,12494	436	378	321	263	205	148	090	033	*976
76	0,11919	862	805	748	691	634	577	520	464	407
77	0,11351	295	238	182	126	070	014	*958	*902	*846
78	0,10791	735	679	624	568	513	458	403	347	292
79	0,10237	182	127	073	018	*963	*909	*854	*800	*745
80	0,09691	637	583	528	474	420	366	313	259	205
81	0,09151	098	044	*991	*938	*884	*831	*778	*725	*672
82	0,08619	566	513	460	407	355	302	249	197	145
83	0,08092	040	*988	*935	*883	*831	*779	*727	*676	*624
84	0,07572	520	469	417	366	314	263	212	160	109
85	0,07058	007	*956	*905	*854	*803	*753	*702	*651	*601
86	0,06550	500	449	399	349	298	248	198	148	098
87	0,06048	*998	*948	*899	*849	*799	*750	*700	*651	*601
88	0,05552	502	453	404	355	306	257	208	159	110
89	0,05061	012	*964	*915	*866	*818	*769	*721	*672	*624
90	0,04576	528	479	431	383	335	287	239	191	144
91	0,04096	048	001	*953	*905	*858	*810	*763	*716	*668
92	0,03621	574	527	480	433	386	339	292	245	198
93	0,03152	105	058	012	*965	*919	*872	*826	*780	*733
94	0,02687	641	595	549	503	457	411	365	319	273
95	0,02228	182	136	091	045	000	*954	*909	*863	*818
96	0,01773	728	682	637	592	547	503	457	412	368
97	0,01323	278	233	189	144	100	055	011	*966	*922
98	0,00877	833	789	745	700	656	612	568	524	480
99	0,00436	393	349	305	261	218	174	130	087	043
100	0,00000									

Beispiel:

$$\tau = 23{,}6\,\%,\ E = 0{,}627$$

Für Werte des Transmissionsgrades τ zwischen 1 und 10 % wird die Extinktion für den 10fachen Wert von τ aufgesucht und zu dieser Zahl noch 1,0 addiert:

Beispiel:

$$\begin{aligned} \tau = 6{,}7\,\%,\ E &= 0{,}17 \text{ für } 67\,\% \\ &\underline{+\,1{,}00} \\ E &= 1{,}17 \text{ für } 6{,}7\,\% \end{aligned}$$

Ein Stern vor der dreistelligen Zifferngruppe der Extinktion bedeutet, dass die vorhergehende Ziffer gegenüber der am Anfang der gleichen Zeile angegebenen um 1 zu erniedrigen ist.

10 Formeln und Rechentricks

10.1 Auswahl mathematischer Formeln

Rechengesetze

Kommutativgesetze: $a + b = b + a$

$a \cdot b = b \cdot a$

Assoziativgesetze: $a + (b + c) = (a + b) + c$

$a \cdot (b \cdot c) = (a \cdot b) \cdot c$

Distributivgesetz: $a \cdot (b + c) = a \cdot b + a \cdot c$

aus $a < b$ folgt: $a + c < b + c$

$\left.\frac{1}{a} > \frac{1}{b}\right\}$ (für $a, b > 0$)

$ad < bd$ (für $d > 0$)

$-ad > -bd$ (für $d > 0$)

Bruchrechnen

$\frac{a}{a} = 1 (a \neq 0)$; $\quad \frac{ma}{mb} = \frac{a}{b} \; (m \neq 0)$

$\frac{a}{b} + \frac{c}{b} = \frac{a + c}{b}$; $\quad \frac{a}{b} + \frac{c}{d} = \frac{ad + bc}{bd}$

$\frac{a}{b} \cdot \frac{c}{d} = \frac{a}{d} \cdot \frac{c}{b} = \frac{ac}{bd}$

$\frac{a}{b} : \frac{c}{d} = \frac{a}{b} \cdot \frac{d}{c} = \frac{a}{c} \cdot \frac{d}{b} = \frac{a}{c} : \frac{b}{d}$

Umformungen

$(a + b)^2 = a^2 + 2ab + b^2$ $\qquad a^2 + b^2$ nicht zerlegbar (im Reellen)

$(a - b)^2 = a^2 - 2ab + b^2$ $\qquad a^2 - b^2 = (a - b)(a + b)$

$(a + b + c)^2 = a^2 + b^2 + c^2 + 2ab + 2ac + 2bc$ $\qquad$ (a, b, c auch negativ)

$(a + b)^3 = a^3 + 3a^2b + 3ab^2 + b^3$

$(a - b)^3 = a^3 - 3a^2b + 3ab^2 - b^3$

$a^3 + b^3 = (a + b)(a^2 - ab + b^2)$

$a^3 - b^3 = (a - b)(a^2 + ab + b^2)$

$a^n - b^n = (a - b)(a^{n-1} + a^{n-2}b + a^{n-3}b^2 \ldots + ab^{n-2} + b^{n-1})$

Potenzieren und Radizieren (Radikand nicht negativ)

$a^m \cdot a^n = a^{m+n}$; $a^m : a^n = a^{m-n}$

$a^n \cdot b^n = (ab)^n$; $a^n : b^n = \left(\frac{a}{b}\right)^n$

$(a^m)^n = a^{mn} = (a^n)^m$

$a^1 = a$

$a^0 = 1$ (für $a \neq 0$)

$a^{-n} = \frac{1}{a^n}$; $a^{\frac{1}{n}} = \sqrt[n]{a}$; $a^{\frac{m}{n}} = \sqrt[n]{a^m}$; $a^{-\frac{m}{n}} = \frac{1}{\sqrt[n]{a^m}}$

$\sqrt[n]{a} \cdot \sqrt[n]{b} = \sqrt[n]{a \cdot b}$; $\sqrt[n]{a} : \sqrt[n]{b} = \sqrt[n]{\frac{a}{b}}$

$\left(\sqrt[n]{a}\right)^m = \sqrt[n]{a^m} = \sqrt[kn]{a^{km}}$

$\sqrt[m]{\sqrt[n]{a}} = \sqrt[mn]{a} = \sqrt[n]{\sqrt[m]{a}}$

Lösungen einiger Gleichungen

2 Gleichungen 1. Grades mit 2 Unbekannten

$a_1 x + b_1 y + c_1 = 0$

$a_2 x + b_2 y + c_2 = 0$

$x = \frac{b_1 \cdot c_2 - b_2 \cdot c_1}{a_1 b_2 - a_2 b_1}$ $y = -\frac{(a_1 x + c_1)}{b_1} = -\frac{(a_2 x + c_2)}{b_2}$

Quadratische Gleichungen

$ax^2 + bx + c = 0$

$$x_{1,2} = \frac{-b \pm \sqrt{b^2 - 4ac}}{2a} = \frac{-b}{2a} \pm \sqrt{\left(\frac{b}{2a}\right)^2 - \frac{c}{a}}$$

Logarithmen

Definition: $\log_b a = c \longleftrightarrow a = b^c$ $(a > 0,\ b > 1,\ c > 1)$

Umrechnung: $\log_b x = \log_b g \cdot \log_g x$

$\log_b g \cdot \log_g b = 1$

Basis des natürlichen Logarithmensystems

$e = 2{,}718281\ \ldots \qquad \lg e = 0{,}434294$

$$\ln x = \frac{\lg x}{\lg e} = 2{,}3025851 \cdot \lg x$$

Rechengesetze

$\log (a \cdot b) = \log a + \log b \qquad \log a^n = n \cdot \log a$

$$\log\left(\frac{a}{b}\right) = \log a - \log b \qquad \log \sqrt[n]{a} = \frac{1}{n} \cdot \log a$$

10.2 Rechnen mit kleinen Zahlen

Wenn in Summen oder Differenzen mehrerer Zahlen kleine neben großen Werten auftreten, kann man, sofern die den experimentellen Fehlern entsprechende Genauigkeit es zulässt, die Rechenoperationen durch die nachstehenden Näherungen vereinfachen. Dabei sei jeweils ε die gegen 1 bzw. gegen a und b kleine Größe. Hinzugefügt sind die prozentualen Abweichungen, deren Vorzeichen anzeigen, ob der wahre Wert größer (+) oder kleiner (–) ist als der Näherungswert. Auch die Abweichungen sind Näherungswerte.

Für kleines ε gilt	prozentuale Abweichung	Für kleines ε gilt	prozentuale Abweichung
$1 \pm \varepsilon \approx 1$	$\pm 100\,\varepsilon$	$(a \pm \varepsilon)^n \approx a^n \pm n\,a^{n-1}\varepsilon$	$+50\,n\,(n-1)\left(\frac{\varepsilon}{a}\right)^2 a^n$ $+100\,\varepsilon^2$ für $n = 2$
$a \pm \varepsilon \approx a$	$\pm \frac{100\,\varepsilon}{a}$	$\sqrt[n]{1 \pm \varepsilon} \approx 1 \pm \frac{\varepsilon}{n}$	$-50\,\frac{n-1}{n^2}\,\varepsilon^2$ $-12{,}5\,\varepsilon^2$ für $n = 2$
$\frac{1}{1 \pm \varepsilon} \approx 1 \mp \varepsilon$	$+100\,\varepsilon^2$	$1 / \sqrt[n]{1 \pm \varepsilon} \approx 1 \mp \frac{\varepsilon}{n}$	$+50\,\frac{n+1}{n^2}\,\varepsilon^2$ $+37{,}5\,\varepsilon^2$ für $n = 2$
$\frac{a}{b \pm \varepsilon} \approx \frac{a}{b}\left(1 \mp \frac{\varepsilon}{b}\right)$	$+\frac{100\,\varepsilon^2}{b^2}$	$e^{\pm\varepsilon} \approx 1 \pm \varepsilon$	$+50\,\varepsilon^2$
$\frac{1+\varepsilon}{1-\varepsilon} \approx 1 + 2\,\varepsilon$	$+200\,\varepsilon^2$	$\ln (1 \pm \varepsilon \approx \pm\,\varepsilon$	$-50\,\varepsilon^2$
$\frac{1-\varepsilon}{1+\varepsilon} \approx 1 - 2\,\varepsilon$	$+200\,\varepsilon^2$	$\ln (1 \pm \varepsilon \approx \pm\,0{,}434\,\varepsilon$	$-27{,}7\,\varepsilon^2$
$\frac{1 \pm \varepsilon_1}{1 \mp \varepsilon_2} \approx 1 \pm \varepsilon_1 \pm \varepsilon_2$	$+100(\varepsilon_2^2 + \varepsilon_1\varepsilon_2)$		
$(1 \pm \varepsilon)^n \approx 1 \pm n\,\varepsilon$	$+50\,n(n-1)\varepsilon^2$ $+100\,\varepsilon^2$ für $n = 2$		

10.3 Differential- und Integralrechnung

Ableitung		
Definition	$y = f(x)$	$y' = f'(x) = \frac{\mathrm{d}y}{\mathrm{d}x} = \lim\limits_{\Delta x \to 0} \frac{\Delta y}{\Delta x}$
Summenregel	$y = u(x) + v(x)$	$y' = u' + v'$
Produktregel	$y = u(x) \cdot v(x)$	$y' = u'v + uv'$
Quotientenregel	$y = \frac{u(x)}{v(x)}$	$y = \frac{u'v - uv'}{v^2}$
Kettenregel	$y = f(z)$ und $z = g(x)$	$y' = \frac{\mathrm{d}y}{\mathrm{d}x} = \frac{\mathrm{d}y}{\mathrm{d}z} \cdot \frac{\mathrm{d}z}{\mathrm{d}x}$
		$y'' = \frac{\mathrm{d}^2 y}{\mathrm{d}x^2} = \frac{\mathrm{d}f}{\mathrm{d}z} \cdot \frac{\mathrm{d}^2 z}{\mathrm{d}x^2} + \frac{\mathrm{d}^2 f}{\mathrm{d}z^2} \cdot \left(\frac{\mathrm{d}z}{\mathrm{d}x}\right)^2$
Umkehrfunktion	Falls $g(x)$ die Umkehrfunktion von $f(x)$ ist, gilt: $g'(x) = \frac{1}{f'(y)}$ mit $y = g(x)$ $(f'(y) \neq 0)$	

Differential $\quad \mathrm{d}f(x) = f'(x) \cdot \mathrm{d}x \quad$ oder $\quad \mathrm{d}y = y'\,\mathrm{d}x$

$f(x)$	$f'(x)$	$f(x)$	$f'(x)$	$f(x)$	$f'(x)$	$f(x)$	$f'(x)$
c	0	$\sin x$	$\cos x$	e^x	e^x	$\operatorname{arc\,sin} x$	$\frac{1}{\sqrt{1-x^2}}$
x^n	$n \cdot x^{n-1}$	$\cos x$	$-\sin x$	a^x	$a^x \cdot \ln a$	$\operatorname{arc\,cos} x$	$-\frac{1}{\sqrt{1-x^2}}$
$\sqrt{x}$	$\frac{1}{2\sqrt{x}}$	$\tan x$	$\frac{1}{\cos^2 x}$	$\ln x$	$\frac{1}{x}$	$\operatorname{arc\,tan} x$	$\frac{1}{1+x^2}$
$x^{\frac{p}{q}}$	$\frac{p}{q} \cdot x^{\frac{p}{q}-1}$	$\cot x$	$-\frac{1}{\sin^2 x}$	$\log_b x$	$\frac{1}{x \cdot \ln b}$	$\operatorname{arc\,cot} x$	$-\frac{1}{1+x^2}$

10.4 Berechnung von Flächen und Körpern

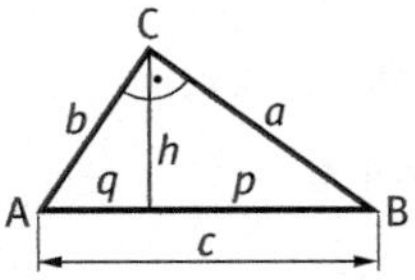

Rechtwinkliges Dreieck

Satz des Pythagoras: $c^2 = a^2 + b^2$ $A = \frac{1}{2} ch$

Kathetensatz: $a^2 = cp;\ b^2 = cq$

Höhensatz: $h^2 = pq$ $A = \frac{1}{2} ab$

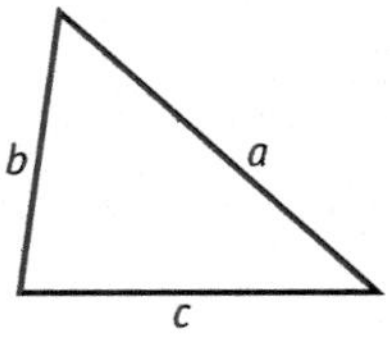

Gleichseitiges Dreieck

$h = \frac{a}{2}\sqrt{3}$ $r = \frac{a}{3}\sqrt{3}$ $\rho = \frac{a}{6}\sqrt{3}$ $A = \frac{a^2}{4}\sqrt{3}$

r: Radius des Umkreises ρ: Radius des Inkreises

Beliebiges Dreieck (mit Heronscher Formel)

$$A = \frac{g \cdot h_g}{2} = \rho \cdot s = \sqrt{s(s-a)\,(s-b)\,(s-c)} = \frac{a \cdot b \cdot c}{4r}$$

g: eine der 3 Seiten h_g: die Höhe auf g $s = \frac{1}{2}(a + b + c)$

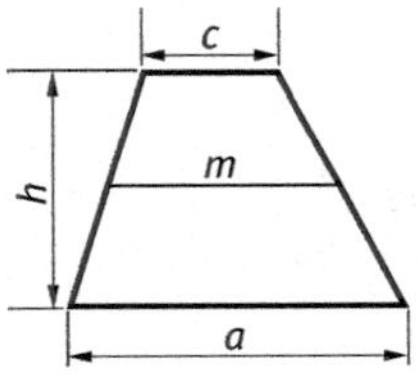

Quadrat	$d = a\sqrt{2}$	$U = 4a$	$A = a^2$
Rechteck	$d = \sqrt{a^2 + b^2}$	$U = 2(a + b)$	$A = ab$
Parallelogramm		$U = 2(a + b)$	$A = ab_a = bh_b$
Trapez	$m = \frac{a + c}{2}$	$U = a + b + c + d$	$A = mh$

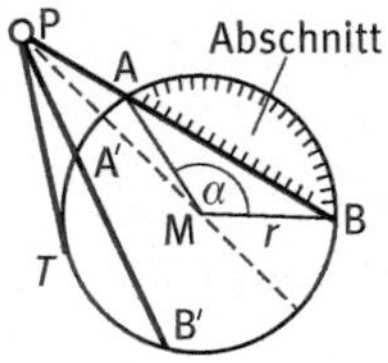

Kreis

-umfang $U = 2\pi r = \pi d$

-inhalt $A = \pi r^2 = \frac{\pi}{4} d^2$

-bogen (AB) $b = 2\pi r \cdot \frac{\alpha}{360^\circ} = r \cdot \frac{\pi\alpha}{360^\circ}$

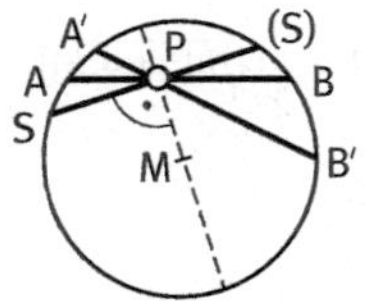

-ausschnitt (Sektor) $A = \pi r^2 \cdot \frac{\alpha}{360^\circ} = \frac{br}{2}$

-abschnitt (Segment) $A = \frac{r^2}{2}\left(\frac{\pi\alpha}{180^\circ} - \sin\alpha\right)$

Sekanten-Tangentensatz $\overline{PA} \cdot \overline{PB} = \overline{PA'} \cdot \overline{PB'} = \overline{PT}^2$

Sehnen-Halbsehnensatz $\overline{PA} \cdot \overline{PB} = \overline{PA'} \cdot \overline{PB'} = \overline{PS}^2$

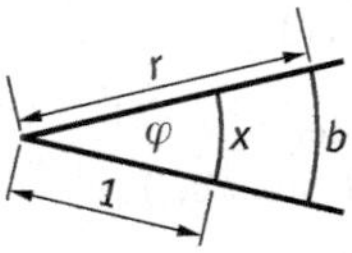

Winkelumrechnung

Zu dem in Grad gemessenen Winkel φ sei x der zugehörige Quotient $\frac{\text{Kreisbogen}}{\text{Radius}}$ (Bogenmaß, früher mit arc φ bezeichnet), dann gilt:

$x : \pi = \varphi : 180^\circ$ $x = \frac{\pi}{180^\circ} \cdot \varphi$ $\varphi = \frac{180^\circ}{\pi} \cdot x$

d: Diagonale, Durchmesser A: Fläche h: Höhe r: Radius U: Umfang

	Stereometrie		
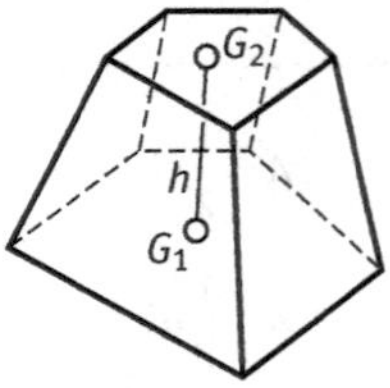	Würfel	$V = a^3; \quad d = a\sqrt{3}$	$O = 6\,a^2$
	Quader	$V = a\,b\,c; \; d = \sqrt{a^2 + b^2 + c^2}$	$O = 2(ab + ac + bc)$
	Prisma	$V = Gh$	$O = 2\,G + M$
	Pyramide	$V = \frac{1}{3}\,Gh$	$O = G + M$
	Tetraeder	$V = \frac{1}{12}\,a^3\sqrt{2}; \quad h = \frac{a}{3}\sqrt{6}$	$O = a^2\sqrt{3}$
	Oktaeder	$V = \frac{1}{3}\,a^3\sqrt{2}; \quad d = a\sqrt{2}$	$O = 2\,a^2\sqrt{3}$
	Pyramidenstumpf	$V = \frac{h}{3}\,(G_1 + \sqrt{G_1 G_2} + G_2)$	(auch für allgemeinen Kegelstumpf gültig)
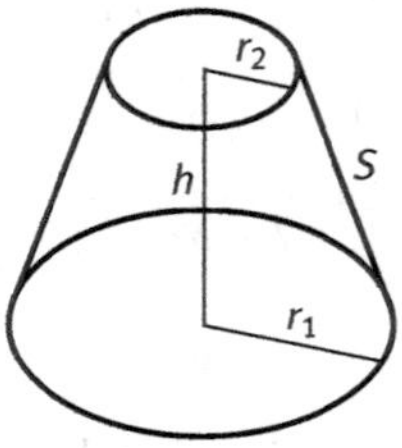	Zylinder	$V = G \cdot h$	
	Senkrechter Kreiszylinder	$V = \pi r^2 h$	$M = 2\,\pi r h$ $O = 2\,\pi r(r + h)$
	Kegel	$V = \frac{1}{3}\,G\,h$	
	Senkrechter Kreiskegel	$V = \frac{\pi}{3}\,r^2 h$	$M = \pi r s$ $O = \pi r(r + s)$
	Kegelstumpf vom senkrechten Kreiskegel	$V = \frac{\pi h}{3}\,(r_1^2 + r_1 r_2 + r_2^2)$	$M = \pi s r_1 + r_2)$
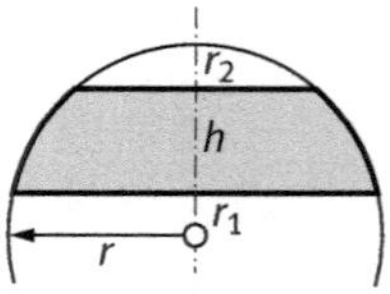	Kugel	$V = \frac{4}{3}\,\pi r^3$	$O = 4\,\pi r^2$
	-abschnitt (-kappe, -segment)	$V = \frac{\pi}{3}\,h^2(3\,r - h)$ $= \frac{\pi h}{6}\,(3\,r_1^2 + h^2)$	$M = 2\,\pi r h = \pi(r_1^2 + h^2)$
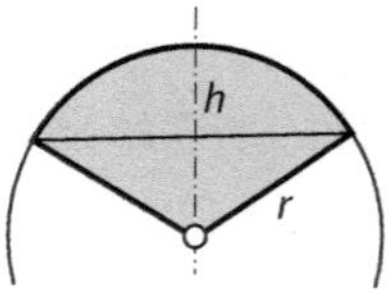	-ausschnitt (-sektor)	$V = \frac{2\pi}{3}\,r^2 h$	$M = 2\,\pi r(h + \frac{1}{2}\sqrt{h(2\,r - h)})$
	-schicht (-zone)	$V = \frac{\pi h}{6}\,(3\,r_1^2 + 3\,r_2^2 + h^2)$	$M = 2\,\pi r h$
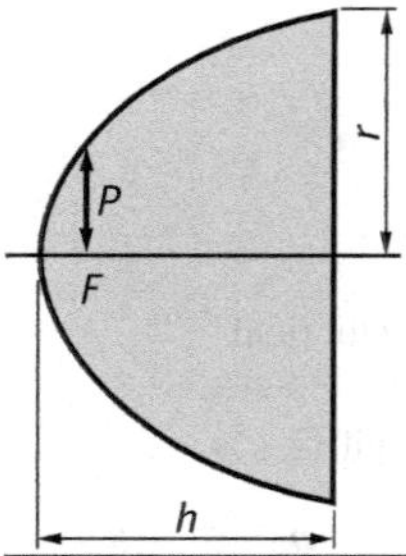	Ellipsoid	$V = \frac{4}{3}\,\pi a b c$	(*a*, *b*, *c* Halbachsen)
	Drehellipsoid	$V = \frac{4}{3}\,\pi a b^2$	(Drehachse ist Achse mit Länge 2*a*)
	Drehparaboloid	$V = \frac{1}{2}\,\pi r^2 h = \pi p h^2$	(*p* Parameter der Meridianparabel)
	Torus (Ring)	$V = 2\,\pi^2 r^2 R$	$O = 4\,\pi^2 r R$

d: räumliche Diagonale *r*: Radius *G*: Grundfläche *O*: Oberfläche
h: räumliche Höhe *s*: Mantellinie *M*: Mantelfläche *V*: Volumen

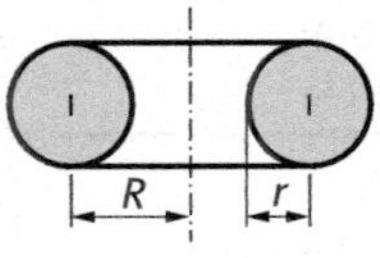	Rotationskörper und -flächen	Guldinsche Regel Volumen = erzeugende Fläche mal Weg des Flächenschwerpunktes Mantel = Länge der erzeugenden Linie mal Weg des Schwerpunktes dieser Linie

10.5 Wichtige Beziehungen aus Physik, physikalischer Chemie und Chemie

10.5.1 Formelsammlung

Nr.	zu berechnende Größe, Beziehung	Gleichung	Erläuterung der Symbole, einzusetzende Einheiten
	Mechanik		
	Translation		d: differentielle Änderungen
1	Kraft	$F = m \cdot a$	F: Kraft in N
2	Kinetische Energie	$E_{kin} = \frac{1}{2} m \cdot v^2$	m: Masse in kg a: Beschleunigung in $m \cdot s^{-2}$ v: Geschwindigkeit in $m \cdot s^{-1}$
3	Impuls	$p = m \cdot v$	s: Weg in m
4	Impulserhaltungssatz	$m_1 \cdot v_1 = m_2 \cdot v_2$	t: Zeit in s
5	geradlinige Bewegung	$v = \frac{ds}{dt}$ $s = v \cdot t$	E_{kin}: kinetische Energie in J p: Impuls in $kg \cdot m \cdot s^{-1}$
6	Beschleunigung	$a = \frac{dv}{dt}$ $s = \frac{1}{2} a t^2$	
	Rotation		D: Drehmoment in $N \cdot m$
7	Drehmoment	$D = \Theta \cdot \dot{\omega}$	Θ: $m \cdot r^2$: Trägheitsmoment
8	kinetische Energie	$E_{kin} = \frac{1}{2} \Theta \cdot \omega^2$	m: Masse in kg r: Radius in m φ: Drehwinkel in rad
9	Drehimpuls	$L = \Theta \cdot \omega$	ω: Winkelgeschwindigkeit in $rad \cdot s^{-1}$
10	gleichförmige Kreisbewegung	$\omega = \frac{d\varphi}{dt}$	$\dot{\omega}$: Winkelbeschleunigung in $rad \cdot s^{-2}$
11	beschleunigte Drehbewegung	$\dot{\omega} = \frac{d\omega}{dt}$ $\varphi = \frac{1}{2} \dot{\omega} t^2$	L: Drehimpuls in $N \cdot m \cdot s \cdot rad$ t: Zeit in s
12	Druck	$p = \frac{F}{A}$	p: Druck in Pa F: Kraft in N A: Fläche in m^2

Nr.	zu berechnende Größe, Beziehung	Gleichung	Erläuterung der Symbole, einzusetzende Einheiten	
13	hydrostatischer Druck	$p = \rho \cdot g \cdot h$	p: ρ: g: h:	Druck in Pa Dichte des Mediums in $kg \cdot m^{-3}$ Fallbeschleunigung in $m \cdot s^{-2}$ Höhe in m
14	Arbeit	$W = F \cdot s$	W: F: s:	Arbeit in J oder N · m Kraft in N Weg in m
15	Leistung	$P = \frac{W}{t}$	P: t: W:	Leistung in W Zeit in s Arbeit in J
16	Masse-Energie-Äquivalenzprinzip	$E = m \cdot c^2$	E: m: c:	Energie in J Masse in kg Lichtgeschwindigkeit in $m \cdot s^{-1}$
17	Wirkungsgrad	$\eta = \frac{\text{Nutzarbeit}}{\text{zugeführte Arbeit}}$ $\eta = \frac{\text{Nutzenergie}}{\text{zugeführte Energie}}$	η:	Wirkungsgrad
18	Viskosität, Hagen-Poiseuille'sche-Gleichung	$\frac{V}{t} = \frac{\pi R^4 (p_1 - p_2)}{8 \eta \cdot 1}$	η: $\frac{V}{t}$: $p_1 - p_2$: π: R: l:	dynamische Viskosität in m · Pa · s je Zeiteinheit durchströmende Flüssigkeitsmenge in $ml \cdot s^{-1}$ Druckdifferenz in Pa 3,14... Radius in cm Rohrlänge in cm
19	Viskosität, dynamische; Bestimmung mit dem Kugelfallviskosimeter	$\eta = K(\rho_1 - \rho_2) \cdot t$	η: K: ρ_1: ρ_2: t:	Viskosität in m · Pa · s Konstante, abhängig von den mechanischen Eigenschaften der Kugel Dichte der Kugel in $g \cdot cm^{-3}$ Dichte der zu prüfenden Flüssigkeit in $g \cdot cm^{-3}$ Laufzeit der Kugel in s
20	Viskosität, kinematische	$\nu = \frac{\eta}{\rho}$	ν: η: ρ:	kinematische Viskosität in $m^2 \cdot s^{-1}$ dynamische Viskosität in Pa · s Dichte in $g \cdot cm^{-3}$

Nr.	zu berechnende Größe, Beziehung	Gleichung	Erläuterung der Symbole, einzusetzende Einheiten	
	Optik, Strahlungsmessung, Strahlungsgesetze			
21	Brechungsgesetz	$\frac{\sin\alpha_1}{\sin\alpha_2} = \frac{n_2}{n_1} = n$ $\frac{\sin\alpha_1}{\sin\alpha_2} = \frac{c_1}{c_2}$	n: $n_{1,2}$: $c_{1,2}$:	Brechungsindex Brechungsindices der Durchtrittsmedien 1 und 2 Vakuum: $n = 1$ Ausbreitungsgeschwindigkeit des Lichts in den Medien 1 und 2
22	Vergrößerung	$\upsilon = \frac{\varepsilon}{\varepsilon_0}$	υ: ε: ε_0:	Vergrößerung Sehwinkel Sehwinkel im Abstand von 25 cm
23	Lichtstärke	$I = \frac{\mathrm{d}\Phi}{\mathrm{d}\omega}$	Φ: ω: A:	Lichtstrom in lm Raumwinkel in sterad Fläche in m^2
24	Beleuchtungsstärke	$E = \frac{\mathrm{d}\Phi}{\mathrm{d}A}$	I: E:	Lichtstärke in cd Beleuchtungsstärke in lx
25	spektraler Reintransmissionsgrad	$\tau_i = \frac{\Phi_a}{\Phi_e}$	τ_i: Φ_a: Φ_e:	spektraler Reintransmissionsgrad austretende Strahlungsleistung in W eingedrungene Strahlungsleistung in W
26	spektraler Reinabsorptionsgrad	$\alpha_i = \frac{\Phi_e - \Phi_a}{\Phi_e}$ $\alpha_i = 1 - \tau_i$	α_i:	spektraler Reinabsorptionsgrad
27	Extinktion	$E = -\lg\frac{\Phi_a}{\Phi_e}$	E:	Extinktion
28	Extinktionsmodul	$a = \frac{E}{d}$	a: d:	Extinktionsmodul in cm^{-1} Schichtdicke in cm
29	molarer Extinktionskoeffizient	$\varepsilon = \frac{a}{c(\mathrm{X})} = \frac{E}{d \cdot c(\mathrm{X})}$	ε: c(X):	molarer Extinktionskoeffizient in l/mol · cm Stoffmengenkonzentration in mol/l
30	spezifischer Extinktionskoeffizient	$\varepsilon' = \frac{a}{\beta(\mathrm{X})}$	ε': β(X):	spezifischer Extinktionskoeffizient in cm^2/mg Massenkonzentration in mg/l
31	Polarimetrie Biot'sches Gesetz	$\alpha = [\alpha]_\lambda^t \cdot \frac{l \cdot \beta(\mathrm{X})}{100}$	α: $[\alpha]_\lambda^t$:	Drehwinkel in Grad spezifische Drehung $l = 1$ dm
32	spezifische Drehung	$[\alpha]_\lambda^t = \frac{100 \cdot \alpha}{l \cdot \beta(\mathrm{X})}$	l:	Länge der Polarimeterröhre in dm
33	molare Drehung	$[M]_\lambda^t = [\alpha]_\lambda^t \cdot \frac{M(\mathrm{X})}{100}$	β(X): $[M]_\lambda^t$: M(X):	Massenkonzentration des zu bestimmenden Stoffes in g/100 ml molare Drehung molare Masse in g/mol

Nr.	zu berechnende Größe, Beziehung	Gleichung	Erläuterung der Symbole, einzusetzende Einheiten	
34	optische Reinheit	$\frac{[\alpha_1]_\lambda^t}{[\alpha_2]_\lambda^t} \cdot 100\ [\%]$	$[\alpha_1]_\lambda^t$:	spezifische Drehung der Enantiomeremischung
			$[\alpha_2]_\lambda^t$:	spezifische Drehung des reinen Enantiomers
35	Massenanteil eines optisch aktiven Stoffes mit inaktiven Beimengungen	$w(\mathrm{A}) = \frac{\alpha}{[\alpha]_\lambda^t} \frac{10\,000}{\beta(\mathrm{M}) \cdot 1}$	w(A):	Massenanteil des Stoffes A
			β(M):	Massenkonzentration der Mischung in g pro 100 ml
			α:	Drehwinkel der Mischung
			$[\alpha]_\lambda^t$:	spezifischer Drehwert des Stoffes A
36	Bragg'sche Gleichung	$n \cdot \lambda = 2d \sin\theta$	n:	Beugungsordnung 1,2,3,4 …
			λ:	Wellenlänge der verwendeten Strahlung in pm
			d:	Netzebenenabstand in pm
			θ:	Glanzwinkel in Grad
37	Wellenlänge und Frequenz der elektromagnetischen Strahlung (Licht) im Vakuum	$c = \lambda \cdot \nu$ $c = 3{,}00 \cdot 10^8\ \mathrm{ms}^{-1}$	c:	Lichtgeschwindigkeit im Vakuum in $\mathrm{m \cdot s^{-1}}$
			λ:	Wellenlänge in m
			ν:	Frequenz in Hz
38	Energie der elektromagnetischen Strahlung	$E = h \cdot \nu$	E:	Energie eines Quants (Photons) in J
			h:	Planck'sches Wirkungsquantum in J · s
			ν:	Frequenz in Hz
39	Gesetz des radioaktiven Zerfalls	$N = N_0 \cdot e^{-\lambda \cdot t}$	N_0:	Anzahl der Teilchen zur Zeit $t = 0$
		$\ln \frac{N}{N_0} = -\lambda \cdot t$	N:	Anzahl der Teilchen zur Zeit t
			λ:	Zerfallskonstante in s^{-1}
			t:	Zeit in s
		$t_{\frac{1}{2}} = \frac{\ln 2}{\lambda} = \frac{0{,}693}{\lambda}$	$t_{\frac{1}{2}}$:	Halbwertszeit in s
	Elektrizitätslehre			
40	Coulomb'sches Gesetz	$F = \frac{1}{4\pi\varepsilon_0} \cdot \frac{q_1 \cdot q_2}{r^2}$	F:	elektrostatische Kraft zwischen zwei geladenen Teilchen in N
			π:	3,14
			ε_0:	elektrische Feldkonstante $8{,}85 \cdot 10^{-12}\mathrm{C^2N^{-1}m^{-2}}$
			q_1:	elektrische Ladung des Teilchens 1 in C
			q_2:	elektrische Ladung des Teilchens 2 in C
			r:	Abstand zwischen den Teilchen 1 und 2 in m

Nr.	zu berechnende Größe, Beziehung	Gleichung	Erläuterung der Symbole, einzusetzende Einheiten	
41	Dipolmoment	$\mu = q \cdot r$	μ: q: r:	Dipolmoment in C · m getrennte elektrische Ladung in C Abstand der Ladungen in m
42	Stromstärke	$I = \frac{Q}{t}$	I: Q: t:	Stromstärke in A Elektrizitätsmenge in C Zeit in s
43	Ohm'sches Gesetz	$I = \frac{U}{R}$	U: R: ρ:	Spannung in V Widerstand in Ω spezifischer Widerstand in $\Omega \cdot$ cm
44	Widerstand	$R = \rho \cdot \frac{l}{A}$	l: A:	Länge des Leiters in cm Querschnitt des Leiters in cm^2
45	1. Kirchhoff'sches Gesetz	$I_{ges} = I_1 + I_2 + I_3 \ldots$	I_{ges}: $I_{1,2\ldots}$:	Gesamtstrom in A Teilströme in A
46	Schaltung von Widerständen parallel	$\frac{1}{R} = \frac{1}{R_1} + \frac{1}{R_2} + \frac{1}{R_3} \ldots$	R: $R_{1,2\ldots}$:	Gesamtwiderstand in Ω Teilwiderstände in Ω
	hintereinander	$R = R_1 + R_2 + R_3 \ldots$		
47	Schaltung von Kapazitäten parallel	$C = C_1 + C_2 + C_3 \ldots$	C: $C_{1,2\ldots}$:	Gesamtkapazität in F Teilkapazitäten in F
	hintereinander	$\frac{1}{C} = \frac{1}{C_1} + \frac{1}{C_2} + \frac{1}{C_3} \ldots$		
48	Elektrische Leistung	$P = U \cdot I = I^2 \cdot R = \frac{U^2}{R}$	P: U: I:	Leistung in W Spannung in V Stromstärke in A
49	Elektrische Arbeit, entstehende Wärme beim Durchfluss eines Stromes durch einen Widerstand	$W = P \cdot t = I^2 \cdot R \cdot t$	R: W: t:	Widerstand in Ω elektrische Arbeit in Ws oder kWh Zeit in s oder h
	Elektrolyte, Elektrochemie			
50	elektrolytische Leitfähigkeit, längenbezogene Leitfähigkeit, vgl. Kap. 7.2	$\kappa = \frac{C}{R}$ $C = \frac{l}{A}$	κ: C: R: l: A:	längenbezogene Leitfähigkeit in $\Omega^{-1} \cdot cm^{-1}$ Widerstandskapazität der Messzelle in cm^{-1} Widerstand in Ω Abstand der Elektroden in cm Elektrodenoberfläche in cm^2

Nr.	zu berechnende Größe, Beziehung	Gleichung	Erläuterung der Symbole, einzusetzende Einheiten
51	molare Leitfähigkeit Äquivalentleitfähigkeit Bestimmung der Konzentration oder der Löslichkeit eines Elektrolyten	$\Lambda_c = \frac{\kappa}{c(\mathrm{X})}$ $\Lambda_{\text{äq}} = \frac{\kappa}{z \cdot c(\mathrm{X})}$ $c(\mathrm{X}) = \frac{\kappa}{\Lambda_c}$	Λ_c: molare Leitfähigkeit in $\Omega^{-1} \cdot \mathrm{cm}^2 \cdot \mathrm{mol}^{-1}$ $\Lambda_{\text{äq}}$: Äquivalentleitfähigkeit $c(\mathrm{X})$: Stoffmengenkonzentration der Komponente X in mol/l κ: längenbezogene Leitfähigkeit in $\Omega^{-1} \cdot \mathrm{mol}^{-1}$ z: Anzahl Äquivalente
52	Dissoziationsgrad	$\alpha = \frac{N_{(\text{diss.})}}{N_{(\text{ges.})}}$ $\alpha = \Lambda_c / \Lambda_0$	α: Dissoziationsgrad $N_{(\text{diss.})}$: Anzahl der dissoziierten Moleküle $N_{(\text{ges.})}$: Anzahl der eingesetzten Moleküle Λ_c: molare Leitfähigkeit Λ_0: molare Leitfähigkeit bei vollständiger Dissoziation; Grenzleitfähigkeit
53 54	Dissoziationskonstante Ostwald'sches Verdünnungsgesetz (gültig für schwache Elektrolyte in starker Verdünnung)	$K_D = \frac{c(\mathrm{A}^-) \cdot c(\mathrm{B}^+)}{c(\mathrm{AB})}$ für $\mathrm{AB} \rightleftarrows \mathrm{A}^+ + \mathrm{B}^-$ $K_D = \frac{\alpha^2 \cdot c}{1 - \alpha}$	K_D: Dissoziationskonstante in mol/l $c(\mathrm{A}^+,\mathrm{B}^+)$: Konzentrationen der Kationen und Anionen in mol/l $c(\mathrm{AB})$: Konzentration des undissoziierten Elektrolyten in mol/l α: Dissoziationsgrad c: Konzentration in mol/l
55 56	Ionenprodukt des Wassers (vgl. Kap. 7.9) pH-, pOH-Wert	$K_w = c(\mathrm{H}^+) \cdot c(\mathrm{OH}^-)$ $\mathrm{pH} = -\lg c(\mathrm{H}^+)$ $\mathrm{pOH} = -\lg c(\mathrm{OH}^-)$	K_w: Ionenprodukt des Wassers in $(\mathrm{mol/l})^2$ $c(\mathrm{H}^+)$: Konzentration der H^+-Ionen in mol/l $c(\mathrm{OH}^-)$: Konzentration der OH^--Ionen in mol/l
57	Beziehungen zwischen pH, pOH, $\mathrm{p}K_S$, $\mathrm{p}K_B$ und $\mathrm{p}K_W$	$\mathrm{pH} + \mathrm{pOH} = 14 = \mathrm{p}K_W$ $\mathrm{p}K_S + \mathrm{p}K_B = 14 = \mathrm{p}K_W$	K_S: Säurekonstante } vgl. K_B: Basekonstante } Kap. 7.10 $\mathrm{p}K_W = -\lg K_W$ $\mathrm{p}K_S = -\lg K_S$ $\mathrm{p}K_B = -\lg K_B$
58	Protolyse von Salzen, H^+-Ionenkonzentration Salz einer schwachen Säure und starken Base Salz einer schwachen Base und starken Säure Salz einer schwachen Säure und schwachen Base	 $c(\mathrm{H}^+) = \sqrt{\frac{K_W \cdot K_S}{c}}$ $c(\mathrm{H}^+) = \sqrt{\frac{c \cdot K_W}{K_B}}$ $c(\mathrm{H}^+) = \sqrt{\frac{K_W \cdot K_B}{K_S}}$	K_S, K_B, K_W: vgl. 57, 56 c: Gesamtkonzentration des Salzes in mol/l $c(\mathrm{H}^+)$: Konzentration der H^+-Ionen in mol/l

Nr.	zu berechnende Größe, Beziehung	Gleichung	Erläuterung der Symbole, einzusetzende Einheiten
59	Pufferlösungen, pH-Wert schwache Säure	$pH = pK_S + \lg \frac{c(\text{Salz})}{c(\text{Säure})}$	c: Konzentrationen in mol/l pK_S,pK_W: vgl. 57 α: Dissoziationsgrad vgl. 52
	schwache Base und starke Säure	$pH = pK_W - pK_B + \lg \frac{c(\text{Base})}{c(\text{Salze})}$	
60	Henderson-Hasselbalch'sche-Gleichung	$pH = pK_S + \lg \frac{\alpha}{1-\alpha}$	
61	Löslichkeitsprodukt	$L = c(A^{n+})^m \cdot c(B^{m-})^n$	L: Löslichkeitsprodukt in $(\text{mol/l})^{m+n}$ $c(A^{n+})$, $c(B^{m-})$: Ionenkonzentrationen in mol/l
62	Aktivität, Aktivitätskoeffizient (Lösungen)	$a(X) = f(X) \cdot c(X)$	$a(X)$: Aktivität $f(X)$: Aktivitätskoeffizient $c(X)$: Konzentration
63	Ionenstärke	$I = \frac{1}{2} \sum b_i z_i^2$	I: Ionenstärke in mol/kg b_i: Konzentration der Komponente i in mol/kg z_i: Ladung der Komponente i
64	Faraday'sches Gesetz (vgl. Kap. 7.1)	$n(X) = \frac{Q}{z \cdot F}$	$n(X)$: Stoffmenge in mol Q: Ladung in C $M(X)$: molare Masse in g/mol z: Anzahl der an der Elektrode aufgenommenen bzw. abgegebenen Elektronen F: Faraday-Konstante 96485 C/mol
65	elektrochemisches Äquivalent	$\frac{M(X)}{z \cdot F}$	
66	Nernst'sche Gleichung (vgl. Kap. 7.5)	$E = E_0 + \frac{RT}{z \cdot F} \cdot \ln \frac{c(\text{ox})}{c(\text{red})}$ $E = E_0 + \frac{0{,}059}{z} \cdot \ln \frac{c(\text{ox})}{c(\text{red})}$	E: Potential der Elektrode in V E_0: Standardpotential in V R: Gaskonstante in $J \cdot K^{-1} \cdot mol^{-1}$ T: Temperatur in K c(ox, red): Konzentrationen in mol/l der an der Elektrode oxidierten bzw. reduzierten Teilchen. Für exakte Berechnungen sind die Aktivitäten einzusetzen. z, F: vgl. 64, 65

Nr.	zu berechnende Größe, Beziehung	Gleichung	Erläuterung der Symbole, einzusetzende Einheiten	
	Gasgesetze			
67	Allgemeine Zustandsgleichung der Gase	$\frac{p_1 \cdot V_1}{T_1} = \frac{p_2 \cdot V_2}{T_2}$	$p_{1,2}$:	Druck im Zustand 1 bzw. 2 in Pa oder bar
	bei p = const.	$\frac{V_1}{V_2} = \frac{T_1}{T_2}$	$V_{1,2}$:	Volumen im Zustand 1 bzw. 2 in l oder ml
	bei V = const.	$\frac{p_1}{p_2} = \frac{T_1}{T_2}$	$T_{1,2}$:	Temperatur im Zustand 1 bzw. 2 in K
	bei T = const.	$p_1 \cdot V_1 = p_2 \cdot V_2$		
68	Allgemeines Gasgesetz	$p \cdot V = n \cdot R \cdot T$	p, V:	Druck bzw. Volumen bei der Temperatur T; p in bar, V in l und T in K
			R:	Gaskonstante in $\mathrm{l \cdot bar \cdot K^{-1} \cdot mol^{-1}}$
			n:	Stoffmenge in mol
69	Partialdruckgesetz (Dalton)	$p = p(\mathrm{A}) + p(\mathrm{B}) + p(\mathrm{C}) \ldots$	p:	Gesamtdruck in bar
		$\longrightarrow \frac{p(\mathrm{A})}{p(\mathrm{B})} = \frac{\varphi(\mathrm{A})}{\varphi(\mathrm{B})} = \frac{n(\mathrm{A})}{n(\mathrm{B})}$	p(A, B, C ...)	Partialdrücke der Komponenten A, B, C in bar
			φ(A, B, C ...)	Volumenanteile in l/l bzw. % der Komponenten A, B, C
			n(A, B, C ...)	Stoffmengen der Komponenten A, B, C in mol
	Wärmelehre, Thermodynamik, Mischphasen			
70	Thermodynamische Temperatur	$T = t + T_n$	T:	thermodynamische Temperatur in K
71	Gasthermometer	$T = 273{,}15 \cdot \frac{V_t}{V_0}$	t:	Temperatur in °C
			T_n:	Normtemperatur 273,15 K
			V_t:	Volumen bei der Temperatur t in l oder ml
			V_0:	Volumen bei der Temperatur t = 0 °C in l oder ml
72	Längenausdehnung	$l_t = l_0 \cdot (1 + \alpha \cdot \Delta t)$	l_t:	Länge bei der Temperatur t in m oder cm
		$\alpha = \frac{\Delta l}{l_0 \cdot \Delta t}$	l_0:	Länge bei der Temperatur t_0 in m oder cm
			Δt:	Temperaturdifferenz in °C oder K
			α:	Längenausdehnungskoeffizient in $\mathrm{K^{-1}}$
73	Volumenausdehnung (Körper, Flüssigkeit)	$V_t = V_0 \cdot (1 + \gamma \cdot \Delta t)$	V_t:	Volumen bei der Temperatur t
			V_0:	Volumen bei der Temperatur t_0 in l oder ml
			γ:	Volumenausdehnungskoeffizient in $\mathrm{K^{-1}}$
			Δt:	Temperaturdifferenz in °C oder K

Nr.	zu berechnende Größe, Beziehung	Gleichung	Erläuterung der Symbole, einzusetzende Einheiten	
74	Wärmekapazität	$C = \frac{\Delta Q}{\Delta T}$	C:	Wärmekapazität in J/K
			c:	spezifische Wärmekapazität in $J \cdot K^{-1} \cdot kg^{-1}$
75	spezifische Wärmekapazität	$c = \frac{\Delta Q}{m \cdot \Delta T}$	ΔQ:	aufgenommene bzw. abgegebene Wärmemenge in J
			ΔT:	Temperaturdifferenz in K
			m:	Masse in kg
76	Mischungstemperatur	$m_1 \cdot c_1 (t_1 - t_m) = m_2 \cdot c_2 (t_m - t_2)$	$m_{1,2}$:	Massen der zu mischenden Komponenten mit den Temperaturen t_1 und t_2 und den spezifischen Wärmekapazitäten c_1 bzw. c_2 in g oder kg
			t_m:	Mischungstemperatur in °C
77	Innere Energie	$\Delta U = Q + W$ $\Delta U = \Delta H - p \cdot \Delta V$	ΔU:	Änderung der inneren Energie in J
78	Enthalpie	$\Delta H = \Delta U + p \cdot \Delta V$	Q:	Wärmemenge in J positiv, wenn vom System aufgenommen, negativ, wenn vom System abgegeben
79	Entropie	$\Delta S = \frac{\Delta H}{T} = \frac{\Delta U + p \cdot \Delta V}{T}$		
80	Freie Energie	$\Delta F = \Delta U - \Delta(TS)$	W:	Arbeit in J positiv, wenn am System verrichtet, negativ, wenn vom System verrichtet
81	Freie Enthalpie im Gleichgewicht	$\Delta G = \Delta H - \Delta(TS)$ $\Delta G = 0$		
			ΔH:	Änderung der Enthalpie in J
			p:	Druck in bar
			ΔV:	Änderung der Volumens in l
			T:	Temperatur in K
			ΔS:	Änderung der Entropie in J/K
			ΔF:	Änderung der freien Energie in J
			ΔG:	Änderung der freien Enthalpie in J
82	molare Wärmekapazität (Molwärme)		C_{mp}:	molare Wärmekapazität in $J \cdot K^{-1} \cdot mol^{-1}$
	bei p = const.	$C_{mp} = \left(\frac{dU_m}{dT}\right)_v$	C_{mv}:	molare Wärmekapazität in $J \cdot K^{-1} \cdot mol^{-1}$
			R:	Gaskonstante in $J \cdot K^{-1} \cdot mol^{-1}$
	bei v = const.	$C_{mv} = \left(\frac{dH_m}{dT}\right)_p$	dU:	Änderung der molaren inneren Energie in J/mol
		$C_{mp} - C_{mv} = R$	dH:	Änderung der molaren Enthalpie in J/mol
			dT:	Änderung der Temperatur in K

Nr.	zu berechnende Größe, Beziehung	Gleichung	Erläuterung der Symbole, einzusetzende Einheiten
83	Gleichgewichtskonstante, Massenwirkungsgesetz	$K = \frac{n(\mathrm{C})^c \cdot n(\mathrm{D})^d}{n(\mathrm{A})^a \cdot n(\mathrm{B})^b}$ für $a\mathrm{A} + b\mathrm{B} \rightleftarrows c\mathrm{C} + d\mathrm{D}$	*K*: Gleichgewichtskonstante *a,b,c,d*: stöchiometrische Zahlen (A, B), (C, D): Stoffmengen der Reaktanden in mol für Lösungen: Konzentrationen *c* in mol/l für Gase: Partialdrücke *p* in bar
84	molare freie Standardenthalpie	$\Delta G° = -RT \ln K$	$\Delta G°$: Änderung der molaren freien Standardenthalpie in J/mol *K*: Gleichgewichtskonstante *R*: Gaskonstante in $\mathrm{J \cdot K^{-1} \cdot mol^{-1}}$ *T*: Temperatur in K $\Delta H°$: Änderung der molaren Standardenthalpie in J/mol
85	Temperaturabhängigkeit der Gleichgewichtskonstanten (van't Hoff'sche Gleichung)	$\frac{d(\ln K)}{\mathrm{d}T} = \frac{\Delta H°}{R \cdot T^2}$	
86	Abhängigkeit des Dampfdrucks von der Temperatur (Clausius-Clapeyron'sche Gleichung)	$\frac{d \ln p}{\mathrm{d}T} = \frac{\Delta H_{\mathrm{verd.}}}{RT^2}$	*p*: Dampfdruck in bar *T*: Temperatur in K $\Delta H_{\mathrm{verd.}}$: Verdampfungsenthalpie in J/mol *R*: Gaskonstante in $\mathrm{J \cdot K^{-1} \cdot mol^{-1}}$
87	Dampfdruckerniedrigung, Radoult'sches Gesetz	$\frac{\Delta p}{p_0} = x(\mathrm{X})$	Δp: Dampfdruckerniedrigung in bar p_0: Dampfdruck des reinen Lösungsmittels in bar $x(\mathrm{X})$: Stoffmengenanteil (Molenbruch) der Komponente X
88	Gefrierpunktserniedrigung (vgl. Kapitel 6.2) Siedepunktserhöhung	$\Delta T = K_m \cdot b(\mathrm{X})$ $\Delta T = K_b \cdot b(\mathrm{X})$	ΔT: Temperaturdifferenz in K K_m: kryoskopische Konstante in K (kg/mol) K_b: ebullioskopische Konstante in K (kg/mol) $b(\mathrm{X})$: Molalität der gelösten Komponente X in mol/kg(Lm)
89	Nernst'sches Verteilungsgesetz (bei *p* und *T* = const.)	$\frac{c_1}{c_2} = \mathrm{const.}$	c_1: Konzentration einer Komponente in der Phase 1 in mol/l c_2: Konzentration einer Komponente in der Phase 2 in mol/l für *c* können auch alle anderen Gehaltsgrößen eingesetzt werden
90	osmotischer Druck	$\pi = c(\mathrm{X}) \cdot RT$	π: osmotischer Druck in bar *R*: Gaskonstante in $\mathrm{l \cdot bar \cdot K^{-1} \cdot mol^{-1}}$ *T*: Temperatur in K $c(\mathrm{X})$: Konzentration in mol/l

Nr.	zu berechnende Größe, Beziehung	Gleichung	Erläuterung der Symbole, einzusetzende Einheiten	
	Stoffmenge und davon abgeleitete Beziehungen			
91	Stoffmenge	$n(X) = \frac{m}{M(X)}$	n(X): m: M(X):	Stoffmenge in mol Masse einer Stoffportion in g molare Masse in g/mol
92	molare Masse	$M(X) = \frac{m}{n(X)}$		
93	molares Volumen	$V_m(X) = \frac{V}{n(X)}$ $V_m(X) = \frac{M(X)}{\rho}$	V_m(X): V: ρ: n(X): M(X):	molares Volumen in l/mol Volumen einer Stoffportion in l Dichte in g/l Stoffmenge in mol molare Masse in g/mol
94	stöchiometrisches Massenverhältnis	$m_1 : m_2 : m_3 \ldots = n(A) \cdot M(A) : n(B) \cdot M(B) : n(C) \cdot M(C) \ldots$	$m_{1,2,3\ldots}$ n(A, B, C ...) M(A, B, C ...)	Massen der Stoffportionen 1, 2, 3 ... in g Stoffmengen der Teilchen A, B, C ... in mol molare Massen in g/mol
95	Masse eines Elements oder einer Atomgruppe in einer Verbindung	$m(X) = \frac{a \cdot M(X)}{M(A)} \cdot m$	m(X): m: M(X, A): a: F:	Masse des Elements X oder der Atomgruppe X in der Verbindung A. in g Masse der Stoffportion in g molare Massen von X bzw. A in g/mol Anzahl der Atome oder der Atomgruppe X in Verbindung A stöchiometrischer Faktor (siehe auch Kapitel 3.2.2)
96	stöchiometrischer Faktor	$F = \frac{a \cdot M(X)}{M(A)}$		
	Gehaltsangaben			
97	Stoffmengenkonzentration (früher Molarität)	$c(X) = \frac{n(X)}{V_L}$	c(X): n(X): V_L:	Stoffmengenkonzentration der gelösten Substanz X in mol/l Stoffmenge der Substanz X in mol Volumen der Lösung in l
98	Massenkonzentration	$\beta_i = \frac{m_i}{V_G}$	β_i: m_i: V_G:	Massenkonzentration der Komponente i in g/l Masse der Komponente i im Gemisch in g Volumen des Gemisches in l
99	Volumenkonzentration	$\sigma_i = \frac{V_i}{V_G}$	σ_i: V_i: V_G:	Volumenkonzentration der Komponente i in ml/l bzw. % Volumen der Komponente i im Gemisch in ml Volumen des Gemisches in l

Nr.	zu berechnende Größe, Beziehung	Gleichung	Erläuterung der Symbole, einzusetzende Einheiten	
100	Molalität	$b(\mathrm{X}) = \frac{n(\mathrm{X})}{m_{Lm}}$	b(X):	Molalität der gelösten Substanz X in mol/kg
			n(X):	Stoffmenge der Substanz X in mol
			m_{Lm}:	Masse des Lösungsmittels in kg
101	Löslichkeit	$L = \frac{m}{100\ \mathrm{g}\ Lm}$	L:	Löslichkeit einer reinen Substanz in g pro 100 g Lösungsmittel (Lm)
			m:	Masse der Substanz in g
102	Dichte (vgl. Kapitel 6.3)	$\rho = \frac{m}{V}$	ρ:	Dichte in g/ml
			m:	Masse in g
			V:	Volumen in ml
103	Stoffmengenanteil (früher Molenbruch)	$x(\mathrm{A}) = \frac{n(\mathrm{A})}{n(\mathrm{A}) + n(\mathrm{B}) \ldots}$	x(A):	Stoffmengenanteil der Substanz A in mol/mol bzw. in %
	Stoffmengenanteil in % (früher Mol.-%)	$x(\mathrm{A}) = \frac{n(\mathrm{A})}{n(\mathrm{A}) + n(\mathrm{B}) \ldots} \cdot 100$	n(A,B...):	Stoffmengen der Komponenten im Gemisch, Summe der Stoffmengen aller Komponenten in mol
104	Massenanteil (früher Massenbruch)	$w_i = \frac{m_i}{m_G}$	w_i:	Massenanteil der Komponente i im Gemisch in g/g, kg/kg bzw. %
	Massenanteil in % (früher Gew.-%)	$w_i = \frac{m_i}{m_G} \cdot 100\,\%$	m_i:	Masse der Komponente i in g oder kg
			m_G:	Masse des Gemisches, Summe der Massen aller Komponenten in g oder kg
105	Volumenanteil (früher Volumenbruch)	$\varphi_i = \frac{V_i}{V_0}$	φ_i:	Volumenanteil der Komponente i in l/l bzw. in %
	Volumenanteil in % (früher Vol.-%)	$\varphi_i = \frac{V_i}{V_0} \cdot 100\,\%$	V_i:	Volumen der Komponente i in l
			V_0:	Summe der Volumina aller Komponenten vor dem Vermischen in l

10.5.2 Umrechnung von Stoff- und Gehaltsgrößen

Masse	Stoffmenge
$m = M(X) \cdot n(X)$	$n(X) = \frac{m}{M(X)}$

m: Masse in g
$n(X)$: Stoffmenge in mol
$M(X)$: molare Masse in g/mol

Masse	Volumen
$m = \rho \cdot V$	$V = \frac{m}{\rho}$

m: Masse in g
ρ: Dichte der Lösung in g/ml
V: Volumen der Lösung in ml
Dichtewerte s. Kapitel 6.3

Volumen	Stoffmenge
$V = V_m(X) \cdot n(X)$	$n(X) = \frac{V}{V_m(X)}$

V: Volumen in l
$n(X)$: Stoffmenge in mol
$V_m(X)$: molares Volumen in l/mol

Massenkonzentration	Stoffmengenkonzentration
$\beta(A) = c(A) \cdot M(A)$	$c(A) = \frac{\beta(A)}{M(A)}$

$\beta(A)$: Massenkonzentration der Komponente A in g/l
$c(A)$: Stoffmengenkonzentration der Komponente A in mol/l
$M(A)$: molare Masse der Komponente A in g/mol

Massenanteil	Stoffmengenanteil
$w(A) = \frac{x(A) \cdot M(A) \cdot 100\,\%}{\Sigma_1}$	$x(A) = \frac{w(A) \cdot 100\,\%}{M(A) \cdot \Sigma_2}$

w(A, B, C ...): Massenanteile der Komponenten A, B, C ... in %
x(A, B, C ...): Stoffmengenanteile der Komponenten A, B, C ... in %
M(A, B, C ...): molare Massen der Komponenten A, B, C ... in g/mol
Σ_1: $x(A) \cdot M(A) + x(B) \cdot M(B) + x(C) \cdot M(C) + \ldots$

Summe der Produkte $x \cdot M$ aller Komponenten

Σ_1: $\frac{w(A)}{M(A)} + \frac{w(B)}{M(B)} + \frac{w(C)}{M(C)} + \ldots$

Summe der Quotienten $\frac{w}{M}$ aller Komponenten

Massenanteil	Stoffmengenkonzentration
$w(\mathrm{A}) = \frac{c(\mathrm{A}) \cdot M(\mathrm{A})}{\rho_L \cdot 10}$	$c(\mathrm{A}) = \frac{\rho_L \cdot w(\mathrm{A}) \cdot 10}{M(\mathrm{A})}$

w(A): Massenanteil der Komponente A in %
c(A): Stoffmengenkonzentation der Komponente A in mol/l
ρ_L: Dichte der Lösung mit der Konzentration c(A) bzw. dem Massenanteil w(A) in g/ml; Dichtewerte s. Kapitel 6.3
M(A): molare Masse der Komponente A in g/mol

Massenanteil	Volumenkonzentration
$w_i = \frac{\sigma_i \cdot \rho_i}{\rho_L}$	$\sigma_i = \frac{w_i \cdot \rho_L}{\rho_i}$

w_i: Massenanteil einer Komponente i in %
σ_i: Volumenkonzentration einer Komponente i in %
ρ_i: Dichte der reinen Komponente i in g/ml
ρ_L: Dichte der Lösung in g/ml
Dichtewerte siehe Kap. 6.3

Massenkonzentration	Massenanteil
$\beta_i = \rho_L \cdot w_i \cdot 10$	$w_i = \frac{\beta_i}{\rho_L \cdot 10}$

β_i: Massenkonzentration einer Komponente i in g/l
ρ_L: Dichte der Lösung in g/ml
w_i: Massenanteil einer Komponente i in %

10.5.3 Mischungsrechnen

Allgemeine Mischungsgleichung

$m_1 \cdot w_1 + m_2 \cdot w_2 + m_3 \cdot w_3 \ldots = (m_1 + m_2 + m_3 \ldots) \cdot w_M$	$m_{1,2,3\ldots}$: Massen der Lösungen 1, 2, 3 … mit den Massenanteilen $w_{1,2,3\ldots}$ in g bzw. kg $w_{1,2,3\ldots}$: Massenanteile des Stoffes in den Lösungen 1, 2, 3 … in % w_M: Massenanteil des Stoffes in der Mischung in %

Beispiel:

Es sollen 300 g Schwefelsäure mit $w_1(H_2SO_4) = 70\,\%$, 500 g mit $w_2(H_2SO_4) = 20\,\%$ und 100 g mit $w_3(H_2SO_4) = 30\,\%$ gemischt werden.

Welchen Massenanteil $w_M(H_2SO_4)$ hat die Mischung?

$m_1 = 300$ g $\quad w_1 = 70\,\%$
$m_2 = 500$ g $\quad w_2 = 20\,\%$
$m_3 = 100$ g $\quad w_3 = 30\,\%$

Massenanteil der Schwefelsäure in der Mischung

$$w_M(H_2SO_4) = \frac{300\ g \cdot 70\,\% + 500\ g \cdot 20\,\% + 100\ g \cdot 30\,\%}{300\ g + 500\ g + 100\ g} = \mathbf{37{,}78\,\%}$$

Durch geeignetes Umformen können mit Hilfe der Mischungsgleichung jeweils auch die anderen Größen berechnet werden, wenn z. B. w_M vorgegeben ist.

Mischungsrechnen (Kreuzregel)
Sind nur zwei Lösungen eines Stoffes miteinander zu mischen, so kann das Mischungsverhältnis (Massenverhältnis) nach folgendem Schema einfach berechnet werden:

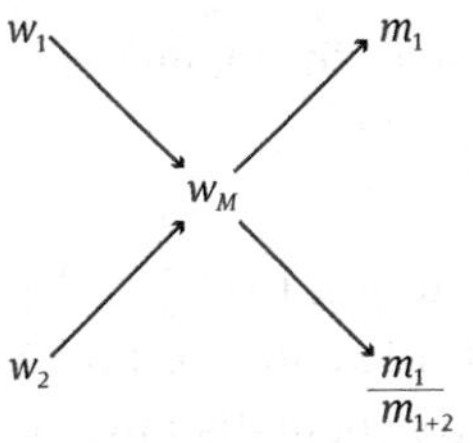

Es sind m_1 Massenteile mit dem Massenanteil w_1 und m_2 Massenteile mit dem Massenanteil w_2 zu mischen, um eine Lösung mit dem Massenanteil w_M zu erhalten.

(Summe: $m_1 + m_2$)

w_1:	Massenanteil des Stoffes in der Lösung 1 in %
w_2:	Massenanteil des Stoffes in der Lösung 2 in %
	Soll mit reinem Lösemittel verdünnt werden, so wird w_1 bzw. w_2 gleich Null.
w_M:	Massenanteil des Stoffes in der Mischung in %
m_1:	Masse der Lösung 1, Differenzbetrag aus w_M und w_2
m_2:	Masse der Lösung 2, Differenzbetrag aus w_M und w_1
m_{1+2}:	Summe der Massen m_1 und m_2

Ist die Gesamtmasse m der Mischung vorgegeben, so gilt für die zu mischenden Massen der Lösungen $m_{1'}$ und $m_{2'}$:

$$m_{1'} = \frac{m_1 \cdot m}{m_{1+2}} \qquad m_{2'} = \frac{m_2 \cdot m}{m_{1+2}}$$

Beispiel:

Aus einer Natronlauge mit $w_1(NaOH) = 50\,\%$ und einer solchen mit $w_2(NaOH) = 15\,\%$ sollen 2000 g einer Lösung mit $w_M(NaOH) = 20\,\%$ hergestellt werden. In welchem Verhältnis sind die beiden Lösungen zu mischen?

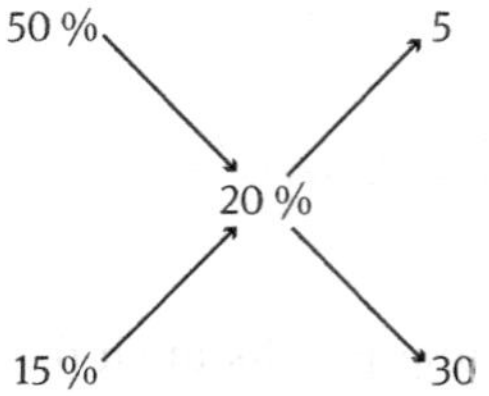

⟶	$m_1 = 5\,\text{g}$	$w_1 = 50\,\%$ $w_2 = 15\,\%$ $w_M = 20\,\%$ $m = 2000\,\text{g}$
⟶	$m_2 = 30\,\text{g}$ $m_{1+2} = 35\,\text{g}$	

$$m_{1'} = \frac{5\,\text{g} \cdot 2000\,\text{g}}{35\,\text{g}} = \mathbf{285{,}7\,g}$$

$$m_{2'} = \frac{30\,\text{g} \cdot 2000\,\text{g}}{35\,\text{g}} = \mathbf{1714{,}3\,g}$$

Es sind 285,7 g einer Lösung mit dem Massenanteil w_1 und 1714,3 g einer Lösung mit dem Massenanteil w_2 zu mischen.

Das Mischungskreuz gilt für massenbezogene Gehaltsangaben wie w in g/g bzw. % oder b in mol/kg. Sollen Lösungen mit volumenbezogenen Gehaltsangaben wie c in mol/l oder β in g/l gemischt werden, so lässt sich im Prinzip das Mischungskreuz ebenfalls anwenden, wenn die Massenteile durch Volumenteile ersetzt werden. Voraussetzung dafür ist jedoch, dass beim Mischen kein Volumeneffekt auftritt. Ansonsten empfiehlt es sich, mit Hilfe der Dichte die entsprechenden Umrechnungen in Massenanteile bzw. Massenkonzentration vor Anwendung des Mischungskreuzes vorzunehmen.

10.5.4 Berechnung der Summenformel einer Verbindung

Sind durch eine Analyse die einzelnen Elemente in einer Verbindung qualitativ und quantitativ bestimmt worden, so lässt sich damit die empirische Formel ermitteln. Kennt man außerdem die molare Masse, so kann die Summenformel berechnet werden. Mit Hilfe weiterer Informationen aus spektroskopischen Daten (IR, NMR, UV usw.) lässt sich im Allgemeinen dann die Strukturformel bestimmen.

Beispiel:

Bei einer Verbindung wurden durch qualitative und quantitative Elementaranalyse sowie durch Bestimmung der molaren Masse folgende Werte erhalten:

$$M(\text{X}) = 123\,\text{g/mol}$$

Zusammensetzung:

$w(\text{C}) = 58{,}59\,\%$ $w(\text{H}) = 4{,}15\,\%$ $w(\text{N}) = 11{,}21\,\%$ $w(\text{O bzw. Rest}) = 26{,}5\,\%$

Aus den Massenanteilen der einzelnen Elemente erhält man dann ihr Stoffmengenverhältnis (zweckmäßigerweise geht man von 100 g der Verbindung aus, dann geben die Massenanteile direkt die Masse des jeweiligen Elements in Gramm an):

$$n(\mathrm{C}) = \frac{m(\mathrm{C})}{M(\mathrm{C})} = \frac{58{,}59\ \mathrm{g}}{12{,}01\ \mathrm{g/mol}} = 4{,}88\ \mathrm{g}$$

$$n(\mathrm{H}) = \frac{m(\mathrm{H})}{M(\mathrm{H})} = \frac{4{,}15\ \mathrm{g}}{1{,}008\ \mathrm{g/mol}} = 4{,}12\ \mathrm{g}$$

$$n(\mathrm{N}) = \frac{m(\mathrm{N})}{M(\mathrm{N})} = \frac{11{,}21\ \mathrm{g}}{14{,}008\ \mathrm{g/mol}} = 0{,}80\ \mathrm{g}$$

$$n(\mathrm{O}) = \frac{m(\mathrm{O})}{M(\mathrm{O})} = \frac{26{,}05\ \mathrm{g}}{15{,}9994\ \mathrm{g/mol}} = 1{,}63\ \mathrm{g}$$

Daraus folgt:

$$n(\mathrm{C}) : n(\mathrm{H}) : n(\mathrm{N}) : n(\mathrm{O}) = 4{,}88\ \mathrm{mol} : 4{,}12\ \mathrm{mol} : 0{,}80\ \mathrm{mol} : 1{,}63\ \mathrm{mol}$$

Ein ganzzahliges Verhältnis ergibt sich nach Division aller Werte durch die kleinste vorkommende Größe (0,80 mol). Das stöchiometrische Verhältnis der einzelnen Elemente lautet dann (*r*: Stoffmengenverhältnis):

$$r(\mathrm{C}) : r(\mathrm{H}) : r(\mathrm{N}) : r(\mathrm{O}) = 6 : 5 : 1 : 2.$$

Damit ergibt sich die Summenformel zu:
$C_6H_5NO_2$

Wie die Kontrollrechnung zeigt, hat diese Formeleinheit die molare Masse M = 123 g/mol.

11 Tabellen zur chemischen und chemisch-analytischen Arbeitstechnik

11.1 Gehalt von Spurenelementen in destilliertem Wasser [40]

Destillationsverfahren	Spurenelementkonzentration in µg/ml						
	Cu	**Zn**	**Mn**	**Fe**	**Mo**	**Pb**	**Al**
1 normales destilliertes Wasser	0,2	0,02	–	–	–	0,055	
2 destilliertes Wasser aus einem verzinnten Kupferdestillierapparat	0,01	0,002	0,001	0,002	0,002		
3 destilliertes Wasser von Nr. 2; einmal aus einer Pyrexglasapparatur destilliert	0,001	0,00012	0,0002	0,00001	0,000002		
4 destilliertes Wasser von Nr. 2; zweimal aus einer Pyrexglasapparatur destilliert	0,0005	0,00004	0,0001	0,00002	0,000001		
5 destilliertes Wasser von Nr. 2; dreimal aus einer Pyrexglasapparatur destilliert	0,0004	0,00004	0,0001	0,00002	0,000001		
6 einmal aus einer Jenaer Glasapparatur destilliertes Wasser	0,0001	0,003				0,003	
7 aus einer Pyrexglasapparatur einmal redestilliertes Wasser	0,0016					0,0025	
8 zweimal destilliertes Wasser	0,0005	0,0014		0,0009			0,001

11.2 Entfernung von Spurenelementen aus Wasser mit Ionenaustauschern [40]

Ionenaustauscher	Spurenelementkonzentration in µg/ml						
	Cu	**Pb**	**Zn**	**Fe**	**Co**	**Ni**	**Mn**
Amberlite IR-100, nach dem ersten Durchlauf	0,0035	0,0015					
Amberlite IR-100, nach dem fünften Durchlauf		0,0010					
Gemisch von IR-120 und IRA-410	+	0,00002	0,00006	0,00002	<0,000002	<0,000002	<0,00002
	Mo	Cr	Mg	Ca	Sr	Ba	B
	<0,00002	0,00002	0,002	0,0002	<0,00006	0,000006	+
	Si	Sn	Ag	V			
	+	+	+	+			

+: nachgewiesen, aber nicht quantitativ bestimmt.

11.3 Filterpapiere für quantitative Analysen – Vergleichstabelle[a]

Sorte (Schleicher & Schüll)	Sorte (Macherey-Nagel & Co)	Sorte (Whatman)	Anwendungsbeispiele
–	MN 640 we (Graupackung)	–	Eisenhydroxid, SiO_2-Schnellanalysen
		–	
589/1 (Schwarzband)	MN 640 w (Graupackung)	41	grobflockige und voluminöse Niederschläge, wie $Fe(OH)_3$, $Al(OH)_3$, $Cr(OH)_3$, CuS, Bi_2O_3
598 g	–	–	CuS, Bi_2S_3, CoS, SiO_2 größere Mengen gröberer Niederschläge; Szintillationsmessungen in der Biochemie
589/2 (Weißband)	MN 640 m (Weißpackung)	40	$(NH_4)_3P(Mo_3O_{10})_4$ aq., $Mg(NH_4)PO_4$, Carbonate der Erdalkalimetalle, CaC_2O_4 (heiß gefällt); Ag_2S, As_2S_3, CdS, MnS, PbS, Sb_2S_3, $PbCrO_4$
589/4 (Gelbband)	–	43	Untersuchung von Naturstoffen, Fettbestimmung
590	–	44	feinere Niederschläge, wie MnS
589/5 (Rotband)	MN 640 md (Gelbpackung)	40	CaC_2O_4, $BaCrO_4$, $BaSO_4$ (heiß gefällt)
589/6 (Grünband)	MN 640 dd (Blaupackung)	42, 50	feinste Niederschläge, wie CaC_2O_4, $BaSO_4$, $PbSO_4$
589/3 (Blauband)	MN 640 d (Grünpackung)	43	feinste Niederschläge, wie $BaSO_4$, $PbSO_4$, Cu_2O, ZnS, NiS
–	MN 640 de (Grünpackung)	42, 50	(sehr langsam filtrierend!), z. B. kalt gefälltes $BaSO_4$
–	MN 1640 we (Graupackung)	–	saure und alkalische Lösungen, Vakuum- oder Druckfiltrationen (sehr schnell filtrierend)
1505	MN 1640 w (Graupackung)	541 54	saure und alkalische Lösungen, Vakuum- oder Druckfiltrationen (schnell filtrierend)
1506	MN 1640 m (Weißpackung)	540	saure und alkalische Lösungen, Vakuum- oder Druckfiltrationen (mittelschnell filtrierend)
–	MN 1640 md (Gelbpackung)	542	saure und alkalische Lösungen, Vakuum- oder Druckfiltrationen (mittel bis langsam filtrierend), Sulfide, Bleichromat
–	MN 1640 d (Grünpackung)	544	saure und alkalische Lösungen, Vakuum- oder Druckfiltrationen (langsam filtrierend), feine u. sehr feine Niederschläge
1507	MN 1640 de (Grünpackung)	–	saure und alkalische Lösungen, Vakuum- oder Druckfiltrationen (sehr langsam filtrierend), z. B. kalt gefälltes $BaSO_4$

a Nach Angaben der Herstellerfirmen.

11.4 Filterpapiere für qualitative Analysen – Vergleichstabelle[a]

Sorte (Schleicher & Schüll)	Sorte (Macherey-Nagel & Co)	Sorte (Whatman)	Anwendungsbeispiele
2329	MN 617 we	–	Luft- und Gasfiltrationen, grobflockige Niederschläge, wie Hydroxide
604	MN 617	4	grobe Niederschläge, wie Hydroxide und Sulfide
591	MN 616	–	Schnellfiltration gröberer Niederschläge
598	MN 618	3	
597	–	2	mittelfeine Niederschläge
597 L	–	–	Untersuchung von Naturstoffen, Fetten
595	MN 615	1	mittelfeine Niederschläge
593	MN 616 md	6	feinere Niederschläge
594 h	MN 619	6	feine Niederschläge
602 h	MN 619 eh	–	
602 eh	MN 619 de	5	feinste Niederschläge
1573	MN 1670	–	saure und alkalische Lösungen, Vakuum- und Druckfiltrationen, Faserfangpapiere
1574	MN 1672	–	
1575	MN 1674	–	
–	MN 85/90	–	Glasfaserpapier, mittelschnell filtrierend

11.5 Glasfiltergeräte – Porosität, Anwendung und Reinigung

Glasfiltergeräte[b]

In der folgenden Tabelle sind Glasfilter nach ihrer Porenweite in Porositätsklassen von 00 bis 5 eingeteilt. Die angegebenen Porenweiten beziehen sich immer auf die größte Pore der Platte und kennzeichnen damit den Durchmesser der Teilchen, die bei der Filtration gerade noch zurückgehalten werden.

Porosität	Nennwerte der maximalen Porenweite in µm	Anwendungsgebiete, Beispiele
00	250 bis 500	Flüssigkeits- und Gasverteilung; Unterlagen für Feststoff in Strömungssystemen;
0 (G0)[c]	160 bis 250	Gasverteilung; Gasverteilung in Flüssigkeiten bei geringem Gasdruck Filtration gröbster Niederschläge;

c Ältere Bezeichnung.

a Nach Angaben der Herstellerfirmen.
b Daten nach Angaben der Firma Schott.

Porosität	Nennwerte der maximalen Porenweite in µm	Anwendungsgebiete, Beispiele
1 (G 1)	100 bis 160	Grobfiltration; Filtration grober Niederschläge, Gasverteilung in Flüssigkeiten; Flüssigkeitsverteilung, grobe Gasfilter; Extraktionsapparate für grobkörniges Material; Unterlagen für lose Filterschichten gegen gelatinöse Niederschläge;
2 (G 2)	40 bis 100	Präparative Feinfiltration; Präparatives Arbeiten mit kristallinen Niederschlägen; Quecksilberfiltration;
3 (G 3)	16 bis 40	Analytische Filtration; analytisches Arbeiten mit mittelfeinen Niederschlägen; präparatives Arbeiten mit feinen Niederschlägen; Filtration in der Zellstoffchemie, feine Gasfilter; Extraktionsapparate für feinkörniges Material;
4 (G 4)	10 bis 16	Analytische Feinfiltration; analytisches Arbeiten mit sehr feinen Niederschlägen (z. B. $BaSO_4$, Cu_2O); präparatives Arbeiten mit sehr feinen Niederschlägen; Rückschlag und Sperrventile für Quecksilber;
5 (G 5)	1,0 bis 1,6	Bakterienfiltration; Sterilfiltration;

Chemische Reinigung von Glasfiltergeräten[a]

Sollte eine gründliche, chemische Reinigung der Glasfilter erforderlich sein, so können, je nach Art der Verunreinigung, nach vorhergehender mechanischer Reinigung folgende Lösemittel verwendet werden.

Verunreinigung durch	Lösemittel
Bariumsulfat	heiße konz. Schwefelsäure (100 °C)
Silberchlorid	heiße Ammoniaklösung
Kupfer(I)-oxid	heiße Salzsäure und Kaliumchlorat
Quecksilberrückstand	heiße konz. Salpetersäure
Quecksilbersulfid	heißes Königswasser
Eiweiß	heiße Ammoniaklösung oder Salzsäure
Fett, Öl	Kohlenstofftetrachlorid
Andere organische Stoffe	heiße konz. Schwefelsäure mit Zusatz von Salpetersäure, von Natriumnitrat oder von Kaliumdichromat
Tierkohle	vorsichtiges Erhitzen mit einer Mischung von 5 Volumenteilen konz. Schwefelsäure und 1 Volumenteil konz. Salpetersäure auf ca. 200 °C.

Anschließend ist ein gründliches Nachwaschen mit Wasser erforderlich!

a Daten nach Angaben der Firma Schott.

11.6 Chemikalienbeständigkeit von Kunststoffen[a]

Chemikalien	Kunststoffe							
	Kel-F[b]	Polyethylen	Polypropylen	Polyvinylchlorid	Polymethylmethacrylat	Silicon	Teflon[c]	Viton[c]
Aceton	+	O		–	–	+	+	–
Ameisensäure (90 %)	+	+	+	O	–		+	
Ammoniak (konz.)	+	+	+	O	O	+	+	+
Amylalkohol	+	O	+	+	O		+	
Benzin	+	O	–	+	O	O	+	+
Benzol	+	O	O	–	–	O	+	+
Brom	–	–	–	–	–	–	–	–
Bromwasserstoffsäure (40 %)	+	+	+	+	–		+	
Butanol	+	+		+		O	+	+
Butylacetat	O	O		–	–	O	+	–
Cyclohexan	+	+		–		–	+	+
Dichlormethan	O	O	O	–	–	–	+	+
Diethylether	+	–	–	–			+	
Eisessig	+	O	O	O	–	+	+	O
Essigsäure (20 %)	+	+	+	+	+	+	+	+
Essigsäureanhydrid	+	O	O	–	–	+	+	+
Essigsäureethylester	+	O		–	–	+	+	–
Ethanol	+	+	+	+	O		+	+
Flusssäure (5 %)	+	+	+	+		–	+	+
Flusssäure (40 %)	+	+	+	+	O		+	
Fluoroborsäure	+	+	+		–		+	
Hexan	+	+	+	+		–	+	+
Kalilauge (60 %)	+	+	+	+	O	–	+	+
Kohlenstoffdisulfid	+	–	O	O	–	O	+	+
Kohlenstofftetrachlorid	O	–	O	O	–	O	+	+
Königswasser		O	O	O	–		+	
Methanol	+	+	+	+		O	+	+
Natronlauge (50 %)	+	+	+	+	O	–	+	+
Natronlauge (10 %)	+	+	+	+		+	+	+
Petrolether	+	+	+	–		–	+	+
Phosphorsäure (85 %)	+	+	+	+		O		
Pyridin	+	+		–		O	+	–
Salpetersäure (10 %)	+	+	+	+		O	+	+
Salpetersäure (konz.)	+	–	–	–	–	–	+	+

+ dauerbeständig   O bedingt beständig   – nicht verwendbar

b Eingetragenes Warenzeichen der Fa. 3 M Company.

c Eingetragenes Warenzeichen der Fa. Dupont.

---

a Der Beständigkeitstabelle liegen Angaben verschiedener Hersteller zugrunde, eine Verbindlichkeit kann daraus nicht abgeleitet werden.

Chemikalien	**Kunststoffe**							
	Kel-F[b]	**Poly-ethylen**	**Poly-propylen**	**Poly-vinylchlorid**	**Poly-methyl-meth-acrylat**	**Silicon**	**Teflon**[c]	**Viton**[c]
Salzsäure (10 %)	+	+	+	+	+	+	+	+
Salzsäure (konz.)	+	+	+	+	+	○	+	+
Schwefelsäure	+	+	+	+	+	–	+	+
Tetrachlorethan	+	–	–	–		○	+	+
Trichlorethylen	–	–	–	–		–	+	○
Trichlormethan	+	○	+	–	–	–	+	+
Toluol	+	○	○	–	–	–	+	+
Wasserstoffperoxid (30 %)	+	+	+	+	+		+	

\+ dauerbeständig ○ bedingt beständig – nicht verwendbar

b Eingetragenes Warenzeichen der Fa. 3 M Company.

c Eingetragenes Warenzeichen der Fa. Dupont.

11.7 Eis – Salz – Kältemischungen

Salz	**Anfangstemperatur in °C**		**g Salz pro 100 g H_2O bzw. Eis**	**Endtemperatur in °C (niedrigste erreichbare Temperatur)**
Na_2CO_3	−1	(Eis)	20	−2,0
NH_4NO_3	20		106	−4,0
$NaC_2H_3O_2$	10,7		85	−4,7
NH_4Cl	13,3		30	−5,1
$NaNO_3$	13,2		75	−5,3
$Na_2S_2O_3 \cdot 5\,H_2O$	10,7		110	−8,0
$CaCl_2 \cdot 6\,H_2O$	−1	(Eis)	41	−9,0
KCl	0	(Eis)	30	−10,9
KI	10,8		140	−11,7
NH_4NO_3	13,6		60	−13,6
NH_4CL	−1	(Eis)	25	−15,4
NH_4NO_3	−1	(Eis)	45	−16,8
NH_4SCN	13,2		133	−18,0
NaCl	−1	(Eis)	33	−21,3
$CaCl_2 \cdot 6\,H_2O$	0	(Eis)	81	−21,5
H_2SO_4 (66,2 %)	0	(Eis)	23	−25
NaBr	0	(Eis)	66	−28
H_2SO_4(66,2 %)	0	(Eis)	40	−30
C_2H_5OH	0	(Eis)	105	−30
$MgCl_2$	0	(Eis)	85	−34
H_2SO_4 (66,2 %)	0	(Eis)	91	−37
$CaCl_2 \cdot 6\,H_2O$	0	(Eis)	123	−40,3
$CaCl_2 \cdot 6\,H_2O$	0	(Eis)	143	−55

11.8 Relative Luftfeuchtigkeit und Wasserdampfdruck über Schwefelsäurelösungen

$\rho(H_2SO_4)$ in g/ml	relative Feuchte in %	$p(H_2O)$ bei 20 °C in mbar
1,00	100	23,2
1,05	97,5	22,7
1,10	93,9	21,7
1,15	88,8	20,5
1,20	80,5	18,7
1,25	70,4	16,3
1,30	58,3	13,5
1,35	47,2	11,1
1,40	37,1	8,7
1,50	18,8	4,4
1,60	8,5	2,0
1,70	3,2	0,79

11.9 Trockenmittel – Anwendung, Restwassergehalte, Regenerierungsbedingungen

Chemisch wirkende regenerierbare Trockenmittel.

Trockenmittel	Anwendbar für	Nicht anwendbar für	Restwasser[a]	Regenerierung
Calciumchlorid	gesättigte, olefinische und aromatische Kohlenwasserstoffe, Alkylhalogenide, Ether, viele Ester	Ammoniak, Amine, Alkohole, Aldehyde, Phenole, Ester, Ketone	0,14–0,25	250 °C
Calciumoxid	Ammoniak, Amine, Alkohole, Distickstoffoxid	Säuren, Säurederivate, Aldehyde, Ketone	0,2	1000 °C
Calciumsulfat	universelle Anwendung		0,07	190–230 °C
Kaliumcarbonat	basische Lösemittel (z. B. Ammoniak, Amine), Nitrile, chlorierte Kohlenwasserstoffe, Aceton	Säuren		150 °C fein gepulvert schon ab 100 °C
Kupfer(II)-sulfat	niedrige Fettsäuren, Alkohole, Ester		1,4	
Magnesiumoxid	basische Flüssigkeiten, Kohlenwasserstoffe, Alkohole	saure Verbindungen	0,008	800 °C

a mg Wasserdampf pro l getrockneter Luft.

Trockenmittel	Anwendbar für	Nicht anwendbar für	Restwasser[a]	Regenerierung
Magnesium-perchlorat	inerte Gase, Luft, Ammoniak	organische Substanzen (Explosionsgefahr)	0,0005	240 °C, 1,3 mbar
Magnesiumsulfat	fast alle Verbindungen einschließlich Säuren, Säurederivaten, Aldehyden und Ketonen		1,0	erst 200 °C dann Rotglut
Natriumsulfat	Alkyl- und Arylhalogenide, Fettsäuren, Ester, Aldehyde, Ketone		12	150 °C

a mg Wasserdampf pro 1 getrockneter Luft.

Nicht regenerierbare chemische Trockenmittel.

Trockenmittel	Anwendbar für	Nicht anwendbar für	Restwasser[a]
Aluminium	Alkohole		
Calcium	Alkohole		
Calciumhydrid	Gastrocknung, organische Lösemittel, auch Ketone, Ester	Verbindungen mit aktivem Wasserstoff	
Kaliumhydroxid	basische Flüssigkeiten (z. B. Amine)	Säuren, Ester, Amide, Phenole	0,002
Lithiumaluminiumhydrid	Kohlenwasserstoffe, Ether	Säuren, Säurederivate (Chloride, Anhydride, Amide, Nitrile), aromatische Nitroverbindungen	
Magnesium	Alkohole		
Natrium	Ether, gesättigte aliphatische und aromatische Kohlenwasserstoffe, tertiäre Amine	Säuren, Säurederivate, Alkohole, Aldehyde, Ketone, Alkyl- und Arylhalogenide	
Natrium-Blei-Legierung	Ether, gesättigte aliphatische und aromatische Kohlenwasserstoffe, Alkyl- und Arylhalogenide, Amine	Säuren, Säurederivate, Alkohole, Aldehyde, Ketone	
Natriumhydroxid	basische Flüssigkeiten, z. B. Amine	Säuren, Säurederivate, Phenole	
Natrium-Kalium-Legierung	Ether, gesättigte aliphatische und aromatische Kohlenwasserstoffe	Säuren, Säurederivate, Alkohole, Aldehyde, Ketone, Alkyl- und Arylhalogenide	

a mg Wasserdampf pro l getrockneter Luft.

Trockenmittel	Anwendbar für	Nicht anwendbar für	Restwasser[a]
Phosphorpentaoxid	Gastrocknung neutraler und saurer, gesättigter aliphatischer und aromatischer Kohlenwasserstoffe, Acetylen, Anhydride, Nitrile, Alkyl- und Arylhalogenide, Hydrogensulfid (Schwefelwasserstoff)	Alkohole, Amine, Säuren, Ketone, Ether, Hydrogenchlorid (Chlorwasserstoff), Hydrogenfluorid (Fluorwasserstoff)	<0,000025
Schwefelsäure, konzentriert	inerte neutrale und saure Gase und in Exsikkatoren	Ungesättigte und andere organische Verbindungen, Hydrogensulfid (Schwefelwasserstoff), Hydrogeniodid (Iodwasserstoff)	0,003
Sicapent (P_2O_5)	wie Phosphorpentaoxid		<0,000025
Sicacide (H_2SO_4 konz.)	wie konz. Schwefelsäure		0,003

a mg Wasserdampf pro l getrockneter Luft.

Physikalisch wirkende Trockenmittel.

Trockenmittel	Anwendbar für	Nicht anwendbar für	Restwasser[a]	Regenerierung
Aluminiumoxide	Kohlenwasserstoffe, Ether und andere Lösemittel	Verbindungen, die Epoxid-, Carbonyl- oder Thiogruppen enthalten, Hydrogensulfid (Schwefelwasserstoff)	0,003	75 °C
Kieselgel	Gastrocknung, breite Verwendung für organische Flüssigkeiten	Hydrogenfluorid (Fluorwasserstoff)	0,002	100–250 °C
Molekularsiebe	Die Anwendung ist abhängig vom Porendurchmesser, breite Anwendung für Gase und Flüssigkeiten		0,001	300–350 °C

a mg Wasserdampf pro l getrockneter Luft.

11.10 Organische Lösemittel – Eigenschaften und Trocknung

Lösemittel	**Siedepunkt in °C**	**ρ in g/ml bei 20 °C**	n_D^{20}	**Flammpunkt in °C**	**Trockenmittel (Auswahl)**
Aceton	56	0,791	1,359	−18	$CaCl_2$; K_2CO_3 Molekularsieb 3 Å
Acetonitril	82	0,782	1,344	+6	$CaCl_2$; P_2O_5; K_2CO_3 Molekularsieb 3 Å
Ameisensäureethylester	54	0,924	1,360	−19,5	$CaCl_2$; $MgSO_4$; Na_2SO_4
Anilin	184	1,022	1,586	+76	KOH; BaO
Anisol	154	0,995	1,518	+51	$CaCl_2$; Destillation; Na
Benzol	80	0,879	1,501	−10	Destillation $CaCl_2$; Na; Na/Pb Molekularsieb 4 Å
1-Butanol	118	0,810	1,3992	+29	K_2CO_3; Destillation
2-Butanol	100	0,808	1,398	+24	K_2CO_3; Destillation
2-Methyl-2-propanol (*tert.*-Butanol)	82	0,786	1,384	+11,1	CaO; Ausfrieren
2-Methyl-1-propanol	108	0,803	1,396	+28–29	K_2CO_3; CaO; Mg; Ca
Chlorbenzol	132	1,106	1,525	+29,5	$CaCl_2$; Destillation; P_2O_5
Trichlormethan	61	1,480	1,448	nicht entflammbar	$CaCl_2$; P_2O_5; Na/Pb Molekularsieb 4 Å
Cyclohexan	81	0,779	1,426	−17	Na; Na/Pb; $LiAlH_4$ Molekularsieb 4 Å
Decahydronaphthalin (Isomerengemisch) (Dekalin)	189/191	0,886	1,48	+57–58	$CaCl_2$; Na; Na/Pb
Diethylether	35	0,714	1,353	−40	$CaCl_2$; Na; Na/Pb; $LiAlH_4$ Molekularsieb 4 Å
Diethylcarbonat	126	0,975	1,385	–	K_2CO_3; Na_2SO_4
Diethylenglycoldiethylether	189	0,906	1,412	+82,5	$CaCl_2$; Na
Diethylenglycoldibutylether	250	0,885	1,432	–	$CaCl_2$; Na
Diethylenglycoldimethylether	162	0,945	1,407	+70	$CaCl_2$; Na
Dichlormethan	40	1,325	1,424		$CaCl_2$; Na/Pb Molekularsieb 4 Å
Dimethylformamid	153	0,950	1,430	+62	Destillation Molekularsieb 4 Å

Lösemittel	**Siedepunkt in °C**	**ρ in g/ml bei 20 °C**	n_D^{20}	**Flammpunkt in °C**	**Trockenmittel (Auswahl)**
Dimethylsulfoxid	189	1,101	1,479	+95	Destillation
Diisopropylether	68	0,726	1,368	−23	$CaCl_2$; Na Molekularsieb 4 Å
Essigsäureethylester	77	0,901	1,372	−4	K_2CO_3, P_2O_5; Na_2SO_4 Molekularsieb 4 Å
Essigsäureanhydrid	136	1,082	1,390	+49	$CaCl_2$
Essigsäurebutylester	126	0,882	1,394	+33	$MgSO_4$
Essigsäuremethylester	57	0,933	1,362	−10	K_2CO_3; CaO
Essigsäure	118	1,049	1,372	+40	Ausfrieren; P_2O_5; $Mg(ClO_4)_2$; $CuSO_4$
Ethanol	78	0,791	1,361	+12	CaO; Mg; MgO Molekularsieb 3 Å
Ethylenglycol	197	1,109	1,432	+111	Destillation; Na_2SO_4
Ethylenglycol-monoethylether	135	0,930	1,408	+41	Destillation
Ethylenglycol-monomethylether	124	0,965	1,402	+52	Destillation
Ethylmethylketon	80	0,806	1,380	−4,4	K_2CO_3; $CaCl_2$
Formamid	106/ 15 mm	1,134	1,445	–	Na_2SO_4; CaO
Glycerin	290	1,260	1,475	+176	Destillation
Hexan	69	0,659	1,375	−23	Na; Na/Pb; $LiAlH_4$ Molekularsieb 4 Å
Kohlenstoffdisulfid	46	1,263	1,626	−30	$CaCl_2$; P_2O_5
Kohlenstofftetrachlorid	77	1,594	1,466	nicht entflammbar	Destillation: $CaCl_2$; P_2O_5; Na/Pb Molekularsieb 4 Å
Methanol	65	0,792	1,329	+11	$CaCl_2$; Mg; CaO Molekularsieb 3 Å
2-Methylpentanon	117	0,801	1,396	+15,5	$CaCl_2$; K_2CO_3
Nitrobenzol	211	1,204	1,556	+92	$CaCl_2$; P_2O_5; Destillation
Pentan	36	0,626	1,358	−49	Na; Na/Pb
1-Propanol	97	0,804	1,385	+15	CaO; Mg
2-Propanol	82	0,785	1,378	+12	CaO; Mg Molekularsieb 3 Å
Pyridin	115	0,982	1,510	+20	KOH; BaO Molekularsieb 4 Å

Lösemittel	Siedepunkt in °C	ρ in g/ml bei 20 °C	n_D^{20}	Flammpunkt in °C	Trockenmittel (Auswahl)
Tetrahydrofuran	66	0,887	1,407	−17,5	KOH; No Molekularsieb 4 Å
Tetrahydronaphthalin (Tetralin)	207	0,973	1,546	+78	$CaCl_2$; Na
Toluol	111	0,867	1,497	+4	Destillation; Na; $CaCl_2$ Molekularsieb 4 Å
Trichlorethylen	87	1,462	1,478	nicht entflammbar	Destillation; Na_2SO_4; K_2CO_3
Xylol (Isomerengemisch)	137/140	~0,86	~1,50	+27	Destillation: Na; $CaCl_2$ Molekularsieb 4 Å

11.11 Lösemittel für die Flüssig-Chromatographie, geordnet nach steigender Polarität (Eluotrope Reihe) [41]

Unter der Spalte Polarität sind die relativen Adsorptionsenergien für jedes Elutionsmittel an Aluminiumoxid aufgeführt. An Kieselgel sind die entsprechenden Werte etwas geringer, die relativen Unterschiede zwischen den Lösemitteln sind jedoch dieselben. Allgemein gilt, dass das verwendete Elutionsmittel stärker polar sein sollte als die vom Trägermaterial zu eluierende Verbindung.

Elutionsmittel	Polarität	Viskosität in mPa · s	Brechungsindex *n*	UV-Grenze in nm
Fluoralkane	−0,25	–	1,25	–
Pentan	0,00	0,23	1,358	210
Hexan	0,00	–	1,375	210
Isooctan	0,01	–	1,404	210
Petrolether	0,01	0,3	–	210
Decan	0,04	0,92	1,412	–
Cyclohexan	0,04	1,00	1,426	210
Cyclopentan	0,05	0,47	1,406	210
Diisobutylen	0,06	–	1,411	210
1-Penten	0,08	–	1,371	–
Kohlenstoffdisulfid	0,15	0,37	1,626	380
Kohlenstofftetrachlorid	0,18	0,97	1,466	265
Chlorpentan	0,26	0,43	1,413	225
1-Chlorbutan	0,26	–	1,436	220
Xylol	0,26	0,62–0,81	~1,50	290

Elutionsmittel	Polarität	Viskosität in mPa · s	Brechungs-index *n*	UV-Grenze in nm
Isopropylether	0,28	0,37	1,363	220
2-Chlorpropan	0,29	0,33	1,378	225
Toluol	0,29	0,59	1,497	285
1-Chlorpropan	0,30	0,35	1,389	225
Chlorbenzol	0,30	0,80	1,525	–
Benzol	0,32	0,65	1,501	280
Bromethan	0,37	–	1,424	–
Ethylether	0,38	0,23	1,353	220
Methylsulfid	0,38	0,45	1,442	290
Trichlormethan	0,40	0,57	1,448	245
Dichlormethan	0,42	0,44	1,424	245
2-Methylpentanon	0,43	–	1,396	330
Tetrahydrofuran	0,45	–	1,407	220
1,2-Dichlorethan	0,49	0,79	1,445	230
2-Butanon	0,51	–	1,381	330
Nitropropan	0,53	–	1,400	380
Aceton	0,56	0,32	1,359	330
Dioxan	0,56	1,54	1,422	220
Essigsäureethylester	0,58	0,45	1,370	260
Essigsäuremethylester	0,60	0,37	1,362	260
1-Pentanol	0,61	4,1	1,410	210
Dimethylsulfoxid	0,62	2,24	1,479	–
Anilin	0,62	4,4	1,586	–
Diethylamin	0,63	0,38	1,387	275
Nitromethan	0,64	0,67	1,394	380
Acetonitril	0,65	0,37	1,344	210
Pyridin	0,71	0,94	1,510	305
Butylcellosolve	0,74	–	–	220
1-Propanol und 2-Propanol	0,82	2,3	1,38	210
Ethanol	0,88	1,20	1,361	210
Methanol	0,95	0,60	1,329	210
Ethylenglykol	1,11	19,9	1,432	210
Essigsäure	groß	1,26	1,372	–
Wasser	größer	–	1,333	–
Salze und Puffer	sehr groß	–	–	–

11.12 Wichtige Spektrallinien

Primäres Wellenlängennormal in spektroskopischer Normalluft (15 °C, 1013 mbar, trocken und mit 0,03 % CO_2):

$$\lambda(^{86}\mathrm{Kr}) = 605{,}7803106\ \mathrm{nm},\ \text{im Vakuum}$$

Wellenlängen λ optisch wichtiger Spektrallinien, gemessen in spektroskopischer Normalluft, in nm:

Element	Kurzzeichen der Linie	Wellenlänge λ in nm	Spektralbereich	Element	Kurzzeichen der Linie	Wellenlänge λ in nm	Spektralbereich
Hg	i	365,0146	Ultraviolett	Na	D_2	588,9953	Gelb
Hg	h	404,6561	Violett		D_1	589,5923	
Hg		579,1	Gelb	Cd	C′	643,84696	Rot
		577,0	Gelb	H	C; H_α	656,2725	
H	H_δ; (h)	410,1735		Li		670,8	Rot
H	G′; H_γ	434,0465	Blau	He	r	706,5188	
Hg	g	435,8343		K	A′	766,4907	
Cd	F′	479,9914				769,8979	
H	F; H_β	486,1327		Hg	s	1013,85	Infrarot
Hg	e	546,0740	Grün	Hg	t	1128,64	
He	d; D_3	587,5618					

12 Arbeitssicherheit

12.1 Allgemeines

Jeder, der in einem Labor arbeitet, hat sich mit Fragen der Arbeitssicherheit auseinanderzusetzen. Hierzu ist es notwendig, sich über die im Labor typischen Gefährdungen und Belastungen sowie die erforderlichen Schutzmaßnahmen zu informieren. Dazu gehören zum einen die Kenntnis der im Labor eingesetzten Gefahrstoffe mit ihren Stoffeigenschaften und Grenzwerten [z. B. AGW (Arbeitsplatzgrenzwert)] sowie zum anderen Informationen über die gegebenenfalls erforderliche persönliche Schutzausrüstung (z. B. Augen- und Gesichtsschutz, Handschutz). Es gibt eine Reihe von Regelwerken und Verordnungen, die zu diesen Fragen Auskunft geben.

In Laboratorien, in denen nach chemischen, physikalischen oder physikalisch-chemischen Methoden präparativ, analytisch oder anwendungstechnisch gearbeitet wird, ist z. B. die DGUV Information „Sicheres Arbeiten in Laboratorien", DGUV-I 213–850 sowie die Technische Regel für Gefahrstoffe: „Laboratorien", TRGS 526 [42, 43] zu beachten. Zusätzlich gibt es reichhaltiges Informationsmaterial (z. B. von der Berufsgenossenschaft Rohstoffe und chemische Industrie, BG RCI), das Auskunft zu Arbeitssicherheit und Gefahrstoffen gibt, wie Merkblätter, Kleinbroschüren und Faltblätter sowie Gefahrstoff-Informationen [44, 45, 46]).

Unabhängig davon sind Rechtsnormen wie die Gefahrstoffverordnung, die Verordnung zur arbeitsmedizinischen Vorsorge, das Mutterschutzgesetz, das Jugendschutzgesetz usw. zu beachten [47].

12.2 Sicherheitsratschläge für das Arbeiten im Labor

12.2.1 Allgemeine Regeln

In der folgenden beispielhaften Aufzählung werden Hinweise auf einige allgemeine Regeln für die Arbeit im Labor gegeben:

– Beachten Sie die Gebots- und Verbotszeichen, insbesondere Rauchverbote.

Verbotszeichen

Feuer, offenes Licht
und Rauchen verboten

Gebotszeichen

Augenschutz tragen

- Merken Sie sich die Standorte von Notduschen, Augenduschen, Atemschutzgeräten, Feuerlöscheinrichtungen (z. B. Feuerlöscher, Feuermelder), Erste-Hilfe-Einrichtungen und Sammelplätzen.
- Prägen Sie sich die Lage der Notausgänge und den Verlauf der Rettungswege ein.

12.2.2 Persönliche Schutzausrüstungen

Bei bestimmten Arbeiten ist der Einssatz persönlicher Schutzausrüstungen erforderlich wie z. B.
- Gesichtsschutz/Augenschutz
- Atemschutz
- Handschutz
- Schutzkleidung

Erkundigen Sie sich bei dem für Ihren Betrieb zuständigen Unfallversicherungsträger nach speziellen Merkblättern. Die von den Unfallversicherungsträgern herausgegebenen Merkblätter und Schriften informieren Sie über die richtige Auswahl und den richtigen Einsatz der jeweils erforderlichen Schutzausrüstungen.

12.2.3 Umgang mit Gefahrstoffen

Benutzen Sie beim Umgang mit Gefahrstoffen stets die vorgeschriebenen Schutzausrüstungen und verwenden Sie die zur Verfügung stehenden Sicherheitseinrichtungen, z. B. Absaugungen. Informieren Sie sich **vor** der Arbeit über die Stoffeigenschaften der einzusetzenden Gefahrstoffe sowie über geeignete Schutzmaßnahmen und erstellen Sie eine Gefährdungsbeurteilung sowie einen Hand- und Hautschutzplan (siehe hierzu auch http://downloadcenter.bgrci.de/shop/?query=Hautschutzplan&field=stichwort).

Essen, trinken und rauchen Sie nur dort, wo es erlaubt ist. Reinigen Sie sich gründlich vor dem Essen, Trinken und Rauchen sowie nach Arbeitsende. Trinken Sie während der Arbeitszeit keinen Alkohol.

Füllen Sie Gefahrstoffe niemals in Gefäße ab, die für die Aufbewahrung von Lebensmitteln bestimmt sind oder mit solchen Gefäßen verwechselt werden können. Verwenden Sie umgekehrt auch keine für Gefahrstoffe vorgesehenen Gefäße zur Aufbewahrung von Lebensmitteln oder als Trinkgefäß.

Saugen Sie Heber oder Pipetten nicht mit dem Mund an.

Arbeiten, bei denen Gase, Dämpfe oder Schwebstoffe in gefährlicher Konzentration oder Menge auftreten können, dürfen grundsätzlich nur in Abzügen ausgeführt werden.

Falls die Bildung einer gefährlichen explosionsartigen Atmosphäre bei Arbeiten mit brennbaren Flüssigkeiten, Gasen oder Stäuben nicht durch primäre Schutzmaßnahmen vermieden werden kann, müssen Maßnahmen ergriffen werden, welche eine Entzündung verhindern (z. B. Ersatz durch nichtbrennbare Lösemittel, Absaugen brennbarer Gase, Dämpfe oder Stäube ...) [45].

Über den Umgang mit Druckgasflaschen und Armaturen, das Arbeiten im Vakuum, das Trocknen in Wärmeschränken usw. sollte man sich vor der Arbeit informieren [43].

Die Kennzeichnung eines Stoffes oder Gemisches auf der Verpackung ist für den Anwender für den gefahrlosen Umgang mit dem Gefahrstoff wichtig.

Beachten Sie die für Gefahrstoffe vorliegenden Sicherheitsdatenblätter sowie Herstellungs-, Verwendungsverbote und Anzeigepflichten [47].

Informieren Sie sich über die Höhe der zulässigen Arbeitsplatzgrenzwerte (AGW) der jeweils eingesetzten Gefahrstoffe [44] und lassen Sie erforderlichenfalls eine Gefahrstoffmessung oder eine Arbeitsbereichsanalyse durchführen.

Stellen Sie sicher, dass Abfälle sachgerecht entsorgt werden (TRGS 201; TRGS 520) [48].

Es ist wichtig, sich vor der Arbeit über Funktionsfähigkeit und Vollständigkeit der Erste-Hilfe-Einrichtungen (z. B. Augen- und Körperduschen, geeignete Antidots) zu informieren.

12.2.4 Kennzeichnung von gefährlichen Stoffen

Der Gesetzgeber verpflichtet den Hersteller bzw. Verteiler von gefährlichen Stoffen oder Zubereitungen die Verpackung entsprechend zu kennzeichnen sowie darauf so genannte Gefahren- und Sicherheitshinweise aufzubringen.

Von den Gremien der Vereinten Nationen wurde ein neues System zur Einstufung und Kennzeichnung von Chemikalien (GHS) ausgearbeitet. Diese GHS-Empfehlung der UN wird in der EU durch die „CLP-Verordnung“ (Classification, Labelling and Packaging) zur Einstufung, Kennzeichnung und Verpackung von Stoffen und Gemischen umgesetzt und ist seit dem 20. 01. 2009 europaweit geltendes Recht. Seit dem 01. 06. 2015 müssen neu hergestellte und verpackte Gefahrstoffe nach der CLP-Verordnug eingestuft und gekennzeichnet werden.

Die CLP-Verordnung unterscheidet zwischen Gefahrenklassen und Gefahrenkategorien. In den Gefahrenklassen wird die „Art der Gefahr“ (z. B. physikalische Gefahr, toxikologische Gefahr, Umweltgefahr) genannt. Die Gefahrenkategorie nennt Kategorie 1 bis 4 bei akuter Toxizität.

Anstelle der bisherigen Gefahrensymbole treten 9 Piktogramme (Abb. S. 390).

Außerdem gibt es so genannte Signalwörter: „Gefahr“, „Achtung“. Die Gefahrenhinweise (H-Hinweise: z. B. H301 „Giftig bei Verschlucken“) lösen die alten R-Sätze ab, die Sicherheitshinweise (P-Hinweise: z. B. P102 „Darf nicht in die Hände von Kindern gelangen“) ersetzen die alten S-Sätze.

Weitere Informationen gibt es z. B. unter www.reach-clp-biozid-helpdesk.de sowie unter www.gischem.de/ghs/information.htm.

Explodierende Bombe

Totenkopf mit gekreuzten Knochen

Flamme

Ausrufezeichen

Flamme über einem Kreis

Gesundheitsgefahr

Gasflasche

Umwelt

Ätzwirkung

Neue Gefahrenpiktogramme.

12.3 Erste-Hilfe-Maßnahmen

Unabhängig von den Erste-Hilfe-Maßnahmen direkt vor Ort muss sicher gestellt werden, dass auch die für die Weiterversorgung zuständigen Krankenhäuser über die im Labor auftretenden Gefahren, über dort verendendere Gefahrenstoffe sowie über mögliche Antidots informiert werden. Hierfür hat sich der Einsatz sogenannter Begleitzettel für verletzte Personen mit Informationen über den Gefahrstoff, den Unfallhergang, Therapieempfehlungen und Antidots bewährt.

Über spezielle Maßnahmen der Ersten Hilfe sowie über den Einsatz von Antidots entscheidet immer der zuständige Betriebsarzt.

Im Folgenden werden in Stichworten einige besonders wichtige Maßnahmen der Ersten Hilfe genannt. Diese Aufzählung kann eine umfassende Information und insbesondere eine praktische Ausbildung in der Ersten Hilfe nicht ersetzen. Im Anschluss an Erste-Hilfe-Maßnahmen ist immer eine ärztliche Behandlung zu veranlassen.

Allgemeine Verhaltensweisen
Ruhe bewahren
Eigene Sicherheit beachten
Person gegebenenfalls aus dem Gefahrenbereich retten
Notruf
Schutz vor Wärmeverlust
Betreuung und Zuwendung

Lebensrettende Sofortmaßnahmen
Bewusstsein prüfen
Atmung prüfen
Normale Atmung – stabile Seitenlage
Keine normale Atmung:
- **30 × Herzdruckmassage** im Wechsel mit **2 × Beatmung**
- Falls ein Automatisierter Externer Defibrillator (AED) vorhanden ist, sollte man diesen einschalten und den Geräteanweisungen folgen

Schock
Für Ruhe sorgen
Falls erforderlich Blutstillung
Schocklage (in Rückenlage Beine hoch lagern)
Wärmeverlust verhindern (Decke)
Beruhigender Zuspruch
Kontrolle von Puls und Atmung

Blutungen
Einmalhandschuhe tragen
Wunden keimfrei bedecken
Falls erforderlich – Druckverband
Falls erforderlich – Schocklagerung

Knochenbrüche
Körperteil mit Bruchstelle ruhig stellen
Bei Verdacht auf Wirbelsäulenverletzung Lage des Verletzten möglichst nicht ändern
Bei offenem Knochenbruch Wunde vorsichtig keimfrei bedecken

Verbrennungen
Brennende Person aufhalten und ablöschen
Bekleidung, die mit heißen Stoffen behaftet bzw. durchtränkt ist, sofort entfernen
Auf der Haut fest haftende Kleidung nicht entfernen
Brandwunde locker und keimfrei bedecken
Wärmeverlust verhindern

Unfälle durch elektrischen Strom

Immer auf Selbstschutz achten!

Zuerst für Stromunterbrechung sorgen:

– Bei Niederspannung (max. 1000 Volt)

Stromunterbrechung durch Ausschalten, Stecker ziehen oder Betätigung der Sicherung bzw. des Hauptschalters

Sich dabei selbst isoliert aufstellen; auf trockenen, nicht leitfähigen Untergrund achten

Sonst nichts berühren!

– Bei Hochspannung (über 1000 Volt)

Abstand halten (mind. 5 m)

Fachpersonal zum Ausschalten herbeirufen

Retten des Verunglückten aus Hochspannungsanlagen nur durch Fachpersonal

Sich vorher dem Verunglückten nicht nähern und ihn nicht berühren – LEBENSGEFAHR!

Erst danach Erste-Hilfe-Maßnahmen

– Unbekannte Spannung

Wie bei Hochspannung verfahren

Erste-Hilfe-Maßnahmen bei Unfällen durch elektrischen Strom

Ständige Kontrolle von Bewusstsein und Atmung

Bei Verbrennungen entsprechende Versorgung

Für Körperruhe sorgen, vor Wärmeverlust schützen

Verätzungen

Verletzten unter Selbstschutz aus dem Gefahrenbereich bringen

Für Körperruhe sorgen, vor Wärmeverlust schützen

Augen

Auge unter Schutz des unverletzten Auges sofort ausgiebig (ca. 10 Minuten) mit Wasser spülen

Atmungsorgane

Die nach dem Einatmen von Reizgasen erforderlichen speziellen Erste-Hilfe-Maßnahmen sind vom Betriebsarzt festzulegen. Die Ersthelfer sind entsprechend zu unterweisen.

Haut

Verunreinigte Kleidung, auch Unterwäsche und Schuhe, sofort ausziehen

Haut mit viel Wasser spülen

Wunden keimfrei bedecken

Verschlucken

Sofortiges gründliches Ausspülen des Mundes

Vergiftungen
Verletzten unter Selbstschutz aus dem Gefahrenbereich bringen
Für Körperruhe sorgen, vor Wärmeverlust schützen

Atmungsorgane
Die nach dem Einatmen von giftigen Stoffen erforderlichen speziellen Erste-Hilfe-Maßnahmen (z. B. die Bereithaltung spezieller Antidots) sind vom Betriebsarzt festzulegen. Die Ersthelfer sind entsprechend zu unterweisen.

Haut
Verunreinigte Kleidung, auch Unterwäsche und Schuhe, sofort ausziehen
Haut mit viel Wasser spülen
Wunden keimfrei bedecken

Verschlucken
Sofortiges gründliches Ausspülen des Mundes

Nach geleisteter Erster Hilfe ist für ärztliche Behandlung zu sorgen.
Im Einzelfall können spezielle Erste-Hilfe-Maßnahmen erforderlich sein.

Weiterführende Hinweise: [45, 49]

Literaturverzeichnis

Weiterführende Literatur zu chemischem und physikalisch-chemischem Rechnen

Brunner, Götz; Brück, Rainer (2013): Mathematik für Chemiker. 3., überarb. und korrigierte Aufl. Berlin: Springer Spektrum (Lehrbuch).

Hillebrand, Uwe (2009): Stöchiometrie. Eine Einführung in die Grundlagen mit Beispielen und Übungsaufgaben. 2., durchgesehene Aufl. Berlin, Heidelberg: Springer (Springer-Lehrbuch). Online verfügbar unter http://www.springerlink.com/content/w43177

Jüngel, Ansgar; Zachmann, Hans Gerhard (2014): Mathematik für Chemiker. 1. Aufl. s.l.: Wiley-VCH. Online verfügbar unter http://site.ebrary.com/lib/hamburg/docDetail.action?docID=10987398

Mayer, Heinz (Hg.): Fachrechnen Chemie (Die Praxis der Labor- und Produktionsberufe, Bd.7a).

Papula, Lothar (2011): Mathematik für Ingenieure und Naturwissenschaftler. 13., durchges. Aufl. Wiesbaden: Vieweg + Teubner (Studium).

Rösch, Notker (1993): Mathematik für Chemiker. Eine Einführung. Berlin, Heidelberg: Springer (Springer-Lehrbuch). Online verfügbar unter http://dx.doi.org/10.1007/978-3-642-58037-6

Schwarzbach, Ralf (2010): Chemisches Rechnen und Stöchiometrie. Mit 20 Tabellen und 90 Rechenbeispielen mit Lösungen. Stuttgart: Wiss. Verl.-Ges.

Wawra, Edgar; Pischek, Gertrude; Müllner, Ernst (2011): Chemie berechnen. Ein Lehrbuch für Mediziner und Naturwissenschafter; [utb.de; Bachelor Bibliothek]. 4. Aufl. Wien: Facultas (utb.de-Bachelor-Bibliothek, 8204).

Wittenberger, Walter; Fritz, Werner (1991): Physikalisch-chemisches Rechnen. Mit einer Einführung in die höhere Mathematik. Zweite, verbesserte Auflage. Vienna: Springer Vienna. Online verfügbar unter http://dx.doi.org/10.1007/978-3-7091-9132-3

Literatur, Einzelnachweise

[1] Michael E. Wieser, Norman Holden, Tyler B. Coplen, John K. Böhlke, Michael Berglund, Willi A. Brand, Paul De Bièvre, Manfred Gröning, Robert D. Loss, Juris Meija, Takafumi Hirata, Thomas Prohaska, Ronny Schoenberg, Glenda O'Connor, Thomas Walczyk, Shige Yoneda and Xiang-Kun Zhu (2013): Atomic weights of the elements 2011. In: *Pure Appl. Chem.* Vol. 85(5), S. 1047–1078.

[2] 2014-06: Größen und Einheiten – Teil 9: Physikalische Chemie und Molekularphysik (ISO 80000-9:2009 + Amd 1:2011); Deutsche Fassung EN ISO 80000-9:2013, Berichtigung zu DIN EN ISO 80000-9:2013-08. Online verfügbar unter http://www.beuth.de/de/norm/din-en-iso-80000-9-berichtigung-1/206739691

[3] T. S. West (1978). In: Pure Appl. Chem. 50, S. 325.

[4] siehe auch:
Hellwinkel, Dieter (2006): Die systematische Nomenklatur der organischen Chemie. Eine Gebrauchsanweisung. 5. Auflage. Berlin/Heidelberg: Springer-Verlag Berlin Heidelberg. Online verfügbar unter http://dx.doi.org/10.1007/b137543
Hellwich, Karl-Heinz (2008): Chemische Nomenklatur. Die systematische Benennung organisch-chemischer Verbindungen; ein Lehrbuch für Pharmazie- und Chemiestudenten. 3., überarb. Aufl. Eschborn: Govi-Verl.
Kruse, Gerlinde (Hg.) (2005): Nomenklatur der organischen Chemie. Eine Einführung. International Union of Pure and Applied Chemistry. Weinheim: VCH. Online verfügbar unter http://dx.doi.org/10.1002/3527602941
Liebscher, Wolfgang; Fluck, Ekkehard (1999): Die systematische Nomenklatur der anorganischen Chemie. Berlin/Heidelberg, s.l.: Springer Berlin Heidelberg. Online verfügbar unter http://dx.doi.org/10.1007/978-3-642-58368-1

Reimlinger, Hans (1998): Nomenklatur organisch-chemischer Verbindungen. Beschreibung, Anwendung und Erweiterung der Systematik in Anlehnung an die Regeln der IUPAC-Kommissionen. Berlin: de Gruyter. Online verfügbar unter http://site.ebrary.com/lib/alltitles/docDetail.action?docID=10597935

[5] ISO 7981-1, 2005-06: Water quality – Determination of polycyclic aromatic hydrocarbons (PAH) – Part 1: Determination of six PAH by high-performance thin-layer chromatography with fluorescence detection after liquid-liquid extraction. Online verfügbar unter http://www.beuth.de/de/norm/din-en-iso-80000–9-berichtigung-1/206739691

[6] siehe auch:
Jander, Gerhart; Jahr, Karl Friedrich; Schulze, Gerhard; Simon, Jürgen; Martens-Menzel, Ralf (2012): Maßanalyse. Theorie und Praxis der Titrationen mit chemischen und physikalischen Indikationen. 18. Aufl. Berlin: de Gruyter (De Gruyter Studium). Online verfügbar unter http://site.ebrary.com/lib/alltitles/docDetail.action?docID=10582219
Fritz, J. S., Acid-Base Titrations in Nonaqueous Solvents, Allyn and Bacon, Boston 1973.
Gyenes, I., Titrationen in nichtwässrigen Medien, F. Enke, Stuttgart 1970.
Huber, W., Titrationen in nichtwässrigen Lösungsmitteln, Akad. Verlagsgesellschaft, Frankfurt/Main 1964.
Safarik, L., Stransky, Z., Titrimetric Analyses in Organic Solvents, in: Comprehensive Analytical Chemistry, Bd. XXII, Elsevier, Amsterdam 1986.

[7] siehe auch:
Bishop, E. (Hrsg.), Indicators, Pergamon Press, Oxford/New York/Toronto/Sydney/Braunschweig 1972.
Rasi, K., Indikatoren und Reagenzpapiere, in: Müller, E. (Hrsg.), Methoden der organischen Chemie (Houben-Weyl), Bd. III/2, Thieme, Stuttgart 1962.
Schmidt, V., Mayer, W. D., Indikatoren und ihre Eigenschaften, in: Bock, R., Fresenius, W., Günzler, H., Huber, W., Tölg, G. (Hrsg.), Analytiker-Taschenbuch, Bd. 2, S. 267–315 (1981) und Bd. 3, S. 37–86 (1983), Springer, Berlin/Heidelberg/New York.

[8] Fischer, K., Angew. Chem. 48, 394 (1935).

[9] Eberius, E., Wasserbestimmung mit Karl-Fischer-Lösung, Verlag Chemie, Weinheim 1958.

[10] Smith, D. M., Mitchell jr., J., Aquametrie, Interscience Publishers, New York/London 1948.

[11] Schöllkopf, U., Eigenschaften, Handhabung und Analytik von alkalimetall-organischen Verbindungen, in: Müller, E., (Hrsg.), Methoden der organischen Chemie (Houben-Weyl), Bd. XIII/1 S. 22 ff., Thieme, Stuttgart 1970.

[12] Gilman H., Cartledge, F. K., J. Organomet. Chem. 2, 447 (1964).

[13] DIN EN ISO 2114, 2006-11: Kunststoffe (Polyester) und Beschichtungsstoffe (Bindemittel) – Bestimmung der partiellen Säurezahl und der Gesamtsäurezahl (ISO 2114:2000); Deutsche Fassung EN ISO 2114:2000, Berichtigungen zu DIN EN ISO 2114:2002-06; Deutsche Fassung EN ISO 2114:2000/AC:2005. Online verfügbar unter http://www.beuth.de/

[14] DIN 53240-1:2013-06, 2013-06: Bestimmung der Hydroxylzahl – Teil 1: Verfahren ohne Katalysator. Online verfügbar unter http://www.beuth.de/

[15] DIN EN ISO 3681: Bindemittel für Beschichtungsstoffe – Bestimmung der Verseifungszahl – Titrimetrisches Verfahren (ISO 3681:1996); Deutsche Fassung EN ISO 3681:1998, Berichtigung zu DIN EN ISO 3681:2007-10. Online verfügbar unter http://www.beuth.de/

[16] siehe auch:
Bechmann, W., Schmidt, J., Struktur- und Stoffanalytik mit spektroskopischen Methoden, Teubner, Stuttgart 2000.
Lambert, Joseph B.; Biele, Carsten; Marsmann, Heinrich Christian (2012): Spektroskopie. Strukturaufklärung in der organischen Chemie. 2., aktualisierte Aufl., [1. dt. Ausg.]. München: Pearson (che – Chemie).
Pretsch, Ernö; Bühlmann, Philippe; Badertscher, Martin (2010): Spektroskopische Daten zur Strukturaufklärung organischer Verbindungen. 5. Aufl. Berlin/Heidelberg: Springer-Verlag Berlin Heidelberg. Online verfügbar unter http://dx.doi.org/10.1007/978-3-540-76866-1
Naumer, Hans (Hg.) (1997): Untersuchungsmethoden in der Chemie. Einführung in die moderne

Analytik; 77 Tabellen. 3., erw. und neubearb. Aufl. Stuttgart: Thieme.
Hesse, Manfred; Meier, Herbert; Zeeh, Bernd (2012): Spektroskopische Methoden in der organischen Chemie. 114 Tabellen. 8., überarb. und erw. Aufl. Stuttgart: Thieme. Online verfügbar unter http://ebooks.thieme.de/9783135761084

[17] DIN 32 635, Spektralphotometrische Analyse von Lösungen, Beuth-Verlag, Berlin/Köln, Mai 1992.
Gottwald, Wolfgang; Heinrich, Kurt Herbert (1998): UV/VIS-Spektroskopie für Anwender. Weinheim: Wiley-VCH (Die Praxis der instrumentellen Analytik).
Kovar, Karl-Artur; Ruf, Claus O. L.; Beuerle, G.; Auterhoff, Harry; Auterhoff-Kovar (1998): Identifizierung von Arzneistoffen. Stas-Otto-Gang, Dünnschichtchromatographie, Farbreaktionen, UV- und IR-Spektroskopie, DC-UV-Kopplung ; 14 Tabellen. 6., völlig neu bearb. Aufl. Stuttgart: Wiss. Verl.-Ges.

[18] Günzler, Helmut; Gremlich, Hans-Ulrich (2003): IR-Spektroskopie. Eine Einführung. 4., vollständig überarbeitete und aktualisierte Aufl. Weinheim, Hoboken, NJ: Wiley-VCH; Wiley. Online verfügbar unter http://onlinelibrary.wiley.com/book/10.1002/9783527662852

[19] siehe auch:
Breitmaier, Eberhard (2012): Vom NMR-Spektrum zur Strukturformel organischer Verbindungen. 3. Aufl. s.l.: Wiley-VCH. Online verfügbar unter http://onlinelibrary.wiley.com/book/10.1002/9783527662296
Friebolin, Horst; Thiele, Christina M. (2013): Ein- und zweidimensionale NMR-Spektroskopie. Eine Einführung. 5., vollst. überarb. und aktualisierte Aufl. Weinheim: Wiley-VCH. Online verfügbar unter http://search.ebscohost.com/login.aspx?direct=true&db=nlebk&AN=536052&site=ehost-live
Herzog, Wolf-Dietrich; Messerschmidt, Michael (1995): NMR-Spektroskopie für Anwender. Weinheim: VCH (Die Praxis der instrumentellen Analytik).
Meusinger, Reinhard (2010): NMR-Spektren richtig ausgewertet. 100 Übungen für Studium und Beruf. Berlin, Heidelberg: Springer-Verlag Berlin Heidelberg. Online verfügbar unter http://site.ebrary.com/lib/alltitles/docDetail.action?docID=10358484

[20] Budzikiewicz, Herbert; Schäfer, Mathias (2013): Massenspektrometrie. Eine Einführung. 6., vollst. überarb. und aktualisierte Aufl. Weinheim: Wiley-VCH. Online verfügbar unter http://lib.mylibrary.com?id=478857
Gross, Jürgen H. (2013): Massenspektrometrie. Ein Lehrbuch. Berlin/Heidelberg: Springer. Online verfügbar unter http://dx.doi.org/10.1007/978-3-8274-2981-0
McLafferty, Fred W.; Tureček, Frantisek (2013): Interpretation von Massenspektren. Unter Mitarbeit von Birgit Schenk. Unveränd. Nachdr. Berlin: Springer (Lehrbuch).

[21] siehe auch:
Schwedt, Georg; Vogt, Carla (2010): Analytische Trennmethoden. Weinheim: Wiley-VCH (Master).
Hug, Heinz (2011): Instrumentelle Analytik. Theorie und Praxis. 2., überarb. Aufl. Haan-Gruiten: Verl. Europa-Lehrmittel (Europa-Fachbuchreihe für Chemieberufe).
Skoog, Douglas A.; Holler, F. James; Crouch, Stanley R.; Nießner, Reinhard; Föllner, Beatrix (Hg.) (2013): Instrumentelle Analytik. Grundlagen – Geräte – Anwendungen. 6., vollst. überarb. erw. Aufl., [= 2. dt. Aufl.]. Berlin: Springer Spektrum (Lehrbuch).
Bracher, Franz; Bracher-Burmeister-Dombeck-Huber-Krauß-Plößl (2008): Arbeitsbuch instrumentelle Analytik. Für Pharmazie- und Chemiestudenten. Eschborn: Govi-Verl.
Cammann, Karl (Hg.) (2010): Instrumentelle analytische Chemie. Verfahren, Anwendungen, Qualitätssicherung. 1., Aufl., Nachdr. Heidelberg: Spektrum Akad. Verl.
Dominik, Andreas; Steinhilber, Dieter; Wurglics, Mario (2013): Instrumentelle Analytik kompakt. Mit kommentierten Originalfragen für Pharmazeuten; mit 84 Tabellen. 3., völlig neu bearb. und erw. Aufl. Stuttgart: Wiss. Verl.-Ges (Reihe Kompakt-Lehrbuch).
Rücker, Gerhard; Neugebauer, Michael; Willems, Günter G. (2013): Instrumentelle pharmazeutische Analytik. Lehrbuch zu spektroskopischen, chromatographischen, elektrochemischen und thermischen Analysenmethoden; mit 83 Tabellen. 5., überarb. Aufl. Stuttgart: Wiss. Verl.-Ges.

[22] Meyer, Veronika R. (2009): Praxis der Hochleistungs-Flüssigchromatographie. 10., vollst. überarb. und erw. Aufl. Weinheim: Wiley-VCH. Online verfügbar unter http://deposit.d-nb.de/cgi-bin/dokserv?id=3089697&prov=M&dok_var=1&dok_ext=htm

Kromidas, Stavros (2008): HPLC richtig optimiert. Ein Handbuch für Praktiker. Hoboken: Wiley-VCH. Online verfügbar unter http://ebooks.ciando.com/book/index.cfm/bok_id/477263
Snyder, Lloyd R.; Kirkland, Joseph Jack; Dolan, John W. (2010): Introduction to modern liquid chromatography. 3rd ed. Hoboken, N.J: Wiley. Online verfügbar unter http://site.ebrary.com/lib/alltitles/docDetail.action?docID=10358830
[23] Wolf, Jürgen (2008): Mikro-Dünnschicht-Chromatographie. Vorschriften auf Basis des Pharm.Eur., DAB und DAC. 2., überarb. Aufl. Eschborn: Govi-Verl. (PZ-Schriftenreihe, 9).
Stahl, Egon (1967): Dünnschicht-Chromatographie. Ein Laboratoriumshandbuch. 2. gänzlich neubearbeitete und stark erweiterte Auflage. Berlin/Heidelberg: Springer. Online verfügbar unter http://dx.doi.org/10.1007/978-3-642-49187-0
[24] Biétry, L., Kochsiek, M., Mettler Wägelexikon, Mettler, Greifensee, 1982.
[25] DIN 1306, 1984-06: Dichte; Begriffe, Angaben. Online verfügbar unter http://www.beuth.de.
[26] Prahl, W., Angew. Chemie 52, 481 (1939).
[27] Umfangreiches Zahlenmaterial findet sich u. a. bei:
Freier, R. K., Wäßrige Lösungen, Bd. 1, Walter de Gruyter, Berlin/New York, 1976.
Linke, W., Solubilities, Vol. I, II, D. Van Nostrand Comp. Inc. 1958.
Stephen, H., Stephen, T., Solubilities of Inorganic an Organic Compounds, Pergamon Press, Oxford/London/Paris/New York 1963.
Synowíetz, C., Schafer, K. (Hrsg.), Chemiker Kalender, Springer, Berlin/Heidelberg/New York 1984, Nachdruck 1992.
[28] Holleman, Arnold F.; Wiberg, Egon; Wiberg, Nils (2007): Lehrbuch der anorganischen Chemie. 102., stark umgearb. u. verb. Aufl. Berlin: de Gruyter. Online verfügbar unter http://www.referenceglobal.com/action/showBook?doi=10.1515/9783110177701
[29] Umfangreiches Zahlenmaterial findet sich u. a. bei:
Charlot, G., Selected Constants Tables No. 8: Oxydo-Reduction Potentials, Pergamon Press, New York 1958.
Latimer, WM., The Oxidation States of the Elements and Their Potentials in Aqueous Solutions, Prentice Hall, New York 1982.
Wíberg, E., Die chemische Affinität, Walter de Gruyter, Berlin/New York 1972.
[30] siehe auch:
http://www.chembuddy.com/?left=BATE&right=pH-calculator
https://de.wikibooks.org/wiki/Formelsammlung_Chemie/_Berechnung_des_pH-Wertes#cite_ref-Nesper_Text_9-8
Bliefert, Claus (1978): pH-Wert-Berechnungen. Weinheim: Verl. Chemie.
http://www.aqion.de
[31] Degner, Ralf (2012): pH-Messung. Hoboken: John Wiley & Sons. *Online verfügbar unter* http://gbv.eblib.com/patron/FullRecord.aspx?p=877791
[32] Handbook of Chemistry and Physics, D 147–151, CRC Press, Ohio 1991.
[33] Bates, R. G., J. Res. Nat. Bur. Stand. 66 A, 179 (1962).
Staples, R. B., Bates, R. G., J. Res. Nat. Bur. Stand. 73 A, 37 (1969).
[34] siehe auch:
Allgemeine Methodenlehre der Statistik. 5., unveränd. Aufl. mit erg. Literaturverz (Sammlung Göschen, 2047).
Doerffel, Klaus (1990): Statistik in der analytischen Chemie. Mit 34 Tabellen. 5., erw. und überarb. Aufl. Leipzig: Dt. Verl. für Grundstoffindustrie.
Funk, Werner (Hg.) (1985): Statistische Methoden in der Wasseranalytik. Begriffe, Strategien, Anwendungen. Gesellschaft Deutscher Chemiker; Deutschland. Weinheim: VCH.
Günzler, Helmut (Hg.) (2014): Akkreditierung und Qualitätssicherung in der Analytischen Chemie. Aufl. 1994. Berlin: Springer Berlin.
Hedderich, Jürgen; Sachs, Lothar (2012): Angewandte Statistik. Methodensammlung mit R. 14., überarb. und erg. Aufl. Heidelberg: Springer.
[35] siehe auch:
DIN 55 350 Teil 13, Begriffe der Qualitätssicherung und Statistik, Begriffe zur Genauigkeit von

Ermittlungsverfahren und Ermittlungsergebnissen, Beuth-Verlag, Berlin/Köln, Juli 1987.
DIN 55 350 Teil 24, Begriffe der Qualitätssicherung und Statistik, Schließende Statistik, Beuth-Verlag, Berlin/Köln, Nov. 1982.
DIN 38402-51:2015-09, 2015-09: Deutsche Einheitsverfahren zur Wasser-, Abwasser und Schlammuntersuchung – Allgemeine Angaben (Gruppe A) – Teil 51: Kalibrierung von Analysenverfahren – Lineare Kalibrierfunktion (A 51). Beuth-Verlag, Berlin.
DIN 32645:2008-11, 2008-11: Chemische Analytik – Nachweis-, Erfassungs- und Bestimmungsgrenze unter Wiederholbedingungen – Begriffe, Verfahren, Auswertung. Beuth-Verlag, Berlin.

[36] Grubbs, F. E., Beck, G., Extension of Sample Sizes and Percentage Points for Significance Tests of Outlying Observations, Technometrics 14 (4), 847 (1972).

[37] DIN 1301-1:2010-10, 2010-10: Einheiten – Teil 1: Einheitennamen, Einheitenzeichen.

[38] siehe auch:
DIN 1304, Allgemeine Formelzeichen Teil 1–5, Beuth-Verlag, Berlin/Köln, März 1994.
DIN 1345, Thermodynamik; Formelzeichen, Einheiten, Beuth-Verlag, Berlin/Köln, 1993.
DIN 1310, Zusammensetzung von Mischphasen, Grundbegriffe, Beuth-Verlag, Berlin/Köln, Febr. 1984.

[39] Sanveur, A., Perry, J. (Hrsg.), Chemical Engineers Handbook, McGraw-Hill, New York (mit Genehmigung des Verlages).

[40] Koch, O. G., Koch-Dedic, G. A., Handbuch der Spurenanalyse, Teil 1, S. 39 ff., Springer, Berlin/Heidelberg/New York 1974.

[41] Snyder, L. R., Principles of Adsorption Chromatography, Dekker, New York 1968.

[42] Sicheres Arbeiten in Laboratorien, DGUV Information 213–280.
Bezugsquelle: Medienshop unter www.bgrci.de

[43] Technische Regeln für Gefahrstoffe: Laboratorien, TRGS 526.
Bezugsquelle. www.baua.de

[44] Gefährdungsbeurteilung im Labor, Merkblatt T 034, DGUV Information 213–855.
Bezugsquelle: Medienshop unter www.bgrci.de

[45] Schriften und Medien für Sicherheit und Gesundheitsschutz.
Bezugsquelle: Medienshop unter www.bgrci.de 4

[46] GESTIS-Stoffdatenbank, Gefahrstoffinformationssystem der gewerblichen Berufsgenossenschaften.
Bezugsquelle: Institut für Arbeitsschutz der Deutschen Gesetzlichen Unfallversicherung (IFA)unter www.dguv.de

[47] Verordnung zum Schutz vor Gefahrstoffen (Gefahrstoffverordnung – GefStoffV)
Verordnung zur Arbeitsmedizinischen Vorsorge (ArbMedVV)
Mutterschutzgesetz (MuSchG)
Jugendschutzgesetz (JuSchG).
Bezugsquelle: www.bmas.bund.de (Gesetze und Verordnungen im Bundesarbeitsblatt); www.gesetze-im-internet.de

[48] Technische Regeln für Gefahrstoffe: TRGS 201; TRGS 520.
Bezugsquelle: www.baua.de

[49] Anleitung zur Ersten Hilfe, DGUV Information 204–006 zu beziehen durch den zuständigen Unfallversicherungsträger, zu finden unter www.unfallkassen.de
Weitere Informationen unter www.asb.de; www.drk.de; www.juh.de; www.malteser.de; www.dlrg.de

Register